瑞典环境
污染过程监测与控制技术

【瑞典】奥斯顿·艾肯格林（Östen Ekengren）　等编
高　思

刘东方　徐廷云　朱艳景　等译

SWEDISH ENVIRONMENT
POLLUTION PROCESS MONITORING
AND CONTROL TECHNOLOGY

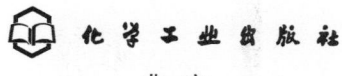

·北　京·

本书共17章，主要介绍了一系列环保技术及环保相关理论，涉及废水、大气、土壤及固体废物等各个方面，内容丰富全面，技术实用可行。

　　废水方面主要介绍了废水的生物和化学监测以及废水迁移模型。土壤污染治理技术方面，主要介绍了土壤中二噁英等有机物萃取技术。重金属污染方面的主要内容包括瑞典斯德哥尔摩市中心沉积物中重金属迁移通量和流量及其对底栖生物有效性的影响研究以及河流和湖泊中金属净负载的可行性研究。在大气污染控制领域相关研究方面，本书分别介绍了北欧欧洲空气污染长距离漂移监测和评价合作方案监测站颗粒物浓度测定及化学成分分析、交通道路产生的微粒物、不同VOC光化学臭氧生成潜力、轮船氨泄漏的测定方法以及细微颗粒物被动式采样器的开发和测试。在碳足迹和温室气体方面，本书着重介绍了生命周期评估、欧洲造纸中的碳足迹等一些理论方法及如何通过食品选择减少温室气体排放。最后，本书还对城市固体废物的处理进行了系统介绍。

　　本书可供环境保护领域的研究人员、管理人员阅读使用，也可供高等院校相关专业师生参考。

图书在版编目（CIP）数据

瑞典环境污染过程监测与控制技术/［瑞典］艾肯格林
（Ekengren Ö.），高思等编；刘东方，徐廷云，朱艳景等译．
北京：化学工业出版社，2018.2
书名原文：Swedish Environment Pollution Process
Monitoring and Control Technology
ISBN 978-7-122-25809-0

Ⅰ.①瑞…　Ⅱ.①艾…②高…③刘…④徐…⑤朱…
Ⅲ.①环境污染-环境监测-研究-瑞典②环境污染-环境
控制-研究-瑞典　Ⅳ.①X83②X506

中国版本图书馆CIP数据核字（2015）第289226号

责任编辑：满悦芝　　　　　　　　　　　　文字编辑：荣世芳
责任校对：宋　夏　　　　　　　　　　　　装帧设计：尹琳琳

出版发行：化学工业出版社（北京市东城区青年湖南街13号　邮政编码100011）
印　　刷：三河市航远印刷有限公司
装　　订：三河市宇新装订厂
787mm×1092mm　1/16　印张24¾　字数611千字　2018年2月北京第1版第1次印刷

购书咨询：010-64518888（传真：010-64519686）　　售后服务：010-64518899
网　　址：http://www.cip.com.cn
凡购买本书，如有缺损质量问题，本社销售中心负责调换。

定　　价：128.00元

本书是由瑞典环境科学研究院多位专家学者共同编写的一本介绍各种环保技术的书籍。瑞典环境科学研究院是一家致力于能源环境领域研究的机构，成立于1966年，作为欧洲最早建立的环保科研机构之一，主要从事大气与交通、水与土壤、资源高效利用与垃圾处理、可持续产品、可持续建筑、气候与能源等领域的应用性研究，并提供环境产品声明（国际EPD体系）以及建筑材料无毒无害BASTA认证体系等的注册及管理。研究人员涵盖了不同的科学领域，包括生物学家、生态学家、地质学家、生态毒理学家、化学家和其他行业专家。瑞典环境科学研究院与政府、国内外大学、科研院所、企业等多个机构在各个领域有密切合作。经过50年的发展，瑞典环境科学研究院在环境领域积累了丰富经验，这对解决中国乃至世界当下及未来的环境问题具有借鉴意义。

我们非常感谢中国和瑞典有关人员的卓有成效的工作，他们对本书的贡献如下：

第1章作者为 Karl Lilja，Mikael Remberger，Lennart Kaj，Ann-Sofie Allard，Hanna Andersson，Eva Brorström-Lundén。第2章作者为 Mikael Malmaeus，Jakob Malm，Magnus Karlsson。第3章作者为 Anders Jönsson。第4章作者为 Johan Strandberg，Hanna Odén，Rachel Maynard Nieto，Anders Björk。第5章作者为 Johan Strandberg。第6章作者为 Rachel Maynard，Nieto，Johan Strandberg。第7章作者为 Helene Ejhed，Anna Palm Cousins，Magnus Karlsson，Ida Westerberg（IVL）；Stephan J. Köhler，Brian Huser（SLU）。第8章作者为 Martin Ferm，Hans Areskoug，Ulla Makkonen，Peter Wahlin，Karl Espen Yttri。第9章作者为 Åke Sjödin，Martin Ferm，Anders Björk，Magnus Rahmberg（IVL）；Anders Gudmundsson，Erik Swietlicki（Lund University）；Christer Johansson（SLB analys）；Mats Gustafsson，Göran Blomqvist（VTI）。第10章作者为 Johanna Altenstedt，Karin Pleijel。第11章作者为 Erik Fridell，Erica Steen。第12章作者为 Martin Ferm。第13章作者为 Åsa Stenmarck，Martine Oddou，Jan-

Olov Sundqvist。第 14 章作者为 Elin Eriksson，Per-Erik Karlsson，Lisa Hallberg，Kristian Jelse。第 15 章作者为 Lars Zetterberg。第 16 章作者为 Stefan Åström，Susanna Roth，Jonatan Wranne，Kristian Jelse，Maria Lindblad。第 17 章作者为 Jan-Olov Sundqvist。

　　瑞典环境科学研究院 Östen Ekengren 先生和高思女士负责总体编写；南开大学环境学院刘东方教授、大港节水中心徐廷云女士和瑞典环境科学研究院朱艳景女士负责全书编译。其他参与本书编译工作的人员还有南开大学的魏孝承（第 1 章、第 15 章、第 16 章），陈娟（第 2 章、第 6 章、第 8 章、第 14 章），王浩（第 3 章、第 4 章、第 7 章），刘金哲（第 5 章、第 9 章、第 10 章），孟宪荣（第 11 章、第 12 章、第 17 章），宋现财（第 13 章），郭祎阁、孟凡盛和周义辉也参与了部分翻译工作；瑞典环境科学研究院的徐敏（第 1 章、第 6 章、第 7 章），姚娟娟（第 2 章、第 8～12 章），常诚（第 3 章），王瑞（第 4 章、第 13～15 章），王赢莹（第 5 章），曹金岁（第 16～17 章），黄思、施昱、冯畅也参与了翻译校对工作。

　　特别感谢 Staffan Filipsson 和刘兴华先生对于本书出版提供的宝贵意见和大力支持。

刘东方

2017 年 12 月

目录 Contents

第5章 土壤中重烃的碱萃取 115

第6章 无机溶液萃取土壤中有机物质的方案优化 119

第7章 金属净负荷的可行性研究 129

第 10 章　欧洲环境中各种 VOC 的 POCP 研究　227

第 11 章 利用氮氧化物转换器测量船上氨泄漏 255

第 15 章 欧盟和加利福尼亚州排放交易体系链接 320

第 16 章　食品消费选择和气候变化　333

第1章

污水处理厂出水的生化监测[●]

（作者：Karl Lilja，Mikael Remberger，Lennart Kaj，Ann-Sofie Allard，Hanna Andersson，Eva Brorström-Lundén）

1.1 概述

作为瑞典环境保护署委托的一项科研任务，IVL（瑞典环境科学研究院）对污水处理厂出水进行了研究，旨在为污水处理厂（STP）出水制定监测方案提供基础数据。市政污水处理厂出水进行的化学和生物监测方案有助于了解化学物质在环境中的扩散情况、水框架指令的执行情况及确定化学物质或其替代物质在使用过程中的变化以及"新"形成的物质在环境中可能的排放量。

该研究包括以下几个部分：对 STP 出水的化学表征的研究，包括对特定化合物的分析和对未知化合物的鉴定；利用酵母菌雌激素（YES）和雄激素（YAS）筛选实验对雌激素和雄激素活性的测定；对化学组分随季节的变化的评估和对受纳水的化学测定。另外，还对可能适用于此监测目标的其他生物毒性检测方法进行了文献调查，该研究涵盖了 7 个污水处理厂。

出水污染物浓度监测结果参见表 1.1。与其他研究结果相比，本章研究测定的大部分污染物浓度基本一致或更低。但对于有机锡化合物（TBT 和 TPhT）、溴化阻燃剂（BDEs）、酚类化合物（全部）、金属（Ag 和 Cu）、NSAIDs（布洛芬、萘普生和双氯芬酸）和有机磷酯（TIBP、TBEP 和 TPhP）等物质，它们的浓度与其他研究报告中提供的浓度水平相当或超过毒性阈值或排放限值。

对于某些物质，其浓度超过或者达到了毒性阈值或限制值范围，但其检测频次低，例如有机锡化合物中的溴化二苯醚、4-壬基苯酚和 4-叔-辛基苯酚，对于这些物质，我们应该注

———————————

 ● 致谢：感谢城市污水处理厂工作人员在采集水样期间的热心帮助。

 除了汞以外，所有金属的分析都是由挪威空气研究所（NILU）完成的。

 感谢瑞典环境科学研究院，Magnus Rahmberg，Katarina Hansson，Per Wiklund，Anna Palm Cousins，Erika Rehngren，Ulla Hageström，Karin Norström 为该项目所做的贡献。

 本研究得到了瑞典环保署环境监测部门的资助。

重检测方法的开发以降低其检出限。

本研究在 STP 排放的废水中没有检测到的物质包括：有机锡化合物 DPhT 和 MOT，溴化阻燃剂溴化二苯醚 85、153、154 和 209，邻苯二甲酸酯 DOP、DINP 和 DIDP，挥发性有机碳 3-甲基戊烷、正辛烷和 1,3,5-TMB，挥发性卤化物质二氯甲烷，以及硅氧烷 D4 和 D5。此外，也没有检测到除草剂或氯苯。

多元数据分析表明，总体而言，市政污水处理厂出水中化学组分的变化相对较小。然而，Ellinge 和 Bollebygd 两个 STP 与其他 STP 相比，存在差异。

超过检出限的物质，其检测频次、与毒性阈值/排放限值的比较结果以及关于 WFD（水框架指令）和 BSAP（波罗的海行动计划）状态信息的总结见表 1.1。

表 1.1 超过检出限的污染物汇总表

物质类别	物质	检测频次	WFD	BSAP	浓度在相同范围或超过毒性阈值/排放限值
有机锡化合物	TBT,DBT,MBT	2,7 & 3/7	优先污染物	X	是(TBT)
	TPhT,MPhT	1 & 2/7		X	是(TPhT)
	DOT	1/7			否
溴化阻燃剂	BDEs(47,99,100)	6,5 & 3/7	优先污染物	X	是(ΣBDE)
	HBCDD	7/7		X	否
酚类化合物	壬基酚聚氧乙烯	4-4/7	优先污染物	X	是
	4-叔-辛基酚	2/7	优先污染物	X	是
	二氯苯氧氯酚	7/7			是
	双酚 A	5/7	附录Ⅲ		是
金属类	Hg	7/7	优先污染物	X	否
	Cd	7/7	优先污染物	X	否
	Pb	7/7	优先污染物		否
	Ag	7/7			是
	As	7/7			否
	Cu	7/7			是
非甾体抗炎药	布洛芬	7/7			是
	萘普生	7/7			是
	酮洛芬	7/7			否
	双氯芬酸	7/7			是
全氟化物	PFOS	7/7	附录Ⅲ	X	否
	PFOA	7/7		X	否
	PFOSA	5/7			—
	PFHxA	7/7			—
	PFDcA	7/7			—
邻苯二甲酸酯类	DEP	7/7			—
	DIBP	7/7			—
	DBP	7/7			否
	BBzP	4/7			—
	DEHP	6/7	优先污染物		否
有机磷酸酯类	TIBP	7/7			是
	TBP	7/7			否
	TCEP	7/7			否
	TDCP	6/7			否
	TBEP	7/7			是
	TPhP	7/7			是
	EHDPP	7/7			—

续表

物质类别	物质	检测频次	WFD	BSAP	浓度在相同范围或超过毒性阈值/排放限值
挥发性有机化合物	正己烷	6/7			—
	苯	6/7			否
	甲苯	7/7			否
	乙基-苯	5/7			否
	间＋对二甲苯	7/7			—
	苯乙烯	3/7			否
	邻二甲苯	6/7			—
	正壬烷	1/7			—
挥发性卤代物	1,1,1-三氯乙烷	3/7			—
	1,2-二氯乙烷	7/7	优先污染物		否
	氯仿	7/7	优先污染物		否
	四氯化碳	7/7	优先污染物		否
	四氯乙烯	7/7	优先污染物		否
	三氯乙烯	5/7	优先污染物		否
硅氧烷类	D6	2/7			—
	MM	1/7			—
	MDM	1/7			—
	MD2M	2/7			—
	MD3M	4/7			—

注：MBT，DBT，TBT—单丁基锡，二丁基锡，三丁基锡；MPhT，DPhT，TPhT——苯基锡，二苯基锡，三苯基锡；MOT，DOT——辛基锡，二辛基锡；HBCDD—六溴环十二烷；BDEs—聚溴二苯醚；PFOS—全氟辛烷磺酸；PFOA—全氟辛酸；PFOSA—全氟辛烷磺酰胺；PFHxA—全氟己酸；PFDcA—全氟癸酸；DEP—邻苯二甲酸二乙酯；DIBP—邻苯二甲酸二异丁酯；DBP—邻苯二甲酸二丁酯；BBzP—邻苯二甲酸丁酯苯；DEHP—二-乙基己基酯；DOP—苯二甲酸二辛酯；DINP—二异壬酯；DIDP—二异癸酯；TIBP—磷酸三异丁酯；TBP—磷酸三丁酯；TCEP—三（2-氯乙基）磷酸酯；TDCP—三（1,3-二氯-2-丙基）酯；TBEP—三丁氧基乙基磷酸酯；TPhP—磷酸三苯酯；EHDPP—2-乙基己基二苯基磷酸酯；D4—八甲基环四硅氧烷；D5—十甲基环戊硅氧烷；D6—十二甲基环六硅氧烷；MM—六甲基二硅氧烷；MDM—八甲基三硅氧烷；MD2M—十甲基四硅氧烷；MD3M—十二甲基戊硅氧烷；是—浓度在相同范围；否—超过毒性阈值/排放限值；X—没有相关规定。

　　检测结果中没有发现测定的物质浓度随季节有明显变化。在不同月份采集的样本的低变化性与对检测物质预期的扩散性一致。但应注意，抽取的样品均为单日样品。

　　对 Gässlösa 污水处理厂出水和 Viskan 河地表水的检测结果表明，其他污染物来源对维斯坎（Viskan）河的化学负荷可能起重要作用。检测结果表明，酚类物质的负荷主要来自污水处理厂，而测定的受纳水（维斯坎河）中其他化合物的浓度，特别是金属浓度，与污水处理厂出水浓度相比，在同一范围或更高。本研究成功采用馏分的方法鉴定出了很多"未知"化合物。且其中一些物质浓度很低，在 $\mu g/L$ 量级。此外，获得鉴定的一些代谢物或降解物可以用来作为示踪剂指示它们前体物质的扩散。因此，该方法学可用于鉴定新出现物质。

　　对浓度接近或超过毒性阈值和排放限值的物质的鉴定以及对大量相对较高浓度的"未知"物质的鉴定，本书强调了处理混合毒性问题的重要性。这个问题可以通过在监控程序中结合效应测定来解决。对于这样的测定应选用恰当的试验方式，目标是关注引起的慢性效应的相关影响。选用的方法应具有较高的物流量，符合成本效益，最好避免动物的使用。在这项研究中，发现了一些雌激素效应和抗雄激素作用。本书通过对可能适用的其他生物检测方法的文献进行调研，界定了另外一些影响监测方案的要素。

　　根据污水处理厂出水的化学和生物学特性的测定结果及其受纳水体研究和生物检测的文

献调研，本书提出了用于市政污水处理厂出水的监测方案的建议。

1.2 引言

化学物质通过各种不同的源头排放到环境中，包括点源和扩散源。前面的筛选研究已经证实，有机污染物和金属在环境中具有扩散性，而且在城市地区浓度的富集水平表明，家用产品等的使用可能成为重要的污染排放源。因此，市政污水处理厂出水是受纳水体污染负荷的重要来源之一，且以扩散模式传播污染。

然而，污水处理厂出水中不同的化学物质形成了一个有序的体系，具有不同的化学、物理和生物特性，这既会影响迁移过程也会影响生物效应。这些物质中不仅包括原始物质，还包括通过转化形成的物质。

欧盟水框架指令（WFD）已确定33种优先污染物（PS），其相关的环境质量标准（EQS）和排放控制措施也已经确立。随着最近赫尔辛基委员会波罗的海行动计划（BSAP）的采用，波罗的海国家已经承诺实现"波罗的海生物免受有害物质影响"，并已将11种有害物质或物质群/组列入重点关注名单。

"新兴"物质是指已经在环境中检测到的物质，但目前不包括在常规监测中，对于这些物质的最终形态、性质和（生态）毒理学效应还不是很清楚，但由于其不利影响和/或持久性，将来可能会对这些物质立法。

为了获得化学物质在环境中扩散的整体情况，也为了更好地执行欧盟水框架指令以识别化学物质或其替代品使用变化的情况，以及确定"新兴"污染物质可能的存在，需要对市政污水处理厂出水进行化学和生物监测。

1.3 研究目的

本研究的总体目标如下：

① 为决策者提供基础数据，用于确定对市政污水处理厂（STP）出水进行化学和生物监测的方案。

② 确定出水中的"未知"物质。

为完成上述目标已开展了以下活动：

a. 对出水样品中特定有机物质和金属进行测量。

b. 潜在生物效应的表征，包括雄激素和雌激素活性的生物测定。

c. 对污水中化学成分随季节的变化进行评估。

d. 对污水处理厂邻近的受纳水体进行污染物监测。

e. 对出水进行更为广泛的化学表征，包括许多物质的定向分析和"未知"物质的鉴定。已经开展了适于监测目的的其他可能的生物检测方法的文献调查。

1.4 监测方案

1.4.1 取样点，污水处理厂

为研究污水处理厂出水的化学和生物特性，选择了在瑞典监测计划中规定监测污泥特性的7个污水处理厂。这些污水处理厂的处理规模、污水负荷组分、处理工艺和地理位置各不相同。7个污水处理厂的特征列于表1.2中。

表 1.2　纳入研究的污水处理厂的相关信息（ Haglun 和 Olofsson，2007）

污水处理厂	规模／千人	流量／(Mm³/a)	负荷
Henriksdal,Stockholm	835	88	市政,医疗,工业
Ryaverket,Göteborg	772	117	市政,雨水,医疗,工业
Öhn,Umeå	100	12	市政和医疗
Ellinge,Eslöv	100	4.6	市政,食品行业废水占据很大的份额
Gässlösa,Borås	98	18	市政,纺织工业
Nolhaga,Alingsås	37	4.6	市政,工业,干洗,填埋渗滤液,医疗
Bollebygd	1.7	0.29	市政

各污水处理厂出水水样于 8 月、9 月各采集一次。为了评价出水中化学物质的季节变化性，2008 年对 Gässlösa 污水处理厂共采集了 4 次样品，分别在 3 月、4 月、8 月初和 10 月底。

1.4.2　受纳水体

受纳水体样品的采集分别在 4 月和 8 月，采样地为位于 Gässlösa 污水处理厂旁的维斯坎河。水样（0～1m 深度的采集点）包括 4 个，分别为维斯坎河排污口的上游，污水处理厂以及下游的 50m 和 2000m 处。

1.4.3　化学表征

1.4.3.1　目标分析物

本研究分析的目标物质都列于表 1.3 中。针对不同的研究目的，选择不同的分析物。为研究污水处理厂出水的化学表征，对表 1.3 列出的所有物质都进行了分析；为研究季节变化对水中化学组分的影响，对表 1.3 中 A～E 组物质都进行了检测。A～E 组物质也在受纳水体维斯坎河水样中进行了分析。

表 1.3　定向分析测定的化合物

物质类	包括的物质
A. 有机锡化合物类	单丁基锡,二丁基锡,三丁基锡(MBT,DBT,TBT)
	一苯基锡,二苯基锡,三苯基锡(MPhT,DPhT,TPhT)
	一辛基锡,二辛基锡(MOT,DOT)
B. 溴化阻燃剂类(BFRs)	聚溴二苯醚;同系物♯ 47,85,99,100,153,154,209
	六溴环十二烷(HBCDD)
C. 酚类化合物	4-壬基苯酚(支链)
	4-叔-辛基酚
	二氯苯氧氯酚
	双酚 A
D. 除草剂类	草甘膦
	4-氯-2-甲基苯氧基乙酸(MCPA)
E. 金属类	总汞
	镉(Cd)
	铅(以 Pb 计)
	银(Ag)
	砷(以 As 计)
	铜(Cu)
F. 非甾体抗炎药类(NSAIDs)	布洛芬
	萘普生
	酮洛芬
	双氯芬酸

物质类	包括的物质
G. 全氟化物(PFAS)	全氟辛烷磺酸(PFOS)
	全氟辛酸(PFOA)
	全氟辛烷磺酰胺(PFOSA)
	全氟己酸(PFHxA)
	全氟癸酸(PFDcA)
H. 邻苯二甲酸盐类	邻苯二甲酸二乙酯(DEP)
	邻苯二甲酸二异丁酯(DIBP)
	邻苯二甲酸二丁酯(DBP)
	邻苯二甲酸丁酯苯(BBzP)
	二乙基己基酯(DEHP)
	苯二甲酸二辛酯(DOP)
	二异壬酯(DINP)
	二异癸酯(DIDP)
I. 有机磷酸酯类	磷酸三异丁酯(TIBP)
	磷酸三丁酯(TBP)
	三(2-氯乙基)磷酸酯(TCEP)
	三(1,3-二氯-2-丙基)酯(TDCP)
	三丁氧基乙基磷酸酯(TBEP)
	磷酸三苯酯(TPhP)
	2-乙基己基二苯基磷酸酯(EHDPP)
J. 挥发性有机物类	3-甲基戊烷
	正己烷
	苯
	甲苯
	正辛烷
	乙基-苯
	间+对二甲苯
	苯乙烯
	邻二甲苯
	正壬烷
	1,3,5-三甲基苯(1,3,5-TMB)
K. 挥发性卤代物类	1,1,1-三氯乙烷
	1,2-二氯乙烷
	二氯甲烷
	氯仿
	四氯化碳
	四氯乙烯
	三氯乙烯
L. 氯苯类	1,3,5-三氯苯
	1,2,4-三氯苯
	1,2,3-三氯苯
	六氯丁二烯
	1,2,3,4-四氯苯
	1,2,3,5-四氯苯+1,2,4,5-四氯苯
	五氯苯
	六氯苯
	1,3,5-三氯苯
M. 硅氧烷类	八甲基环四硅氧烷(D4)
	十甲基环戊硅氧烷(D5)
	十二甲基环六硅氧烷(D6)
	六甲基二硅氧烷(MM)
	八甲基三硅氧烷(MDM)
	十甲基四硅氧烷(MD2M)
	十二甲基戊硅氧烷(MD3M)

1.4.3.2 非目标物质的确定

用于分析目标物质中不同种类有机化合物的萃取试剂也可用于鉴定非目标（"未知"）化合物。出于这个目的，采用 GC-MS 联用仪以"全扫描"的模式进行了分析记录。通过将获得的质谱图与 GC-MS 图书馆数据库中的质谱图和科学文献中发表的质谱图进行比较来对物质进行鉴定，见 1.5.2.2。

1.4.4 生物学表征

出水的生物学表征包括测量雄激素和雌激素的活性。目前除了 Boras 污水处理厂外，其他 6 个进行化学表征的 STP 都进行了生物表征。

1.5 实验方法

1.5.1 取样

每天按照流量比例从出水中取样，对污染物进行全面分析（邻苯二甲酸酯类物质除外）。为了避免污水处理厂采样器受到污染，本试验采用定点采样办法。在维斯坎河受纳水体中，定点采集地表水样（水深 0～1m）。

根据要分析物质的性质，将样品收集在隔热（400℃，3h）深色玻璃瓶或经过酸洗的塑料瓶中。塑料瓶中的样品冷冻贮存，而玻璃瓶中的样品经酸化并在 4℃ 温度下保存。所有样品用磷酸（pH＝2）酸化保存。用于分析金属的样品用 1%（质量分数）硝酸酸化保存。

1.5.2 化学分析

对这 7 个污水处理厂的化学分析分为两部分。第一部分的目标主要是分析特定化合物和化合物群。为达到这一目标，对样品进行萃取，对萃取出来的成分进行了分馏，并且在某些情况下进行了衍生化以富集某类化合物，见表 1.3。针对不同的目标分析物特别开发的分析方法是与 GC-MS 联用仪的高灵敏度和选择性模式配合使用的。为了获得高灵敏度，MS 是在选择离子监测（SIR）模式下使用的。SIR 模式只对选择的离子进行监测，一般为 2～3 个离子。SIR 模式的局限性在于不能对样品萃取剂中的其他化合物进行检测。

第二部分用质谱仪"全扫描"模式对相同的样品萃取物进行分析，也就是说，所有通过气相色谱检出的物质均通过质谱仪检测其特征质谱图。并且，本研究尝试利用各种办法尽可能多地确定不同萃取剂中的化合物种类。预计在萃取剂中可能出现的化合物种类列于图 1.1 中。

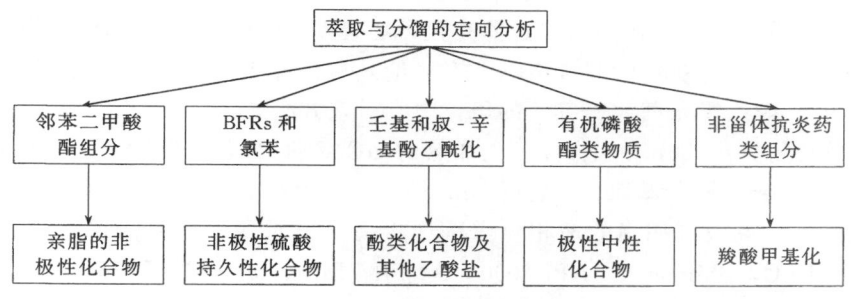

图 1.1 本研究分析方案图示

注：溴化阻燃剂（BFRs）

1.5.2.1 特定化合物的确定

(1) 邻苯二甲酸酯类 向未过滤水样（500mL）中加入氯化钠（25%，质量分数）后，用 MTBE（甲基叔丁基醚）进行液-液萃取。萃取液用硫酸钠干燥后溶于己烷溶液中。在固相萃取柱（正丙基乙二胺；变压吸附）上进行纯化。通过使用 GC-MSD（6890N，5973N，安捷伦）检测器选择离子监测（SIM）模式来完成分析，电子电离能为 70eV。

(2) 溴化阻燃剂类和氯苯类 经玻璃纤维滤膜过滤后的水样用固相萃取柱（SPE）（C18；500mg）萃取。过滤后的玻璃纤维滤膜分别用丙酮和乙烷：甲基叔丁基醚（3:1）进行萃取。萃取液与 SPE 柱洗脱液混合并溶于己烷溶液中。用浓硫酸对萃取液进行纯化。最后，将萃取剂在一个短的硅胶柱上进行色谱分离。用配有电子捕获检测器（ECD）的气相色谱（5890N，安捷伦）对萃取剂中的溴二苯醚（BDEs）进行分析。通过色谱-负化学离子源-质谱法在 SIR 模式下，以甲烷为反应气对氯苯进行分析。

(3) 酚类 经玻璃纤维滤膜过滤后的水样用固相萃取柱（SPE）（Isolute ENV+，200mg）萃取。过滤后的玻璃纤维滤膜分别用乙腈和乙烷：甲基叔丁基醚（1:1）进行萃取。萃取液与 SPE 柱洗脱液混合并溶于己烷溶液中。将萃取液乙酰化（阿拉德等，1985），并在硅胶柱上纯化后，再利用 GC-MS 联用仪（6890N，5973N，安捷伦）进行分析。检测器为 SIM 模式，电子电离能为 70eV。

(4) 有机磷酸酯类 向未过滤水样（500mL）中加入氯化钠（25%，质量分数）后，用 MTBE（甲基叔丁基醚）进行液-液萃取。萃取液用硫酸钠干燥后溶于己烷溶液中并在固相萃取柱上进行纯化。通过使用 GC-MSD（6890N，5973N，安捷伦）检测器 SIR 模式来完成分析，电子电离能为 70eV。

(5) 非甾体抗炎药类（NSAIDs） 利用预先加热的 GF/C 滤膜，在 pH>8 的条件下对 500~1000mL 水样进行过滤。过滤后，滤膜弃用，滤液经酸化后用固相萃取柱（SPE）萃取（Oasis HLB 200mg，Waters）。萃取速率约为 15mL/min。然后用乙酸乙酯对 NSAIDs 进行洗脱。洗脱液先通过液-液萃取，然后根据巴兹和斯坦（1993）的研究，用氯甲酸甲酯（MCF）对水样进行衍生化。通过使用 GC-MSD（6890N，5973N，安捷伦）检测器 SIR 模式来完成分析，电子电离能为 70eV。

(6) 化学除草剂类 使用与 NSAIDs 相同的方法对 4-氯-2-甲基苯氧基乙酸(二甲基苯氧基乙酸）进行萃取和衍生化。根据 Kataoka 等（1991）的研究，分析草甘膦时，需先将未过滤水样（10mL）与异氯代甲酸丁酯反应，生成的胺类衍生物被溶液萃取、干燥、浓缩。草甘膦中的磷基团最终与重氮甲烷产生了反应。通过使用 GC-MSD（6890N，5973N，安捷伦）检测器 SIR 模式来完成分析，电子电离能为 70eV。

(7) 有机锡类化学物 样品（未过滤）用四乙基硼酸钠乙基化，同时，用己烷进行萃取。通过使用 GC-MSD（6890N，5973N，安捷伦）检测器 SIR 模式来对萃取物进行分析，电子电离能为 70eV。Lilja 等（2009）的研究中有对该方法更详细的介绍。

(8) 全氟化物类 300mL 水样经预先加热的 GC/C 过滤膜过滤后用固相萃取柱（Oasis HLB 200mg，Waters）进行萃取。然后用 8mL 甲醇对萃取柱进行洗脱，并将洗脱液蒸发至体积为 1mL。样品萃取液应用高效液相色谱法连接一个三重四极杆质谱仪（HPLC-MS/MS；Prominence UFLC，Shimadzu，API 4000，Applied Biosystem）进行分析。

(9) 挥发性有机物和挥发性卤代物 将水样（100mL）用氦气进行吹扫，目标分析物捕集在吸附剂 Tenax TA 上。利用与气相色谱仪（3400，Varian）相连接的自动热脱附仪

（ATD-400，Perkin-Elmer）对 Tenax TA 吸附管进行脱附。脱附气体中挥发性有机化合物使用火焰离子化检测器（GC-FID）进行检测，卤代烃用电子捕获检测器（GC-ECD）进行检测。

（10）硅氧烷类　根据 Kaj 等（2005）的研究，对硅氧烷类化合物进行了分析。用氮气对样品进行吹扫，使目标分析物吸附于以 Tenax TA 为填充物的吸附管中。将吸附管与和气相色谱仪与特定检测器的质谱（6890N，5973N，安捷伦）相连接的特定仪器连接，使分析物在该仪器中进行热解析。

（11）金属类　将[185]Re 加入到水样和标准液中作为内部标准。样品中 Cu、Pb、Hg、Cd、Ag 和 As 的浓度用高分辨率等离子体质谱仪（ELEMENT2，Thermo Inc.，Germany）在挪威空气研究所测定。数据处理和仪器控制由 ELEMENT 软件 SWV3.06 执行。

1.5.2.2　对萃取物采用特殊分析方法进行未知化合物的测定

图 1.2 展示了鉴别方法的原理，它显示了不同萃取物中可能含有的化合物类型。本研究通过筛选 GC-MS 色谱中所有的基线分离峰来尝试鉴别所有样品中的有机化合物。一旦鉴定出一种新的有机物，该物质会立刻列入其他样品（使用同类萃取剂）的待检清单中。GC-MS 色谱图中化合物的鉴别是通过将检测获得的质谱与一些已经发表的质谱进行比较，例如 Wiley 和 NIST 质谱库，科学文献中已经发表的一些质谱等，同时还有和我们实验室分析所得化合物的质谱进行对比等。未知的化合物检测是否准确，需要考察该化合物与参考化合物质谱的一致性，以及二者在 GC 停留时间的匹配度。而本研究则认为：与质谱库的高匹配度（＞90％的一致性）是准确鉴定有机质的基础。另外，也需要斟酌基于化合物的分子量和化学结构（物理和化学特性；NLM ChemID Plus）所设计的萃取停留时间是否合理，以及是否可以被成功萃取等因素。

1.5.3　雄激素和雌激素的活性

通过采用酵母雌激素筛检（YES）试验和酵母雄激素筛检（YAS）试验，对废水水样中雌激素和雄激素进行了测定。酵母雌激素筛检是将人的雌激素受体 α 基因整合到主染色体上以重组酵母菌株（Routledge 和 Sumpter，1996），而酵母雄激素筛检重组含有人体雌激素受体基因的酵母菌株。整合和激活这些受体将导致用于编码 β-半乳糖苷酶的报告基因 lacZ 的转录，其活性可通过分光光度法进行测定。样品处理、性能分析和数据处理都是按照标准化程序（有关详细信息请参阅 Andersson 等，2006）操作的。

1.6　结果与讨论

关于特定化学物质的浓度和样品中激素活性的详细信息见 1.9 节中的表 1.22～表 1.26。

1.6.1　污水处理厂出水的化学特性——专题分析

本节将介绍污水处理厂出水的化学特性分析结果。所测定的污染物浓度与法律法规或国际权威机构规定的毒性阈值/排放限值进行了比较。这些法律法规包括：欧盟水框架指令的子指令所规定的年平均环境质量标准（AA-EQS）以及来自欧盟风险评估报告（EU-RARs）的预测无效应浓度（PNEC）等。对于法律法规中没有规定的物质，则将它们的测定浓度与一些国家权威机构制定的毒性阈值/排放限值进行比较，例如，由英国环境局（Brooke 等，2008a，2008b，2008c）规定的硅氧烷风险评估参考值，瑞典化学品管理局（瑞典 EPA，

2008）规定的针对特定污染物的 EQSs（环境质量标准）提案和/或来自公开的科学文献规定的排放限值。

应该牢记的是，毒性阈值和排放限值可能会随着保护目标和可用数据的不同而对应的参考值差异很大。WFD 环境质量标准旨在保护所有的生物群落，不仅是浮游生物，也包括底栖生物群落，防止食肉动物的二次中毒，保护人类健康。这意味着 EQSs 规定的毒性阈值和排放限值，例如持续生物累积性物质，相比于 PNEC 规定的针对保护深海环境的相同物质的相应值，可能会更低。因此，针对深海环境的 PNEC 参考值不一定能保护到相应想保护的群落。例如全氟化物和阻燃剂的 PNEC 限值就会对深海生物造成风险。

在进行这些比对工作时，并没有对测量所得污染物浓度进行稀释效果校正。但是，与之前的污水处理厂的出水的监测值进行了对比。

1.6.1.1 有机锡化合物

列入本研究清单的有机锡化合物，在污水处理厂的出水监测中都有不同频次的检出（除 DPhT 和 MOT 之外），见 1.9 节中的表 1.22。DBT 是检出频次最高的丁基锡化合物，在所有污水处理厂的出水中都有检出，而 MBT 和 TBT 分别在 3 个和 2 个污水处理厂的出水中检出。MBT、DBT 和 TBT 的浓度范围分别为 1.3～4.4ng/L、1.4～3.1ng/L 和 0.62～1.4ng/L。在苯基锡化合物当中，MPhT 在来自 Henriksdal 和 Bollebygd 污水处理厂的出水中有检出（浓度分别为 5.9ng/L 和 1.7ng/L），而 TPhT 在 Henriksdal 污水厂的出水中有检出（1.8ng/L）。DOT 只在 Henriksdal 污水处理厂的出水中有检出（1.3ng/L）。

来自 Henriksdal 污水厂的出水中检测出的有机锡化合物最多，而且浓度也是最高的。从表 1.4 和 1.9 节中的表 1.22 可以看出，检出的大部分有机锡化合物的浓度都接近各自的检出限。

本研究中所检测到的污染物浓度与以前的监测数据相比，浓度相似或更低一些。从已完成的 HAZARDOUS 项目（HELCOM，2009）收集的数据中可以看出，污水处理厂的出水中 TBT 和 TPhT 的浓度在所有研究中都低于检出限，仅有一个例外，该样品中分别含有 2.7ng/L TBT 和 2.3ng/L TPhT。

在瑞典 2008 年度地区筛查计划中所涵盖的 23 个采样点（污水处理厂的出水），其 TBT 和 TPhT 的浓度值都低于其各自的检出限（0.3ng/L 和 0.4ng/L）。但是，在这些水样中检测到了其他一些有机锡化合物的存在。表 1.4 罗列了一些有机锡化合物的历史监测数据以及用于对比的毒性阈值/排放限值。

表 1.4 本研究和过去研究中测定的污水处理厂出水中有机锡化合物的浓度与毒性阈值/排放限值的比较（检测频次在括号内给出）

项目	化合物	浓度/(ng/L)	参考文献
测定浓度	TBT,DBT,MBT	<0.5～1.4,1.4～3.1,<1.1～4.4(2,7 &3/7)	本研究
	TPhT,DPhT,MPhT	<0.8 & 1.8,<3,<0.6～5.9(1,0 &2/7)	
	MOT,DOT	<0.8,1.3(0 & 1/7)	
过去的测量值	DBT,MBT	1.7～13,4～110	Sternbecktffu 等,2006
	TBT,DBT,MBT	<0.2,1～2700,1.1～710(0,12 &16/23)	Regional Screening,2008(www.ivl.se)
	TPhT,DPhT,MPhT	<0.4,3.1～7.1,0.69(0,10 & 1/23)	
	DOT,MOT	1.2～7.2,0.84～29(3 & 8/23)	

项目	化合物	浓度／(ng/L)	参考文献
毒性阈值/ 排放限值	TBT	0.2(AA-EQS)	2008/105/EC
	DBT	1500	WHO,2006
	MBT	25000	WHO,2006
	TPhT	1(估计的 PNEC)	HELCOM,2009
	DPhT	—	
	MPhT	—	
	DOT	400	WHO,2006
	MOT	60	WHO,2006

注：PNEC—预测无效应浓度；AA-EQS—年平均环境质量标准浓度。

　　TBT 是水框架指令中列出的优先污染物，而 TBT 与 TPhT 则均是波罗的海行动计划特别关注的物质。本研究中检测到的 TBT 浓度是欧盟水框架指令规定的年平均环境质量标准的 2～7 倍，而且从 Henriksdal 污水处理厂的出水中检测到的 TPhT 浓度高于 HELCOM（2009）报道的最大无影响浓度估计值。本研究中检测到的其他有机锡化合物的浓度低于规定的毒性阈值。然而，在 2008 区域普查（www.ivl.se）中发现的一些物质（MOT 和 DBT）的浓度接近或高于毒性阈值。

1.6.1.2　溴系阻燃剂

　　在所有纳入本研究的溴系阻燃剂中，检测到了 BDE-47、BDE-99、BDE-100 和 HBCDD，见表 1.5 以及 1.9 节中的表 1.23。其中，BDE-47（浓度范围：0.026～0.081ng/L）在 6 个污水处理厂出水中有检出；BDE-99（浓度范围：0.027～0.082ng/L）在 5 个污水处理厂出水中检出；BDE-100（浓度范围：0.021～0.030ng/L）在 3 个污水处理厂出水中检出；而 HBCDD（浓度范围：0.05～0.27ng/L）在所有污水处理厂出水中均有检出；BDE-85、BDE-153、BDE-154 与 BDE-209 则在所有的出水水样中都未检出。

　　以前关于污水处理厂出水中溴化阻燃剂浓度的数据很少。在完成的 HELCOM（2009）项目汇总的数据中，列出了三个对 BDEs 的研究，其中两个包含 HBCDD。只有其中的一个研究是关于瑞典的数据，而且只包含了对单一样品的测定。在表 1.5 中，将本研究的结果与过去的测定结果以及一些毒性阈值/排放限值进行了比较。

表 1.5　本研究和过去研究中测定的污水处理厂出水中溴化阻燃剂的浓度与毒性阈值/排放限值的比较
（检测频次在括号中给出）

项目	化合物	浓度／(ng/L)	参考文献
测定浓度	BDE-47	＜0.02～0.081(6/7)	本研究
	BDE-85	＜0.03(0/7)	
	BDE-99	＜0.02～0.082(5/7)	
	BDE-100	＜0.02～0.030(3/7)	
	BDE-153	＜0.03(0/7)	
	BDE-154	＜0.03(0/7)	
	BDE-209	＜0.05(0/7)	
	HBCDD	0.05～0.27(7/7)	
过去的测量值	BDE-47	7.0(单一样品)	HELCOM,2009
	BDE-99	30	
	BDE-100	7.0	
	HBCDD	＜1	

续表

项目	化合物	浓度／(ng/L)	参考文献
毒性/排放限值	ΣBDE①	0.5(AA-EQS,湖泊)	2008/105/EC
		0.2(AA-EQS,海洋)	2008/105/EC
	HBCDD	30(PNEC 海洋)	EU-RAR,2008a

① 同系物总和 ♯28，47，99，100，153，154。

注：HBCDD—六溴环十二烷；AA-EQS—年平均环境质量标准浓度；PNEC—预测无效应浓度；BDEs—溴二苯醚。

1.6.1.3 酚类

所有纳入研究的酚类化合物在污水处理厂出水中均有检出，见表1.6以及1.9节中的表1.24。

在4个污水处理厂出水中检测到4-壬基酚（220～270ng/L），2个污水处理厂出水中检测到4-叔辛基苯酚（16ng/L和67ng/L），所有的污水处理厂出水中均检出二氯苯氧氯酚（16～110ng/L），5个污水处理厂出水中检出双酚A（270～1300ng/L）。在 Ryaverket 和 Öhn 污水处理厂出水中检出了所有的酚类物质，但是在 Henriksdal 和 Ellinge 污水处理厂出水中只检出二氯苯氧氯酚。

在表1.6中列出了本研究与一些过去测定的纳入本研究的酚类化合物的浓度以及相应的毒性阈值和排放限值。

4-壬基酚和4-叔辛基苯酚既在水框架指令（WFD）中被列为优先污染物也在波罗的海行动计划（BSAP）中被列为特别关注的物质。本研究中所检测到的4-壬基酚的浓度接近于 WFD 年平均环境质量标准浓度，测得的4-叔辛基苯酚的浓度则高于海水水域年平均环境质量标准浓度，但是低于淡水水域年平均环境质量标准浓度。

表 1.6　本研究和过去研究中测定的污水处理厂出水甲酚类化合物的浓度与毒性阈值/排放限值的比较

（检测频次在括号中给出）

项目	化合物	浓度／(ng/L)	参考文献
测定浓度	4-壬基酚	<87～270(4/7)	本研究
	4-叔辛基苯酚	<19～67(2/7)	
	二氯苯氧氯酚	16～110(7/7)	
	双酚 A	<120～1300(5/7)	
过去的测量值	4-壬基酚	中值:110(<10～1600,38/42)	Regional Screening
	4-叔辛基苯酚	中值:14.5(<2～290,36/42)	2008(www.ivl.se)
	二氯苯氧氯酚	中值:42(<1～250,41/42)	
	双酚 A	中值:240(<5～3000,38/42)	
	4-壬基酚	30～5500	Remberger 等,2004
	4-叔辛基苯酚	5～220	
毒性阈值/排放限值	4-壬基酚	300(AA-EQS)	2008/105/EC
	4-叔辛基苯酚	100(AA-EQS,湖泊)	2008/105/EC
		10(AA-EQS,海洋)	2008/105/EC
	二氯苯氧氯酚	1550(PNEC,SSD,HC₅)	Capdevielle 等,2008
		1900(EC₅₀,reprod. 绿色植物)	Franz 等,2008
		150(影响蝌蚪的甲状腺系统)	Veldhoen 等,2006
		50(建议的 EQS,湖泊)	Swedish EPA,2008
		5(建议的 EQS,海洋)	
双酚 A		1500(PNEC,湖泊)	EU-RAR,2008b
		150(PNEC,海洋)	EU-RAR,2008b

注：SSD—稳态分布；EC₅₀—半数有效浓度；EQS—环境质量标准浓度；AA-EQS—年平均环境质量标准浓度；PNEC—预测无效应浓度。

另外，在过去的研究中检测到的 4-壬基酚和 4-叔辛基苯酚的浓度几乎分别是年平均环境质量标准浓度的 20 倍和 30 倍。此外，还在污水处理厂出水中检测到二者各自高浓度的乙氧基化物。

在本研究中，根据欧盟风险评估报告（EU-RAR，2008b）给出的数据发现双酚 A 的浓度高于海水水域中预测无效应浓度，但是低于淡水水域的预测无效应浓度（PNEC）。瑞典 2008 年度地区筛查计划中，检测到的浓度高于淡水水域的预测无效应浓度。然而，应该注意的是，在 EU-RAR（2008b）中给出的排放限值受到质疑，因为多项研究表明生活在这样浓度的水体中可能会对鱼类造成影响，但更多的是对软体动物造成影响（Oehlmann 等，2008）。

对于二氯苯氧氯酚，Capdevielle 等（2008）获得了一个基于物种敏感分布（SSD）的预测无效应浓度 1550ng/L。但是，对于这个 PNEC，没有使用评估因素反映进一步的不确定性，而且 SSD 中代表绿藻的两个数据点都低于 HC$_5$（危害浓度）。

绿藻对二氯苯氧氯酚（即三氯生）这种物质特别敏感（Franz 等，2008），然而 Capdevielle 等（2008）获得的 PNEC 可能无法保护这类生物。另外，最新数据表明二氯苯氧氯酚在环境中的浓度可能会影响细菌群落（Johnson 等，2009）。此外，二氯苯氧氯酚还被认为是干扰内分泌的化合物，浓度在 150ng/L 时已潜在影响了蝌蚪的变形（Veldhoen 等，2006）。瑞典化学署已提出对二氯苯氧氯酚规定 5ng/L 和 50ng/L 环境质量标准浓度的提议。在本研究污水处理厂出水中检测到的该物质的浓度和 2008 年度地区筛查计划中检测到的该物质的浓度都低于 Capdevielle 等（2008）得出的预测无效应浓度，但是与瑞典环境保护局提出的环境质量标准浓度在同一范围或者更高。

1.6.1.4　除草剂类

分析的所有污水处理厂出水中，除草剂 2-甲-4 苯氧基乙酸和草甘膦的浓度分别低于 2ng/L 和 0.5μg/L 的检出限。由瑞典化学署提议的环境质量标准浓度值列于表 1.7 中。本研究中的检出限低于建议的标准值 200～500 倍。

表 1.7　除草剂的毒性值

	化合物	浓度／(μg/L)	参考文献
毒性阈值/排放限值	2-甲-4-苯氧基乙酸	1.1(建议环境质量标准浓度)	Swedish EPA,2008
	草甘膦	100(建议环境质量标准浓度)	

1.6.1.5　金属类

所有纳入研究的金属类物质在所有污水处理厂出水中都检测到了，见 1.9 节中的表 1.26。

Cu 的浓度最高（0.70～6.4μg/L），随后依次为 As（0.58～0.99μg/L）、Pb（0.038～0.58μg/L）、Ag（0.006～0.034μg/L）和 Cd（0.003～0.022μg/L）。Hg 的浓度范围在 0.39～4.9ng/L。

在 Bollebygd 污水处理厂的出水中检测到的 Hg 的浓度最高。对于其他金属，在该样品中检测到的浓度都在较低范围。在 Ellinge 处理污水厂出水中检测到的情况刚好相反，在该样品中检测到的 Hg 的浓度最低，而其他金属的浓度都在较高范围。

在表 1.8 中，将已测定的金属浓度与一些毒性阈值/排放限值进行了比较。其中 Hg、Cd 和 Pb 的测定浓度与 WFD（2008/105/EC）的子指令给出的环境质量标准浓度进行比较，As 的测定浓度可与饮用水标准浓度（98/83/EC）进行比较。Blaser 等（2008）对 Ag 的水生动物毒性阈值进行了文献调研。Ag 在淡水系统中被认为是以硫化银簇（有机和无机）的形式存在，但是当银的浓度超过硫的浓度时，游离 Ag^+ 的毒性也需要考虑（Blaser 等，2008）。在表 1.8 中列出了银锌硫化物（Ag-ZnS）和自由银离子（Ag^+）的毒性阈值。这些数据都是基于对甲壳类动物最大无观察效应浓度和最大无影响浓度（NOEC）以及使用评估因素得出的（Blaser 等，2008）。瑞典化学署已针对 Cu 提出了一个环境质量标准浓度（Swedish EPA，2008）。

所有处理污水厂出水中 Cd、Hg 和 Pb 的浓度均低于各自的环境质量标准浓度，As 的浓度低于饮用水标准浓度。有 4 个污水处理厂出水中 Cu 的浓度刚好高于提议的环境质量标准浓度。但是 Ag 的浓度高于 Blaser 等（2008）给出的预测无效应浓度（Ag-ZnS 超过预测无效应浓度 3～17 倍，Ag^+ 超过预测无效应浓度 60～340 倍）。

表 1.8 在本研究中测定的污水处理厂出水中的金属浓度与毒性阈值/排放限值的比较
（检测频次在括号中给出）

项目	化合物	浓度(ng/L)	参考文献
测定浓度	Hg	0.39～4.9(7/7)	本研究
	Cd	3～22(7/7)	
	Ag	6～34(7/7)	
	Pb	38～580(7/7)	
	As	580～990(7/7)	
	Cu	700～6400(7/7)	
毒性阈值/排放限值	Hg	50(AA-EQS)	2008/105/EC
	Cd	80～250(AA-EQS)	2008/105/EC
	Ag	2(PNEC,Ag-ZnS) 0.1(PNEC,Ag^+)	Blaser 等,2008
	Pb	7200(AA-EQS)	2008/105/EC
	As	10000(饮用水标准)	98/83/EC
	Cu	4000(建议 EQS)	Swedish EPA,2008

1.6.1.6 非甾体抗炎药类（NSAIDs）

水杨酸和布洛芬降解产物羟基化布洛芬（布洛芬—OH）和羧基化布洛芬（布洛芬—COOH）都属于非甾体抗炎药类物质。布洛芬、萘普生、酮洛芬和双氯芬酸的浓度列于 1.9 节的表 1.27 中；布洛芬—OH、布洛芬—COOH 和水杨酸的浓度列于表 1.35 中。在所有污水处理厂出水中都检测到了非甾体抗炎药类物质。布洛芬的浓度范围为 8～5000ng/L，萘普生为 81～3000ng/L，酮洛芬为 68～1400ng/L，以及双氯芬酸为 71～620ng/L。

Bollebygd 污水处理厂的出水中检测到非甾体抗炎药类物质的浓度最高。该样品含有的布洛芬的降解产物布洛芬—OH 和布洛芬—COOH 的浓度也是最高的。Ellinge 污水处理厂的出水中检出的纳入分析的所有非甾体抗炎药类物质浓度均最低（双氯芬酸除外）。来自瑞典西部的污水处理厂的出水中含有的非甾体抗炎药类物质的浓度似乎在较高的范围。

在表 1.9 中列出了针对纳入研究的一些非甾体抗炎药类物质的毒性阈值。基于急性毒性数据看来，原来预测不会产生影响的浓度可能会引起慢性中毒效应。根据 P. subcapitata（近头状伪蹄形藻）（www.fass.se）的急性毒性数据已获得了布洛芬的最大无影响浓度（NOEC）为 17.5μg/L。但是，当甲壳纲动物 G. pulex（钩虾状蚤）暴露于 10ng/L 浓度的布洛芬时，可观察到布洛芬对其行为有影响（Santos 等，2010）。用刺胞动物 H. attenuata 和软体动物 P. carinatus 进行慢性中毒研究也表明，在低于预测无效应浓度（PNEC）的情况下也可能引起慢性中毒效应。同样，双氯芬酸已被证明在浓度低至 $0.5\sim1\mu g/L$ 时能造成鱼类慢性中毒效应，并且根据慢性毒理数据计算得出的 PNEC 范围为 $0.005\sim0.1\mu g/L$（比基于急性毒性数据得出的 PNEC 值低 $100\sim2000$ 倍）（Grung 等，2008；Hoeger 等，2005）。此外，对双氯芬酸和萘普生，有迹象表明它们的光解产物具有更高的毒性（Santos 等，2010）。

表 1.9 本研究和过去研究中测定的污水处理厂出水中非甾体抗炎药类物质的浓度与毒性阈值/排放限值的比较（检测频次在括号中给出）

项目	化合物	浓度／(μg/L)	参考文献
测定浓度	布洛芬	0.008~5.0(7/7)	本研究
	萘普生	0.081~3.0(7/7)	
	酮洛芬	0.068~1.4(7/7)	
	双氯芬酸	0.071~0.620(7/7)	
过去的测量值	布洛芬	0.0032~7.8(51/51)	Andersson 等,2006
	萘普生	0.030~15(51/51)	
	酮洛芬	0.0049~2.9(51/51)	
	双氯芬酸	0.014~0.71(51/51)	
	布洛芬	3.2 & 3.5(2 个样品来自同一个污水处理厂)	Remberger 等,2008
	萘普生	3.4 & 3.2	
	酮洛芬	0.53 & 0.57	
	双氯芬酸	0.23 & 0.22	
毒性阈值/排放限值	布洛芬	17.5(PNEC,急性毒性,藻类)	www.fass.se
		1000(LOEC 形态,刺胞)	Santos 等,2010
		1000(NOEC 生长,慢性,软体动物)	
		0.01(LOEC 行为,甲壳类动物)	
	萘普生	0.64(PNEC,慢性,甲壳类动物)	www.fass.se
	酮洛芬	100(PNEC,急性,甲壳类动物)	www.fass.se
	双氯芬酸	10(PNEC,急性,甲壳类动物)	www.fass.se
		0.1(PNEC,慢性,鱼类)	Grung 等,2008
		0.005(PNEC,慢性,鱼类)	Hoeger 等,2005

注：LOEC—最低有影响浓度。

本研究中检测到的非甾体抗炎药类物质的浓度都处在可能对水生环境造成负面影响的范围内。虽然检测到的布洛芬的浓度低于基于急性毒性得到的 PNEC 值，但是 Bollebygd 污水处理厂出水中含有的布洛芬的浓度比刺胞动物和软体动物慢性中毒值高 5 倍，并且其中 6 个污水处理厂出水中的布洛芬浓度高于对甲壳纲动物 *G. pulex* 的最小可观察效应浓度（$11\sim500$ 倍）。3 个污水处理厂出水中萘普生的浓度高于 PNEC 值（$1\sim5$ 倍）。双氯芬酸的浓度低于基于急性毒性数据得出的 PNEC 值，但是其中有 3 个污水处理厂出水中双氯芬浓度高于 Grung 等（2008）报道的 PNEC 值（$1\sim6$ 倍），而且所有污水处理厂出水中双氯芬浓度都高于 Hoeger 等（2005）报道的 PNEC 值。

1.6.1.7 全氟烷基化合物

测定的全氟化物的浓度见表 1.10 以及 1.9 节的表 1.28。全氟辛烷磺酸（PFOS）、全氟辛酸（PFOA）、全氟己酸（PFHxA）和全氟癸酸（PFDcA）四种物质在 7 个污水处理厂的出水中都有检出，而且全氟辛烷磺酸胺（PFOSA）在除了 Rya 和 Bollebygd 污水处理厂外的其余 5 个污水处理厂出水中浓度都高于检出限值（0.02ng/L）。PFOS 的浓度范围为 $3.1\sim19ng/L$，PFOA 为 $3.6\sim41ng/L$，PFOSA 为 $0.038\sim0.18ng/L$，PFHxA 为 8.4~

21ng/L，PFDcA 为 6.0～13ng/L。

纳入研究的全氟化物在我们研究的 7 个污水处理厂中浓度和分布相似，无明显区别。

在表 1.10 中，将本研究测定的浓度与一些过去研究测定的浓度和毒性阈值/排放限值进行了比较。通过比较可以看出，当前测定浓度比过去研究测定浓度更低或保持在相同范围内，而且比奥斯陆-巴黎公约（2005）和瑞典环保署（2008）规定的排放限值低几个数量级。

表 1.10　本研究和过去研究中测定的污水处理厂出水中全氟化物的浓度与毒性阈值/排放限值的比较
（检测频次在括号中给出）

项目	化合物	浓度/(ng/L)	参考文献
测定浓度	PFOS	3.1～19(7/7)	本研究
	PFOA	3.6～41(7/7)	
	PFOSA	<0.02～0.18(5/7)	
	PFHxA	8.4～21(7/7)	
	PFHDcA	6.0～13(7/7)	
过去的测量值	PFOS	6.7～49(4/4)	Woldegiorgis 等，2006
	PFOA	7.4～77(4/4)	
	PFOSA	<0.5～0.98(3/4)	
	PFHxA	<2～22(2/4)	
	PFHDcA	<6.7～48(3/4)	
毒性阈值/排放值	PFOS	25000(PNEC，湖泊)	巴黎公约，2005
		2500(PNEC，海洋)	
	PFOA	30000(建议 EQS，湖泊)	瑞典环保署，2008
		3000（建议 EQS，海洋）	
	PFOSA	?	
	PFHxA	?	
	PFHDcA	?	

1.6.1.8　邻苯二甲酸酯类

邻苯二甲酸酯类物质的测定浓度见表 1.11 以及 1.9 节的表 1.29。在所有污水处理厂出水中都检测到了邻苯二甲酸二乙酯（DEP）、邻苯二甲酸二异丁酯（DIBP）和邻苯二甲酸二丁酯（DBP），而二乙基己基酯（DEHP）和邻苯二甲酸丁基苄基酯（BBzP）分别在 6 个和 4 个污水处理厂出水中被检测到。邻苯二甲酸二异辛酯（DOP）、二异壬酯（DINP）和二异癸酯（DIDP）在 7 个污水处理厂出水中均未检出（检出限分别为 0.01μg/L、1μg/L 和 1μg/L）。检测发现 DEP 的浓度范围为 0.030～1.47μg/L，DIBP 为 0.046～0.21μg/L，DBP 为 0.081～0.28μg/L，BBzP 为 0.015～0.050μg/L，DEHP 为 0.19～0.71μg/L。

这些物质一般在 Henriksdal 和 Ellinge 污水处理厂的出水中浓度最低。同其他 6 个污水处理厂出水明显不同，DEP 在 Bollebygd 污水处理厂出水中浓度相对较高。

表 1.11 中列出了本研究与一些过去研究中对邻苯二甲酸酯类物质的检测结果，及欧盟对该类物质规定的毒性阈值/排放限值。通过比较可看出，本研究测定结果与过去研究测定结果在相同浓度范围，且检测频次也相似。

DEHP 既是欧盟水框架指令规定的优先污染物，又是波罗的海行动计划规定的特别关注的物质。DEHP 的测定浓度比子指令（2008/105/EC）中规定的年平均环境质量标准浓度低。DBP 的浓度比欧盟风险评估报告（EU-RAR，2004）规定的预测无效应浓度低几个数量级。对于 DEP、DIBP、BBzP 与 DOP，由于缺少这些物质的毒性阈值/排放限值，故无法对其进行评估。而对于 DINP 与 DIDP，由于缺乏这些物质低于其溶解度的浓度的毒性数据，从而无法确定其对水生环境的预测无效应浓度。

表 1.11　本研究和过去研究中测定的污水处理厂出水中邻苯二甲酸盐类物质的浓度与
毒性阈值/排放限值的比较（检测频次在括号中给出）

项目	化合物	浓度/(μg/L)	参考文献
测定浓度	DEHP	<0.1～0.49(6/7)	本研究
	DEP	0.030～1.47(7/7)	
	DIBP	0.046～0.21(7/7)	
	DBP	0.081～0.28(7/7)	
	BBzP	<0.01～0.050(4/7)	
	DOP	<0.01(0/7)	
	DINP	<1(0/7)	
	DIDP	<1(0/7)	
过去的测量值	DEHP	0.54	Furtmann,1993
	DEP	0.06	Furtmann,1993
	DBP	0.22	Furtmann,1993
	DEHP	中值:0.52(0.064～8.3,30/30)	Regional Screening
	DEP	中值:0.025(0.0015～0.29,25/30)	2008(www.ivl.se)
	DIBP	中值:0.016(0.0072～0.17,29/30)	
	DBP	中值:0.079(0.024～0.20,9/30)	
	BBzP	中值:0.15(<0.1～0.15,1/30)	
	DOP	<0.03(0/30)	
	DINP	中值:2.3(<0.3～3.9,2/30)	
	DIDP	中值:0.54(<0.3～0.76,2/30)	
毒性阈值/排放限值	DEHP	1.3(AA-EQS)	2008/105/EC
	DEP	?	
	DIBP	?	
	DBP	10(PNEC 水环境)	EU-RAR,2004
	BBzP	?	
	DOP	?	
	DINP	PNEC 水环境-无法确定	EU-RAR,2003a
	DIDP	PNEC 水环境-无法确定	EU-RAR,2003b

1.6.1.9　有机磷酸酯类

有机磷酸酯类物质的测定浓度见表 1.12 以及 1.9 节的表 1.30。所有纳入研究的有机磷酸酯类物质都被检测到，且除 TDCP 外，其他物质都在检测的污水处理厂出水中高于出厂标准值。TIBP 的浓度变化范围为 0.029～2.8μg/L，TBP 为 0.019～0.39μg/L，TCEP 为 0.19～1.8μg/L，TDCP 为 0.28～0.82μg/L，TBEP 为 0.24～16μg/L，TPhP 为 0.015～0.12μg/L，EHDPP 为 0.0092～0.069μg/L。所有纳入分析的有机磷酸酯类物质中，除 Ellinge 污水处理厂的水样外，TBEP 物质的浓度最高。Henriksdal 污水处理厂的出水中，有机磷酸酯类物质的浓度最低或者在最低浓度范围，但是总体而言，这些物质的浓度在不同污水处理厂之间没有明显的差异。

在表 1.12 中列出了本研究和一些过去研究对有机磷酸酯类物质的监测数据，及规定的毒性阈值/排放限值。本研究中测定的物质的浓度与 Bester（2005）和 Marklund 等（2005）报道的浓度在相同的范围内。TCEP 和 TDCP 的浓度可以与欧盟风险评估报告（EU-RAR，2008c 和 2009）给出的水生环境预测无效应浓度（PNEC）进行比较。对于其他的有机磷酸酯类物质，除了 EHDPP 外，环境研究院（RIVM）已经推导出了它们的水生环境的预期无效应浓度（RIVM，2005）。检测到的 TIBP、TBEP 和 TPhP 的浓度超过了 RIVM 获得的预测无效应浓度，与通过海水水域的预测无效应浓度相比，浓度可高达10倍。

表1.12　本研究和过去研究中测定的污水处理厂出水中有机磷酸酯类物质的浓度与
毒性阈值/排放限值的比较（检测频次在括号中给出）

项目	化合物	浓度/（μg/L）	参考文献
测定浓度	TIBP	0.029～2.8(7/7)	本研究
	TBP	0.019～0.39(7/7)	
	TCEP	0.19～1.8(7/7)	
	TDCP	<0.008～0.82(6/7)	
	TBEP	0.24～16(7/7)	
	TPhP	0.015～0.12(7/7)	
	EHDPP	0.0092～0.069(7/7)	
过去的测量值	TIBP	—	
	TBP	0.36～6.1	Marklund 等,2005
	TCEP	0.24～0.61;0.39～0.47	Bester,2005;Marklund 等,2005
	TDCP	0.13～0.34	Marklund 等,2005
	TBEP	3.1～30	Marklund 等,2005
	TPhP	0.041～0.13	Marklund 等,2005
	EHDPP	—	
毒性阈值/排放限值	TIBP	11(PNEC,湖泊) 1.1(PNEC,海洋)	RIVM,2005
	TBP	66(PNEC,湖泊) 6.6(PNEC,海洋)	RIVM,2005
	TCEP	65(PNEC,水环境)	EU-RAR,2009
	TDCP	10(PNEC,水环境)	EU-RAR,2008c
	TBEP	13(PNEC,湖泊) 1.3(PNEC,海洋)	RIVM,2005
	TPhP	0.16(PNEC,湖泊) 0.016(PNEC,海洋)	RIVM,2005
	EHDPP	?	

注：TIBP—磷酸三异丁酯；TBP—磷酸三丁酯；TCEP—三（2-氯乙基）磷酸酯；TDCP—三（1,3-二氯-2-丙基）酯；TBEP—磷酸三丁氧基乙基酯；TPhP—磷酸三苯酯；EHDPP—2-乙基己基二苯基磷酸酯。

1.6.1.10　挥发性有机化合物和挥发性卤代物

挥发性有机化合物和挥发性卤代物的测定浓度如表1.13以及1.9节中的表1.32所示。

所有的水样中都检测到了甲苯和对二甲苯，其测定浓度范围分别为8.4～200ng/L和7.7～35ng/L。有6个水样中检测到了苯、邻二甲苯和正己烷，浓度范围分别在1.1～5.5ng/L、13～95ng/L和2.5～14ng/L。在5个水样中检测到了苯乙烷（1.3～18ng/L），3个水样中检测到了苯乙烯（3.1～14ng/L），1个水样中检测到了正壬烷（1.4ng/L）。所有水样中均未检测到3-甲基-戊烷、正辛烷和四甲基联苯胺，其检出限分别为10ng/L、1.0ng/L和5ng/L。

在污水处理厂出水中检测到了除二氯甲烷外的其他所有挥发性卤代物。在所有7个水样的3水样中检测到了1,1,1-三氯乙烷，其浓度范围为0.42～0.50ng/L。所有的水样中都检测到了1,2-二氯乙烷、三氯甲烷、四氯化碳和四氯乙烯，其浓度范围分别为34～270ng/L、

14～140ng/L、1.6～2.4ng/L 以及 1.1～300ng/L。在 5 个出水中检测到了三氯乙烯，其浓度范围为 0.82～5.9ng/L。

在表 1.13 中，将本研究测定的浓度与一些毒性阈值/排放限值进行了比较。对于苯乙烯、甲苯、苯和苯乙烷，在各自的欧盟风险评估报告（EU-RAR，2002，2003c，2007，2008d）中都能找到它们对水生环境的预测无效应浓度。WFD 子指令（2008/105/EC）给出了本研究中除 1,1,1-三氯乙烷之外的所有挥发性卤代物的排放限值。挥发性有机化合物和卤代物的测定浓度一般都比这些毒性阈值/排放限值低几个数量级。

表 1.13　本研究和过去研究中测定的污水处理厂出水中挥发性有机物和挥发性卤代物的浓度与毒性阈值/排放限值的比较（检测频次在括号中给出）

项目	化合物	浓度/（μg/L）	参考文献
测定浓度	苯乙烯	<0.0020～0.014(3/7)	本研究
	甲苯	0.0084～0.20(7/7)	
	苯	<0.0010～0.0055(6/7)	
	乙基-苯	<0.0010～0.018(5/7)	
	3-甲基戊烷	<0.010(0/7)	
	正己烷	<0.0010～0.095(6/7)	
	正辛烷	<0.0010(0/7)	
	间＋对二甲苯	0.0077～0.035(7/7)	
	邻二甲苯	<0.0020～0.0014(6/7)	
	正壬烷	<0.0010～0.0014(1/7)	
	1,3,5-四甲基联苯胺	<0.0050(0/7)	
	1,1,1-三氯乙烷	<0.4～0.50(3/7)	
	四氯化碳	0.0017～0.0024(7/7)	
	1,2-二氯乙烷	0.034～0.27(7/7)	
测定浓度	二氯甲烷	<0.0060(0/7)	
	四氯乙烯	0.0011～>0.30(7/7)	
	三氯乙烯	<0.0003～0.0059(5/7)	
	氯仿	0.014～0.14(7/7)	
毒性阈值/排放限值	苯乙烯	40(PNEC,水环境)	EU-RAR,2002
	甲苯	74(PNEC,水环境)	EU-RAR,2003c
	苯	80(PNEC,水环境)	EU-RAR,2008d
	乙基-苯	100(PNEC,水环境)	EU-RAR,2007
	3-甲基戊烷	?	
	正己烷	?	
	正辛烷	?	
	间＋对二甲苯	?	
	邻二甲苯	?	
	正壬烷	?	
	1,3,5-四甲基联苯胺	?	
	1,1,1-三氯乙烷		
	四氯化碳	12(AA-EQS)	2008/105/EC
	1,2-二氯乙烷	10(AA-EQS)	2008/105/EC
	二氯甲烷	20(AA-EQS)	2008/105/EC
	四氯乙烯	10(AA-EQS)	2008/105/EC
	三氯乙烯	10(AA-EQS)	2008/105/EC
	氯仿	2.50(AA-EQS)	2008/105/EC

注：AA-EQS—年平均环境质量标准浓度。

1.6.1.11　氯苯类

本研究检测到的氯苯类物质的浓度都低于各自的检出限。表 1.14 给出了氯苯类物质的排放限值。三氯苯、五氯苯、六氯苯和六氯丁二烯的检出限分别为 0.1～2ng/L、0.2ng/L、0.1ng/L、0.2ng/L。这些检出限都低于各自的年平均环境质量标准浓度。

表 1.14　氯苯类化合物的限制

项目	化合物	浓度 /（μg/L）	参考文献
排放限值	三氯苯	400（AA-EQS）	2008/105/EC
	五氯苯	7（AA-EQS,湖泊）	2008/105/EC
		0.7（AA-EQS,海洋）	
	六氯苯	10（AA-EQS）	2008/105/EC
	六氯丁二烯	100（AA-EQS）	2008/105/EC

1.6.1.12　硅氧烷类

硅氧烷的研究结果见 1.9 节的表 1.34。所有纳入分析的硅氧烷类物质中，能够检测到 D6、MM、MDM、MD2M 和 MD3M，无法检测到 D4 和 D5（二者检出限分别为 0.09ng/L 和 0.04μg/L）。其中，D6 在 Henriksdal 和 Ellinge 两污水处理厂出水中检出，其浓度分别为 0.065μg/L 和 0.040μg/L；MM 在 Henriksdal 污水处理厂出水中检出，浓度为 0.0021μg/L；MDM 在 Bollebygd 污水处理厂出水中检出，浓度分别为 0.0003μg/L；MD2M 在 Bollebygd 和 Henriksdal 污水处理厂出水中检出，浓度分别为 0.00067μg/L 和 0.00059μg/L；MD3M 则在 Nolhaga、Ellinge、Henriksdal 和 Bollebygd 4 个污水处理厂出水中检出，浓度范围在 0.00059～0.0017μg/L。

在表 1.15 中，将本研究中测定的硅氧烷类物质浓度与过去研究中的监测值及该类物质的毒性阈值/排放限值进行了比较。与 Kaj 等（2005，2007）的研究结果相比，本研究测定的浓度与之在相同范围或比其更低。其中，D4 的检出限值低于 Brooke 等（2009a）给出的针对水生环境的预测无效应浓度。根据 Brooke 等对 D5 和 D6 的风险评估，由于缺少低于这些硅氧烷类物质溶解度的浓度毒性数据，从而无法确定其水生环境预测无效应浓度。

表 1.15　本研究和过去研究中测定的污水处理厂出水中硅氧烷类物质的浓度与
毒性阈值/排放限值的比较（检测频次在括号中给出）

项目	化合物	浓度 /（μg/L）	参考文献
测定浓度	D4	<90(0/7)	
	D5	<40(0/7)	
	D6	<30～65(2/7)	
	MM	<1～21(1/7)	
	MDM	<0.2～0.3(1/7)	
	MD2M	<0.3～7.6(2/7)	
	MD3M	<0.4～1.7(4/7)	
过去的测量值	D4,D5,D6	<60,<40～51,<40～230(0,1 & 5/12)	Kaj 等,2005
	MM,MDM,MD2M,MD3M	<0.5(0/12)	
	D4,D5,D6	60～260,440～2300,11～59	Kaj 等,2005
	MM,MDM,MD2M,MD3M	<0.5,<0.5～80,<0.5～8.9,<5(3 样本,同 STP)	
毒性阈值/排放限值	D4	440（PNEC,水生）	Brooke 等,2009a
	D5	PNEC,水生的无法确定	Brooke 等,2009b
	D6	PNEC,水生的无法确定	Brooke 等,2009c
	MM	?	
	MDM	?	
	MD2M	?	
	MD3M	?	

注：D4—八甲基环四硅氧烷；D5—十甲基环戊硅氧烷；D6—十二甲基环六硅氧烷；MM—六甲基二硅氧烷；MDM—八甲基三硅氧烷；MD2M—十甲基四硅氧烷；MD3M—十二甲基戊硅氧烷。

1.6.2　污水处理厂出水中雌激素和雄激素活性

除未对 Bollebygd 污水处理厂出水进行雌激素活性检测外，其余 6 个受检污水处理厂出水中均检测到雌激素活性。检测到的雌激素活性范围为 2.0～4.2ng 雌二醇/L，这些值都处于 Svenson 等（2002）在污水处理厂出水中检测到的浓度范围之内。

通过酵母雄激素筛选实验未检测到雄激素活性（其检出限为 1ng 二氢睾丸/L）。但是，这些结果表明了抗雄激素活性具有剂量依赖性。

1.6.3　污水处理厂出水化学成分的季节变化性

在对 7 个污水处理厂出水化学特性研究中检测到的有机锡化合物中，MBT、DBT 和 DPhT 可在 Gässlösa 水处理厂的出水中检出，见图 1.2。在 3 月、4 月和 8 月所取的水样中检测到的 MBT 和 DBT 的浓度大致相同，但是在 10 月取的水样中没有检测到这两种物质。DPhT 的浓度则只有在 10 月份的检测中高于检出限。

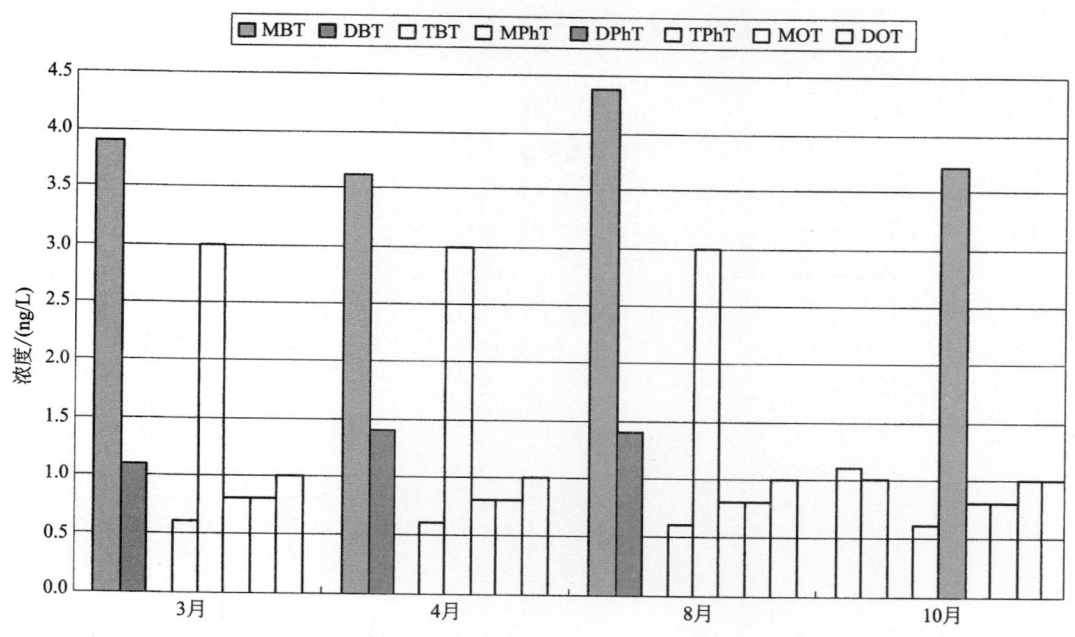

图 1.2　2008 年 3 月、4 月、8 月和 10 月在 Gässlösa 污水处理厂出水水样中有机锡化合物的浓度（空缺栏表明该化合物未检出，其高度表示检出限）

图 1.3 展示了污水处理厂出水中溴化阻燃剂类物质的浓度随季节变化的研究结果。在 Gässlösa 污水处理厂出水中检出的该类物质包括 BDE-47、BDE-209 和 HBCDD 等。其中，在 3 月和 4 月所取的水样中，只对 BDE-209 和 HBCDD 进行了分析。对于 HBCDD，3 月和 4 月的浓度要高于 8 月和 10 月。在 8 月和 10 月所取的水样中，BDE-47 和 BDE-209 的浓度大致相同。

图 1.4 展示了 4-壬基酚、4-叔辛基苯酚、二氯苯氧氯酚和双酚 A 的浓度随季节的变化。4-壬基酚和 4-叔辛基苯酚的浓度接近检出限，且 4-壬基酚在 8 月的浓度低于检出限，但是 4-叔辛基苯酚的浓度在 3 月和 8 月都低于检出限。在所有 4 个水样中都检测到了二氯

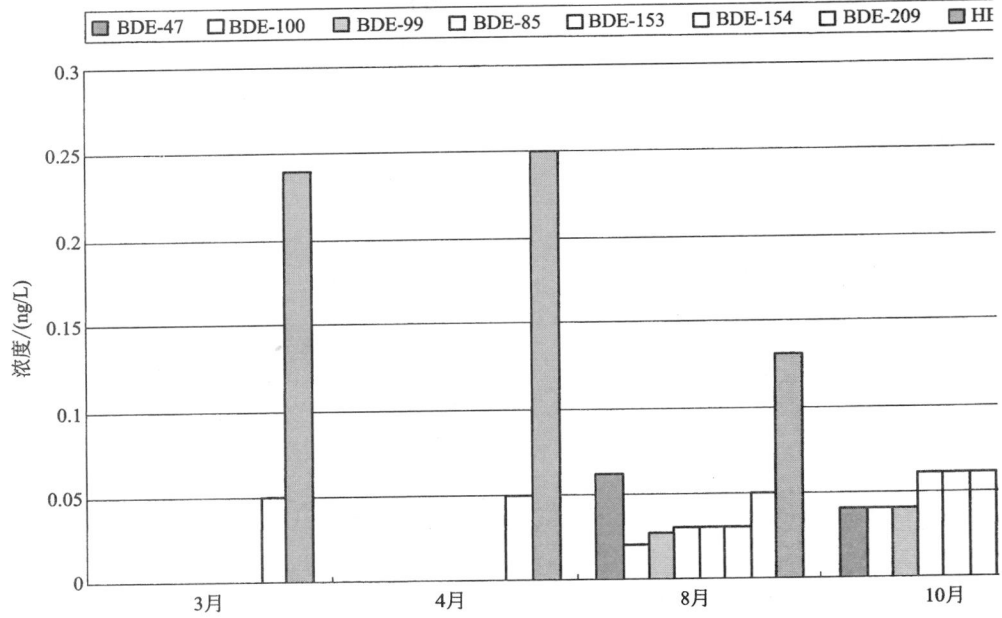

图 1.3 2008 年 3 月、4 月、8 月和 10 月在 Gässlösa 污水处理厂出水中溴化阻燃剂的浓度
（空缺栏表明该化合物未检出，其高度表示检出限。对于 3 月和 4 月采集的样品，只对 BDE-
和 HBCDD 进行了分析）

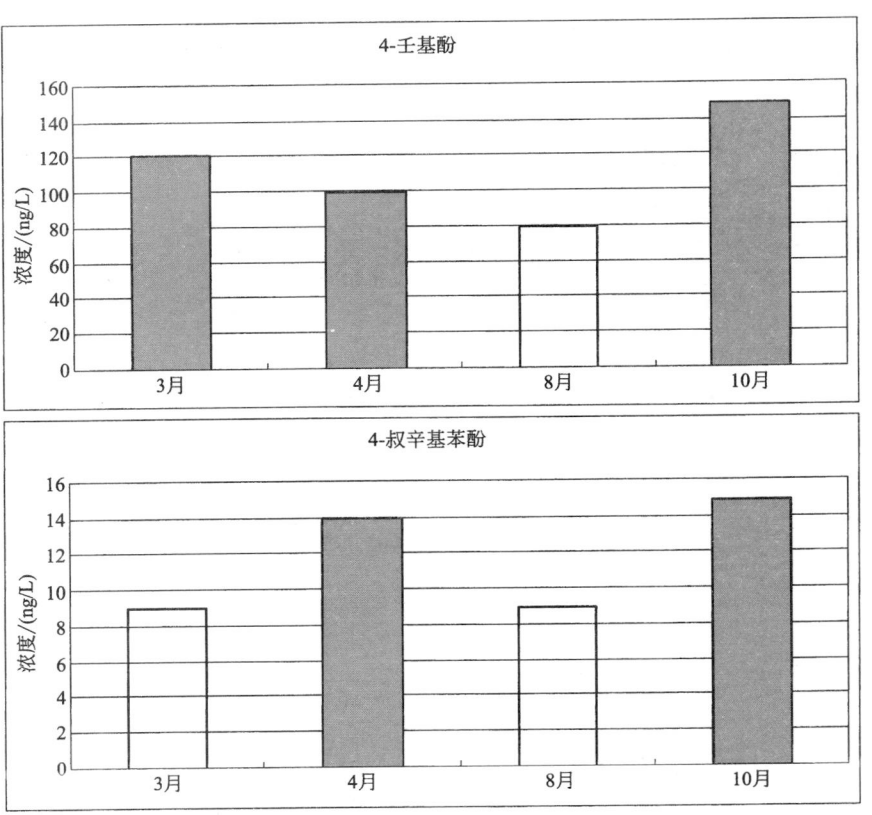

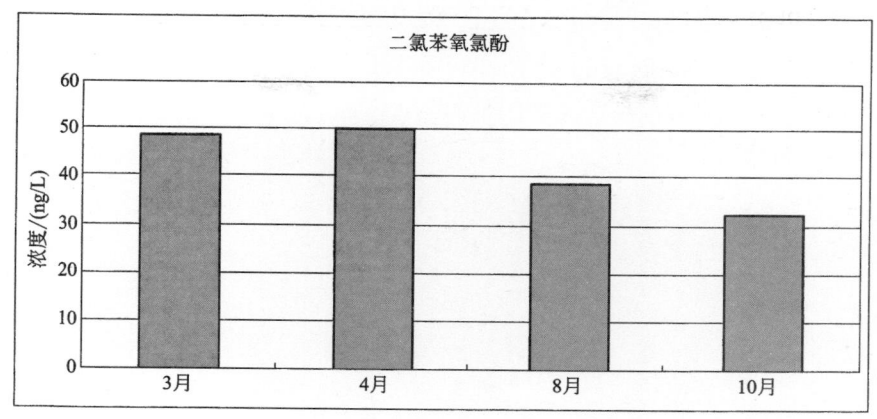

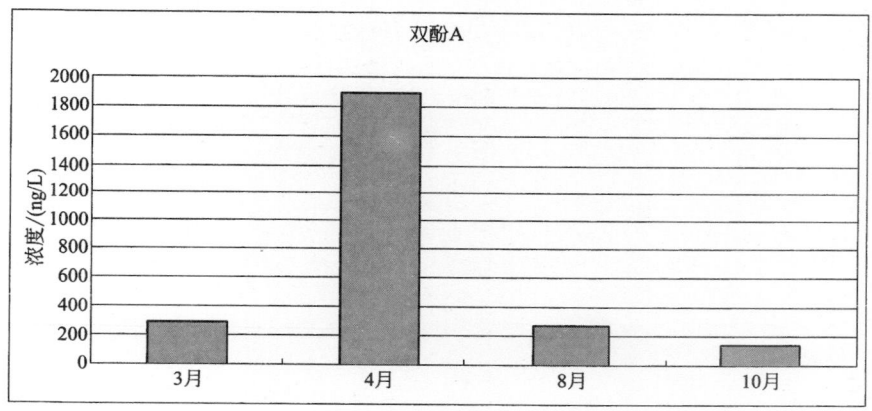

图 1.4　2008 年 3 月、4 月、8 月和 10 月在 Gässlösa 污水处理厂出水中酚类化合物的浓度（空缺栏表明该化合物未检出，其高度表示检出限）

苯氧氯酚和双酚 A。对于 4-壬基酚、4-叔辛基苯酚和二氯苯氧氯酚，三种物质的浓度随季节变化没有明显的差异，但是对于双酚 A，其在 4 月水样中的浓度比其他月份高出近 10 倍。

纳入研究的所有金属都在 Gässlösa 污水处理厂出水中有检出，见图 1.5。在全部 4 个水样中的 3 个水样中检测到了 Cd 和 Ag，其浓度范围分别为 $<0.005 \sim 0.013 \mu g/L$ 和 $<0.005 \sim 0.022 \mu g/L$。所有 4 个水样中都检测到 Pb（$0.036 \sim 0.147 \mu g/L$）、As（$0.04 \sim 0.846 \mu g/L$）、Cu（$2.6 \sim 4.9 \mu g/L$）以及 Hg（$1.5 \sim 3.2 ng/L$），这些金属的浓度没有明显的季节性变化。

除草剂 2-甲-4-苯氧基乙酸和草甘膦的浓度在所有水样中都低于检出限，分别为 2ng/L 和 $0.5 \mu g/L$。

通过研究表明，上述污染物浓度并未表现出一般季节性差异。对于分析的 MBT 和 DBT、BDE-47 和 HBCDD、二氯苯氧氯酚、双酚 A 以及除 Hg 外的所有金属，其在 10 月的浓度都稍低或低于检出限。此外，双酚 A 在 4 月的浓度超过其他月份浓度的 6 倍。另一方面，4-壬基酚、4-叔辛基苯酚和 Hg 的最高浓度出现在 10 月的水样中。还应该注意的是，所

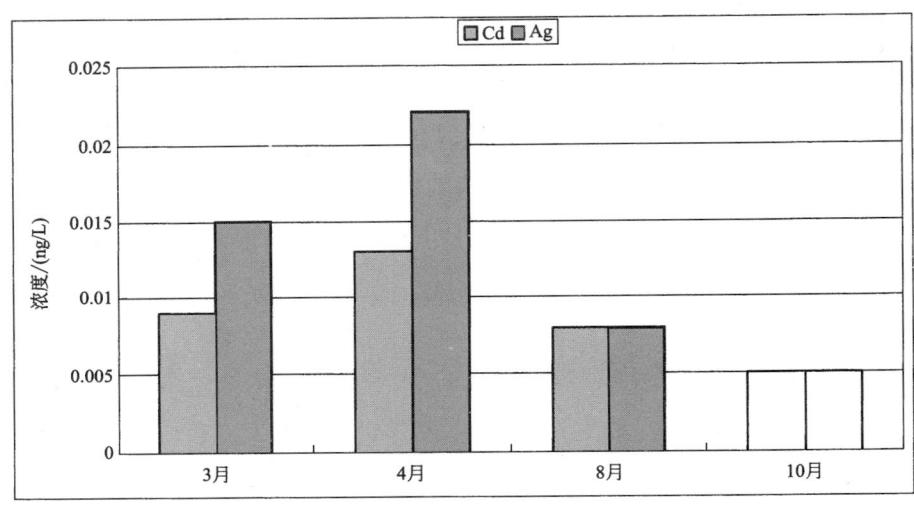

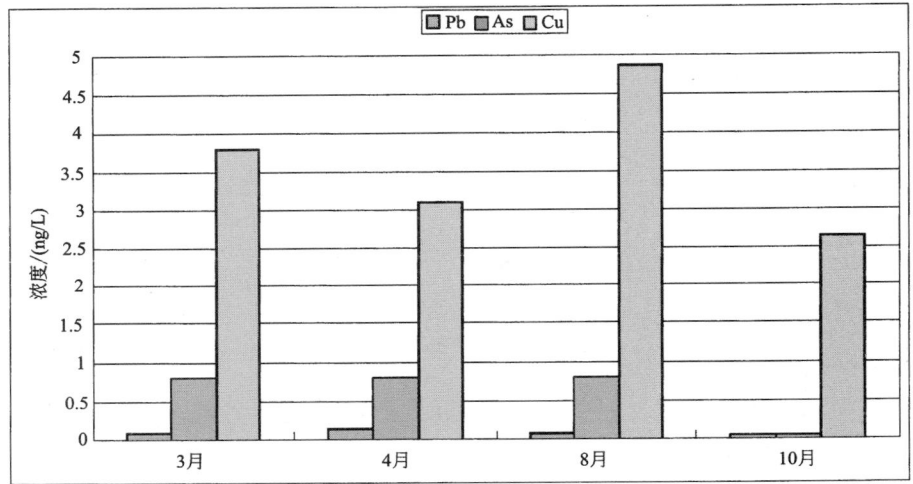

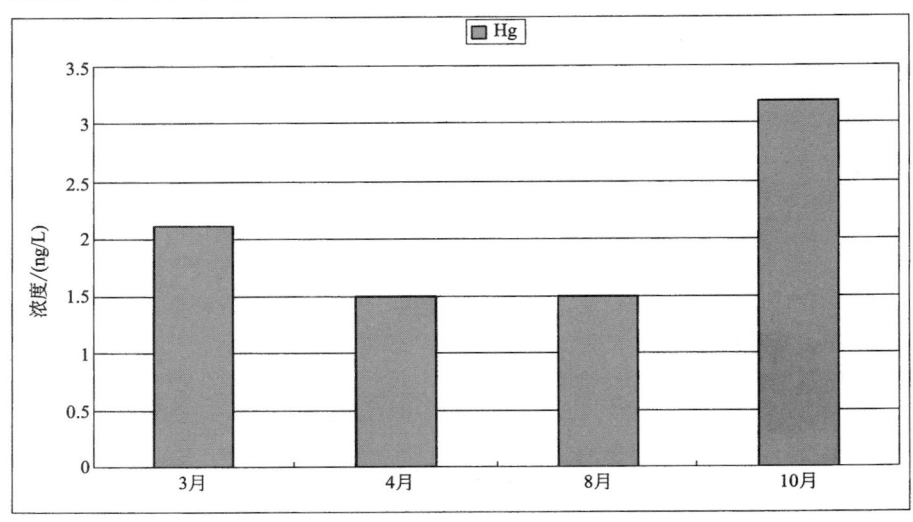

图 1.5 2008 年 3 月、4 月、8 月和 10 月在 Gässlösa 污水处理厂出水中金属的
浓度（空缺栏表明该化合物未检出，其高度表示检出限）

采样品为单日样品，因此可能并不能代表不同的取样周期。

1.6.4　受纳水体

在来自维斯坎河的水样中检测到了 MBT 和 DBT，见图 1.6。在 4 月，排污口下游的两处取样点采集的水样中检测到了 MBT，但是在 8 月，排污口上游一处取样点采集的水样中检测到了 MBT 和 DBT。

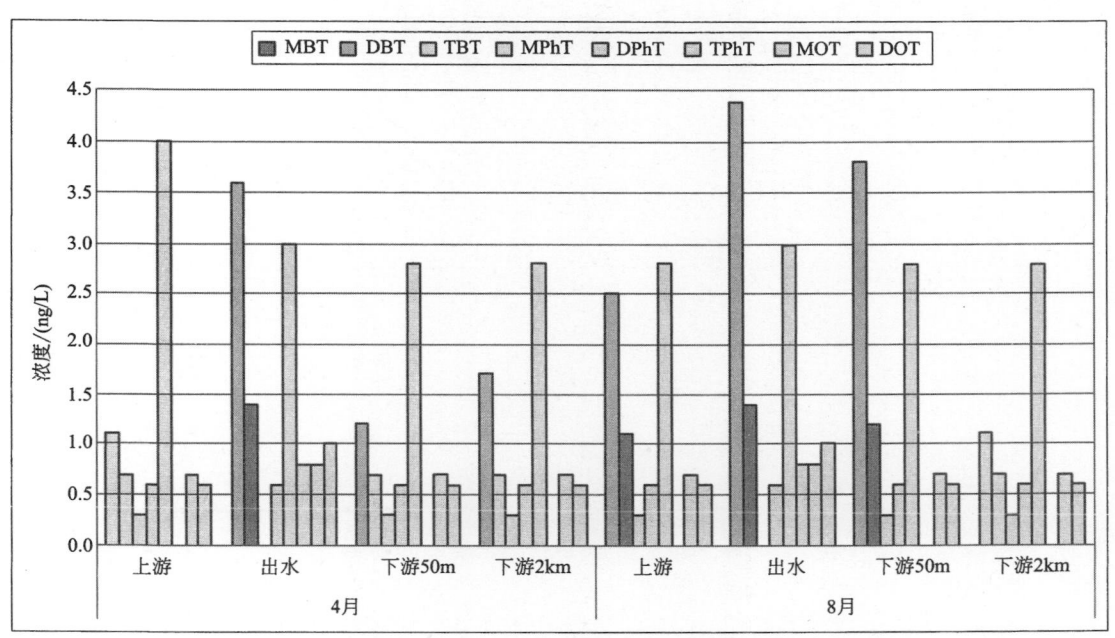

图 1.6　2008 年 4 月和 8 月在 Gässlösa 污水处理厂出水和维斯坎河地表水中有机锡化合物的浓度（空缺栏表明该化合物未检出，其高度表示检出限）

图 1.7 展示了 2008 年 4 月和 8 月受纳水体和 Gässlösa 污水处理厂出水中溴化阻燃剂类物质的浓度。在纳入研究的 BDEs 同系物中，在受纳水中检测到了 BDE-47、BDE-100、BDE-99、BDE-153、BDE-154 和 BDE-209。

图 1.8 展示了 4 月和 8 月受纳水体和 Gässlösa 污水处理厂出水样品中 4-壬基酚、4-叔辛基苯酚、二氯苯氧氯酚和双酚 A 的浓度。所有出水中这些污染物质的浓度都高于地表水上游水样中的浓度。排污口下游水样中这些物质浓度与排污口上游水样的浓度在相同范围或者比上游稍高，但对于在 4 月测定的 4-壬基酚和 4-叔辛基苯酚，以及 4 月和 8 月测定的二氯苯氧氯酚和双酚 A，其测得的最高浓度是来自受纳水体排污口下游 2km 处水样中。因此，污水处理厂增加了受纳水体中化合物的负荷，但是这也表明了其他污染源的重要性。

在维斯坎河地表水水样中也能检测到所有的金属，见图 1.9。其测定浓度与出水测定浓度在相同范围或者比出水浓度更高。在排污口上游和下游水样中金属浓度没有观察到明显差异。

除草剂 2-甲-4-苯氧基乙酸和草甘膦在所有纳入分析的受体水样和污水处理厂出水中的

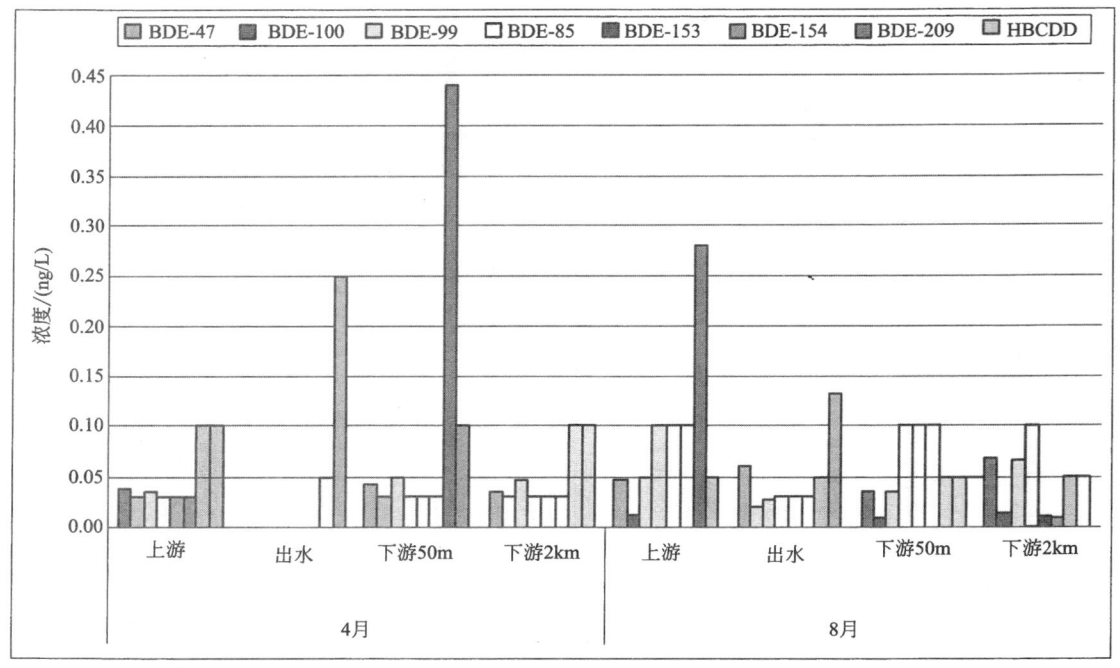

图 1.7　2008 年 4 月和 8 月在 Gässlösa 污水处理厂出水和维斯坎河地表水中溴化阻燃剂的
浓度（空缺栏表明该化合物未检出，其高度表示检出限。对于在 4 月采集的样品，
只对 BDE-209 和 HBCDD 进行了分析）

浓度都低于检出限（分别为 2ng/L 和 0.5μg/L）。

1.6.5　污水处理厂出水的化学特性——未知化合物的鉴定

1.6.5.1　亲脂性非极性化合物的鉴定

对相对非极性化合物采用了适用于邻苯二甲酸酯类化合物的提取和洗脱方法，这限制了最终萃取物中化合物的数量，故从邻苯二甲酸酯类化合物的萃取物中获得的气相色谱图只含有几个峰，除邻苯二甲酸酯类物质外，还检测出两类化合物，通过鉴定发现：第一类物质是不同的正脂肪烃和支链脂肪烃，包括环十四烷、角鲨烷、萘烷、二十八烷和其他脂肪烃。烃类的来源可能是各种石油产品。角鲨烯是烃也是一种三萜烯，而且是人体内类固醇、胆固醇和维生素 D（钙固醇）的生化前体物质。化妆品成分中也含有鲨烯。第二类物质是胆固醇衍生物（例如胆甾-5-烯-3-酮），这类物质来源于人体，更具体地说是人的胆汁和排泄物。

与 DEHP（邻苯二甲酸二异辛酯）相比，石油相关化合物的浓度一般较低。胆甾烷衍生物在一个水样中的浓度较高，与 DEHP 浓度相当，但是在其他污水处理厂出水中的浓度都比较低。

在所有的水样中都检测到了佳乐麝香-1 和角鲨烯，其浓度与邻苯二甲酸二丁酯的浓度相当。

1.6.5.2　极性中性化合物

除了目标化合物十氢化萘（CAS 88-29-9）和正链及支链脂肪烃外，萃取物的色谱图还

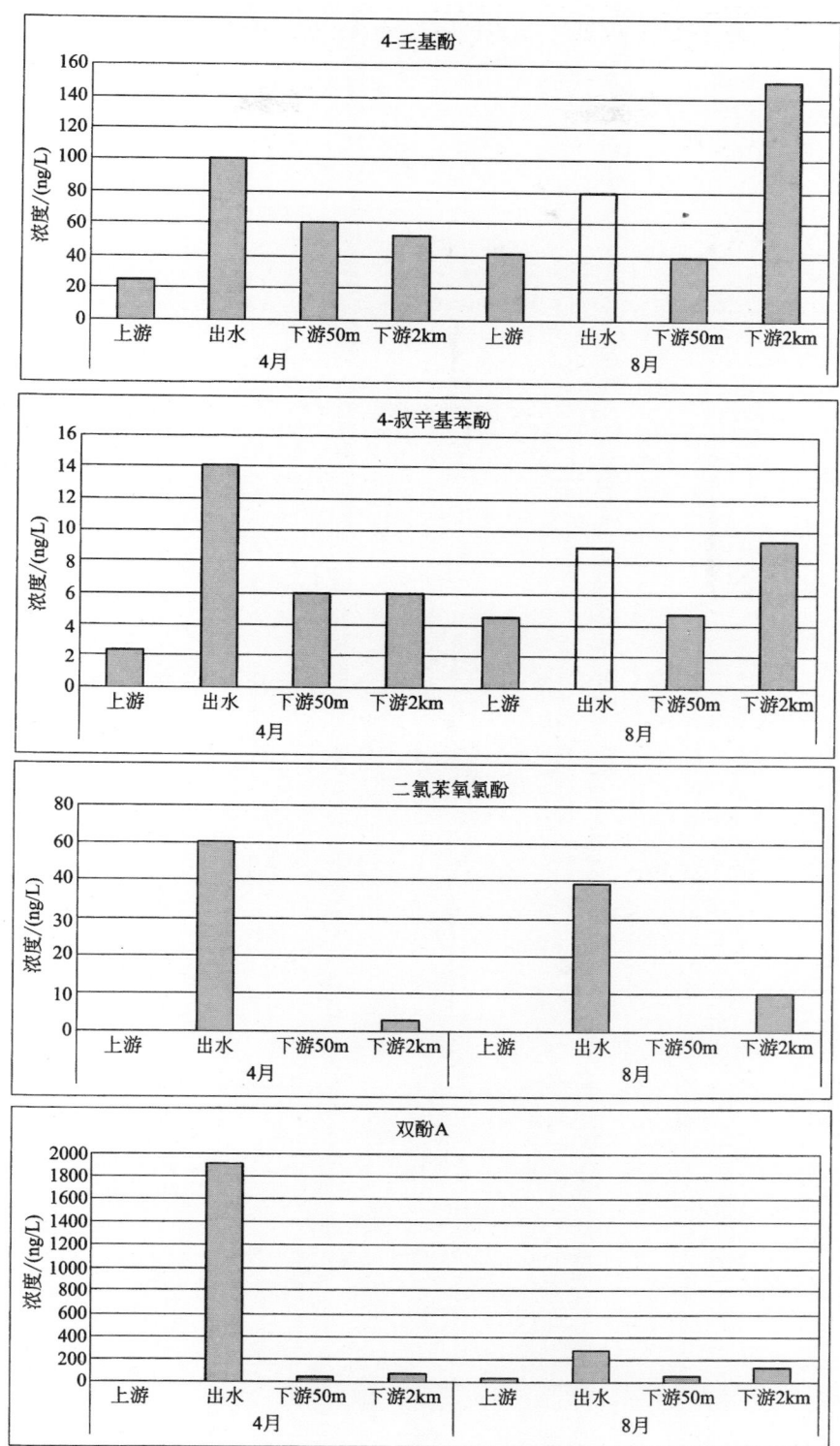

图 1.8　2008 年 4 月和 8 月在 Gässlösa 污水处理厂出水和维斯坎河地表水中酚类化合物的浓度（空缺栏表明该化合物未检出，其高度表示检出限）

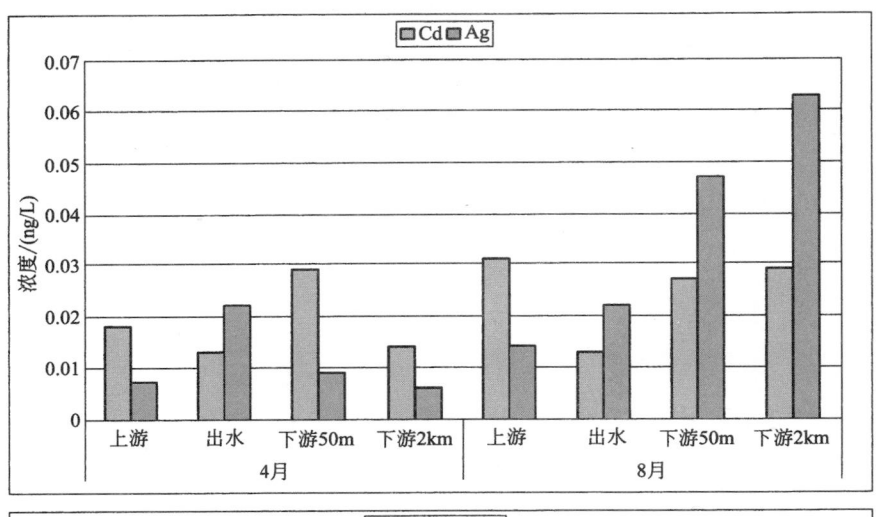

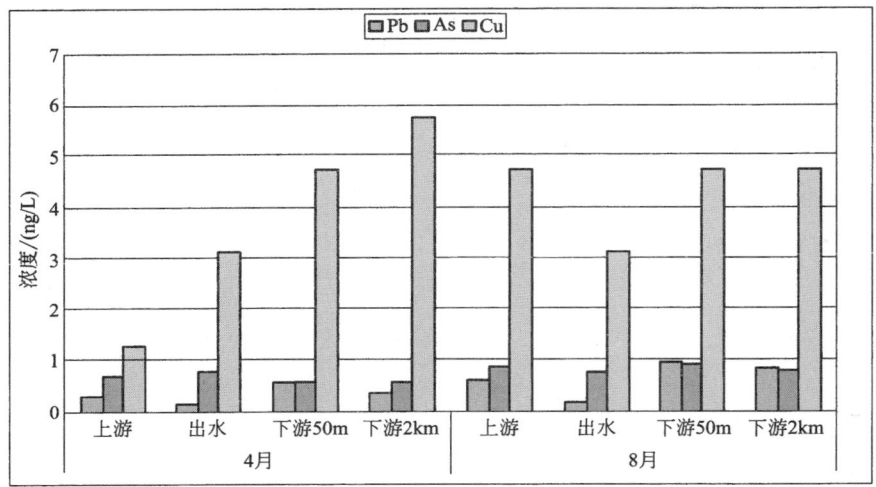

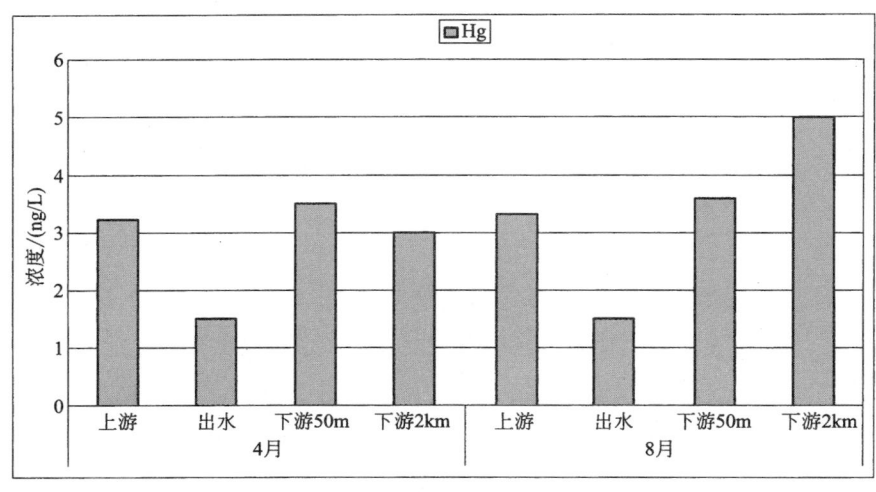

图 1.9　2008 年 4 月和 8 月在 Gässlösa 污水处理厂
出水和维斯坎河地表水中金属的浓度

用于定量分析有机磷酸酯类物质。胆甾-5-烯-3-酮的结构式见图1.10。在大多数色谱图中主要化合物为对乙酰氨基酚（图1.11）。但在Henriksdal和Bollebygd污水处理厂出水中没有检测到对乙酰氨基酚。

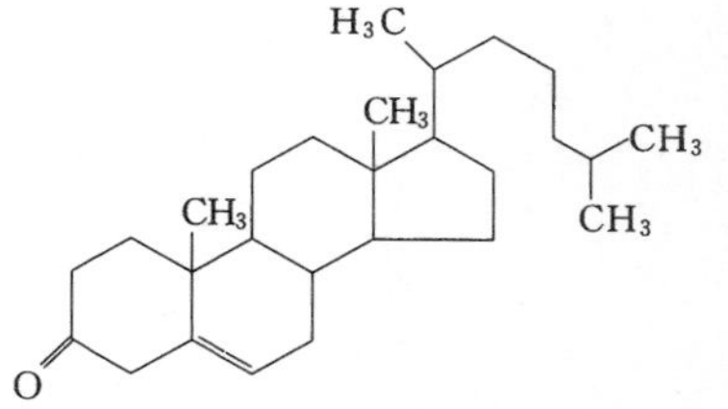

图1.10 胆甾-5-烯-3-酮 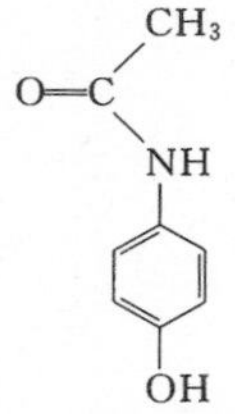　　　　　　　　　　　　　图1.11 对乙酰氨基酚

1.6.5.3 酚类化合物和其他醋酸盐类物质的鉴定

萃取物中的酚类化合物在进行GC-MS分析前需被转换成相应的醋酸盐。在这些萃取物中，除了目标化合物外，还对一些化合物进行了鉴定。在所有的水样中都检测到了4-羟基苯甲酸的乙酰化物质。该化合物主要用于制备对羟基苯甲酸酯类物质，用作化妆品的防腐剂，该化合物也广泛存在于植物中。对检出的（1-苯乙基）苯酚（CAS 4237-44-9）也进行了初步鉴定（图1.12）。聚-（1-苯乙基）苯酚-乙氧基化合物或聚亚苯基化合物被用作一种工业表面活性剂（US专利5082591）。该化合物也可用于橡胶制造，与磷酸一起作为润滑油添加剂（腐蚀抑制剂）、稳定剂或增塑剂。最后，检测到了十四醇，它是化妆品例如冷霜的一种原料，因为其具有润肤性能（软化和舒缓肌肤）；并且它也是制造口红、乳液和其他化妆产品的重要成分。该化合物也可以作为化学合成乙醇硫酸盐和化妆品乳化剂的中间体。

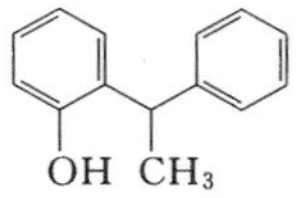

图1.12 对(1-苯乙基)苯酚（CAS 4237-44-9） 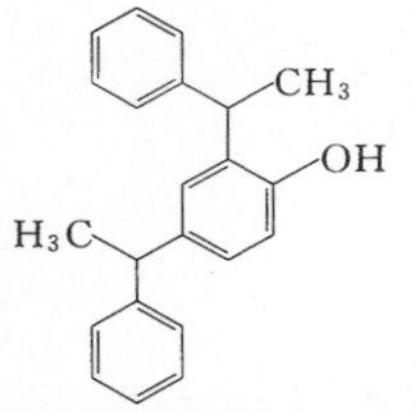　　　图1.13 2,4-双(1-苯乙基)苯酚（CAS 2769-94-0）

在Gässlösa和Öhn污水处理厂的出水中，两种同分异构化合物初步鉴定为2,4-双(1-苯乙基)苯酚（CAS 2769-94-0，图1.13）。

1.6.5.4 羧酸甲酯的测定

用于非甾体类抗炎药（NSAIDs）测定的分析方法总体上适用于羧酸，而且萃取物中确实含有大量羧酸。其他测定的化合物，以及其可能的用途和来源都汇总在表1.16中。

所有的羧酸都以甲基酯的形式检出，但其在天然样品中可能表现为游离酸。在这些萃取物中还检测到大量没有羧酸基团的化合物。

表1.16 用于鉴定NSAIDs的萃取物中的其他化合物

分子式	说　明
苯并噻唑 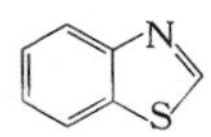	化学工业中作为一种媒介，也是一种降解产物。参见图1.15

续表

分子式	说　明
苯氧乙酸甲酯　CAS 2065-23-8	作为制造染料、药物、杀虫剂和杀菌剂的一种媒介，也用于调味（气质联用仪分析前先甲基化）
4-羟基苯甲酸甲酯　CAS 99-76-3	植物的天然产物。对羟基苯甲酸甲酯和对乙氧基苯甲酸乙酯的可能的降解产物，一种塑料添加剂（Skjevrak 等，2005）（气质联用仪分析前先甲基化）
N,N-二乙基间甲苯胺　CAS 134-62-3	杀虫剂
2-（甲硫基）苯并噻唑　CAS 615-22-5	加快橡胶制造，2-（氰硫基）苯并噻可能的降解产物（Reemtsma 等，1995）（它不是用三氯甲烷试剂甲基化的）
邻苯二甲酸二丁酯酰胺	颜料生产的化学药品
羟基布洛芬	布洛芬的人类代谢物，见图 1.16（气质联用仪分析前先甲基化）
羧基布洛芬	布洛芬的人类代谢物，见图 1.16（气质联用仪分析前先甲基化）
2-（苯甲酰）苯甲酸甲酯　CAS 606-28-0	紫外线滤膜的衍生物（气质联用仪分析前先甲基化）
1,1-二苯基丙酮　CAS 781-35-1	

续表

分子式	说 明
C₁₄～C₁₈脂肪酸甲酯	在所有生物中的自然产品
4-叔丁基苯甲酸甲酯　CAS 26537-19-9	抗菌化合物,用于防晒产品(气质联用仪分析前先甲基化)
7,9-Di-t-butyl-1-oxaspiro(4,5)deca-6,9-dien-2,8-dion　CAS 82304-66-3	3,5-(二叔丁基-4-羟基苯基)丙酸的氧化代谢物,图1.18描述反应过程
佳乐麝香1　CAS 1222-05-5	香味物质
酯乙四甲四氢萘　CAS 88-29-9	芳香物质
2,6-二-叔丁基-4-乙基苯酚　CAS 4130-42-1	抗氧化剂,亚磷酸和丙酸型抗氧化剂的降解产物(Skjevrak等,2005)
己二酸二异辛酯　CAS 103-23-1	增塑剂
3-乙基-4-甲基-吡咯-2,5-二酮　CAS 20189-42-8	可能有自然香味,芳香物质

续表

分子式	说　明
二苯酮　CAS 119-61-9 	苯甲酮在紫外光固化应用中用作光引发剂。苯甲酮可以用作紫外滤膜来保护香水和香皂等产品的气味和颜色。在不使用不透明或黑的包装材料时，为了保护产品，苯甲酮也可以添加到塑料包装材料里作为紫外线屏蔽剂。它也是药品和化妆品生产过程中的重要中间产物
CAS 7747-19-5 	

（1）在甾体抗炎药萃取物中鉴定出的化合物的浓度和发生率　纳入研究的 7 个污水处理厂中经鉴定的化合物的浓度和发生率都汇总到了表 1.17 中。可靠的参照化合物并不适用于所有新发现的化合物。因此，将这些物质量转化为布洛芬当量。

鉴别的化合物的浓度（半定量）与双酚 A、NSAID 类药物、布洛芬—OH（布洛芬降解产物）、一些有机磷脂（TCEP，TDCP）和 DEHP（表 1.24，表 1.27，表 1.35，表 1.30 和表 1.29）在相同范围，但是低于 TBEP（有机磷酸酯类）。在进行检测的 7 个污水处理厂中，5~7 个污水处理厂最常发现的"新兴"化合物为苯并噻唑、2-甲硫基苯并噻唑、待乙妥、佳乐麝香、丙酸的降解产物（3,5-二叔丁基-4-羟基苯基）和 1,1-二苯基丙酮（表 1.17）。表 1.17 中化合物最重要的来源可能是化妆品、个人护理产品、塑料和橡胶材料。

表 1.17　萃取物鉴定化合物的发生率和浓度，以布洛芬当量进行浓度计算

化合物	大概浓度范围/（μg/L）	检测频次
苯并噻唑	0.1~1	6/7
苯氧乙酸甲酯	0~6	2/7
4-叔-苯甲酸甲基酯	0~0.5	4/7
待乙妥	0~0.6	6/7
二苯甲酮	微量	4/7
2,6-二叔丁基-4-乙基苯酚	0~0.5	4/7
2-甲硫基-苯并噻唑	0~1	5/7
正-丁基邻苯二甲	0~1	1/7
甲硫基苯基三唑	0~0.5	3/7
佳乐麝香	0~1	7/7
醌内酯	0.2~0.6	6/7
苯甲酰（苯甲酸）	0~0.7	1/7
1,1-二苯基-丙酮	0~0.6	6/7

注：醌内酯—7,9-二叔丁基-1-氧杂螺（4,5）癸-6,9-二烯-2,8-二酮。

（2）非甾体抗炎药萃取物中的转化产物　2-甲硫基-苯并噻唑的来源可能是橡胶制品（它被用作橡胶生产中的促进剂）。它还是杀菌剂 2-(硫氰基甲基硫代)苯并噻唑的降解产物（图 1.14）。该化合物没有被试剂（氯甲酸甲酯）甲基化，但是可能因天然样品中的甲基-硫

代衍生物而活化。

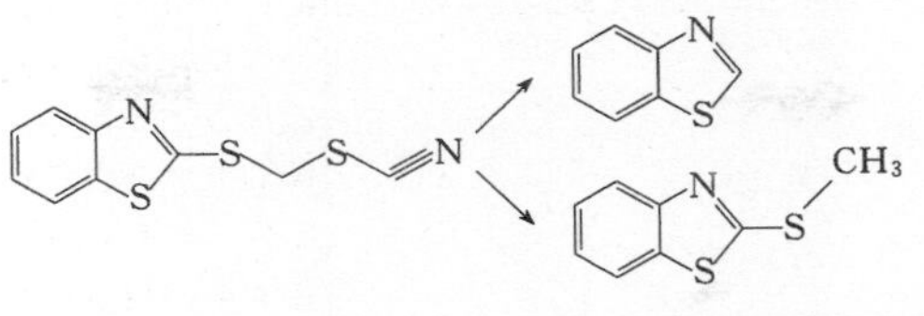

图 1.14　杀菌剂 2-(硫氰基甲基硫代)苯并噻唑可能的降解途径

　　布洛芬与肝偶联并通过肾脏排出。但是布洛芬也可被降解为布洛芬—OH（2-[4-(3-羟基-2-甲基丙基)苯基]丙酸）和布洛芬—COOH（2-[4-(1-羟基-1-氧代丙-2-基)苯基]丙酸；图 1.15，见 1.5.1.6）。在污水处理厂出水和地表水中都对这两种代谢产物进行了检测，其浓度高于母体化合物浓度（Buser 等，1999；Weigel 等，2004；Remberger 等，2008a）。由于商业标准并不适用于对这些化合物的鉴定，因此只能将其作为一种试验，但所得到的质谱图与先前公布的质谱具有良好的一致性（Buser 等，1999；韦盖尔等，2004）。

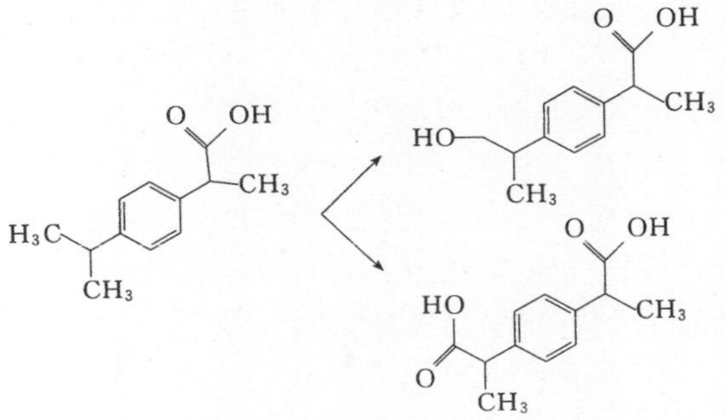

图 1.15　布洛芬的人工转化产物

　　7,9-二叔丁基-1-氧杂螺(4,5)癸-6,9-二烯-2,8-二酮（表 1.16）的前体化合物可能是在许多应用中作为塑料抗氧化剂的 3,5-(二叔丁基-4-羟基苯基)丙酸（CAS 123173-45-5）的不同酯类，其中一种是化合物十八烷基 3-(3,5-二叔丁基-4-羟基苯基)丙酸酯（CAS 2082-79-3）（图 1.16）。该化合物用于防止塑料材料被热氧化降解（抗氧化剂）。该化合物确实在瑞典环境中有检出（Remberger 等，2008b）。

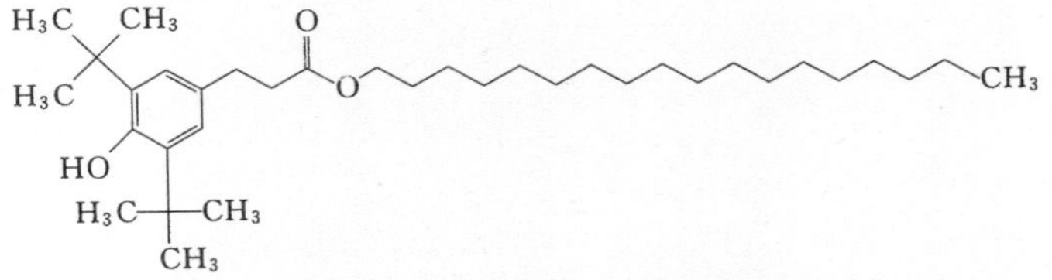

图 1.16　十八烷基 3-（3,5-二叔丁基-4-羟基苯基）丙酸酯（CAS 2082-79-3）

　　游离酸 3-(3,5-二叔丁基-4-羟基苯基)丙酸（fenozan；二叔双酚基丙烷）（酯的水解产物）在所有纳入研究的污水处理厂出水中浓度都比较低。

　　抗氧化剂的转化形式在图 1.17 中进行了描述。3-(3,5-二叔丁基-4-羟基苯基)丙酸的氧化形式在之前已进行了描述（Jenke 等，2005；Skjevrak 等，2005）。

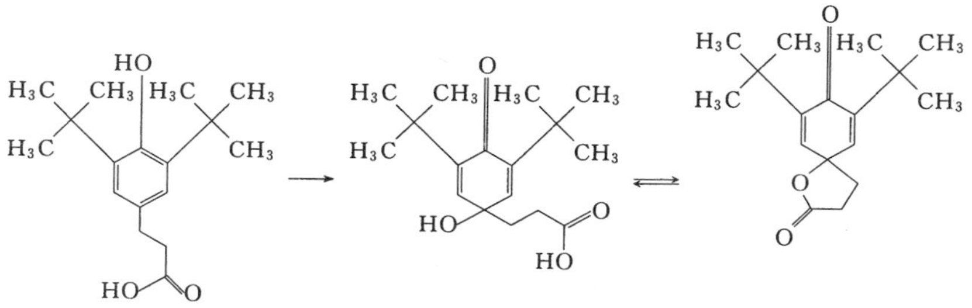

图 1.17 将抗氧化剂 3-（3,5-二叔丁基-4-羟基苯基）丙酸氧化成酮和内酯形式

化合物 1,1′-联苯-4-丙酮由于共存洗脱化合物而无法被最终确定，这个共存洗脱物质很有可能是结构中含有一个丙酮基的联苯。

（3）鉴定工作总结 本研究尽可能多地对 7 个污水处理厂出水中存在的有机化合物进行了鉴定。用于广谱分析和鉴定未知化合物的常用方法是将样品用有机溶剂或固相柱（SPE）萃取，然后用 GC-MS 全扫描分析。由此产生的色谱图往往非常复杂，尤其是来自污染区域的水样，而由于自然原因，污水处理厂出水的萃取物因含有许多共洗脱化合物，其成分变得复杂。在本研究中，我们使用了一种不同的方法。我们使用的是全扫描识别"定向分析"的萃取物而不是原始萃取物（无分馏或衍生）。相比未分馏的原始萃取物，本研究从不同萃取物获得的色谱不太复杂，这适用于分析邻苯二甲酸酯类、酚类和一定程度上的有机磷酸酯类的萃取物。但是，用于分析 NSAIDs 的萃取物仍然非常复杂，而且分析起来比较困难。因此，确定每一个色谱峰后面的所有化合物是不可能完全实现的。主要问题是，因为所有的化合物不能完全分离，"混合"现象在质谱中经常出现，使得鉴定变得困难甚至不可能。另一个问题是，由于存在化合物浓度低、混合质谱或者质谱库原本就没有的未知质谱，因此并不是所有在色谱图中获得的质谱都能与质谱库（GC-MS 数据库）中的数据相匹配。萃取物的进一步分馏也许能克服一些问题，应予以考虑。同样值得注意的是，样品制备，包括浓缩、净化、衍生化和分馏，可能已经排除了原始萃取物中有机化合物的未知部分。最后，气象色谱限制了可以进行分析的化合物种类。

1.7 多变量数据分析

对监测结果进行了多变量数据分析，将在初始阶段发现的主要超过检出限的物质（定义：7 个水样中 4 个水样的浓度超过检出限）纳入了主成分分析列表（PCA）。这个初始阶段的可解释变差在 PCA 中是不可接受的，因此，一些对观测值变化影响不大而且对模型的可解释变差没有起作用的物质被去除掉了。在表 1.18 中列出了在初始和最终主成分分析列表中的物质。

表 1.18 主成分分析列表调整前后对比

初始 PCA	最终 PCA	类别
DBT		有机锡化合物
BDE-47	BDE-47	溴化阻燃剂
BDE-99		溴化阻燃剂
HBCDD	HBCDD	溴化阻燃剂
4-壬基酚	4-壬基酚	酚类物质

初始 PCA	最终 PCA	类别
二氯苯氧氯酚	二氯苯氧氯酚	酚类物质
双酚 A	双酚 A	酚类物质
总 Hg	总 Hg	金属
Cd	Cd	金属
Pb	Pb	金属
Ag	Ag	金属
Cu	Cu	金属
布洛芬	布洛芬	NSAIDs
萘普生	萘普生	NSAIDs
酮洛芬	酮洛芬	NSAIDs
双氯芬酸	双氯芬酸	NSAIDs
全氟辛烷磺酸	全氟辛烷磺酸	PFAS
全氟辛酸铵		PFAS
PFOSA	PFOSA	PFAS
PFHxA		PFAS
PFDcA		PFAS
DEP	DEP	邻苯二甲酸盐
DIBP	DIBP	邻苯二甲酸盐
DBP		邻苯二甲酸盐
BBzP		邻苯二甲酸盐
DEHP		邻苯二甲酸盐
TIBP		有机磷化合物
TBP		有机磷化合物
TCEP		有机磷化合物
TDCP		有机磷化合物
TBEP		有机磷化合物
TPhP	TPhP	有机磷化合物
EHDPP		有机磷化合物
正己烷	正己烷	挥发性卤化物质
苯	苯	挥发性卤化物质
甲苯		挥发性卤化物质
乙苯		挥发性卤化物质
间＋对二甲苯		挥发性卤化物质
邻二甲苯	邻二甲苯	挥发性卤化物质
1,2-二氯乙烷		挥发性卤化物质
氯仿		挥发性卤化物质
四氯化碳	四氯化碳	挥发性卤化物质
四氯乙烯		挥发性卤化物质
三氯乙烯		挥发性卤化物质
MD3M		硅氧烷
YES	YES	激素
水杨酸		其他
布洛芬—OH	布洛芬—OH	其他
布洛芬—COOH	布洛芬—COOH	其他
d-t-BPA	*d-t*-BPA	其他

注：NSAIDs—甾体类抗炎药；PFOSA—全氟辛烷磺酰胺；PFHxA—全氟己酸；PFDcA—全氟癸酸；PFAS—全氟烷基磺酸盐；DEP—邻苯二甲酸二乙酯；DIBP—邻苯二甲酸二异丁酯；DBP—邻苯二甲酸二丁酯；BBzP—邻苯二甲酸丁酯苯；DEHP—邻苯二甲酸二辛酯；TIBP—磷酸三异丁酯；TBP—磷酸三丁酯；TCEP—三（2-氯乙基）磷酸酯；TDCP—磷酸三酯；TBEP—磷酸三丁氧基乙基酯；TPhP—磷酸三苯酯；EHDPP—2-乙基己基二苯基磷酸酯；MD3M—十二甲基戊硅氧烷；YES—雌激素活性。

　　带有三类组分最终的 PCA 占据了数据中差异的 82%。为将 PCA 可视化，描述不同污水处理厂之间关系的分值图见图 1.18，描述物质的负荷图见图 1.19。下面这些图是针对模型中的两类首要组分差异，而且它们可以解释其中 68% 的变化。

　　分值图中，三组污水处理厂出水水样得到标识，并用虚线在图 1.18 中标明：Bollebygd，Ellinge 和其他 STPs。Bollebygd 污水处理厂出水水样中的物质与其他污水处理厂含量不同的化学物质标识在图 1.19 的右下方，即下列物质：NSAIDs 和其他类的所有物质，四氯化碳和 DEP。Ellinge 污水处理厂出水水样更多的则是受到图 1.19 左下方物质的污染，这些物质主要为 Pb、Ag、Cu、PFOSA 和 HBCDD。

　　没有显示出来的第三类组分差异主要描述的是全氟辛烷磺酸、2,2,4,4-四溴联苯醚和正己烷的含量差异。群组之间没有明显差异，但是样品之间有差异。

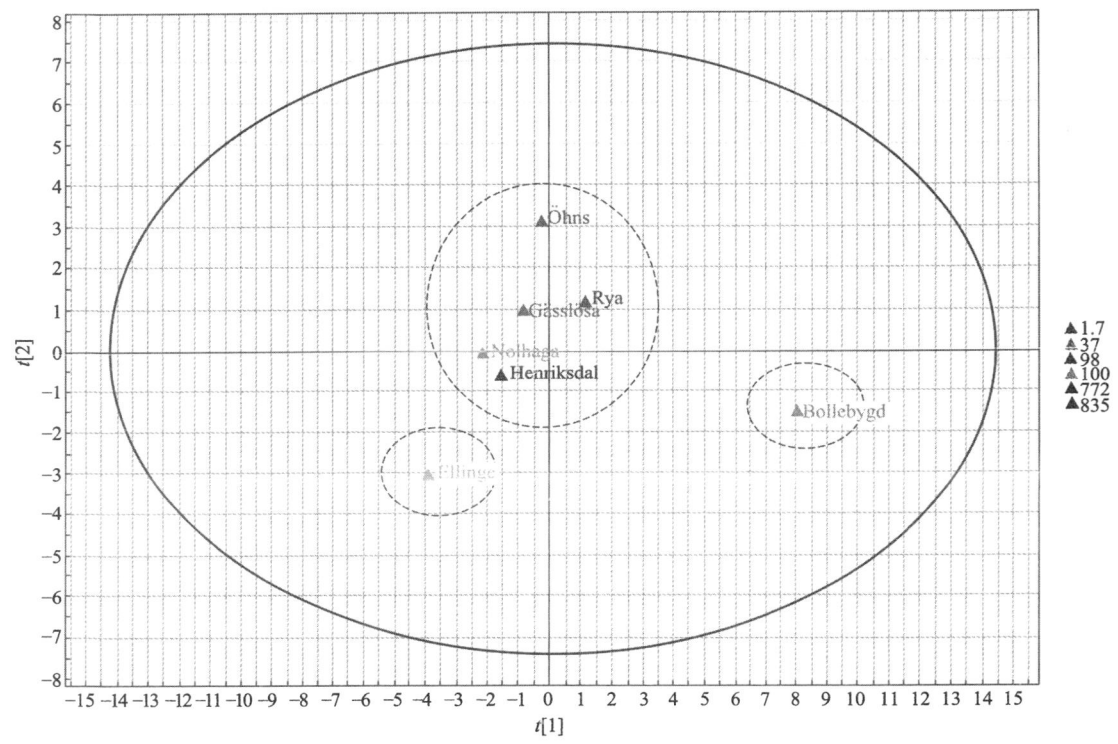

图 1.18　得分图，污水处理厂（出水水样）在向 KPE 传入负荷后进行了颜色编码

1.8　总结与结论

　　（1）出水　对于那些浓度高于检出限的物质，其检测频次和测得浓度与毒性阈值/排放限值的比较都汇总在表 1.19 中。该表也表明了这些物质是否为水框架子指令（2008/105/EC）中的优先污染物（PS）或附件 3 所列出的物质，和/或经测定的物质是否为波罗的海行动计划（BSAP）特别关注的物质。

　　在 2008 年 8 月、9 月所取的出水样品中，检测到了除除草剂和氯苯以外的所有物质。

　　相比其他研究，在本研究中发现的物质的浓度水平一般与其持平或更低。

　　对于有机锡化合物（TBT 和 TPhT）、溴化阻燃剂类（BDEs）、酚类化合物（全部）、金属类（Ag 和 Cu）、NSAIDs（布洛芬、萘普生和双氯芬酸）和有机磷酸酯类（TIBP、

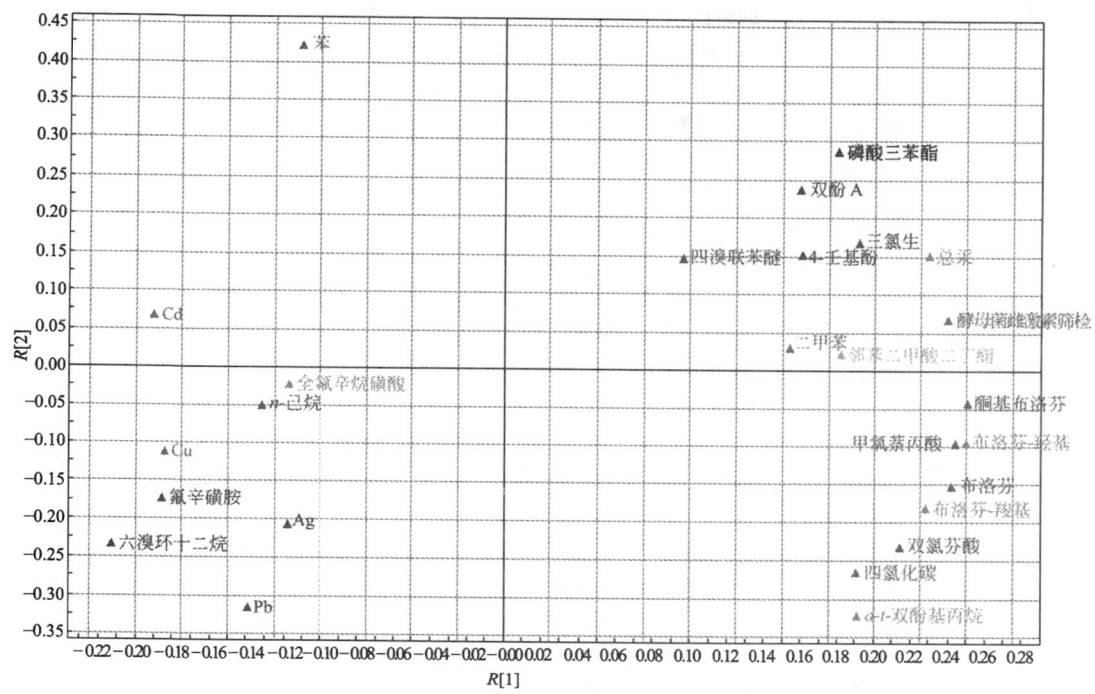

图 1.19 负荷图，物质在分为不同类别后进行了颜色编码

TBEP 和 TPhP），其浓度都与毒性阈值/排放限值相近或者更高。

对于有些物质，其浓度超出毒性阈值/排放限值或者值相近，但是其检测频次低，例如有机锡化合物、溴化联苯醚、4-壬基酚、4-叔辛基苯酚。对于这些物质，应该注重其检测方法的发展，以降低其检出限。例如，分别在两个水样中检测出 TBT，一个水样中检测出 TPhT，其浓度已超过了毒性阈值/排放限值。

没有检测到的物质是有机锡化合物 DPhT 和 MOT，溴化阻燃剂 BDE 同系物 85、53、154 和 209，邻苯二甲酸酯类 DOP、DINP 和 DIDP，挥发性有机化合物 3-甲基戊烷、正辛烷和 1,3,5-三甲苯，挥发性卤代物二氯甲烷，以及硅氧烷类 D4 和 D5。

通过对生物学特性的研究，包括对雌激素和雄激素活性的测量，检测出一些雌激素活性，但是没有检出雄激素活性。对雄性激素的检验反而显示出样品的抗雄性激素特性。多变量数据分析显示，城市污水处理厂的出水中化学成分相对稳定。然而，我们发现了 Ellinge 和 Bollebygd 污水处理厂与其他污水处理厂相比的一些差异。Ellinge 污水处理厂与其他污水处理厂的差异主要是金属 Cu、Ag 和 Pb，全氟辛烷磺酰胺和六溴环十二烷等的浓度不同。对于 Bollebygd 污水处理厂，其差异主要是非甾体抗炎药类物质，包括布洛芬的代谢产物、二叔双酚 A、邻苯二甲酸乙酯和四氯化碳等化学物质含量的差异。

表 1.19 发现的高于排放限值物质，其检测频次，与毒性阈值／排放限值比较结果，
以及 WFD 和 BSAP 状态信息的汇总

物质类	物质	检测频次	WFD	BSAP	浓度超过毒性阈值/排放限值或与之在相同范围
有机锡化合物	TBT,DBT,MBT	2,7 & 3/7	PS	X	是（TBT）
	TPhT,MPhT	1 & 2/7		X	是（TPhT）
	DOT	1/7			否

续表

物质类	物质	检测频次	WFD	BSAP	浓度超过毒性阈值/排放限值或与之在相同范围
溴化阻燃剂	BDEs(47,99,100)	6,5 & 3/7	PS	X	是(BDEs)
	HBCDD	7/7		X	否
酚类化合物	壬基酚聚氧乙烯	4-4/7	PS	X	是
	4-叔-辛基酚	2/7	PS	X	是
	二氯苯氧氯酚	7/7			是
	双酚 A	5/7	Annex Ⅲ		是
金属类	Hg	7/7	PS	X	否
	Cd	7/7	PS	X	否
	Pb	7/7	PS		否
	Ag	7/7			是
	As	7/7			否
	Cu	7/7			是
NSAIDs	布洛芬	7/7			是
	萘普生	7/7			是
	酮洛芬	7/7			否
	双氯芬酸	7/7			是
全氟化物	PFOS	7/7	Annex Ⅲ	X	否
	PFOA	7/7		X	否
	PFOSA	5/7			—
	PFHxA	7/7			—
	PFDcA	7/7			—
邻苯二甲酸盐	DEP	7/7			—
	DIBP	7/7			—
	DBP	7/7			否
	BBzP	4/7			—
	DEHP	6/7	PS		否
有机磷酸酯	TIBP	7/7			是
	TBP	7/7			否
	TCEP	7/7			否
	TDCP	6/7			否
	TBEP	7/7			是
	TPhP	7/7			是
	EHDPP	7/7			—
挥发性有机化合物	正己烷	6/7			—
	苯	6/7			否
	甲苯	7/7			否
	乙基-苯	5/7			否
	间＋对二甲苯	7/7			—
	苯乙烯	3/7			否
	邻二甲苯	6/7			—
	正壬烷	1/7			—
挥发性卤代物	1,1,1-三氯乙烷	3/7			—
	1,2-二氯乙烷	7/7	PS		否
	氯仿	7/7	PS		否
	四氯化碳	7/7	PS		否
	四氯乙烯	7/7	PS		否
	三氯乙烯	5/7	PS		否
硅氧烷类	D6	2/7			—
	MM	1/7			—
	MDM	1/7			—
	MD2M	2/7			—
	MD3M	4/7			—

纳入本研究的污水处理厂同样被纳入瑞典市政污泥监测项目，因为这些水厂代表了不同处理规模、地理位置、负荷组成和处理工艺的污水处理厂。在此基础上，加上与过去的测量值进行比较的结果，可以得出的结论是这些污水处理厂也适合出水监测方案的执行，具有代表性。

虽然没有显现明显的季节性变化，但还是发现了被测物质浓度的一些差异。在不同月份采集的样品之间的一般低变化性与所包含物质预期的扩散蔓延是一致的。对于几种化合物，其浓度在 10 月较低甚至低于检出限。另外，在 10 月的水样中发现的 4-壬基酚、4-叔辛基苯酚和汞的浓度最高。对于双酚 A，其在 4 月的浓度比其他月份高出 6 倍多。但值得注意的是，所采集的样品都是单日样品。

对于长期监测来说，每年采样一次可能是合适的。不过，采样应在每年规定的同一时间内完成，而且这些样品应该采集多天，以更好地代表一个较长的时间跨度，减少可变性。

维斯坎河地表水和 Gässlösa 污水处理厂出水中化学物质的测量结果表明，其他的污染源头也是该水体中的化学物质的重要来源。

测量结果表明由污水处理厂排出的酚类物质是维斯坎河地表水负荷的重要来源，但是其他被测化合物，特别是金属，与污水处理厂出水水样中的物质浓度值相近或者更高。

（2）"未知"化合物的鉴定　对于有关"未知"的化合物的鉴定工作，所采用的鉴定馏分中的"未知"化合物用于鉴定特定化合物的方法，被证明是成功的。

大量"新"的物质获得了鉴定，其中几种物质浓度在 $\mu g/L$ 水平。另外，一些代谢物或者降解产物也获得了鉴定，它们可以被用作示踪剂指示它们前体物质的扩散。

本研究中所采用的方法可能是鉴定新出现物质的一个潜在选择。另外，研究结果让人们更清楚地看到目前对于从社会活动进入环境中的化学品"大世界"的知识的缺乏。

（3）出水的生物学特性　若干种污染物质的浓度接近或高于毒性阈值/排放限值的鉴定结果，以及大量浓度相对较高的"未知"物质的鉴定，凸显了处理混合毒性问题的重要性。这可以通过监测计划中的复合效应影响来进行鉴定。对于这样的测量，比较合适的试验应针对慢性效应的影响进行设计，应具有较高的物流量，成本效益合算，最好避免动物的使用。在这项研究中，检测出了一些雌激素效应和抗雄激素效应。通过对其他可能的适用生物测定方法进行文献调研，确定了一些与监测方案相关的其他影响。在此基础上，本研究初步提议了一连串针对雌激素、抗雌激素、雄激素和抗雄激素作用的生物检测，一个关于结合芳烃受体的检测（"二噁英类似"效应）和一个遗传毒性检测。

基于污水处理厂出水、受纳水生物学和化学特性的研究结果，以及其他生物检测的文献调查结果，得出了一个关于城市污水处理厂出水的监测方案的建议。

建议纳入监测方案的化学物质种类和特定物质列于表 1.20 中。这些物质的选择是基于与毒性阈值/排放限值相关的测定浓度、检测频次以及成本效率（分析成本）的。另外，它们代表着导致扩散污染的不同的污染来源类别，例如塑料、个人护理品、药品和纺织品。该方案当中的监测物质不应该认为是固定不变的，而是会有所变化，例如可以根据新的立法、欧盟水框架指令和新的或改进的风险评估以及新出现物质进行更新。

表 1.20　建议检测的物质种类和物质

物质种类	物质	纳入理由
有机锡化合物	全部测出	超标，WFD，BSAP
溴化阻燃剂	溴化二苯醚	超标，WFD，BSAP
	六溴环十二烷	BSAP

续表

物质种类	物质	纳入理由
酚类	4-壬基酚	超标，WFD(PS)，BSAP
	4-叔辛基苯酚	超标，WFD(PS)，BSAP
	双酚 A	超标，WFD(附录Ⅲ)，确定连同其他酚类化合物的成本效益
	二氯苯氧氯酚	超标，新兴物质，确定连同其他酚类化合物的成本效益
金属类	全部测出，除汞外	超标，WFD(PS)，BSAP，不同污水处理厂不同
NSAIDs	全部测出	超标，高检测频次，新兴物质，不同污水处理厂不同
全氟化物类	全部测出	WFD(附录Ⅲ)，BSAP，高检测频次
有机磷酸酯	全部测出	超标，高检测频次，新兴物质

　　注：PS—附录；WFD—水框架指令；BSAP—波罗的海行动计划。

　　建议以基于一连串针对雌激素、抗雌激素、雄激素和抗雄激素作用的生物检测，一个关于结合芳烃受体的检测（"二噁英类似"效应）和一个遗传毒性的检测为基础来展开检测。此外，还建议定期修正监测结果。这是一个不断发展的领域，而且针对慢性毒性其他相关机理的检测在不断被验证，例如甲状腺系统。

　　以下物质不建议纳入出水检测方案中。

　　除草剂类和氯苯类，因为这些物质浓度低于检出限。不将挥发性有机物和挥发性卤代物纳入监测计划的原因是其测定浓度远远低于毒性阈值/排放限值。

　　由于硅氧烷类物质与邻苯二甲酸酯类物质的低检测频次和低浓度，建议不将其纳入监测计划。此外，对于这两类物质，关于其毒性和环境浓度的知识有限。但是，污泥监测计划（Haglund 和 Olofsson，2007）将这两种物质列入了监测名单。

　　虽然汞是 WFD 中的优先污染物，也是被 BSAP 确定为需要特别关注的物质，但是不建议纳入监测方案。因本研究结果表明，汞在污水处理厂出水中的浓度低于受纳水体中的浓度。

　　考虑到污水处理厂出水中化学组分的可变性相对较低以及污染物测定浓度一般与过去的研究结果在相同范围，建议将污水处理厂出水纳入本监测计划。另外，这将使得与污泥的监测同步的方案成为可能。这可能会增加在评估所获得的数据过程中可以提取的信息量。然而，在这些污水处理厂中，只有两个污水处理厂 Öhn 和 Henriksdal 向波罗的海排放。为了能够利用获得的数据更好地遵守 BSAP 和海洋指令的目标，建议在波罗的海南部的污水处理厂选点监测，例如在卡尔马或卡尔斯克鲁纳。

　　建议采样一年一次，最好与污泥监测方案协调一致。另外，建议样品代表更长的时间周期，例如周（平均值）样品，以减少可变性。

　　经过几年的监测后，建议通过多元统计重新评估所获得的全部数据。

1.9　样品特性和检测结果

　　样品特性和检测结果见表 1.21～表 1.36。

表 1.21　样品特性

样品标识	城市	采样地点	模型	注释	采样日期	坐标
MR6900-6901+6906	Borås	Viskan 上游 4 月	地表水	局部试样	02-04-2008	6401626；1328642
MR 6902-6903+6907	Borås	Viskan 下游 50m 4 月	地表水	局部试样	02-04-2008	6401530；1328487
MR 6904-6905+6908	Borås	Viskan 下游 2km 4 月	地表水	局部试样	02-04-2008	6400019；1327280
MR 7009	Borås	Viskan 上游 8 月	地表水	局部试样	05-08-2008	6401626；1328642
MR 7010	Borås	Viskan 下游 50m 8 月	地表水	局部试样	05-08-2008	6401530；1328487
MR 7011	Borås	Viskan 下游 2km 8 月	地表水	局部试样	05-08-2008	6401626；1328642
MR 6875-6877	Borås	Gässlösa STP 3 月	出水	每日采样	04-03-2008	

续表

样品标识	城市	采样地点	模型	注释	采样日期	坐标
MR 6897-6899	Borås	Gässlösa STP 4 月	出水	每日采样	03-04-2008	
MR 7545	Borås	Gässlösa STP 10 月	出水	每日采样	23-10-2008	
MR 7005-7008	Borås	Gässlösa STP 8 月	出水	每日采样	06-08-2008	
MR 7075-7087	Allingsås	Nolhaga STP	出水	每日采样	19-08-2008	
MR 7062-7074	Eslöv	Ellinge STP	出水	每日采样	19-08-2008	
MR 7030-7035	Umeå	Öhns STP	出水	每日采样	12-08-2008	
MR 7098-7110	Gothenburg	Rya STP	出水	每日采样	27-08-2008	
MR 7168-7179	Stockholm	Henriksdal STP	出水	每日采样	07-09-2008	
MR 7224-7236	Bollebygd	Bollebygd STP	出水	每日采样	11-09-2008	

表 1.22　有机锡化合物浓度（＜表示检出限）　　　　　　　单位：ng/L

样品标识	采样地点	MBT	DBT	TBT	MPhT	DPhT	TPhT	MOT	DOT
MR 6900-6901＋6906	Viskan 上游 4 月	<1.1	<0.7	<0.3	<0.6	<4	<0.5	<0.7	<0.6
MR 6902-6903＋6907	Viskan 下游 50m 4 月	1.2	<0.7	<0.3	<0.6	<2.8	<0.5	<0.7	<0.6
MR 6904-6905＋6908	Viskan 下游 2km 4 月	1.7	<0.7	<0.3	<0.6	<2.8	<0.5	<0.7	<0.6
MR 7009	Viskan 上游 8 月	2.5	1.1	<0.3	<0.6	<2.8	<0.5	<0.7	<0.6
MR 7010	Viskan 下游 50m 8 月	3.8	1.2	<0.3	<0.6	<2.8	<0.5	<0.7	<0.6
MR 7011	Viskan 下游 2km 8 月	<1.1	<0.7	<0.3	<0.6	<2.8	<0.5	<0.7	<0.6
MR 6875-6877	Gässlösa STP 3 月	3.9	1.1	<0.5	<0.6	<3	<0.8	<0.8	<1
MR 6897-6899	Gässlösa STP 4 月	3.6	1.4	<0.5	<0.6	<3	<0.8	<0.8	<1
MR 7545	Gässlösa STP 10 月	<1.1	<1	<0.5	<0.6	3.7	<0.8	<0.8	<1
MR 7005-7008	Gässlösa STP 8 月	4.4	1.4	<0.5	<0.6	<3	<0.8	<0.8	<1
MR 7075-7087	Nolhaga STP	<1.1	2.2	0.62	<0.6	<3	<0.8	<0.8	<1
MR 7062-7074	Ellinge STP	<1.1	1.6	<0.5	<0.6	<3	<0.8	<0.8	<1
MR 7030-7035	Öhn STP	<1.1	2.5	<0.5	<0.6	<3	<0.8	<0.8	<1
MR 7098-7110	Rya STP	1.3	2.2	<0.5	<0.6	<3	<0.8	<0.8	<1
MR 7168-7179	Henriksdal STP	1.4	3.1	1.4	5.9	<3	1.8	<0.8	1.3
MR 7224-7236	Bollebygd STP	<1.1	1.9	<0.5	1.7	<3	<0.8	<0.8	<1

表 1.23　溴化阻燃剂浓度（＜表示检出限）　　　　　　　单位：ng/L

样品标识	采样地点	BDE-47	BDE-100	BDE-99	BDE-85	BDE-153	BDE-154	BDE-209	HBCDD
MR6900-6901＋6906	Viskan 上游 4 月	0.038	<0.030	0.0354	<0.030	<0.030	<0.030	<0.1	<0.1
MR 6902-6903＋6907	Viskan 下游 50m 4 月	0.044	<0.030	0.049	<0.030	<0.030	<0.030	0.44	<0.1
MR 6904-6905＋6908	Viskan 下游 2km 4 月	0.037	<0.030	0.046	<0.030	<0.030	<0.030	<0.1	<0.1
MR 7009	Viskan 上游 8 月	0.046	0.012	0.048	<0.10	<0.10	<0.10	0.28	<0.05
MR 7010	Viskan 下游 50m 8 月	0.037	0.010	0.035	<0.10	<0.10	<0.10	<0.05	<0.05
MR 7011	Viskan 下游 2km 8 月	0.070	0.014	0.066	<0.10	0.010	0.008	<0.05	<0.05
MR 6875-6877	Gässlösa STP 3 月	n. a.	n. a.	n. a.	n. a.	n. a.	n. a.	<0.05	0.24
MR 6897-6899	Gässlösa STP 4 月	n. a.	n. a	n. a.	n. a.	n. a.	n. a.	<0.05	0.25
MR 7545	Gässlösa STP 10 月	<0.04	<0.04	<0.04	<0.06	<0.06	<0.06	<0.05	<0.05
MR 7005-7008	Gässlösa STP 8 月	0.061	<0.02	0.027	<0.03	<0.03	<0.03	<0.05	0.13
MR 7075-7087	Nolhaga STP	0.078	<0.02	0.070	<0.03	<0.03	<0.03	<0.05	0.23
MR 7062-7074	Ellinge STP	0.035	0.028	0.053	<0.03	<0.03	<0.03	<0.05	0.27
MR 7030-7035	Öhns STP	0.081	0.030	0.082	<0.03	<0.03	<0.03	<0.05	0.09
MR 7098-7110	Rya STP	0.026	<0.02	<0.02	<0.03	<0.03	<0.03	<0.05	0.16
MR 7168-7179	Henriksdal STP	<0.02	<0.02	<0.02	<0.03	<0.03	<0.03	<0.05	0.23
MR 7224-7236	Bollebygd STP	0.079	0.021	0.039	<0.03	<0.03	<0.03	<0.05	0.05

表 1.24　酚类物质浓度 s（＜表示检出限）　　　　单位：ng/L

样品标识	采样地点	4-壬基酚	4-叔辛基苯酚	三氯生	双酚 A
MR6900-6901＋6906	Viskan 上游 4 月	25	2.3	＜0.2	＜5
MR 6902-6903＋6907	Viskan 下游 50m 4 月	59	6.1	＜0.2	50
MR 6904-6905＋6908	Viskan 下游 2km 4 月	52	6.1	2.6	62
MR 7009	Viskan 上游 8 月	41	4.6	＜0.2	30
MR 7010	Viskan 下游 50m 8 月	40	4.7	0.3	55
MR 7011	Viskan 下游 2km 8 月	150	9.3	9.4	120
MR 6875-6877	Gässlösa STP 3 月	120	＜9	49	290
MR 6897-6899	Gässlösa STP 4 月	99	14	50	1900
MR 7545	Gässlösa STP 10 月	150	15	32	140
MR 7005-7008	Gässlösa STP 8 月	＜79	＜9	39	270
MR 7075-7087	Nolhaga STP	240	＜9	20	410
MR 7062-7074	Ellinge STP	＜87	＜9	16	＜120
MR 7030-7035	Öhns STP	220	67	95	810
MR 7098-7110	Rya STP	220	16	82	1300
MR 7168-7179	Henriksdal STP	＜85	＜9	87	＜120
MR 7224-7236	Bollebygd STP	270	＜19	110	880

表 1.25　除草剂类物质浓度（＜表示检出限）　　　　单位：ng/L

样品标识	采样地点	MCPA /(ng/L)	草甘膦 /(μg/L)
MR6900-6901＋6906	Viskan 上游 4 月	＜2	＜0.5
MR 6902-6903＋6907	Viskan 下游 50m 4 月	n. a.	＜0.5
MR 6904-6905＋6908	Viskan 下游 2km 4 月	n. a.	＜0.5
MR 7009	Viskan 上游 8 月	＜2	＜0.5
MR 7010	Viskan 下游 50m 8 月	＜2	＜0.5
MR 7011	Viskan 下游 2km 8 月	＜2	＜0.5
MR 6875-6877	Gässlösa STP 3 月	＜2	＜0.5
MR 6897-6899	Gässlösa STP 4 月	＜2	＜0.5
MR 7545	Gässlösa STP 10 月	＜2	＜0.5
MR 7005-7008	Gässlösa STP 8 月	＜2	＜0.5
MR 7075-7087	Nolhaga STP	＜2	＜0.5
MR 7062-7074	Ellinge STP	＜2	＜0.5
MR 7030-7035	Öhns STP	＜2	＜0.5
MR 7098-7110	Rya STP	＜2	＜0.5
MR 7168-7179	Henriksdal STP	＜2	＜0.5
MR 7224-7236	Bollebygd STP	＜2	＜0.5

注：MCPA—2-甲-4-苯氧基乙酸。

表 1.26　金属浓度（＜表示检出限）

样品标识	采样地点	Hg(总) /(ng/L)	Cd /(μg/L)	Pb /(μg/L)	Ag /(μg/L)	As /(μg/L)	Cu /(μg/L)
MR6900-6901＋6906	Viskan 上游 4 月	3.2	0.018	0.27	0.007	0.68	1.3
MR 6902-6903＋6907	Viskan 下游 50m 4 月	3.5	0.029	0.56	0.009	0.59	4.7
MR 6904-6905＋6908	Viskan 下游 2km 4 月	3.0	0.014	0.34	0.006	0.58	5.7
MR 7009	Viskan 上游 8 月	3.3	0.031	0.62	0.014	0.86	3.4
MR 7010	Viskan 下游 50m 8 月	3.6	0.027	0.95	0.047	0.91	3.0
MR 7011	Viskan 下游 2km 8 月	5.0	0.029	0.84	0.063	0.81	4.4
MR 6875-6877	Gässlösa STP 3 月	2.1	0.009	0.083	0.015	0.82	3.8
MR 6897-6899	Gässlösa STP 4 月	1.5	0.013	0.15	0.022	0.77	3.1
MR 7545	Gässlösa STP 10 月	3.2	＜0.005	0.036	＜0.005	0.04	2.6

样品标识	采样地点	Hg(总)/(ng/L)	Cd/(μg/L)	Pb/(μg/L)	Ag/(μg/L)	As/(μg/L)	Cu/(μg/L)
MR 7005-7008	Gässlösa STP 8 月	1.5	0.008	0.07	0.008	0.63	4.9
MR 7075-7087	Nolhaga STP	1.5	0.022	0.24	0.012	0.99	4.4
MR 7062-7074	Ellinge STP	0.39	0.019	0.58	0.034	0.89	6.4
MR 7030-7035	Öhns STP	3.6	0.021	0.048	0.01	0.58	2.1
MR 7098-7110	Rya STP	2.2	0.008	0.15	0.023	0.99	4.5
MR 7168-7179	Henriksdal STP	0.64	0.012	0.038	0.006	0.86	1.9
MR 7224-7236	Bollebygd STP	4.9	0.003	0.051	0.006	0.76	0.70

表 1.27　非甾体类抗炎药浓度 (＜表示检出限)　　　　　单位：ng/L

样品标识	采样地点	布洛芬	萘普生	酮洛芬	双氯芬酸
MR 7005-7008	Gässlösa STP 8 月	500	1100	220	79
MR 7075-7087	Nolhaga STP	280	370	380	71
MR 7062-7074	Ellinge STP	8.0	81	68	140
MR 7030-7035	Öhns STP	120	220	400	81
MR 7098-7110	Rya STP	350	790	570	100
MR 7168-7179	Henriksdal STP	110	200	370	270
MR 7224-7236	Bollebygd STP	5000	3000	1400	620

表 1.28　全氟化物浓度 (PFAS) (＜表示检出限)　　　　　单位：ng/L

样品标识	采样地点	PFOS	PFOA	PFOSA	PFHxA	PFDcA
MR 7005-7008	Gässlösa STP 8 月	13	41	0.038	21	11
MR 7075-7087	Nolhaga STP	4.8	12	0.18	18	7.5
MR 7062-7074	Ellinge STP	8.9	9.5	0.15	8.4	12
MR 7030-7035	Öhns STP	5.9	9.1	0.066	14	6.6
MR 7098-7110	Rya STP	8.4	10	＜0.02	15	6.0
MR 7168-7179	Henriksdal STP	19	10	0.089	11	8.1
MR 7224-7236	Bollebygd STP	3.1	3.6	＜0.02	17	13

表 1.29　邻苯二甲酸盐浓度 (＜表示检出限)　　　　　单位：μg/L

样品标识	采样地点	DEP	DIBP	DBP	BBzP	DEHP	DOP	DINP	DIDP
MR 7005-7008	Gässlösa STP 8 月	0.060	0.10	0.22	0.050	0.49	＜0.01	＜1	＜1
MR 7075-7087	Nolhaga STP	0.14	0.15	0.28	0.020	0.36	＜0.01	＜1	＜1
MR 7062-7074	Ellinge STP	0.047	0.046	0.084	＜0.01	0.19	＜0.01	＜1	＜1
MR 7030-7035	Öhns STP	0.030	0.061	0.13	＜0.01	0.48	＜0.01	＜1	＜1
MR 7098-7110	Rya STP	0.20	0.21	0.13	0.015	0.71	＜0.01	＜1	＜1
MR 7168-7179	Henriksdal STP	0.052	0.046	0.081	＜0.01	＜0.1	＜0.01	＜1	＜1
MR 7224-7236	Bollebygd STP	1.47	0.21	0.11	0.025	0.26	＜0.01	＜1	＜1

表 1.30　有机磷酸酯浓度 (＜表示检出限)　　　　　单位：μg/L

样品标识	采样地点	TIBP	TBP	TCEP	TDCP	TBEP	TPhP	EHDPP
MR 7005-7008	Gässlösa STP 8 月	2.8	0.052	1.8	0.39	3.0	0.072	0.069
MR 7075-7087	Nolhaga STP	0.052	0.11	0.77	0.82	3.1	0.041	0.017
MR 7062-7074	Ellinge STP	0.061	0.038	0.32	0.54	0.24	0.020	0.015
MR 7030-7035	Öhns STP	0.044	0.074	0.43	0.42	16	0.12	0.031
MR 7098-7110	Rya STP	0.33	0.39	0.24	0.28	3.4	0.074	0.045
MR 7168-7179	Henriksdal STP	0.057	0.019	0.20	＜0.008	0.008	1.7	0.015
MR 7224-7236	Bollebygd STP	0.029	0.088	0.19	0.82	8.2	0.11	0.013

表 1.31　挥发性有机化合物浓度（＜表示检出限）　　　　单位：ng/L

样品标识	采样地点	3-甲基戊烷	正己烷	苯	甲苯	正辛烷	乙基一苯	间+对二甲苯	苯乙烯	邻二甲苯	正壬烷	1,3,5-TMB(1,3,5-三甲基苯)
MR 7005-7008	Gässlösa STP 8 月	<10	<1.0	4.1	52	<1.0	<1.0	22	3.1	2.7	<1.0	<5.0
MR 7075-7087	Nolhaga STP	<10	95	3.8	200	<1.0	<1.0	15	<2.0	<2.0	<1.0	<5.0
MR 7062-7074	Ellinge STP	<10	72	1.1	8.4	<1.0	1.3	7.7	<2.0	2.5	<1.0	<5.0
MR 7030-7035	Öhns STP	<10	59	5.5	46	<1.0	2.1	15	<2.0	3.8	<1.0	<5.0
MR 7098-7110	Rya STP	<10	22	2.6	18	<1.0	9.7	35	<2.0	14	1.4	<5.0
MR 7168-7179	Henriksdal STP	<10	17	3.7	71	<1.0	18	24	14	7.4	<1.0	<5.0
MR 7224-7236	Bollebygd STP	<10	13	<1.0	120	<1.0	4.9	19	8.4	9.7	<1.0	<5.0

表 1.32　挥发性卤代物浓度（＜表示检出限）　　　　单位：ng/L

采样标识	采样地点	1,1,1-三氯乙烷	1,2-二氯乙烷	二氯甲烷	氯仿	四氯化碳	四氯乙烯	三氯乙烯
MR 7005-7008	Gässlösa STP 8 月	<0.4	84	<6.0	140	1.7	7.6	1.1
MR 7075-7087	Nolhaga STP	<0.4	180	<6.0	14	1.7	4.4	<0.3
MR 7062-7074	Ellinge STP	<0.4	34	<6.0	59	1.7	2.2	0.82
MR 7030-7035	Öhns STP	0.42	270	<6.0	58	1.6	12	4.4
MR 7098-7110	Rya STP	<0.4	180	<6.0	140	1.6	26	2.2
MR 7168-7179	Henriksdal STP	0.50	65	<6.0	29	2.0	>300	5.9
MR 7224-7236	Bollebygd STP	0.46	35	<6.0	17	2.4	1.1	<0.3

表 1.33　氯苯浓度（＜表示检出限）　　　　单位：ng/L

采样标识	采样地点	1,3,5-三氯苯	1,2,4-三氯苯	1,2,3-三氯苯	六氯丁二烯	1,2,3,4-四氯苯	1,2,3,5+1,2,4,5-四氯苯	五氯苯	六氯苯	八氯苯乙烯
MR 7005-7008	Gässlösa STP 8 月	<0.2	<2	<0.1	<0.2	<0.2	<0.2	<0.2	<0.1	<0.1
MR 7075-7087	Nolhaga STP	<0.2	<2	<0.1	<0.2	<0.2	<0.2	<0.2	<0.1	<0.1
MR 7062-7074	Ellinge STP	<0.2	<2	<0.1	<0.2	<0.2	<0.2	<0.2	<0.1	<0.1
MR 7030-7035	Öhns STP	<0.2	<2	<0.1	<0.2	<0.2	<0.2	<0.2	<0.1	<0.1
MR 7098-7110	Rya STP	<0.2	<2	<0.1	<0.2	<0.2	<0.2	<0.2	<0.1	<0.1
MR 7168-7179	Henriksdal STP	<0.2	<2	<0.1	<0.2	<0.2	<0.2	<0.2	<0.1	<0.1
MR 7224-7236	Bollebygd STP	<0.2	<2	<0.1	<0.2	<0.2	<0.2	<0.2	<0.1	<0.1

表 1.34　硅氧烷类物质浓度（＜表示检出限）　　　　单位：μg/L

样品标识	采样地点	D4	D5	D6	MM	MDM	MD2M	MD3M
MR 7005-7008	Gässlösa STP 8 月	<0.09	<0.04	<0.03	<0.001	<0.0002	<0.0003	<0.0004
MR 7075-7087	Nolhaga STP	<0.09	<0.04	<0.03	<0.001	<0.0002	<0.0003	0.0012
MR 7062-7074	Ellinge STP	<0.09	<0.04	0.040	<0.001	<0.0002	<0.0003	0.00059
MR 7030-7035	Öhns STP	<0.09	<0.04	<0.03	<0.001	<0.0002	<0.0003	<0.0004
MR 7098-7110	Rya STP	<0.09	<0.04	<0.03	<0.001	<0.0002	<0.0003	<0.0004
MR 7168-7179	Henriksdal STP	<0.09	<0.04	0.065	0.0021	<0.0002	0.00059	0.0014
MR 7224-7236	Bollebygd STP	<0.09	<0.04	<0.03	<0.001	0.0003	0.00076	0.0017

注：D4—八甲基环四硅氧烷；D5—十甲基环戊硅氧烷；D6—十二甲基环六硅氧烷；MM—六甲基二硅氧烷；MDM—八甲基三硅氧烷；MD2M—十甲基四硅氧烷；MD3M—十二甲基戊硅氧烷。

表 1.35　其他的物质浓度（＜表示检出限）　　　　单位：ng/L

样品标识	采样地点	乙酰水杨酸	水杨酸	布洛芬—OH	布洛芬—COOH	d-t-双酚 A
MR 7005-7008	Gässlösa STP 8 月	<50	182	1236	<5	10
MR 7075-7087	Nolhaga STP	<50	160	1428	176	13
MR 7062-7074	Ellinge STP	<50	24	118	<5	123

续表

样品标识	采样地点	乙酰水杨酸	水杨酸	布洛芬—OH	布洛芬—COOH	d-t-双酚 A
MR 7030-7035	Öhns STP	<50	176	808	10	9
MR 7098-7110	Rya STP	<50	110	1887	7	43
MR 7168-7179	Henriksdal STP	<50	85	161	106	73
MR 7224-7236	Bollebygd STP	<50	128	6877	1197	293

表 1.36　雌激素活性（YES）表示为雌二醇单位/L，雄激素活性（YAS）表示为 DHT 单位/L

样品标识	采样地点	YES	±SD	YAS
MR 7005-7008	Gässlösa STP 8 月	2.1	0.06	<1
MR 7075-7087	Nolhaga STP	0.26	0.08	<1
MR 7062-7074	Ellinge STP	0.21	0.06	<1
MR 7030-7035	Öhns STP	1.0	0.03	<1
MR 7098-7110	Rya STP	4.2	0.1	<1
MR 7168-7179	Henriksdal STP	0.39	0.02	<1
MR 7224-7236	Bollebygd STP	n. a.		n. a.

参 考 文 献

Alnafisi, A., Hughes, J., Wang, G., Miller, C. A. (2007). Evaluating polycyclic aromatic hydrocarbons using a yeast bioassay. Environ. Chem. Toxicol. 26: 1333-1339.

Amato, J. R., Mount, D. I., Durhan, E. J., Lukasewycz, M. T., Ankley, G. T., Robert, D. (1992). An example of the identification of diazinon as a primary toxicant in an effluent, Environmental Toxicology and Chemistry 11 (2): 209-216.

Barras, V. M. (2008). Endocrine disrupting polyhalogenated organic pollutants interfere with thyroid hormone signalling in the developing brain. The Cerebellum. 26-37.

Blanton, M. L., Speckler, J. L. (2007). The hypothalamic-pituitary-thyroid (HPT) axis in fish and its role in fish development and reproduction. Critical Reviews in Toxicology, 37: 97-115.

Boas, M., Feldt-Rasmussen, U., Skakkebæk, N. E., Main, K. M. (2006). Environmental chemicals and thyroid function. Europ. Jour. Endocrin. 154: 599-611.

Boronat, S., Casado, S., Navas, J. M., Piña, B. (2007). Modulation of aryl hydrocarbon receptor transactivation by carbaryl, a nonconventional ligand. FEBS Journal, 274: 3327-3339.

Brack, W. (2003). Effect-directed analysis: a promising tool for the identification of organic toxicants in complex mixtures? Anal. Bioanal. Chem. 377: 397-407. Chemical and biological monitoring of sewage effluent water IVL report B1897 87.

Brack, W., Bláha, L., Giesy, J. P., Grote, M., Moeder, M., Schrader, S., Hecker, M. (2008a). Polychlorinated naphthalenes and other dioxin-like compounds in Elbe river sediments. Environ. Toxicol. Chem. 27: 519-528.

Brack, W., Schmitt-Jansen, M., Machala, M., Brix, R., Barceló, D., Schymanski, E., Streck, G., Schulze, T. (2008b). How to confirm identified toxicants in effect-directed analysis. Anal. Bioanal. Chem. 390: 1959-1973.

Burgess R. M., Ho T. K. Tagliabue M. D., Kuhn A., Comeleo R., Comeleo P., Modica G., and Morrison G. E. (1995) Toxicity characterization of an industrial and a municipal effluent discharging to the marine environment, Marine Pollution Bulletin 30: 524-535.

Chou, P.-H., Matsui, S., Misaki, K., Matsuda, T. (2007). Isolation and identification of xenobiotic aryl hydrocarbon receptor ligands in dyeing wastewater. Environ. Sci. Technol. 41: 652-657.

Dizer, H., Wittekindt, E., Fisher, B., Hansen, P. D. (2002). The cytotoxic and genotoxic potential of surface water and wastewater effluents as determined by bioluminescence, umu-assays, and selected biomarkers. Chemosphere. 46: 225-233.

Flückiger-Isler, S., Baumeister, M., Braun, K., Gervais, V., Hasler-Nguyen, N., Reimann, R., Van Gompel, J., Wunderlich, H.-G., Engelhardt, G. (2004). Assessment of the performance of the Ames II™ assay: a colloborative study with 19 coded compounds. Mut. Res. 558: 181-197. Fort, D. J., Degitz, S., Tietge, J., Touart, L. W. (2007). The hypothalamic-pituitary-thyroid (HPT) axis in frogs and its role in frog development and reproduction. Critical Reviews in Toxicology, 37: 117-161.

Grote, M., Brack, W., Altenburger, R. (2005). Identification of toxicants from marine sediment using effect-directed analysis. Environ. Toxicol. 20: 475-486.

Grung, M., Lichtenthaler, R., Ahel, M., Tollefsen, K-E., Langford, K., Thomas, K. V. (2007). Effect-directed analysis of organic toxicants in wastewater effluent from Zagreb, Croatia. Chemosphere, 67: 108-120.

Gustavsson, L., Hollert, H., Jönsson, S., van Bavel, B., Engwall, M. (2007). Reed beds recieving industrial sludge containing nitroaromatic compounds. Env. Sci. Pollut. Res. 14: 202-211.

Hansson, T., Schiedek, D., Lehtonen, K. K., Vuorinen, P. J., Liewenborg, B., Noaksson, E., Tjärnrud, U., Hanson, M., Balk, L. (2006). Biochemical biomarkers in adult female perch (Perca fluviatilis) in a chronically polluted gradient in the Stockholm recipient (Sweden). Mar. Poll. Bull. 53: 451-468.

Heringa, M., Voost, S., Kool, P. (2007). Ames II for efficient screening of drinking water (sources) for mutagenic contaminants. Toxicol. Lett. 172, S1-S240 (Abstract)

Hewitt M. L., Marvin C. H. (2005). Analytical methods in environmental effects-directed investigations of effluents, Mut. Res. 589: 208-232.

Hotchkiss, A. K., Rider, C. V., Blystone, C. R., Wilson, V. S., Hartig, P. C., Ankley, G. T., Foster, P. M., Gray, C. L., Gray, L. E. (2008). Fifteen years after "Wingspread" -environmental endocrine disrupters and human and wildlife health: where we are today and where we need to go. Toxicol. Sci. 105: 235-259.

Inoue, D., Nakama, K., Matsui, H., Sei, K., Ike, M. 2009. Detection of agonistic activities against five human nuclear receptors in river environments of Japan using a yeast two-hybrid assay. Bull. Environ. Contam. Toxicol. 82: 399-404. Chemical and biological monitoring of sewage effluent water IVL report B1897 88.

Ishihara, A., Rahman, F. B., Leelawatwattana, L., Prapunpoj, P., Yamauchi, K. 2009. In vitro thyroid hormone-disrupting activity in effluents and surface waters in Thailand. Environ. Toxicol. Chem. 28: 586-594.

Isidori, M., Lavorgna, M., Palumbo, M., Piccoli, V., Parrella, A. (2007). Influence of alkylphenols and trace elements in toxic, genotoxic, and endocrine disruption activity of wastewater treatment plants. Environ. Toxicol. Chem. 26: 1686-1694.

Jolibois, B., Guerbet, M., Vassal, S., (2003). Detection of hospital wastewater genotoxicity with the SOS Chromotest and Ames fluctuation test. Chemosphere. 51: 539-543.

Jugan, M. L., Lévy-Bimbot, M., Pomérance, M., Tamisier-Karolak, S., Blondeau, J. P., Lévi, Y. 2007. A new bioluminescent cellular assay to measure the transcriptional effects of chemicals that modulate the alpha-1 thyroid hormone receptor. Toxicol. In Vitro. 21: 1197-1205.

Keiter, S. , Grund, S. , van Bavel, B. , Hagberg, J. , Engwall, M. , Kammann, U. , Klempt, M. , Manz, W. , Olsman, H. , Braunbeck, T. , Hollert, H. (2008) . Activities and identification of the aryl hydrocarbon receptor agonists in sediments from the Danube river. Anal. Bioanal. Chem. 390: 2009-2019.

Kidd, K. A. , Blanchfield, P. J. , Mills, K. H. , Palace, V. P. , Evans, R. E. , Lazorchak, J. M. , Flick, R. M. (2007) . Collapse of a fish population after exposure to a synthetic estrogen. PNAS. 104: 8896-8901.

Kitamura, S. , Suzuki, T. , Sanoh, S. , Kohta, R. , Jinno, N. , Sugihara, K. , Yoshihara, S. , Fujim-oto, N. , Watanabe, H. , Ohta, S. (2005) . Comparative study of the endocrine-disrupting activity of Bisphenol A and 19 related compounds. Toxicol. Sci. 84: 249-259.

Krüger, T. , Long, M. , Bonefeld-Jørgensem, E. C. (2008) . Plastic components affect the activation of the aryl hydrocarbon and the androgen receptor. Toxicol. 246: 112-123.

Leskinen, P. , Hilscherova, K. , Sidlova, T. , Kiviranta, H. , Pessala, P. , Salo, S. , Verta, M. , Virta, M. (2008) . Detecting AhR ligands in sediments using bioluminescent reporter yeast. Biosensors and Bioelectronics, 23: 1850-1855.

Li, J. , Ma, M. , Wang, Z. (2008) . A two-hybrid yeast assay to quantify the effects of xenobiotics on thy-roid hormone-mediated gene expression. Environ. Toxicol. Chem. 27: 159-167.

Mastorakos, G. , Karoutsou, E. I. , Mizamtsidi, M. , Cretsas, G. (2007) . The menace of endocrine dis-ruptors on the thyroid hormone physiology and their impact on intrauterine development. Endocr. 31: 219-237.

McNabb, F. M. A. (2007) . The hypothalamic-pituitary-thyroid (HPT) axis in birds and its role in bird de-velopment and reproduction. Critical Reviews in Toxicology, 37: 163-193.

Miller Ⅲ, C. A. (1999) . A human aryl hydrocarbon receptor signaling pathway constructed in yeast displays additive responses to ligand mixtures. Toxicol. Appl. Pharamacol. 160: 297-303.

Morgado, I. , Hamers, T. , Van der Ven, L. , Power, D. M. (2007) . Disruption of thyroid hormone binding to sea bream recombinant transthyretin by ioxinyl and polybrominated diphenyl ethers. Chemosphere. 67: 155-163.

Murata, T. , Yamauchi, K. (2008) . 3,3',5-Triiodo-L-thyronine-like activity in effluents from domestic sewage treatment plants detected by in vitro and in vivo bioassays. Toxicol. Appl. Pharmacol. 226: 309-317.

Nelson, J. , Bishay, F. , van Roodselaar, A. , Ikonomou, M. , Law, F. C. P. (2007) . The use of in vitro bioassays to quantify endocrine disrupting chemicals in municipal wastewater treatment plant effluents. Sci. Tot. Environ. 374: 80-90.

Noguerol, T. -N. , Boronat, S. , Casado, M. , Raldúa, D. , Barceló, D. , Piña, B. (2006) . Evaluating the interactions of vertebrate receptors with persistent pollutants and antifouling pesticides using recombinant yeast assays. Anal. Bioanal. Chem. 385: 1012-1019.

Nomiyama, K. , Tanizaki, T. , Arizono, K. , Shinohara, R. (2007) . Endocrine effects generated by photooxidation of coplanar biphenyls in water using titanium dioxide. Chemosphere, 66: 1138-1145.

Ohe, T. , Watanabe, T. , Wakabayashi, K. (2004) . Mutagens in surface waters: a review. Mut. Res. 567: 109-149.

Ohtake, F. , Takeyama, K. , Matsumoto, T. , Kitagawa, H. , Yamamoto, Y. , Nohara, K. , Tohyama, C. , Krust, A. , Mimura, J. , Chambon, P. , Yanagisawa, J. , Fujii-Kuriyama, Y. , Kato, S. (2003) .

Modulation of oestrogen receptor signalling by association with the activated dioxin receptor. Nature. 423: 545-549.

Okey, A. B. (2007) . An aryl hydrocarbon receptor odyssey to the shores of toxicology: the Deichmann lecture, Internationational Congress of Toxicology-XI. Toxicol. Sci. 98: 5-38.

Routti, H. , Nyman, M. , Jenssen, B. M. , Backman, C. , Koistinen, J. , Gabrielsen, G. W. (2008) . Bone-related effects of contaminants in seals may be associated with vitamin D and thyroid hormones. Environ. Toxicol. Chem. 27: 873-880.

Scheurell M. , Franke S. and Hühnerfuss H. (2007) . Effect-directed analysis: a powerful tool for the surveillance of aquatic systems, Intern. J. Environ. Anal. Chem. 87 (6): 401-413.

Sugihara, K. , Okayama, T. , Kitamura, S. , Yamashita, K. , Yasuda, M. , Miyairi, S. , Minobe, Y. , Ohta, S. (2008) . Comparative study of aryl hydrocarbon receptor ligand activities of six chemicals in vitro and in vivo. Arch. Toxicol. 82: 5-11.

Sumpter, J. P. 2005. Endocrine disrupters in the aquatic environment: An overview. Acta Hydrochim. Hydrobiol. 33: 9-16.

Suzuki, G. , Takigami, H. , Watanabe, M. , Takahashi, S, Nose, K. , Asari, M. , Sakai, S. (2008). Identification of brominated and chlorinated phenols as potential thyroid-disrupting compounds in indoor dust. Environ. Sci. Technol. 42: 1794-1800.

Svensson, A. , Allard, A-S. (2002) . Androgenitet och östrogenitet i Vramsåns vattensystem, Kristianstads kommun. IVL B-rapport 1510.

Svensson, A. , Allard, A-S. , Viktor, T. , Örn, T. , Parkkonen, J. , Förlin, L. , Norrgren, L. (2000) . Östrogena effekter av kommunala och industriella avloppsvatten i Sverige. IVL B-rapport 1352.

Tabuchi, M. , Veldhoen, A. , Dangerfield, N. , Jeffries, S. , Helbing, C. C. , Ross, P. S. (2006) . PCB-related alteration of thyroid hormones and thyroid hormone receptor gene expression in free-ranging Harbour seals (Phoca vitulina) . Environ. Health Per. 114: 1024-1031.

Wölz, J. , Engwall, M. , Maletz, S. , Olsman Takner, H. , van Bavel, B. , Kammann, U. , Klempt, M. , Weber, R. , Braunbeck, T. , Hollert, H. (2008) . Changes in toxicity and Ah receptor agonist activity of suspended particulate matter during flood events at the rivers Neckar and Rhine-a mass balance approach using in vitro methods and chemical analysis. Environ. Sci. Pollut. Res. 15: 536-553. Chemical and biological monitoring of sewage effluent water IVL report B1897 90.

Zoeller, R. T. , Tan, S. W. , Tyl, R. W. (2007) . General background on the hypothalamic-pituitary-thyroid (HPT) axis. Critical Reviews in Toxicology, 37: 11-53.

Homepage of US EPA, Toxicity Reduction Evaluation Guidance for Municipal Wastewater Treatment Plants, http: //www. ncwaterquality. org/esb/ATUwww/EPA%20Municipal%20TRE%20Guide. pdf 08-12-08.

第2章
废水迁移扩散模型

(作者：Mikael Malmaeus，Jakob Malm，Magnus Karlsson)

2.1 概述

本章介绍了一个用于模拟废水或冷却水迁移扩散模型的开发。该模型名为"MALMAK"，主要提供点源排放污染物的初始羽状迁移扩散信息，用于进行环境影响评价。该模型只需输入水体污染常规监测评估数据即可，不需要对外界环境进行详细监测。该模型包含了基于空气和水动力学的预测污染物羽状扩散宽度的算法，新的界面和内置的图形模块还可以让模拟结果直接标示在数字地图上。采用经验数据和更复杂的水动力学模型对该模型进行对比验证，证明了该模型的预测结果有效，能够对水体中污染物的（扩散）浓度进行合理的估算。

2.2 介绍

水体中（污染物的）迁移扩散是一个复杂的过程，受到湍流漩涡、波浪和洋流等不同种类运动的影响。开发模型时，总是需要进行必要的简化，即将环境（参数）概念化。所设计模型的复杂程度取决于很多因素，包括数据的可获取性以及对预测结果的要求精度等。比较矛盾的一点是，复杂的模型通常需要很多系数，而这些系数往往是不确定的，从而导致模型不精准，继而影响计算结果。高级模型要求详尽，但是其意义往往不显著，因为其包含各种繁复的边界条件和初始值设定，哪怕只有细微的偏差，也会导致精度的大大降低。

对于污染物迁移扩散模型的建立，人们通常会构建一个较为复杂的体系，并需要输入大量的水流数据、水体底部地形数据以及初始扩散系数。这类模型也许更适用于研究污染物在本地的迁移传输、排水特征以及合适的扩散装置的设计。但这类模型对数据和专业水平要求高，故投入较大。而现代工业面临的一个普遍现象是，废水必须经过水处理工艺才能排放，出水水质相对无害，所以对其稀释和扩散效应能做到数量级的预测已经能够满足很多用途的要求。近年来，制造业申请许可证时，需要对排污扩散稀释以及冷却水羽状污染扩散等进行预测，急需借助相对简单、易操作的模型。因此，瑞典环境科学研究院（IVL）成功开发了该扩散模型。该模型已广泛应用于瑞典沿海和内陆水域的制造厂和电厂的污水排放扩散模拟。结果表明，该模型可以有效地支持环境管理。

为了进一步提高模型的可用性和完善其性能，IVL 对其进行了研究。由 IVL 成员 Erik Lindblom、Jonas Fejes、Karin Eliaeson、Anna Palm Cousins 和 Tony Persson 组成了科研小组，并为模型的改进和完善做出了巨大贡献。本研究对模型开发升级以及分析过程进行了记录。

本章介绍项目的研究目的是：a. 进一步开发该扩散模型；b. 进一步将该模型与其他模型/经验数据进行对比；c. 记录并改进模型结构和功能。本研究基本完成了既定目标（其中，最后一个目标部分完成）。

2.3 MALMAK 模型

下面主要介绍已开发的 MALMAK 模型。首先简要介绍模型的最新发展情况，然后介绍模型的功能。

2.3.1 模型的发展

该模型的基本功能是计算废水由点源排放后，因对流运动导致的羽状传输过程中引起的稀释。其运用的主要数值方法是基于质量和动量守恒定律的中心差分有限体积法。该模型的基本功能结构是采用了极性离散方法分析废水污染（可能涉及）区域（的污染状况），并且以稳态解计算各个分割空间的平均稀释值。一些案例，例如对河流等受体的污染排放，采用大致的空间边界条件即可进行计算。同时可以采用模型对污染场地的温度变化进行模拟。在 Malm（2010）和该报告的附录 I 中详细介绍了模型方程。

项目进行了模型的开发，其中一部分成果在接下来的三部分中介绍。

2.3.1.1 基于动量测定（污染扩散）羽的宽度和方向

新模型在数学方面的先进性体现为其可以对排放源的羽状扩散进行不同距离的污染宽度的测算。动量守恒定律决定了污染扩散羽的方向，扩散角度是受到了与周围环境相对的羽内剩余动量的影响。动量守恒定律能够计算出扩散羽的方向，扩散角是由扩散羽和周围环境中的剩余动量所决定。

污水没有扩散装置直接排放的情况并不少见。在此种情况下，排放点附近的水流动量会有一个主导方向。排水的污染羽状扩散方向将会受到周围涌流的影响。为了测算羽的进一步扩散方向，还需要知道扩散羽动量与穿越羽的水流动量之间的相互关系。

新的模型计算了每段扩散羽的动量和穿越羽的水流动量。羽流方向通过矢量叠加计算。相对过剩动量也会影响扩散角度。

2.3.1.2 图示法

由模型模拟得出的空间稀释模式可直接通过 2D 图展示给用户。MALMAK 软件可以采用 bitmap 格式的图像显示，其中排放点、羽流方向和空间规模由用户定义。如果污染扩散区域的污染物浓度高于给定限值，该部分图像将会重叠显示，如图 2.1 所示。

2.3.1.3 用户界面

新的用户界面增加了很多内容，见图 2.6。通过这个界面，用户能够输入排放类型（热、其他）、排放点（单一点，或安装有扩散装置的点）、物理特征（排放水体、环境、水深）以及其他模拟需要的（如时空分辨率）参数信息，轻松模拟污染扩散情境。

图 2.1　位图图像显示羽流模拟

2.3.2　模型说明

在 MALMAK 模型中，模拟的羽状污染扩散，其面积增长与时间的平方成正比。模拟的区域，即羽状扩散区域，被分为界限清晰的子区域（段），见图 2.2。

本模型假设每个子区域（段）内都是瞬间充分混合。初始扩散羽浓度会随着扩散羽与排放点之间距离的增加以及水流的不断混入而逐渐稀释。周围水流进入羽流的情况参见图 2.3。

扩散羽的扩散角（θ）和扩散羽的方向与周边水流方向之间的夹角（β^k），要么由用户指定，要么根据羽与周边水流的动量关系进行估测。

如果用户选择运河模式，那么在两侧流向受限的情况下进行扩散羽模拟，如图 2.4

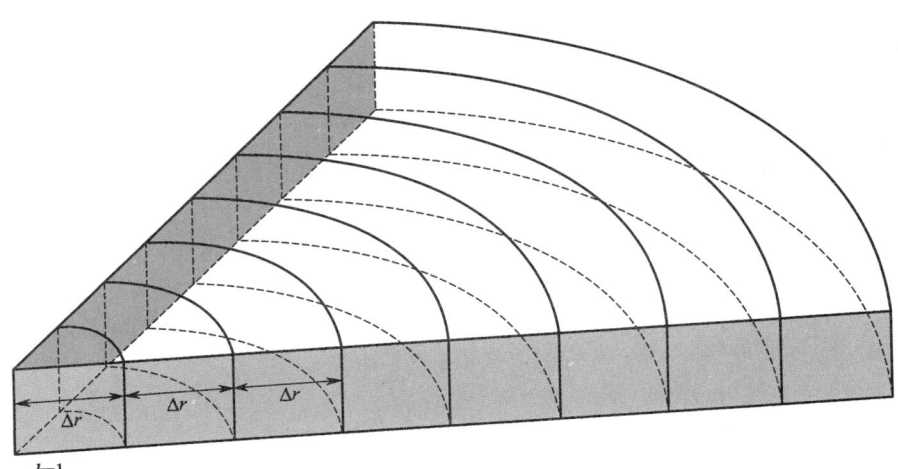

图 2.2 羽流离散化模型（k 代表段数，Δr 代表段的厚度）

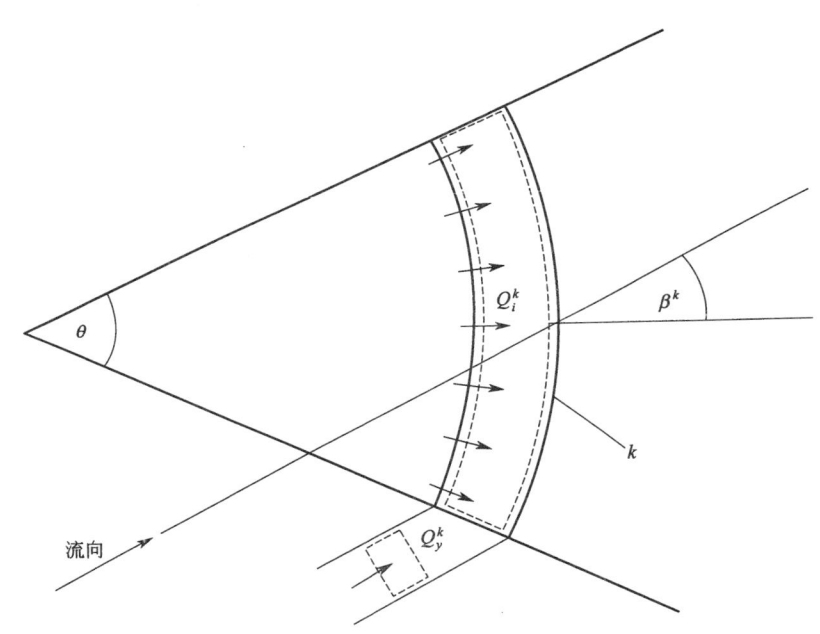

图 2.3 扩散羽平流 Q_i^k 和周边水流 Q_y^k 在 k 段（子区域）的混合

所示。

　　模型还能用于计算热流受纳水体的水温，包括和大气环境能量交换的计算。热流模拟的模型输出界面示例，参见图 2.5。

　　用户能够轻松地将图 2.5 所示的呈现在地图上的模拟结果上传到模型界面。MALMAK 3.0 模型有一个瑞典语界面，如图 2.6 所示。

　　该模型可以模拟排污口污染强度/周边水流有变化的情况，也可以模拟排污恒定不变的情况。用户可以自定义时空分辨率，但模拟的细致程度受到模型本身简化程度的限制，最终，质量和动量总是守恒的。关于模型方程更为详细的说明见 Malm（2010）。

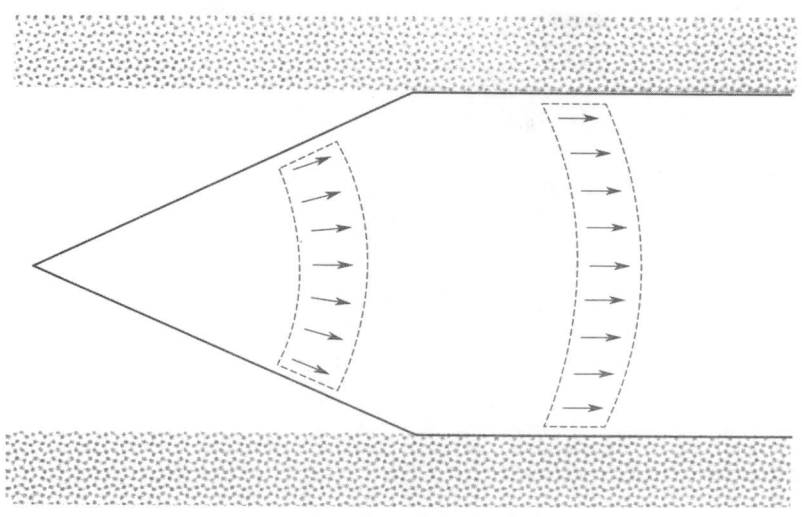

图 2.4　运河中羽的扩散

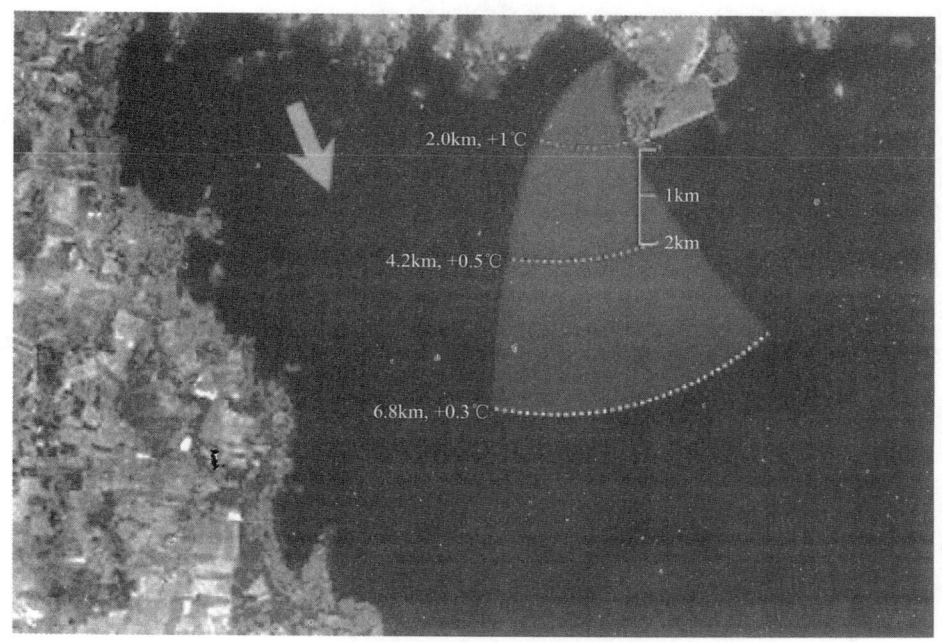

图 2.5　模拟热流排放案例

（模型模拟结果与观测结果一致：在距排放海岬南部 1~2km 的范围内，水温上升了 0.5~1℃）

2.3.3　模型测试

近些年来该模型得到广泛的应用。在一些实际应用中，对污染排放的本模型模拟结论和根据经验观测到的扩散进行了对比。我们在后面的章节中介绍了几个案例，将模型结果与基于经验的观测值/其他模型结果对比，从而评估本模型的精确度。

2.3.3.1　威士曼运河温度状况模拟论证

MALMAK 模型应用于威士曼运河（平均流速 1.2m/s）一个纸浆厂的冷却水的模拟扩

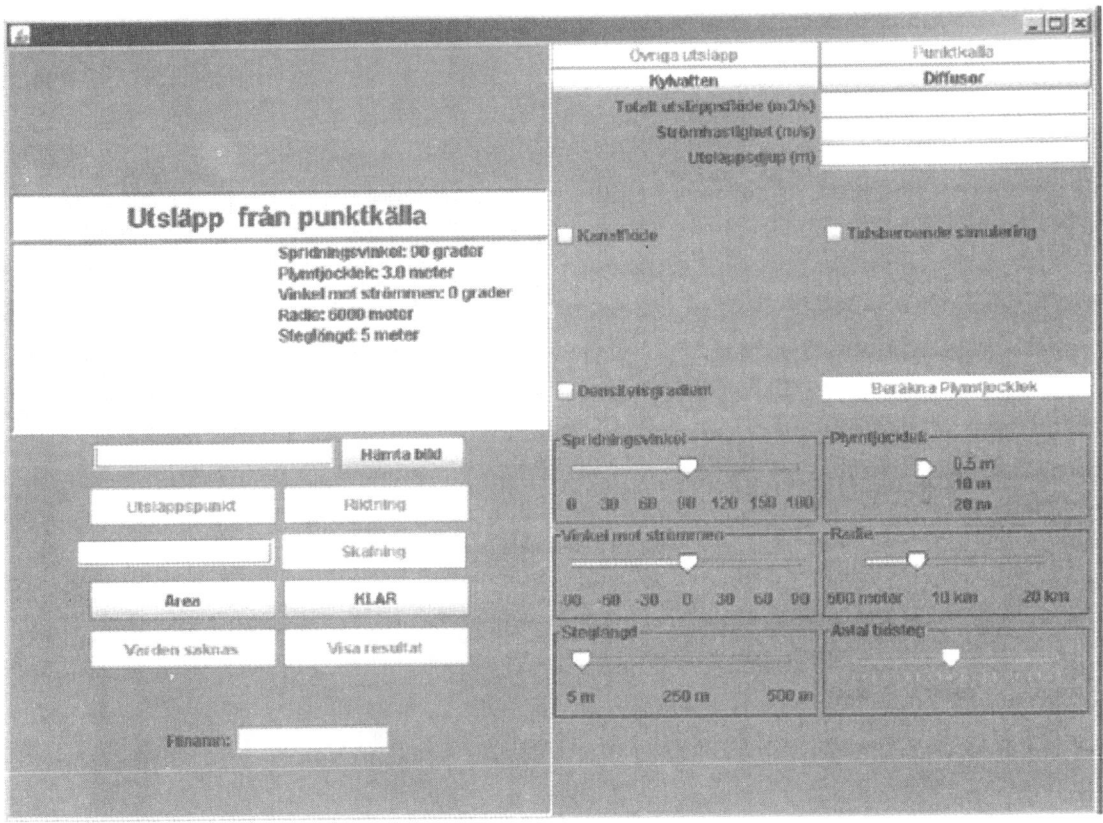

图 2.6　MALMAK 3.0 模型界面
(左下方象限允许用户装载地图且能够形象地测量模拟参数)

散，其水流速度为 0.2m/s。对水流下游 2.4km、3.2km 和 13km 处分别进行模型模拟，同时实测水温，两者进行对比。其结果见表 2.1，模拟结果与实际测量结果相近。

表 2.1　威士曼运河温度状况模拟结果论证表　　　　　　　　单位：℃

月份	2.4km		3.2km		13km	
	测量	模拟	测量	模拟	测量	模拟
1 月	7	7.0	6	5.6	4	3.4
4 月	12	11.7	11	10.4	8	7.5
7 月	29	28.6	27	26.5	22	22.1
11 月	16	15.5	14	13.9	10	10.0

2.3.3.2　瑞典 Mönsterås 纸浆厂向周边排污的模型结果比较

瑞典气象水文学会（SMHI）应用三维电脑模型（PHOENICS）来模拟排放口的扩散情况，用于支持设计一个新的排放装置（Ivarsson，1999）。我们也应用 MALMAK 模型在同样的外界条件下进行模拟测量，将这两个模型的模拟结果进行比较。对于工厂周围的羽状扩散，SMHI 模型给出了更为详细的结果，但是从羽流方向的源头到不同距离的平均浓度来说，这两个模型模拟结果相差无几。图 2.7 给出了管道中四个不同距离的对比结果。误差线表明模拟结果的变化取决于水流速度（0~10cm/s）、扩散角度（45°~60°）和扩散方向。这些结果表明，如果从污染点源到不同距离能充分估算出污染排放扩散的量级，那么这两个模型模拟结果是很相近的。

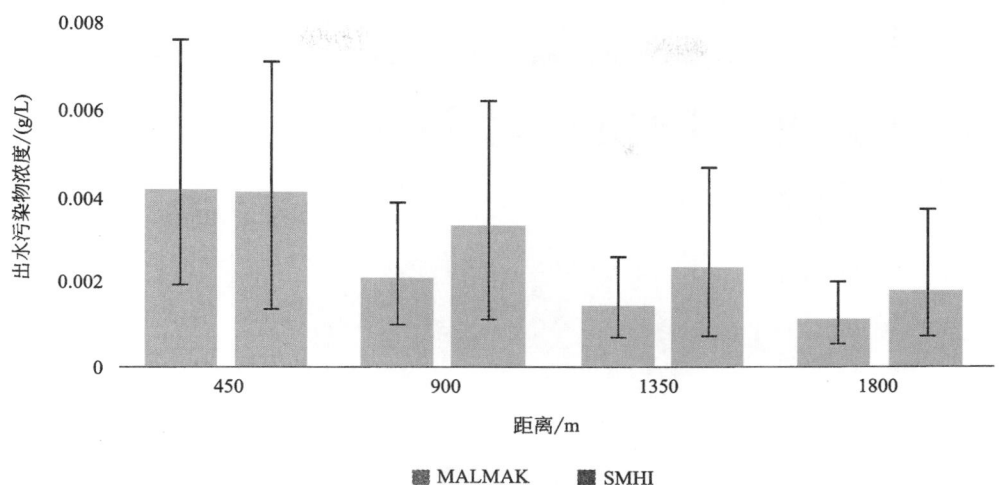

图 2.7　6 个 MALMAK 和 5 个 PHOENICS 结果对比图，均模拟从点源到不同距离的污染排放扩散平均浓度

2.4　结论

本章介绍了模型的开发，MALMAK 模型的改进提高了其实际用途。模型界面和内置图像模块能够使模拟结果直接显示在数字图像上，这为现实环境中羽流扩散的评估提供了一个功能强大且又灵活的工具。将内部动量作为羽流宽度的决定性因素，提高了模型的精确度。该模型通过与经验数据和其他更为复杂的模型进行对比验证，证明它能够对水环境中污水浓度做出合理的估测。

MALMAK 模型不要求有更为详细的水流或者水底地势信息输入。虽然有时也需要利用更高级的模型进行模拟，提供更为精确的信息，但这些模型往往需要利用大量资源。即使在假定条件下预测完全准确，在复杂的现实环境中很难实现。MALMAK 模型能够提供离扩散点不同距离处污水的平均浓度，这通常是操作者和相关部门来评估长期影响和工业废水的排放是否恰当时所需要的信息。

在环境评价时，无论选择什么模型以及外界条件如何，都还是会有相当大的不确定性。因此对于这类评估模拟，更需要考虑合理的边界值的设置。想要得到可靠的结果，模型必须与合理的判断相结合。如果能记住这一原则，在进行污水扩散的环境影响评价时，MALMAK 模型将会是一个非常有用的工具。

参 考 文 献

Wörman A., 1998. Beräkningen av temperaturförändringen i vattendrag nedströms om ett varmvattenutsläpp (In Swedish). Institutionen för geovetenskaper, Uppsala Universitet, stencil, 5.

第3章
瑞典斯德哥尔摩市中心沉积物中的镍、铜、锌、镉和铅

（作者：Anders Jönsson）

3.1 概述

2010 年的 8 月和 9 月，开展了一项关于斯德哥尔摩市中心沉积物的研究。该研究有以下三大目标。

① 估算每年斯德哥尔摩市中心沉积物中的金属镍、铜、锌、镉、钡、锑和铅的排入量。

② 估算从斯德哥尔摩市各重要的源头进入市中心沉积物中的金属镍、铜、锌、镉、钡、锑和铅的量：包括大气沉降，来自建筑物和包括道路在内的其他设施的雨水径流，以及污水处理厂等源头。

③ 评估溶解于沉积物孔隙水中的铬、镍、铜、锌、砷、镉和铅对于底栖生物的生物有效性。该生物有效性由同步可提取金属与酸性可挥发性硫化物的比值决定（SEM/AVS）。

采样点的选取基于对 4 种主要污染源的考虑：城市本身及道路等基础设施的污染排放源，梅拉伦湖排入波罗的海的沙尔特海湾（Saltsjön）的污染排放源，以及 Bromma 和 Henriksdal 两座污水处理厂的排放源。来自城市本身和交通排放出的污染物随着降雨排入研究区域，流经本项目采集点。在每个排放点采集沉积物岩柱状样品两份。其中一份岩柱样切开分成几份子样，分别用铯 137 活度进行测量，用以估计该站自 1986 年以来的干物质积累（以干物质的 g/cm^2 计）。另外一份也分成几份子样，将子样用 ICP-AES 法分析钡、镉、铜、镍、铅、锌，用 AAS 法分析锑。另外，在每个排放点，利用抓斗采样器采集表层 8～10cm 的沉积物，每个位置三个样本用于根据 SEM/AVS 比值确定砷、镉、铜、镍、铅、锌的生物有效性。同时也测定了这些沉积物中的总有机碳。

该研究的结论如下。

① 梅拉伦湖和沙尔特海湾水样本中的铜浓度低于依据慢性铜生物配体模型（EURAS 版本 109）得出的 PNEC 值（预测无反应浓度），MEC/PNEC＝0.04～0.3。

② 基于孔隙水中的铬、镍、铜、锌、砷、镉和铅的浓度采用 SEM/AVS 法测算，结果

显示：斯德哥尔摩市中心梅拉伦湖和沙尔特海湾中的沉积物没有毒性。

③ 梅拉伦湖和沙尔特海湾中的表层沉积物金属镍、铜、锌、镉和铅的浓度差异可以通过本地来源和金属形态的不同来解释。

④ 自 1996 年以来，斯德哥尔摩市中心梅拉伦湖和沙尔特海湾的表层沉积物中铜和锌的浓度呈下降趋势。

⑤ 自 1996 年以来，斯德哥尔摩市中心梅拉伦湖的表层沉积物中镉和铅浓度呈下降趋势。

⑥ 在斯德哥尔摩市中心梅拉伦湖的沉积物中的铜和锌，主要来自道路雨水地表径流。

⑦ 污水厂的出水可能是斯德哥尔摩市沙尔特海湾的沉积物中镍、铜、锌和镉的极其重要的来源。然而，通过对相关排放源的沉积物通量的测算却推翻了这一论点。

⑧ 铜屋顶径流是斯德哥尔摩市中心梅拉伦湖和沙尔特海湾的沉积物中铜的次要来源。

3.2　瑞典斯德哥尔摩市中心沉积物中重金属研究背景

金属在许多情况下对于包括沉积物在内的水生环境是必要且天然存在的（例如铜和锌）。城市人口众多，其基础设施建设、工业发展和人类日常生活致使大量的金属污染物排入水体和沉积物等介质中，增加了环境风险。相关研究和检测活动也因此展开，旨在界定各类污染负荷，包含：扩散式或来自背景值的污染源，比如大气沉降和土地利用（道路、铁路和土壤）带来的污染；点源污染，如污水处理厂；以及工业或污染场地（填埋场等）的污染物排放等。包括郊区在内有着大约 150 万人口的瑞典首都斯德哥尔摩市也不例外。例如，在过去的数十年间，已有学者多次对斯德哥尔摩市填埋比率和附近水体中沉积物的金属浓度关系进行研究（例如 Östlund 等，1998；Lindström 等，2001；Lindström 等，2003；SVAB，2010）。还有关于斯德哥尔摩市金属排放源解析的研究等。这些源头包括道路交通（Furusjö等，2007；Hjortenkrans 等，2007）；建筑材料中的铜（Ekstrand 等，2001；Odnewall Wallinder 等，2009）和污水厂（Pettersson 和 Wahlberg，2010）。另外，还有一些研究预估了金属的大气沉降（Stockholm Stad，2000）和某些金属所有污染源的总负荷（Sörme 和 Lagerkvist，2002；Cui 等，2010）。然而，考虑到所有自然存在于水生环境中的金属浓度差异很大，研究这些金属在水生环境如斯德哥尔摩地区的沉积物（Sundelin 和 Eriksson，2001）等介质中的形态和生物可利用性也同等重要。

本研究有三个目标。第一个目标是预估每年排入斯德哥尔摩市中心沉积物中的金属镍、铜、锌、镉、钡、锑和铅通量。金属镍、铜、锌、镉和铅是水生环境中最常规的检测项目，这要归因于它们的潜在毒性以及与环境中背景通量相比较大的人为污染负荷（Benjamin 和 Honeyman，1998）。特别是水生环境中这些金属的浓度很值得研究，因为它们在城市环境中有很多重要的源头，例如房屋和道路的直接径流（Göbel 等，2007；Jartun 等，2008）。刹车片的磨损是道路交通中铜污染的一种重要源头，沉积物中钡和锑的浓度常作为示踪剂追踪刹车片磨损过程所排放的金属（Sternbeck 等，2002；Furusjö 等，2007）。调查的沉积物位于淡水湖梅拉伦湖的最东面，以及沙尔特海湾中，这是梅拉伦湖排入波罗的海的地方。第二个目标是预估从城市中重要的源头排入斯德哥尔摩市中心的沉积物中金属镍、铜、锌、镉和铅的量：包括大气沉降、建筑物和包括道路在内的其他设施的雨水径流，以及污水处理厂等源头。第三个目标是评估溶解于沉积物孔隙水中的铬、镍、铜、锌、砷、镉和铅对于底栖生物的生物有效性。在沉积物表面或内部，在还原条件下，这些金属与硫元素、硫化物作用很容易形成固相物质。这些硫化物的形成极大减少了孔隙水中的金属浓度,从而降低其生物有效性。基于这一重要机理,SEM/AVS 的方法得以开发并广泛用于测定生物可利用性(例如,Ankley,1996;DiToro 等,1990;ICMM,2007),该方法将这些金属(同步可提取金属)和沉积物的绑定能力以及用于形成这些硫化物的硫的供应联系起来。这种 SEM/AVS 法也可以评估其他无机和有机配体的生物可利用性(Sundelin 和 Eriksson,2001)。在实验设置充分的条件下,这些其他的形态根据结合强度被分为可交换态(不稳定的)、碳酸盐结合态、铁-锰氧化物结合态、硫化物/有机物结合态和残渣态(Kelderman 和 Osman,2007)。

3.3 材料和方法

本研究分别于 2010 年 8 月 31 日、2010 年 9 月 9 日在梅拉伦湖和沙尔特海湾进行了沉积物和水样的采集。梅拉伦湖的采样点为 M1~M3,沙尔特海湾的采样点为 S1~S3。采样地点选择在能够反映四种重要点源污染的位置:城市本身及道路等基础设施的污染排放源,梅拉伦湖排入波罗的海的沙尔特海湾的污染排放源,以及 Bromma 和 Henriksdal 两座污水处理厂的排放源。Bromma 和 Henriksdal 两座污水处理厂负责区域内的居住人口分别为 294000 人和 705000 人。来自城市本身和其交通的污染物随着降雨排入研究区域,流经本项目设置的采样点。梅拉伦湖中表层水的总体流动方向为从西到东,另外,采样点 S2 也在 Bromma 污水厂排放源的下游。最东面的采样点 S3 在 Henriksdal 污水厂排放源的下游。

(1)水样 每个采样点分别于水面 0.5m 以下与海/湖底 0.5m 以上采样。水样的温度、盐度、电导率直接用 CTD 测定。用 Winkler 方法测定氧浓度。氧化还原电位用原位法测定。梅拉伦湖水样的 pH 直接在船上测定,而来自沙尔特海湾的水样于取样两天后在实验室进行测定。溶解性有机物在 Lidköping 的 Eurofins 实验室进行测定。溶解性有机碳由总碳和总无机碳的差值确定。在燃烧样品时用非色散红外检测的方法测定总碳和总无机碳。总无机碳的主要成分是碳酸盐,首先被盐酸质子化,结果生成了气态的 CO_2。

钙和镁的浓度用 ICP-AES 方法测定。水的硬度由钙和镁的总和进行计算。铜则先过滤(0.45μm),然后采用 ICP-MS 法测定。

(2)沉积物样本 在每个点用 Kajak 柱状采泥器采集两份沉积物。其中一份以厘米作为单位进行切分:0~2cm、2~4cm、4~6cm、6~8cm、8~10cm;之后每隔 1cm 一份,一直到 30cm 或者 40cm。在被送到 Uppsala 大学测定[137]Cs 活性之前,这些样品要先在 IVL 进行冷冻、冻干、磨碎。另外一个以厘米作为单位进行切分:0~2cm;2~4cm;4~6cm;6~8cm;8~10cm;14~16cm;20~22cm;28~30cm。这些样品用 ICP-AES 法测定分析钡、镉、铜、镍、铅、锌,并用 AAS 分析锑。这些分析都在瑞典 Lidköping 的 Eurofins 实验室进行测定。

测定砷、镉、铜、镍、铅、锌生物可利用性的沉积物样品,是用抓斗采样器采集表层 8~10cm 的三个样本获得的。这个沉积物深度间隔代表了当生物扰动时在孔隙水中水生微生物接触金属的主要部分。为了测定沉积物样品中这些金属的生物可利用性,Vito 实验测定了 SEM/AVS 的比率。根据这种方法,金属的生物可利用性或者毒性可以用 SEM 与 AVS 的比值来界定。酸挥发性硫化物是总硫含量中活性最高的部分。这些硫化物可以用来形成不能被生物利用的不溶性金属硫化物的复合物。AVS 方法的原理是大多数金属比大多数的铁和单一锰的硫化物(除了黄铁矿)有更高的溶解性,因此这些金属可以 1mol 置换 1mol 的关系从硫化物中取代铁和锰,从而形成具有最小生物可利用性的不溶性硫化物

（Ankley，1996）。

$$2/n\,Me^{n+} + FeS(s) \Longleftrightarrow Me_{2/n}S(s) + Fe^{2+} \tag{3.1}$$

$$2/n\,Me^{n+} + MnS(s) \Longleftrightarrow Me_{2/n}S(s) + Mn^{2+} \tag{3.2}$$

如果沉积物中所有的金属以固体 MeS 的相存在，例如过量的 AVS，那么自由态金属离子活度由这些金属硫化物的溶解度决定。

在缺氧沉积物中，铬也形成硫化物（Cr_2S_3），比大多数金属有更低的溶解性。因此，式(3.1) 和式(3.2) 的化学计量也适用于 Cr。

AVS 是根据操作定义的几种硫化物的总称，指沉积物中通过冷酸（1mol/L）处理可挥发 H_2S 的硫化物的量。实际上这意味着其他固体和有机相将会被包括在 AVS 中。SEM 的定义是提取 AVS 过程中同时释放出的重金属的量。在当前研究的多个金属中，应该使用总的 SEM 或者 SEM 这样的术语。用 ICP-AES 法测定金属的浓度。

根据 SEM-AVS 模型，当测定的 AVS 浓度超过 SEM 浓度时，孔隙水中的自由金属离子含量应该会很低。这就意味着当 SEM 与 AVS 的比值小于 1 时，SEM-AVS 模型预测这些金属没有毒性。

沉积物样品中的总有机碳由总碳和总无机碳的差值决定。燃烧样品时用非色散红外检测的方法测定总碳和总无机碳。总无机碳的主要成分是碳酸盐，被盐酸质子化，结果生成了气态的 CO_2。

通过测定每一个子样的 ^{137}Cs 活性来估计每个站点固体沉积物的累积量。1986 年切诺尔贝利事件的峰值的影响可以用这种方法确定。自 1986 年后，可以通过区分积累的沉积物的物质高度或质量来预估沉积物的年平均累积速度，并以 cm 或 g/cm^2 计。

3.4 结果

表 3.1 列出了水样的物理、化学参数和铜的浓度。

表 3.1 水样中包括铜浓度在内的物理和化学参数的测定值

采样点	M3		M2		M1		S1		S2		S3	
深度/m	0.5	23	0.5	20	0.5	16	0.5	27	0.5	27	0.5	27
温度/℃	16.4	11.2	16.6	12.0	16.5	14.4	16.2	5.62	16.0	5.59	16.7	5.41
电导率/(mS/m)	19	21	19	21	20	20	239	907	226	902	121	900
盐度/‰	0.080	0.090	0.090	0.090	0.090	0.10	1.2	5.1	1.2	5.0	0.60	5.0
O_2/(mg/L)	8.3	0.30	8.4	<0.2	8.2	1.5	7.8	6.0	7.6	5.3	7.6	4.3
氧化还原/mV	280	115	98.7	98.7	235	242	218	210	188	158	200	208
pH 值	7.7	7.7	7.7	7.7	7.8	7.8	8.0	7.9	8.0	7.9	8.1	7.9
Ca/(mg/L)	17	20	17	19	17	19	32	72	31	72	25	73
Mg/(mg/L)	4.2	4.5	4.1	4.5	4.2	4.4	45	170	35	170	20	170
°dH[①]	3.3	3.8	3.3	3.7	3.3	3.7	15	49	12	49	8.1	49
DOC/(mg/L)	9.3	9.3	8.9	9.6	9.3	8.8	7.1	4.2	7.2	4.3	7.6	4.5
过滤 Cu/(μg/L)	2.7	2.5	3.0	2.4	3.7	2.8	5.7	2.8	4.7	2.3	3.2	1.7
不过滤 Cu/(μg/L)	3.4	3.3	4.2	3.5	4.9	3.2	5.6	3.9	4.9	3.1	3.3	1.9

① °dH（德国度）是瑞典常用的水的硬度单位。1°dH 表示每 $100cm^3$ 水中含 1mg CaO（等于 0.71mg Ca）或者 0.72mg MgO（等于 0.43mg Mg）和 1.28mg FeO（等于 1.00mg Fe）。

图 3.1～图 3.7 展示了不同位置各金属以沉积物深度为变量，金属浓度为函数的关系图。

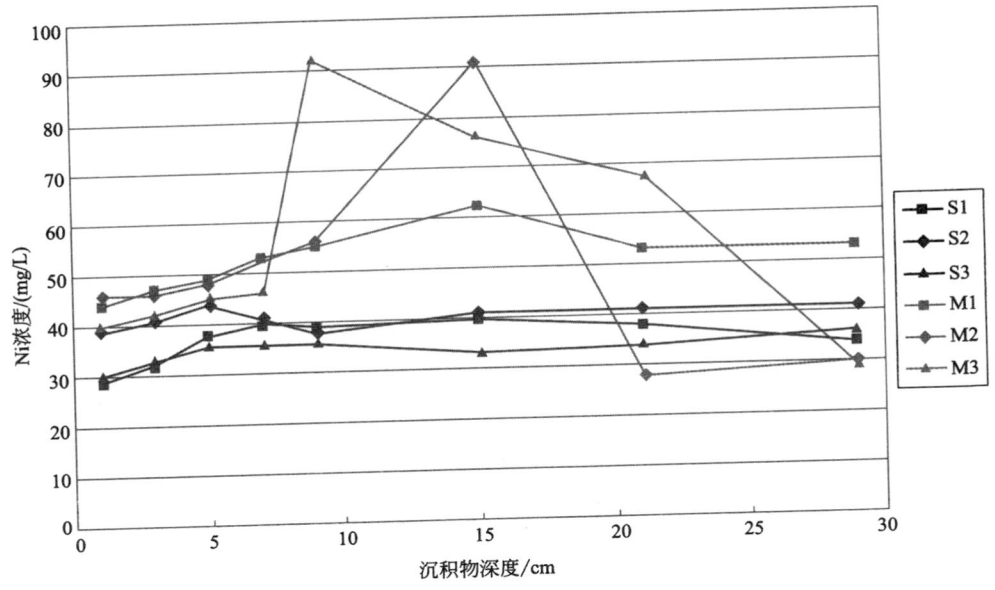

图 3.1　镍浓度（以干重计量）与沉积物深度的关系

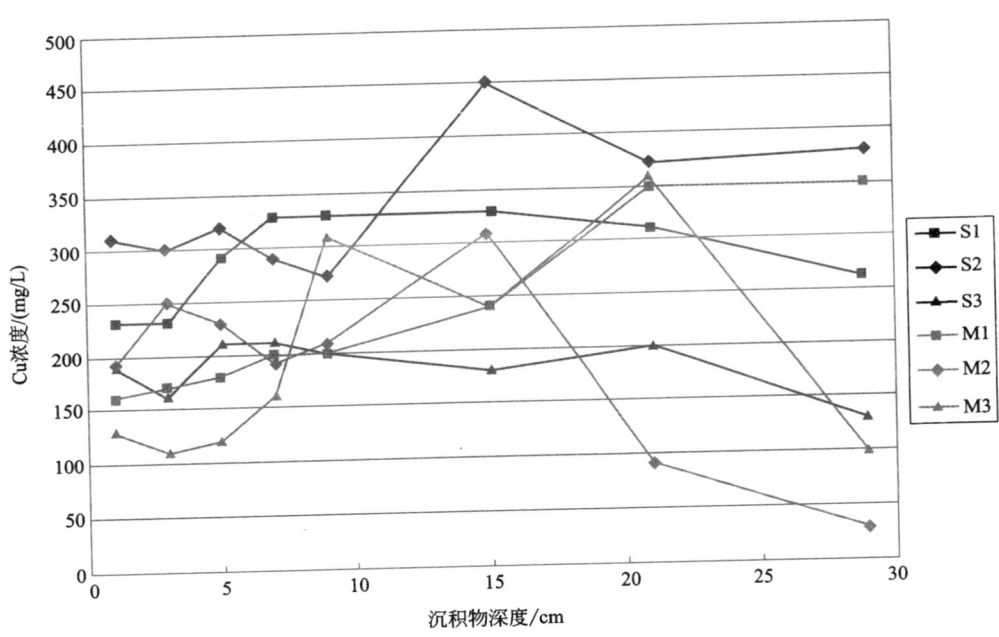

图 3.2　铜浓度（以干重计量）与沉积物深度的关系

不同取样位置总有机碳浓度参见表 3.2。

表 3.2　沉积物样品中 TOC 浓度（质量分数）　　　　单位：%

沉积物深度／cm	M3	M2	M1	S1	S2	S3
0~2	5.7	6.3	6.1	8.4	8.7	6.2
2~10	6.4	6	6.3	7.7	6.8	6.3

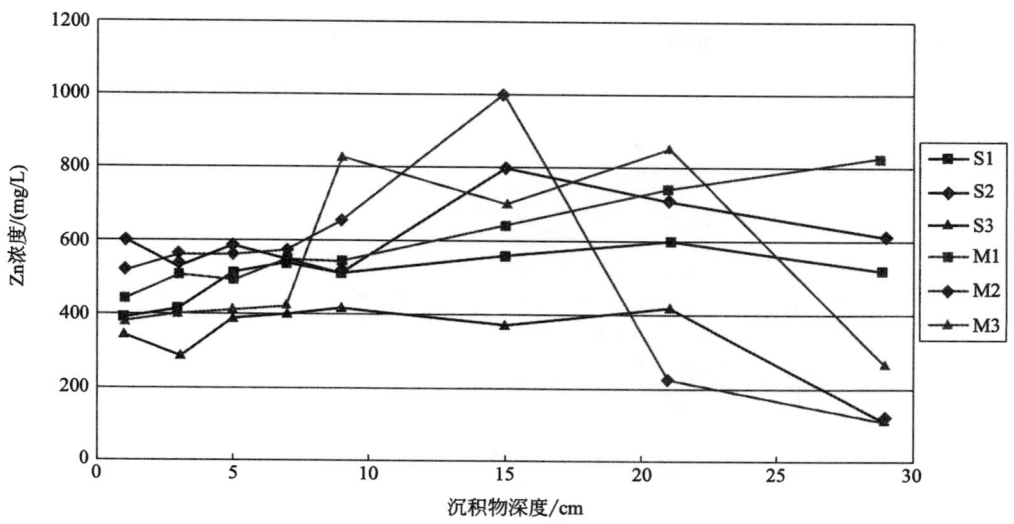

图 3.3 锌浓度（以干重计量）与沉积物深度的关系

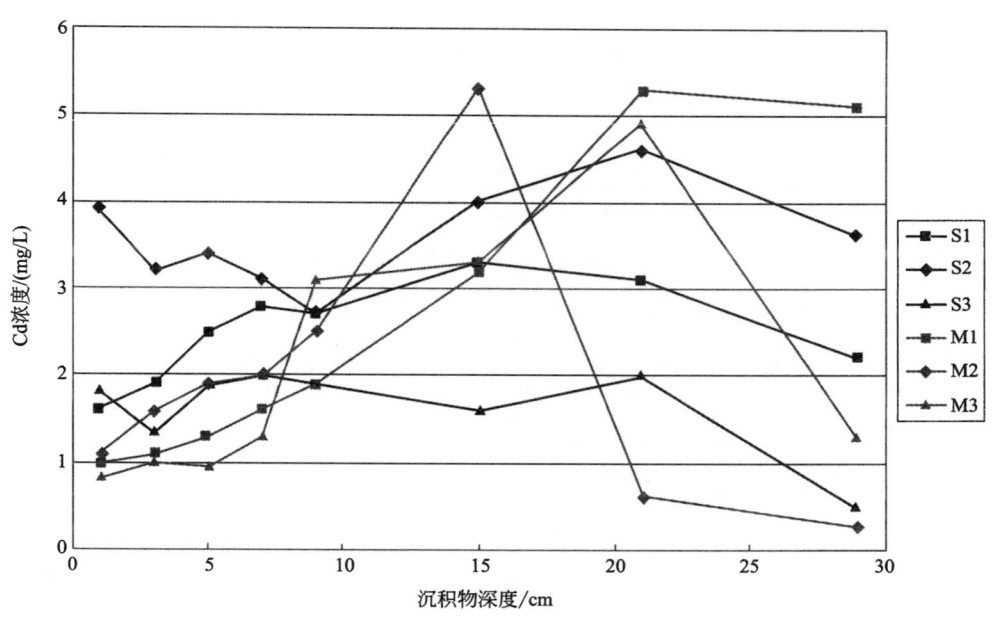

图 3.4 镉浓度（以干重计量）与沉积物深度的关系

　　在不同的采样位置，干物质和金属的积累速率列于表 3.3 中。金属镍、铜、锌、镉和铅的浓度作为沉积物年龄的函数由图 3.8～图 3.12 表示。基于沉积物没有压实的假设，采用表 3.3 给出的 1986—2010 年期间的干物质累积数据，对沉积物年龄进行计算。下边界是通过核心长度或者沉积物侵蚀和转移的出现来确定的，通过含油量分别不到 50% 和 75% 来定义的。因为沉积物堆积速率是恒定值，浓度对沉积物深度的变化与泥沙通量对沉积物的变化相同且对应。

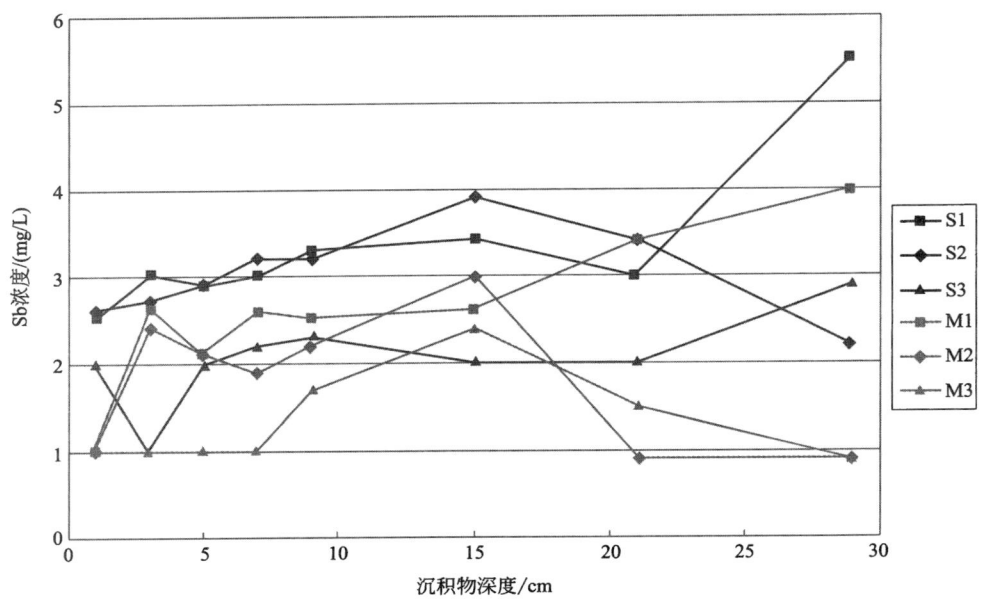

图 3.5　锑浓度（以干重计量）与沉积物深度的关系

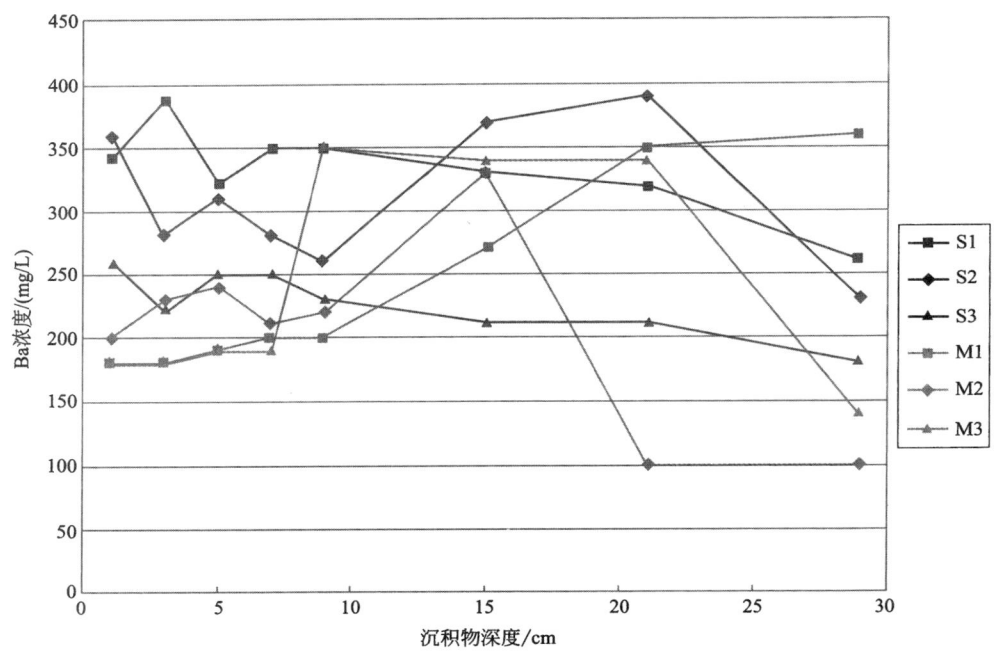

图 3.6　钡浓度（以干重计量）与沉积物深度的关系

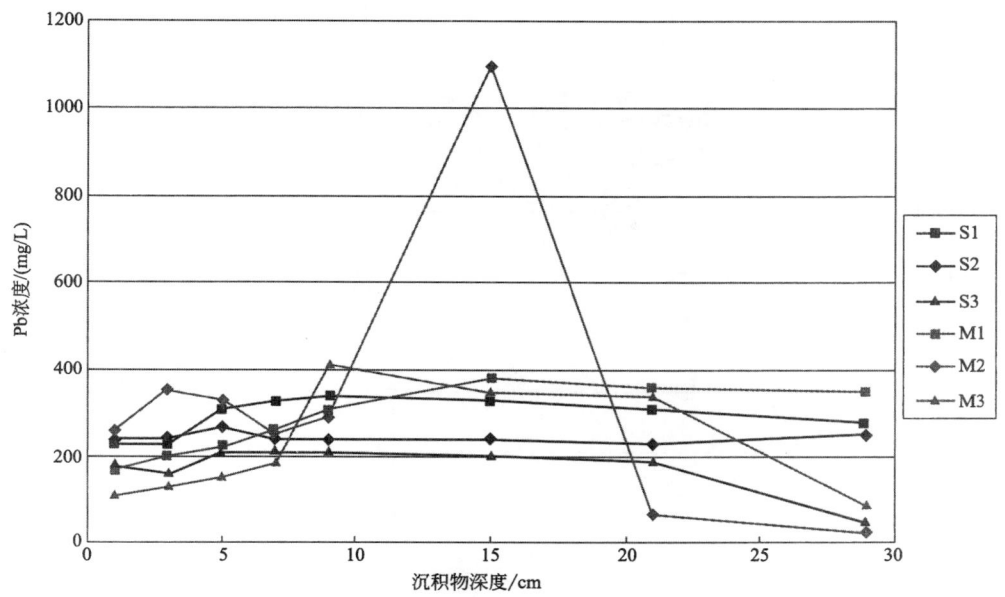

图 3.7　铅浓度（以干重计量）与沉积物深度的关系

表 3.3　基于铯-137 活性检测所得沉积物日期推导出的不同采样位置表层干物质和金属的累积速率及
1986 年切尔诺贝利事件（铯-137 活性检测吻合）对应深度的沉积物相关数据

采样点	M3	M2	M1	S1	S2	S3
积累速率/[g/(cm²·a)]	0.23	0.29	0.17	0.52	0.31	0.40
1986 年对应深度/cm	14	17	10	>30	19	21
Ba/[μg/(cm²·a)]	51	69	31	170	95	94
Cd/[μg/(cm²·a)]	0.34	0.69	0.23	1.3	1.0	0.72
Cu/[μg/(cm²·a)]	39	67	30	150	99	78
Ni/[μg/(cm²·a)]	12	16	8.2	19	12	14
Pb/[μg/(cm²·a)]	46	120	38	150	75	79
Zn/[μg/(cm²·a)]	110	190	84	260	180	150
Sb/[μg/(cm²·a)]	0.27	0.61	0.36	1.7	0.94	0.78

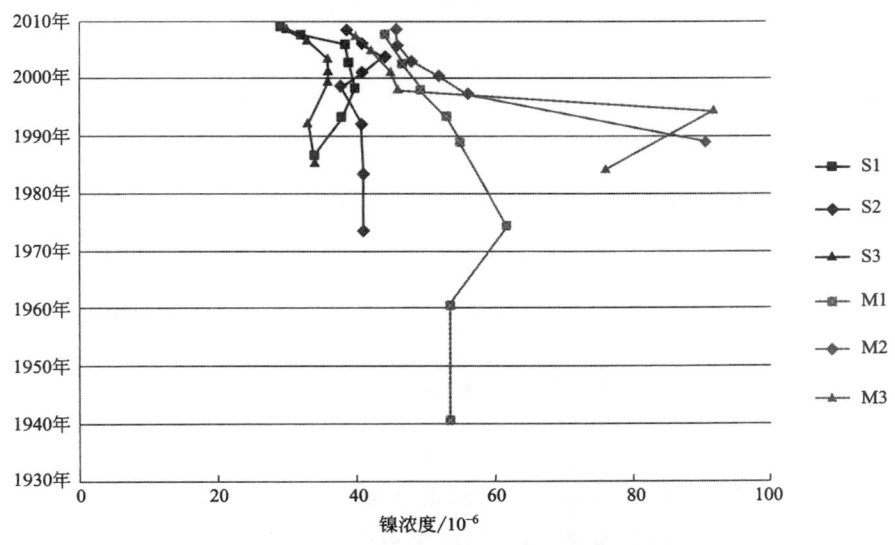

图 3.8　干重以 10⁻⁶ 计量的镍浓度与沉积物年龄的关系

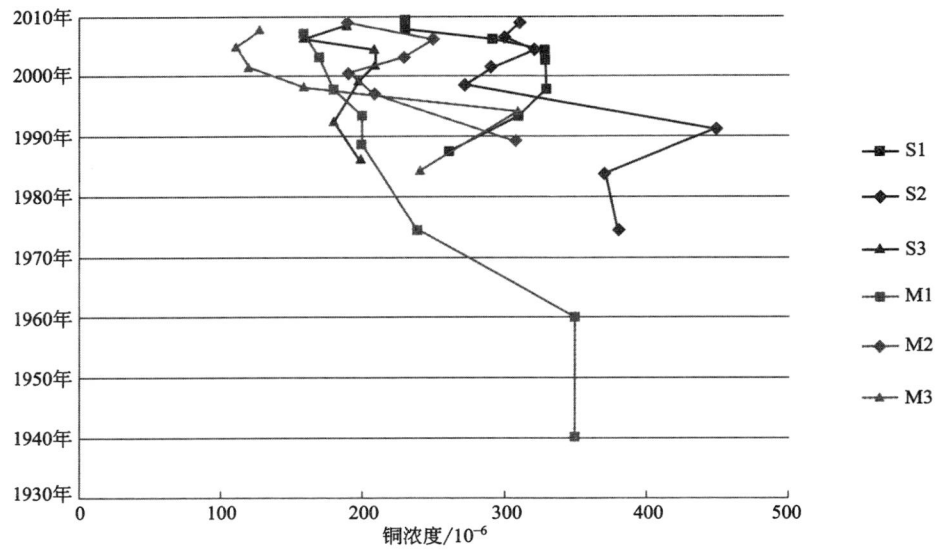

图 3.9 干重以 10^{-6} 计量的铜浓度与沉积物年龄的关系

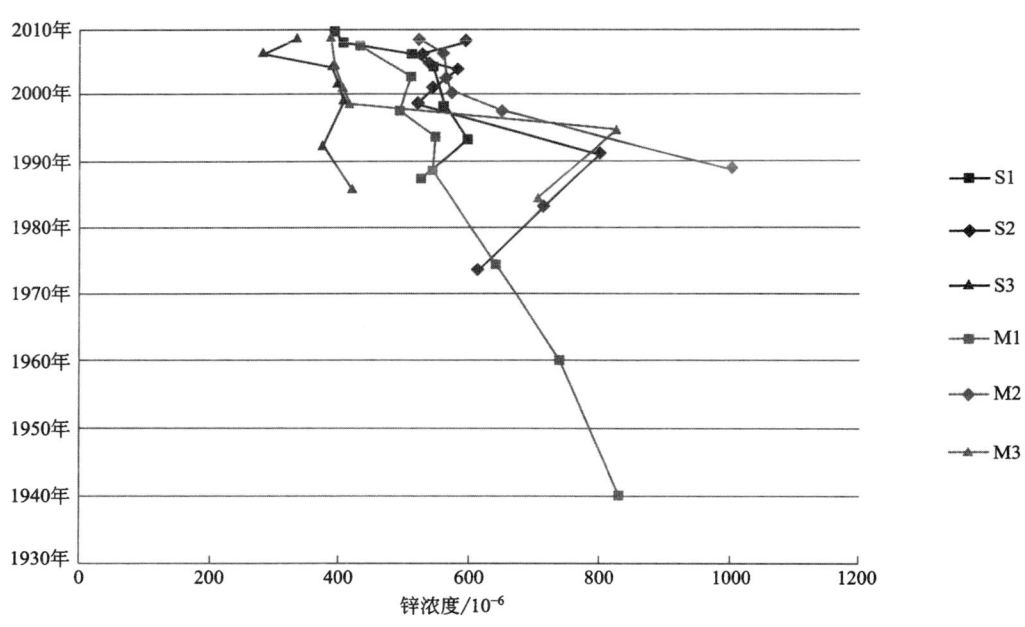

图 3.10 干重以 10^{-6} 计量的锌浓度与沉积物年龄的关系

本研究采用不同方法估算 3 类主要点源所产生的镍、铜、锌、镉和铅的污染负荷：房屋和道路所排雨水，梅拉伦湖内源污染，以及污水处理厂。雨水金属污染年负荷的计算公式：每个区域的道路长度×平均日交通量（以 2006 年数据计算）×365（StockholmStad，2006）×每个金属的车辆排放系数（Sörme 和 Lagerkvist，2002）。道路长度通过谷歌地图来查询。

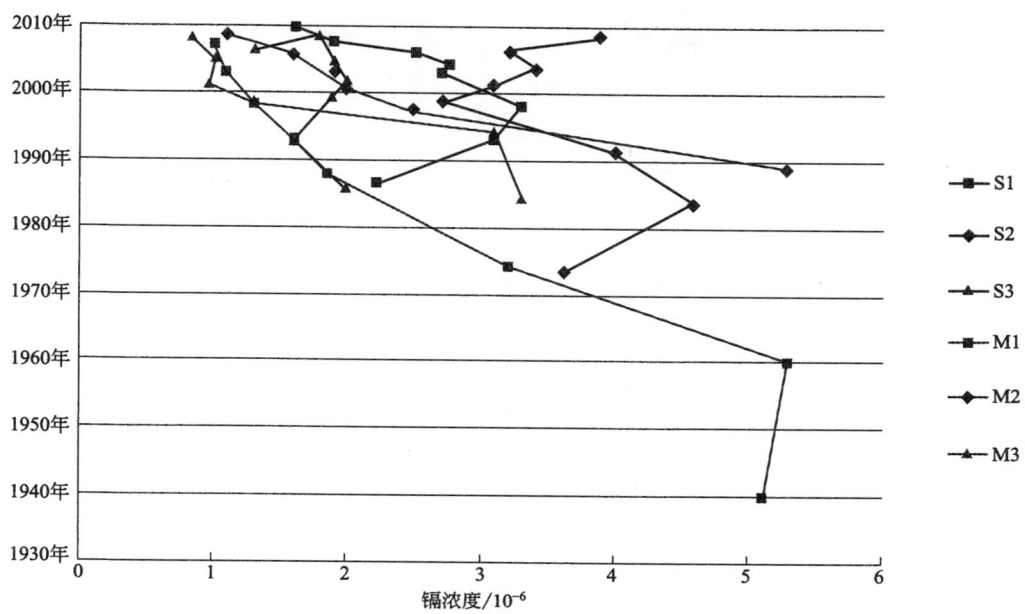

图 3.11　干重以 10^{-6} 计量的镉浓度与沉积物年龄的关系

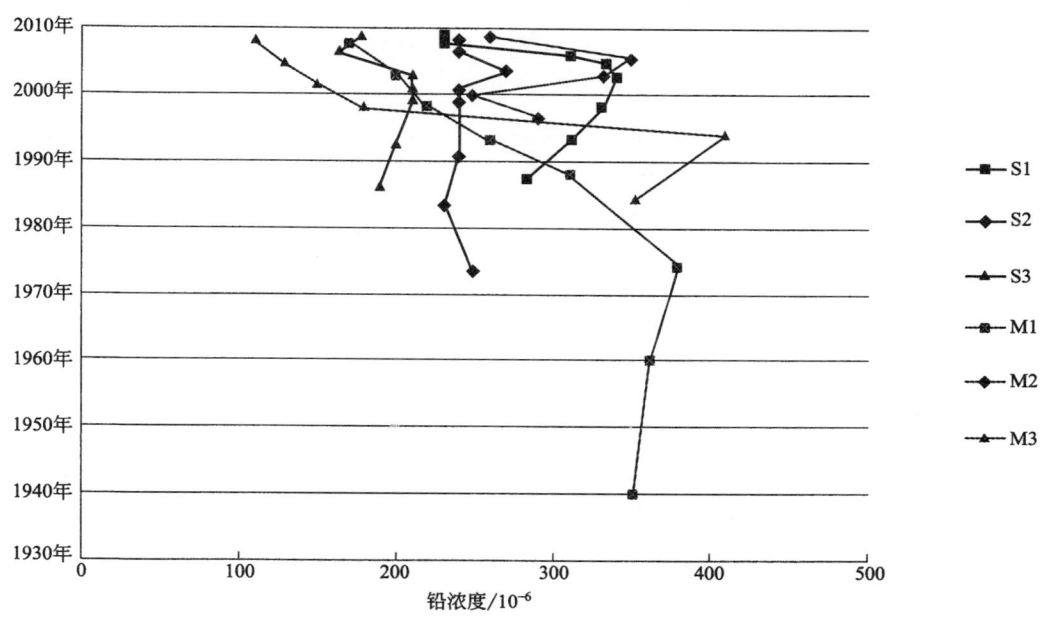

图 3.12　干重以 10^{-6} 计量的铅浓度与沉积物年龄的关系

表 3.4 所列即为每个区域所预测的道路交通金属污染负荷。

表 3.4　每个区域来自道路交通的预估金属负荷的数据

地区	道路长度／km	车辆交通 (年每天均值)／辆	排放因素: 刹车片 + 轮胎和沥青／[kg/(1. 1 × 10¹⁰ mile)]
梅拉伦湖	1.4	153165	Ni：4[①] Cu：1435[②] Zn：2760 Cd：0.88[③] Pb：271
Riddarfjärden	5.6	189568	
沙尔特海湾	2.3	45143	

① 镍：不包括轮胎的数据。

② 铜：欧洲平均水平的铜风险评估报告总结出的类似值为 1.76mg/km。

③ 镉：预估的刹车片的排放物使用 Hjortenkrans 等的数据，2007。

注：1.1mile 约为 1.6km。

　　从 Bromma 和 Henriksdal 两座污水处理厂排入沙尔特海湾的金属负荷，是通过 2007 年 10 月 1—8 日和 2008 年 4 月 14—21 日所取样品的浓度数据测算的（Pettersson 和 Wahlberg，2010）。浓度与每个污水厂的日均污水量相乘（2007 年和 2008 年的数据），再乘以 365 天得到负荷值。预估每年 Bromma 和 Henriksdal 两座污水处理厂排入沙尔特海湾的水量分别是 0.0465km³ 和 0.0905km³。沙尔特海湾属于波罗的海，它位于斯德哥尔摩市的 Norrström 和 Söderström。从梅拉伦湖流入沙尔特海湾的金属负荷的计算是使用斯德哥尔摩 Centralbron 的国家环境监测项目（SEPA，2011）的数据。

　　来自这三个源头的年负荷量可与沉积物中的年积累量和总的大气沉降相比较。在该研究中只考虑发生净积累的沉积物，只认为沉积物是（净）下沉。为了估计每个区域的积累量，用表 3.3 中的累积速率乘以积累沉积物的面积。积累区域的分布通过使用侧扫描和深度穿透声纳来确定（Jönsson）。对梅拉伦湖东部来说，沉积物中总的金属积累通过用 M2 和 M3 的平均累积速率乘以 81hm² 来估计。对 Riddarfjärden 来说，M1 的累积速率要乘以 111hm²。最后对沙尔特海湾来说，S1、S2 和 S3 的累积速率乘以 256hm²。镍、铜、锌、镉和铅大气沉降的总数据（湿和干）是从 1998 年和 1999 年（Stockholm Stad，2000）测得的。每种被调查金属预估的源头和沉积物下沉在图 3.13～图 3.17 表示出来。

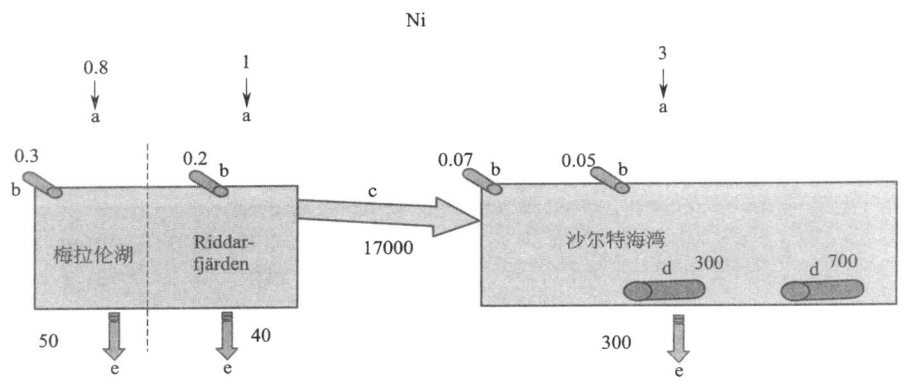

图 3.13　镍的来源（kg/a）：来自总的大气沉降（箭头 a），来自道路的雨水径流（管道 b），梅拉伦湖排入位于波罗的海的沙尔特海湾的量（箭头 c），来自污水处理厂已处理的污水（管道 d），以及沉积物中的量（箭头 e）

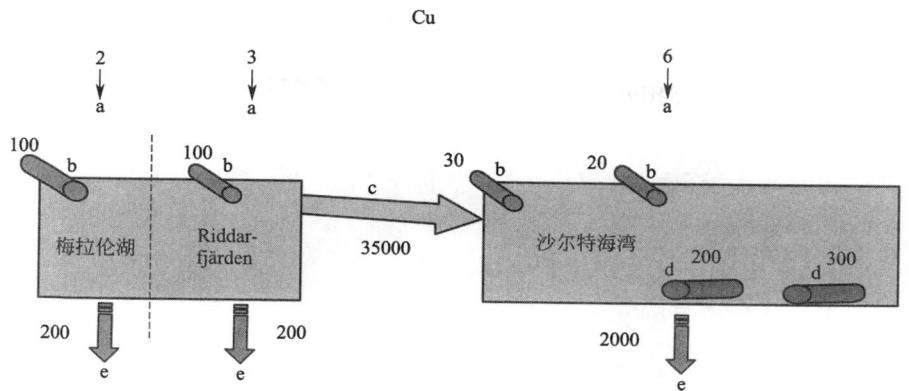

图 3.14 铜的来源（kg/a）：来自总的大气沉降（箭头 a），来自道路的雨水径流（管道 b），梅拉伦湖排入位于波罗的海的沙尔特海湾（箭头 c）的量，来自污水处理厂已处理的污水（管道 d），以及沉积物中的量（箭头 e）

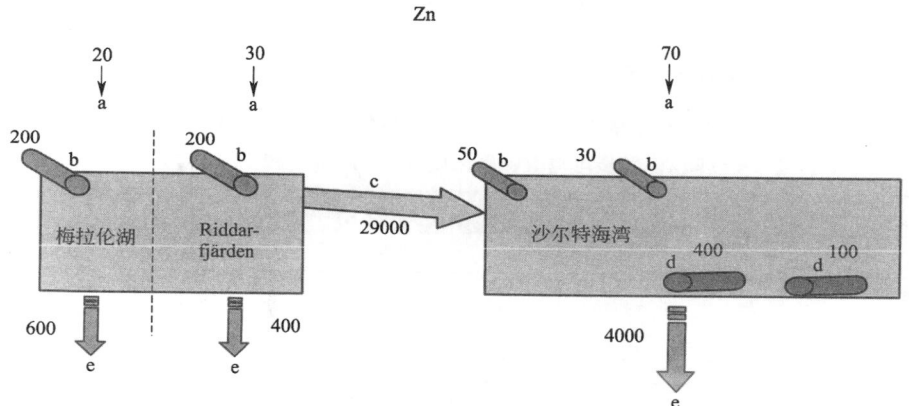

图 3.15 锌的来源（kg/a）：来自总的大气沉降（箭头 a），来自道路的雨水径流（管道 b），梅拉伦湖排入位于波罗的海的沙尔特海湾的量（箭头 c），来自污水处理厂已处理的污水（管道 d），以及沉积物中的量（箭头 e）

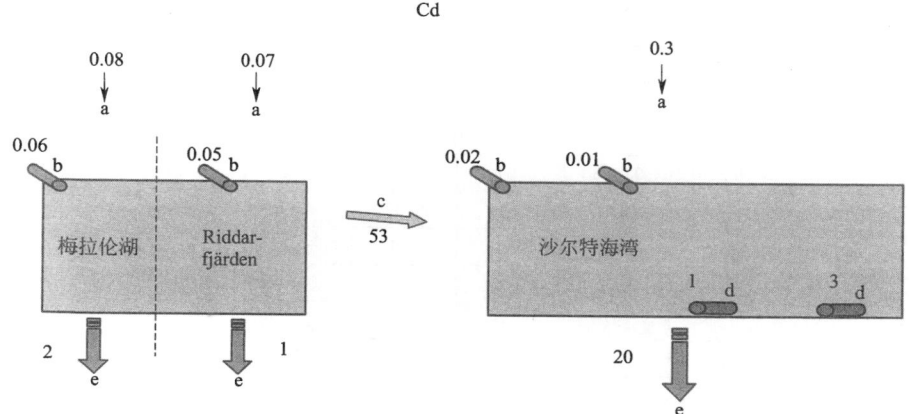

图 3.16 镉的来源（kg/a）：来自总的大气沉降（箭头 a），来自道路的雨水径流（管道 b），梅拉伦湖排入位于波罗的海的沙尔特海湾的量（箭头 c），来自污水处理厂已处理的污水（管道 d），以及沉积物中的量（箭头 e）

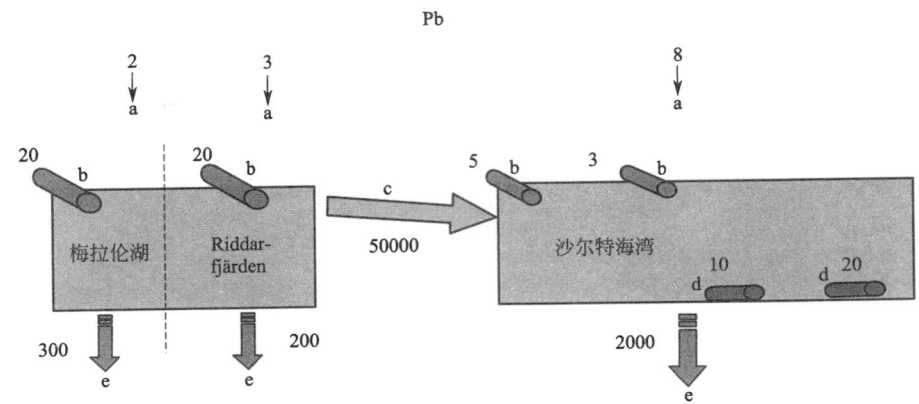

图 3.17 铅的来源（kg/a）：来自总的大气沉降（箭头 a），来自道路的雨水径流（管道 b），
梅拉伦湖排入位于波罗的海的沙尔特海湾的量（箭头 c），来自污水处理厂已处理的污水
（管道 d），以及沉积物中的量（箭头 e）

SEM-AVS 分析的结果列于表 3.5 中。

表 3.5 SEM-AVS 分析的结果：固体相沉积物样品中 AVS 的含量（mmol/kg）
和金属含量（mg/kg），同步可提取金属浓度（mmol/kg）和 SEM 与 AVS 的比值

采样点	S1a	S1b	S2	S3	M1a	M1b	M2	M3a	M3b
干物质/%	18.3		19.1	22.7	22.9		24.9	21.3	
TOC 以干物质中的含碳量计/%	7.87		6.76	5.87	5.86		5.88	5.5	
AVS/(mmol/kg)	91	110	130	170	100	100	130	150	140
As/(mg/kg)	21		20	17	12		18	14	
Cd/(mg/kg)	4.6		4.7	3.1	2.8		4.1	1.5	
Cr/(mg/kg)	130		126	119	117		118	102	
Cu/(mg/kg)	377		370	248	223		249	164	
Pb/(mg/kg)	339		289	226	292		304	199	
Ni/(mg/kg)	51		54	47	66		74	55	
Zn/(mg/kg)	607		632	470	540		680	451	
SEM									
Cd/(mg/kg)	0.024	0.025	0.025	0.015	0.015	0.015	0.022	0.01	0.01
Cr/(mg/kg)	0.39	0.39	0.39	0.26	0.41	0.41	0.44	0.29	0.31
Fe/(mg/kg)	199	212	164	241	331	339	322	330	329
Cu/(mg/kg)	0.76	0.3	0.22	0.6	0.84	0.83	0.41	0.37	0.21
Pb/(mg/kg)	1.3	1.4	1.1	0.88	1.1	1.1	1.1	0.73	0.66
Mn/(mg/kg)	1.8	1.9	1.8	2.7	5.1	5	5.9	9.9	9.5
Ni/(mg/kg)	0.19	0.2	0.19	0.18	0.39	0.39	0.43	0.36	1.7
Zn/(mg/kg)	6	6.5	6.2	4.2	6.5	6.4	8.2	5	4.7
SEM/(mmol/kg)	8.664	8.815	8.125	6.135	9.255	9.145	10.602	6.76	7.59
SEM/AVS	0.095	0.080	0.063	0.036	0.093	0.091	0.082	0.045	0.054

注：SEM—同步可提取金属；AVS—酸性可挥发性硫化物。

3.5　讨论

3.5.1　物理和化学参数（包括水样中的铜）

梅拉伦湖（表 3.1）水样的 pH 值处于正常范围。通常梅拉伦湖的 pH 值在 7.5～8.0 之间，除由于海洋强烈的初级生产力而出现大于 8.0 的现象（SEPA，2011）。夏天的温度梯度导致梅拉伦湖的分层。在夏末或者早秋的取样，温度梯度已经下降。监测站 Centralbron 的碱度通常处于 0.8meq/L 和 1.0meq/L（SEPA，2011）。镁和钙的浓度通常分别处于 0.32～0.50meq/L 和 0.80～1.2meq/L（瑞典国家环境保护署，SEPA，2011）。该研究的结果处于这些范围之内（表 3.1）。

在这些碱度和 pH 值范围内，总碳酸盐碳浓度可以估计在 1～1.2mmol/L 范围内（Deffeyes，1965）。鉴于 DOC 通常占淡水 TOC 的 90%～95%（Wetzel，2001；Algesten 等，2003），梅拉伦湖的水样中 DOC 浓度处于监测站正常 TOC 范围内，6～10mg/L（SEPA，2011）。

从表 3.1 的物理和化学参数值的变化很明显可看出水流从梅拉伦淡水湖向波罗的海沙尔特海湾的转移。当观察例如电导率、盐度、Ca、Mg 和°dH 等这些参数值时，梅拉伦湖的淡水像浓密羽翼上的那层稀疏的羽毛一样，下面是含盐度更高的波罗的海海水。由于盐度和温度梯度的影响，沙尔特海湾通常是分层的（SVAB，2010b）。

观察表 3.1 中溶解性有机碳（DOC）的浓度，可以看到梅拉伦湖未出现表层到底部的梯度变化。然而沙尔特海湾表层水的 DOC 几乎是底层水的 2 倍。对该差异的解释也适用于其他参数：表层水主要包括来自梅拉伦湖的淡水。表 3.1 可以看出，梅拉伦湖与沙尔特海湾的底层水相比，其 DOC 浓度几乎翻倍。梅拉伦湖是斯德哥尔摩市中心波罗的海群岛（也就是沙尔特海湾所在地）TOC 的主要来源。从梅拉伦湖排入市中心斯德哥尔摩群岛的 TOC 有 95% 流经斯德哥尔摩群岛和波罗的海的外部，但是深埋于沉积物中的所有 TOC 中大约 1/3 来自梅拉伦湖（Jönsson 等，2005）。TOC 的大规模传输对于物种形成和金属的沉积也有影响，具体影响在下面的部分加以讨论。从表 3.1 可以看出不过滤和过滤铜浓度的微小差异体现在沙尔特海湾的表层水样，这是梅拉伦湖的淡水和波罗的海的咸水的混合。过滤和非过滤铜浓度最大的差异，在梅拉伦湖和 S2、S3 底部的水样中体现出来，也表明了操作性定义颗粒相有机配体的重要性。

对于梅拉伦湖的水样，总铜（不过滤）浓度范围是 3.2～4.9g/L（表 3.1），相当于 50～77nmol/L。在 pH 值 7.5～8 和碱度 1～1.2mmol/L 的范围内，考虑到无机配合物只是 $CuCO_3$，而 Cu^{2+}(aq) 所占比例小于 10%（Snoeyink 和 Jenkins，1980）。沙尔特海湾中总铜浓度范围大致相同，但由于沙尔特海湾中碱度的增加，故 Cu^{2+}(aq) 所占比例比梅拉伦湖中低（Snoeyink 和 Jenkins，1980）。梅拉伦湖和沙尔特海湾的 DOC 浓度足够形成有机配体，这些配体是铜和其他金属重要的络合剂。物种形成研究表明铜在淡水和河口水域都容易成为有机质复合物，而这对于使自由铜浓度低于有毒浓度有重要意义（Kim 等，1999；Dryden 等，2007；Santos Echeandia 等，2008；Louis 等，2009）。鉴于梅拉伦湖和沙尔特海湾提供良好的有机和无机配体，以及适当的总铜浓度（约为 0.1mol），从对淡水、河口和海水方面的研究（Kim 等，1999；Dryden 等，2007；Louis 等，2009）得知：对于浮游生物和甲壳类动物，自由铜离子的浓度远低于有毒水平。根据慢性铜生物配体模型（EURAS 版 109，可从下面网站获得：http://www.eurocopper.org/copper/copper-ra.html），收集自梅拉伦湖（近底层水和表层水）和沙尔特海湾（只有表层水）的淡水水样中溶解铜（过滤）的预测无效应浓度（PNEC）是 $37\sim48\mu g/L$（$0.58\sim0.91\mu mol/L$）。对于来自沙尔特海湾底部的样品（咸水碱度 5‰），考虑到一个安全系数和有机质标准化后，溶解铜的海水预测无效应浓度（铜风险评价报告和 Foekema 等，2011）在这样一个范围内：$8\sim9g/L$，$0.13mol/L$。考虑到微生物对生物可利用性铜的敏感性，该研究中淡水样品的浓度（梅拉伦湖和沙尔特海湾的表层水）最好低于 $0.23mg/L$ 溶解性铜（Cha 等，2004）。对于沙尔特海湾的咸水样来说，一些研究已经验证了微生物更高的敏锐性，例如蓝藻和海藻对比（Brand 等，1986）。其他文章提到了蓝藻产生螯合剂降低铜的毒性（例如，Dryden 等，2007）和铜风险评价（EU，2008）得出的结论：没有迹象表明在 DOC 为 2mg/L 的海水中，蓝藻对小于 $10\mu g/L$ 的铜具有敏感性。因而，海水预测无效应浓度（Cu $5.2\mu g/L$；EU，2008；Foekema 等，2011）被认为对蓝藻有保护作用。与当前研究一样，在相同地区做的关于铜（和其他金属）生物可积累性的研究表明在有毒水平下铜不能被生物所利用。对河鲈的研究表明相对于参考地点而言（Lithner 等，2003；Landner 和 Reuther，2004）其对金属硫蛋白没有反应（Hansson 等，2006）在蚌、斑马贻贝中没有发现铜的富集。

3.5.2 斯德哥尔摩市中心沉积物表层镍、铜、锌、镉和铅浓度

在这之前基于同一研究对象所做的 3 个研究，为沉积物中表层金属浓度的对比提供了很有趣的证据，即 Östlund 等（1998）、Lindströme 等（2001）和 Sternbeck 等（2003）所做研究。在这 3 个研究中，均对沉积物蓄积层底部进行采样，从而能够展示不同时间段的沉积物表层金属浓度变化。然而，在 Östlund 等（1998）的研究中，对底部腐蚀和传输的沉积物也进行了取样。因为部分烧失量（LOI）数据缺失且干物质含量高，因而，必须选取具有可比性的数据，这样的比较研究才有意义。在 Östlund 等（1998）的研究中，样品采集没有统一应用 $0\sim2cm$ 的沉积物深度间隔采样，而是采用了 $2\sim4cm$ 的间隔。该研究范围很广，一个重要目标就是对比历史和现在的一些当地点源的影响。因此可以想象该研究中的数据存在

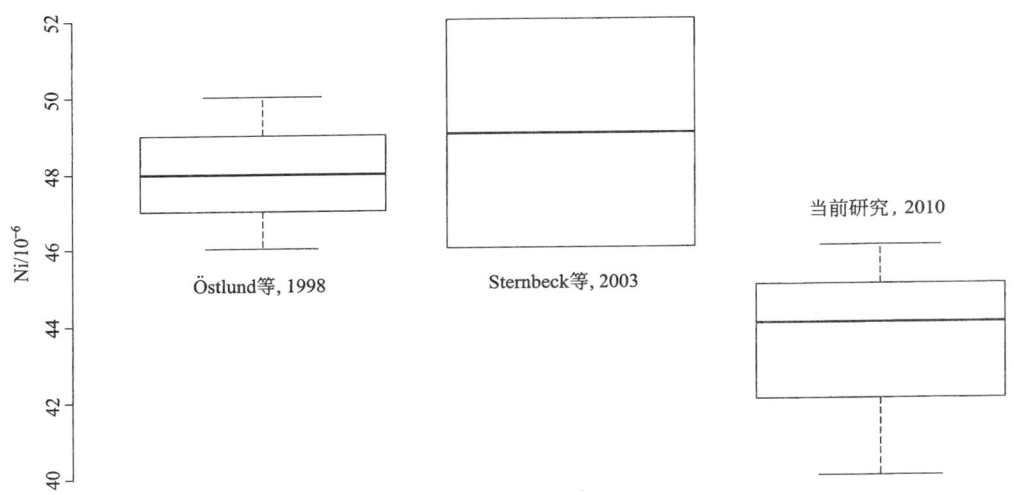

图 3.18　在 3 个不同研究中分别取自斯德哥尔摩市中心梅拉伦湖（上）和波罗的海（下）的表层沉积物中镍浓度（10^{-6}，干物质）：Östlund 等（1998），n 分别为 6 和 5；Sternbeck 等（2003），n 分别为 2 和 1；当前研究（2010），n 分别为 3 和 3

很大差异。实际也是如此，沉积物浓度数据通常都呈现比较好的偏态分布，例如对数正态分布（Jönsson 等，2003）。由 Östlund 等（1998）、Sternbeck 等（2003）和当前的研究所获得的数据汇总参见图 3.18～图 3.22。Lindström 等（2001）研究的数据无法以箱形图的形式转化，其数据见表 3.6。

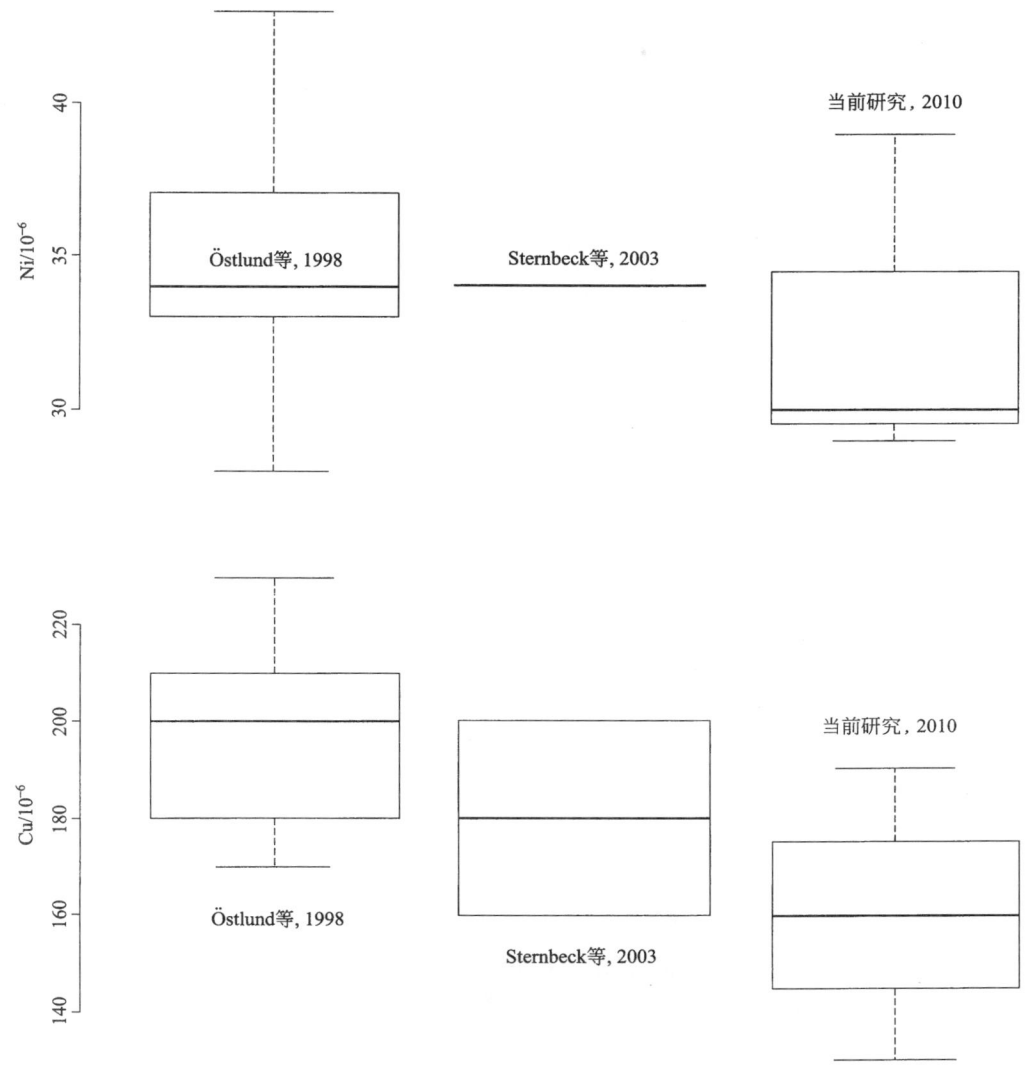

图 3.19　在 3 个不同研究中分别取自斯德哥尔摩市中心梅拉伦湖（上）和波罗的海（下）的表层沉积物中铜浓度（10^{-6}，干物质）：Östlund 等（1998），*n* 分别为 6 和 5；Sternbeck 等（2003），*n* 分别为 2 和 1；当前研究（2010），*n* 分别为 3 和 3

表 3.6　斯德哥尔摩市中心梅拉伦湖和咸水湖的表层沉积物中的金属浓度（干物质）（数据来自 Lindström 等，2001）

单位：mg/kg

项目	Ni	Cu	Zn	Cd	Pb
梅拉伦湖（*n*=4）	45.7(0.16)	161(0.14)	468(0.2)	1.57(0.2)	233(0.22)
沙尔特海湾（*n*=5）	38(0.16)	298(0.23)	613(0.16)	3.22(0.27)	332(0.21)

注：括号中的数据为各金属元素在河流中的预测无效应浓度。

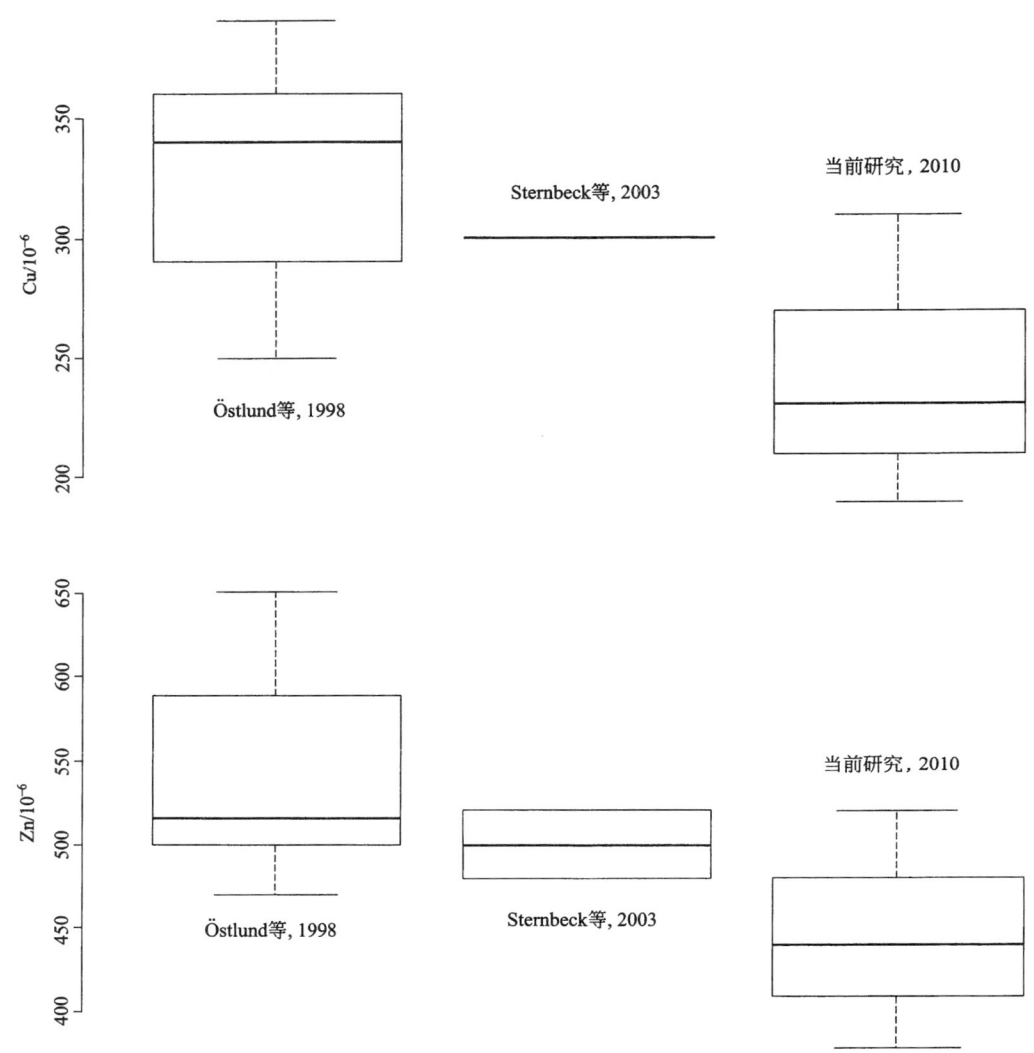

图 3.20 在 3 个不同研究中分别取自斯德哥尔摩市中心梅拉伦湖（上）和波罗的海（下）的表层沉积物中锌浓度（10^{-6}，干物质）：Östlund 等 （1998），n 分别为 6 和 5； Sternbeck 等 （2003），n 分别为 2 和 1；当前研究 （2010），n 分别为 3 和 3

从图 3.18～图 3.22 的箱形图可以得出一个明显的总趋势。两个地方的表层沉积物浓度在 1996—2010 年已经下降了。第二个趋势没有那么明显，即除了镍和锌之外，研究的其他金属在波罗的海（沙尔特海湾）比斯德哥尔摩市中心的梅拉伦湖浓度更高。为了验证是否有这样的差异，用 Wilcoxon 秩和检验验证了两个片面的假设，这也等价于 Mann-Whitney 测试。

第一个验证的假设是：讨论中每个地区金属的平均浓度（例如镍、铜、锌、镉或铅）1996 年和 2010 年的相等。另一个假设是 1996 年的平均浓度更高一些。可以从箱形图图 3.18～图 3.22 中的数据得出同样的结论。不同情况下，该假设验证的结果参见表 3.7。

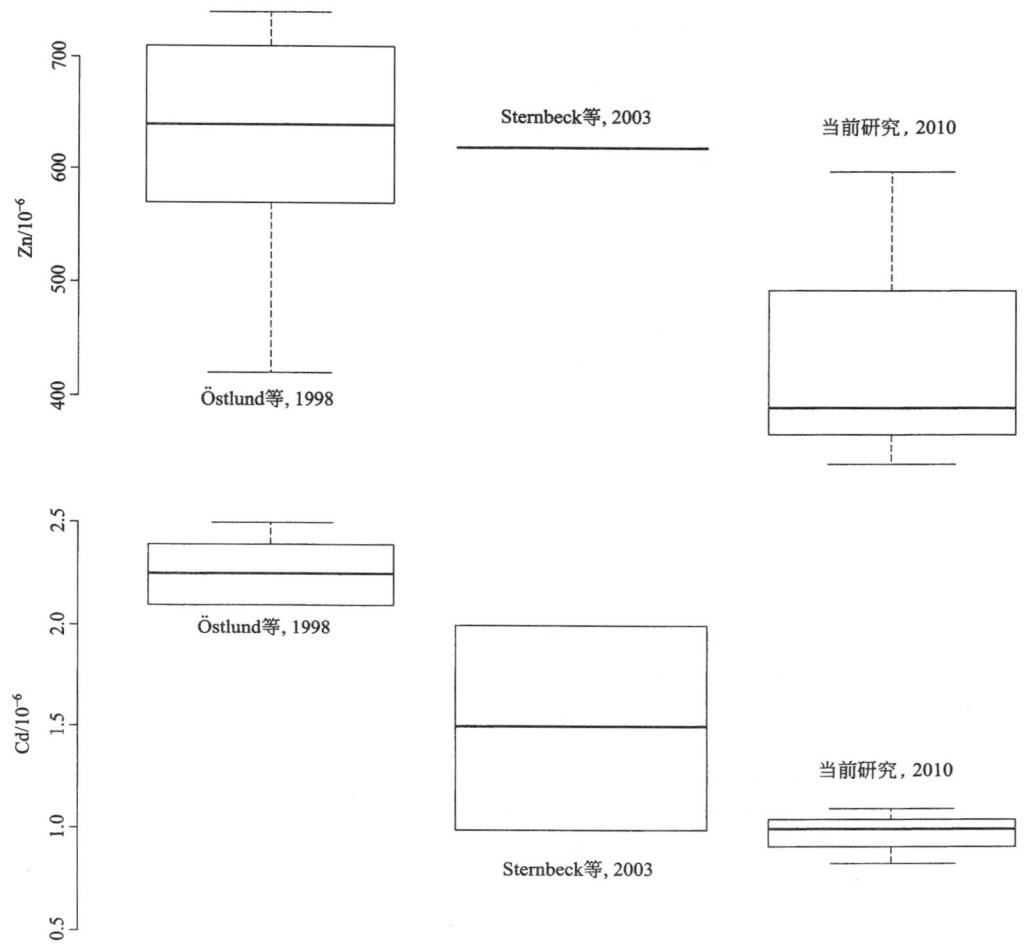

图 3.21　在 3 个不同研究中分别取自斯德哥尔摩市中心梅拉伦湖（上）和波罗的海（下）的表层沉积物中镉浓度（10^{-6}，干物质）：Östlund 等（1998），n 分别为 6 和 5；Sternbeck 等（2003），n 分别为 2 和 1；当前研究（2010），n 分别为 3 和 3

表 3.7　关于沉积物表层污染物浓度递减（1996—2010 年）假设检验的 P 值

［M 代表梅拉伦湖，S 代表沙尔特海湾（波罗的海）］

项目	Ni-M	Cu-M	Zn-M	Cd-M	Pb-M	Ni-S	Cu-S	Zn-S	Cd-S	Pb-S
P 值	0.0186	0.0460	0.0974	0.0833	0.0460	0.393	0.0669	0.0714	0.125	0.184

　　由表 3.7 可以看出：在 1996 年和 2010 年，在梅拉伦湖和沙尔特海湾除镍之外，在沙尔特海湾除了镉和铅之外，有 90％的可信度认为表层沉积物浓度降低了。

　　第二个验证的假设是研究的 2010 年的金属平均浓度（例如镍、铜、锌、镉或者铅）在沙尔特海湾和梅拉伦湖是相等的。另一种假设是梅拉伦湖的平均浓度更低。可以从箱形图图 3.18～图 3.22 中的数据得出同样的结论。不同情况下，该假设验证的结果参见表 3.8。

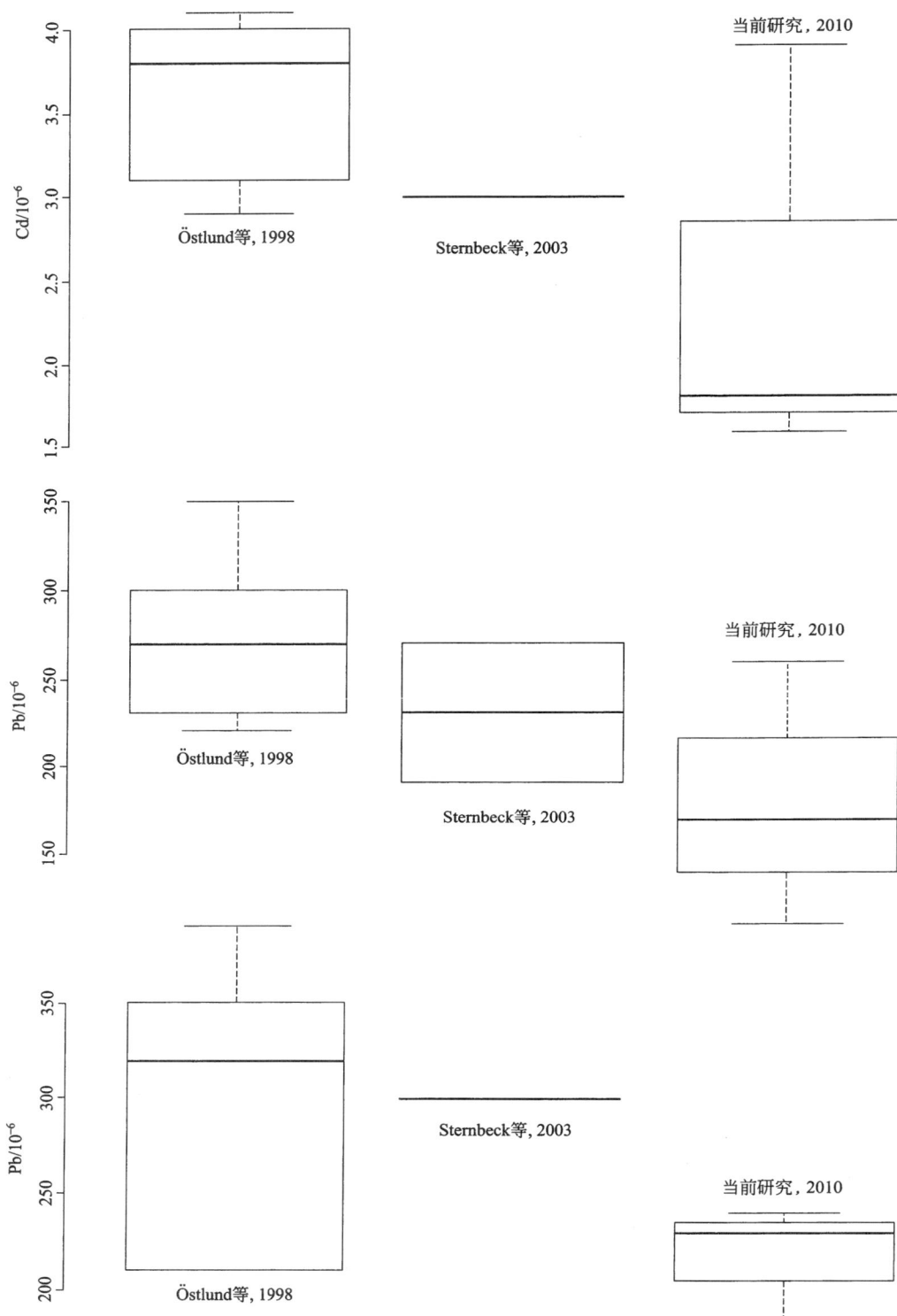

图 3.22　在 3 个不同研究中分别取自斯德哥尔摩市中心梅拉伦湖（上）和波罗的海（下）的表层沉积物中铅浓度（10^{-6}，干物质）：Östlund 等（1998），n 分别为 6 和 5；Sternbeck 等（2003），n 分别为 2 和 1；当前研究（2010），n 分别为 3 和 3

表 3.8　关于咸水湖（沙尔特海湾）比位于斯德哥尔摩市中心
梅拉伦湖的平均沉积物表层浓度高的假说测试的 P 值

项目	Ni	Cu	Zn	Cd	Pb
P 值	1	0.0606	0.65	0.05	0.35

表 3.8 中对第二种假设的验证结果表明：咸波罗的海（沙尔特海湾）中只有铜和镉的浓度比斯德哥尔摩市中心梅拉伦湖表层沉积物中的高。这些结果也和表 3.6 中 Lindström 等（2001）的观察相吻合。

这两种趋势存在与否将在接下来的部分进行讨论。

3.5.3　斯德哥尔摩市中心镍、铜、锌、镉和铅的沉积物通量：对来源和流动的影响

尽管被调查金属的来源和环境不同，当评价图 3.13～图 3.17 中金属的各种流动时出现了一些明显的常见模式。调研结果表明从梅拉伦湖进入位于咸波罗的海的沙尔特海湾的金属流是目前为止最大的流。在 1996—2008 年之间，从梅拉伦湖进入沙尔特海湾的这些金属的年输送值具有以下的平均值、标准偏差，以吨计的最小值和最大值如下：

- Ni（15.5；5.87；7.45；27.5）
- Cu（21.2；9.82；8.90；36.8）
- Zn（28.1；19.7；7.49；76.5）
- Cd（0.0524；0.0227；0.0196；0.0943）
- Pb（4.47；5.55；19.5；0.851）

从图 3.13、图 3.16 和图 3.17 可以看出，从梅拉伦湖进入沙尔特海湾的镍、镉和铅的年输送值接近于它们在 1996—2008 年间各自的平均值。在铜和锌的例子中（图 3.14 和图 3.15），输送值接近于 1996—2008 年间各自的最大值和最小值。在铅和镉的例子中，沙尔特海湾的沉积物通量和从梅拉伦湖进入沙尔特海湾的年输送量相等。另一个调研结果是：除了沙尔特海湾中的镍外，没有表面流可以完全弥补任一地区的金属累积。在铜和锌的例子中，道路的雨水可以很明显地弥补梅拉伦湖东部和 Riddarfjärden 的沉积物中金属的积累，而污水处理厂可以很大程度弥补沙尔特海湾中金属的积累。在图 3.13～图 3.17 中，排入 Riddarfjärden 的雨水不占从主干道排入克拉尔运河的金属负荷，这些金属排入 Riddarfjärden 只是比梅拉伦湖在 Norrström 排入沙尔特海湾早。如果考虑这些负荷在 Riddarfjarden 结束，从雨水负荷进入 Riddarfjarden 的数据将不会改变，因为增加值只有 1～3 位小数。同样地，人们可以评价主要道路雨水的金属负荷，这些负荷排入沙尔特海湾北部的 Nybroviken。图 3.13～图 3.17 并不包括这些负荷。假定 Nybroviken 地区本身没有这些金属沉积物，但进入沙尔特海湾后，镍、锌和铅的雨水流量数据需要进行某些程度上的微调整。调整的数据分别是 0.1kg、70kg 和 7kg。同样，这些流量远不及沙尔特海湾中这些金属的沉积物埋藏通量。

考虑不同金属的来源和其沉积特征的异同点，主要需要从以下三方面进行分析：
① 市中心作为金属的来源。
② 来自梅拉伦湖有机物的输送和随后在沙尔特海湾的絮凝和沉淀。
③ 考虑重金属种类的化学和物理特性的异同点。

对于本研究中的金属，其有多种途径进入雨水中，这些途径大致可分为两类（Sörme

和 Lagerkvist，2002）：交通（沥青、刹车片和轮胎）；建筑物和其他设施（铜屋顶和镀锌钢）。这些包含金属的雨水直接或经过处理后（比如沉降池）排入梅拉伦湖东部，Riddarfjärden 和沙尔特海湾或者 Bromma 和 Henriksdal 两座污水处理厂。在污水处理厂进行絮凝处理（包括使用 $FeSO_4$）后，雨水和废水一道排入沙尔特海湾。只有类似桥梁的狭窄地段，包括建筑物和道路基础设施的地方，雨水可直接排入梅拉伦湖或者沙尔特海湾。在该研究中只考虑了这些地区主要道路的金属负荷。

以上结论究竟多大程度上低估了实际情况，测量方法之一就是比较交通和建筑物基础设施对进入 Henriksdal 污水处理厂的雨水中相关金属的贡献率（Sörme 和 Lagerkvist，2002）：

① Cu 5%（交通）和 13%～17%（建筑物），即建筑物对雨水中铜的贡献率为交通的 3 倍。

② Zn 10%～11%（交通）和 24%（建筑物），即建筑物对雨水中锌的贡献率为交通的 2 倍。

③ Pb 和 Ni 建筑物对雨水中铅和镍的贡献量微乎其微。

④ Cd 交通和建筑物两者对雨水中铬的贡献率均为 1%。

这些比例表明流入梅拉伦湖东部、Riddarfjärden 和沙尔特海湾的雨水中，铜的含量要乘以 4，锌的含量要乘 3。这些铜和锌的额外负荷意味着仅雨水这一来源即可导致这些金属在梅拉伦湖和 Riddarfjärden 的沉积物中的含量。然而在沙尔特海湾，雨水仍然是沉积物污染无关紧要的来源。

估算交通对于雨水总金属负荷贡献的另一种方法是比较不同类型土地利用的排放因素。目前利用该方法完成了对 Riddarfjärden 区域的研究（斯德哥尔摩市，2011）。

Cu：

① 来自交通（有 20000 辆车/天的道路）3kg/a；

② 来自交通（停车区和少于 20000 辆车/天的道路和铁路）4.1kg/a；

③ 来自建筑物 7kg/a。

Zn：

① 来自交通（有 20000 辆车/天的道路）11kg/a；

② 来自交通（停车区和少于 20000 辆车/天的道路和铁路）22kg/a；

③ 来自建筑物 17kg/a。

如果人们将来自主要道路（例如多于 20000 辆车/天）和来自于暴雨的其他交通和建筑物的铜负荷比率（11.1/3 ≈ 4）和锌负荷比率（39/11≈4）应用于暴雨，这些流量应该是 5 倍（图 3.14 和图 3.15）。

注意：如果来自土地利用的铜和锌流入 Riddarfjärden 的流量与当前研究中雨水铜和锌（只考虑了交通排放）相比较，可以看出前者小于后者。

如果将地区（在这些地区，未经处理的雨水直接排入梅拉伦湖或者沙尔特海湾）的分布与斯德哥尔摩市铜屋顶的分布（Ekstrand 等，2001）相比较，可以看出来自斯德哥尔摩大多数铜屋顶的雨水排入 Bromma 和 Henriksdal 污水处理厂。来自小部分铜屋顶未经处理直接排入表层水体的雨水，在 Norrström 排入 Riddarfjärden。在梅拉伦湖之前的会排入沙尔特海湾，而来自屋顶的铜最后到了沙尔特海湾。由于国家环境监测项目取样地点的位置，并不是所有的铜负荷都会计入到预估的从梅拉伦湖到沙尔特海湾的铜之中。然而，因为来自铜屋顶的大部分铜最后流入了污水处理厂，便可推断出最后进入沙尔特海湾沉积物中的铜是很少。铜的屋顶径流率是 $1g/m^2$（Odnewall Wallinder 等，2009），斯德哥尔摩市（Ekstrand 等，2001）铜屋顶的总面积是 $622590m^2$，并且不考虑铜的接受体的小部分直接径流，估计 Henriksdal 和 Bromma 污水处理厂的年负荷量是 600kg 铜。因为在污水厂处理过程中 96 %（Peterson 和 Wahlberg，2010）的铜被处理掉，从污水厂排入沙尔特海湾来自铜屋顶的铜最多有 2kg，这对于污水厂的年铜负荷来说是无关紧要的部分（图 3.14）。

刹车片的磨损已经被认定是交通污染中金属铜、锌、镉、锑、钡和铅的重要来源（Sternbeck 等，2002；Furusjö 等，2007）。将铜、锌、镉和铅的排放因素应用到来自 Sternbeck 等（2002）的刹车片中，会得出以下金属负荷的数据。

湖名	梅拉伦湖东部	Riddarjfärden	沙尔特海湾
Cu	10kg	10kg	3kg
Zn	20kg	10kg	5kg
Cd	0.02kg	0.02kg	0.006kg
Pb	3kg	2kg	0.8kg

来自刹车片的负荷与图 3.13～图 3.17 中交通（雨水）的预估负荷之间的比较表明：只有在锌和镉的例子中，刹车片可以成为雨水中金属的重要来源。然而如果将任一比例 [报告的刹车片组成 Cd∶Sb∶Zn∶Cu=0.064∶710∶1000∶3800（Hjortenkrans 等，2007）或者来自制动衬垫的 PM_{10} 粒子的组成 Cd∶Sb∶Zn∶Cu=0.068∶780∶1000∶3100（Furusjö 等，2007）或者由刹车片损耗控制的排放因素 Cu∶Zn∶Cd∶Sb∶Ba=1∶1.3∶0.0016∶0.26∶1.3（Sternbeck 等，2002）] 与这些金属在任何沉积物样品（图 3.1～图 3.7）中的比率相比较，则没有一致的迹象表明刹车片的损耗为雨水中金属的来源。

家庭和企业的废水对污水厂也是一种重要金属来源。Sörme 和 Lagerqvist（2002）在 1999 年的研究中估算表明家庭和企业对 Henriksdal 污水厂的镍贡献率为 39%，铜的贡献率为 91%。进入废水中的金属来源有洗车、工业作业、管道和水龙头等（Sörme 和 Lagerkvist，2002）。在污水厂进行包括用 $FeSO_4$ 絮凝的相关处理后，雨水和污水一道排入沙尔特海湾。

测量斯德哥尔摩城市基础设施对雨水金属含量总影响的方法之一是沿横断面从西到东比较沉积物浓度。从梅拉伦湖开始，经过市中心，然后继续进入到位于波罗的海的外斯德哥尔摩群岛。

通过将来自斯道拉埃辛根岛外部、正上游和在斯德哥尔摩市中心梅拉伦湖西面的沉积物和来自 Riddarfjärden、Årstaviken、在斯德哥尔摩市中心梅拉伦湖的 Reimersholme 岛的沉积物进行比较，可观察到（Sternbeck 等，2003）以下这些积极趋势（例如浓度的上升）。

① Ni：无（因素 1）。
② Cu：弱（因素 1～2）。
③ Zn：弱（因素 1～3）。
④ Cd：弱（因素 1～3）。
⑤ Pb：弱（因素 2～3）。

如果人们将 Stora Essingen 岛外面的沉积物浓度与远斯德哥尔摩，Färingsö 岛外面的沉积物浓度相比较，在因素 1 和 2（Olli 和 Destouni，2008）对金属铜、锌和铅有一个弱的消极趋势（例如降低浓度）。在 Färingsö，斯德哥尔摩市基础设施对雨水金属含量没有直接的影响，只有这些金属总的背景负荷。通过使用因素 2 纠正潜在的斯德哥尔摩市基础设施对 Stora Essingen 沉积物浓度影响的最大值，应该对铜、锌和铅进行相应调整：

① Cu：弱（因素 1～4）。

② Zn：弱到中等（因素 1～6）。

③ Pb：弱到中等（因素 2～6）。

通过比较斯德哥尔摩市中心波罗的海沙尔特海湾沉积物浓度和波罗的海外斯德哥尔摩群岛的沉积物浓度，可观察到（Sternbeck 等，2003；SVAB，2010）以下消极趋势（例如浓度降低）：

① Ni：弱（因素 1～2）。

② Cu：很强（因素 10～15）。

③ Zn：中等（因素 3～6）。

④ Cd：强（因素 5～10）。

⑤ Pb：强（因素 6～12）。

通过比较金属浓度在梅拉伦湖中从斯德哥尔摩市外到市中心浓度变化趋势与其在波罗的海的浓度从市中心到市外直至中心群岛的变化趋势，可以将这些金属分为两组。对于铜、镉和铅而言，其在梅拉伦湖中浓度呈现出由低到中等强度的增长趋势，而后在波罗的海中的浓度则呈现出由强到极强的降低趋势；对于镍和锌，其在梅拉伦湖中浓度呈现出从零到低再到中等强度的增长趋势，而后在波罗的海中的浓度则呈现出由低到中等强度的降低趋势。前一组金属浓度变化趋势强度表明在斯德哥尔摩市中心的沙尔特海湾一定有铜、镉和铅的其他重要来源。而对于后面一组金属，通过与梅拉伦湖与 Riddarfjärden 相比，这些金属在沙尔特海湾处没有其他重要来源。从图 3.13～图 3.17 可以明显看出铜、镉和铅在沙尔特海湾可能来源于那两个污水处理厂，也可能来源于梅拉伦湖的排放。通过对比污染处理厂流量与沉积物通量可以看出：污染处理厂对于铜和镉的贡献量很少，对于铅的贡献量在沙尔特海湾处也不是最重要的。并且从 S1 到 S2 再到 S3，铜和镉在沉积物通量中的浓度逐渐减少（表 3.3）也可证明来自污水处理厂的铜和镉对沙尔特海湾处的贡献量不是最显著的。如果污水处理厂对这些金属有显著的贡献，那呈现出的结果应该正好相反，因为排放点位于 S1 和 S2 以及 S2 和 S3 之间，设计排放管道来使处理出水向东流，离开城市，朝向位于波罗的海的斯德哥尔摩群岛。

相反，关于沙尔特海湾沉积物中铜、镉和铅的埋藏比例增加的解释是：当梅拉伦湖中的淡水流入咸波罗的海沙尔特海湾时，由于梅拉伦湖淡水中有机物发生絮凝而引起这些金属的沉降。众所周知，当少量淡水与大量盐水在河口水域混合时，由于电导率的增加会致使有机物（包括铁-锰有机复合物）的絮凝与混凝（Benjamin 和 Honeyman，1998），并随之带来金属的沉降与从水中的清除，特别是对金属铜而言（Benjamin 和 Honeyman，1998）。Jönsson 等（2005）开展的研究发现由梅拉伦湖排入波罗的海的 TOC 中大约有 4% 埋藏在包括沙尔特海湾在内的内斯德哥尔摩群岛沉积物中。然而，由于从梅拉伦湖排入的 TOC 特别多，例如在 2008 年的时候是 50000000kg（SEPA，2011），这大约等于内斯德哥尔摩群岛的沉积物 TOC 的 1/3。因为沙尔特海湾位于实际的排放点，在这儿的实际比例可能会更高一些。这一点也可通过从 S1 到 S2 到 S3 处 TOC 在沉积物中的埋藏比例下降来证明"（表 3.2 和表 3.3）。

对于金属铅，还可通过生成 $PbSO_4$ 这一辅助过程使得沙尔特海湾处沉积物中铅增加。海洋表层水中 Ba^{2+} 的去除机理与此类似（Broecker 与 Peng，1982）。与梅拉伦湖相比，沙尔特海湾处沉积物干物质中 Ba 含量的相对增加也是由于上述机理造成的。然而，由于从梅拉伦湖排入沙尔特海湾的溶解性铅及铅的弱有机配体化合物的量很少，并考虑到同时排入的大量 TOC、碳酸盐及颗粒物表面（Schnoor，1996）等因素，铅转化成硫酸铅这一过程便优先发生了。

接下来的部分，将会讨论不同金属在各自水化学下的环境命运。

3.5.4　镍

Al^{3+} 和 Fe^{3+} 与 Ni^{2+} 竞争形成强有机配体复合物。因此 Al^{3+} 和 Fe^{3+} 的浓度会影响到 Ni^{2+} 和 DOC（Hassan 等，2008）之间的结合到底有多强。Al^{3+} 和 Fe^{3+} 的动力学要比 Ni^{2+} 弱，因为它们有较高的电荷和离子潜力。这反过来会导致 Al^{3+} 和 Fe^{3+} 更高的稳定常数（Hassan 等，2006）。

DOC 的化学特性影响着有机复合物的形成。在一定程度上，当 DOC 浓度一定时，Ni^{2+}（aq）浓度出现成倍变化（Doig 和 Liber，2006），因此，DOC 的化学特性能够影响生成的配体的个数及复合物的稳定性（Santos Echeandia 等，2008）。大部分有机物质的化学特性可以用其组成中不同元素的比例表示，如 C：H：N，该表示方式也可用于功能团总量的指示器（Benner 等，1992）。有化物质中不同元素的比例取决于有机物质的来源（如陆地、淡水或海水水域）与年份（Jönsson 等，2005）。

大量研究表明 Ni 在水中的物种形成具有相似化学特性，这也证实了在梅拉伦湖和沙尔特海湾中大部分的镍（例如 30%~80%）以自由离子或者溶解或者微小和弱的有机、无机配体复合物的形式存在（Benjamin 和 Honeyman，1998；Turner 和 Martino，2006；Van Laer 等，2006）。当水流入沙尔特海湾的咸水体（Turner 和 Martino，2006），基于复合物的形成变得不那么重要。那么，对于梅拉伦湖和沙尔特海湾沉积物中镍的浓度没有区别，以及随着时间流逝沉积物浓度没有减少的一个可能解释是：在很大程度上，镍以完全溶解以及其他的复合物的状态输送，这些复合物在沙尔特海湾增加的絮凝中不会与有机物质和微粒沉积。这可以解释为什么相对于所有金属从梅拉伦湖的输入量（1.7%），沙尔特海湾（图 3.13）的镍的沉积物通量是最少的。镍的沉积过程或许不是由有机物的沉积引起的，而是反复抑制的黏土微粒引起的，这也对锌、镉和铅同样适用。

3.5.5　铜

图 3.14 表明梅拉伦湖和沙尔特海湾的沉积物通量很大程度上与人为负荷有关，不管是以雨水直接排放还是通过污水处理厂排放的形式。这些沉积物通量的数目（2400kg/年）可以与由 Östlund 等（1998）估计的 500~5000kg/年相提并论。相对于梅拉伦湖的输入量，沙尔特海湾的铜沉积物埋藏比例是 6%，接近相对应的 TOC 的 4%（Jönsson 等，2005）。铜的环境命运很大程度上由有机物动力学控制，这与铜在自然水体中的水化学相一致，主要的溶解部分应该是有机复合物（例如铁-腐殖质），而其余部分是无机碳（Schnoor，1996；Benjamin 和 Honeyman，1998）。在海洋水体中无机复合物变得更重要。形成的铜的有机复合物对微粒的吸附更强一些，因而主要的沉积机理是铜与有机粒子或者涂有有机物的无机粒子结合（Benjamin 和 Honeyman，1998）。因为絮凝导致的有机物沉积的重要性可以通过将

M1 与 S1 的铜沉积物埋藏比例相比较得出。从表 3.3 可以看出，S1 处的沉积物埋藏比例几乎是 M1 处的 3 倍。如果用相对应的 S1 的比例除以 M1 处铜沉积物埋藏比例的 3 倍，可以得到 0.6。这一比值可以通过额外的沉积物负荷来解释，这些负荷是由有机物的絮凝与沉积（如铁-锰-有机复合物）而引起。

与淡水相比的海洋/河口水体中较高的铜吸附于悬浮物中，也可以分别通过比较淡水、河口水和海水（EU，2008）的 K_d 得出，见表 3.9。

表 3.9　淡水、河口水和海水的 K_d

项目	淡水 lg K_d	淡水 K_d/(L/kg)	河口 lg K_d	河口 K_d/(L/kg)	海洋 lg K_d	海洋 K_d/(L/kg)
第 50 百分位数	4.48	30246	4.75	56234	5.12	131826
第 10 百分位数	3.76	5752	4.19	15488	4.58	38019
第 90 百分位数	5.29	194228	5.42	263027	5.66	457088

3.5.6　锌、镉和铅

铜和镍分别与有机物形成最强和最弱的复合物（Benjamin 和 Honeyman，1998），锌、镉和铅处于铜和镍这两个极端金属中间。因此，一部分锌、镉和铅的形态可完全溶解（例如自由离子）。与铜在水体中主要与有机物形成复合物不同，这些金属主要吸附于颗粒上（Benjamin 和 Honeyman，1998）。如果在沙尔特海湾有机物的絮凝和沉淀是金属的重要的去除机理，那么这些锌、镉和铅与铜形态的不同则会影响周围环境。采取与铜相似的方法，可以比较 M1 和 S1 处锌、镉和铅的沉积物通量。相对应的比值是 1:0.5:0.7。与铜一样，镉的低比率很难解释。这三种金属中，镉吸附于微粒的作用最弱，它也不与有机物形成任何强的复合物（Schnoor，1996；Benjamin 和 Honeyman，1998）。锌是三者中唯一能够在沙尔特海湾中大量溶解的（Benjamin 和 Honeyman，1998）。随着碱性的增加，竞争微粒吸附点的钙离子浓度也增加，因而锌和镉的稳定常数随着碱度增加而降低（Turner，1996）。随着碱度的增加，氯离子（Cl^-）浓度增加，从而使锌与镉形成相应的氯化物，进而减少锌与镉吸附于颗粒的能力（Turner，1996）。这一效应使镉在海水中比在淡水中更容易溶解，而 $CdCl_2$ 是其在海水中主要的溶解形式（Snoeyink 和 Jenkins，1980），从而可以想象镉在沉积物中的减少。然而锌（13%）、镉（36%）和铅（38%）在沙尔特海湾（图 3.15～图 3.17）沉积物通量中与在梅拉伦湖的比例比铜在二者间的比例高。因河口受潮水控制，沉积物中颗粒的再悬浮对金属的输送及形态有着重要影响，特别是铅，镉和镍也是（Martino 等，2002）。在波罗的海没有潮汐可言，但是梅拉伦湖排入沙尔特海湾的扩散羽侵蚀了 Norrström 和 Söderström 的沉积物（Jönsson）。受地区侵蚀的沉积物是冰川黏土，然后黏土粒子再悬浮，形成一种对粒子的注射吸收。随着水的紊流不再向东流动，这些黏土粒子沉积到底部和沉积物中，在这些地方形成了累积沉积物（例如 S1）。这一过程对铅是最重要的，因为其可以被粒子强烈吸附（Schnoor，1996；Benjamin 和 Honeyman，1998；Turner 和 Millward，2000），这对于镉和镍也是很重要的（Schnoor，1996；Martino 等，2002）。对于锌，有机复合物的沉积可能是重要的，因为随着水从梅拉伦湖中输送锌，很大的一部分锌会与有机配体形成复合物（Benjamin 和 Honeyman，1998）。对于镉则不同，镉的去除机理是利用胶体铁氧化物，随着碱性增加会形成铁氧化有机物聚合（Benjamin 和 Honeyman，1998）。镉能够被这些铁氧化物吸附（Balistreri 等，2007），然后随着铁有机物聚合的絮凝和沉积沉淀到底部埋藏于沉积物中。

在 Östlund 等（1998）进行的研究中，斯德哥尔摩市中心的年沉积物通量据估计是 1200～12000kg 锌、5～50kg 镉和 500～5000kg 铅。由当前研究预估的相对应的沉积物通量是 5000kg 锌、22kg 镉和 2500kg 铅。

3.5.7　斯德哥尔摩市中心沉积物中镍、铜、锌、镉和铅的生物有效性

本项目所研究的金属的生物有效性均处于低水平，因为各金属的 SEM/AVS 值均低于 0.1，比 AEM/AVS 阈值 1 低 10 倍左右。而只有 AEM/AVS 达到 1 才会对生物产生预期的毒性效应（Ankley，1996；Peesch 等，1995）。SEM/AVS 低的主要原因是因为厌氧和缺氧沉积物中大量 AVS（如硫化物）、有机物质与无机配体的存在（Sundelin 和 Eriksson，2001）。正是由于高浓度 TOC 和无机配体的存在，因此，即使在氧化和生物扰动几个月后，这些沉积物中的金属汞、铜、锌、镉、铅仍表现出低生物毒性，即不会导致端足甲壳类动物胚胎的畸形与死亡（Sundelin 和 Eriksson，2001）。不同结合形式的硫化物、有机物、铁锰（水合）氧化物的重要性随着金属的不同而变化（Kelderman 和 Osman，2007）。AVS 浓度通常在沉积物于表面随着氧化还原作用的增强而迅速降低，但 AVS 浓度可以在沉积物表层 10cm 内变化（Van Den Berg 等，1998；Sundelin，Eriksson，2001；Van den Berg 等，2001）。

在过去的 10 多年里，沙尔特海湾地区表层沉积物的氧化条件有很大改善（Karlsson 等，2010）。对于这一改善的一种解释是由于多毛类 *Marenzellaria* spp. 从北美和俄罗斯（北冰洋）迁移到波罗的海造成的（Karlsson 等，2010）。此类生物体可耐受亚氧条件，其带来的生物扰动可增强沉积物中的氧化条件。的确，研究人员在 S1、S2 和 S3 三个采样点沉积物中不同深度发现了可能是多毛类 *Marenzellaria* 的冻干的动物残骸。其中沉积物表层 2～4cm 深度发现了较大体积的 *Isaduria Entomon*（长达 7cm）；在沉积物较深处，表层下 4～8cm 处发现了一个类似蠕虫的残骸。如上面解释及表 3.5 中的 SEM/AVS 比例所表明的，由于高浓度 AVC、TOC 和无机配体的存在，这些生物造成的生物扰动不足以使沉积物中金属对生物产生毒性。即使在生物扰动和氧化作用长达几个月后，沙尔特海湾地区沉积物中的金属毒性仍然很低。

3.5.8　斯德哥尔摩市中心沉积物中历史沉积的金属

通过将本研究（表 3.3）中从 1986 年以来取样位置干物质的平均累积速率与不同沉积物深度处的金属浓度（图 3.8～图 3.12）相乘，可以估计相对应的不同年份的金属累积速率。通过使用自 1986 年以来的干物质平均累积速率，假定 1986 年之前的沉积速率没有变化。关于沉积物累积速率可变性的数据，在 1986 年以前以及之后的都丢失了。不过，将该研究中的结果与 Östlund 等（1998）的相比也是有意义的。Östlund 等（1998）使用[210]Pb 而不是[137]Cs 来预估沉积物累积速率。使用这种放射性同位素具有的优势是：超过 100 年的每一个子样品仍然可以估计其沉积物累积速率。在 Östlund 等（1998）的研究中，估算了 1900—1998 年的沉积物中金属累积。在 Östlund 等（1998）的研究中，有四个地点位于接近 M2、M1、S1 以及 S2+S3 的地方。点 59 位于 S2、S3 之间，沿着位于沙尔特海湾（Norrström and Söderström）的从梅拉伦湖排放源的西-东横断面。因而将 S2、S3 的平均金属累积速率与 Östlund 等（1998）研究中的点 59 相比较。斯德哥尔摩市中心沉积物的测定时间和最大金属累积速率的比较在表 3.10 中给出。

表 3.10　当前研究和 Östlund 等（1998）研究中斯德哥尔摩市中心沉积物通量的
测定时间和最大金属量的比较

位置	M2	18	M1	34	S1	52	S2+S3		59
开始时间	1989	1937	1940	1920	1987	1960	1973	1986	1936
结束时间	2009	1996	2008	1996	2009	1996	2009	2009	1996
平均质量累积速率 /[g/(cm²·a)]	0.29	0.20	0.17	0.20	0.52	0.22	0.31	0.40	0.13
平均沉积物埋藏速率 /(cm/a)	0.71	0.44	0.42	0.36	1.3	0.6	0.79	0.88	0.26
Ni/[g/(m²·a)]	0.30	0.25	0.10	0.13	0.21	0.10	0.13	0.15	0.070
年份	1986	1988	1986	1984	1998,2004	1980	2004	2002,2004,2007	1982
Cu/[g/(m²·a)]	0.90	0.70	0.40	0.80	1.7	1.3	1.4	0.85	0.60
年份	1986	1986	1986	1962	1998,2003,2004	1970	1998	2002,2004	1982
Zn/[g/(m²·a)]	3.0	2.0	1.1	2.5	3.0	4.0	2.4	1.7	1.0
年份	1986	1988	1986	1944	1993	1970	1991	2000	1982
Cd/[mg/(m²·a)]	15	12	5.3	14	17	18	14	8.1	7.0
年份	1986	1970	1986	1962	1998	1970	1991	1986	1982
Pb/[g/(m²·a)]	3.2	0.90	0.63	1.2	1.7	1.3	0.83	0.85	0.50
年份	1986	1988	1986	1962	2003	1970	2004	2000,2002,2004	1982

估算出的斯德哥尔摩市中心沉积物中金属镍、铜、锌、镉和铅的最大累积速率在很大程度上跟当前研究和 Östlund 等（1998）研究的数值相近。最大相差倍数为 2，只发生在沙尔特海湾（S1/52 和 S2+S3/59）处的镍，梅拉伦湖（M1/34）处的铜，梅拉伦湖（M1/34）处的锌，梅拉伦湖（M1/34）处的镉和梅拉伦湖（M2/18 和 M1/34）处的铅。如果将 S2、S3 处的金属累积速率分别与点 59 处的相比，S2 与点 59 相比，铜、锌与镉的累积速率的最大相差倍数为 2；S3 与点 59 相比，只有镍的相差倍数达到 2。本研究采用[137]Cs，Östlund 采用了[210]Pb 进行以上研究。对于研究结果的相似与不同有几种解释。[137]Cs 用于估算 1986—2010 年间的金属平均累积速率，而对于 M1 和 S2 两个采样点的测定超出了该时间段。

这可以解释 M1 与 34 处的偏差。利用[127]Cs 方法得知，在 M1 处，金属铜、锌与镉的沉淀累积速率在 1944/1862—1986 期间比在 1986—2010 期间高，这可能由于 1944/1862—1986 期间较高的质量累积速率。而这一点可通过 1982—1998 年间平均质量累积速率[0.20g/(cm²·年)，Östlund，[210]Pb 方法] 比 1986—2010 年期间的平均质量累积速率[0.17g/(cm²·年)，[137]Cs 方法] 高来证实。与本研究中的 M1 处相比，点 34 处相应深度的金属铜、锌、镉与铅的沉淀累积速率也稍微高些。因此，略微高的沉积浓度与较高的沉积质量累积速率结合到一起即可解释 Östlund（1998）研究中为什么 1944 年与 1962 年出现了这些金属的最大沉积通量。对于 M2 与 18 处的铅沉积速率的解释是本研究中沉积物表面下 15cm 处 Pb 的浓度很高（1100×10⁻⁶）。这一浓度值有可能是人为活动引起的，故不进行深度讨论。如果降低该值，铅的最大累积速率将是 1.0g/(m²·年)，即接近 Östlund（1998）的研究结果 0.90g/(m²·年)。对于镍而言，与其在点 59 处相比，其在 S2 处既有较高沉积浓度也有较高质量累积速率，其在 S3 处有较高质量累积速率，这也解释了其高沉积通量。

除了之前描述的偏差，尽管测定方法与测定时间不同，在当前和 Östlund 等（1998）的研究中，斯德哥尔摩市中心镍、铜、锌、镉和铅的最大沉积物通量只有很小的区别（最大相差倍数小于 2）。这一观察可由 Östlund 等（1998）的发现加以验证，即斯德哥尔摩市中心质量累积速率时间和空间只有很小的区别（最大相差倍数小于 2）。

通过观察表 3.9 中镍、铜、锌、砷和铅的最大累积速率时段，以及图 3.18～图 3.22 和表 3.7 中 1996—2010 年之间的沉积物表层浓度的变化，可以得出如下的结论：

① 梅拉伦湖铜和锌的沉积物通量自 20 世纪 80 年代以来在降低；

② 沙尔特海湾铜和锌的沉积物通量在最近降低较多；

③ 梅拉伦湖铅和镉的沉积物通量自 20 世纪 80 年代以来在降低。

这些结论只是推断性的，因为是利用 1986—2010 年前平均质量累积速率来进行估算铜、锌、镉和铅的沉积物通量。然而，本研究观察到金属沉积物通量有下降趋势可以由 Sternbeck 和 Östlund（2001）的研究来支撑，他们发现自 20 世纪 80 年代以来斯德哥尔摩市中心铜、镉和铅的沉积物通量有下降趋势，尽管只有镉的下降趋势明显。镉和铅的沉积物通量减少的原因可能是由于对它们使用的限制。瑞典在 20 世纪 80 年代就禁止在颜料、安安剂中添加镉，以及将镉用作防腐蚀材料（Sörme 等，2001）。然而，烧结电池中镉（Ni、Cd）的使用在 20 世纪 80 年代末和 90 年代增加了，尽管禁止了一些产品生产中镉的使用，但这些产品可以长期使用（Sörme 等，2001）。另外，镉还可通过农业中肥料的使用排入环境。瑞典在 1995 年就禁止了在石油中的添加铅。但是对铅的使用直到 20 世纪末整体仅略有下降，因为还没有找到在蓄电池中铅的替代品。对于铜和锌，日用消费品或者工业应用中的使用直到 20 世纪末才有降低（Sörme 等，2001）。应用的改变归因于限制和其他原因（例如将 Bromma 污水厂的排放点从梅拉伦湖转移到沙尔特海湾），如果它们有足够大的背景来源，这些金属可以在梅拉伦湖和沙尔特海湾的沉积物通量中体现出来。铜和锌沉积物通量在 Mälaren 湖自 20 世纪 80 年代以来就下降了，但是沙尔特海湾最近下降的观察报告可以通过查看图 3.14 和图 3.15 加以解释。因为从梅拉伦湖水排入沙尔特海湾的铜和锌是目前最大的来源，是絮凝、粒子吸附和随后的沉积决定了沙尔特海湾铜和锌的沉积物通量。那么，尽管斯德哥尔摩市中心梅拉伦湖铜和锌沉积物通量已经下降，反映出排入本地或者排入梅拉伦湖排水区域的减少，如果排入沙尔特海湾铜和锌的负荷足够高，这不能明显减少沙尔特海湾的沉积物通量。利用 Centralbron（SEPA，2011）提供的数据，使用非参数 Mann-Kendall 对变化趋势进行测试表明，在 0.10 的显著水平下，1999—2008 年之间，梅拉伦湖铜和锌的负荷没有增加或者降低。

与污水处理厂相比，梅拉伦湖镉与铅的排放并不是沙尔特海湾的主要来源，因此，正如沉积物通量反映的，尽管梅拉伦湖排水区域镉和铅排放物已经降低了，如果沙尔特海湾的沉积物通量要降低，那么污水厂的排放物也要降低。

3.6　结论

① 梅拉伦湖和沙尔特海湾水样中铜的浓度低于依据慢性铜生物配体模型 BLM（EURAS 版 109）得出的预测无效应浓度，MEC/PNEC＝0.04～0.3。

② 基于孔隙水中的铬、镍、铜、锌、砷、镉和铅的浓度采用 SEM/AVS 法测算，结果显示：斯德哥尔摩市中心梅拉伦湖和沙尔特海湾中的沉积物没有毒性。

③ 梅拉伦湖和沙尔特海湾中表层沉积物中金属镍、铜、锌、镉和铅浓度的差异可通过这些金属在梅拉伦湖和沙尔特海湾的本地来源和金属形态不同来解释。

④ 自 1996 年以来，斯德哥尔摩市中心梅拉伦湖和沙尔特海湾的表层沉积物中铜和锌浓度呈下降趋势。

⑤ 自 1996 年以来，斯德哥尔摩市中心梅拉伦湖的表层沉积物中镉和铅浓度呈下降

趋势。

⑥ 在斯德哥尔摩市中心梅拉伦湖的沉积物中的铜和锌，主要来自道路雨水地表径流。

⑦ 污水厂的出水可能是斯德哥尔摩市中心沙尔特海湾的沉积物中的镍、铜、锌和镉的重要来源。然而，通过对相关排放点的沉积物通量的测算却推翻了这一论点。

⑧ 铜屋顶径流是斯德哥尔摩市中心梅拉伦湖和沙尔特海湾的沉积物中铜的次要来源。

参 考 文 献

Algesten, G., Sobek, S., Bergström, A-K., Ågren, Al, Tranvik, L. J., Jansson, M. 2003. Role of lakes for organic carbon cycling in the boreal zone. Global change biology, 10: 141-147.

Ankley, G, . T. 1996. *Evaluation of metal/acid-volatile sulfide relationships in the prediction of metal bioaccumulation by benthic macroinvertebrates.* Environmental Toxicology and Chemistry, 15 (12): 2138-2146.

Balistreri, L. S., Seal, R. R. II, Piatak, N. M., Paul, Barbara. 2007. Assessing the concentration, speciation, and toxicity of dissolved metals during mixing of acid-mine drainage and ambient river water downstream of the Elizabeth Copper Mine, Vermont, USA. Applied Geochemistry, 22: 930-952.

Benjamin, M. M., Honeyman, B. D. 1998. *Trace metals* in Global biogeochemical cycle by Butcher, S. S., Charlson, R. J., Orians, G. H., Wolfe, G. V. (Eds.). Academic Press, London, U. K.

Benner, R. J., Pakulski, D., McCarthy, M., Hedges, J. I., Hatcher, P. G. 1992. *Bulk chemical characteristics of dissolved organic matter in the ocean.* Science, 255: 1561-1564.

Brand, L. E., Sunda, W. G., Guillard, R. R. L., 1986. *Reduction of marine phytoplankton growth rates by copper and cadmium.* Journal of Experimental Marine Biology and Ecology 96: 225-250.

Broecker, W. S., Peng, T. -H. 1982. *Tracers in the sea.* Eldigio Press, Columbia University, N. Y., U. S. A.

Cha, D. K., Allen, H. E., Song, J. S. 2003. Effect of copper on nitrifying and heterotrophic populations in activated sludge. Depart of Civil and Environmental Engineering University of Delaware Newark, DE.

Chakraborty, P., Zhao, J., Chakrabarti, C. L., 2009. *Copper and nickel speciation in mine effluents by combination of two independent techniques.* Analytica Chimica Acta. 636: 70-76.

Cui, Q., Brandt, N., Sinha, R., Malmström, M. 2010. *Copper content in lake sediments as tracers of urban emissions: Evaluation through a source-transport-storage model.* Science of the Total Environment. 408: 2714-2725

Deffeyes, K. S. 1965. *Carbonate equilibria: A graphic and algebraic approach.* Limnology and Oceanography, 10 (3): 412-426.

Di Toro, D. M., Mahony, J. D., Hansen, D. J., Scott, K. J., Hicks, M. B., Mayr, S. M. Redmond, M. S. 1990. *Toxicity of cadmium in sediments: The role of acid-volatile sulfide.* Environmental Toxicolology and Chemistry. 9: 1487-1502.

Di Toro, D. M., Mahony, J. D., Hansen, D. J., Berry, W. 1996. *A model of the oxidation of iron and cadmium sulfides in sediments.* Environmental Toxicolology and Chemistry. 15 (12) 9: 2168-2186.

Doig, L. E., Liber, K. 2006. *Influence of dissolved organic matter on nickel bioavailability and toxicity to Hyalella azteca in water-only exposures.* Aquatic toxicology. 76: 203-216.

Dryden, C. L., Gordon, A. S., Donat, J. R. 2007. Seasonal survey of copper-complexing ligands and thiol compounds in a heavily utilized, urban estuary: Elizabeth River, Virginia. Marine Chemistry, 103:

276-288.

Ekstrand, S., Östlund, P., Hansen, C. 2001. Digital air photo processing for mapping of copper roof distribution and estimation of related copper pollution. Focus Vol. 1 (3-4): 267-278.

European Union, 2008. Voluntary risk assessment of copper, copper II sulphate pentahydrate, copper (I) oxide, copper (II) oxide, dicopper chloride trihydroxide. Voluntary risk assessment report: environment: Effects part 1-freshwater effects; Effects part 4-marine effects; Exposure Part 3-Marine exposure; Appendix C-Regional Emission inventory; Appendix F-Partitioning Coefficient water-sediment; Appendix M: Evaluation of partition coefficients for copper in the marine environment (estuaries and marine conditions) . Available at: http: //echa. europa. eu/chem _ data/transit _ measures/vrar _ en. asp.

Furusjö, E. Sternbeck, J., Palm Cousins, A. 2007. PM10 source characterization at urban and highway roadside locations. The Science of the Total Environment 387: 206-219.

Foekema, E. M., Kaag, N. H. B. M., Kramer, K. J. M., Long, K. 2011. Ecological impact of chronic elevated concentrations of dissolved copper in marine benthic mesocosms. In preparation.

Göbel, P., Dierkes, C., Coldewey, W. G. 2007. Storm water runoff concentration matrix for urban areas. Journal of contaminant hydrology, 91: 26-42.

Hassan, N. M., Murimboh, J. D., Sekaly, A. L. R., Mandal, R., Chakrabarti, C. L., Gregoire. D. C. 2006. Cascade ultrafiltration and competing ligand exchange for kinetic speciation of aluminum, iron, and nickel in fresh water. Analytical and bioanalytical chemistry, 384, 1558-1566.

Hjortenkrans, D. S. T., Bergbäck, B . G., Häggerud, A. V. 2007. Metal emissions from brake linings and tires: case studies of Stockholm, Sweden 1995/1998 and 2005. Environ Science and Technology, 41: 5224-30.

ICMM (2007) . MERAG: Metals Environmental Risk Assessment Guidance ISBN: 978-0-9553591-2-5: Available via www. icmm. com.

Jartun, M., Ottesen, R. T., Steinnes, E., Volden, T., 2008. Runoff of particle bound pollutants from urban impervious surfaces studied by analysis of sediments from stormwater traps. Science of the Total Environment, 396: 147-163.

Jönsson, A., Gustafsson, Ö., Axelman, J., Sundberg, H., 2003. Global accounting of PCBs in continental shelf sediments. Environmental Science and Technology, 37: 245-255.

Jönsson, A., Lindström, M., Carman, R., Mört, C-M, Meili, M and Ö Gustafsson. 2005.

Evaluation of the Stockholm Archipelago Northwestern Baltic Sea Proper, as a trap for freshwater-runoff organic carbon. Journal of Marine Systems, 56: 167-178.

Karlsson, M., Malmaeus, M., Rydin, E., Jonsson, P. 2010. Bottenundersökningar i Upplands, Stockholms, Södermanlands och Östergötlands skärgårdar . 2008-2009. IVL, rapport B1928, Stockholm.

第4章
处理二噁英污染的土壤

（作者：Johan Strandberg，Hanna Odén，Rachel Maynard Nieto，Anders Björk）

4.1 概述

二噁英类物质通常指的是二噁英和氧芴，属于当今人类排入环境中毒性最大的物质，其对人类和动物具有致癌性。二噁英的常见来源有：物质的不充分燃烧与早期造纸工业和木材浸渍行业采用的氯漂白工艺，在造纸工业与木材浸渍工业的处理工艺中需要使用到氯酚，而二噁英和呋喃则是氯酚中的污染物（杂质）。二噁英具有强疏水性，它们能够以各种形式与粒子结合，但主要与土壤中有机颗粒结合。二噁英从土壤进入到附近水体受体的传输过程很大程度上取决于吸附着二噁英的颗粒的迁移。

本章就二噁英污染土壤的修复技术试验进行了整理。需要注意的是如果在瑞典进行大规模的二噁英污染场地修复，那么有更多的选择。这意味着不仅要更有效地去除污染物，而且修复过程产生的环境足迹要更小。

本研究调查使用光解催化剂（二氧化钛）处理二噁英污染的可能性，该催化剂与紫外线共同作用将有机物质氧化成水和二氧化碳，从而去除二噁英。在该法中将污染物萃取到水溶液中，然后被紫外线和二氧化钛催化剂联合氧化。通过使用氢氧化钠溶液来促进胶体形成，从而促进溶液的高效传质过程。氧化之后，氢氧化钠溶液经回收后再次进入提取阶段，尽可能多次使用。此外，本章开展了一个子研究，即通过对两种土壤温度、萃取时间和浓度的变化来优化胶体的形成。

小试实验结果表明萃取效率变化很大，萃取效率很可能取决于二噁英吸附到粒子上的方式和有机物质分解的阶段。在最有效的情况下，即土壤内含 6％ 的相对较新的有机物，萃取之后只剩 20％ 的二噁英（采用毒性当量-WHO-TEQ 的方法测量，以 ng/kg 计）。而在最差的情况下，含有 2％ 有机物的砂土，处理之后二噁英的量增加了 1 倍（采用毒性当量-WHO-TEQ 的方法测量，以 ng/kg 计）。实验表明吸附在有机物上的二噁英提取效率与有机物风化程度有关，风化较少时，有利于萃取。而且，在 100℃ 下用氢氧化钠萃取会对二噁英的同分异构体产生影响，并有单个同分异构体的形成。更有趣的是用 90℃ 热水对土样进行预处理对提高二噁英萃取效率同样有效。利用 90℃ 热水预处理的目的是将土壤中氯酚去除，因其在碱性条件下可以转换成二噁英，用氢氧化钠溶液萃取和用水萃取可获得几乎同样好的效果。这个结论很有意思，因为水比氢氧化钠好处理，而且这些结果也让土壤修复变得更易于管理。

此外，在实验室进行了利用二氧化钛氧化技术去除土壤中的二噁英的试验。试验结果表明对于不同类型土壤，氧化速率没有显著区别。然而，氧化速率取决于提取物中颗粒的数目。初期随着颗粒浓度增加，可观察到二噁英氧化速率增加，但是这一现象在颗粒浓度达到较高时就消失了。最有可能的解释是初期观察到的增长现象为含二噁英的粒子与二氧化钛表层的接触随着颗粒浓度的增高而逐渐增加，但在更高的粒子浓度下，紫外线的穿透力是有限的，那么溶液的氧化能力就逐渐降低。

4.2　光解催化剂处理二噁英污染土壤的目标和局限性

瑞典大部分被污染的场所都是被碳氢化合物或者卤代烃污染的，因此有必要发掘廉价的、能大规模应用的处理技术对这些污染场地进行原位或异位处理。另外，这些技术需要有利于可持续发展，即对污染土壤的治理获得的环境效益要超过环境损失，而不应该是为了治理而消耗大量的能源或者化学物质。

二氧化钛是光解催化剂，它可以高效地破坏碳水化合物结构。因为二氧化钛是催化剂，它在反应过程中不会被消耗，这就表明催化剂本身破坏所造成的经营成本和环境压力很低。要想成功应用这一技术对污染物进行催化，那么必须将污染物萃取到无机液体中，这是因为有机液体会与污染物产生竞争，并被 TiO_2 破坏。

疏水性有机污染物（HOC）易吸附于有机物质，而有机物质具有形成胶体的能力，因此疏水性有机污染物在土壤中可以迁移并且对环境造成威胁。由于二噁英具有毒性，寻求一种环境可行的并且具有成本效益的方法来修复被污染的土壤非常有意义。此处介绍的修复包括两个主要的步骤：第一步是有机物质提取到无机溶液中，第二步是使用二氧化钛作为催化剂对污染物进行氧化。

本研究旨在找出一种经济效益更高和环境友好型的方法来修复被二噁英或其他疏水性污染物污染的土壤。

本研究强调两步处理法：在实验室进行提取和氧化（破坏）以验证基本反应机理的正确性。主要目标是找到：

① 以氢氧化钠作为萃取剂而萃取得到的天然有机物和二噁英的比值为自变量，以土壤属性为函数。

② 使用二氧化钛作为光催化剂，测定碱性溶液中土壤有机物质被氧化的速率。

因为所有的实验都是在实验室进行的，因此实验结果只是所涉及机理的验证。对于后续的大规模应用及优化则需要基于该研究的结果。

4.3　文献综述

本研究报告的第一部分是对与项目相关的现有知识的综述。大体介绍了二噁英及其在土壤中的行为，以二氧化钛为光催化剂处理被疏水性碳水化合物污染的土壤及其他现有的处理技术方法。

4.3.1　二噁英和呋喃（PCDD/Fs）

二噁英是一类持久性有机污染物，被认为是一个历史遗留问题，因为它们存在于环境中长达数个世纪或者更久，因此对后代也是一个挑战（Weber 等，2008）。二噁英是重要的环境污染物，是因为其异构体化合物中一些物质的高毒性以及难降解性，这也导致了其成为环境领域的一个关注热点。并且已经有一些研究专门针对二噁英的毒性而开展，特别是在1976年意大利塞维索的一个生产氯酚的化学工厂发生爆炸之后（Wilson，1982）。二噁英不仅可以通过土壤传播，更主要的是通过空气和水体进行传播。其来源是冶金工业、燃烧过程、PCP 等有机氯化物合成过程中的副产物、纸和纸浆的氯漂白、氯-碱生产和使用氯酚的树木浸透工艺，以及其他许多的工业活动（图 4.1）。最后的三类工艺被认为是 PCDD/Fs 严重污染土壤的最重要的原因。

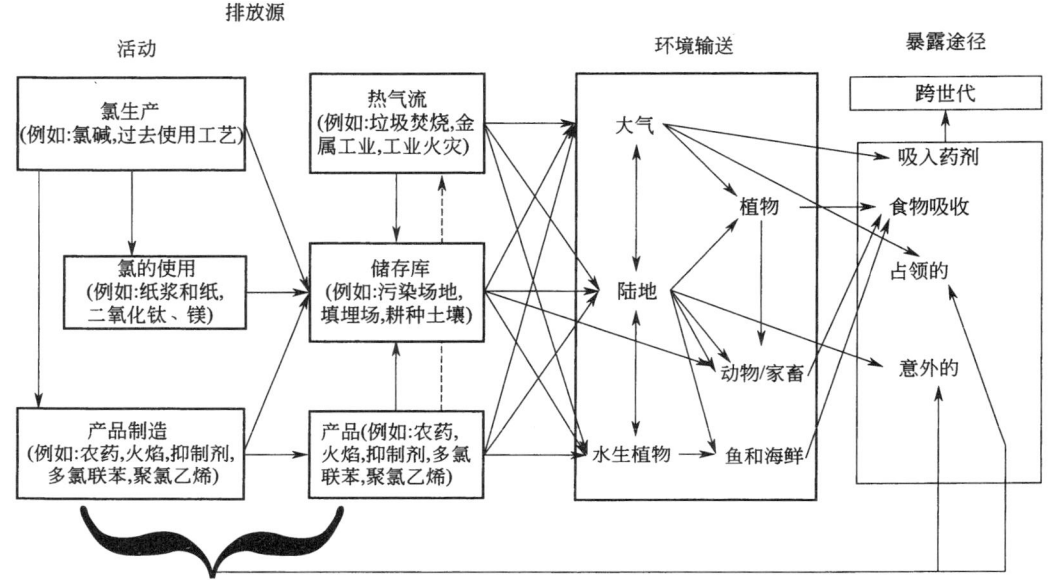

图 4.1　PCDD/Fs 排放源，在环境中的传输和人类暴露途径（Weber 等，2008）。

　　除了存在于污染土壤，在鸭子、鱼类和鸡等动物体内也检测到了特别高的二噁英浓度。这一情况引起了关注，这是因为哺乳动物及其他动物体内的二噁英主要是通过食物摄取而积累的（Fiedler 等，2000；Baccarelli 等，2002）。二噁英（Weber 等，2008）可以通过物质流转移到蔬菜、动物和人类中，因此可以对食物链的不同层级都产生影响。例如鲑鱼，以及其他多脂鱼，都易于受到二噁英毒性的影响，因为二噁英能够在高脂肪含量机体中大量蓄积（Wiberg 等，1992）。

　　通常，暴露意味着异构体化合物的混合暴露，并产生不同的影响，其中的一些影响还处于研究阶段，例如对生殖过程产生的影响和致癌性问题。调查也分析了因为母体暴露于二噁英而影响新生儿甲状腺功能的可能性。

　　二噁英和呋喃是同一族氯代芳香族化合物，分别是 PCDD 和 PCDF。这两组物质总共包括 210 种化合物，这些化合物具有相似的特性，区别在于氯取代基的数目不同（Rappe，1994，图 4.2）。根据 TEF（毒性当量因子）概念（Kulkarni 等，2008），同族中那些氯取代位置在 2、3、7、8 位置的化合物表现出更高的毒性。除了对新陈代谢和降解的高抵抗性之外，POP 具有亲脂性及易生物积累的特点，具体表现为：在高级生物脂肪组织中蓄积的能力更强（Fiedler 等，2000）。强疏水特性可由它们的高辛醇-水分配系数表示，氯取代物越多，水溶解性越低，该特性就越强（Orazio，1992）。例如从 4 氯代到 8 氯代二噁英，其高辛醇-水分配系数的对数范围为 6.91～8.75 之间（Jackson 等，1993；Govers 和 Krop，1998）。

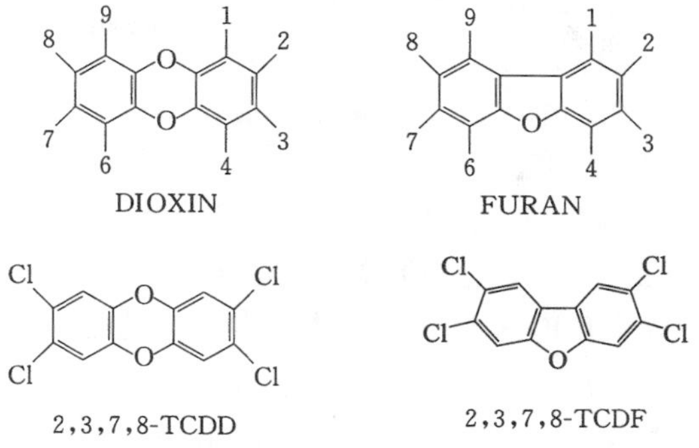

图 4.2　二噁英和呋喃的一般结构式和 2,3,7,8-TCDD 以及 2,3,7,8-TCDF 的结构式

由于二噁英的强疏水性，其也被列类为疏水性有机污染物（HOC）。HOC 的强疏水性是其吸附到天然有机物（NOM）的决定性因素，疏水性越强，吸附到 NOM 上的能力越强（Chiou 等，1979）。疏水性有机污染物一旦吸附到有机物质上，就决定了它们的迁移转化规律和对环境的影响，并呈现出快速吸附现象，该现象被认为是由疏水相互作用引起的（Means 和 Wijayaratne，1982；Rivas 等，2008）。有人认为，吸附过程是水相表面、固定母体粒子和移动胶粒之间的分离过程，因为 K_{ow} 和 K_{om} 之间具有很高的相关性，其中的 K_{om} 是水相和土壤有机物质之间的分配系数（Chiou，1989）。有机物质的特殊表面区域也是一种相关的土壤特性（Chiou 等，1979）。为了用简单的数学方程式模拟吸附过程，已经有相关研究开展，但是需要谨慎考虑土壤异质性这一复杂特性（Huang 等，2003）。

总的来说，土壤中有机污染物，例如二噁英的环境命运由它们的物化特性（例如土壤中污染物的持续性和其被强烈的吸附到矿物或者有机固体上的能力）以及土壤特性（例如生物活性，水文状况和有机物质含量等）决定（Kretzschmar 等，1999）。因为 HOC 对土壤水相没有亲和力，故它们在土壤中没有明显的迁移，而是被强烈吸附和保留在土壤固相中。然而，因为吸附着 HOC 的有机物质具备形成胶体的能力，所以尽管疏水胶体比土壤中出现的亲水胶体移动慢，但它们存在相对移动（Means 和 Wijayaratne，1982；Kretzschmar 等，1999）。

因为土壤基质中二噁英与固相结合非常强烈，那么二噁英无论在自然界还是土壤修复技术中的活动性都取决于土壤物质的活动性。因而理解土壤胶体中最小固体成分——胶体的动力学变得十分重要。

4.3.2　土壤溶液中的胶体

尽管土壤中的胶体特性到现在还没有被完全研究透彻，但因为胶体具有强化污染物输送的能力，土壤中胶体载体的形成已被研究透彻（Kretzschmar 等，1999）。因此，通过胶体促进强吸附污染物的快速输送无疑是该污染物在土壤中的主导传播途径（Grolimund 等，1996）。

此外，胶体输送污染物之所以从环境的角度被重视，原因包括：在地下水中都无法检出的污染物却在胶体中显著存在、高浓度移动胶体粒子的大量存在、污染物与移动粒子的强吸附性和缓慢解析的特性，以及污染物可通过长距离传输到达未污染区域等。

由于吸附于胶状有机物质上的 HOC 存在土壤中传输的可能性，因此弄清土壤中是否有胶体粒子变得十分必要。固体基质中的胶体粒子可以由二氧化硅，碳水化合物，铝硅酸盐矿物，铁、铝、锰的氧化物和氢氧化物，以及天然有机物质形成。通常，在原位形成的胶体与天然多孔介质微小颗粒的组成相似，当然，其中的矿物成分或者有机成分比例不尽相同（Kretzschmar 等，1999）。有机物质和矿物的颗粒粒径不同，有机物质的粒径相对小，而矿物质颗粒粒径大一些，因此在土壤溶液中的移动性能也不同（Lead J. R. 等，1999）。

有研究分析了地下水蓄水层和土壤中的胶体粒子的迁移情况，证明了无机胶体通常与自然有机物（NOM）交联在一起（Ryan 和 Gschwend，1990；Ronen 等，1992；Kaplan 等，1993）。吸附在无机颗粒上的天然有机物质对胶体稳定性及无机颗粒的表面特性有影响。天然有机物通过向无机颗粒提供负电荷而影响胶体稳定性，这是因为这些负电荷降低了粒子沉降性能，使得它们长期处于悬浮状态（Ryan 和 Gschwend，1990；Ronen 等，1992）。天然有机物主要由腐殖酸和富烯酸（带负电荷的酚和羧基群组）组成。除了天然有机物负电荷对胶体稳定性的贡献，腐殖质覆盖表面的矿物与胶体之间存在空间排斥力，也增加了粒子稳定性（Tipping 和 Higgins，1982；O′Melia，1989；Tiller 和 O′Melia，1993）。胶体在多孔介质中加速污染物的输送示意图见图 4.3。

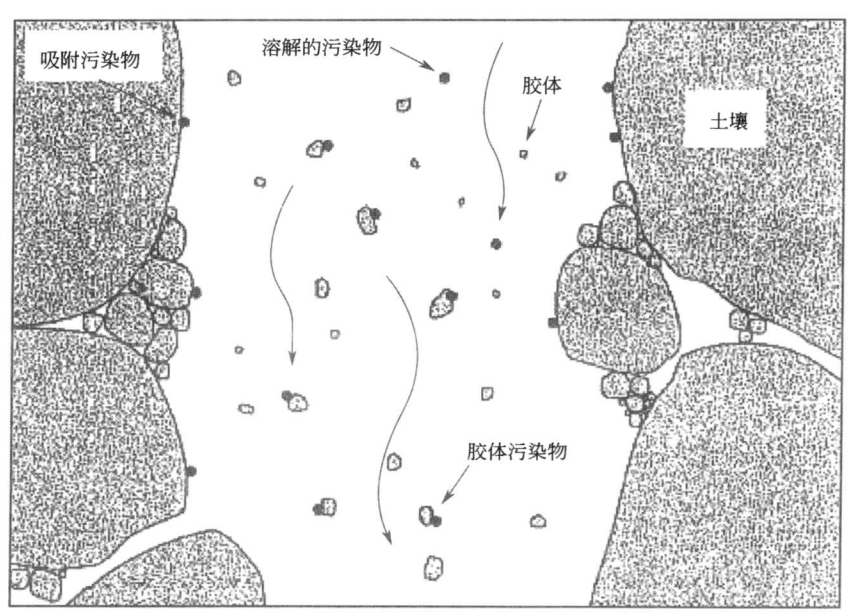

图 4.3　胶体在多孔介质中加速污染物的输送示意图

胶体的形成是有关土壤中胶体粒子研究的一个重要问题，但是人类对其还是知之甚少。有研究发现土壤中胶体的形成主要原因是土壤系统的扰动。根据 McCarthy 和 Degueldre（1993）的研究，可以在各种含水层中检测到胶体粒子的存在。然而，在天然（未扰动）含水层体系中胶体粒子的浓度是很低的（<1mg/L）。较高的胶体浓度通常在受到物理或者化学扰动的自然地点检测到，这些扰动使得天然存在的胶体粒子得以激活。这些扰动可能包括废物处置、地下水补给、灌溉和地下水抽水（Kretzschmar 等，1999）。移动胶体的取样也是一个物理扰动的例子，其使胶体粒子活化，例如设备安装、钻井泥浆利用、高流速以及/或者大气接触（其可以导致氧化还原电位的变化）（Backhus 等，1993）。然而为了阻止胶体的形成与活化以及正确取样，Backhus 等详细介绍了专门的取样技术（Backhus 等，1993；

McCarthy 和 Degueldre，1993；Weisbrodn 等，1996）。

　　总的来说，在溶液化学变更的条件下释放胶体粒子的主要机理是胶体表面与其黏附物之间作用力的变化，即在它们之间产生排斥力。化学扰动是胶体产生和分散的主要原因，这些化学扰动包括 pH 的增加，由大分子和离子吸附控制的矿物表面的变化，以及离子强度的降低。不过，化学溶液中的变化导致的胶体分散的影响只可以定性地预测（Ryan 和 Elimelech，1996）。为了释放胶体，通常采用降低地下水离子强度的方法使其化学性质发生变化，例如，经稀释的降水的渗透或者人工补给淡水。根据 Ryan 和 Elimelech（1996）的研究，能够在流通柱和饱和土壤中很好地降低导水率和活化粒子的溶液是由单价离子组成的稀释溶液。同时，也测试了二价离子组成溶液和高离子强度溶液，结果表明它们的作用是相反的，不能活化胶体粒子。另外，为了提高采收率，增大渗滤水的 pH（6～9）和注入表面活性剂可降低土壤的导水率，也能够活化胶体粒子（Muecke，1979；Suarez 等，1984）。

　　溶液的 pH 影响到了溶液和表面官能团的质子交换，从而对粒子的表面电荷产生巨大影响。矿物粒子通常带有两性的表面电荷，当溶液的 pH 高时呈现出负电荷，而当 pH 低时呈现正电荷。当溶液的 pH 处于中间值时，两性表面电荷能够达到一个零点值，这时它处于零电荷点（pH_{pzc}）（Ryan 和 Elimelech，1996）。另外向土壤溶液中添加 Na^+ 可以强化胶体的分散性。Na^+ 吸附到胶体粒子表面，并在其周围产生一层厚的双电层。因此，胶体之间强大的排斥力超过了范德华吸引力，分散能力得到了强化（Rengasamy 和 Olsson，1991）。就像之前提到的，溶液离子强度也是一种重要的化学扰动，能够导致胶体的活化。它调节了从胶体表面到母体溶液之间的双电层的维度（Hunter，1981）。

　　多孔介质释放胶体的原理主要有两步，其动力学受到流场的流体动力学和粒子表面相互作用的影响。双电层斥力或者引力、短程排斥力［"非双电层斥力（non-DLVO）"，例如空间阻排斥力和水合作用］以及 London-范德华引力等介于表层之间的相互作用力，都是导致胶体活化的因素。然而在化学扰动下，最相关的力是双电层的斥力或者引力（Verwey，1947）。双电层斥力理论，即 DLVO 理论描述了这些力在相界面交互的作用机理。

　　胶体产生过程的第一步是来自基体表面的胶体粒子扩散传输通过能量屏障（交互边界层）。随后，在第二步，被释放的粒子被输送穿过静止的水膜（扩散边界层），水膜的另一侧是母体基质（Kretzschmar 等，1999）。一些物理因素和土壤特性对扩散边界层的厚度起着决定性的作用。例如，物理因素中流体黏度、流速和流场的几何形状是非常重要的。关于土壤特性，不规则孔隙几何形状和表面粗糙度对天然多孔介质中的扩散边界层厚度有影响（Ryan 和 Gschwend，1994）。胶体粒子的释放和活化也能够被剪切力、流体动力阻力（大孔径粒子中）及高流速下形成的相当薄的扩散边界层所影响（Cerda，1987）。

　　第一步在化学扰动下可以非常慢，因为还存在一个最小量的一次能源，因此，这一步是整个全部动力学过程的速率限制因素（图 4.1）。式（4.1）描述了粒子释放速率（K_r）和分离能量障碍（V_r）之间的指数关系，表明 K_r 随 V_r 的增加而降低（Kallay 和 Matijevic，1981；Nelligan 等，1982）。

$$K_r \infty \exp\left(\frac{-\Delta V_{rt}}{K_b T}\right) \tag{4.1}$$

式中，K_b 是玻尔兹曼常数；T 是绝对温度。

分散能量屏障可以通过从能量对应的排斥能量障碍中减去与最小量的第一能量相对应部

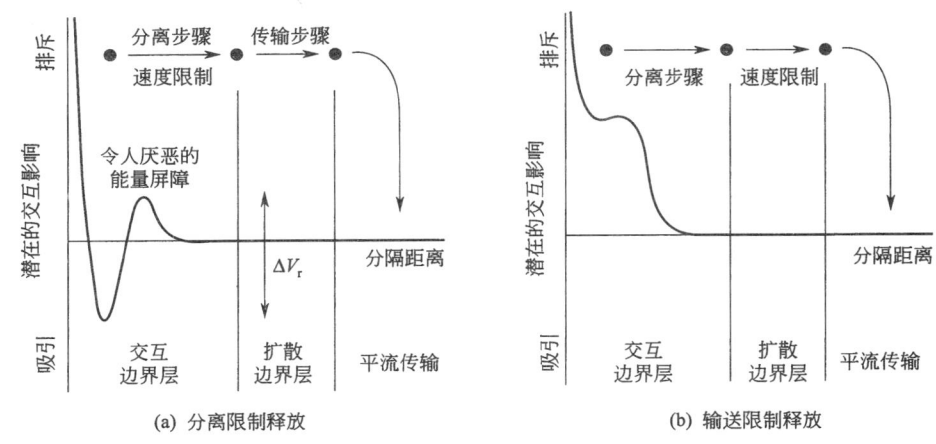

图 4.4 胶体释放的原理

分（其中粒子是分离的）得到（Dahneke，1975）。该理论（其描述了胶体形成的行为）的一个重要特性是，将短程排斥力考虑在内，对 DLVO 理论进行了优化。优化的结果是使最小极值限定范围，如只考虑范德华引力和双电层力时该最小值是无限的（Kretzschmar 等，1999）。

第二步也能够成为胶体释放整体动力学过程的速率控制步骤。当基体晶粒和胶体粒子之间的力是主要的斥力时，胶体粒子穿过扩散边界层是该过程的决定性步骤，在该例子中，斥力强烈地将胶体粒子从表面移除，并且分离步骤很快，导致整体释放率高（图 4.4）（Kretzschmar 等，1999）。

根据优化的理论，如果对于基体表层和胶体，潜在的边界条件假定为常数，那么胶体释放速率可能随着离子强度增加而增加。如果电荷边界条件假设不变，运行状况可能会是相反的（Kallay 等，1986）。

是否能够将土壤中二噁英萃取到溶液或者悬浮液中，取决于二噁英是否黏附到固相且最好是吸附到有机成分上。萃取媒介也很重要，其应促进胶体释放，而不是破坏胶体，从而避免二噁英吸附于新的、不可破坏的矿类物质表面。这需要通过对 pH 和离子强度等参数的优化来实现。

4.3.3　二氧化钛

钛在地壳中占有相当高的比例，并且分布广泛，最常见的矿源是钛铁矿。自然条件下，二氧化钛以金红石（TiO_2）存在，但也能够从钛铁矿生产出来（Vannerberg，1989），其被广泛用作白色涂料，常用于混凝土上色剂、颜料和牙膏以及其他的产品中（Taoda，2008）。它无毒，且在任何 pH 值条件下都是稳定的。对许多不同种类的化学品，在有太阳光的情况下，二氧化钛表现出了光化学活性。由于这些特性，尽管 TiO_2 利用了太阳紫外光谱中 3%~4% 的能源，但其仍然是光裂解有机物质过程中使用最多的光化学催化剂（Rababah 和 Matsuzawa，2002）。溶于水体中的有毒化学物质能够轻易地被二氧化钛和光分解和解毒（Taoda，2008）。

4.3.3.1　二氧化钛的产生

因二氧化钛氧化 PHA 的过程会消耗二氧化钛，故为了评估这一氧化方法造成的环境影响，必须将二氧化钛的整个生产过程考虑在内。因此这里给出了二氧化钛开采和生产的概况。钛存在于许多矿物中（NGU，2005）。然而从经济利用角度来说，一般只考虑两种矿物质：钛铁矿（$FeTiO_2$）（理论上含 52.7％TiO_2），金红石（TiO_2）（理论上含 100％TiO_2）。白钛石，这种由钛铁矿转换而成的富含钛的物质，也值得关注。根据晶体结构，二氧化钛以三种形式出现。本章将会就这一点提供进一步的解释，但是在开始阶段，二氧化钛就指的是金红石——三种形式中最常见的一种，既可以通过传统矿山开采获取，也可以通过对河滩和沉积物疏浚（该处矿石以沙子存在）得到（NGU，2005）。尽管这一过程对环境有一些影响，但至关重要的环境影响来自浓缩和颜料生产。质量不好的钛铁矿，低二氧化钛含量的钛铁矿（二氧化钛含量 44％～70％不等），需要多级处理。图 4.5 图解描述了该处理是如何进行的。

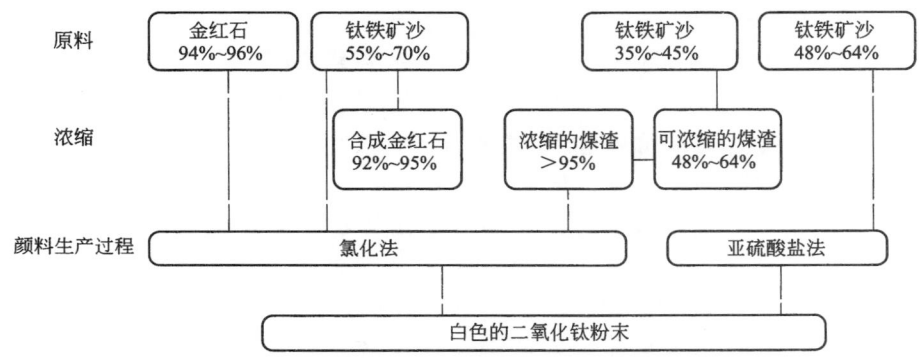

图 4.5 图解矿石质量如何影响白色二氧化钛颜料的生产工艺过程，其中百分数表示二氧化钛的含量

浓缩过程中，第一步是通过重力和浮选富集将钛矿石和金红石从其他沙粒中分离（Kronos，2005），然后进行颜料生产过程。该过程有两种不同的工艺，分别为氯化法或者亚硫酸盐处理法。氯化法对二氧化钛含量要求很高，如果使用含钛低的沙子则需要通过不同酸的浸出过程来浓缩，这就形成了人造金红石或者浓缩金红石，其能够在后面通过高温、高压同时加入氯气和碳情况下生成四氯化钛。这一过程将钛从铁中分离出来，在这之后，四氯化钛与氧气接触形成二氧化钛，该过程不消耗氯气，因此氯气能够再次使用。

硫酸盐法现在并不常见（NGU，2005），因为该工艺会产生大量煤渣（硫酸铁被作为沉淀反应的化学物质卖给污水处理厂）。用硫酸和四氧化钛处理经过初步浓缩后的矿沙，最终形成了二价铁和硫酸盐离子。因为该法能够处理低含钛量的沙子，因此不需要预处理。

尽管氯化法产生的炉渣较少，但由于浓缩和颜料生产过程需要高温反应，因此该法消耗较多能量。两种方法都需要进行的是：TiO_2浓缩后，需要在热烤炉中对其进行干燥。结论是：生产过程中的环境影响很大程度上取决于生产过程中使用了什么能源。印度和澳大利亚都是生产 TiO_2 的大国，它们都使用了大量的化石燃料。尽管挪威有着廉价的水力发电使其生产钛十分容易，挪威还是在两个工厂使用了硫酸盐法（Kronos，2005；Tinfos，2005；NGU，2005）生产钛。

查尔姆斯大学 CPM 使用所谓的环境负载单元值（ELU）来描述一种物质所具有的环境影响，该数值越高意味着环境影响越大（Steen，1999）。该模型将现在和未来支付的意愿考虑在内。该模型也考虑了物质的珍稀度，例如对于一种罕见物质如银或金则赋予一个高的环境负载单元值。在该例子中，环境负载单元值可以被视作一个指示，将钛与其他金属作对比来理解环境影响的意义。表4.1标明了已选金属的ELU值。

表4.1 已选物质的ELU值，值越高代表环境影响越大（Steen，1999）

物质	ELU值(ELU/kg)
钛	0.953
铁	0.96
铝	0.44
铜	208
银	54000
碎石	0.002

虽然无论采用哪种生产方法都会造成大量的环境负担，但结论还像先前提及的那样，生产过程中造成的环境影响取决于能量的来源。这意味着如果可能的话应尽量避免使用 TiO_2。

4.3.3.2 TiO_2 作为催化剂

TiO_2 具有一些工业感兴趣的表面特性，因为其强氧化能力，能够在 TiO_2 表面形成其他金属氧化物（Diebold，2003）。20世纪70年代的高油价促使 Fujishima 和 Honda（1972）开展研究，并发现 TiO_2 可以用来光解分离水分子。该发现本想用来生产氢气，但是后来并没有被商业化，而如今关于该方法的研究仍在进行中（Diebold，2003）。如今，由于其光解特性，TiO_2 被应用于不同的领域，如涂在窗户上使其可以"自动清洁"，覆盖在汽车隧道来改善空气质量，用于防晒霜实现对紫外线照射的物理防护（Carp 等，2004）。但这让人感到，TiO_2 应用的市场还处于开始阶段，许多应用并没有充分考虑到后果。光催化机理并没有研究透彻。甚至在最近三年的综述文章中也指出，对该机理的理解方面还存在盲点。

光催化的原理是基于半导体，例如 ZnO、CdS、Fe_2O_3 和 ZnS，电子排布意味着一个满价带（图4.6的底部）和一个空导带（图4.6的顶部）（Diebold，2003）。当一个带有能量超过其所在轨道与其上/下级轨道之间的能量差的光子撞击金属氧化物表面时会发生电子跃迁，导带电子（e_{cb}）和价带空穴（h_{vb}^+），即所谓电子/空穴对。价带中的空穴有着强的氧化能力（$+1.0 \sim +3.5V$，相比于 NHE），而导带中的电子消减则成为一个很好的还原剂（$+0.5 \sim -1.5V$，相比于 NHE）。

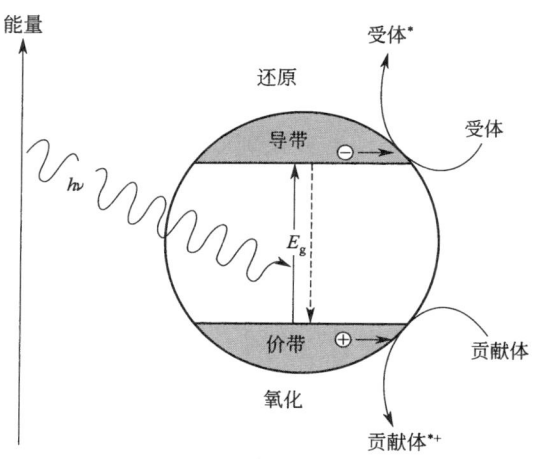

图4.6 光催化的原理图

二氧化钛可以叫做非选择性的氧化剂，能够氧化大多数的物质（Carp 等，2004；

Diebold，2003）。无论是有机还是无机化合物，在气相还是液相，都能够吸附到其表面然后被氧化。换而言之，直接将污染物置于其表面氧化分解也是可能的。如果有足够的时间，一个有机分子会被最终氧化成二氧化碳和水。在实践中，在生成最终产物前，分子需要多次经历吸附-氧化-解析。二氧化钛上吸附剂的主要反应参见式(4.2)～式(4.7)。

$$i O_2 + h\nu \longrightarrow TiO_2(e^-, h^+) \tag{4.2}$$

$$i O_2(h^+) + RX_{ads} \longrightarrow TiO_2 + RX_{ads}^+ \cdot \tag{4.3}$$

$$i O_2(h^+) + H_2O_{ads} \longrightarrow TiO_2 + OH_{ads} \cdot + H^+ \tag{4.4}$$

$$i O_2(h^+) + OH_{ads}^- \longrightarrow TiO_2 + OH_{ads} \cdot \tag{4.5}$$

$$i O_2(e^-) + O_{2ads} \longrightarrow TiO_2 + O_2^- \cdot \tag{4.6}$$

$$i O_2(e^-) + H_2O_{2ads} \longrightarrow TiO_2 + OH^- + O_{hads} \cdot \tag{4.7}$$

形成的自由基非常易于反应，寿命很短，且只存在于表面，因为它们几乎可与任何化合物反应（Diebold，2003）。OH·的氧化电位是−2.80V，只低于氟化物（Carp 等，2004），一些科学家认为其应该是上述氧化反应中最重要的离子（Diebold，2003）。而其他科学家认为过氧化物是最重要的离子（Carp 等，2004）。

不管所涉及的反应机理如何，可确定的是水是这些反应过程必不可少的成分。Kakinoki等（2004）在测试容器中研究了法莫替丁的降解和相对湿度（RH）之间的关系并且发现二者之间存在一个线性关系，如较高的 RH 会得到更好的降解效果。原因是由水分子分裂形成的羟基自由基在氧化与降解分子过程中参与了反应。结论因而变成在利用光催化来降解污染物时，水是一种很好的溶剂。

许多研究指出了不同类型 TiO$_2$ 之间效率的差异性（Kakinoki 等，2003）。自然中有三种不同形式的 TiO$_2$。金红石是最常见的，接着是锐钛矿，最罕见的是板钛矿。晶体结构的差异使得它们对不同化合物有不同降解效率。就水而言，锐钛矿的降解效率是金红石的1.5 倍。

基于现有文献，很明显为了在二氧化钛表面最大化氧化有机化合物，需要解决两个关键问题：①有机分子必须与表面直接接触。②在表面形成的自由基浓度必须高。

4.3.4　现有的土壤修复方法

随着对污染区域环境问题认识的提高，人类已经研究并开发了多种不同的土壤修复技术。对于持久性有机物（POPs）污染的土壤的治理方法，可以通过许多可用技术实现，不同的修复技术及其应用之间也存在着很大的差异。本章将介绍最常用的且主要用于被多环芳烃、二噁英和呋喃污染的土壤的修复技术。这些技术分为化学法、生物法、物理法和热法。

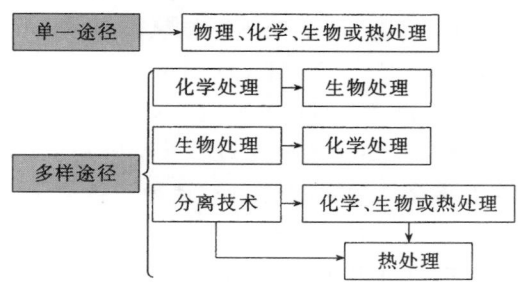

图 4.7　可能的修复技术组合

对于这些修复技术，可以单独采用其中一种技术也可以采用几种技术的联合。这些修复技术的一个特性是可以用于非原位（即移除被污染的材料以后，现场或者非现场治理）也可用于原位（在地下）处理（图 4.7）。

4.3.4.1 化学处理方法

主要有两种化学处理方法：还原脱氯法技术和氧化技术。还原脱氯法旨在在还原条件下通过对含氯污染物脱氯来实现解毒。这一过程可通过使用亲核取代和氧化脱卤反应完成（Chen 等，1997）。APEG（由碱金属氢氧化物和聚乙二醇组成的一种化学试剂）处理技术是一种常用技术，其通过聚乙二醇（PEG）作为还原剂与氢氧化钾来修复污染土壤、沉积物、石油和污泥（Freeman 和 Harris，1995）。然而碱催化分解技术（BCD）比 APEG 技术更廉价、更快捷。另外，APEG 技术并不适用于处理被二噁英污染的土壤，而 BCD 能够用来处理含二噁英污染的富水土壤（Haglund，2007）。BCD 过程需要添加 1%～20% 的碱，温度也要升到 315～420℃。因为 BCD 过程需要氢离子，如果受污染土壤不提供氢供体，需要添加合适的氢供体（Kulkarni 等，2008）。

氧化法中的污染物是通过其与氧化剂之间的化学反应被去除的。对于不同的氧化方法所适用的氧化剂也不同，这些氧化剂中氧化性最强的是羟基，因此在很多氧化处理方法中得到应用（表 4.2）。

表 4.2   不同氧化剂的强度（ITRC，2005）

化学形式	标准氧化电位/V	相对强度(以氯为 1 单位)
羟基自由基($OH\cdot$)	2.8	2.0
硫酸基($SO_4\cdot$)	2.5	1.8
臭氧	2.1	1.5
过硫酸钠	2.0	1.5
过氧化氢	1.8	1.3
高锰酸(钠/钾)	1.7	1.2
氯	1.4	1.0
氧气	1.2	0.9
超氧离子($O\cdot$)	−2.4	−1.8

最强的氧化剂羟基自由基（$OH\cdot$）与任意不饱和有机化合物（如芳香结构）快速反应。生成 $OH\cdot$ 的方法有很多，但最常用的方法是在低 pH 值（2.5～4.5）条件下通过铁催化降解过氧化氢产生，该反应叫做芬顿反应［式(4.8)］（ITRC，2005）。

$$H_2O_2 + Fe^{2+} \longrightarrow Fe^{3+} + OH^- + OH\cdot \qquad (4.8)$$

该反应在低 pH 值条件下进行，因为在这些条件下（pH<5），三价铁转换成二价铁，并保留在溶液中。芬顿反应已经根据过氧化氢浓度作过改进。改进前其是在过氧化氢浓度为 0.03% 的条件下进行的，但是现在对于原地处理，过氧化氢浓度范围是 4%～20%。此外，还进行改进的是，现在反应在不添加铁和中性 pH 值下进行（Goi 等，2006；Palmroth 等，2006）。然而，根据 Tang 和 Huang（1996）的研究，如果反应中用到了铁，会有一个最佳的过氧化氢浓度及最优的过氧化氢和 Fe^{2+} 比。保证芬顿反应处于最佳的反应条件是至关重要的，因为过高的亚铁离子浓度将会导致羟基自由基消耗亚铁离子，导致氧化效率降低［式(4.9)］。

$$Fe^{2+} + OH\cdot \longrightarrow Fe^{3+} + OH^- \qquad (4.9)$$

由于芬顿反应的高氧化效率，人们很想将其应用于土壤修复，这可以从大量出版物对此方法的介绍中看出。许多研究人员已经分析了芬顿反应和类芬顿应用，得出的结论为其适用于对地下水和污染土壤及废水处理（Watts 等，1999；Pérez 等，2002；Flotron 等，2005）。

高锰酸盐也是一种可使用的氧化剂。其特点是与带有醛基、羟基或碳-碳双键的有机化合物有着高度的亲和力。常用的高锰酸盐的两种形式为：$KMnO_4$ 和 $NaMnO_4$。它们之间的主要区别是应用的浓度不同。高锰酸钠（$NaMnO_4$）试剂的使用浓度是 40%，且在溶液中使用，而高锰酸钾（$KMnO_4$）试剂的最大浓度是 4%，使用时为晶体形式。因而，$NaMnO_4$ 试剂允许使用更高的浓度（ITRC，2005）。研究表明，高锰酸盐氧化技术适用于修复被污染的土壤和沉积物及被污染的地下水，但是通常该技术与其他方法联合使用（Ferrarese 等，2008；Tsai 等，2009）。

臭氧氧化是处理市政用水的传统方法。关于这一方法的研究在过去的 20 年一直在增加，这表明臭氧氧化是一种通过降解复杂有机污染物来净化污染水体和土壤的成功技术（ITRC，2005）。臭氧氧化法与其他化学修复技术相比具有独特的特性：引入气体后会有直接或间接的氧化过程。在直接氧化中，该反应直接发生在污染物和臭氧分子之间，而在间接氧化中有羟基自由基的生成。在有矿物质的情况下，随着 pH 的升高，间接氧化过程变为主要氧化过程，因为矿物质的存在和 pH 升高，都促进了羟基自由基的生成（Sreethawong 和 Chavadej，2008）。正如之前所述，羟基自由基与任意有机污染物都可快速反应。比较直接和间接氧化反应，由于羟基自由基（其比臭氧有着更高的氧化能力）的出现，间接氧化更快一些。臭氧浓度是一个重要的参数，因为如果其浓度过高，它更多起到的是消毒作用。另一方面，如果臭氧浓度过低，则具有提高微生物活性的作用，因此也提高了土壤生物修复效率，因为如果将增加土壤氧气量作为土壤修复的下一步骤的话，臭氧刚好将氧气引入到土壤中（ITRC，2005）。

超临界水体氧化技术（SCWO）或者加压热水氧化技术（PHWO）是另外两种可以产生羟基自由基的氧化技术。两者的区别是，在 PHWO 方法中，初期在超临界条件下引入了氧化剂。这里使用的氧化剂有过硫酸盐和氧气，但是最常用的是空气。PHWO 适用于修复被疏水且高化学稳定性的污染物污染的土壤，但是该技术施行条件苛刻。

采用 PHWO 方法的费用取决于有机污染物的浓度。应用其处理污染物浓度从 1%～20% 的废水费用最为廉价，因为氧化过程释放热，因此采用热交换器可以将这部分热量加以利用，用于维持反应所需的温度。当浓度更低时，成本就更昂贵，当其浓度更高时，与焚烧法费用相当。使得这一技术相对昂贵的重要原因是设备和高能源消耗量（Thomason 和 Modell，1984）。

紫外线光解技术适用于氧化修复受污染的地下水，但不能直接应用于土壤修复，因为例如光降解二噁英，其降解量可以忽略不计。为了适用于土壤处理，需要将其与一种溶解-强化处理方法联合使用，例如使用表面活性剂或者植物油，或者溶剂清洗剂来萃取。当与乙醇联合使用时，光降解速率很快。光解氧化也能够与其他氧化技术联合使用，如芬顿试剂。

4.3.4.2 生物处理技术

生物处理是对那些以污染物作为碳源的微生物（MO）的利用技术。在适宜的环境条件下，且理想情况下，MO 可将有毒有机污染物转化成水和二氧化碳。根据处理过程中选择的 MO 种类，降解过程既能够在好氧也能在厌氧条件下进行。目前已经对生物处理中使用的不同微生物进行了分析。如果微生物能够接触到污染物，生物处理技术可以在原地进行。然而为了使氧气和营养物质循环，通常将土壤淋洗和地下水抽提与原位生物降解联合使用

（Freeman 和 Harris，1995）。即使能够使用原位生物处理，Wilson 和 Jones（1993）认为仅原位修复对大多数 PAHs 处理能力有限，因此需要与其他技术联合使用。

可以通过生物泥浆或者生物反应器对受污染土壤，尤其是受高度污染土壤进行生物处理（Freeman 和 Harris，1995）。在生物反应器中，水与污染土壤混合后，在可控的条件下进行好氧生物降解。该体系具有易于管理的优势，因而利于效率最大化。然而，它不能很好地处理高浓度 PAHs（Wilson 和 Jones，1993）。

堆肥是一种涉及天然微生物的生物方法，在对反应环境控制的情况下，向污染土壤中加入水、营养物质、氧气和高有机物含量物质（稻草、木屑或者木片）。加入这些物质之后，有机物质浓度升高到一定程度，导致微生物活性升高，随之温度也升高，因此获得了更高的降解效率和降解速率（Freeman 和 Harris，1995）。

土地耕作也是一种涉及生物处理的修复方法。使用该技术时将一层薄薄的污染土壤撒在欲处理区域表面。在土壤中添加 MO 后，还需要添加水分、营养物质和矿物以增强 MO 的活性。除此之外，同样重要的是需要仔细混合土壤，以确保对好氧生物降解提供足够的氧气，并使微生物和有机物质充分接触。土地耕作技术适宜用于降解具有 3 个或者少于 3 个芳香环的 PAHs（Wilson 和 Jones，1993）。

因为有些污染物的生物可利用性低，故限制了生物技术的使用，这种情况下，可以将生物技术与分离技术（例如使用表面活性剂或者化学氧化技术）联合使用。许多研究人员已经表明联合技术的使用可以提高多环芳烃的去除效率和去除速率（Zheng 等，2007）。除此之外，将芬顿试剂预氧化与生物降解技术联合使用展现出了良好的多环芳烃去除效果（Kao 和 Wu，2000）。

4.3.4.3　植物修复处理方法

植物修复是相对比较新的一种原位生物处理技术。该技术利用植物对污染物进行提取、吸收和排毒以修复受污染土壤，通常应用于修复重金属污染土壤。另外，植物修复也可用于土壤中移除多环芳烃。自 1991 年内源基因受到关注后，已经有一些研究开展了对植物矿化复杂有机污染物成无毒化合物生理生化能力的研究（例如硝酸盐、氨、二氧化碳和氯）（Vidali，2001）。由植物实现的强化土壤修复的生物化学和生物物理过程的例子有（Parrish 等，2005）：

① 通过植物新陈代谢有毒化合物转化为无毒物质；
② 封存和存储的污染物的量占植物干质量的 0.1%～1%；
③ 通过创造酸性土壤以增加植物捕获污染物的量；
④ 通过吸附它们绑定的营养物质来吸附污染物；
⑤ 通过使用由植物释放的酶（如表面活性剂）来增加污染物的生物可利用性。

另外，持久性有机污染物也能够通过根系和土壤中微生物的协同交互作用来修复（Chaudry 等，2005）。植物修复通常使用草、树木或者联合生物方法来进行。能用于修复污染土壤的植物具有的特性包括：如对土壤条件的适应能力，根部面积可覆盖相当大的区域，不需要特别和频繁的维护（如修剪，施肥）就可生存。基于这些特性，有学者研究了使用 Graminaea 家族（草）进行修复的可行性，也是基于它们的须根体系能够渗透到更深的土壤中。

Rezek 等（2008）监测了通过使用黑麦草（多年生黑麦草）修复土壤中 15 种多环芳烃长达 18 个月。在修复过程中，每 14 天对土壤施用一次氮-磷-钾肥料，冬季时土壤温度 5～

10℃，夏季时 12～27℃，修复之后，除了高分子量多环芳烃，例如茚并［1,2,3-c,d］芘、苯并［g,h,i］苝和苯并［a,h］蒽外多环芳香烃的浓度大体上减少到 50％。通过对修复后不同土壤层中关于多环芳烃含量的检测发现多环芳烃浓度较低的样品主要来自底层（18cm 深土壤）。这些结果表明多环芳烃在土壤中进行多相降解，因为植物根部和深度覆盖的程度是未知的，并且在现场难以测定。

另一个发现是尽管用多环芳烃污染的土壤在进行植物修复时，有着良好的籽苗发芽情况，但将黑麦草与其他七种豆类和草相比，其生长情况也降低了（Smith 等，2006）。一种解释是这种现象并不仅仅因为多环芳烃的毒性，也因为高度污染土壤减少对植物营养物质和水的供应。除黑麦草外，其他植物也能够从污染土壤中去除多环芳烃，例如柳枝稷和高牛毛草（高羊茅）。它们能够去除除茚并［1，2，3-c，d］芘之外的大约 40％的 PAHs，而茚并芘的去除率只为 1.5％（Cofield 等，2008）。*Echinogalus crusgalli* 和土著韩国草（糠稷）有着高效的胞外酶产量和稳健的生长能力，这使得它们能够被应用于修复多环芳烃污染的土壤（Lee 等，2008）。利用这些物种进行 80 天的修复后，能够降解 77％～94％的芘和超过 99％的菲。

草已经被广泛应用于植物修复，然而对于处理污染土壤，树木也是一种很好的选择，因为它们具有庞大的根系（Mueller 和 Shann，2006）。很多种树木具有修复被多环芳烃污染的土壤的能力，例如黑柳、洋槐、红果桑木、美国梧桐和杂交黑杨等。将盆栽树置于通风条件下，保持适宜的施肥和浇水，且温度在-4～39℃之间 12 个月，监测其对土壤修复情况，发现老龄土壤中多环芳烃的减少量取决于化合物。当菲与芘和蒽相比时，其表现出了最快和最完全的降解情况。也有研究利用白洋松（本都松木）、赤松（落叶松）和北美短叶松（短叶松）进行植物修复并且取得了很好的效果。研究结果表明经过 8 周的修复，它们能够降解土壤中 74％的芘，而未种植树木的土壤的降解量大约为 40％或更少（Liste 和 Alexander，2000）。实践中植物修复的不足之处有很难计算修复需要的持续时间、测量修复速率和选择监测日期（Newman 和 Reynolds，2004）。为了解决以上难题很有必要开发能够将很多交互作用纳入考虑的模型。

植物修复和生物方法的联合使用可以提高污染土壤中多环芳烃的去除率。在一个多重修复试验中，首先对恒定潮湿条件下的土地耕作 120 天，随后进行多环芳烃降解细菌培养（将其混合到土壤中）处理，维持时间超过 120 天，最后利用高牛毛草（F. 野青茅）进行植物修复，即将这些牛毛草种植于此，也进行了 120 天的土壤修复（Huang 等，2004）。然而，在多重修复之前，在植物籽粒中使用了 PGPR 来促进生物量的产生和植物生长。多重修复表现出了良好成果，与单独植物修复相比，其增加了 23％去除率。多重修复对 16 种优先多环芳烃物质达到 78％的去除效率，其也能够用于去除更高分子量的多环芳烃，特别是那些超过 5 个环的，例如苯并［a］芘（去除效率 58％）、苯并［g,h,i］二萘嵌苯（43％）、苯并［a,h］芘（42％）和茚并［1,2,3-c,d］芘（32％）。

另一个多重修复试验包括两个生物方法，该试验评估了这些处理方法对多环芳烃的去除效率。首先是土壤预处理，处理方式为利用生物固体进行原位土地耕作并采用鼓式反应器进行，随后进行第一次植物修复，采用的植物有三种冷季节饲草，分别为黄香草木樨（草木樨芦荀）、一年生黑麦草（黑麦草属 *ltiflorum*）和高牛毛草（F. 野青茅）（Parrish 等，2005）。在那之后，在温室中进行了为期 12 个月的二级植物修复过程。这一多重修复的结果与上一个试验的结果一致，多环芳烃大幅度降低，特别是那些含有 4 环或 5 环的多环芳烃

（Huang 等，2004）。

4.3.4.4 物理处理方法

常规物理处理方法是分离技术，主要是将污染物从污染基质中分离出来。将分离的污染物转移到另一个介质中，例如将污染物从污染液体转移到吸附剂中，或者从污染土壤转移到液体中，因此转移后被污染物质体积经常会变小。

超临界水体提取（SCWE）或者所谓的加压热水提取（PHWE）是一种利用水作为唯一溶剂的分离技术。顾名思义，该修复技术是利用水在特定温度和高压条件下的特性进行处理的。当水的压力和温度比临界值（221 大气压和 374℃）高时，水被假设进入"超临界"状态，此状态下其性质大幅度改变。在这些临界条件下水的介电常数明显降低，水体表现出了极性，例如可作为有机溶剂，甚至可以高效提取多环芳烃、二噁英和其他高疏水性污染物（Freeman 和 Harris，1995；Hashimoto 等，2004）。

经常采用的物理修复技术指用水性溶剂对土壤进行淋洗，这一方法也通常作为"提取技术"使用（Freeman 和 Harris，1995）。研究表明土壤淋洗技术适宜用于修复颗粒比较大的土壤，但不宜用于高黏性、泥沙和有机物含量高的土壤处理（Freeman 和 Harris，1995）。这是由于液体在粗质土壤中具有高渗透性（图 4.8）。

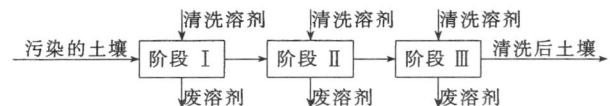

图 4.8 三个逆流阶段中的土壤淋洗（Khodadoust 等，2005）

经过测试，醇类溶剂是适宜的土壤淋洗溶剂，其能从土壤中提取有机污染物（Khodadoust 等，2000）。此外，另一种提取溶液可以将有机污染物和金属从土壤中提取出来（Khodadoust 等，2005）。植物油、表面活性剂和环糊精均可作为将多环芳烃和二噁英从土壤中分离出来的溶剂（Brusseau 等，1994；Yeom 等，1996；Isosaari 等，2001）。

如前所述，分离技术只是把污染物从基体中移除到另外一种介质中，但并没有将其降解，那么，就需要对含有污染物的介质进行再处理，例如使用紫外线降解或活性炭吸附污染物，或利用蒸馏的方法使溶剂再生（Isosaari 等，2001；Ahn 等，2007）。安全起见，也必须对残存土壤进行处理。

4.3.4.5 热处理方法

现在用于土壤修复的热处理有热解析、玻璃化和焚烧。

热解析法是在 100～600℃ 范围内加热被污染土壤，将那些沸点介于此温度范围内的污染物蒸发出来。因为污染物只是被蒸发出来，并没有被破坏，因此需要对其进行进一步的处理。因为没有消除污染物，所以这种方法可以被视为是热分离技术。

热解析技术既可以在低温下进行，也可在高温下进行（Wait 和 Thomas，2003）。当进行低温热解析时，挥发性组分被蒸发；当进行高温热解析时，那些沸点比较高的污染物被蒸发出来。在高温热解析时可能会发生另一种过程，即氧化化合物而不是使其挥发。然而，即使发生了氧化，该种方法也不应该被视作焚烧过程，因为这一过程不是专门设计用于破坏污染物的。热解析的劣势是需要消耗大量能源且成本较高（Freeman 和 Harris，1995）。玻璃化和稳定化/固体化两种技术都包含稳定化技术，这两种技术修复技术用于处理被无机污染物污染的土壤。因其将污染物转化成较为固定和溶解性更低的物质，该过程一般在 1600～2000℃的温度范围内进行。因为温度非常高，故无机和有机污染物污染可通过汽化或热解去除（Freeman 和 Harris，1995）。例如，灰烬中通常含有高浓度的多环芳烃、二噁英和重金属。当对三者混合污染的土壤进行玻璃化时，无机污染物被稳定化，有机污染物浓度被降低（Kuo 等，2003）。玻璃化过程是在非常高的温度下熔化土壤，然后将其冷却形成一个坚硬、化学惰性、整体且具有低浸出特性的晶体产品（Freeman 和 Harris，1995）。然而，玻璃化过程不能最终解决污染物问题，故需要另一种修复技术。

焚烧是处理多环芳烃和像 PCDD/Fs 这样化学稳定的污染物的最有效率且广为人知的方法。焚烧过程在超过 1000℃的条件下进行，因而消耗大量能源，从而增加了成本。然而，利用该技术处理含有机污染物高的土壤时，还生成能源，并应用于焚烧过程，从而减少该过程对能源的需求。因此，利用焚烧技术处理总有机物含量高于 20％～25％的土壤是一个很好的选择（Thomason 和 Modell，1984）。

4.3.4.6　电动力学处理

对于低渗透性的土壤可以使用原位电动力学方法来去除放射性核素、重金属和一些有机污染物。电动力学修复是利用插入土壤介质中的两个电极在污染介质两端加上低直流电场（图 4.9）。将离子污染物传输到相反电荷电极的机理是电迁移。此外，在电渗透流的驱动下，溶解性污染物也会移动。这一技术已经应用了超过 10 年，然而，直到近期才被用于修复那些渗透性低且被强疏水性和强吸附性的有机物（如多环芳烃）污染的土壤。另外，在这种情况下，也可通过使用溶解性试剂来提高多环芳烃的去除效果。目前这一用于处理被多环芳烃污染土壤的技术及可行性相关研究工作已经着手进行。

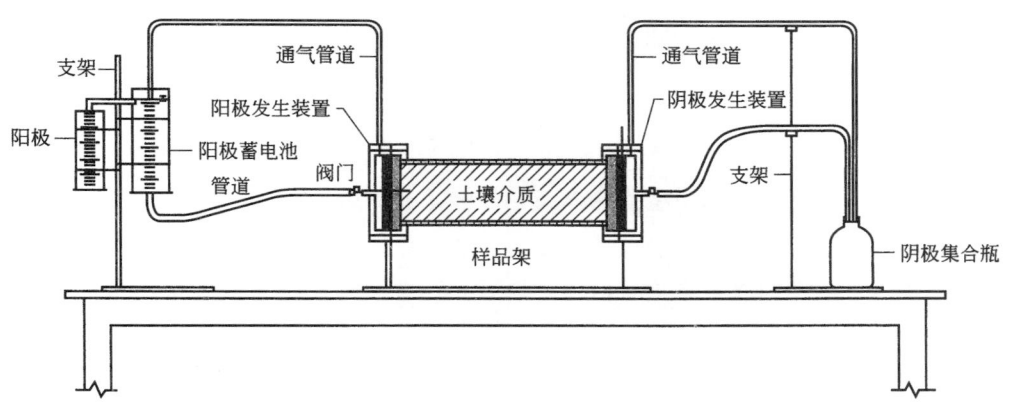

图 4.9　电动力学测试方案，侧视图（Reddy 等，2006）

Reddy 等（2006）在实验室用人造煤气工厂的土壤对这一技术进行了研究，使用环糊精（10％ HPCD）、助溶剂（20％正丁胺）和表面活性剂（5％ IPEGAL CA-720 和 3％ Tween 80）作为冲洗试剂，在 1.4 水力梯度和 2.0VDC/cm 压力梯度下进行。当使用 20％正丁胺助溶剂后使用 10％ HPCD，可获得电渗流的最大值点。然而，当使用表面活性剂和 HPCD 溶解多环芳烃时，其迁移到阴极更明显、高效。使用表面活性剂 IPEGAL CA-720 时，多环芳烃去除效率最高。

已有研究对 HPCD 在高浓度（10%）下和低浓度（1%）下对菲污染的高岭土的修复效率进行了分析（Maturi 和 Reddy，2006）。根据以前的研究结果，在阳极用 0.01mol/L 的氢氧化钠溶液把 pH 值调至中性，菲将从阳极转向阴极。

当用浓度为 1% 的 HPCD 进行实验时，菲的去除率要高于用浓度为 10% 的 HPCD 和去离子水。这种现象是由于第一种浓度条件下会产生高电渗透流。当去离子水存在时，尽管存在高电渗透流，具有疏水特性的菲还是不能被溶解。菲修复中的另一项参数为 pH，它可用于控制增加土壤（毗邻阳极的部分）中的污染物在水中的溶解及迁移。然而，由于溶液化学或土壤中的后续变化，在阴极土壤区域或中间区域的高浓度的污染物会出现污染物沉积以及去除率低的问题。

4.3.4.7 创新的处理方法

机械化学降解是一种降解有机污染物的创新技术，研究已描述出其处理土壤中很多不同污染物的可行性，包括多环芳烃与二噁英。为了实现该技术，常温下在球磨机中加入被污染的土壤基质和脱氯剂（CaO）（图 4.10）。在实验过程中由于球体的能量转移至固体系统而产生热能，这些热能增加了表面反应性，也会产生能够与污染物直接反应的高活性基团。由于不需要额外的能量，该技术简单经济。

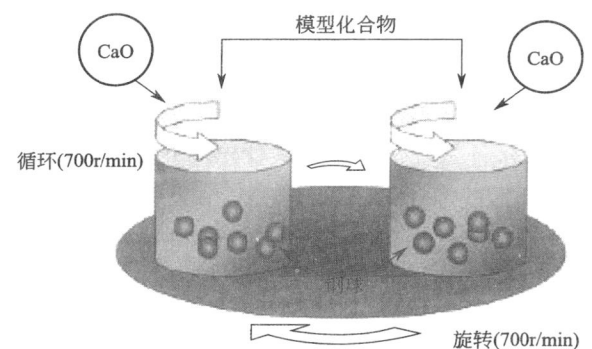

图 4.10　机械化学处理示意图

纳米降解是另外一种土壤修复的创新技术。近年来的研究分析了纳米铁颗粒的潜能，结果表明其具有很大的环境修复潜能。这项涉及纳米颗粒的新技术由于具有运营成本低的优点而成为一种成本效益佳的修复方法。但还需要更多致力于开发生产低成本纳米材料的研究。纳米颗粒对污染土壤中常规检测到的环境污染物具有很高的降解性能，甚至包括化学稳定性较高的污染物，如二噁英。这是由于具有很大表面反应性及表面面积的纳米颗粒能使其降解过程良好运行，而将纳米降解现场应用于污染土壤修复是很有可能实现的（图 4.11）。零价离子系统已经应用于纳米处理中并且对其在处理中与第二金属结合的可能性已进行深入分析，这样能够大幅度提高脱氯效率。第二金属的使用引出了由零价铁与催化贵金属结合的双金属系统。氢原子转移是在使用双金属系统时发生的脱卤反应机制，但电子转移只有在确保使用零价铁时才能发生。

需要重点注意的是纳米技术在许多科学领域都受到高度重视，如生物技术、物理学、电子学，它将会成为一种前途无量的技术。而随着这种新技术的出现，也会产生由于大量不断增加的纳米材料排入环境而造成的环境问题。人体接触纳米材料的后果依然需要加强分析，然而一些有吸引力的纳米材料特性已经使人们产生了健康方面的担忧。因此在研究纳米材料

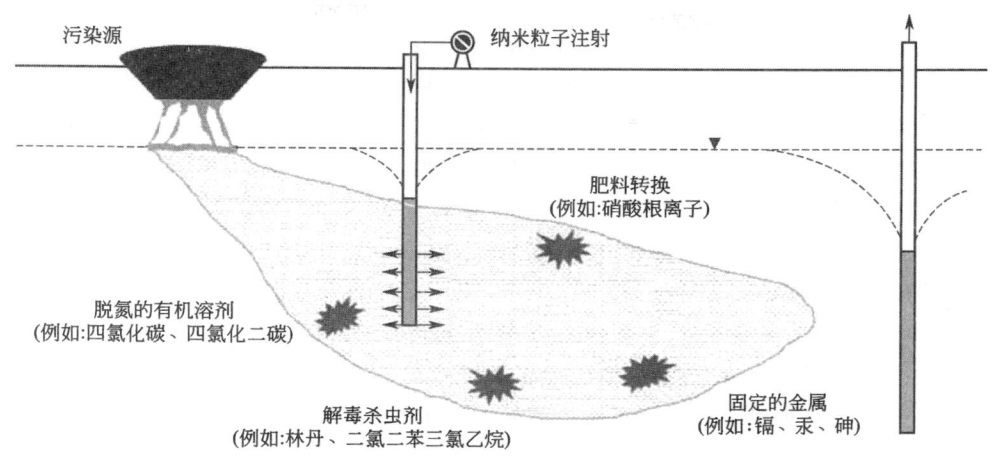

图 4.11　纳米铁颗粒的现场应用示例

时也应当做一些纳米材料对环境和其与人体接触后果方面的调查。

　　如上所述，为了得到更好的结果，所有的这些技术都可以与其中一种或多种技术相互结合起来应用。

4.4　材料和方法

　　利用氢氧化钠溶液萃取来自 5 个不同土壤基质的样品中的二噁英。基本的土壤特性列于表 4.3 中。土壤取自瑞典一些被工业污染场地。这些污染是由过去不同活动造成的，也因此，不同污染场地污染情况及程度各不相同，本实验对来自 W、I 和 E 处的土壤样品进行提取，并对试验土壤 W、I、E 和 K 处样品经过氧化处理后的上清液进行了研究。

表 4.3　被调研土壤的特性

土壤	LOI（烧失量）	水分含量	C/N 比	细颗粒所占比例
W	6%	6%	137	2%
B	100%	30%	82.2	N/A
I	2%	8%	19.3	6%
K	36%	11%	31.7	25%
E	7%	21%	—	—

　　应该注意的是氧化处理的上清液不是来自该处描述的提取过程，而是取自之前进行的实验。因而提取试验和氧化试验是彼此独立的。

4.4.1　提取

4.4.1.1　方法开发

　　本研究前已经有两种方法开发试验作为预试验，以通过检验试验过程的不同部分来调整最终试验过程。第一种方法开发试验的目的是调查二噁英和多环芳烃（PAHs）是否可以被提取到碱性水溶液中。结果表明不同土壤之间提取效果差别很大，导致许多问题需要进一步研究。

第二种方法开发试验的施行是为了优化基于初始试验从土壤中萃取有机物的过程。该试验的结果提供了两种可选的优化条件,即在较高温度且中等浓度或中等温度且较高浓度的情况下萃取。该结果被用于建模,从而找到为达到预期 LOI 与浊度的最佳环境。

4.4.1.2 实施

在咨询了方法开发试验结果之后进行了样品提取。通过使用上面所描述模型,能够计算出正确的温度、时间和浓度参数值,因此上清液的 LOI 和浊度都很高。基于之前的结果,相对 LOI 设定在 $-55 \sim -45$ 的范围内,浊度设定在 $-90 \sim -80$ 的范围内。这时 $T=100℃$, $c=5.5\text{mol/L}$,$t=1.5\text{h}$。

在提取阶段之前,增加了预水洗这一步来尽可能多地去除土壤样品中的氯酚,因为它们可在提取过程中形成二噁英。因为氯酚具有偶极趋势,因此去除思路是通过加热将它们提取到水相。分析了三种不同的土壤 W、I 和 E,在这一章的前面都进行了描述。

对 W 土壤做了三个样品。所有土壤样品都使用液体:固体比 1:20 进行清洗和萃取。根据不类型的土壤,采用不同起始量,因为在碱提取中,土壤不同组分减少百分比不同。在水洗过程中,向土壤中加入水,加热到 90℃,设定在 $40\sim50℃$ 沉降 190min。此后,取出上清液作为土壤样品的一部分用于分析氯酚和二噁英(图 4.12)。

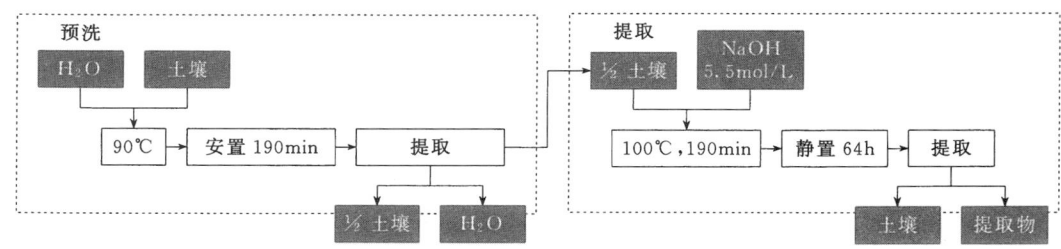

图 4.12 提取试验实施的概况图,位于图底部的样品用于分析

对于提取,加入 5.5mol/L 氢氧化钠到水洗过的土壤中,在油浴中加热到 100℃并保持 190min,加热过程中每 15min 搅拌 1min。然后设定沉降 64h,在此之后移出上清液后作为剩余土壤送去分析氯酚和二噁英。

由于 E 样品的特性,萃取过程除没有预水洗外,其余操作步骤与上述实验相同。

4.4.2 氧化

在由两个同心玻璃圆筒组成的水反应器中(这两个圆筒间液体是流动的)进行了光催化。在反应器的中间,放置了一个紫外线灯(Sylvania 紫光灯-18W-T8;$\lambda=368\text{nm}$,半峰全宽=20nm)。紫外线灯的输出效应大约是 2.7mW/cm^2,在经过反应器之后能够给出效应值 2mW/cm^2。用一个蠕动泵将水体从蓄水池输送到反应器。蓄水池的容积是 2L,泵速大约是 140mL/min。经过反应器之后,水再循环到蓄水池,该处有一个磁力搅拌器混合水体。为避免腐蚀,用不锈钢管件和节流阀端盖取代铝管件和节流阀端盖。为了确保氧气浓度足够高,通过空气对蓄水池进行充溢。

该实验按照下面的步骤进行。将送来的土壤样品沉淀 $24\sim48\text{h}$。悬浮液分四次进行水稀释到总体积介于 $1400\sim1600\text{mL}$,然后加入蓄水池并用磁力搅拌器搅拌均匀。这时将四价钛氧化物(钙 0.64g/L;钛白粉 100,Sachtleben Chemie)添加到水体中并搅拌 15min。在开始启动泵之前,取一个空白样品。当液体在系统中流动时,打开紫外灯并持续 8h 后关上灯,取最后一个样品。对所有的土壤样品进行同样的操作程序。对于样品 K20，UV 灯照射 4h 之后取一个中间样品。对于样品 B1，也使用了无添加 TiO$_2$ 粉末的试验装置。在这个试验中，反应器充满了覆盖一层薄二氧化钛膜的螺旋形柱体，这样可以避免当处理之后粒子与水体分离的难题。

4.5　结果和讨论

在表 4.4 可以看出实验所选择的土壤来自不同的污染源，因为在这三个样品之间异构体模式有区别。土壤 E 来自氯碱工厂，而其他的两种与林业有关。

表 4.4　测试土壤中二噁英和呋喃的初始浓度（在处理中对于样品 W 的三个单独样品被当作平行样，但对于初始浓度只分析了一次）　单位：ng/kg

成分	I	W	E
2,3,7,8-tetraCDD	2.3	9.2	<0.94
1,2,3,7,8-pentaCDD	40	96	<2.8
1,2,3,4,7,8-hexaCDD	27	210	<2.8
1,2,3,6,7,8-hexaCDD	430	7100	<2.8
1,2,3,7,8,9-hexaCDD	120	780	<2.8
1,2,3,4,6,7,8-heptaCDD	1700	177000	45
八氯二苯并-对二噁英	2800	920000	240
2,3,7,8-tetraCDF	9.8	16	220
1,2,3,7,8-pentaCDF	51	22	190
2,3,4,7,8-pentaCDF	430	71	83
1,2,3,4,7,8-hexaCDF	2000	610	160
1,2,3,6,7,8-hexaCDF	720	150	64
1,2,3,7,8,9-hexaCDF	700	240	<3.5
2,3,4,6,7,8-hexaCDF	26	20	4.7
1,2,3,4,6,7,8-heptaCDF	52900	109000	160
1,2,3,4,7,8,9-heptaCDF	880	1500	14
八氯二苯并呋喃	60300	226000	160
总 WHO-PCDD/F-TEQ 下限	1200	4000	77
总 WHO-PCDD/F-TEQ 上限	1300	5000	80

注：2,3,7,8-tetraCDD—2,3,7,8-四氯二苯并-对-二噁英；1,2,3,7,8-pentaCDD—1,2,3,7,8-五氯二苯并-对-二噁英；1,2,3,4,7,8-hexaCDD—1,2,3,4,7,8-六氯二苯并-对-二噁英；1,2,3,6,7,8-hexaCDD—1,2,3,6,7,8-六氯二苯并-对-二噁英；1,2,3,7,8,9-hexaCDD—1,2,3,7,8,9-六氯二苯并-对-二噁英；1,2,3,4,6,7,8-heptaCDD—1,2,3,4,6,7,8-七氯二苯并-对-二噁英；2,3,7,8-tetraCDF—2,3,7,8-四氯二苯并呋喃；1,2,3,7,8-pentaCDF—1,2,3,7,8-五氯二苯并呋喃；2,3,4,7,8-pentaCDF—2,3,4,7,8-五氯二苯并呋喃；1,2,3,4,7,8-hexaCDF—1,2,3,4,7,8-六氯二苯并呋喃；1,2,3,6,7,8-hexaCDF—1,2,3,6,7,8-六氯二苯并呋喃；1,2,3,7,8,9-hexaCDF—1,2,3,7,8,9-六氯二苯并呋喃；2,3,4,6,7,8-hexaCDF—2,3,4,6,7,8-六氯二苯并呋喃；1,2,3,4,6,7,8-heptaCDF—1,2,3,4,6,7,8-七氯二苯并呋喃；1,2,3,4,7,8,9-heptaCDF—1,2,3,4,7,8,9-七氯二苯并呋喃；总 WHO-PCDD/F-TEQ—世界卫生组织-总二噁英/呋喃毒性当量总值下限；总 WHO-PCDD/F-TEQ—世界卫生组织-总二噁英/呋喃毒性当量总值上限。

经常用于描述二噁英的值叫做 WHO-TEQ，即世界卫生组织-毒性当量总值，该值是分析的 17 种不同二噁英（异构体）物质折算后的相对毒性总和。折算方法是根据这些异构体毒性大小进行加权而计算得到的。

4.5.1　萃取

萃取是为了改变土壤的物理性质，通过破坏二噁英所吸附的材料，使得疏水性二噁英能存在于水体中。表4.5表明萃取对土壤的主要影响是物理效应。土壤样品 W 和 I 的物质损失大约为30％。这些损失的物质主要为有机物和细小的成矿物质。其中成矿物质的损失主要是由于溶液中离子强度大幅度提高，从而导致带电聚合物分离且颗粒物分散于溶液中。对于腐殖质来说，这一过程非常有利，但对于成矿物质则不然。样品 E 主要成分为成矿物质，因而离子强度提高这一过程会导致其物质损失率达77％。这也是为什么在研究中样品 E 没有经过水萃取的原因。故无其水萃取数据可用。

表4.5 萃取对于土壤基本特性的影响

例如烧失量（LOI）或者材料损失（以细颗粒为主要组成的土壤）

土壤	处理之前的 LOI	水体萃取之后的 LOI	NaOH 萃取后的 LOI	总的材料损失
W	6	9.4±1.5	4.8±0.6	28%±2%
I	2	3.5	6.5	33%
E	7.4	—	9.0	77%

此处，LOI 数据不太可信，因为处理过程可以理解为一定程度上的分类，故上述处理过程不可能增加土壤中总有机物质的量，但取样可能会导致土壤中总有机物量的增加。上述实验的预期结果是 LOI 的减少，尤其是经氢氧化钠处理后。预期结果没有出现的原因还不能解释清楚，然而总物质损失数据表明萃取可有效去除细颗粒物质，并且含高浓度细颗粒物质的土壤不适合采用氢氧化钠萃取，但利用热水或利用较低离子浓度的溶液是不错的选择。

4.5.1.1 二噁英

使用热水和氢氧化钠处理后，土壤中残留的二噁英浓度见表4.6。

表4.6 经过水和氢氧化钠萃取后土壤中二噁英浓度

成分（以干物质计）/(ng/kg)	I	2W	3W	4W	E
2,3,7,8-tetraCDD	<0.81	42	32	24	<0.81
1,2,3,7,8-pentaCDD	40	240	180	84	<1.9
1,2,3,4,7,8-hexaCDD	56	100	160	220	<3
1,2,3,6,7,8-hexaCDD	860	1800	2300	1300	<3
1,2,3,7,8,9-hexaCDD	290	540	870	620	<3
1,2,3,4,6,7,8-heptaCDD	3700	41000	72000	30000	330
八氯二苯并-对-二噁英	9800	700000	800000	360000	4400
2,3,7,8-tetraCDF	14	9.6	8.4	2.6	590
1,2,3,7,8-pentaCDF	72	16	17	7.5	330
2,3,4,7,8-pentaCDF	450	26	50	25	190
1,2,3,4,7,8-hexaCDF	2000	110	240	51	300
1,2,3,6,7,8-hexaCDF	1400	53	79	26	92
1,2,3,7,8,9-hexaCDF	33	<2.5	<5.5	<2.1	<2.6
2,3,4,6,7,8-hexaCDF	1200	72	290	54	1.3
1,2,3,4,6,7,8-heptaCDF	170000	16000	21000	7300	230
1,2,3,4,7,8,9-heptaCDF	1200	160	380	160	31
八氯二苯并呋喃	73000	33000	16000	7500	380
WHO-PCDD/F-TEQ 下限	2600	1400	1800	820	170
WHO-PCDD/F-TEQ 上限	2600	1400	1800	820	170

可以看出土壤残留中的二噁英浓度仍然相当高，远远高于瑞典 EPA 的指导值——住宅土地使用20ng/kg（以干物质计）（WHO-TEQ）或者工业土地使用200ng/kg（以干物质计）。然而这些数据被认为只能用于参考，因为这些试验不是在规模化的情况下进行的。

图4.13列举了土壤中残留的二噁英浓度与二噁英初始浓度（以 WHO-TEQ 计）的比

值。通过该图可以看出，在最佳情况下，二噁英残余浓度为初始浓度的 16％，在最糟糕的情况下是 21.3％。可以推断出，尽管在不同的土壤之间存在巨大差别，甚至一些在处理之后有着更高浓度，在特定条件下该方法确实有效。

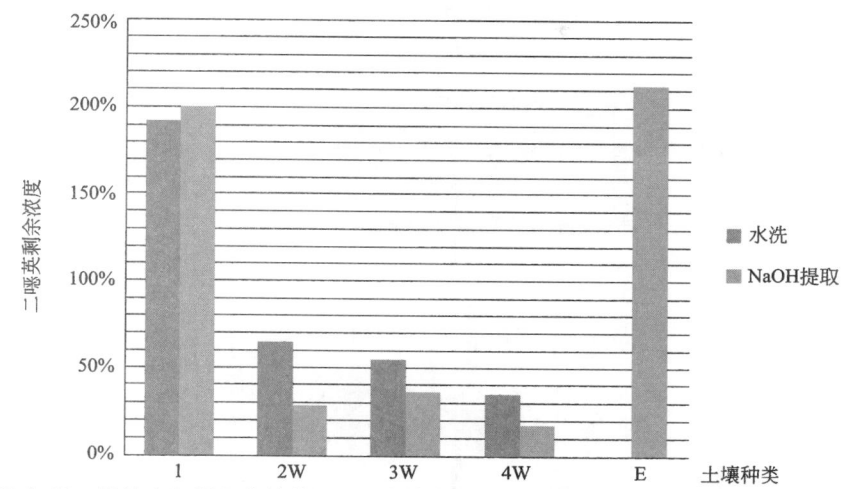

图 4.13　经热水与氢氧化钠萃取后，土壤中残留的二噁英浓度所占原始浓度的比例

（总 WHO-PCDD/F-TEQ，2W、3W 与 4W 为土壤样品 W 的一式三份平行样）

对于 W 样品所呈现出的良好萃取效果，一种解释是由于没有被风化或渗漏，土壤 W 中二噁英初始浓度较高。这一假设可由 W 土壤的 C∶N 值在所有土壤中最高这一事实得到证实，这表明其含有土壤中最新鲜的有机质。换句话说，对于样品 I 与 E 而言，经萃取后二噁英仍很好地吸附或溶入土壤基质中。

对于样品 W，也可以推断出热水是一个相当有效的萃取剂，因为水和氢氧化钠萃取的差异，在任何土壤中都不超过 35％。避免在碱性环境中由氯酚生成二噁英的方法同样适用于处理二噁英。这可能并非是水影响了二噁英本身，而是水使得二噁英载体进入溶液或者悬浮液。

样品 I 和 E 表现不同，经处理之后土壤中的浓度加倍。因为土壤 E 中 77％的物质被去除，这意味着萃取使得二噁英仍然在固相中，在较小程度上随着悬浮成矿材料进入溶液中。下面将会进一步讨论这一话题。

上面计算的二噁英的量是基于加权的毒理当量（WHO-TEQ）单位计算而来，这并没有揭露数据后面的具体信息。在图 4.14 和图 4.15 中，列示了 17 种异构体具体变化，第一个是经水处理之后的变化，第二个是经氢氧化钠处理后的变化。如图所示，在所有土壤中，2,3,4,6,7,8-hexaDBF 同类物增加 100％～1100％。有毒的 2,3,7,8-tetraCDD 只在水萃取方法中 W 的一个样品中增加，而在其余样品中降低了。氢氧化钠萃取时也有类似变化，但不明显。这一结果与初始预试验的结果不同，初始预试验更普遍形成的是呋喃，并不像这一试验中这么特殊。这一试验中浓度、温度和萃取时间都进行了优化。呋喃在水萃取过程形成的事实意味着碱性环境中氯酚形成呋喃并不是主要的途径。同样，样品 I 中该物质增加超过 1000％，而样品 W 中该物质的增加不超过 200％，这是值得注意的，因为刚开始样品 W 中的氯酚浓度为样品 I 的 10 倍。这更加证实了氯酚不转换成呋喃的这一假设。

对于下面的数据分析，低于检测限的浓度值用检测限值除以 2 来调整，这很重要，因为 1,2,3,6,7,8-hexaCDF 异构体在样品 W 中低于检测限值。呋喃曲线不同的弯曲变化意味着在处理过程中氯原子进行了重新排列。任何正常稳定的化合物（例如二噁英）的化学转换都需要能量来打破化学键或创建新化学键，这里化学键的重排消耗的能量相对较少。

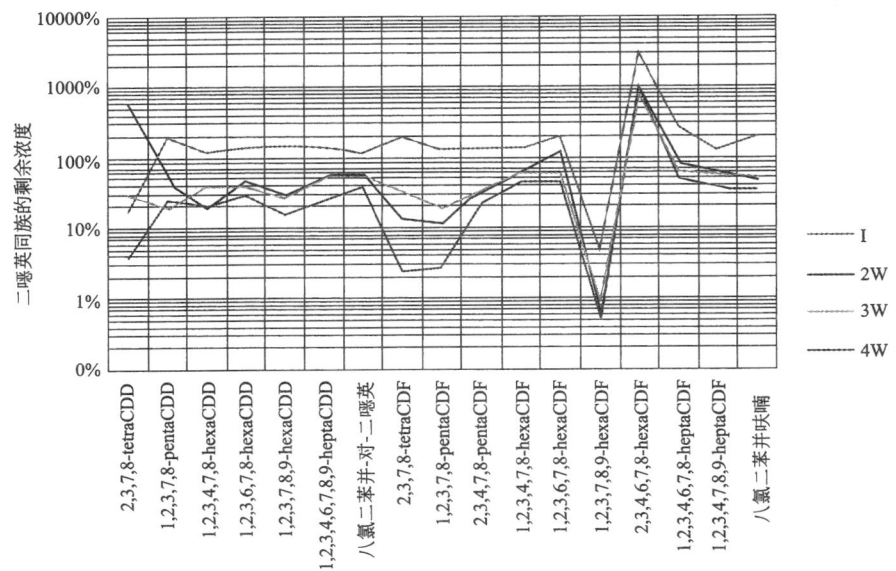

图 4.14　与初始浓度相比，经水萃取之后单个二噁英异构体的残留
（2W、3W 与 4W 为 W 样品的一式三份平行样）

如果呋喃被认为是处理过程中同族物/异构体之间的简单转换，这意味着这一变化不会对土壤总毒性产生任何重大影响。然而，因为呋喃是 2,3,7,8-tetraCDD 毒性最大的异构体，在 W 土壤样品中 2,3,7,8-tetraCDD 的异构体确实增加了，这与之前的预期结果相同，且这一变化非常值得关注。经水处理后只有一个土壤样品中 2,3,7,8-tetraCDD 的异构体增加了，但是经氢氧化钠处理的所有土壤样品中 2,3,7,8-tetraCDD 的异构体都增加了，且增加超过 100%。I 土壤样品在任何处理步骤中都未观察到 2,3,7,8-tetraCDD 异构体的增加。

随着 2,3,7,8-tetraCDD 量的增加，氯酚浓度并没有下降。而且，氯酚形成二噁英的反应只能在碱性环境中发生。这就是为什么这一机理不能解释水处理过程中 2,3,7,8-tetra CDD 增加的原因。

从整体上看，除了 2,3,4,6,7,8-hexaDBF 异构体和其假定的对应异构体外，样品 I 中其他元素浓度的增加相对稳定。这意味着增加的浓度来自材料分离过程而不是二噁英的形成过程。如果未吸附二噁英的材料被分离出来，那么因为二噁英仍然存在，尽管由于未被污染的材料被分离出来而使各成分的浓度有所增加，浓度分布剖面图基本不会改变。

样品 E 代表一种完全不同的土壤和异构体模式。其中有几个异构体的初始浓度低于检测限，处理之后情况相同（处理之后的结果是各物质都 100% 残留）。根据图 4.16，初始浓度高的物质浓度上升。2,3,4,6,7,8-heptaCDF 的浓度似乎在下降，然而这一浓度值接近于检测限，故意味着存在很高的不确定性。1,2,3,6,7,8-heptaCDF 的情况一样，这意味样品中所有的异构体物质都增加了。尽管应该注意到样品 E 中只有 23% 土壤固体残留，故导致由于样品量少而存在着更多的不确定性，但这些数据仍表明所增加的浓度来自材料分离过程而不是二噁英的形成过程。然而由于样品 E 中粒度细小，这些土壤这样处理似乎不可行。

对于提取二噁英的假设是，如果将吸附有二噁英的固体材料提取到溶液中，二噁英也会一并溶解到溶液中。然而，将二噁英吸附到土壤的机理似乎不像想象的那样简单直接，或者说二噁英的存在时间对其在土壤中的行为产生很大影响。

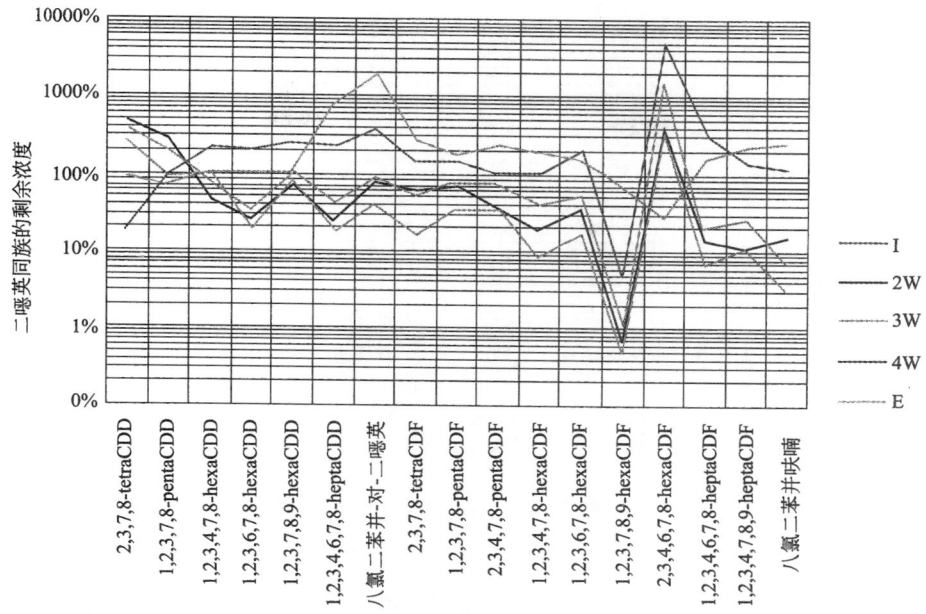

图 4.15　与初始浓度相比，经过氢氧化钠萃取之后单个二噁英同族的残留

（2W、3W 与 4W 为 W 样品的一式三份平行样）

4.5.1.2　氯酚

众所周知，氯酚转化为二噁英的反应过程须在碱性环境中进行，因此对氯酚的浓度进行了特别研究，表 4.7 给出了处理之前、之间和之后的浓度。

表 4.7　处理样品中总氯酚浓度（所有给出的浓度以每千克 DW 有多少 mg 计）

项目	I	2W	3W	4W	E0
处理之前	0.485	4.71①	4.71①	4.71①	<0.2
水处理之后	0.413	0.015	1.4	1.19	N/A
NaOH 处理之后	0.409	0.912	1.25	1.27	<0.35

① 只有一个样品代表了 W 一式三份样品的初始浓度。

水处理对土壤有影响，尽管土壤中仍残留有构成大多数氯酚的五氯苯酚，结论是应该进一步优化水处理步骤，因为其对于二噁英和氯酚都是有效的。

图 4.16 也给出了氯酚从土壤中的去除情况，在最好的情况下，经处理之后土壤中有大约 20% 的初始量残留，最坏的情况下低于 95%。因为氯酚的检测单位是 mg/kg，而二噁英的单位是 ng/kg，为了避免任何不想要的化学转换发生，有必要进一步减少氯酚残留量。

可以看出从土壤 I 中萃取没有从土壤 W 萃取有效。基于之前的实验，可以根据土壤基质或者污染物年份来假定土壤 W 更容易过滤。在 2W 中看到的完全去除归因于取样的异常值，因为其他样品是匹配的。

4.5.1.3　物料平衡

在实验室处理中，物料损失或者源头污染会造成最终结果的不确定性，这就是在下面列出了物料平衡的原因。物料平衡是土壤实验之前的初始量，相比于水相和固相中萃取之后的总量，图 4.17 显示氯酚的情况，图 4.18 中显示单个二噁英和呋喃异构体的情况。

在一式三份的样品中，氯酚损失或者增加的量在 3.4~0.95 之间变化，这意味着处理和/或者取样对损失和增加的影响比总的反应机理大。而且，样品 W 氯酚物料平衡的区别使

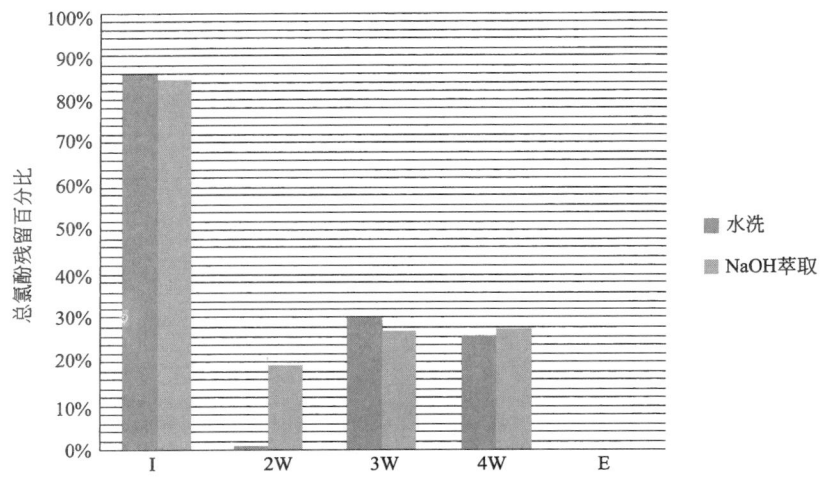

图 4.16　相比于初始浓度，经热水清洗和氢氧化钠萃取后总氯酚的剩下部分
（2W、3W 与 4W 为 W 样品的一式三份平行样）

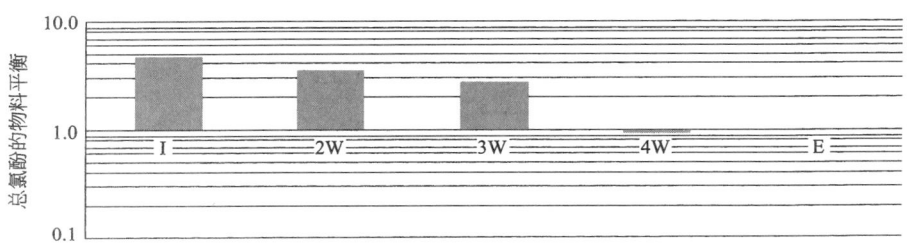

图 4.17　总氯酚的物料平衡，正如初始量加上所有萃取和残留氯酚的份额
（系数 1 表明在实验过程中没有物质的损失或者增加。
土壤 E 没有包括在内，因为所有样品的浓度都低于监测极限）

得二噁英形成和氯酚弱化相关，因为二噁英的物料平衡没有表现出相应的模式。图 4.18 中二噁英的物料平衡显示出在土壤 W 一式三份中的低质量平衡传播，其进一步支持了之前得出的结论。

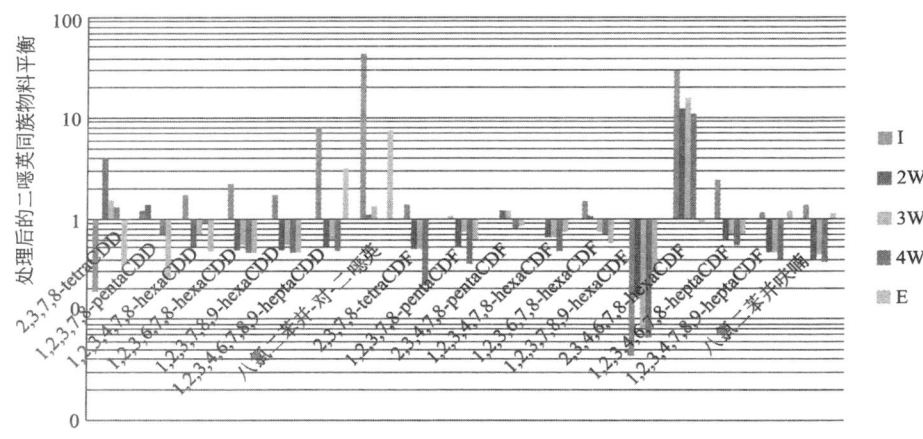

图 4.18　经水和氢氧化钠处理之后的单一二噁英异构体物料平衡
（正如初始量加上所有萃取和残留氯酚的份额，
系数 1 表明在实验过程中没有物质的损失或者增加）

4.5.2　氧化

表 4.8 给出了光解处理之前和之后 8h 的水萃取情况。由于水样中的高粒子含量，在沉降至少 14h 之后才进行测量操作，实验开始时所取的样品必须要沉降更久。在图 4.19 中，样品 B1 和 I1 在颜色方面区别明显。对 K20 来说，这种区别更小一些。对样品 W2，区别更不明显，因为从一开始液体就是干净的。在表 4.8 中可以看出不同样品的 COD 含量。将样品稀释到给定值后用于光解实验。样品中初始 COD 含量通过乘以因素 5 获得。因样品中 COD 被认为与二噁英具有良好的相关性，且与二噁英检测相比，COD 的测量具有成本效益好的特点，故以 COD 浓度作为指标数据。如果氧化影响了 COD，二噁英也是这样。

表 4.8　光解处理之前和之后 8h COD 含量［通过重铬酸钾法（COD_{Cr}）测定 COD 含量。
在表格中给出了每小时 COD 减少和原始 COD 减半所需要的时间］

样品	COD/(mg/L)			ΔCOD/(mg/L)	ΔCOD/(mg/L)	$T_{1/2}$ 光照时间/h	100mW/cm² 照射时间 $T_{1/2}$/h[①]
	$T=0h$	4h	8h				
B1	11294			2.25	2.9	24.9	0.7
I1	6255			0.875	1.1	35.4	1.0
W2	2019			0.125	0.3	80	2.2
K20	305	303	298	0.875	1.1	174.3	4.7

① 外推值。

结果表明减少不同样品中 COD 值的不同方法存在很大差异。COD 的最大绝对减少量出现在样品 B1 中。该样品经过光解催化提纯（图 4.19）之后明显变得更加清晰。样品 I1 在处理之后虽干净但对应一个较低的 COD 减少值。该样品比 B1 有更高的浊度，B1 很可能由含有碳化合物的微粒物质组成，这就解释了其与 I1 的不同。样品 K20 具有更高的初始 COD 量并且给出了与其他样品同样的数量级的去除率，这就使得同其他样品相比，其去除量最多。

对一个有效的光催化降解有着三个限制因素。第一，有机成分有机会接触光催化粒子，因为氧化过程发生在粒子和周围媒介之间的边界层。第二，有机材料的形成，因为水体中的粒子有机组分进行光催化降解花费时间长。第三，粒子和 SOM 传播光线以及减少水体中可用光影响。图 4.20 给出了去除速率和初始浓度之间的关系。这表明 B1 样品的低反应速率是因为浊度太高。而且其表明这些相互矛盾的限制因素将会得到一个处于 100～300mg/L COD 范围内合适的初始 COD 浓度。

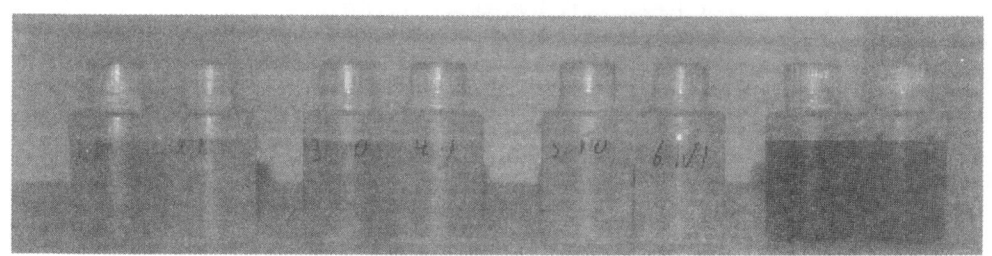

图 4.19　光催化过程之前（左）的水处理和之后（右）的水处理（图中从左到右：B1，I1，W2，K20）

应该将完全的沉降过程和最终的机械过滤纳入考虑。当水样中有机物质浓度很高时，通常在悬浮液中添加额外的过氧化氢，补充光催化氧化作用。

一个已知的事实是紫外线灯的强度 I，即反应器中的光子流，在光催化反应速度增加达

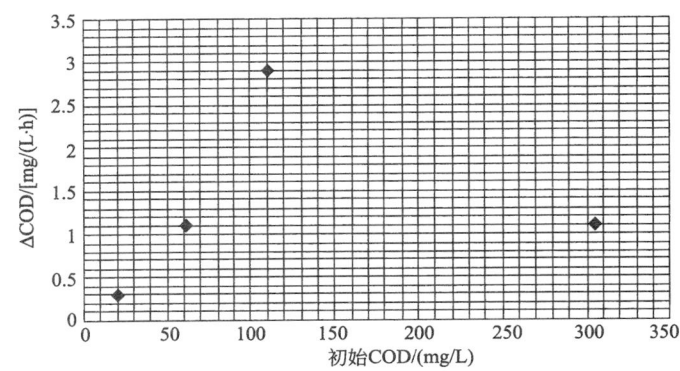

图 4.20　对四个测试土壤萃取,COD 萃取还原速度作为初始 COD 浓度的函数

到一个特定的影响排放限值间用线性尺度衡量,之后,根据 I_x,增加值变得平缓,$x \approx 0.7$。在线性区域 $2.7 \sim 100\,\text{mW/cm}^2$ 内增加光效应,流通量将增加至 40 倍。像那样的效率调整将会给出一个 $1 \sim 5\text{h}$(表 4.8)的半衰期时间,$T_{1/2}$。具有更高效率的紫外线灯在普通商店中可买到,且在以后的尝试中应予以考虑。

4.6　结论

在不同土壤样品中萃取的效果也不同,一部分是因为实验室处理和取样的差异,但是在更大的程度上是取决于土壤基质和其对污染物吸附的影响。在上述试验中,当土壤 C：N 最高时(表明含有新的有机质)萃取最有效果。所含有机质含量低或者比较陈旧的土壤中的二噁英无法萃取到溶液中,或者萃取之后二噁英反而更多。这是否因为二噁英太过于稳定而无法萃取,这一结论根据以上试验无法得出。

在 NaOH 萃取之前,首先利用 90℃ 热水水洗样品去除比二噁英水溶性更好的氯酚,以避免其在碱性环境中生成二噁英。然而,在对一个土壤样品的处理中发现,水对二噁英的萃取效果相当显著。对于这一现象应该进一步研究,因为这不仅对污染场地风险评估有效,而且对于处理也很重要。

氧化过程与预期基本一致,但是如果考虑含萃取和氧化的整个过程,还有提高空间。现在,每一步都是各自进行了优化。

最后的结论是,萃取过程是整个过程中最重要的,而且需要对特定的土壤制定专门的合适的萃取方案。只有当萃取工作如计划一样进行,整体方案才有可能将费用和环境效应达到最佳状态。

参　考　文　献

Ahn C., Kim Y., Woo S. and Park J. (2007). Selective adsorption of phenanthrene dissolved in surfactant solution using activated carbon. Chemosphere. 69：1681-1688.

Baccarelli A., Giacomini S. M., Corbetta C., Landi M. T., Bonzini M., Consonni D., Grillo P., Patterson D. G. Jr., Pesatori A. C. and Bertazzi P. A. (2008). Neonatal thyroid function in Seveso 25 years after maternal exposure to dioxin. Plos Medicine. 5：1133-1142.

Baccarelli A., Mocareli P., Patterson D. G., Bonzini M., Pesatori A. C. and Caporaso N. (2002). Immunologic effects of dioxin: new results from Seveso and comparison with other studies. Environmental Health Perspectives. 110: 1169-73.

Backhus D. A., Ryan J. N., Groher D. M., MacFarlane J. K. and Gschwend P. M. (1993). Sampling colloids and colloid-associated contaminants in groundwater. Ground Water. 31: 466-479.

Bahnemann D., 2004: Photocatalytic water treatment: solar energy applications. Solar Energy. 77, 445-459.

Birke V., Mattik J. and Runne D. (2004). Mechanochemical reductive dehalogenation of hazardous polyhalogenated contaminants. Materials Science. 39: 5111-5116.

Bohn H. L., McNeal B. L. och George A., 2001: Soil Chemistry. Wiley & Sons. New York. USA.

Brusseau M. L., Wang X. and Hu Q. (1994). Enhanced transport of low-polarity organic compounds through soil by cyclodextrin. Environmental Science Technology. 28: 952-956.

Carp O., Huisman C. L. och Reller A., 2004: Photoinduced reactivity of titanium dioxide. Progress in Solid State Chemistry. 32, 33-177.

Cerda C. M. (1987). Mobilization of kaolinite fines in porous media. Colloids and Surfaces. 27: 219-241.

Chaudry Q., Blom-Zandstra M., Gupta S. and Joner E. J. (2005). Utilising the synergy between plants and rhizosphere microorganisms to enhance breakdown of organic pollutants in the environment. Environmental Science and Pollution Research. 12: 34-48.

Chen A., Gavaskar A., Alleman B., Massa A., Timberlake D. and Drescher E. (1997). Treating contaminated sediment with a two-stage base-catalyzed decomposition (BCD) process: bench-scale evaluation. Hazardous Materials. 56: 287-306.

Cheng S-F., Chang J-H. and Huang C-Y. (2007). Particle separation to enhance the efficiency of soil acid washing-case study on the removal of cadmium from contaminated soil in Southwestern Taiwan. Environmental Technology. 28: 1163-1171.

Chiou C. T. (1989). Theoretical considerations of the partition uptake of nonionic organic compounds by soil organic matter. SSSA Special publication. 22: 1-29.

Chiou C. T., Peters L. J. and Freed G. H. (1979). A physical concept of soil-water equilibria for nonionic organic compounds. Science. 206: 831-832.

Cofield N., Banks M. K. and Schwab A. P. (2008). Lability of polycyclic aromatic hydrocarbons in the rhizosphere. Chemosphere. 70: 1644-1652.

Dahneke B. (1975). Resuspension of particles. Colloid and Interface Science. 50: 194-196.

Treatment of dioxin contaminated soils-literature review and method development IVL report B1993

Delle Site A., 2001: Factors affecting sorption of organic compounds in natural sorbent/water systems and sorption coefficients for selected pollutants, a review. Journal of Physical and Chemical Reference Data. 30, 187-439.

Diebold U., 2003: The surface science of titanium dioxide. Surface Science Reports. 48, 53-229.

Ferrarese E., Andreottola G., Oprea I. (2008). Remediation of PAH-contaminated sediments by chemical oxidation. Hazardous Materials. 152: 128-139.

Fiedler H., Hutzinger O., Welsch-Pausch K. and Schmiedinger A. (2000). Evaluation of the occurrence of PCDD/PCDF and POP's in wastes and their potential to enter the food chain. Study on behalf of the European Commission, DGEnvironment. http://ec.europa.eu/environment/dioxin/pdf/001_ubt_final.pdf

Fleicher T. and Grunwald A. (2008). Making nanotechnology developments sustainable. A role for technology assessment?. Cleaner Production. 16: 889-898.

Flotron V., Delteil C., Padellec Y. and Camel V. (2005). Removal of sorbed polycyclic aromatic hydrocarbons from soil, sludge, and sediment samples using the Fenton's reagent process. Chemosphere. 59:

1427-1437.

Freeman H. M. and Harris E. F. (1995). Hazardous waste remediation Innovative treatment technologies, second ed. Technomic Publishing Company, Inc, USA. 342.

Goi A., Kulik N. and Trapido M. (2006). Combined chemical and biological treatment of oil contaminated soil. Chemosphere. 63: 1754-1763.

Govers H. and Krop H. (1998). Partition constants of chlorinated dibenzofurans and dibenzzo-p-dioxins. Chemosphere. 37: 2139-2152.

Grolimund D., Borkovec M., Barmettler K. and Sticher H. (1996). Colloid-facilitated transport of strongly sorbing contaminants in natural porous media: a laboratory column study. Environmental Science and Technology. 30: 3118-3123.

Haglund P. (2007). Methods for treating soils contaminated with polychlorinated-p-dioxins, dibenzofurans, and other polychlorinated aromatic compounds. AMBIO. 36: 467-474.

Hashimoto S., Watanabe K., Nose K. and Morita M. (2004). Remediation of soil contaminated with dioxins by subcritical water extraction. Chemosphere. 54: 89-96.

Hincapié M., Maldonado M. I., Oller I., Gernjak W., Sánchez. Pérez J. A., Ballesteros M. M. och Malato S., 2005: Solar photocatalytic degradation and detoxification of EU priority substances. Catalysis Today. 101, 203-210.

Huang X.-D., El-Alawi Y., Penrose D. M., Glick B. R. and Greenberg B. M. (2004). A multi-process phytoremediation system for removal of polycyclic aromatic hydrocarbons from contaminated soils. Environmental Pollution. 130: 465-476.

Hunter R. J. (1981). Zeta potential in colloid science: principles and applications. Colloid Science Series. Academic Press. 386.

Ireland J. C., Dávila B. och Moreno H., 1995: Heterogenous photocatalytic decomposition of polyaromatic hydrocarbons over titanium dioxide. Chemosphere. 30, 965-984.

Isosaari P., Tuhkanen T. and Vartiainen T. (2001). Use of olive oil for soil extraction and ultraviolet degradation of polychlorinated dibenzo-p-dioxins and dibenzofurans. Environmental Science Technology. 35: 1259-1265.

第5章

土壤中重烃的碱萃取

（作者：Johan Strandberg）

5.1 概述

目前，对于二噁英污染土壤的治理，我们亟须开发一套既经济高效又可大规模应用的技术工艺。在紫外线照射下，二氧化钛可以作为二噁英降解的催化剂。为了应用这项技术，我们必须先把二噁英萃取到液相中。许多因素可以影响萃取过程，因此，我们对这些因素进行测定分析，得出不同因素对萃取过程的影响作用。这些因素包括黏土含量、有机质含量、污染物类型（卤化或非卤化碳水化合物）以及碳氮比，从碳氮比可以了解土壤中有机物的降解程度。我们假设萃取的程度取决于其中一种或多种因素，也有可能是这几种因素的共同作用，而后者的可能性较高。向土壤中加入NaOH，其中的有机物质就会水解进入悬浮液，一小部分有机物质水解为二氧化碳挥发。因为单价阳离子的加入，颗粒间黏性作用力消失，矿物颗粒将会变为悬浮状态。一部分矿物颗粒会留在上清液中，我们对这部分比较感兴趣，因为它在整个萃取过程中非常关键。

5.2 目的

本章介绍的实验的目的是考察二噁英以及多环芳烃（PAHs）是否可被碱性水溶液萃取。

5.3 实验材料和方法

土壤样品在105℃下干燥一夜。去除土壤中较大的石头和沙砾，称取大约25g土壤放入玻璃瓶中。将一部分样品进行总污染物含量、LOI和碳氮比的分析。在瑞典环境科学研究院，对细颗粒物质比例进行了分析。

将45%的NaOH溶液加入到装有土壤样品的玻璃瓶中，使其中的液固比达到1∶20（L∶S＝1∶20）。将玻璃瓶放到转臂上摇动大约3h，之后静置沉淀，直到混合液达到稳定状态。使用滴管将上清液转移到另外的玻璃瓶中保存。将从加入NaOH开始的步骤重复4次。最后一次使用 NaOH 萃取后，用去离子水将玻璃瓶灌满，然后使用 $0.7\mu m$ 孔径的玻璃纤维滤膜对剩余的泥水进行抽滤。这样做的目的是清洗污泥以尽可能地减少干燥过程中结晶的 NaOH。

对剩余的固体物质进行称量。这些固体物质由矿物质成分和一些较大的有机物组成，对它们进行总污染物浓度的测定。

5.4　实验结果

实验结果见表 5.1。可以看出，不同的土壤之间萃取的结果有着很大的差异。甚至出现剩余物中的污染物总量比空白样品中的污染物总量还要高的现象，这在理论上是不可能的。如果在实验过程中有非污染物被萃取，则剩余固体中污染物的浓度就会升高，但污染物的总量不可能增加。最可能的误差来源是疏水污染物，因为其易于聚集，很难被取样分析。

表 5.1　萃取前土壤样品的特性以及萃取后土壤成分和污染物减少的信息

项目	萃取前					萃取后			
	烧失量	土壤含水率	土壤C/N比	土壤细颗粒物质[1]	污染物浓度[2]/(ng/kg)	土壤物质损失	污染物浓度[2]/(ng/kg)	污染物浓度变化	污染物质量变化
W	6%	6%	137	2%	4000	−14%	8400	110%	81%
B	100%	30%	82.2	—	60100	−28%	11000	−82%	−87%
I	2%	8%	19.3	6%	1200	−2%	1000	−17%	−18%
K06100	36%	11%	31.7	25%	5100	−27%	479	−91%	−93%
K0620	95%	25%	38.5	—	1800	−80%	20	−99%	−100%
V	4%	6%	15.7	7%	2.1	−37%	6.5	210%	96%

[1] 细颗粒物质定义为颗粒粒径＜0.063mm 的微粒。

[2] 对于 V，浓度单位为 mg/kg（TS），其他二噁英的数据单位为 ng/kg（TS WHO-TEQ）。

这里二噁英浓度并不是真正意义上的浓度，而是用一种叫做 WHO-TEQ（毒性当量）的计量方式，在涉及二噁英的时候经常会用到这个单位。这是对分析的 17 种不同类型的二噁英（同类物）的一种规范化的计量单位。它是根据同类物毒性来规范的，根据各同类物毒性将其折算成相当于 2,3,7,8-TCDD 的量来表示，即为毒性当量（TEQ），而本书中提到的二噁英浓度指样品中各二噁英同类物 TEQ 的总和。从图 5.1 中 W 结果可看出，萃取后 2,3,7,8-TCDD 比萃取前增长了超过 300%。2,3,7,8-TCDD 对 WHO-TEQ 值的影响很大，因为 2,3,7,8-TCDD 是所有同类物中毒性最高的。2,3,7,8-TCDD 是人类制造的毒性最大的物质。其他的同类物在萃取后浓度也有提高，但因为它们毒性较低，对 WHO-TEQ 的影响没有那么显著。

样品 V 中，尽管 LOI 只有 4%，但是物质去除率有 37%，这说明，通过单价阳离子的加入，细颗粒矿物进入悬浮液，这与之前提出的理论完全相符。

前文提到，我们的实验物质沉淀到了瓶底，这说明通过使用旋风分离器来增加重力作用或者找到可以在不向自然土壤中引进杂质且不影响将存留在悬浮液中的有机微粒/胶体的条件下增强颗粒物凝聚力的方法都是必要的。样品萃取后 PAHs 含量增加似乎不太可能，因为高浓度的 NaOH 可以溶解 PAHs。

B 和 K 基本上验证了我们的预期结果。二噁英含量的降低与 LOI 有很大关系。同类物之间存在的差别很小，有机碳进入悬浮液，二噁英也随后进入悬浮液。值得注意的是尽管碳氮比较高，B 的结果依然很好，这说明这些物质的降解性较低。相较于同样具有高碳氮比的 W 物质，一些同类物的含量有所升高。

图 5.1 所示为使用碱溶液萃取后 4 种土壤中二噁英同类物的含量变化。

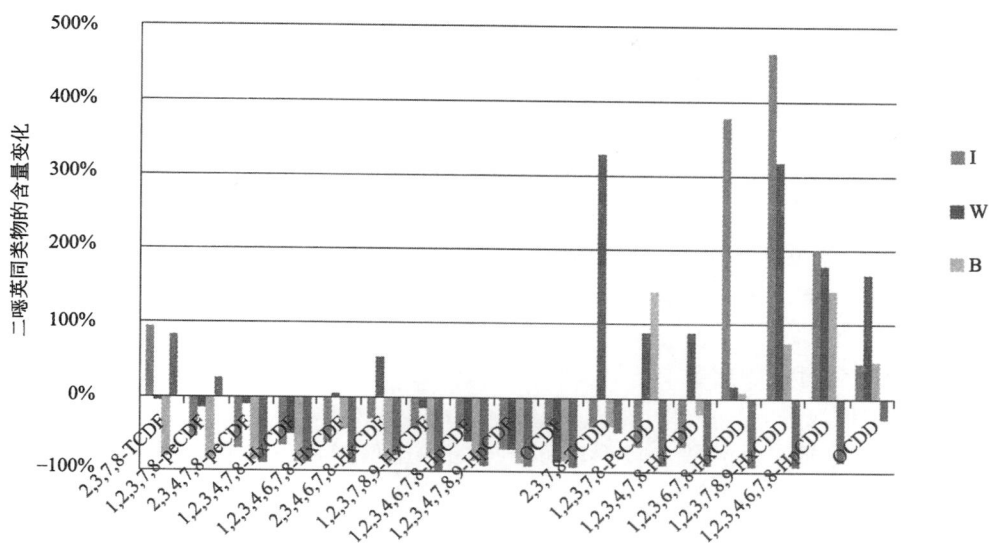

图 5.1　使用碱溶液萃取后 4 种土壤中二噁英同类物的含量变化（以百分数表示）

（"少于"给出的数值被换为绝对值，这表示对萃取的结果估计不足）

注：2,3,7,8-TCDF—2,3,7,8-四氯二苯并呋喃；1,2,3,7,8-PeCDF—1,2,3,7,8-五氯二苯并呋喃；2,3,4,7,8-PeCDF—2,3,4,7,8-五氯二苯并呋喃；1,2,3,4,7,8-HxCDF—1,2,3,4,7,8-六氯二苯并呋喃；1,2,3,6,7,8-HxCDF—1,2,3,6,7,8-六氯二苯并呋喃；1,2,3,7,8,9-HxCDF—1,2,3,7,8,9-六氯二苯并呋喃；2,3,4,6,7,8-HxCDF—2,3,4,6,7,8-六氯二苯并呋喃；1,2,3,4,6,7,8-HpCDF—1,2,3,4,6,7,8-七氯二苯并呋喃；1,2,3,4,7,8,9-HpCDF—1,2,3,4,7,8,9-七氯二苯并呋喃；OCDF—八氯二苯并-对-呋喃；2,3,7,8-TCDD—2,3,7,8-四氯二苯并-对-二噁英；1,2,3,7,8-PeCDD—1,2,3,7,8-五氯二苯并-对-二噁英；1,2,3,4,7,8-HxCDD—1,2,3,4,7,8-六氯二苯并-对-二噁英；1,2,3,6,7,8-HxCDD—1,2,3,6,7,8-六氯二苯并-对-二噁英；1,2,3,7,8,9-HxCDD—1,2,3,7,8,9-六氯二苯并-对-二噁英；1,2,3,4,6,7,8-HpCDD—1,2,3,4,6,7,8-七氯二苯并-对-二噁英；OCDD—八氯二苯并-对-二噁英

Ⅰ 土壤样品物质减少量超过 2%，这代表了它的总有机物含量。这也表明 NaOH 使得土壤中的有机物质进入悬浮液，这与该样品在萃取过程中的颜色变化是一致的。尽管所有的有机物质已经去除了，但是 WHO-TEQ 只下降了 17%，这有可能是由于加权数为 0.1 的 2,3,7,8-TCDF 的减少导致的。有意思的是，我们认为二噁英在很大的程度上偏向于与有机物质结合，所以当有机物含量超过 2% 时，矿物质微粒就可以忽略不计了。因为尽管Ⅰ样品中所有的有机物质已经被萃取，但二噁英依然存在。这表明我们之前的猜想是错误的或者吸附机理与我们之前假设的不一样。

5.5　结果和讨论

二噁英含量的增加可以用土壤中氯酚的存在来解释。在一定的条件下，比如 NaOH 存在的条件下，氯酚可以转化形成二噁英，见图 5.2 和图 5.3。

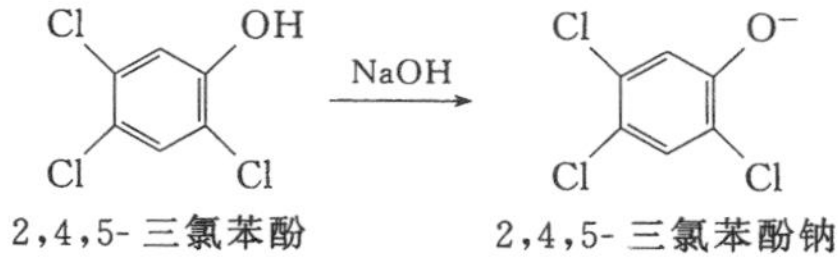

图 5.2　氯代苯氧化物的形成（Conell D W，1997）

117

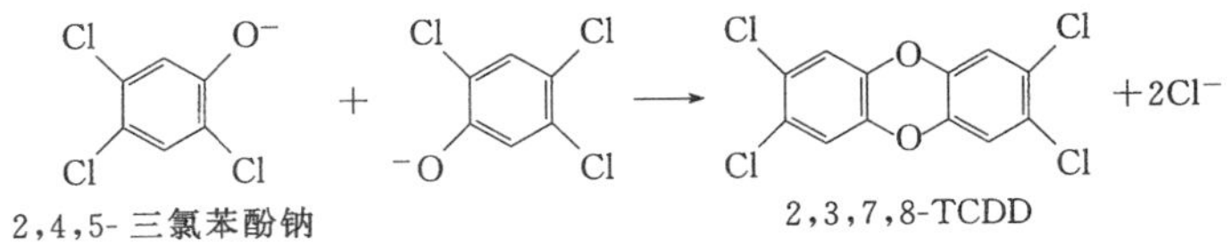

图 5.3　双氯代苯氧化物形成二噁英（Conell D. W.，1997）

这个结果中最有意思的是，在所有的土壤样品中，呋喃（以 F 结尾的同类物）的萃取效率是很高的，同时，多种二噁英（以 D 结尾的同类物）在萃取后大量出现。

从以上实验中我们可以得出以下 4 点结论。

① 使用 NaOH 萃取二噁英，特别适用于有机质含量高、腐殖质含量少的土壤。

② 从高碳氮比的土壤中萃取二噁英的方法需要改进，或许可以通过加热、电流或者简单的机械分离的方法。

③ 从有机质含量低的土壤中萃取二噁英的方法也需要改进，可以通过上述方法或者添加表面活性剂加以改进。

④ 由于研究分析的样品数量较少，每个样品中土壤量偏少，研究具有一定的局限性，使得对于结果的解释比较困难。

5.6　进一步的研究

为了进一步优化该方法，我们做了以下提议：使用 TiO_2 氧化 K 样品的浓缩提取物，这些提取物中含有高浓度的二噁英且由于有机质的存在而高度着色，这是在处理的最后步骤中较难的试验。

可以利用对 W 土壤样品进行加热的方式对萃取过程进行实验。

电流对萃取过程有一定的影响，对多环芳烃已经进行了相关研究方法的安全性和质量平衡研究。尤其对于矿物土壤，已经证实这些土壤比我们预期的更加复杂。可以通过设置样品量更大的双样本，从而使我们可以分析残留物（LOI、碳氮比）以及上清液。对于萃取的过程，土壤基质的重要性似乎非常大，我们用更多的样本做平行试验，探讨研究实验的结果与之前研究过的土壤是否一致。

参　考　文　献

Conell D. W.（1997）. Basic Concepts of Environmental Chemistry. 1ed. CRC Press：Boca Raton, FL.

第6章
无机溶液萃取土壤中有机物质的方案优化

（作者：Rachel Maynard，Nieto，Johan Strandberg）

6.1　概述

　　疏水性有机污染物（HOC）如二噁英能够吸附在有机物上形成胶体，该污染物能够在土壤中迁移并危害环境。鉴于二噁英的毒性，有必要找出一种环境成本效益高的技术以修复被二噁英污染的土壤。整个项目（本书第4章）主要包括两个关键步骤，一是将有机质萃取至无机溶液；二是氧化污染物。本章即是针对步骤一的研究。因此，如果该项目成功的话，其实验方法将会是一种既便宜又能提高环境效能的方法。关于萃取部分，如果吸附污染物的有机物能够形成胶体颗粒，那么该污染物则可从土壤中分离和矿化。因此，如果对有机物的萃取进行优化，那么该项目的第一步则可以更快、更低价地实施，从而改善整个方法过程。本研究旨在通过分析胶体构造，从而优化无机溶液对土壤中有机质的萃取方案。为此，在一个萃取过程中就要考虑四个参数的影响——温度、时间、萃取剂浓度和土壤类型，目的是利用其他工具排除冗杂萃取步骤，优化对有机质的萃取。

6.2　目的

　　本研究的目的是通过分析胶体构造，从而优化土壤有机质萃取至无机溶液的方案。为了达到该目的，需要研究温度、时间、萃取剂浓度与土壤类型四个因素对萃取效果的影响。

6.3　材料和方法

　　为了达到优化萃取土壤有机质的目的，按以下描述的实验进行。

6.3.1　实验设计

　　为了分析这些参数对不同特征土壤的影响，我们使用两种不同的土壤。一种是人造沙质土壤（30％黏土颗粒；40％泥炭苔藓；30％沙），另一种是有机材料（树皮，约100％有机质）。变量设置如下。

　　温度：50℃，80℃，100℃。

时间：1.5h，3.0h。

溶液浓度：5mol/L，16.7mol/L。

土壤类型：沙质土壤和有机土壤。

氢氧化钠的使用与前面所述一致。

6.3.2 实验步骤

实验分五步进行，所有样品处理方法相同：土壤加热和上清液提取；剩余土壤淋洗；上清液沉淀；提取液浊度测量；剩余土壤的烧失量测量。

加热过程的第一步，在所选土壤中添加氢氧化钠溶液，25g 土壤添加 500g 溶液，在 1L 耐热烧杯中混合（图 6.1）。根据先前的实验研究，选择液固比（L：S）为 20。装有混合液的烧杯放置在设定温度（50℃、80℃、100℃）的加热板上加热，恒温 1.5h 或者 3.0h。第四个温度选择外界环境温度，即 20℃。不能使用电磁搅拌器，因此，在加热过程中，每15min 用玻璃棒搅拌一次。

图 6.1 土壤的加热和提取

根据所选温度，1.5h 或者 3.0h 后，停止加热，将样品放置一旁大约 20min，使其冷却到室温，然后提取上清液于塑料瓶中保存。不能使用玻璃瓶，因为氢氧化钠具有腐蚀性。

提取上清液后，淋洗剩余土壤。淋洗的目的是减少氢氧化钠的附着，否则这部分氢氧化钠将会结晶，进而导致土壤的干重出现误差。氢氧化钠含量越低，由结晶造成的误差就越小。上清液取出后对土壤进行淋洗，实际上就是在样品中加入 500mL 的蒸馏水进行搅拌。然后将样品放置大约 20min。之后将新的上清液移除丢弃。对每个样品将该过程重复 3 次。

该过程的复杂性在于用移液管提取上清液。因为有机土壤中悬浮的颗粒容易造成移液管堵塞，三次清洗后进入沉淀过程。

萃取并移除第一次上清液后，由于含有氢氧化钠，土壤溶液颜色很深，不可能测量其浊度，故需要进行沉淀。经三次清洗后，向土壤样品中加入 500mL 蒸馏水并用玻璃棒搅拌，然后将样品放置一周观察（图 6.2）。经沉淀，样品颜色变浅，测定浊度。

6.3.3 分析

测量浊度时，用移液管从每个样品的烧杯中抽取一小部分放到浊度计上（实验室浊度计

图 6.2　装有第一步中提取的上清液的塑料瓶（第三步——沉淀）

型号 2100AN，IS/ISO 方法 7027）。然后将这一小部分液体小心地倒回原样品中。大约 20min 后，再次去除上清液并计算烧失量。

将所有的结果与 20℃时萃取的结果相比较，如阴性对照（表 6.1 和表 6.2）。它们可通过式(6.1) 计算出，也就是说越能控制绝对误差，萃取过程越有效。

$$D = \left(\frac{x_2 - x_1}{x_1}\right) \times 100\%$$　　(6.1)

式中，D 为对照的相对误差；x_1 为 20℃时获取的结果；x_2 为设定温度下获取的结果。

烧失量分析的目的是确定萃取后土壤中剩余有机物的含量，烧失量是通过标准方法测定的（pr EN 15935：2009：E.，2009）。为了确定干燥样品的烧失量，干燥过程要根据标准（pr EN 15934：2009：E.，2009）执行。

在测量土壤样品烧失量时，首先将坩埚置于 550℃熔炉中加热 30min，后将其放置于干燥器内冷却至室温，并称重（m_a）；然后将最终去除上清液的剩余土壤样品转移到经热处理后的坩埚，并与坩埚一起置于 105℃的干燥箱内干燥一夜。干燥后称重（m_b）；然后将装有土壤样品的坩埚放置于 550℃的熔炉内加热 2h，然后转移到干燥箱内冷却至室温，并再次称重（m_c）。最后通过式(6.2) 即可算出土壤样品的烧失量。

$$W_{LOI} = \left(\frac{m_b - m_c}{m_b - m_a}\right) \times 100\%$$　　(6.2)

式中，W_{LOI} 为固体样品干燥时的烧失量，%；m_a 为空坩埚质量，g；m_b 为含有干燥样品的坩埚质量，g；m_c 为灼烧后含有样品的坩埚的质量，g。

6.4　结论

将萃取过程的烧失量与不做任何处理（阴性对照组）的土壤烧失量以及 20℃时提取的

样品烧失量相比较，见表 6.1 和表 6.2。根据式(6.1) 可以计算出差值，且烧失量差值的绝对值越高，萃取过程的效果越好。

温度、时间和萃取剂浓度三个参数的影响，可以通过浊度和烧失量两个指标进行分析。首先要观察的是沉淀过程。第三次清洗后，当样品沉淀时，我们就能看到用 16.7mol/L 的氢氧化钠溶液提取的沙质土壤在萃取当天颜色很黑，一周后变为棕褐色等不同颜色。除了用 5mol/L 的氢氧化钠溶液萃取的样品外，一般情况下萃取时间越长，萃取温度越高，样品沉淀后结果差别就越大。对于用 5mol/L 的氢氧化钠溶液萃取的样品，即使在沉淀前，不同温度和不同萃取时间之间的差别也很大。随着时间的推移，含有氢氧化钠溶液的上清液颜色并没有太大的变化。

有机土壤的沉淀过程没有出现任何显著的结果。即使经过一周的沉淀后样品颜色仍然很深，但依然可测量出其浊度，只是与清洗之前的测量结果不同而已。

为了清楚地理解所描述的结果，有必要关注直接通过分析浊度与 LOI 获得的结果和与阴性对照组对比得出的结果的区别。

表 6.1　与对照组相比，沙质土壤样品经不同处理后浊度和 LOI 的变化

项目	沙质土壤								
	与阴性对照组相比，浊度变化/%			与阴性对照组相比，烧失量变化/%			与 20℃时相比的烧失量变化/%		
时间/h，NaOH 浓度	50	80	100	50	80	100	50	80	100
1.5h,5mol/L	−44	−84	−92	−50	−71	−75	−11	−48	−55
3.0h,5mol/L	−80	−96	−98	−59	−73	−76	−31	−54	−59
1.5h,16.7mol/L	−74	−76	−84	−57	−69	−77	−3	−30	−48
3.0h,16.7mol/L	−54	−81	−80	−63	−71	−77	−29	−43	−55

表 6.2　与对照组相比，有机土壤样品经不同处理后浊度和 LOI 的变化

项目	有机土壤								
	与阴性对照组相比，浊度变化/%			与阴性对照组相比，烧失量变化/%			与 20℃时相比的烧失量变化/%		
时间/h，NaOH 浓度	50	80	100	50	80	100	50	80	100
1.5h,5mol/L	−5		−26	−23		−12	−1		13
1.5h,16.7mol/L	43	126	47	−22	−16	−27	3	12	−3

6.4.1　温度

我们描述了不同萃取时间和萃取剂浓度条件下温度的影响，结果表明，与对照组结果相比所有沙质土壤的浊度更低且更高的温度导致其与对照组结果之间的差别更大（图 6.3）。对于使用 5mol/L 氢氧化钠溶液萃取 1.5h 的样品来说，在 50℃ 处理时浊度下降 44%，在 80℃ 处理时浊度下降 84%，在 100℃ 处理时浊度下降 92%（图 6.3）。对于使用相同浓度氢氧化钠溶液萃取 3.0h 的样品来说，在 100℃ 处理时浊度能下降 98%。所以，对于沙土来说，在使用相同浓度的氢氧化钠溶液和萃取相同时间的条件下，萃取的温度越低，浊度越高。比较结果可知，萃取的时间越短且氢氧化钠溶液浓度越低，温度的影响越大。

通过分析沙质土壤的烧失量可知，所有样品的烧失量都明显下降，这表明有机物的萃取效果十分显著（图 6.4）。在相同萃取时间和相同浓度的氢氧化钠溶液条件下，样品的萃取温度越低，烧失量越大，即有机物在高温下更容易去除。图 6.5 中与对照组结果的对比证实了该作用。与对照组结果相比，对于使用 5mol/L 的氢氧化钠溶液萃取 1.5h 的样品来说，

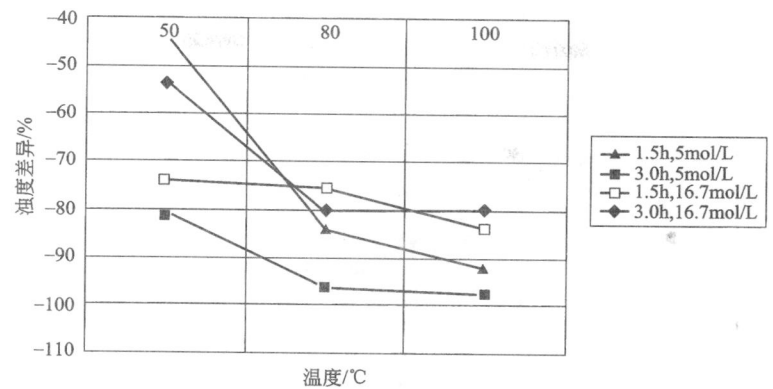

图 6.3　与对照组相比，沙质土壤在不同萃取温度下浊度的变化情况

50℃时，烧失量减少 50％，80℃时，烧失量减少 71％，100℃时，烧失量减少 75％。

使用 16.7mol/L 氢氧化钠溶液萃取 1.5h，也会有类似效果，50℃时，烧失量减少 57％，80℃时，烧失量减少 69％，100℃时，烧失量减少 77％。

从这三个参数入手对所有的样品进行分析可知，对于烧失量的减少，最有效的结果出现在 100℃条件下处理有机土壤，烧失量减少 77％。但是，在这个温度下，与对照组相比，所有样品的烧失量减少情况相似，大约在 75％（表 6.1），这就意味着，在这样的高温条件下，萃取时间和溶液浓度并没有对实验结果产生显著影响。因此，对于浊度分析的总体观察结果同样适用于对烧失量的分析，即萃取时间越短、氢氧化钠溶液浓度越低，温度的重要性就越大。

图 6.4　热损失分析后的沙质土壤样品

对于用 16.7mol/L 氢氧化钠溶液处理的有机物含量高的土壤样品，浊度与温度成正相关。但是，对于用 5mol/L 氢氧化钠溶液处理的样品来说，随着温度的升高，浊度表现出轻微的下降。图 6.6 也对有机土壤浊度与对照组结果之间的差异进行了分析。虽然不像沙质土壤那样成线性关系，但也表明对所有土壤样品来说，温度越高，浊度差异越大。比如，对于用 16.7mol/L 氢氧化钠溶液萃取 1.5h 的样品，在 50℃时浊度增长 43％，在 80℃时浊度增

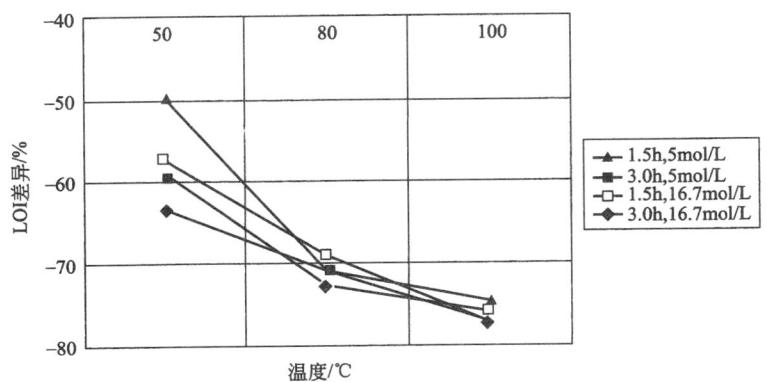

图 6.5　与对照组相比，沙质土壤在不同萃取温度下烧失量的变化情况

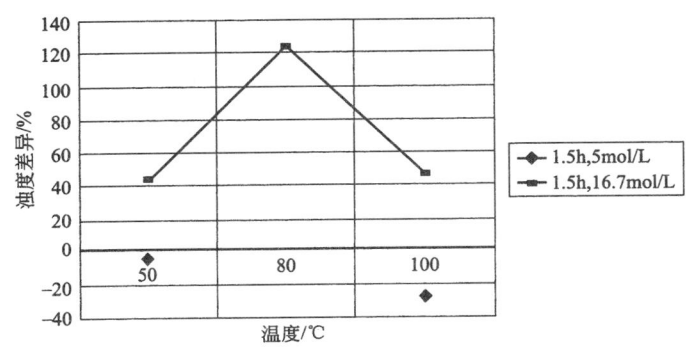

图 6.6　与对照组相比，有机土壤在不同萃取温度下浊度的变化情况

长 126％，但是在 100℃时浊度却只增长 47％（表 6.2）。对于用 5mo l／L 氢氧化钠溶液萃取的样品，在 50℃时浊度降低 5％，在 100℃时浊度降低 26％。

　　有机土壤样品的烧失量不遵循浊度的变化趋势。将萃取后样品的烧失量与对照组进行对比可知研究参数的效能，在本研究中该参数主要是指温度（图 6.7）。对于用 5mol／L 氢氧化钠溶液萃取的样品，在 50℃时，与对照组相比，烧失量下降 23％，而在 100℃时，烧失量下降 12％（表 6.2）。对于用 16.7mol／L 氢氧化钠溶液萃取的样品，50℃时与对照组相比，烧失量减少 23％，80℃时，烧失量减少 16％，而 100℃时烧失量减少 27％。因此，对于肥沃的有机土壤，无论是浊度还是烧失量，对温度都未表现出线性变化。

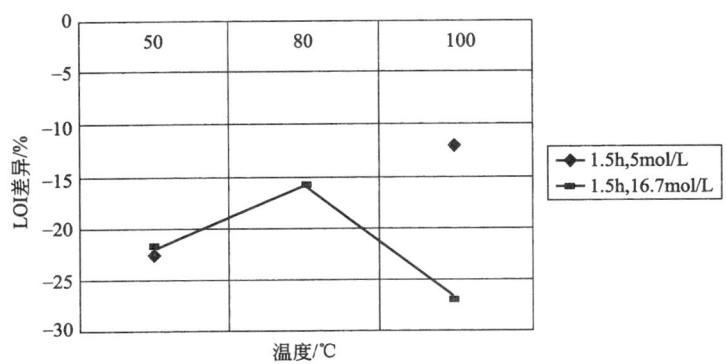

图 6.7　与对照组相比，有机土壤在不同萃取温度下烧失量的变化情况

与对照组结果相比,沙质土壤和有机土壤在温度和浊度的变化上是类似的。所有样品(图6.8)中,这两种土壤的温度和浊度都呈正相关。主要差别在于温度对每个样品的影响程度不同。很明显,对这两种土壤,在氢氧化钠溶液浓度较低时,温度的影响较大。

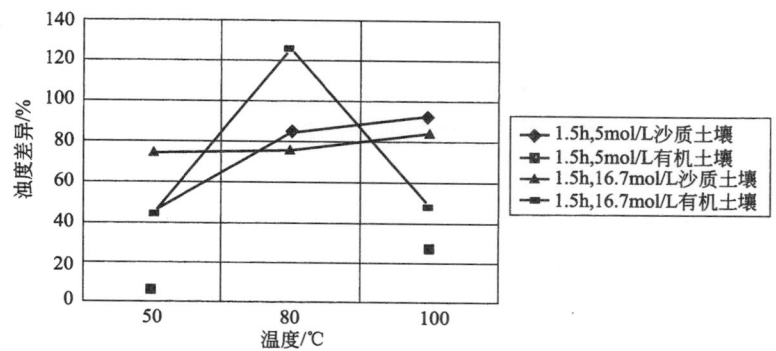

图6.8 与对照组相比,沙质土壤和有机土壤在不同温度条件下浊度的变化情况

但是,通过与对照组的对比可看出温度对沙质土壤的影响比对有机土壤的影响更大。而且,在样品与对照样品之间,沙质土壤所表现出的差别要更大,也就是说,沙质土壤比有机土壤受温度的影响更大。因此,根据浊度结果可知,温度对沙质土壤的影响比对有机土壤的影响更大。

对于温度对萃取效果的影响,沙质土壤和有机土壤在烧失量上表现出不同的结果。对于用16.7mol/L氢氧化钠溶液萃取的样品,沙质土壤的烧失量与温度呈明显正相关,而有机土壤的烧失量与温度略呈正相关;用5mol/L氢氧化钠溶液萃取的样品,沙质土壤的烧失量与温度依然呈明显正相关,而有机土壤的烧失量与温度却呈负相关。但是,我们仍能看出,氢氧化钠溶液的浓度越低,温度对烧失量的影响越大(图6.9)。而且,沙质土壤的烧失量与对照组之间相差更大。因此,无论对于烧失量还是浊度而言,温度对沙质土壤的影响比对有机土壤的影响都更大。

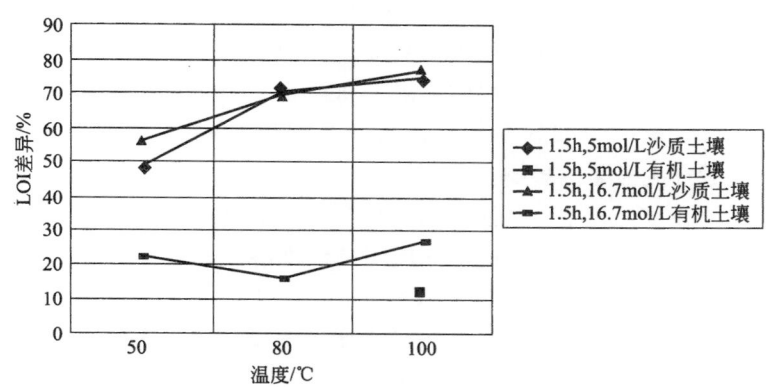

图6.9 与对照组相比,沙质土壤和有机土壤在不同温度下烧失量的变化情况

6.4.2 时间

对于沙质土壤而言,浊度随萃取时间的变化趋势与浊度随萃取温度的变化趋势相似。在相同萃取温度和浓度条件下,萃取1.5h的样品浊度比萃取3.0h的样品浊度更大。对比对照

组可知，用不同浓度的氢氧化钠溶液萃取时，随着萃取时间的推移，浊度变化趋势也呈现出不同结果（图6.3）。对于用5mol/L氢氧化钠溶液萃取样品来说，与对照组相比，萃取时间越长，浊度相差越大。例如，对于在100℃条件下用5mol/L氢氧化钠溶液萃取样品，萃取1.5h，浊度比对照组结果低92%，萃取3.0h，浊度比对照组低98%。但是，对于用16.7mol/L氢氧化钠溶液萃取样品，结果却相反：萃取时间越长，样品之间的浊度差别越小。例如，对于在100℃时用16.7mol/L氢氧化钠溶液萃取的样品来说，萃取1.5h时，浊度比对照组结果低84%，萃取3.0h，浊度比对照组低80%。因此，浊度的变化并不是始终如一的。

沙质土壤烧失量的变化与浊度变化规律相似，样品萃取的时间越短，烧失量越大，与对照组之间的差异也越小。例如，对于在50℃时用5mol/L氢氧化钠溶液萃取的样品来说，萃取1.5h，烧失量比对照组降低50%，萃取3.0h，烧失量比对照组降低59%（表6.1）。从100℃时的萃取结果来看，时间因素对烧失量的影响较小。对于在100℃条件下用5mol/L氢氧化钠溶液萃取的样品来说，时间不同，样品烧失量之间的差异只有1%。对于在100℃条件下用16.7mol/L氢氧化钠溶液萃取的样品，两个不同萃取时间的结果之间没有差别（表6.1）。因此，萃取时间对于在较低温和较低浓度条件下萃取的样品来说，影响会更大。

6.4.3 萃取剂溶液浓度

在相同萃取温度和相同萃取时间的条件下，使用低浓度溶液萃取样品的浊度比使用高浓度溶液萃取的浊度更大。图6.3分析了沙质土壤与对照组的浊度之间的差异。当溶液浓度增加时，两者之间的差距减小。从表6.1可以看出，与对照组相比，80℃条件下萃取1.5h，经5mol/L溶液萃取的样品浊度下降至84%，经16.7mol/L溶液萃取的样品浊度下降至76%。萃取3.0h，经两种浓度萃取后样品浊度与对照组相比，呈现出与上述相似规律。因此，正如其他变量一样，浓度越高，浊度越低。但是，对照其他参数，溶液浓度较高时，浊度相对差异较小。从数据观察到，在萃取温度越低，萃取时间越短的情况下，浓度的影响变得越重要。

对沙质土壤烧失量的分析表明萃取剂浓度越高，剩余土壤的烧失量越低，且与对照组相比，差异越大，这也证明了氢氧化钠溶液的功效。在50℃时，萃取1.5h的条件下，与对照组相比，用5mol/L氢氧化钠溶液萃取时，烧失量降低至50%，用16.7mol/L氢氧化钠溶液萃取时，烧失量降低至57%（表6.1）。因此可以看出，在较低温度下并萃取时间较短时，萃取液浓度对烧失量产生显著的影响。

在对有机土壤的浊度分析中，其浊度的变化与沙质土壤呈现出相反结果，在相同萃取时间和温度条件下，用低浓度溶液萃取时的浊度比高浓度溶液萃取时的浊度更低。与对照组之间的差异则遵循相同的变化趋势，即溶液浓度越高，差异越大（图6.6）。但是，也可观察到，当使用浓度较低的溶液萃取时，与对照组相比，浊度下降，当使用浓度较高的溶液时，与对照组相比，浊度上升。例如，在100℃条件下萃取样品，用5mol/L氢氧化钠溶液萃取时浊度下降26%，用16.7mol/L氢氧化钠溶液萃取时浊度上升47%（表6.2）。因此，溶液浓度越高，浊度值越大，同样，溶液浓度越高，实验组与对照组的差别也越大，只不过各自表现出特有的变化情况。

50℃时萃取样品，烧失量也表现出特有的变化情况。50℃条件下，用5mol/L氢氧化钠溶液和16.7mol/L氢氧化钠溶液萃取时，烧失量相对于对照组的减少量相似，大约都减少

22%，但我们预测，用 16.7mol/L 氢氧化钠溶液萃取时实验组与对照组之间的差异比用 5mol/L 氢氧化钠溶液萃取时更大（表 6.2）。100℃ 条件下，用 5mol/L 氢氧化钠溶液萃取时，烧失量下降约 12%，用 16.7mol/L 氢氧化钠溶液萃取时，烧失量下降 27%，这表明用高浓度溶液萃取时，实验组与对照组之间的差异更大。因此，由于只有一个温度下的实验样品得出了有用的结果，所以对所分析样品的烧失量，未观察到明显的变化趋势。

可以推断，关于浊度和浓度的结果，沙质土壤和有机土壤显示出相反的趋势。有机土壤的浊度与氢氧化钠溶液浓度呈正相关，而沙质土壤与氢氧化钠溶液浓度呈负相关，50℃沙质土壤的萃取除外（图 6.10）。

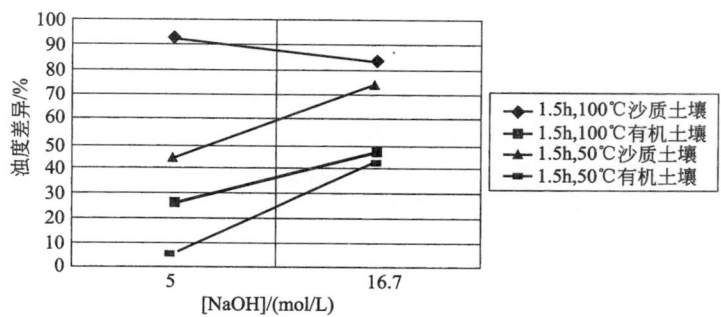

图 6.10　与对照组相比，有机土壤和沙质土壤在不同萃取剂浓度下浊度的变化情况

与温度分析相似，很明显，浊度的对比情况表明萃取过程对沙质土壤的影响比对有机土壤的影响更大，因为实验组与对照组之间的差异更明显。

几乎所有样品的烧失量和浓度都呈正相关。50℃条件下对有机土壤的萃取除外，此条件下浓度对烧失量的影响似乎不明显（图 6.11）。此外，沙质土壤的曲线图居高，这表明在萃取过程中沙质土壤样品受到的影响比有机土壤样品受到的影响更大。因此，通过烧失量分析可知，氢氧化钠溶液的浓度对沙质土壤的影响比对有机土壤的影响更大。

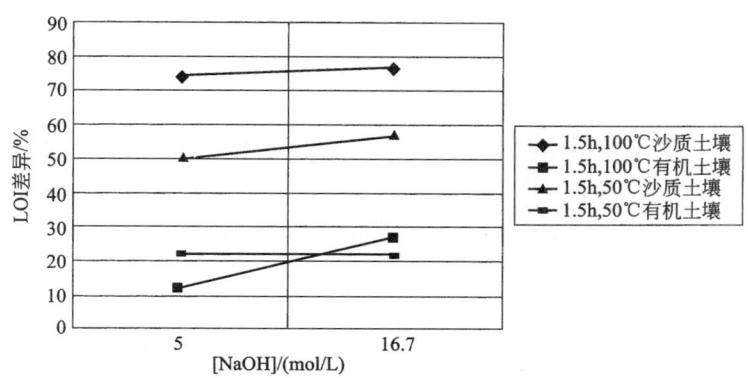

图 6.11　与对照组相比，有机土壤和沙质土壤在不同萃取剂浓度下烧失量的变化情况

6.4.4　变量的相对重要性

为了更好的分析萃取过程中温度、萃取时间和萃取剂浓度的影响，我们对这些不同的参数进行了比较。首先观察到，两种土壤对这些参数表现出不同的变化趋势，沙质土壤受这些参数的影响更大。但是，一般来说，温度和溶液浓度这两个参数对萃取过程的

影响更明显。

对所有的参数的影响进行总体观察，被分析的参数在其他参数数值较低时对萃取过程的影响较明显。当所有参数都处于极端值时，每个参数对萃取过程的影响更小。

比较浊度和烧失量的结果，浊度越高，烧失量越大，这就意味着，浊度越高，萃取出的有机物越少，这与我们预期的结果相反。

6.5　有关研究结论的讨论

萃取温度、萃取时间与萃取剂浓度等参数对有机物萃取过程有显著的影响。

温度对萃取过程的影响非常大。这个影响可以用 DLVO 理论解释，该理论描述了在胶体分离过程存在的能量障碍。在分离过程中容易获得更多的能量。因此，在高温条件下，既能萃取出像矿物颗粒这样较大的颗粒，也能萃取出像有机物颗粒这样较小的颗粒。萃取出的较小颗粒在清洗过程中可去除，但由于装置的影响，较大的颗粒可能去除不了。这个情况在沉淀、浊度和烧失量的结果中反映出来。较大的颗粒也是在高温下萃取出来的，所以样品沉淀也就越容易，且与对照组之间的差异更大。高温下，颗粒较少且有机物和矿物颗粒都处于悬浮状态，因此浊度会更低。由于从土壤中主要萃取的是有机物且萃取过程需要高温，因此烧失量结果显示土壤中残留的有机物含量较低。这三个分析表明在高温条件下颗粒物的萃取量很大。

第二个参数萃取时间的影响不明显。在这三个参数中，萃取时间对萃取结果的影响较小，但这可能是因为在胶体分离过程中存在着能量障碍。正如 DLVO 理论所描述的那样，在化学反应干扰的情况下，胶体分离过程会非常缓慢。因此，在沉淀、浊度和烧失量的分析中，所选择的实验时间不足以造成明显影响。

温度和溶液浓度对萃取过程产生极大影响。根据 J. N. Ryan 和 M. Elimelech（1996）所说，添加氢氧化钠导致溶液 pH 值升高，溶液中较多的钠离子导致了胶体的生成和扩散。在沉淀分析中，即使萃取出更多粒子，但由于溶液中胶体的扩散，溶液浓度的影响与温度的影响情况不同。溶液浓度低时，即使在沉淀之前，不同的萃取温度和不同的萃取时间之间的差别也很明显。实际上，在淋洗之后，溶液浓度越高，胶体扩散程度越大，沉淀后溶液之间的差别也越大。

沉淀后，浊度对浓度的变化情况与浊度对温度的变化情况相似。溶液浓度越高，浊度越低。更多的颗粒物从土壤中萃取出来，经过去除后，剩余在悬浮液中的颗粒就更少。浓度越高烧失量越小，这表明氢氧化钠溶液的浓度越高，就越能萃取出更多的有机物，这与 J. N. Ryan 和 M. Elimelech（1996）所说的一样。

萃取有机物时，土壤的性质也是非常重要的参数。沙质土壤比有机土壤更容易受这一参数的影响，所以很难从有机土壤中萃取出有机物。因为有机土壤颗粒较硬，很难溶解于溶液中，而在沙质土壤中有机物更容易溶于溶液。

因此，为了优化有机物萃取方案，温度和萃取剂浓度是有效的研究参数。高温和高浓度为萃取提供了良好条件。但是，当这两个参数都处于最高值时，萃取效率也没有极大的提高，因此应该选用中等温度和浓度。因此，优化萃取方案为在高温下用中等浓度萃取或者在中等温度下用较高的浓度萃取。

第7章

金属净负荷的可行性研究

〔作者：Helene Ejhed，Anna Palm Cousins，Magnus Karlsson，Ida Westerberg（IVL）；Stephan J. Köhler，Brian Huser（SLU）〕

7.1 概述

　　水环境中金属的负荷主要取决于一级和二级污染源的总金属负荷，但同时也与该金属在水环境中的传输和迁移转化有关联。本研究的目的是探讨在全国范围内使用金属负荷滞留模型/方法的可能性，以满足瑞典履行国际高精度报告制度的需求。本研究致力于金属滞留过程的文献调研及两个滞留模型和一种物料平衡方法学的检证。

　　人们越来越关注有关瑞典河流和湖泊中的微粒、胶体和溶解性金属方面的知识。文献中关于金属滞留的研究表明了不同金属滞留率差异很大，从几个百分点到将近100%，但是不同金属之间按数量级，滞留率次序是相对恒定的。在大多数研究中，滞留率次序是 Pb＞Cd，Zn，Cu＞Ni，Cr。其中，瑞典梅拉伦湖中 Cd、Zn 与 Cu 的最大滞留率经计算分别为60%、50% 与 30%。而韦特恩湖中 Cd 与 Hg 的滞留率经一项研究计算分别为 60% 与 97%。由于没有对大型湖泊的所有支流进行完全监控，故本研究不能对这些大型湖泊进行滞留实验测试。金属是通过埋藏于沉积物中而实现滞留的。一些文献的作者成功地利用水力停留时间模型来描述金属滞留情况，并且指出了金属粒径大小和金属微粒形式的重要性。接下来的工作重点应该主要集中于对这些参数的研究。

　　本书采用了两种不同的方法对瑞典湖泊与河流中颗粒态金属 Al、Fe、Ni、Cu、Zn 和Pb 进行了进一步研究。这两种方法分别为：通过线性回归与偏最小二乘分析的经验回归法和化学形态分析法。结果表明线性回归模型是估算颗粒态金属的最有用模型，因此应该在还没有出现更好的化学表征手段前，应用于所有金属颗粒的评估。利用线性回归模型预测各种金属颗粒浓度时，效率是不同的。其中，效率最高的是金属 Al、Fe 与 Pb，效率一般的是Zn 与 Ni，Cu 的效率则不佳。进而，本章进行了一个关于 Pb 胶性载体（如氢氧化铁或有机物）变化的研究。该研究中采用了一种所谓的快拍（snapshot）方式对湖泊上游和下游取样。研究数据表明湖泊周围土壤中有机物的流失可能会大大影响 Pb 的负荷。本章水体中，Pb 颗粒主要以有机物结合态存在，而少量以矿物质结合态存在。本书强烈建议在其他地点对其他金属进行进一步的观察调研。

本研究成功应用两个基于动态过程的金属滞留模型——Lindström＆Håkansonmodel 模型与 QWASI 模型对三个湖泊中的金属 Pb、Cd、Zn 和 Cu 进行了试验，并且成功应用物料平衡（河流滞留程序——Flow Norm）方法对六个河流支段进行了测试。根据试验要求湖泊需具备多年来的流入和流出金属浓度监测数据，瑞典范围内只有几个湖泊符合要求。本研究中扩大了选择标准，使得将来有更多的湖泊适合用于校对和验证。通过测试金属滞留模型 Lindström ＆ Håkansonmodel 与 QWASI 得出的所有金属在 Innaren 和 Vidöstern 两个湖的输出浓度和预测浓度的结果具有可比性。但两个模型都在很大程度上过度预测了 Södra Bergundasjön 湖的输出金属浓度。因此，该测试表明利用滞留计算作为验证和修正总负荷估计量的工具的重要性。本研究还通过敏感性分析与不确定性分析进一步测试了 Lindström＆Håkansonmodel 模型，结果表明该模型对于总负荷的变化是最敏感的。此外，通过对 Innaren 湖和 Vidöstern 湖的情景案例说明滞留模型是动态的，并且可有效预测负荷变化引起的响应。由于 Lindström＆Håkansonmodel 模型所需输入数据较小，因此推荐将其用于进一步的研究。

对于河流滞留程序（Flow Norm），只有几个配对河流监测站，可用于计算河流段中金属的潜在滞留的数据更少。必须沿着不同河流支流选择不同监测点来量化金属滞留。本研究可用的监测点表明，金属滞留可以不同程度地发生在流动中。那么未来的研究工作应该关乎湖泊和河流中的金属滞留。未来工作的建议如下。

① 线性回归模型对于估算颗粒态金属的量是最有用的。

② 对胶体载体和颗粒部分进行进一步调查研究，就像本研究中对 Pb 所进行的研究那样，在其他点，对于其他金属，对进一步增加数据提出更多建议，方式包括：

a. 在已经抽样的区域进行沉积物取样。

b. 在已经抽样的区域进行过滤和不过滤样品的取样。

③ 强烈建议继续进行金属滞留的研究工作，以改善总负荷的计算。

④ 使用本研究建议的标准以增加模型地点数目。

⑤ 将 Lindström＆Håkanson 模型用于全国范围。

7.2　引言与文献综述

水环境中金属的负荷主要取决于一级和二级污染源的总金属负荷（例如，Ejhed 等，2010），但同时也与金属在水环境中的传输和迁移转化有关联。金属能否在水体滞留取决于控制金属传输的过程。本研究的焦点是调查在全国范围内使用具有相对高分辨率的金属负荷滞留模型/方法的可能性，这是履行瑞典国际报告义务的要求。本研究主要关注金属滞留过程的文献研究，验证两个滞留模型及一个物料平衡方法。此外，本研究尤其关注加强瑞典河流和湖泊中的有关微粒、胶体和溶解态金属等方面的知识。之前已有研究人员对北欧城市地区的小型湖泊以及小型林区的金属通量与金属水化学进行了研究，且有几个案例重点关注整个生态系统的预算和负荷来源（例如，Bergbäck 等，2001；Skjelkvåle 等，2001；Ukonmaanaho 等，2001；Landre 等，2010），但很少有研究关注水环境中的金属滞留过程。根据 Skjelkvåle 等于 2001 年所做研究可知：在北欧国家，湖泊中的金属污染（不包括他们研究中的汞）在全国范围内属于次要的生态问题，但是在特定地区确实是主要的生态问题，并且湖泊中金属的量高于国家设定的允许限值。这些结论与水地区"管理计划"相一致，并且最近被瑞典流域管理局所采纳（例如波罗的海北部地区管理计划，2010）。对于旨在减少污染来源的管理和举措，需要将金属的传输和迁移转化纳入考虑，这也是需要开发适用于全国范围的方法的另外一个原因。

因为水环境中的金属被沉积物中的埋藏所滞留，故金属在沉积物中的累积速率是一个重要的过程。在 Bergbäck 等（2001）的研究中，梅拉伦湖的金属累积速率，极大地受到斯德哥尔摩地区的城市金属负荷的影响，且在多项研究中利用沉积物测量技术对金属的积累速率进行了总结。总结表明 Cr 和 Ni 在沉积物中的积累速率非常接近于工业化之前的水平，因此 Cr 和 Ni 在梅拉伦湖的沉积物中没有任何大规模的释放和保留。这与 Blais 和 Kalff（1993）的研究结果一致，他们对加拿大魁北克的 11 个湖泊以及安大略湖中的沉积物进行了研究。但是这一研究结果并不具有代表性，例如 Landre 等（2010）在安大略塑料湖的物料平衡研究表明，Cr 和 Ni 的滞留系数（输入-输出/输入）分别为 53％和 72％，这表明 Cr 和 Ni 的滞留情况存在很大差异。梅拉伦湖中（Bergbäck 等，2001）Cd、Hg 和 Pb 在沉积物中表现出了强烈的富集，而铜和锌的富集水平中等。比较 Pb、Cd、Zn、Cu、Cr 和 Ni，Pb 一般是滞留程度最高的金属，这与本研究中所有参考研究一致。在近 20 年，梅拉伦湖中金属累积速率出现下降现象（Sternbeck 和 Östlund，2001），特别是 Cd，Hg、Pb 和 Zn 也表现出相同现象。用 Bergbäck 等（2001）的研究数据重新计算金属的累积速率，按滞留百分数表示，Cd 为 10％～60％，Zn 为 10％～50％，Cu 为 10％～30％。数据区间的出现是因为金属负荷和累积速率具有不确定性。Pb 累积速率比计算出的输入值-来源负荷高很多，这意味着有些 Pb 来源没有记录。已有大量研究针对确定金属累积速率与整个湖泊累积速率关系的方法而开展，例如 Rippey 等（2008）。很明显，利用沉积物累积速率测定金属的滞留是一种好方法，但是该方法仅适用于那些已进行科研的项目、有可用数据的湖泊，从而限制了该方法的适用性。

地表水中微量金属以各种不同的化学形式存在。在很大程度上，金属可以与颗粒或胶体一块在水环境中传输（Buffle，1988；Stumm，1992；Luoma 和 Rainbow，2008）。然而，一些作者（如 Pokrovsky 等，2006）却证明了溶解态金属与颗粒态金属在传输中并没有明显区别，并且自然或矿物胶体的大小是影响金属在底泥中的埋藏因素。实际上，Lindström 和 Håkanson（2001）将颗粒态金属部分作为可变驱动因子，用于对通流式湖泊（through-flow lakes）中的金属滞留进行量化分析。目前，关于瑞典地表水中颗粒态金属的数据非常有限。

关于金属滞留过程的一些模型和物料平衡方法已经在瑞典、欧洲、美国和加拿大进行了测试。本研究对其中两个模型在瑞典湖泊中进行了验证。下面简单描述过去研究中对这些模型/方法的应用及研究成果中金属滞留的差异。Rippey 等（2004）使用两种简单的物料平衡关系确定北爱尔兰一个湖泊中的金属浓度。Rippey 等通过使用水体滞留时间或者监测流入和流出之间的关系来确定滞留系数。铅的滞留系数在 68％～86％之间变化，铜的滞留系数在 31％～53％之间变化。Vink 和 Behrend（2002）用与水力负荷（如果排水和表层水体区域份额除以河流深度，则水力负荷与水体滞留时间有关）之间的关系来计算莱茵河和易北河中金属的滞留，莱茵河中，锌 15％滞留，铅 46％滞留；易北河中锌 33％滞留，铅 61％滞留。本研究对 Lindström 和 Håkanson（2001）开发的模型进行了测试，并且在方法部分对该模型进行了详细描述。瑞典斯德哥尔摩 10 个城市湖泊金属滞留结果是：沉积物中积累了 10％～90％的金属，最多的是汞和铅，最少的是镍和铬。Lindström&Håkanson 模型也应用于韦特恩湖金属预算的一个研究中（Karlsson，2001）。虽然总负荷大幅降低，但沉积物中通过埋藏而滞留的金属量在两个时间段是恒定的。韦特恩湖中的高金属滞留情况是由于水体滞留时间长，金属滞留率介于镉的 60% 和汞的 97% 之间。Cui 等（2010）对瑞典斯德哥尔摩的五个城市湖泊中的铜建立了一种耦合来源-输送-存储模型。铜埋藏大约是流入湖泊量的 40%～100%。该模型中的湖泊描述与 Lindström & Håkanson（2001）模型相似，但是该模型可以将湖泊的预测情况与负荷的来源相匹配。然而，该模型只适用于小部分区域，要在全国范围内应用需要太多可用数据。

7.3 金属净负荷的可行性研究方法

对于金属滞留，一个基本问题是溶解态金属和颗粒态金属形式之间的分配。因此，本研究特别关注此问题。目前，关于瑞典地表水中颗粒态金属的数据非常有限。而在本研究中，使用了新的监测数据来进一步发展经验等式以确定颗粒态金属情况。

并且，已有研究通过在湖泊上游和下游使用所谓的快拍取样法，对过氧化铁粒子和有机碳这样的胶质载体变化进行了有限研究。所谓的快拍取样，指的是大量的采样点几乎同时取样，因此代表了一个简单的水文形式，可能会对水样浓度和金属滞留的瞬时变化提供一些提示。这些胶质载体的迁移转化或许也决定了束缚于这些胶体的金属的迁移转化，例如铅。

基于湖泊过程的箱形模型已被修订并测试用于计算金属的滞留情况。滞留模型在多年来具备输入和输出监测站的湖泊进行了测试；并且，如下所述，这些湖泊的支流区域完全在监测范围内。下文也描述了在河流上游和下游河段应用物料平衡法测试河流的金属滞留情况。

7.3.1 颗粒态金属

（1）经验回归法　瑞典关于颗粒金属的监测数据是非常有限的。环境质量调查中高级技术的使用只局限于特殊的问题（Törneman 等，2008），甚至于样品（有膜过滤的金属）数目都是相对较小的（Köhler，2010）。瑞典环境监测项目中，只可得到（Herbert，2009；Köhler，2010）不过滤水样的金属浓度，例如总金属浓度（Me_{tot}）。

为给该研究中的滞留模型测试提供必需的数据，我们用线性回归和偏最小二乘法分析了有关统计意义上的过滤金属和总金属的现存数据。这些技术使得线性金属特殊等式得以发展，其能用来估算金属的颗粒态部分，这种估算是在所有取样点都可广泛获取的化学参数的基础上完成的。

对于所有回归分析，我们使用由 Köhler（2010）提供的数据作为校正数据（$n=250$），在同样采样点，补充的新数据（$n=150$）作为验证数据。

估算颗粒态金属量（Me_{part}^{*}）的等式的一般形式如下：

$$Me_{part}^{*} = A_0 + \sum_{i=1}^{n} A_i^{*} B_i \tag{7.1}$$

式中，A_i 和 B_i 分别为线性比例因子和化学参数。本研究中各金属的具体计算结果参见表 7.6。为了减少偏差风险，被观测到的颗粒态金属位于百分位 10% 以下和 90% 以上部分数据剔除。为了最小化预测变量的数量，本研究只包含在 0.001 水平有显著影响的数据。

（2）化学形态分析方法　在第二种方法中，利用化学形态软件 Visual Minteq（Gustafsson，2001）与 Sjöstedt 等（2010）提供的近期铝和铁形态变化信息来确定在 10℃下自然水体中与氢氧化铁粒子结合的金属的量。把总铁的量输入到形态代码中，当达到氢氧化铁的溶度积（在 25℃时 $K_{sp}=2.69$）时，允许水合氧化铁的形成。当结合到有机物质的金属被假定是处于溶解状态时，氢氧化铁粒子会代替自然状态下形成的颗粒物。

在这种方法中，三种不同的金属部分可能被区分出来：

$$Me_{org} = 结合到天然有机物质的金属被量化为总有机碳（TOC） \tag{7.2}$$

$$Me_{part}^* = 结合到氢氧化铁的金属作为计算的 Fe(OH)_3 沉淀 \tag{7.3}$$

$$Me_{free} = Me_{tot} - Me_{org} - Me_{part}^* \tag{7.4}$$

7.3.2　滞留模型测试地点的选择

（1）数据收集与选择标准　监测站点选择基于国家范围内可获取的来自水体和环境数据库的金属数据。在数据库中，湖泊和溪流有 618 个监测站点有记录。利用 GIS 技术选择至少在近距离内拥有两个监测站点的水体。基于下面的准则对这些站点进一步筛选：

① 验证站点处于同样的水体或者河区，而不是在更小的支流。

② 站点之间的土地利用类型。

③ 在站点处的水流量与汇水区域相比较。

基于这些准则，许多监测站点被排除了。很多情况下，一个监测点仅能代表湖泊总支流中很小的一部分，而有时，监测站点中间的河流是几个主要的支流。一些站点之所以没有选取，是因为它们实际上属于其他水体而非给它匹配的监测站点。那些可能遭到人为的金属的输入影响（例如城市或者工业区域）的溪流也被去除掉了。

（2）湖泊选择　由于瑞典对大型湖泊支流的监测不够全面，因而本研究不对大型湖泊进行金属滞留模型测试。

通过数据过滤选择了了五个较小湖泊，但是其中只有三个湖泊，Vidöstern、Innaren 和 Södra Bergundasjön，可获得几年之内的湖泊流入和流出数据，这三个湖都位于瑞典南部，流入 Södra Bergundasjön 湖（也被称作 Södresjö）的支流中，Växjö 市覆盖了土地的大部分面积。流入 Vidöstern 湖和 Innaren 湖的支流中，森林是主要的土地覆盖类型（表 7.1）。水体表层区域是所有支流中很大的一部分，因而在水体表层的沉降是金属负荷的重要来源。选择上述三个湖泊作为模型测试点是因为它们具有不同的水力停留时间和底部累积面积（表 7.2），而这两个因素被认为是影响金属滞留的两个重要变量。模型基于湖泊年度中等浓度与流量（按季度取样统计结果）进行计算。模型输入的湖泊的金属负荷来源于对流入湖泊的支流的监测数据及 Ejhed 等（2010）基于模型计算得出的从支流进行湖泊的金属总负荷。

表 7.1　湖泊支流范围内具体的土地覆盖类型（Ejhed 等，2010）　　　　单位：km²

湖泊 土地覆盖	Innaren	Vidöstern	Södra Bergundasjön
耕地	5.7	17	27
湿地	0.5	66	0.1
森林	28	81	14
开放湖泊水体	15	43	8.3
空旷地	3.0	14	5.1
皆伐地	1.2	4.1	0.4
城市	0.2	3.1	18

表 7.2 湖泊具体变量

项目	Vidöstern	Innaren	Södra Bergundasjön	来源
平均深度 D_m/m	4.4	6.3	2.5	SMHI,1996
最大深度 D_{max}/m	35	19	5.4	SMHI,1996
区域 A/km²	44	15.4	4.3	SMHI,1996
体积 V/Mm³	211	104	10.5	SMHI,1996
平均水体流出量 Q/(m³/s)	16.7	0.9	0.4	通过 SMHI(1993)和 SMHI(1994)数据计算得出
临界水体停留时间 T_w/a	0.4	3.7	0.8	由 V/Q 计算得出
累积区域的面积 BA/%	5	45	17	通过 Håkanson&Jansson 模型运算得出

注：SMHI—瑞典水文气象局。

（3）溪流的选择 基于地理位置和上下游监测数据的可获得性选择了9个测试点。其中6个（Motala Ström，Baggstabäcken，Örvallbäcken，Badebodaån，Haraldsjöån，Orkarens avflöde/Venaåns mynning）测试点至少包括12个月的匹配的金属浓度。然而不幸的是，Orkarens avflöde/Venaåns 受该区域重型矿山行业点污染源影响严重。纳入本研究的金属包括：铁、锰、铜、锌、铝、镉、铅、钴、砷和钼。

选定溪流的流量数据通过 SMHI 提供的水文流域模型 S-HYPE 模型模拟的日流量收集获得。这些流量数据作为 Flow Norm 软件计算的质量。

一些监测站位于模拟流域内部，而不是边界位置上（如流入口与流出口），是为了确定直接进入子流域（根据 S-HYPE 划分的子流域）的流量。

7.3.3 金属滞留模型的测试与回顾

本研究选择的模型均为可获得的，免费使用且有可能应用到本研究中的模型。最终选择两个湖泊模型（Lindström&Håkanson 模型与 QWASI 模型）对金属 Pb、Cd、Zn 与 Cu 进行测试，并选择了一个河流金属滞留模型进行测试。

（1）湖泊金属滞留模型的测试

① Lindström&Håkanson 模型 Lindström&Håkanson 模型是基于动态质量平衡模型。模型结构图见图 7.1。应用该模型时，湖泊被简化为三个箱子，分别为：湖水，沉淀聚集活跃区（A 区），腐蚀和传输区（ET 区）。本模型关注的是湖泊年金属负荷量，这意味着该模型不关注湖泊的季节变化过程，如温度分层，故湖水可以简化为单一组分。在 Lindström 和 Håkanson 的研究中已证明颗粒物在 ET 区的再悬浮是悬浮颗粒物的主要来源之一。A 区和 ET 区的划分也是为了用模型模拟再悬浮过程。而 A 区和 ET 区的划分是根据标准经验法确定的，如对变化消沉的沉积物岩心的研究。模型中 V_d 描述湖泊形态及湖泊累积区和 ET 区的参与，与湖泊深度有关，$V_d = 3 \times (D_m/D_{max})$。其中，$D_m$ 是湖泊的平均深度，D_{max} 是湖泊的最大深度值。沉降速率 v 在 Lindström 和 Håkanson 的研究中已经校对过，如应用于多个湖泊，应该重点校对其值。本研究中 v 值取自 Lindström 和 Håkanson（2001）。物质从底泥中的扩散过程主要取决于其在底泥中的浓度梯度。对于金属的移动性而言，主要于底泥中的氧化还原条件。在 Lindström&Håkanson 模型中，扩散被简化为与底泥中的有机负荷（用烧失量 IG 表示）成反比。底泥中有机负荷通过文献获得。

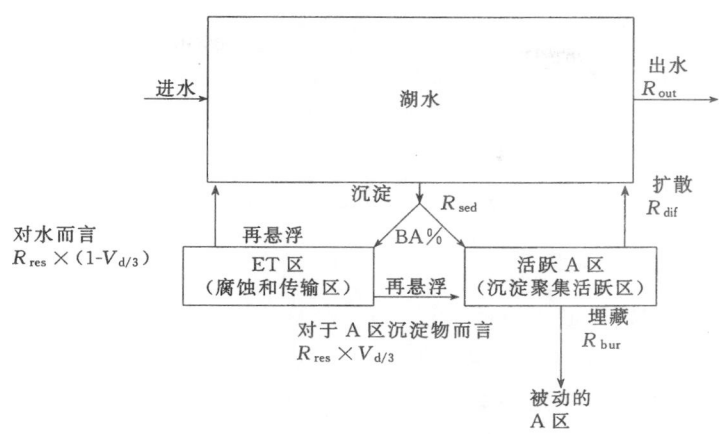

速率	公式
1. 出水	$R_{out}=1.386/T$（对于水体周转很快的湖，$T<1$ 月）
	$R_{out}=1.386/T(1-0.5/T)$（对于非常小的湖，面积$<0.1km^2$）
	$R_{out}=1.386/T\{[30/(T+30-1)+0.5]/1.5\}$（对于其他湖）
2. 沉淀	$R_{sed}=PF\times v/D_m$
3. 埋藏	$R_{bur}=t/(Rsed\times V_{d/3})$
4. 再悬浮	$R_{res}=1/$（腐蚀和传输区底部物质的平均年龄）
5. 扩散	$R_{dif}=c_{diff}/IG$

l 是 A 区沉积物厚度（$=2cm$）。

图 7.1　湖泊金属滞留模型

图 7.1 质量平衡模型说明及速率公式，来源于 Lindström 和 Håkanson，2001。$T=$水力停留时间，PF$=$颗粒态金属，$v=$颗粒态物质的沉降速率，$D_m=$湖泊平均深度，$V_d=$湖泊形状因子，$C_{diff}=$扩散系数，IG$=$烧失量。

② 模型设置　对于湖泊而言，一个重要变量为颗粒态金属，这也是本研究的重点研究内容。本研究中应用到的模型变量分别见表 7.2～表 7.4（表 7.2 为湖泊的具体变量值；表7.3 为金属负荷数据；表 7.4 为本研究中应用的模型参数值）。鉴于这些变量都是基于经验值，故存在很大的不确定性，因而本研究也对湖泊金属滞留模型进行了不确定性与敏感性分析。其中，敏感性分析是通过保持其他变量为常数的情况下，仅调整一个变量值来测试其对金属滞留情况预测的影响而进行的。所有模型变量的变异系数（CV）均高于 0.5，从而使变量正态分布。然后利用这些分布值运行模型 100 次后，即可预测出埋藏金属的分布。已有研究对模型的不确定性分析（蒙特卡罗模拟，参见 Håkanson 和 Peters，1995）是通过标准方差法（参考 Håkanson，1999 提供的方法）对选定变量赋予现实不确定性。本研究中对模型的不确定性分析采取同样的程序，但是以 CV_x 为现实不确定性代表(图 7.8)。

表 7.3　选定湖泊的总金属负荷（Ejhed 等，2010）　　　　　单位：kg/年

金属	Vidöstern	Innaren	Södra Bergundasjön
Pb	270	29	58
Zn	3900	210	950
Cd	15	1.5	3.1
Cu	590	41	1000

进而，通过模型预测第 10 年，总金属负荷下降至 50％时的湖泊金属滞留量。选取第 10年是因为此时金属在湖泊中已达到一个新稳定状态。

表 7.4　模型参数值

金属	Pb	Zn	Cd	Cu
颗粒部分 PF(无量纲)	0.4[1]	0.18[1]	0.15[2]	0.09[1]
沉降速度 v/(m/a)	50[2]	100[2]	100[2]	50[2]
ET 区域物质平均年龄/a	2[2]	2[2]	2[2]	2[2]
扩散常数 C_{dif}/((%/a)	0.35[2]	3.5[2]	3.5[2]	0.35[2]

[1] Köhler，2010 和本研究。

[2] Lindström 和 Håkanson，2001。

[3] Mackay 环境归宿模型　根据 Mackay (2001) 提出的原则，已有许多环境归宿模型被开发出来。起初，这些模型主要用于化学物质的评价，并利用关键参数逸度（P_a）来描述化学物质在不同环境介质中的传输过程。对于一种环境介质（如土壤、水或底泥）而言，其"保持"或"捕获"一种化学物质的能力用逸度容量（Z_i）表示。而逸度容量大小则由化学物质的特性与环境介质的特性共同决定。如果 $Z=0$，则表示该化学物质没有或仅有微量进入该环境介质中。而化学物质在两相环境介质中的分布则用分配系数 K_{ij} 来表示。K_{ij} 则为化学物质在这两相环境介质中逸度容量值的比值。有机物在主要环境介质中的逸度容量 Z 值在 Mackay (2001) 中有描述。

化学物质在相内与相间最终趋于平衡，被用于描述化学物在不同相中的分配的 Q 被用作平衡判据，对于有机物而言，Q 即是逸度 f(Pa)，而对于金属而言 Q 则为当量/等量浓度 a(mol/m³)。Q 与浓度的关系为 $C=QZ$。

因此 Z 值和分配系数可提供化学物质在不同介质间的大致分配趋势，但不能给出其在不同介质间的传输速率等信息。而这些信息通过过程传输系数（D）来表达。D 值结合了 Z 值与以速率常数表达的传输速率（包括降解）。利用 D 值与平衡判据（Q）推导出化学物质在各介质之间的质量守恒方程式，根据系统方程组解出在稳态下或动态某一时间点时化学物质在各环境介质中的浓度。

金属当量浓度的应用起因于很难定义金属在空气中的 Z 值，因为金属在空气中的浓度几乎为零。对于有机物而言，其在空气中的逸度容量 Z_{air} 值与水气分配系数一起被用于计算有机物在其他介质中的 Z 值，并获得逸度（如在各介质中的浓度）；而对于金属而言，$Z_{air}=0$，Z_{water} 被定义为 1，并基于此计算金属的其他 Z 值，而分配系数 K_{iw} 则是根据经验得出。许多 Mackay 模型允许应用当量/等量浓度作为驱动参数。下文中描述了一个主要的 Mackay 模型，并进行了计算练习以证明其对计算金属停留的可用性和适用性。

[4] 多介质环境模型 QWASI　QWASI 模型（Mackay 等，1983）描述金属在水、底部沉积物、悬浮沉积物、大气之间的迁移、转化规律，并计算稳态下环境系统中金属的量与在各介质中的量，在介质中的传输速率及总停留时间，并提供恒定的金属年流入量与排放量。该模型需要的数据包括金属的物理化学特性及研究水体的特性。应用该模型的主要难点是分配系数的获取。通常该系数需依据金属类别及其所处的具体水环境而做出经验判断。QWASI 模型需要的具体湖泊信息列于表 7.5。

表 7.5　用于 QWASI 模型参数设置的环境数据

环境	S	Innaren	Vidöstern	单位	参考
特定数据	Bergundasjön				
水体表层面积	$4.3×10^6$	$1.5×10^7$	$4.8×10^7$	m²	SMHI 湖泊记录
水体体积	$1.1×10^7$	$1.0×10^8$	$1.9×10^8$	m³	SMHI 湖泊记录

续表

环境	S	Innaren	Vidöstern	单位	参考
沉积物活性层深度	0.05	0.05	0.05	m	Mackay,2001
固体浓度					
在水体中	17.1	11.3	3.9	mg/L	估算[①]
在进水中	7.6	5.0	2.0	mg/L	估算[①]
空气中气溶胶	19.7	19.7	12	$\mu g/m^3$	IVL 数据库
在沉积物中	0.15	0.15	0.15	m^3/m^3	Håkansson 和 Jansson,1983
固体中有机碳含量					
水体中	0.06	0.23	0.28		估算[①]
沉积物中	0.03	0.05	0.02		Håkansson 和 Jansson,1983
进水中	0.13	0.32	1		估算[①]
悬浮沉积物中	0.03	0.05	0.02		Håkansson 和 Jansson,1983
固体密度					
水体中	2400	2400	2400	kg/m^3	Mackay,2001
气溶胶中	1700	1700	1700	kg/m^3	Mackay,2001
沉积物中	2400	2400	2400	kg/m^3	Mackay,2001
流量					
河水流入	781	1486	54500	m^3/h	S-HYPE 模型计算
水体流出	1520	3187	69100	m^3/h	S-HYPE 模型计算
沉积物沉积率	1.06	1.06	1.06	$g/(m^2 \cdot d)$	Håkansson 和 Jansson,1983
固体埋藏速率	0.21	0.48	0.05	$g/(m^2 \cdot d)$	Håkansson 和 Jansson,1983
固体再悬浮速率	0.85	0.58	1.01	$g/(m^2 \cdot d)$	Håkansson 和 Jansson,1983
气溶胶沉积速度	0.7	0.7	0.7	m/h	Mackay,2001
扫气率	20000	20000	20000		Mackay,2001
雨强	0.62	0.62	0.62	m/a	SMHI 天气站 Växjö
挥发 MTC	1	1	1	m/h	Mackay,2001
挥发作用 MTC	0.01	0.01	0.01	m/h	Mackay,2001
沉积物水体扩散 MTC	0.0004	0.0004	0.0004	m/h	Mackay,2001

① 根据下文估算固体浓度和固体中有机碳含量。

⑤ 悬浮物质估算浓度　QWASI 模型需要不同媒介中固体浓度作为输入参数。由于在全国性监测项目中几乎不测量悬浮物质，因此与之相关的数据很少报道。另一个与悬浮物质含量有关的参数是浊度。这两者之间直接的关系是之前没有料到的，因为浊度还取决于其他因素，如颜色。然而，与其在模型中使用通用的缺省值代替悬浮物质浓度，还不如通过浊度确定悬浮物浓度更可靠。图 7.2 展示了二者之间的经验关系，且悬浮物浓度与浊度的比值为 1.53。该比值被用于估算本研究中各研究点悬浮物的浓度。基于 Jassson（1982）的数据，边界下限设为 2mg/L。当浊度低于 2mg/L 时，以 2mg/L 计算。

⑥ 估计固体中有机碳部分　除了悬浮固体浓度，QWASI 模型也需要固体中有机碳部分作为输入值。而这一值通常无法获得，但是一般会测量 TOC。为了获得颗粒中有机碳含量的估算值，有机碳颗粒估算公式为 $0.1 \times TOC$，其被认为是瑞典湖泊的代表［看 Palm Cousins 等（2009）的讨论］。这一浓度除以估算的悬浮固体浓度，得出了固体中的有机碳含量，见表 7.5。

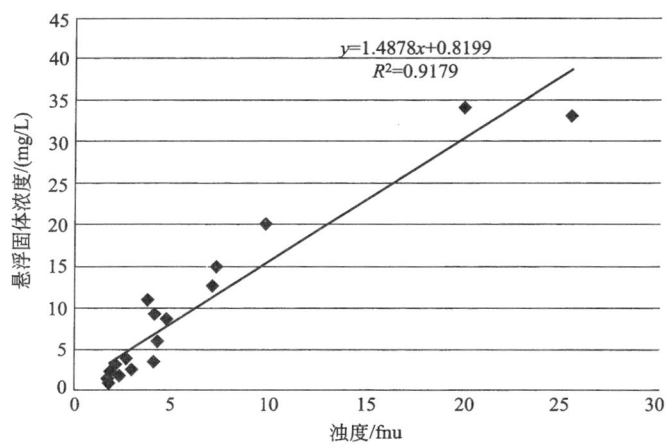

图 7.2　浊度和悬浮固体浓度（mg/L）之间的经验关系

　　该模型用表 7.6 提供的属性数据对金属铅、镉、锌和铜进行分析。所有金属的半衰期设定在 $1×10^{16}$ h，这表明可忽略降解引起的影响。起初用相同的输入值对三个湖泊进行了一个示范性试验，即输入值均为年负荷 100kg。这个试验的目的是为了说明三个湖泊中不同金属的滞留潜力。然后输入 SMED（Ejhed 等，2010，表 7.3）计算的总负荷和通过监测站监测浓度计算得出的背景流入流量，进行实际模拟。

表 7.6　输入 QWASI 模型的金属化学特性

名称	MW/(g/mol)	T/℃	K_{aw}	K_{qw}	K_{sedw}	K_{suspw}	$K_{resuspw}$	$t_{1/2}$/h
铅	207.2	25	0	100	125893	398107	398107	$1×10^{16}$
钙	112.4	25	0	100	3981	50119	50119	$1×10^{16}$
锌	65	25	0	100	5012	125893	125893	$1×10^{16}$
铜	63.5	25	0	100	15849	50119	50119	$1×10^{16}$
参考				Mackay,2001	Allison 和 Allison,2005	Allison 和 Allison,2005	Allison 和 Allison,2005	假定为忽略不计

（2）河流滞留模型的测试

　　① 应用 Flow Form 程序确定质量　应用 Flow Form 程序，S-HYPE 提供的日流量及金属浓度数据（每月）来确定计算金属的月和年度（日历年）质量。为了避免对观测数据进行误导性推断或篡改，将对 Flow Form 程序应用如下通用规则：物质负荷的计算始于第一个月，终于最后一个月，且整个期间流量数据和浓度数据均可获得；倘若监测期间缺少流量数据，且不是整个月均无数据的情况下，则流量数据可通过内插法获得；倘若缺少浓度数据，且缺少的浓度数据少于 2 个完整月，则浓度数据可由内插法获得；年负荷只能通过完整的月负荷计算获得。

　　低于可检测的数值用检测限的 1/2 代替。总的来说，水体排放以 m³/s 表示，金属浓度以 μg/L 表示，产生的河流负荷以 kg/月或者 kg/年表示。水体排放的月度和年度总额分别以 10^9 m³/月和 10^9 m³/年计。

　　② 数据的标准化　为了使数据标准化，以便能够估算真实的金属损失，我们应用了两种不同的方法。第一种方法，也是首选的方法，是利用上游与下游站点间的氯化物的质量变化而进行计算。氯化物的任何变化都被假定为是由于风化的原因引起的，下游负荷通过上游

到下游氯化物质量的比率来调整。在这种方法中，可以将来自流域支流的金属负荷从下游监测站处分离出来，从而仅剩下来自上游（或底流）的负荷。此方法可能会有误差，这是因为如干沉降或蒸发等过程对系统造成的不可预料的氯化物的增加或损失。

$$M_2 \times (Cl_1/Cl_2) = M_{1t} \tag{7.5}$$

$$M_{1t} - M_1 = 滞留（-）或者释放（+） \tag{7.6}$$

式中，M 为金属负荷；M_t 为通过氯化物校正后的金属负荷；Cl 为氯化物负荷。

第二种估算金属损失的方法是利用流域支流的大小进行计算。假设上下游水利条件相似，利用下游（大）与上游（小）之间的比例估算下游处的金属负荷。而下游处估算值与监测值的差异则代表金属在河段的滞留或释放。此方法的主要误差是流域中水流通道与传输情况相似。

$$M_1 \times W_1/W_2 = M_{2t} \tag{7.7}$$

$$M_2 - M_{2t} = 滞留（-）或释放（+） \tag{7.8}$$

式中，M 为金属负荷；M_t 为根据面积校正后的金属负荷；W 为流域大小。

7.4 结果

7.4.1 颗粒态金属

（1）回归分析法 表 7.7 中给出了用于描述颗粒态金属含量的经验公式的结果参数。

表 7.7 用经验公式的线性回归参数来描述颗粒态金属含量

（结果以 10^{-9} 计）

金属	补偿/10^{-9}	金属/10^{-9}	Abs_DIFF/(cm^{-1}/5)	Abs_OF/(cm^{-1}/5)	pH	A$_{ltot}$/10^{-9}	Fe$_{tot}$/10^{-9}
Al	-337	0.338	379	—	46.3	—	—
Fe	-345	0.410	1228	-731	54.8	0.314	—
Ni	-0.100	0.177	0.620	—	—	—	—
Cu	-0.144	0.234	—	—	—	—	—
Zn	-5.82	0.237	7.13	—	0.775	—	—
Pb	-0.677	0.484	—	—	0.100	—	0.000371

通过该方法估算的值可与监测值进行比较，见图 7.3 与图 7.4。如果方程对所有点的颗粒态金属预测准确的话，则图中的散点（小圆圈）将位于图中直线附近。

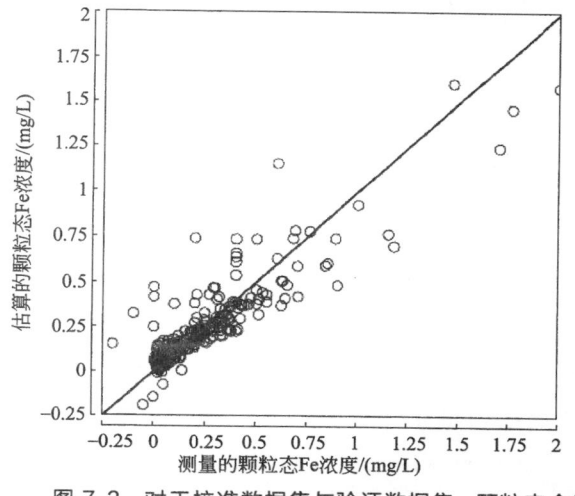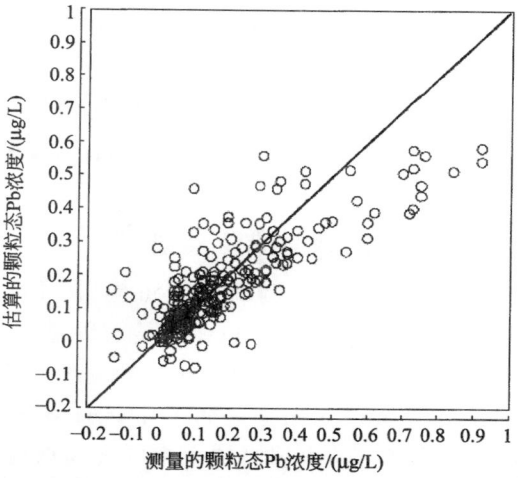

图 7.3 对于校准数据集与验证数据集，颗粒态金属的估算值（小圆圈）与测量值（直线）的比较

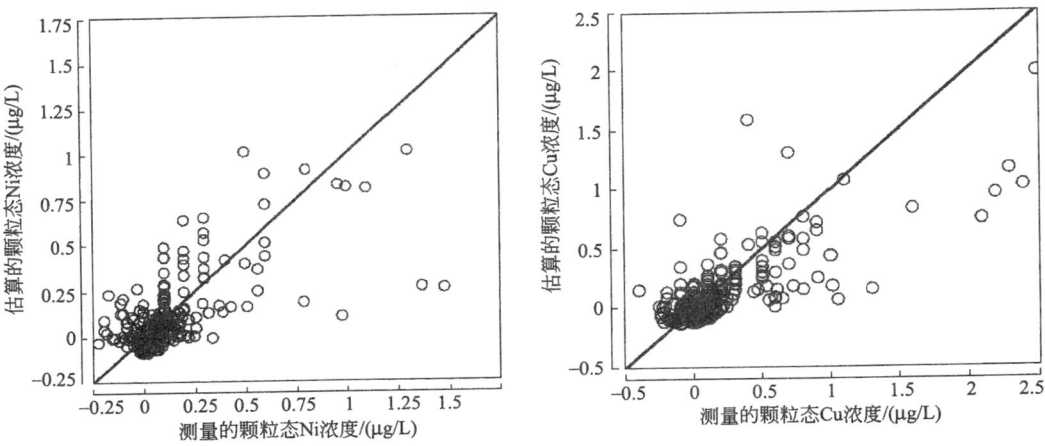

图 7.4　对于校准数据集与验证数据集，颗粒态金属的估算值（小圆圈）与测量值（直线）的比较

在表 7.8 中给出了使用检验数据集时金属铝、铁、镍、铜、锌和铅的平均误差（不含汞的数据）。

表 7.8　测定的金属总浓度的中间值（Me_{total}），测定的过滤金属浓度（$Me_{filtered}$），
测量的颗粒态浓度（Me_{part}）以及使用 Köhler（2010）数据通过经验回归法获得的模拟数据

金属	总金属浓度（中间值）	过滤金属浓度（0.1%）	过滤金属浓度（0.9%）	颗粒态金属（中间值）	颗粒态金属（中间值）	R^2	均方根误差
Al	110	27	390	27	29.9	0.68	40
Fe	480	62.8	1500	140	155	0.72	0.086
Ni	0.595	0.21	1.92	0.05	0.032	0.18	0.22
Cu	0.69	0.102	2.6	0.06	0.017	0.10	0.34
Zn	2.8	0.654	10	0.5	0.373	1.50	0.34
Pb	0.3	0.05	0.938	0.12	0.119	0.61	0.084
Hg	n. a.	n. a.	n. a.	n. a.	n. a.	n. a.	n. a.

多种颗粒态金属含量可通过线性方程来预测，其测试效果对于金属铝、铁和铅是很好的，对于金属锌和镍是可接受的，但是对于铜是欠佳的。

（2）化学形态法　应用化学形态法 VisualMinteq 来确定颗粒态金属含量的结果以及经验回归方法获得的结果展示于图 7.5 和图 7.6 中。颗粒态金属含量的测定值和模型模拟值分布很好的是铝、铁和铅，对于金属锌、镍和铜是欠佳的。

7.4.2　湖泊金属滞留模型

（1）Lindström & Håkanson 模型　Lindström & Håkanson 模型对 Vidöstern 湖、Innaren 湖和 Södra Bergundasjön 湖中纳入研究的金属的滞留率（%）和水体中金属浓度（ng/L）的计算结果在表 7.9 中给出。预测结果表明，在 Innaren 湖中金属滞留率最高，其次是 Södra Bergundasjön 湖，而 Vidöstern 湖中的金属滞留率非常小。预测的几种金属中，铜的移动性最强。模型预测的水中的金属浓度与 Vidöstern 湖和 Innaren 湖出口处监测站（图 7.6）监测浓度的中间值处于同一数量级。

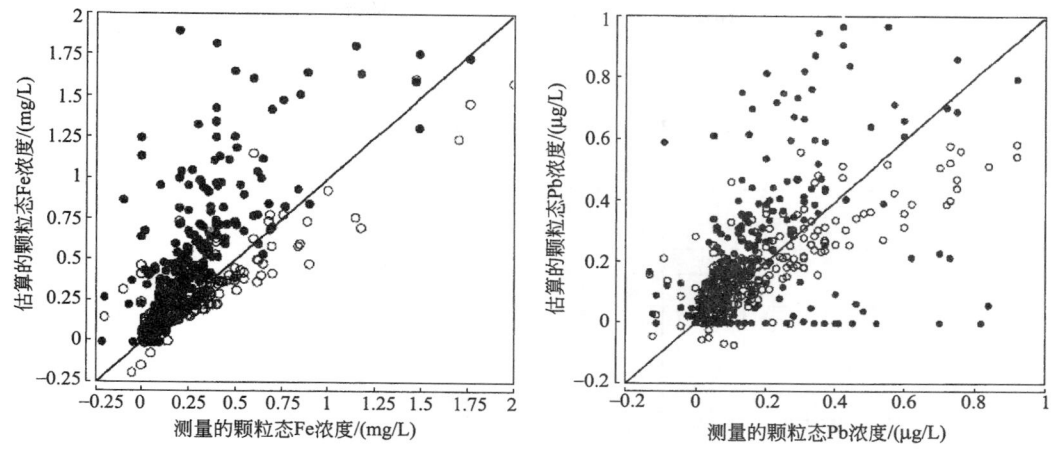

图 7.5　估算与测量的颗粒态金属浓度
（其中黑点表示化学法估算结果；白色圆圈表示回归法估算结果）

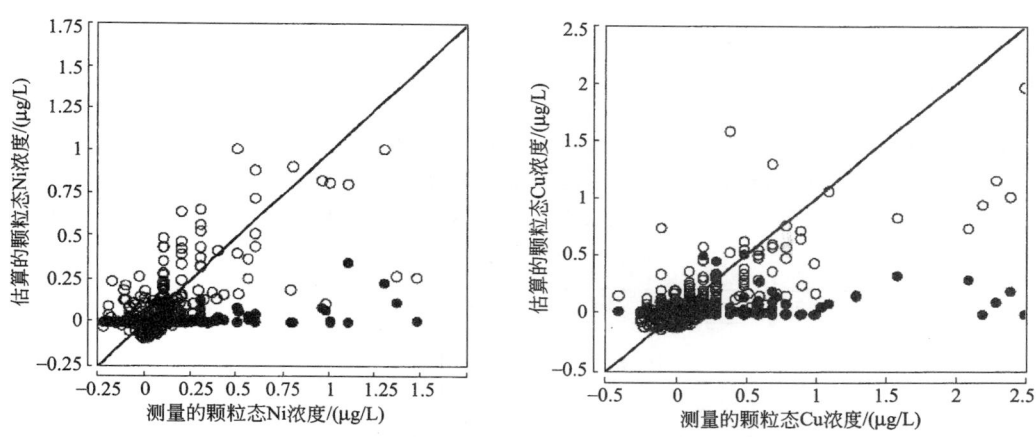

图 7.6　估算与测量的颗粒态金属浓度
（其中黑点表示化学法估算结果；白色圆圈表示回归法估算结果）

表 7.9　模型计算的水中金属浓度（ng/L）和滞留率（占金属总负荷的百分比）

湖泊	Vidöstern				Innaren				Södra Bergundasjön			
	Pb	Zn	Cd	Cu	Pb	Zn	Cd	Cu	Pb	Zn	Cd	Cu
浓度/(ng/L)	460	6900	25	790	200	2600	13	550	190	34000	110	47000
滞留率/%	6.1	5.5	4.6	1.4	78	76	73	44	44	41	37	15

　　① 模型灵敏度和不确定性测试。图 7.7 以 Innaren 湖中铅的滞留为例对模型敏感性进行分析，并发现模型对金属负荷浓度最为灵敏。

　　图 7.8 展示了以 Innaren 湖中 Pb 为例进行的模型不确定性分析。Monte Carlo（蒙特卡洛）模拟对于模型预测金属滞留情况提供了一个总的不确定性分布（图 7.8 中最左边的箱形图）。对于其他几个箱形图，当一个模型变量保持不变时，可看出在预测滞留时相应的变化。这种分析方法可评估每个变量引起的不确定性对总不确定性的贡献值。一个大的贡献值导致变异系数（CV_y）大幅度下降。模型中由于变量变化引起的最大不确定性因素是沉降速率（v），如图 7.8 所示。

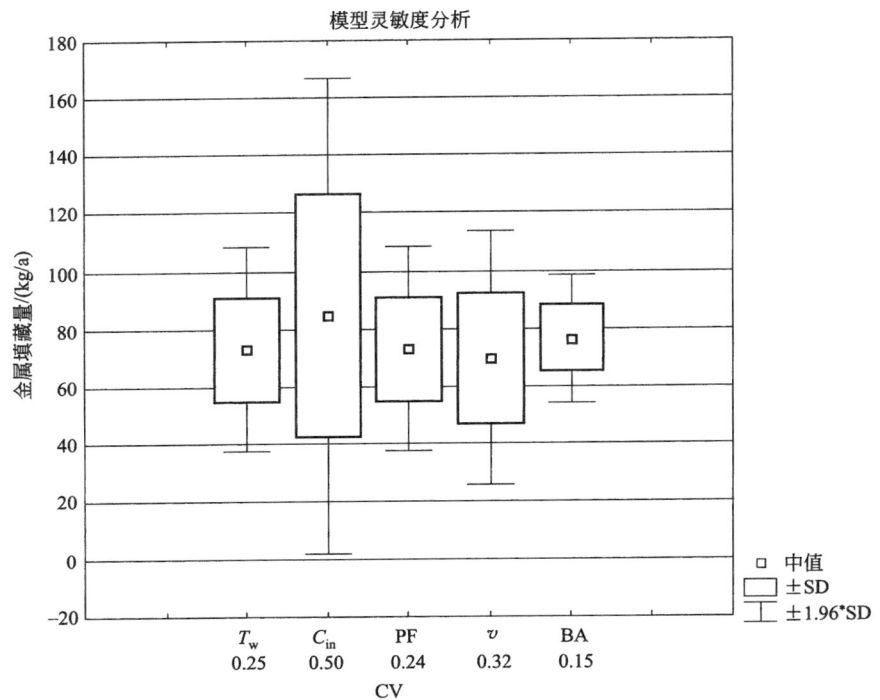

T_w—临界水体停留时间； C_{in}—流入的金属负荷浓度扩散常数； PF—颗粒态金属含量； v—沉降速度； BA—累积区域的面积

图 7.7　模型灵敏度分析　[所有测试变量的变异系数都取 0.5，从而使 100 个数值服从正态分布。 箱形图表明该变异系数如何影响预测的金属埋藏量（kg/a）的变异系数。 该模型对金属负荷浓度最为敏感]

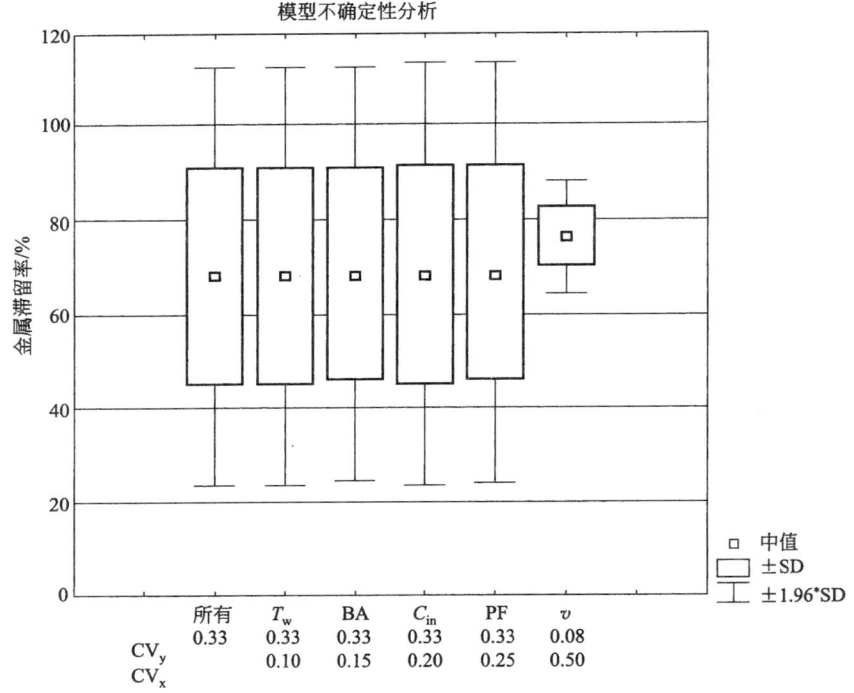

图 7.8　模型不确定性分析的箱形图（Monte 模拟 100 次）

（箱形图表明，模型预测 Innaren 湖中 Pb 滞留率如何随变量的不确定性而变化。

模型中最大的不确定性来源于沉降速率）

② 情形模拟。在第 10 年时总负荷减少了 50%，由此产生的在到达稳定状态之前的时间间隔在 Innaren 湖（图 7.9）中以锌来阐释，在 Vidöstern 湖（图 7.10）中以铅来阐释。在这两个例子中，都需要花费 15 年才到达一个新的平衡水平。

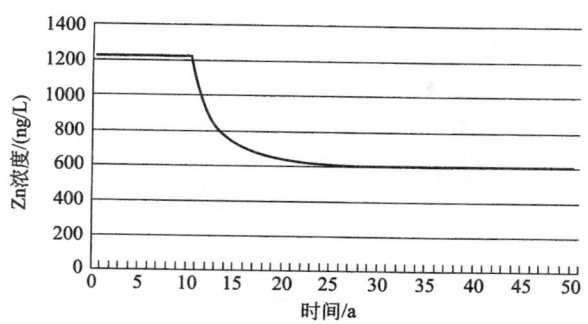

图 7.9 情形模拟，在第 10 年时 Innaren 湖的锌负荷减少了 50%

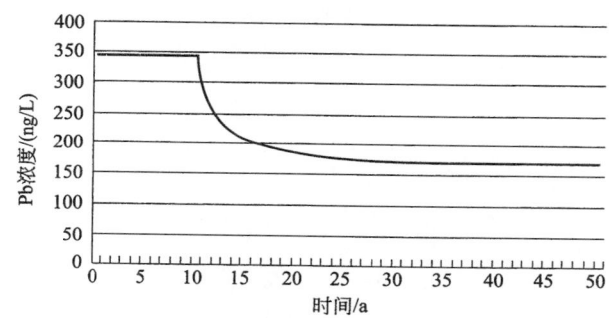

图 7.10 情形模拟，在第 10 年时 Vidöstern 湖的铅负荷减少了 50%

（2）QWASI 模型 图 7.11 给出了 QWASI 模型输出结果的例子。

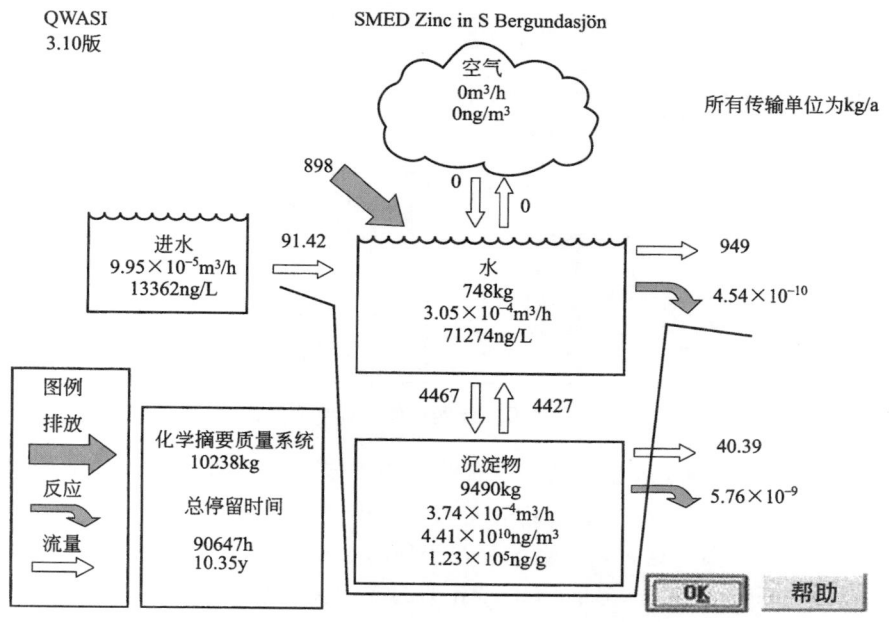

图 7.11 QWASI 模型模拟输出图的典型交界面

对三个湖泊输入相同的金属负荷，各湖中金属滞留情况见图7.12。Innaren 湖的滞留量最高，其次是 Södra Bergundasjön 湖和 Vidöstern 湖。

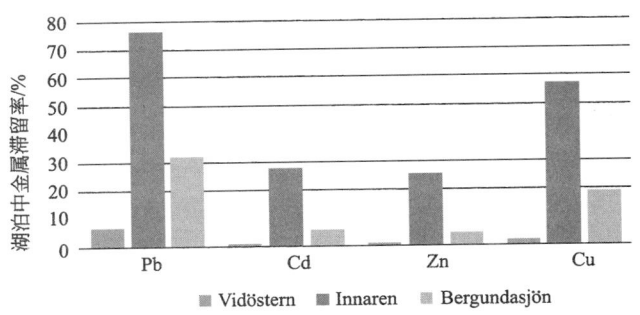

图 7.12 三个应用模型的湖泊中四种金属的埋藏率或滞留率（％）

为了确定模型预测的准确性，将不同金属的模型浓度、使用通过 SMED（Ejhed 等，2010）计算得出的总负载负荷、使用测定浓度得出的背景流入量与湖泊流出中测定的金属浓度一起标绘出来，结果在图 7.13 中列出。来自 Lindström & Håkanson 模型的浓度也被包括在内用于比较。

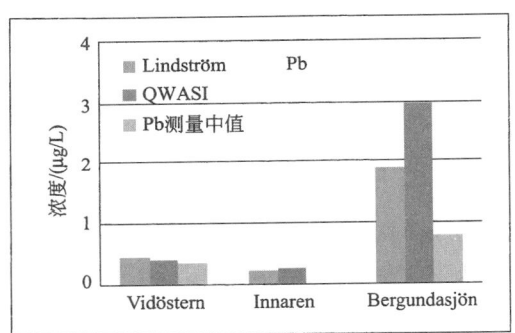
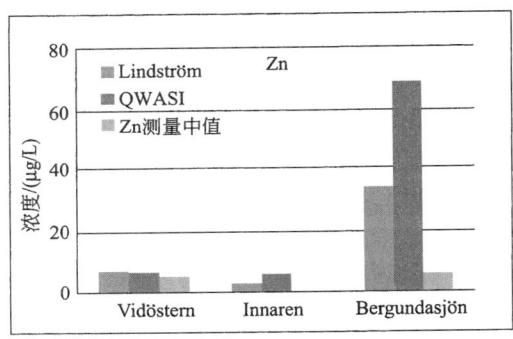
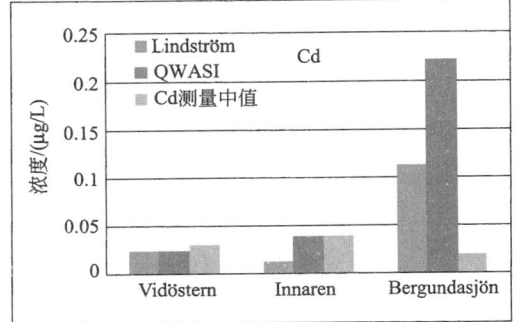
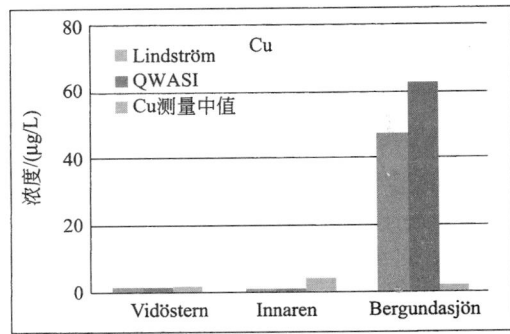

图 7.13 模型计算值与测量值（如果有）的比较

对 Vidöstern 湖和 Innaren 湖的预测金属浓度与测定金属浓度处于同一数量级（数值一般在 2 倍之内）。对于 Södra Bergundasjön 湖出口处金属浓度，模型预测值与测定值（中间值）相比高出了 4～90 倍。这种高估情况存在于所有金属，但对于铜和锌的高估倍数是最高的。这可能是因为高估了 Södra Bergundasjön 湖的支流内金属的总负荷。QWASI 模型预测的三个湖泊中的四种金属的流量见图 7.14。

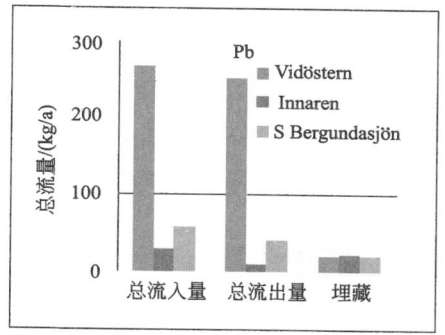
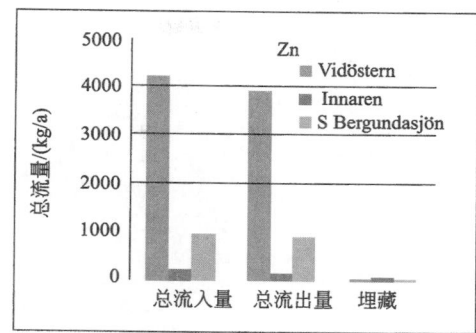
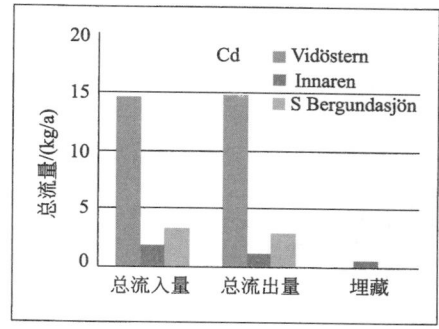
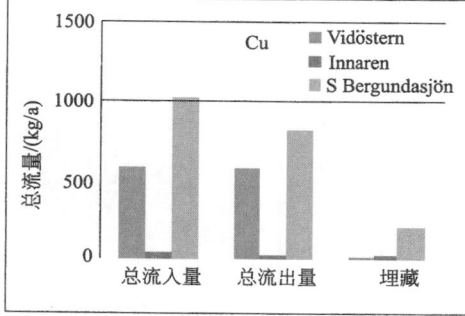

图 7. 14　QWASI 预测的三个湖泊中金属的归宿

　　模型模拟的结果表明了三个湖的流动模式几乎相同，只有 Södra Bergundasjön 湖中的铜的流动比其他湖要高很多。但正如图 7.13 所示的，Södra Bergundasjön 湖中金属浓度被高估了近 100 倍。以此类推，如降低排放物的输入将会相应地减少总的输入流量、输出流量和金属埋藏量。

7.4.3　河流金属滞留结果

　　在可获得至少 12 个月数据的五个测试点中，对其中的三个测试点进行了监测站点之间的金属通量计算（表 7.10）

表 7. 10　本研究选取的三个测试点的相关信息

地点	匹配的月度数据(N)	河段距离/km	上游流量中间值/(m³/s)	下游流量中间值/(m³/s)
Örvallbäcken	44	2. 34	0. 215	0. 346
Haraldsjöän	22	0. 48	0. 279	0. 288
Baggstabäcken	57～60	1. 41	0. 129	0. 144

　　① Örvallbäcken。Örvallbäcken 是这一类型的研究的最佳地点，因为监测站点位于一个简单的 S-HYPE 站点的入口和出口，氯化物数据对于所有的配对金属浓度数据点都是可用的。图 7.15(a) 和 (b) 给出了上游和下游监测数据（2008 年和 2009 年）的年平均金属负荷以及下游校正后的年金属负荷。正如图 7.15 所示，Örvallbäcken 下游监测的金属负荷总是高于上游监测的金属负荷，然而当利用上下游监测点间氯化物的变化来校正下游金属负荷后，则金属显现出了在 Örvallbäcken 河段的滞留（表 7.11）。所有金属负荷都显现出从上游到下游减少的情况，减少量从 3.5%（Cu）到 28.9%（Fe）。除铜外，其他金属在 2008 年与 2009 年均显现出滞留情况，而铜则在 2008 年出现 0.087kg/a 的净滞留，在 2009 年则以

0.046kg/a 的速率从河段释放。

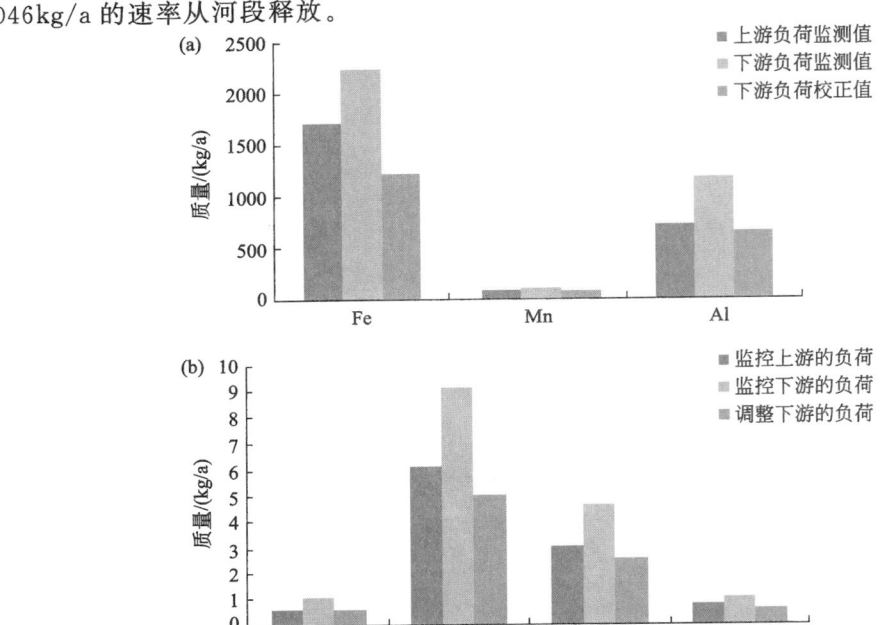

图 7.15　上下游监测站点监测（2008 年和 2009 年）的年平均金属负荷（kg/a）
以及利用氯化物校正后的下游年平均金属负荷（kg/a）

表 7.11　分析河段内计算的金属（%/a）滞留（一）或者释放（＋）信息

地点	Fe	Mn	Cu	Zn	Al	Cd	Pb	Co	As	Mo
Örvallbäcken	−28.9	−29.7	−3.5	−18.9	−11.1	−13.4	−28.3			
Haraldsjöän	−28.7	−41.6	−0.9	−14.8	−10.4	−2.7	−11.1			
Baggstabäcken	−22.5	15.8	146.5	−8.3	−29.0			25.1	−29.0	213.0

② Haraldsjöän。Haraldsjöän 的数据是有限的，因为只能获得一个年份的月度数据。由于无法获得相应氯化物数据，所以在该样点利用流域面积来估算金属损失。这种方法是可行的，因为在 Haraldsjöän 处，上下游流域面积都比较小，流经途径相似，且所有支流都在同一个 S-HYPE 流域范围内。

利用下游金属负荷的估算值与实际监测值之间的差异来估算金属损失情况。下游金属负荷的估算是利用流域面积因子（方法中有描述）来进行估算的，其假定直接流入下游监测点的支流流域内没有金属损失，并具有和上游相似的金属负荷。那么，估算的下游金属负荷和实际监测的下游金属负荷之间的差异代表了河段内的金属滞留或者释放（图 7.16）。

利用 1997 年可用的月度配对数据（表 7.11）可看出所有金属都表现出不同程度上的滞留。滞留率从 0.9%（Cu）到 41.6%（Mn）。因为这些数值只代表了一年的情况，故对结果进行解读时需慎重考虑。

③ Baggstabäcken。本河段内又一次利用下游金属负荷的估算值与实际监测值的差异来估算金属损失情况。之所以选择该方法是因为相应氯化物数据的缺失。还因为上下游流域面积都比较小，流经途径相似，且所有支流都在同一个 S-HYPE 流域范围内。

这一河段内金属呈现出不同的结果（图 7.17），如铁、铝、钴和砷的量降低了，而锰、铜和钼的含量增加了（表 7.11）。

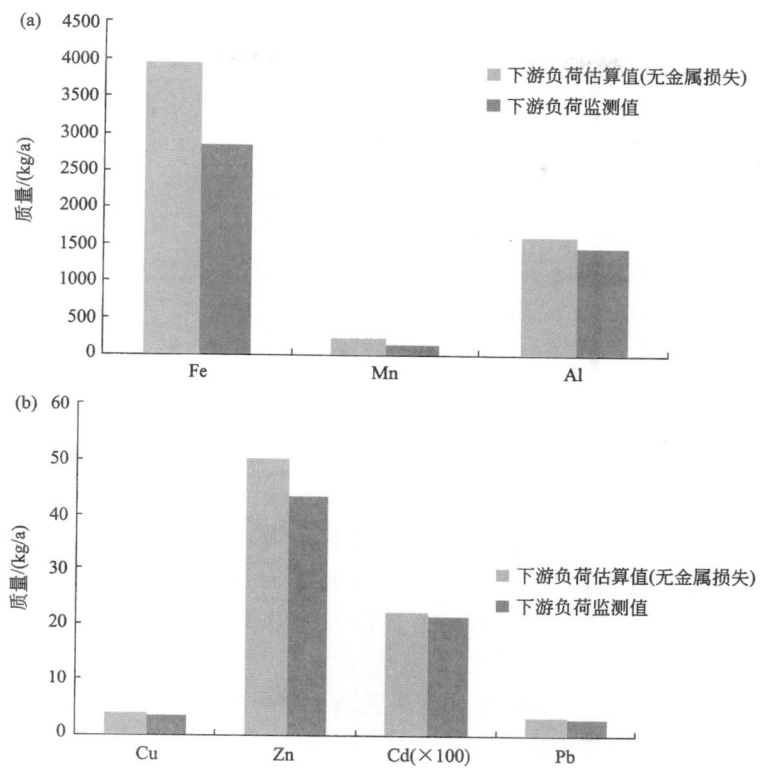

图 7.16　Haraldsjöån 下游年平均金属负荷（kg/a）估算值与监测值（1997 年）

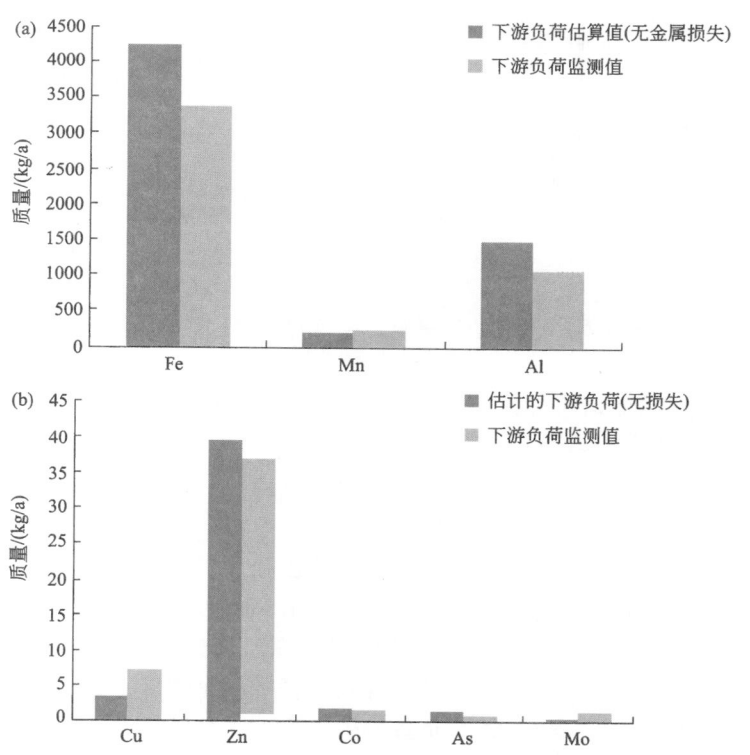

图 7.17　Baggstabäcken 下游年平均金属负荷（kg/a）估算值与监测值（2003—2006 年）

这可能是因为这样的一个事实——Baggstabäcken 受到在成对监测点之间的城市地区的影响。它作为该情况的示范而被包含在该分析中，因为四年（2003—2006 年）的配对结果可用于分析。这一地点似乎受到来自附近城市的市区和/或工业地区的人为输入的影响，然而，在该分析中仍然检测了一些金属的损失。

④ Motala Ström 和 Badebodaån。这两个河段的氯化物数据无法获得，而且上游支流流域面积很大，特别是与仅直接流入下游站点的支流流域相比。此外，将这两个河段排除在本研究范围外还因为支流流域之间不同的水文情况与流经途径，这些不同将给金属滞留的估算带来大量不确定性。

7.5 讨论与结论

7.5.1 颗粒态金属

不同金属具有不同的化学特性。金属与溶解性无机物或有机颗粒物的结合强度也是变化的，而且自然水环境很少处于平衡状态，因此，水体中颗粒物的性质也是变化的。这些颗粒物既包括矿物颗粒、无机沉淀物（如三水铝矿、水铁矿），也包括有机物质。水体中颗粒物形成的主要驱动因素是高流量活动、高 pH 及颗粒态铁与氢氧化铝的出现。正如 Köhler (2010) 研究中讨论的，不同金属的颗粒态部分的量是不同的。如 Pb、Fe、Mn、V、Zn、Co、Cd、Cu、Ni、As、Mo 的颗粒态含量依次递减。但只有 Pb、Fe 与 Mn 这三种金属有大量样品（25%），并且这三种金属的 50% 或更多是以颗粒态存在的。图 7.18 展示了 pH 与颗粒态金属含量之间的关系（以 Pb 和 Ni 为例）。

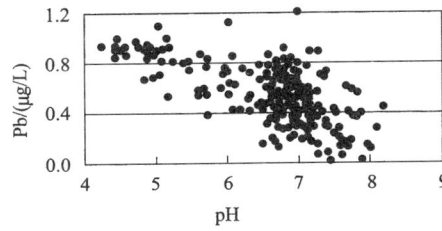 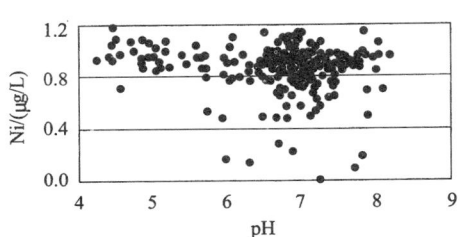

图 7.18　颗粒态 Pb 与 Ni（溶解态金属/金属总量）与 pH 的函数关系

其他金属位于 Pb 与 Ni 这两种极端金属之间。随着颗粒态金属含量的降低，可以想像估算颗粒态 Pb、Zn 与 Ni 的难度也会随之增加。

（1）颗粒态金属确定方法的比较　本研究中金属的监测值与计算值之间的差异可以通过不同的原因解释。本研究关注的金属是那些在 pH 高于 5 时，可与胶体或颗粒物质结合的金属。这是因为瑞典大部分地表水 pH 都高于 5。有些金属的颗粒态含量较低，可以通过 0.45μm 滤膜；而其他金属则与胶体结合，当用 0.45μm 滤膜过滤时被去除。这就可以解释为什么各种模型模拟计算的 Fe 和 Pb 的量几乎相同。众所周知，Pb 在中性条件下可以强烈地吸附于水铁矿上。对于监测值与化学模型模拟值不同的一个解释是缺少颗粒态有机碳的大小。如果吸附于颗粒态铁或铝，有机碳也可以颗粒态存在。另外一个原因是二价铁离子的存在，其可降低氢氧化铁沉淀的量。

线性回归参数表明过滤水样与非过滤水样的吸光度区别是预测颗粒态 Al、Fe、Ni 与 Zn 浓度的关键因素。该参数也与过滤过程中铁的损失密切相关（Köhler，2010）。因此，我们可以假定这些金属或者与铁颗粒结合或者与成矿离子结合，并会干扰未过滤水样的吸光度测量。平均颗粒态金属浓度通过表 7.7 描述的线性关系以参数 Me_tot 表示。该参数以如下顺序降低：Pb(0.48)、Fe(0.41)、Al(0.34)、Zn(0.24)、Cu(0.23) 与 Ni(0.18)。

（2）线性回归模型是预测颗粒态金属最为有效的工具，在没有出现更好的化学表征工具前，应将其应用于所有金属　本研究中对颗粒态 Pb 进行了部分研究，以支撑上述讨论。金属可通过胶体载体（如水铁矿、有机碳等）传输。因此，这些胶体载体的去向也决定了与它们结合的金属的去向。数据表明有机物质的损失可明显降低铅的量。点源排放的金属负荷也可受胶体载体类型影响。这类分析对于量化瑞典范围内金属滞留的潜在价值特别大，但不幸的是，这种类型的数据目前非常有限。因此，我们强烈建议在其他地点对其他金属的颗粒态特性进行研究。

7.5.2　湖泊金属滞留模型

正如文献调研中的不同案例和本研究结果表明的那样，不同金属滞留情况不同，滞留率从百分之几到近 100%。这些结果大部分可用水利停留时间和颗粒态金属特性来解释。本研究中应用 Lindström&Håkanson 模型和 QWASI 模型给出的结果具有可比性（图 7.13 和图 7.19），尤其是在预测出口处浓度时。然而二者预测的金属滞留结果也存在差异，与 QWAS 相比，Lindström&Håkanson 模型给出的结果中 Zn 和 Cd 具有更高的滞留情况。Innaren 湖的滞留能力最强，紧接着是 Södra Bergundasjön 湖和 Vidöstern 湖。这是可以预测的，因为 Vidöstern 湖是一个小而浅的湖，周转时间较短，而 Innaren 湖，与之相反，是一个更深的湖，滞留和沉降时间因而更长。此外，通过预测可知 Pb 的滞留量最大，然后是 Cu，再后是 Zn 和 Cd。这一结论可通过与其他金属相比，铅有更高的 K 值加以解释（表 7.6）。

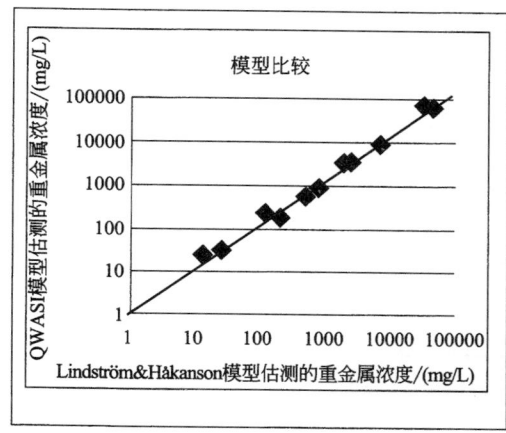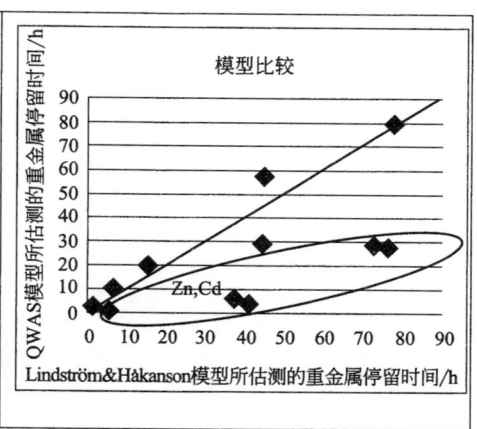

图 7.19　两个模型计算结果比较（两模型给出的结果具有可比性，但对锌和镉的滞留预测除外）

两个模型都表现出了对 Bergundasjön 湖中金属浓度的过度估计，这可能是因为对进入该湖中总负荷的过度估计，因为根据 Lindström&Håkanson 模型中所进行的灵敏度分析，湖泊的负荷浓度是最重要的参数（图 7.7）。

　　总体来说，在可获得足够模型参数的情况下，上述两个模型均可对金属滞留进行预测。然而并不是所有模型输入数据都可确定或获得，其中有些有可通过经验数据进行估算，正如本研究所采用的方法。沉积物中有机物质负荷（代表沉积物中氧化还原条件）、颗粒沉降速率、颗粒态金属等参数都是不确定的数据，其中沉降速率可通过在多个湖泊中应用 Lindström & Håkanson 模型而校正。Lindström & Håkanson 模型灵敏度测试结果表明，输入数据中总负荷最为重要，因此只要总负荷处于合理、正常的数量级别，即可利用该模型对金属滞留情况进行粗略的预测。这也进一步表明金属滞留计算作为验证总负荷计算工具的重要性。目前，可用于验证的监测站数目太少而不能为总负荷的所有变化提供验证，但那些可获得的为总负荷计算中大的误差提供了重要洞察力。在 Södra Bergundasjön 的案例中，对来自 Växjö 城市区域的总负荷计算值过高，这是因为 Växjö 市已经成功地降低了来自雨水中的负荷。因此，通过后续验证信息的增加，可大大改善总负荷的计算。此外，滞留模型是动态的，因此可有效预测负荷变化而引起的响应，正如 Innaren 湖和 Vidöstern 湖案例中所阐明的那样。

　　模型中都有描述金属滞留的参数，对 Lindström & Håkanson 模型和 QWASI 模型而言，水力停留时间是关键参数之一。为了以一种更简单的方式表明这种关系，Vollenweider (1968) 发现理论上的水体滞留对于解释湖泊中总磷的滞留是一个重要的因素。受此启发，研究了 Innaren 湖、Vidöstern 湖和 Södra Bergundsjön 湖中金属滞留和水体滞留之间的相关性。相关性很明显（$p < 0.05$，$r^2 = 0.94$）。湖泊金属滞留结果中的差异可以由湖泊水体滞留中的差异来解释。这并不令人感到意外，因为沉积物中的埋藏是金属的一个存储过程，沉降时间越长，更多的粒子沉降下来。

　　表 7.12 中列出了 Lindström & Håkanson 模型和 QWASI 模型对比，影响二者可用性的一些特征。当前评价结果表明，两个模型均可使用。预测性模型容量的任何缺点都能被总负荷的不确定性遮蔽掉。

　　Lindström & Håkanson 模型与 QWASI 模型相比，需要更少的输入数据，其被专门开发用于预测金属滞留情况，故在今后的工作中更倾向于应用该模型。

表 7.12　比较两个模型应用性的参数

模 型 特 征	Lindström & Håkanson	QWASI
用户友好的	＋	＋
公开地可获得界面	－	＋
即时计算结果	＋	＋
内置灵敏度分析	＋	－
全面测试	＋	＋（主要的有机物）
低数据需求	＋	＋/－
模型生成的地点特殊数据	＋	

　　通常，由于缺乏湖泊支流所有（或几乎所有）的进口与出口监测数据，因而不能应用湖泊金属滞留模型。本项目原本旨在开发一种控制不同金属滞留过程因素的多变量分析法，但由于可用数据太少，故项目重点对湖泊和河流金属滞留模型进行了测试。模型所需数据集可通过将点源位于支流范围内的湖泊（本研究不包括）、没有对支流完全监测的湖泊，甚至仅对出口数据有要求的湖泊纳入在内而增加。这样做无疑为模型提供了更多的校正与验证地点。本研究中 Lindström & Håkanson 模型在测试条件下（以森林和城市为主导的湖泊）运行良好（Lindström 和 Håkanson，2001）。多变量分析可为金属滞留的未知驱动力提供有用

信息，但因为缺少流入和流出金属浓度信息，故很难进行。建议在未来工作中重点校正和使用 Lindström&Håkanson 模型。

7.5.3 河流金属滞留模型

正如我们所见，在应用河流滞留模型时，具有配对监测站的河段很少，用于计算河段潜在金属滞留量的数据更少。这表明需要沿着不同河段选取采样点，并应用一种特殊的采样技术以定量金属滞留情况。尽管本研究没有证明河段长度与金属去除之间的相关性，也没有足够可用数据来判断河段长度、水域类型、流量等参数对瑞典河流中金属滞留的影响，但本研究证明金属滞留确实可以在河段中以不同程度发生。其他研究者观测到河流对重金属储存变化很大。例如，Walling 等（2003）发现英国的两个河流对铅的储存为 5％～64％，并给出结论：这一区别主要是由沉积物中细颗粒部分（<0.063mm）造成的。Vink 和 Behred（2002）利用水利负荷（排放量和表层水体面积的商，除以水深后与水体滞留时间的关系）间的关系计算了莱茵河和易北河河中滞留的金属。研究结果表明 Zn 在莱茵河和易北河滞留分别为 15％和 33％；Pb 在莱茵河和易北河滞留分别为 46％和 61％。

应该注意到，在一些案例中，金属滞留情况与有机碳损失有关，如对颗粒态金属那部分研究所示；此外，金属滞留还与上下游 pH 变化有关，以 Örvallsbäcken 的 pH 变化为例（图 7.20）。

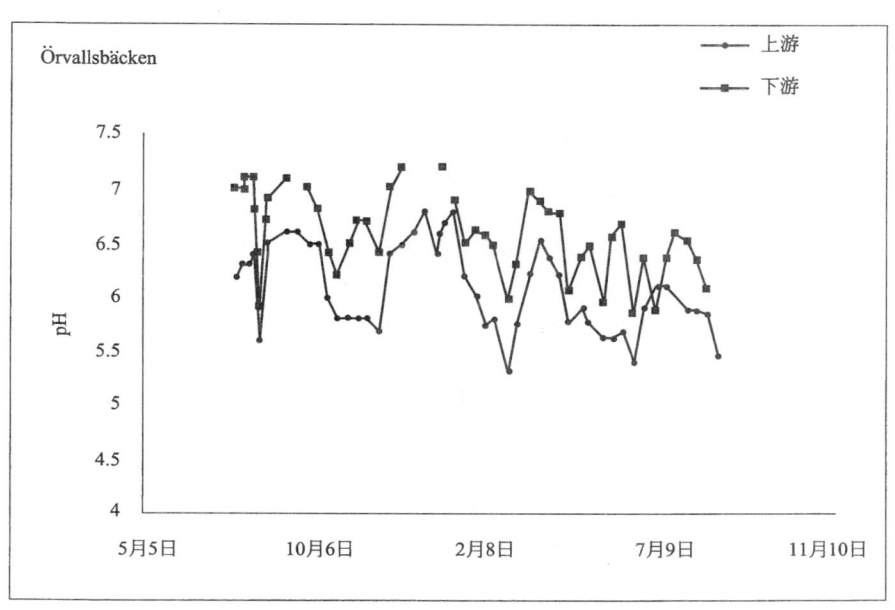

图 7.20　Örvallsbäcken 上游和下游的 pH

7.5.4　对未来工作的建议

本研究对计算颗粒态金属的方法进行了比较，建议在未来进行如下工作。

① 线性回归模型对于预测颗粒态金属最为有用，在没有出现更好的化学表征方法之前，应将该方法用于所有金属。

② 应该在其他地点，对其他金属进行进一步的胶体载体和颗粒态部分的研究，正如该研究中对铅所进行的研究。这将有助于确定颗粒特性及改善金属滞留计算。进而，建议通过

以下途径增加可用数据：

    a. 在取样已经完成的地方进行沉积物的取样。

    b. 在取样已经完成的地方进行过滤和不过滤样品的取样。

此外，本研究对相关文献进行了分析，并测试了一些湖泊与河流金属停留模型。基于此对未来工作提出如下建议：

① 金属滞留模型模拟为验证金属总负荷提供了一种有用工具，因此强烈建议开展对金属滞留工作的研究以改善总金属负荷的计算。

② 颗粒态金属与水体滞留时间为金属滞留的两个重要驱动力。金属通过埋藏于沉积物而实现滞留。因此，未来工作应集中在这些参数的研究上。

③ Lindström & Håkanson 模型和 QWASI 模型在计算湖泊中金属滞留方面效果相当，因此，在有足够可用数据或数据可估算的情况下，两个模型均可选用。因为 Lindström & Håkanson 模型需要的数据少，因此，建议在未来工作中应用 Lindström & Håkanson 模型。

④ 为了增加具有监测数据的湖泊的数量，建议将那些点源所位于的湖泊、支流部分监测的湖泊及只有出口监测的湖泊纳入在内。

⑤ 建议在瑞典全国范围内应用 Lindström & Håkanson 模型，以对其进行验证与校正。

参 考 文 献

Ambrosson, J. 2008. MAM-PEC-scenarier för Sveriges östkust och västkust. Rapport för KemI.

ECB (European Chemicals Bureau), 2006. Harmonisation of leaching rate determination for antifouling products under the biocidal products directive. Works-hop Report, Ispra, Italy, 12 December 2006.

Ejhed, H., Liljeberg, M., Olshammar, M., Wallin, M., Rönnback, P., Stenström, A. 2010. Bruttobelastning på vatten av metaller från punktkällor och diffusa källor- slutrapport. SMED Rapport nr 41 för Naturvårdsverket.

Finnie, A. A. 2006 Improved estimates of environmental copper release rates from antifouling products. Biofouling 22 (5): 279-291.

KemI, 2006. Kemiska ämnen i båtbottenfärger-en undersökning av koppar, zink och Irgarol 1051 runt Bullandö marina 2004. Rapport till Kemikalieinspekt-ionen; Nr 2/06.

KemI, 2007. Båtbottenfärger för fritidsbåtar. Faktablad Kemikalieinspektionen, december 2007.

KemI, 2009. Försålda kvantiteter av bekämpningsmedel 2008. Kemikaliein-spektionen, Sundbyberg.

Segersson, D., Verbova, M., Danielsson, H., Gerner, A. 2010. Metodoch kva-litetsbeskrivning geografisk fördelning av emissioner till luft år 2008. SMED, Na-turvårdsverket avtal nr 309 0917.

Trafikanalys, 2010. Sjötrafik 2009/Shipping goods 2009. 2010-06-08. Sveriges officiella statistik.

Ytreberg, E., Karlsson, J., Eklund, B. 2010. Comparison of toxicity and release rates of Cu and Zn from anti-fouling paints leached in natural and artificial brackish seawater. Science of The Total Environment 408 (12): 2459-2466.

第8章

利用低成本仪器在北欧监测站监测空气中 PM_1、$PM_{2.5}$ 和 PM_{10}

（作者：Martin Ferm，Hans Areskoug，Ulla Makkonen，Peter Wahlin，Karl Espen Yttri）

8.1 介绍[1]

8.1.1 为什么研究悬浮颗粒？

悬浮颗粒物对全球气候和人类身体健康产生不良影响，这已经成为大气科学领域中最热门的研究课题之一。

8.1.2 悬浮颗粒的粒径——一个重要的参数

粒径是描述气溶胶粒子最基本的参数，也是关系气溶胶粒子迁移和去除的一个关键参数，对了解周围环境气溶胶的影响至关重要。通过空气动力学直径对气溶胶进行定义，即"指某一种类的粒子，如果它在空气中的沉降速度与单位密度为 $1g/cm^3$ 的球形粒子的沉降速度一样时，则这种球形粒子的直径即为该种粒子的空气动力学直径"。

对流层气溶胶的粒径分布主要分为三种模式（Whitby，1978）：爱根核模式（$0.005 < d_p < 0.1\mu m$）、积累模式（$0.1 < d_p < 1.0\mu m$）以及粗粒模式（$1.0 \sim 3.0\mu m < d_p$），不同模式的气溶胶颗粒有不同的形成过程，从而导致具有不同的特征。接下来的物理和化学变化过程可能会改变气溶胶的粒径大小，因此模式间的界限不是完全固定的。这三个模式中的每个模式都可能包含几个不同来源和不同结构的模式。

8.1.3 气溶胶的来源

对流气溶胶颗粒或源于直接排放，或源于对流层反应气体（如二氧化硫、二氧化氮及挥发性有机物）氧化，生成的氧化物成核形成新的颗粒或浓缩在已有物质上。通过这两种方式形成的颗粒分别为一级颗粒物和二级颗粒物。对流层颗粒的来源很多，可分为天然过程（如风沙、海浪、火山活动、火灾）和人为活动（燃料燃烧、工业生产、非工业无组织排放和交通运输

---

[1] 感谢北欧 Ministers 委员会和 Havoch luftgruppen 提供的资金支持。

等）。从全球范围来看，对流层颗粒物的来源以天然来源为主，但在特定区域，人为污染来源的差异也是非常显著的，尤其是在北半球（Seinfeld 和 Pandis，1998）。

8.1.4　积累模式

小颗粒（$d_p < 1\mu m$）扩散到地面，这一过程随着颗粒的增大，效果逐步降低；然而较大的颗粒（$d_p > 1\mu m$）能够靠重力沉降或者嵌入其他物质表面而沉降，该过程随着颗粒的减小，效果逐步降低。在粒径为 $0.1\mu m < d_p < 1.0\mu m$ 的范围内，无论是扩散还是重力沉降或是嵌入过程都是有效的，因此这个范围内的气溶胶更容易积聚。低效的去除过程延长了积累模式颗粒物在大气层的停留时间，从而增加了它们的远程传输潜力。积累模式的气溶胶主要是在云层活动和后续沉淀过程中去除的。

8.1.5　颗粒物采样

利用能够捕获 50% 空气动力学直径分别为 $10\mu m$、$2.5\mu m$ 和 $1\mu m$ 的颗粒物的采样器对 PM_{10}、$PM_{2.5}$ 和 PM_1 进行采样。这些颗粒中，PM_1 的大小最接近积累模式。当这些颗粒通过采样器入口时，撞击冲击板并被入口处滤膜收集。然而，过滤过程可能会导致所收集的颗粒总质量发生变化。这是因为以下几个原因：在过滤过程中，气体可吸附在滤膜上从而增加颗粒物质量；在对流层中无法相互接触的不同来源颗粒物可以在滤膜上彼此接触，并生成气态混合物，从而降低滤膜上颗粒物的总质量；还有一些颗粒物由于过滤过程中气压下降而被减压空气包围，并导致气体与颗粒物间的平衡受到干扰。以上这些影响因素是不可避免的，因此，有必要对采样过程进行标准化。与在取样过程称重相比，对样品在不同温度和湿度下称重更为重要。欧洲对 PM_{10}（CEN，1998）和 $PM_{2.5}$（CEN，2005）建立了取样标准，但没有 PM_1 取样标准，故在本项目中进行 PM_1 采样时，在不同采样点都采用了相同的仪器和过滤材料进行采样。根据标准，采样前先在 20℃、相对温度为 50% 的条件下对滤膜进行称重，然后在环境温度下进行采样，并在相对湿度为 50% 条件下称重，这使得实时测量 PM_{10}、$PM_{2.5}$ 和 PM_1 变得很难。

众所周知，斯堪的纳维亚半岛受到欧洲大陆远程传送颗粒物的污染。通过测量 PM_1，我们就能确定远距离输送的悬浮颗粒，但是，也有特殊情况，在有利的气象条件下，粗颗粒也存在远距离输送的可能；例如，在斯堪的纳维亚半岛的一些地方发现了撒哈拉沙漠的尘土，在野外火灾发生时，烟气对流能够将粗颗粒传送到高海拔（平流层），导致跨界传输。

8.1.6　积累模式气溶胶的形成

爱根核模式颗粒（$0.01 \sim 0.1\mu m$）不断凝结与积聚并最终导致积累模式颗粒的积聚，该过程被认为是颗粒从核模式向积累模式转变的主要机理（Seinfeld 和 Pandis，1998）。此外，还可通过在直接排放的一定大小的初级颗粒（$0.1\mu m < d_p < 1.0\mu m$）上凝结而增加积累模式有机气溶胶，这些初级颗粒通常来源于木材、石油、煤、汽油及其他燃料的不完全燃烧。这些过程解释了凝结模式，该模式是积累模式中两种常见模式之一，形成的最大颗粒为 $0.2\mu m$（John，2001）。

液相反应发生在云、雾滴和相对湿度接近 100% 的悬浮颗粒当中，这是另一种增加积累模式颗粒质量的方式。一旦形成液滴，气态混合物（如 SO_2）就能进入水相并被氧化（如 H_2SO_4）。当液滴蒸发时，剩余的颗粒比原始颗粒大很多。凝结模式粒子激活后发生液相化学过程和液滴的蒸发过程，是液滴模式一个合理的路径，这是积累模式的第二种模式，形成的最大颗粒为 $0.7\mu m$。

8.1.7 积累模式悬浮颗粒的化学成分

积累模式占据 $PM_{2.5}$ 颗粒的大多数,故有许多研究专门对积累模式颗粒物的化学组成进行了研究。在微细的模式中,发现的物质包括硫酸、氨、有机碳、碳元素和某些过渡金属元素(如铅、镉、钒、镍、铜、锌、锰、铁、锑等)。细颗粒模式与粗颗粒模式中还可以找出很多共有物质,如某些元素(钒、铜、锰、镍、铬、钴、硒)和硝酸盐。硝酸盐通常以硝酸铵的形式存在,伴随硝酸和氨氮之间的反应。悬浮颗粒中的主要质量来自于有机质(OM＝OC_x 转换因子)或者硫酸根(SO_4^{2-})。

8.1.8 研究目标

在斯堪的纳维亚地区,区域 PM(颗粒物)背景浓度已被证实为污染的主要贡献者,甚至是造成城市 PM 水平的主要原因(Forsberg 等,2005)。相当大的一部分区域 PM 水平是由于 PM 的远程传输导致的。在斯堪的纳维亚 EMEP(欧洲空气污染长距离漂移监测和评价合作方案监测站)站点,与测量 $PM_{2.5}$ 相比,测量 PM_1 更关注长距离输送颗粒物,而且测量 $PM_{2.5}$ 可能受当地由机械活动生成的气溶胶影响。接下来进行的化学分析能够提供更多关于 PM 远程输送的重要信息。本研究在 EMEP 站点(目前正在监测 $PM_{2.5}$ 和 PM_{10})对 PM_1 进行为期一年的测量。在样品的分项中对主要阴离子(SO_4^{2-},NO_3^-,Cl^-)和阳离子(NH_4^+,Na^+,K^+,Ca^{2+},Mg^{2+})进行化学分析,这与 EMEP 的建议的一级站点一致。

8.2 实验

通过对北欧的四个 EMEP 监测站 PM 进行测量。PM_1、$PM_{2.5}$ 和 PM_{10} 的取样以 24h 为基础(转换为格林威治时间为 06:00)或者实时在线储存的小时均值。在不同的时间、不同的地点进行为期一年的测量。

在所有的采样点,PM_1 都用相同的仪器(IVL,PModell S1)收集。仪器的进样口(图 8.1)由 IVL 与德隆大学共同研发,设计空气流速为 17.8L/min。所有采样点均采用 25mm 盘状聚四氟乙烯滤膜过滤器(IF 1000),这是因为较低的环境背景浓度值及该过滤器适宜的压降。之前已有研究对该过滤器在测量城市环境背景值方面的性能与欧盟参考方法进行比较(Persson 等,2002),并显示出非常好的效果(图 8.2)。本研究中所有采样器均采用撞击的方法去除不需要的颗粒。采样时,空气流在与冲击板撞击前先通过喷嘴进行加速。喷嘴直径根据所需去除颗粒的空气动力学直径进行调整。如所需采集颗粒直径越小,则通过冲击板去除的颗粒物质量越大,同时喷嘴直径也越小。这会导致对 PM_1 取样造成问题。如果冲击板上润滑区覆盖满颗粒物,则会出现颗粒物的反弹现象。为解决此问题,在 IVL 采样头处安装了一个预分离器。但是,这个预分离器的使用只有在对交通繁忙的街道进行采样时才有必要。此外,有时过滤器上会发现昆虫,但这种情况比较少见。

然而,本研究在不同地点对 $PM_{2.5}$ 和 PM_{10} 采用了不同的技术进行测量。

图 8.1 本研究中使用的 PM_1 采样器进口

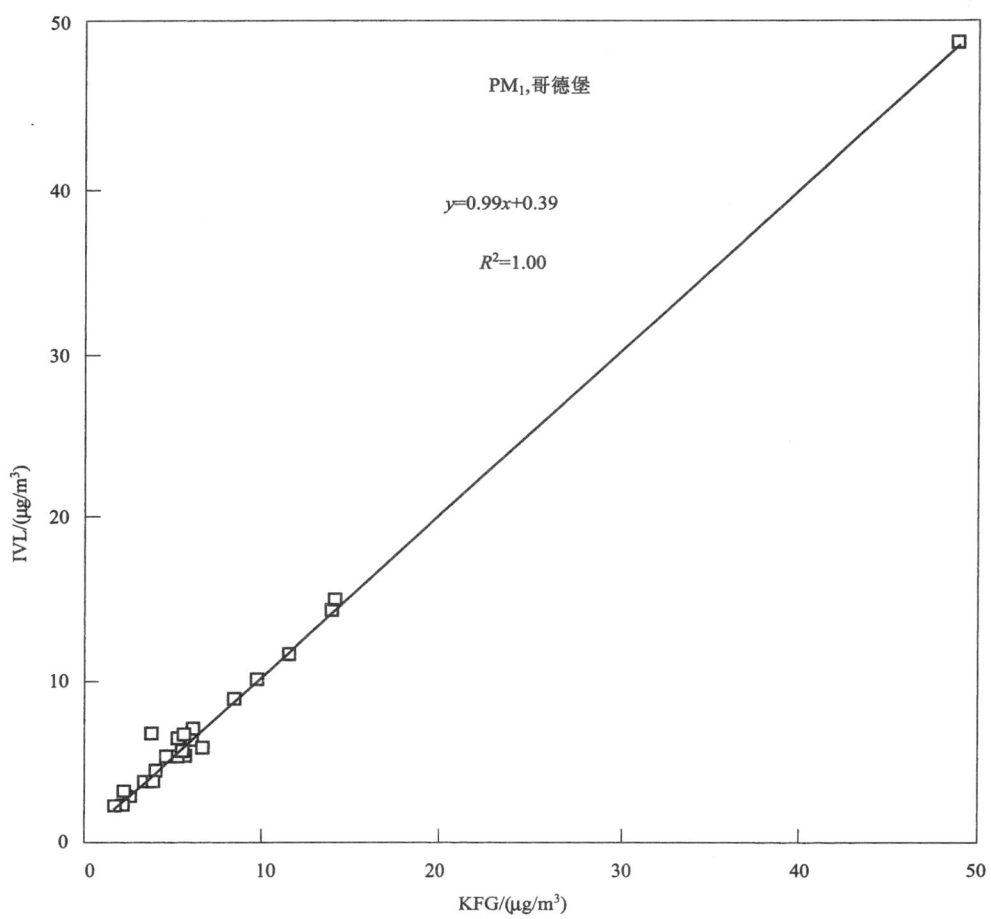

图 8.2　散点图展示了使用 IVL-监测头（进样口）测得 PM₁ 的城市背景浓度与标准方法测得值

8.2.1　里尔渥尔比（Lille Valby）（丹麦）

在混合纤维素酯过滤器上收集 PM_{10} 颗粒，该过滤器有一个 SM200 β 射线衰减法监测仪（Opsis，Sweden），其流速为 16.7L/min。使用 TEOM 监测仪（美国热电公司）测量，其操作温度为 50℃，流速为 3L/min，旁路流速为 13.7L/min。不使用校正因子。根据对 PM_{10} 和 TEOM 对 $PM_{2.5}$ 的测量，我们推测，每年由挥发物的蒸发造成的损失高达 $9\mu g/m^3$。

8.2.2　比尔肯内斯（Birkenes）（挪威）

使用两个来自 Derenda（LVS 3.1）的低体积采样器对 $PM_{2.5}$ 和 PM_{10} 颗粒进行取样，其操作流速为 38 L/min。样品的收集要根据 6+1 天计划，以周为单位。

所有样品均通过预先烘烤（850℃，3.5h）过的石英纤维滤膜（Whatman QM-A，47mm）。滤膜采用同一批次，以便减小由吸附能力（Kirchstetter 等，2001）不同而造成的误差。取样的第四天指定为区域空白，过滤器暴露在外时，要以完全相同的方式对其进行准备、处理、运输和储存。滤膜在使用前后 48h 内置于温度为 20℃，相对湿度为 50% 的条件下。

8.2.3　艾斯普维瑞特（Aspvreten)(瑞典)

使用带有 Rupprecht 和 Pataschnick（常规型）PM$_{10}$ 入口的连续 TEOM 1400A 对 PM$_{10}$ 进行分析。记录小时平均值，一共记录 24 小时的数据。并利用函数来校正半挥发物质损失造成的误差，从而使结果与欧盟参考方法——称重滤膜法获得的结果相近。

$$PM_{10}（欧盟参考）=1.26×PM_{10}（TEOM）+3.6 \tag{8.1}$$

使用 IVL 取样头（IVL，PModell S2.5）在纤维过滤膜（耐热硼硅玻璃纤维与氟碳涂层，TFE）上同时收集 PM$_{2.5}$ 和 PM$_1$，过滤器在 50％的湿度和 20℃条件下进行称重。

8.2.4　维罗拉赫蒂（Virolahti)(芬兰)

使用 Digitel D PM$_{10}$/2.3/01 的取样头（流速为 38L/min）在过滤器（PTFE，聚四氟乙烯）上收集 PM$_{10}$，使用 MCZ PM$_{2.5}$ 取样头对 PM$_{2.5}$ 进行取样。过滤器在室温和湿度下进行称重，这里使用的数据仅来自过滤样品。除过滤样品外，Virolahti 也利用监测器对 PM$_{10}$ 和 PM$_{2.5}$ 进行了监测。用监测器（热电合成，安德森 FH 62 I-R，相关系数 1.31）测量 PM$_{10}$ 的质量与通过过滤样品测得 PM$_{10}$ 的质量的相关性很好［PM$_{10}$（监测器）=1.12×PM$_{10}$（过滤器），相关系数 $r=0.97$，$n=50$］。

8.2.5　在相对较低湿度下对滤膜进行称量

为了估测颗粒的含水量，在称量前应该将滤膜的湿度平衡在溶解点以下。在较低的相对湿度条件下称量滤膜会面临许多问题。湿度的减小意味着含水量的减少和溶解离子浓度的增加。这可能会提高硝酸铵的损失，硝酸铵降解为氨和硝酸。因此，在对滤膜进行称量和分析前不应该减小湿度。

8.3　结果与讨论

8.3.1　PM$_1$、PM$_{2.5}$ 和 PM$_{10}$ 的平均浓度

一些情况下，悬浮颗粒的质量浓度接近检出限（约 0.5μg/m^3），从而增加了数据的相对不确定性。其他情况下，PM 颗粒间的误差接近测量方法的精确度。这两种状况导致的结果是，有时 PM$_1$ 的浓度高于 PM$_{2.5}$ 的浓度，而 PM$_{2.5}$ 的浓度高于 PM$_{10}$ 的浓度，这是无法解释的。对于 PM$_{2.5}$ 与 PM$_{10}$，不确定性的部分原因是由于在不同的地点采用不同取样器造成的。为了对不同粒径的 PM 颗粒进行比较，已将无法解释的结果从资料中去除。测量方法的精确度预计在 ±10％左右，故本研究中仅当数据满足 PM$_1$ < 1.1PM$_{2.5}$、PM$_{2.5}$ < 1.1PM$_{10}$ 时方采用（表 8.1）。

表 8.1　2006 年斯堪的纳维亚地区 PM$_1$、PM$_{2.5}$ 和 PM$_{10}$ 的年平均浓度　单位：μg/m^3

项　　目	PM$_1$	PM$_{2.5}$	PM$_{10}$	项　　目	PM$_1$	PM$_{2.5}$	PM$_{10}$
里尔渥尔比	8.1	11.3	25.6	艾斯普维瑞特	4.7	7.3	11.8
比尔肯内斯	5.4	6.6	10.6	维罗拉赫蒂	4.9	9.4	11.5

PM$_1$ 平均浓度占 PM$_{2.5}$ 平均浓度的 50％（维罗拉赫蒂）到 80％（比尔肯内斯）。PM$_1$/PM$_{2.5}$ 的值受测量技术的影响。PM$_1$ 平均浓度占 PM$_{10}$ 平均浓度的 30％（里尔渥尔比）到 50％（比尔肯内斯）。

8.3.2　PM$_1$ 浓度的变化

图 8.3～图 8.6 显示了每月 PM$_1$ 的平均浓度、最小浓度和最大浓度。一年中出现两个最

大值，一次在 5—6 月，一次在 8—9 月。月平均浓度受到月最大浓度的影响。当某月 PM_1 浓度值达到最大时，通常这个月内几天都会出现高浓度 PM_1 值，从而使得 PM_1 在该月平均浓度也高。此外，在所有监测站点 PM_1 浓度最低值都出现在 12 月。

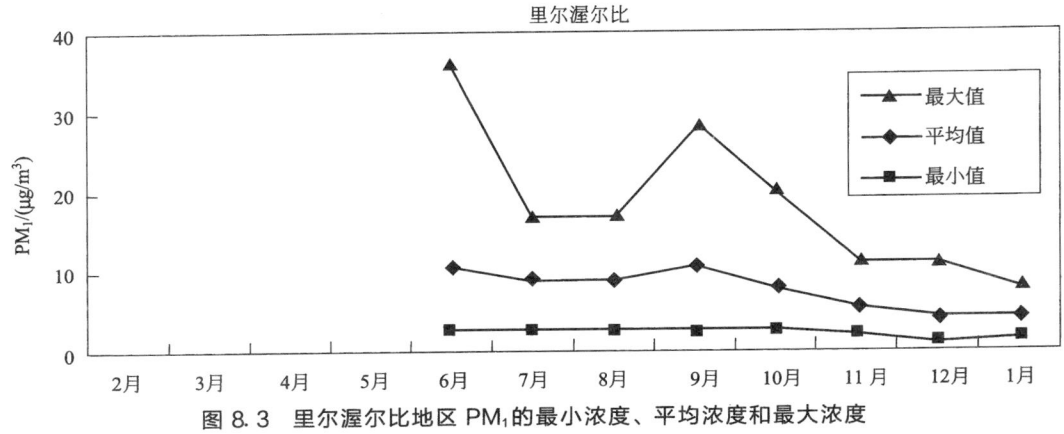

图 8.3　里尔渥尔比地区 PM_1 的最小浓度、平均浓度和最大浓度

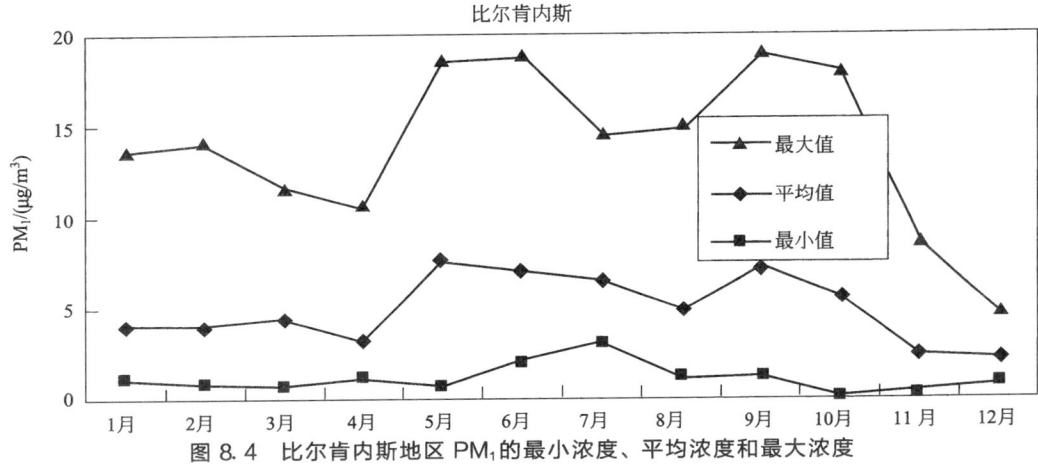

图 8.4　比尔肯内斯地区 PM_1 的最小浓度、平均浓度和最大浓度

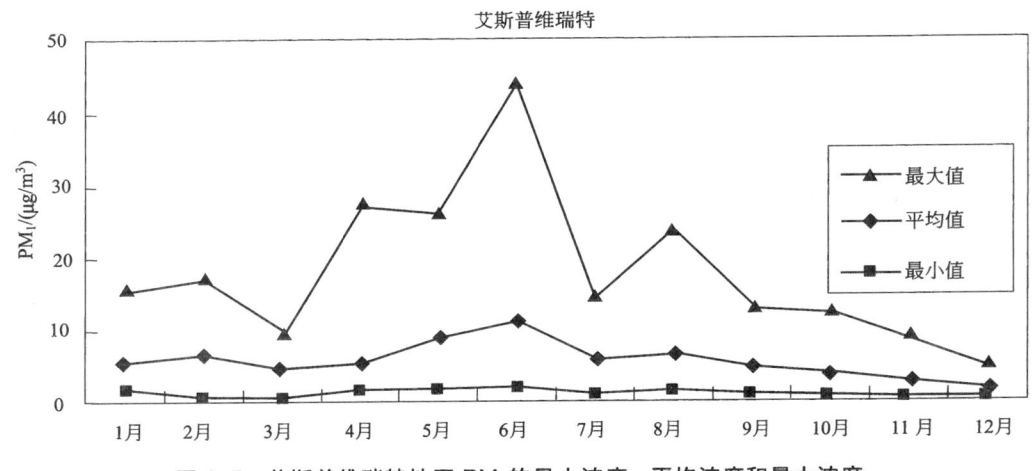

图 8.5　艾斯普维瑞特地区 PM_1 的最小浓度、平均浓度和最大浓度

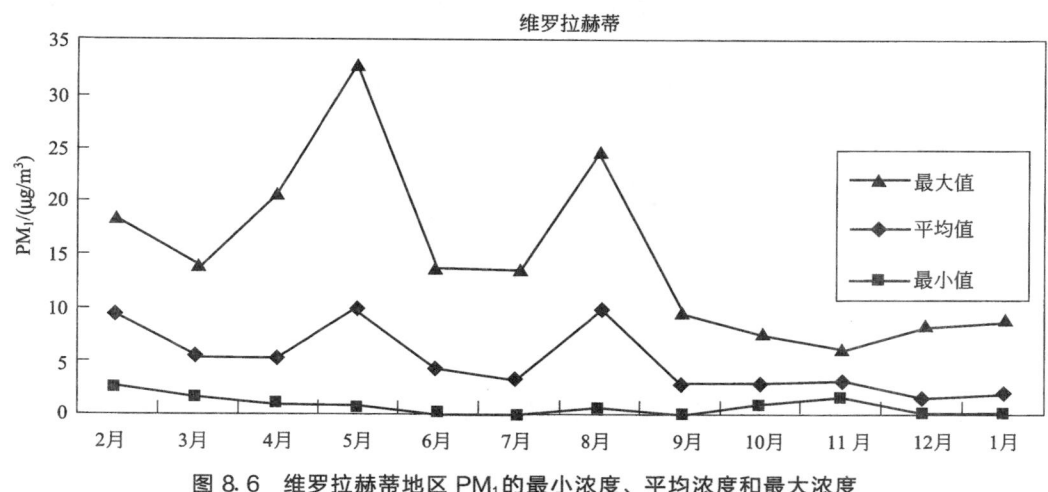

图 8.6　维罗拉赫蒂地区 PM$_1$ 的最小浓度、平均浓度和最大浓度

在比尔肯内斯，PM$_{10}$ 的高浓度阶段出现在 9 月，持续了两周，且这两周每周的平均浓度分别为 $23\mu g/m^3$ 和 $26\mu g/m^3$。

目前欧盟指令 PM$_{10}$ 日均浓度超过 $50\mu g/m^3$ 的天数不超过 37 天。对 PM$_{2.5}$ 没有类似的限制，但是根据新的欧盟指令要求，每年 PM$_{2.5}$ 的年平均浓度不应超过 $25\mu g/m^3$。

表 8.2 列出了超过上述限值的数据。比尔肯内斯的超出浓度天数没有显示，可能是由于对 PM$_{2.5}$ 和 PM$_{10}$ 的测量每周的采样时间只有 24h。

表 8.2　PM$_{2.5}$ 超过 25μg/m^3 和 PM$_{10}$ 超过 50μg/m^3 的天数，同时也给出了 PM$_1$/PM$_{2.5}$ 的比率

项　　目	PM$_1$	PM$_{2.5}$	PM$_1$/PM$_{2.5}$	项　　目	PM$_1$	PM$_{2.5}$	PM$_1$/PM$_{2.5}$
里尔渥尔比	13	19	79%	艾斯普维瑞特	12	1	66%
比尔肯内斯	0	0	10.6	维罗拉赫蒂	19	2	51%

8.3.3　PM$_1$ 浓度的高低

图 8.7 显示了 2006 年间每日观测的 PM$_1$ 的浓度。

2006 年 5 月初我们观察到四个 EMEP 监测站悬浮颗粒有所提高，这主要是由俄罗斯西部地区、白俄罗斯、乌克兰和波罗的海等地发生的大量火灾造成的。Witham 和 Manning（2007）对该火灾给英国地区 PM$_{10}$ 浓度所造成的影响进行了调查研究。最近几年内，俄罗斯、白俄罗斯和乌克兰每年都会发生野生火灾。自 2001 年使用以来，MODIS 消防地图显示出通常每年的 3—4 月份都会有生物质燃烧的事件发生。但是，在 2006 年的春天却是例外，这次持续时间特别长，并且测出的颗粒物浓度相当高。

Anttila 等（2007）对 2006 年维罗拉赫蒂地区对两次生物质燃烧给空气质量造成的影响进行了研究。一次发生在 4—5 月，另一次发生在 8 月。该地区的空气质量受到大火的严重影响。5 月 3 日、5 月 5 日和 8 月 13 日的日常 PM$_{10}$ 值已经超过了 $50\mu g/m^3$。PM$_{10}$ 小时浓度值超过了 $200\mu g/m^3$，这是从 2002 年在维罗拉赫蒂观测 PM$_{10}$ 以来的最高浓度。2006 年春，甚至在距离维罗拉赫蒂发生地的东西方向的几百千米处都发现了生物质燃烧颗粒。高浓度的颗粒、微量元素和离子主要是由生物质燃烧和其他来源的颗粒混合造成的。在大多数强烈的生物燃烧中都会同时伴随着多环芳烃（PAHs）的增加（Makkonen 等，2007）。在 8 月份的燃烧事件中，距离维罗拉赫蒂很近的地方（50～100km）有大量的生物质燃烧，都使颗粒浓

度创了新高。这次事件中，PAHs 的浓度也有所提高，达到了典型城市冬季环境中的浓度。由于西风和西北风原因，12 月时在所有监测站点的观测值都出现最低情况。在斯堪的纳维亚地区，这是一年中颗粒污染最少的时段。

8.3.4 风向分析

从气象综合中心西部获得日常风向的分类（http：//www.emep.int/Traj _ data/traj2D.html）。以基点为中心，将风向分为 8 个不同的部分。图 8.8~图 8.11 标注了 2006 年间 4 个地区 3 种粒径的平均浓度。这 4 个地区 3 种颗粒的平均浓度有很好的相关性。

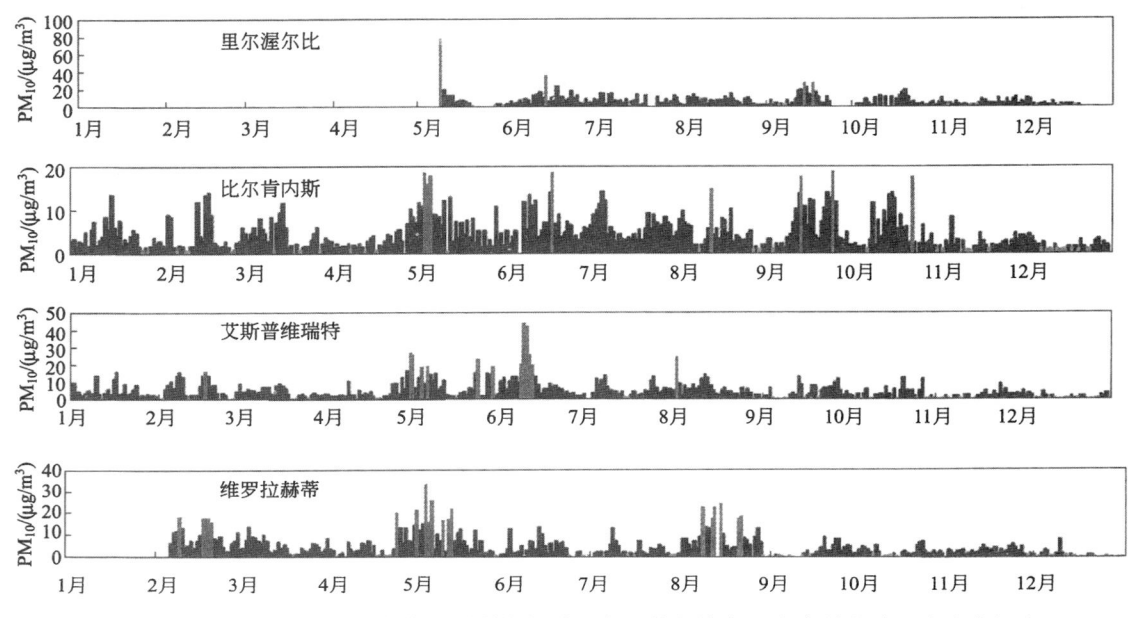

图 8.7　2006 年间 PM$_1$ 的浓度。该数据标注了每月的起始点。红色柱代表日常浓度超出年平均浓度的情况，而绿色柱代表日常浓度比年平均浓度低 30% 的情况。

不同粒径颗粒物之间的比率看似与原始气团无关。在不同监测站点，不同粒径颗粒的分布也不相同。然而，在各风向分区内 PM$_{2.5}$ 与 PM$_{10}$ 的平均浓度却具有很好的相关性。三种不同粒径颗粒的平均浓度在南部与东南风向区最高，而在北部或西北风向区最低。

8.3.5 季节性变化

图 8.13~图 8.16 展示了每种颗粒物的月平均浓度。在里尔渥尔比与比尔肯内斯，这三种颗粒物的最高浓度都出现在 9 月。在艾斯普维瑞特地区，PM$_{10}$ 的最大值出现在 9 月，而 PM$_1$ 和 PM$_{2.5}$ 的最高浓度出现在 6 月。维罗拉赫蒂在 8 月出现最大颗粒物浓度。所有地区的最小颗粒物浓度都出现在 2006 年 12 月和 2007 年的 1 月。目前还不确定这种季节变化模式是否每年都一样，还是只在 2006 年这样。

8.3.6 积累模式与粗粒模式之间的相关性

两种颗粒模式来源不同，因此，如果不是气象原因，两者之间应该没有相关性。从图 8.8~图 8.11 中来看，这两种模式之间好像有相似的地理起源。PM$_1$ 仅代表了积累模式。因

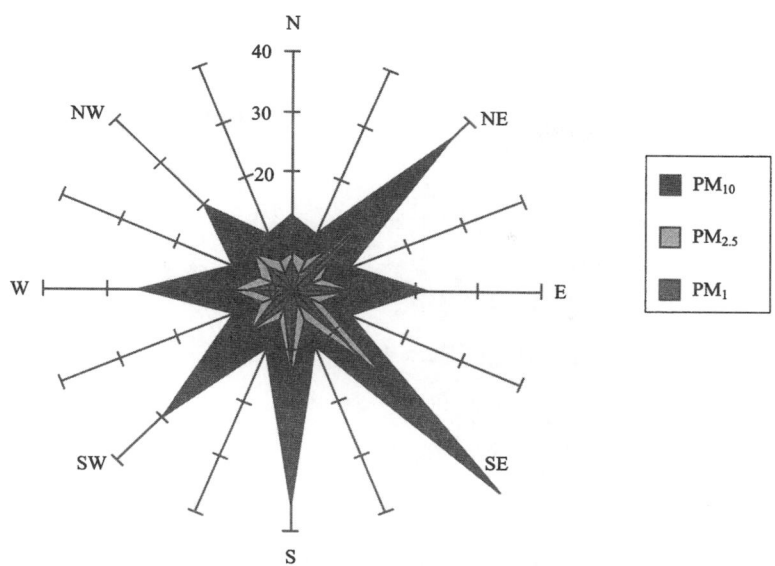

图 8.8　当该地区的 3 种颗粒数据可获得且同时有效的情况下,里尔渥尔比地区
PM$_1$、PM$_{2.5}$ 和 PM$_{10}$ 的平均浓度($\mu g/m^3$)与风向轨迹的函数关系

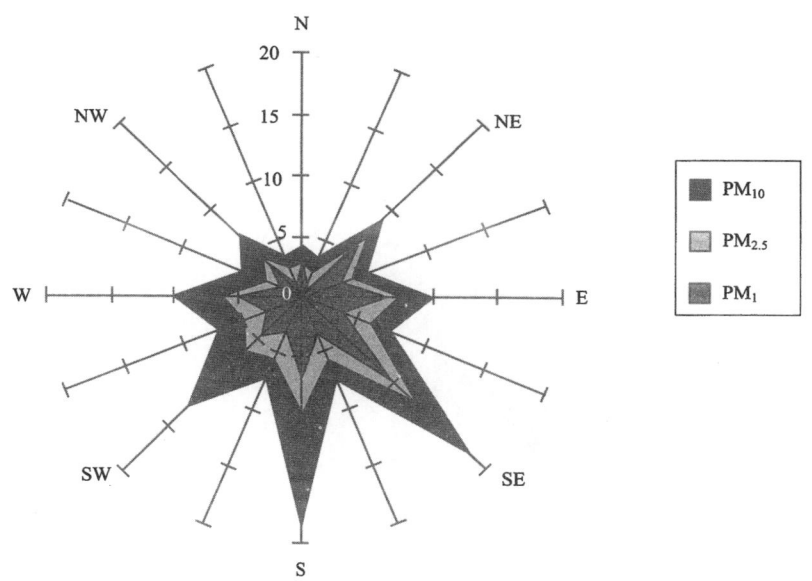

图 8.9　当该地区的 3 种颗粒数据可获得且同时有效的情况下,比尔肯内斯地区
PM$_1$、PM$_{2.5}$ 和 PM$_{10}$ 的平均浓度($\mu g/m^3$)与风向轨迹的函数关系

为 PM$_{2.5}$ 与 PM$_{10}$ 都包含积累模式颗粒物与粗粒模式颗粒物，故用二者的差表示粗粒模式颗粒物。图 8.16～图 8.19 散点图表示粗粒模式颗粒物（PM$_{10}$～PM$_{2.5}$）与积累模式颗粒物（PM$_1$）的比较。在四个监测站点中，里尔渥尔比监测站处，与积累模式颗粒物相比，粗粒模式颗粒物浓度最高，并在比尔肯内斯、艾斯普维瑞特、维罗拉赫蒂处逐渐降低。里尔渥尔比监测站与其他三个监测站点的区别明显是由于利用 TEOM 监测器测量时未因挥发性物质的损失而对 PM$_{2.5}$ 进行校正造成的。如果这些挥发物质中有些属于 PM$_1$，那校正后无论回

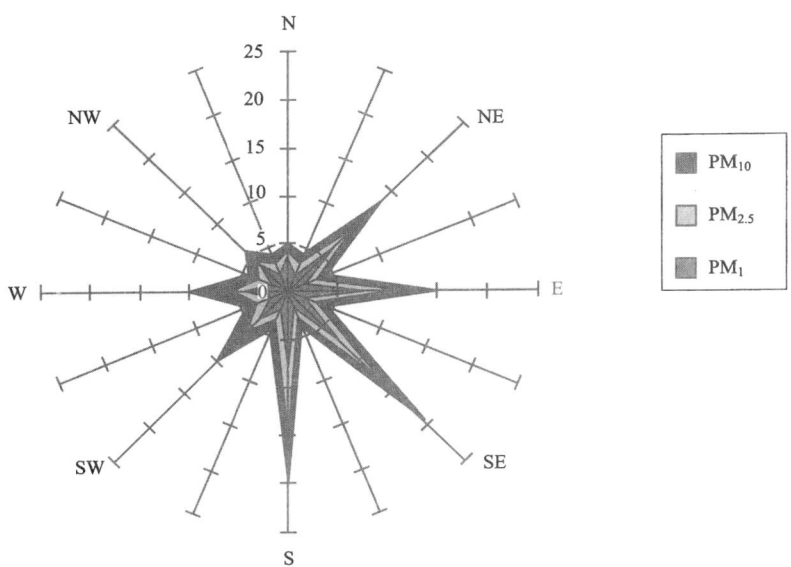

图 8.10　当该地区 3 种颗粒数据可获得且同时有效时，艾斯普维瑞特地区
PM$_1$、PM$_{2.5}$和 PM$_{10}$的平均浓度（μg/m^3）与风向轨迹的函数关系

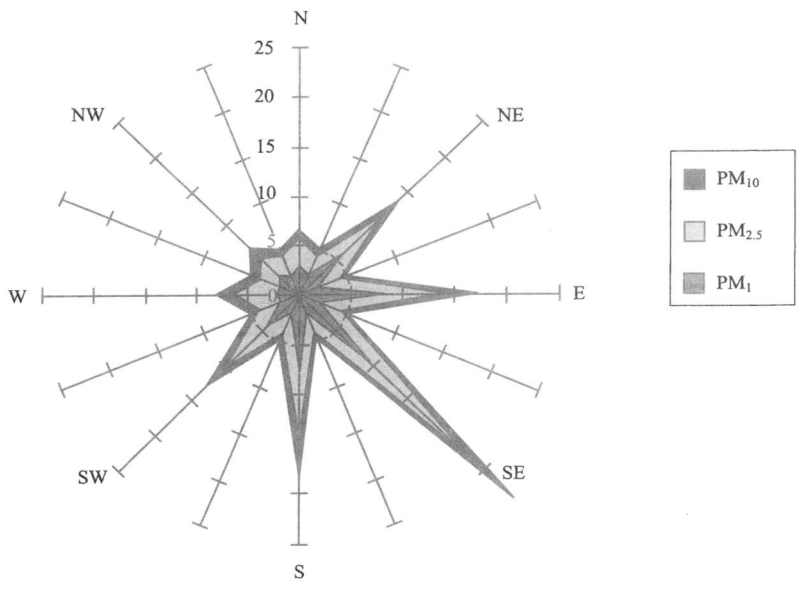

图 8.11　当该地区 3 种颗粒数据可获得且同时有效时，维罗拉赫蒂地区
PM$_1$、PM$_{2.5}$和 PM$_{10}$的平均浓度（μg/m^3）与风向轨迹的函数关系

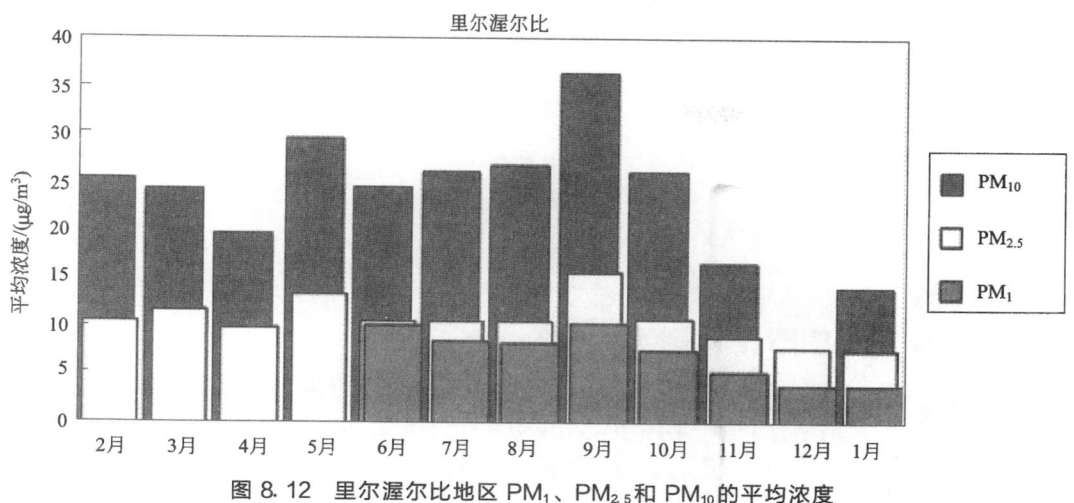

图 8.12 里尔渥尔比地区 PM$_1$、PM$_{2.5}$和 PM$_{10}$的平均浓度

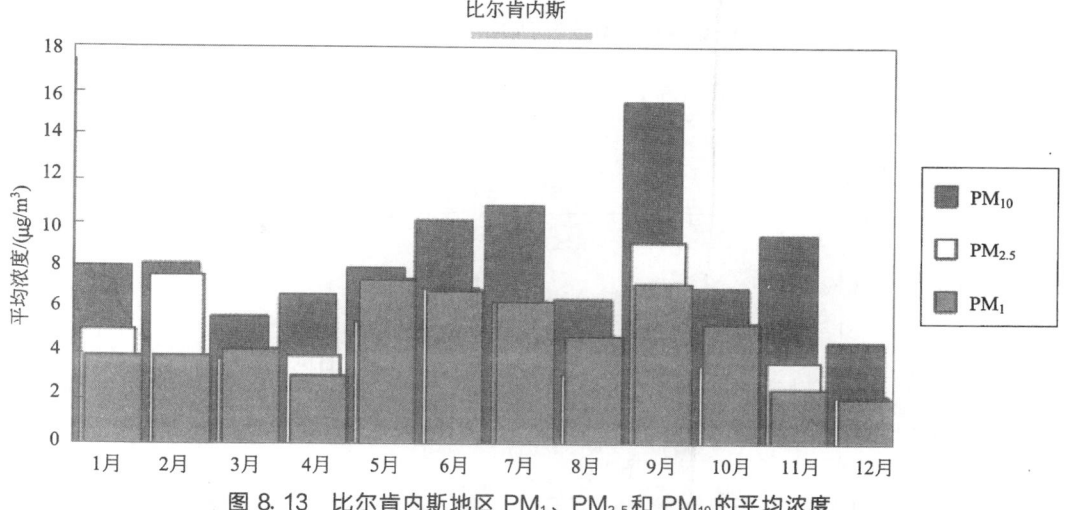

图 8.13 比尔肯内斯地区 PM$_1$、PM$_{2.5}$ 和 PM$_{10}$的平均浓度

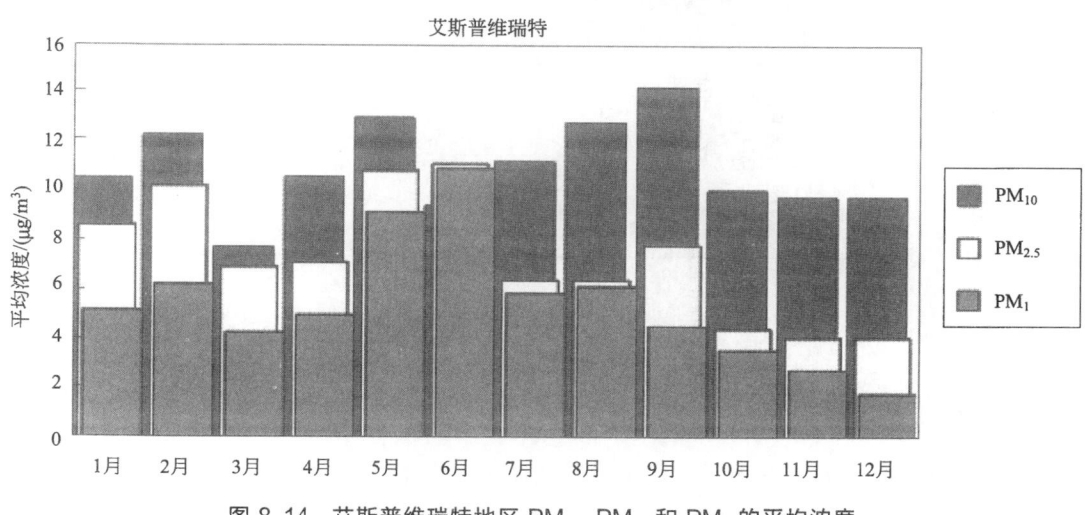

图 8.14 艾斯普维瑞特地区 PM$_1$、PM$_{2.5}$ 和 PM$_{10}$的平均浓度

163

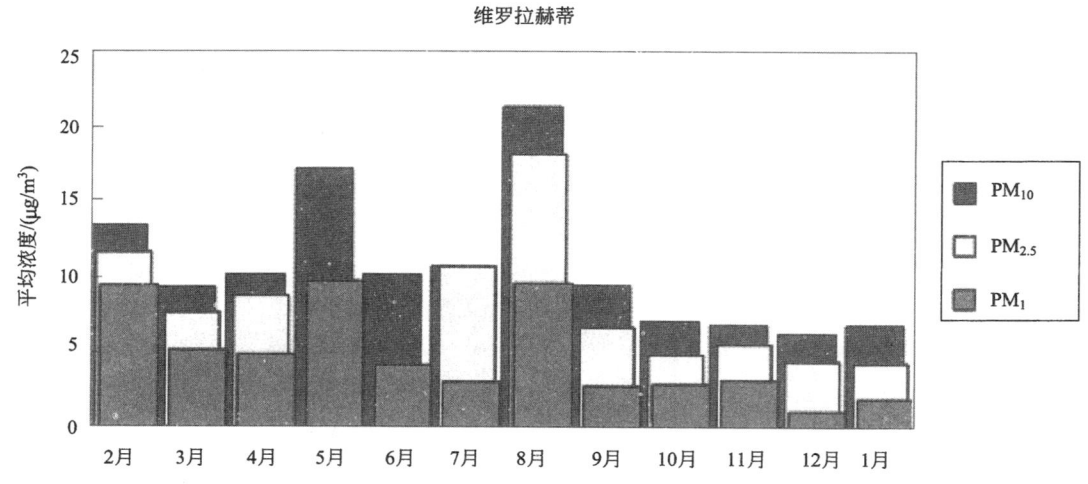

图 8.15 维罗拉赫蒂地区 PM_1、$PM_{2.5}$ 和 PM_{10} 的平均浓度

归方程斜率还是相关系数均会提高。

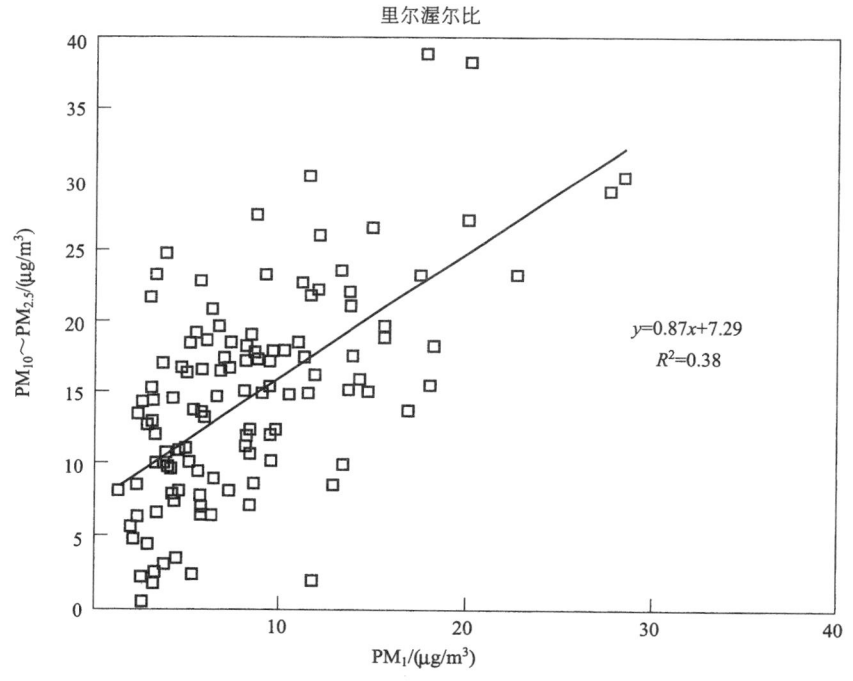

图 8.16 粗粒模式颗粒物质量浓度与积累模式颗粒物浓度的函数关系
（PM_{10} 用 β 衰减检测器测量，$PM_{2.5}$ 用 TEOM 仪器测量）

正如图 8.16~图 8.19 所示，两个模式之间没有明显的相关性。

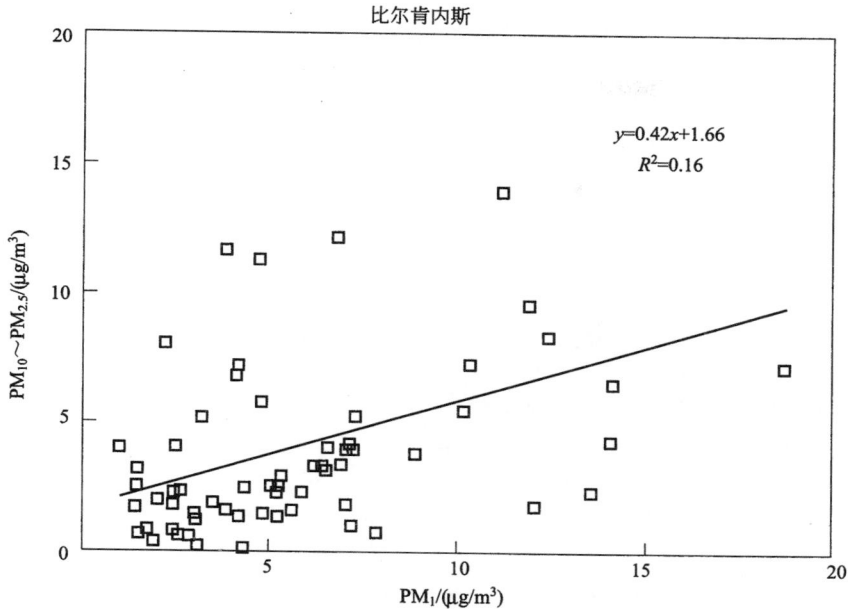

图 8.17 粗粒模式颗粒物质量浓度与积累模式颗粒物浓度的函数关系
（PM_{10} 与 $PM_{2.5}$ 均使用滤膜采样）

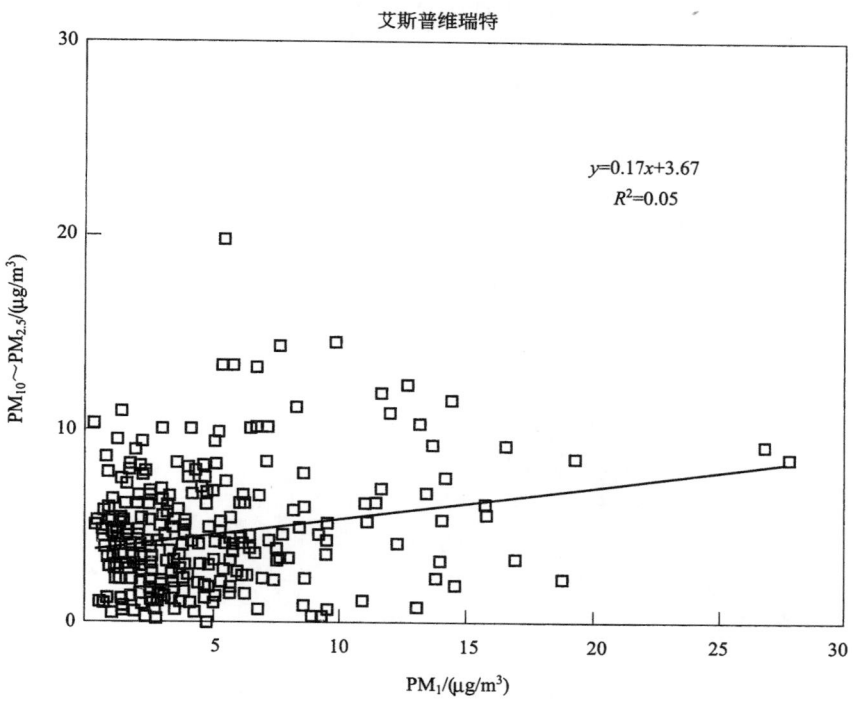

图 8.18 粗粒模式颗粒物质量浓度与积累模式颗粒物浓度的函数关系
（PM_{10} 用 TEOM 仪器测量，$PM_{2.5}$ 使用滤膜采样）

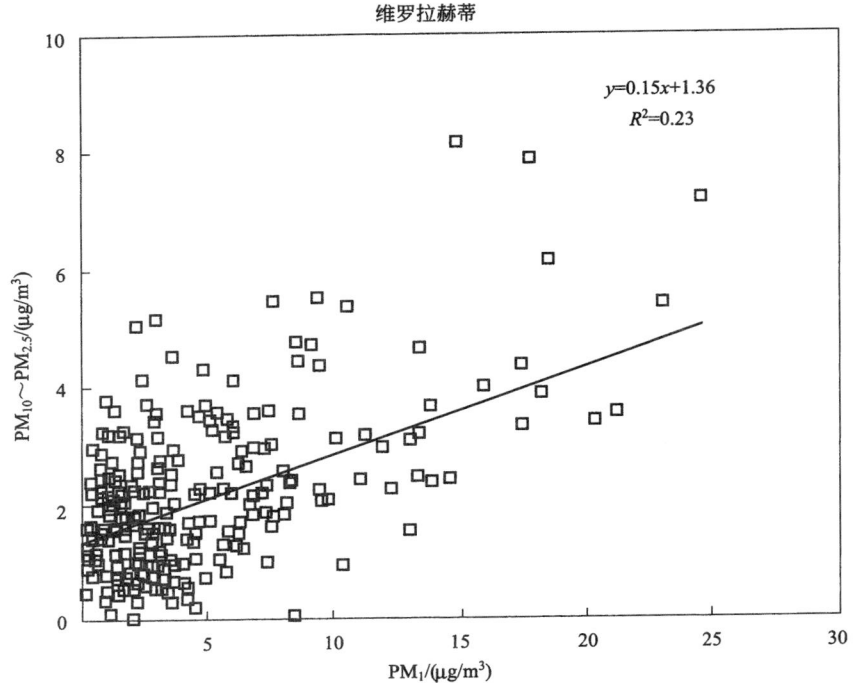

图 8.19　粗粒模式颗粒物质量浓度与积累模式颗粒物浓度的函数关系

（PM$_{10}$ 和 PM$_{2.5}$ 用过滤技术取样）

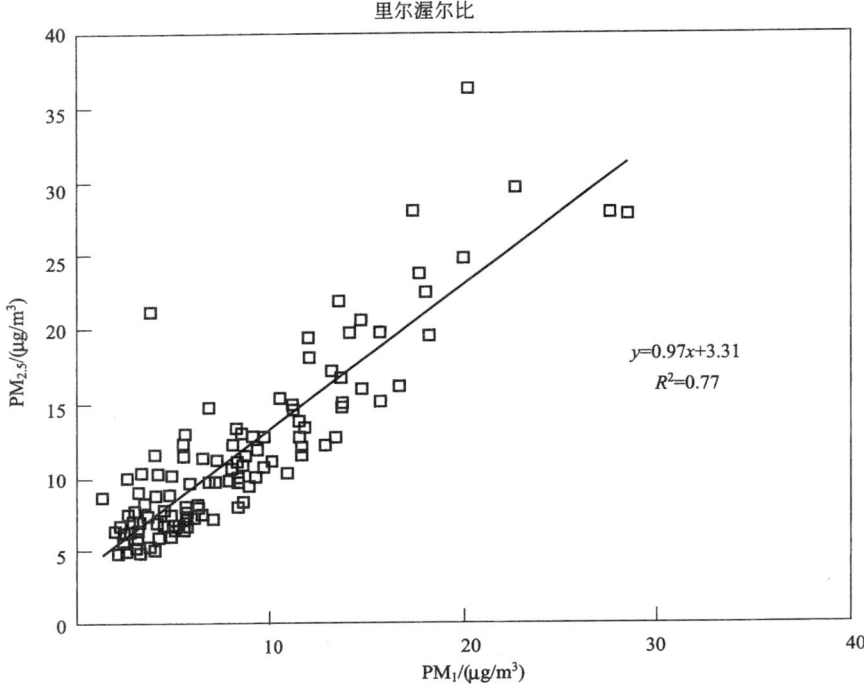

图 8.20　在里尔渥尔比，当所有 PM 数据合理的情况下，用 PM$_{2.5}$

（TEOM）与 PM$_1$ 质量浓度的函数关系

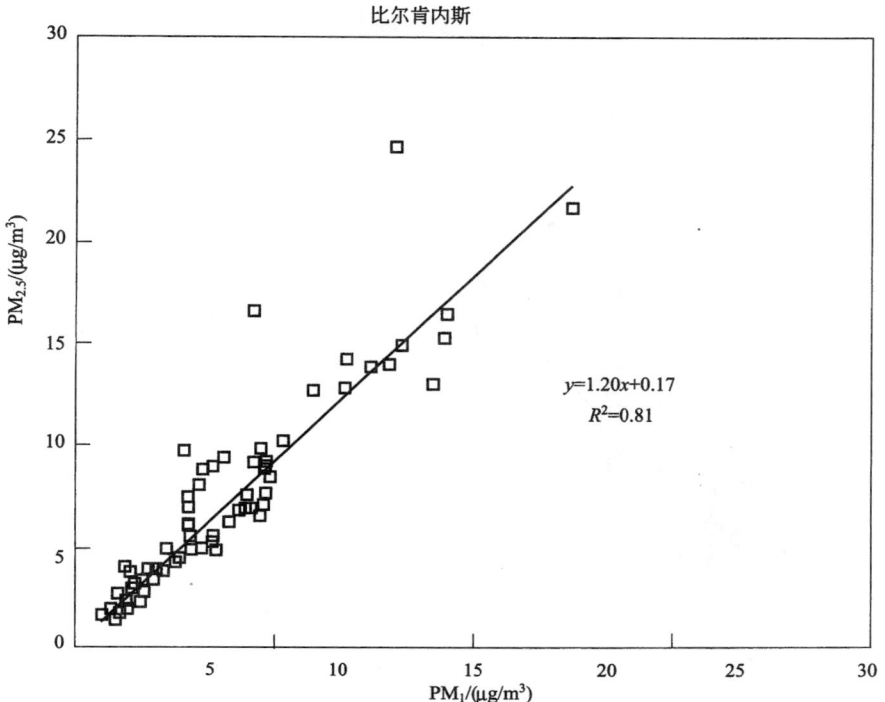

图 8.21　在比尔肯内斯，当所有 PM 数据合理的情况下，PM₂.₅
（滤膜取样）与 PM₁ 质量浓度的函数关系

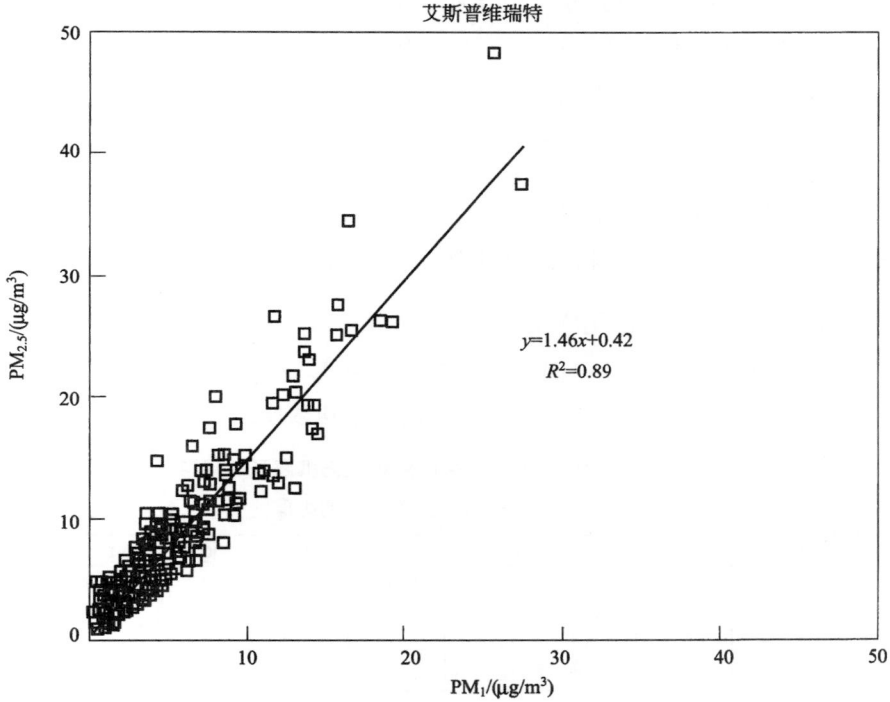

图 8.22　在艾斯普维瑞特，当所有 PM 数据合理的情况下，PM₂.₅
（滤膜取样）与 PM₁ 质量浓度的函数关系

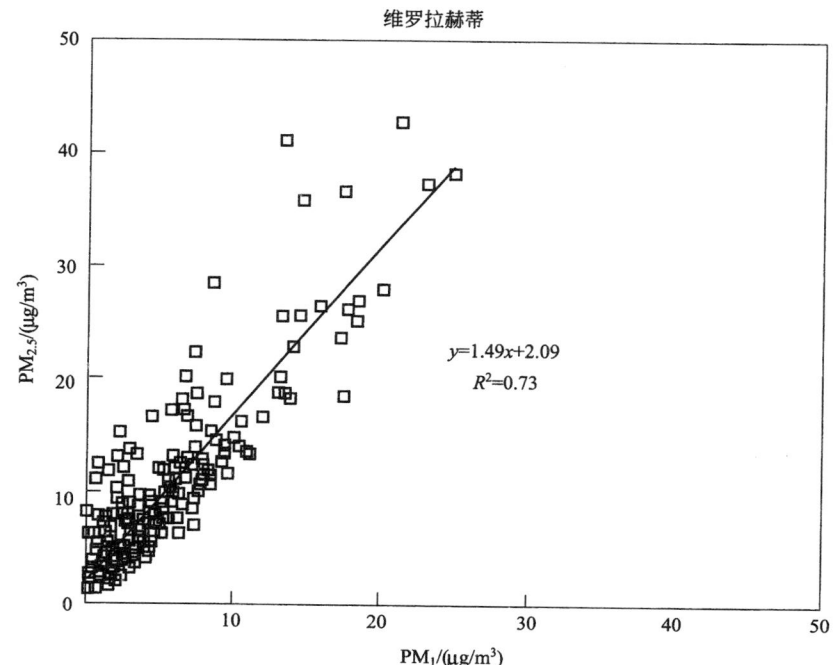

图 8.23　在维罗拉赫蒂, 当所有 PM 数据合理的情况下, PM$_{2.5}$
（滤膜取样）与 PM$_1$ 质量浓度的函数关系

8.3.7　PM$_{2.5}$是否可以很好代表积累模式颗粒物?

PM$_{2.5}$由积累模式颗粒物和一小部分粗粒模式颗粒物组成, 由于欧盟想要其成员国对 PM$_{2.5}$进行测量, 所以就要对 PM$_{2.5}$和 PM$_1$ 之间的相关性进行研究。从图 8.20～图 8.23 可以看出, 使用与早期相同的标准（PM$_1$<1.1PM$_{2.5}$ 和 PM$_{2.5}$<1.1PM$_{10}$）。里尔渥尔比的 PM$_{2.5}$用 TEOM 仪器在 50℃条件下测量。与比尔肯内斯、艾斯普维瑞特和维罗拉赫蒂处散点图相比, 需要对 TEOM 的测量值进行校正, 其校正因子为 1.2～1.5。

如图 8.20～图 8.23 所示, 相关性非常好（r^2=0.73～0.89）。

8.3.8　PM$_1$中无机离子的化学分析

选择 6 月进行化学分析, 这是因为它是 EMEP 密集测量的月份之一。提供 60 天的资金支持在前半月对四个地点进行测量。表 8.3 给出了平均浓度。

表 8.3　6.1—6.15 期间 PM$_1$中可溶解性无机离子的平均浓度以及
这些离子占总质量浓度的比值　　　　　　　　　　单位: $\mu g/m^3$

地　区	质量浓度	Cl$^-$	NO$_3^-$	SO$_4^{2-}$	NH$_4^+$	Ca^{2+}	Mg^{2+}	Na$^+$	K$^+$	水溶性
里尔渥尔比	10	0.03	0.25	0.86	0.44	0.16	0.01	0.06	0.03	18%
比尔肯内斯	7	0.11	0.21	1.11	0.27	0.04	0.00	0.05	0.01	27%
艾斯普维瑞特	17	0.01	0.04	0.92	0.34	0.01	0.01	0.01	0.16	9%
维罗拉赫蒂	5	0.00	0.02	0.65	0.19	0.01	0.00	0.01	0.03	18%

在所有地区, 铵盐和硫酸盐有很好的相关性, 但是, 却与其他离子的相关性不好。在艾斯普维瑞特地区, 6 月 9—11 日会有花粉。过滤器是黄-绿色的, 并且钾的浓度很高。即使

花粉很多，它们的空气动力学直径也很小。

2006 年，对碳元素（EC）、有机碳（OC）和总碳（TC）组成的气溶胶组分在过滤器上进行定量分析，样品来自比尔肯内斯，且是去除了 PM$_{10}$ 和 PM$_{2.5}$ 的情况下（SFT，2007）。

2006 年在艾斯普维瑞特地区收集大颗粒，没有专门去除特定颗粒物。每周（4～14 天，通常为 7 天）对有机碳和碳元素进行分析。冬天时（1 月—5 月中旬，或者 9 月中旬—1月），有机碳（而不是碳元素）与 PM$_1$ 的浓度有很好的相关性。

对 2006 年 8 月在维罗拉赫蒂收集的 PM$_{10}$、PM$_{2.5}$ 和 PM$_1$ 样品中的微量元素和多环芳烃进行分析（Makkonen 等，2007）。

2006 年，对瑞典其他地区的 PM$_{10}$、PM$_{2.5}$ 和 PM$_1$ 浓度进行了测量（Sjöberg 和 Persson，2007）。

8.4　结论

2006 年，通过对四个 EMEP 监测站的监测可知，PM$_1$ 占 PM$_{2.5}$ 组成的 50％以上，但占 PM$_{10}$ 组成的 50％以下。一年中出现两次高浓度的 PM$_1$，一次在 5—6 月，另一次在 8—9月。PM$_1$ 浓度的最高点出现在东南风向上，最低点出现在北风风向上。

在这四个 EMEP 监测站三种颗粒物年平均质量之间的关系与各风向区没有相关性。粗颗粒与细颗粒的日均质量浓度也无相关性。欧盟要求测量 PM$_{2.5}$ 的浓度，它与积累模式颗粒（PM$_1$）有很好的相关性。6 月时，PM$_1$ 中仅有一小部分包含无机离子。在 PM$_1$ 测量的离子中，仅铵根离子和硫酸根之间存在较好的相关性。

参　考　文　献

Anttila P. , Makkonen U. , Hellen H. , Pyy, K. , Leppänen S. , Saari H. and Hakola H. (2007). Impact of the open biomass fires in spring and summer of 2006 on the chemical composition of background air in South Eastern Finland. Accepted for publication in Atmospheric Environment.

CEN (1998) Air-quality -Determination of the PM$_{10}$ fraction of suspended particulate matter -Reference method and field test procedure to demonstrate reference equivalence of measurement methods. European Committee for Standardization EN 12341.

CEN (2005) Ambient air quality-Standard gravimetric measurement method for the determination of the PM$_{2.5}$ mass fraction of suspended particulate matter. European Committee for Standardization EN 14907.

Forsberg, B. Hansson, HC, Johansson, Areskoug, H. , Persson, K. , Jarvholm B. , (2005). Comparative health impact assessment of local and regional particulate air pollutants in Scandinavia. AMBIO 34, 11-19.

John, W. , (2001). Size distribution characteristics of aerosols. In: Aerosol measurements: Principles, Techniques, and Applications. Sec. Ed. Ed. by: P. A. Baron and K. Willeke. New York, John Wiley & Sons Inc. 99-116.

Kirchstetter, T. W. , Corrigan, C. E. and Novakov, T. , (2001). Laboratory and field investigation of the adsorption of gaseous organic compounds onto quartz filters. Atmospheric Environment 35, 1663-1671.

Makkonen U. , Anttila P. , Hellén H. and Ferm M. (2007). Effects of the Wildfires in August 2006 on the Air Quality in South-eastern Finland. In: European Aerosol Conference, EAC 2007 in Salzburg, Austria.

Makkonen U. , Anttila P. , Ferm M. , Pyy K. , and Aatsinki M. , (2007). Effects of the Wildfires on Atmospheric Trace Elements in South-eastern Finland. In: Proceedings of the 19th Nordic Atomic Spectroscopy and Trace Element Conference, June 25-29, 2007, Laugarvatn Iceland. Agricultural University of Iceland, Reykjavik 2007.

Persson K. et al. , (2002) Air quality in Sweden, summer 2001 and winter 2001/02. Results from measurements within the URBAN project. IVL report B1478 (in Swedish) .

SFT (2007) . Monitoring of long-range transported air pollutants-Annual report for 2006. The Norwegian State Pollution Authorities.

Seinfeld, J. H. , Pandis, S. N. (1998) . Atmospheric chemistry and physics. John Wiley & Sons, New York.

Sjöberg K. and Persson K. (2007) Measurements of particles in Scania county 2006. (In Swedish)
www. skaneluft. nu/rapport/rapport. htm.

Whitby, K. T. , 1978. Physical characteristics of sulphur aerosols. Atmospheric Environment 12, 135-159.

Witham C. and Manning A. (2007) Impacts of Russian biomass burning on UK air quality. Atmospheric Environment 41, 8075-8090.

第9章

道路交通产生的磨损颗粒物

〔作者：Åke Sjödin，Martin Ferm，Anders Björk，Magnus Rahmberg（IVL）；Anders Gudmundsson，Erik Swietlicki（Lund University）；Christer Johansson（SLB analys）；Mats Gustafsson，Göran Blomqvist（VTI）〕

9.1 概述

本章研究内容是瑞典国家道路车辆排放重点研究项目 EMFO（EMISSION SFORSKNING SPROGRAMMET）的主要成果之一。该课题于 2005—2008 年实施，由瑞典环境科学研究院（IVL）、隆德大学（Lund University）、斯德哥尔摩市环境与健康管理委员会（SLB）以及瑞典国家道路与运输研究所（VTI）联合开展。这项课题的目标是：

① 通过现场测量与室内测量（利用环形道路模拟器）模拟交通产生的悬浮颗粒物的测定，确定道路交通产生的悬浮颗粒物的化学和物理组成（也就是源成分谱）。

② 通过对道路模拟器的实验研究及对城市环境的实际测定，确定由于车辆轮胎和路面相互作用而生成的悬浮颗粒物的不同因素的影响。并且确定各种不同的排放因子组合作用下的排放系数。

③ 确定交通对城市空气和交通环境中悬浮颗粒物的贡献程度，并识别颗粒物来源（制动磨损、轮胎磨损或者路面磨损等）。

④ 为制定经济高效的城市大气磨损颗粒物消减措施提供科学依据。

在这个项目中，针对三种基本的颗粒物——IPM_1、$PM_{2.5}$、PM_{10}，我们采用一系列的方法进行测量、取样和化学成分分析，收集了大量的数据。并重点对 PM_{10} 进行了研究，因为车辆产生的 PM_{10} 是瑞典主要城市空气质量依法达标所面临的棘手问题。本研究收集的数据来源于两方面，一是在受控条件下，利用 VTI 的环形道路模拟器模拟交通状况，并对室内空气进行测量获得；二是通过对瑞典不同城市道路与屋顶水平上的空气测定获得。

基于文献调研或者实际测量，本项目获得了各类源不同粒径范围的元素（如金属等）源成分谱，并选择了几个不同的受体模型（如 COPREM、PMF）对所收集的数据进行分析，从而获得城市环境中实际测量的 PM_{10} 及其他颗粒物中各类源，包括废气排放、制动磨损、轮胎磨损、路面磨损及长距离输送等的贡献值。

通过这些测量数据，获得了斯德哥尔摩市一条主要街道的不同粒径颗粒物及所包含的大量金属（约 30 多种）的排放系数 [以 g/(车·km) 计]。此外，还获得了不同颗粒物来源（废气排放、制动磨损、轮胎磨损以及路面磨损）的单独排放系数及总排放系数。

与轮胎磨损和路面磨损两种源类型相对应的排放系数于环形道路模拟器中测得。在这些测定中，也获得了不同粒径的颗粒物（空气动力学直径）30～70km/h 速度范围内不同车速、不同类型轮胎（镶钉胎、摩擦胎、夏季胎）的排放系数。在测定中，道路模拟器中的路面铺设与测定空气颗粒物质的斯德哥尔摩市街道的路面相同。根据道路模拟器的实验结果，镶钉胎的 PM_{10} 排放量是摩擦胎的 10 倍，夏季胎产生的 PM_{10} 可以忽略不计。

从道路模拟器中得到的 PM_{10} 的排放系数与街道实地测定的结果具有很高的一致性。PM_{10} 主要的来源是路面和轮胎磨损，然而 $PM_{2.5}$ 的主要来源是长距离输送。所应用的受体模型对测量结果进行了补充，但得出的结果与测量结果并不完全一致。关于 PM_{10}，因为缺乏关于不同类型轮胎的成分谱，轮胎磨损的排放贡献有很大的不确定性。

大量的空气质量监测显示，在瑞典一些城市，PM_{10} 浓度超过了国家和欧盟标准，尤其是在冬季和早春干燥的天气条件下。毋庸置疑，交通产生的磨损颗粒物是空气质量超标的一个主要因素，尤其是在冬季大量使用镶钉轮胎。而且这种轮胎一般会一直用到 5 月份，在瑞典北部地区，使用时间甚至更长。已经证实，镶钉轮胎极大地增强了路面磨损和（或者）颗粒物再悬浮，从而提高了道路周围和城市环境中细颗粒物的浓度。

在瑞典一些主要城市，PM_{10} 浓度超标不仅是污染问题，更是法律问题，但最近的空气污染和健康研究表明，人类的健康与比 PM_{10} 更加细小的颗粒物（比如 $PM_{2.5}$ 和 PM_1）相关性更大。因此，欧盟最近又制定了一套关于 $PM_{2.5}$ 的新空气质量标准。

我们对城市空气环境中 PM_{10} 的各种来源的了解已经相当全面，相比之下，对于更细小的颗粒物，如 PM_1 和 $PM_{2.5}$ 的来源知之甚少，尤其是在道路交通对城市和道路两侧大气环境中的细小颗粒物造成的影响。这给我们在降低健康风险和空气颗粒物对健康影响方面采取相应措施和行动带来了困难。

对于道路交通部门，颗粒物污染测定的需求是很难阐明的，因为道路交通对各种粒径颗粒物总排放量和这些颗粒物在各种环境下的浓度的贡献是无法用传统的方法（通过基于个别车辆的实验室测定获得的排放数据建立的排放模型）来非常精确地量化的。但是通过"相反"方法，比如通过从周围大气中取得的颗粒物样品的化学特性建立的源受体模型，可以用来检测交通对大气颗粒物的实际浓度的贡献值，并且也可用于对颗粒物扩散模型的验证。

治理方案确定的基础是对生成悬浮颗粒物因素的深入了解。为了研究磨损颗粒物的特性和了解它们在不同类型路面材料、轮胎和摩擦材料等情况下的形成过程，我们进行了控制实验。VTI 环形道路模拟器——PVM 拥有足够的能力来使我们达到这个目的。先前的研究利用 PVM 揭示了在不同的悬浮颗粒物形成的影响因子（路面、轮胎和摩擦材料）组合下 PM_{10} 生成差异，这些差异被认为主要与石料强度有关，也与防滑剂和轮胎在不同磨损条件组合下产生 PM_{10} 的能力有关。同样的，路面需要使用防滑摩擦材料，路面的石料与防滑材料的特性的关系是非常重要的。结果显示，在冬季这个关键时期，通过选择合适的路面，轮胎和防滑措施便极有可能最小化磨损颗粒物的排放。这对于城市交通堵塞、PM 污染较重的地区也适用。但是对于更细小颗粒物的浓度，比如 PM_1 和 $PM_{2.5}$ 来说，不同的磨损参数是如何影响它们的排放和浓度的，我们的了解还很少。

因此，了解不同粒径的交通磨损颗粒物的产生和扩散的各种参数间的相关性对制定经济、高效的治理方案是至关重要的。尽管前人已经做了大量的努力，但对气温、湿度、路面结构、表面磨损、石料强度影响的了解依然非常缺乏，尤其是这些与总的磨损、盐渍化以及灰尘聚集等的关系，仍然未被说明。并且，必须从可持续性、摩擦特性（道路安全）、噪声和经济性等方面对降低颗粒物排放的方案进行评估。

9.2　目的和方法

本研究的目的主要是：

① 通过现场测量与室内测量（利用形环道路模拟器），来确定道路交通产生的悬浮颗粒物的化学和物理构成（源成分谱）。

② 通过对道路模拟器的实验研究及对城市环境的实际测定确定车辆（轮胎）与路面相互作用过程中影响大气颗粒物形成的主要因素，及确定这些因素在不同组合情况下的排放系数。

③ 确定交通对城市空气和交通环境中悬浮颗粒物的贡献程度，并识别颗粒物来源（制动磨损、轮胎磨损、路面磨损等）。

④ 为制定经济、高效的城市大气和交通环境磨损颗粒物消减措施提供科学基础。

为了实现这些目的，主要依靠对三种主要方法学的统筹利用，这三种方法学分别为：①室内环形道路模拟器；②对于不同粒径悬浮颗粒物的不同取样方法，其中一些要考虑到悬浮颗粒物的元素和化学形态分析；③受体模型。就目前所知，这还是第一次应用如此广泛的方法来研究交通磨损颗粒物的产生。

9.3　方法

9.3.1　道路模拟器的安装

9.3.1.1　VTI 环形道路模拟器

道路模拟器大厅（体积为 $10m \times 8m \times 5m = 400m^3$）的颗粒物采样，可以保证采样不受周围源污染和尾管排放的影响。道路模拟器装有 4 个轮子，沿着直径为 5.3m 的环形轨道运行，如图 9.1 所示。一个独立的直流发动机驱动轮子转动，速度可达 70km/h。实验在50km/h 速度下，轮子垂直于中心轴的径向运动，使轮胎平稳地摩擦路面。模拟器上可以使用任何类型的路面作为轨道，也可以在车轴上装载任何类型的轮胎。在测定过程中，模拟器大厅没有主动通风，然而由于空气压力梯度可能会引起细微的自通风。在模拟器大厅中应用一套内部空气制冷系统来控制大厅温度，温度可以降至 0℃以下。大厅中还配备了一个大型的过滤扇，模拟室外空气混合和更加自然的取样条件。

9.3.1.2　路面和轮胎

测试的路面用的材质是沥青砂胶，最大石料尺寸为 16mm，石基质材料是来源于瑞典西部的达尔博的石英石。这种路面与在斯德哥尔摩市 Hornsgatan 监测点的路面是相似的。轮胎使用的是夏季胎（Nokian NRHi Ecosport）、Nordic 非镶钉冬季胎（Nokian Hakkapeliitta RSi）和镶钉冬季胎（Nokian Hakkapeliitta 4）。

新轮胎需要磨损处理来去除其表面的保护层。根据 VTI 标准方法使用道路模拟器进行磨合。

图 9.1　VTI 环形道路模拟装置

（1）镶钉冬季胎

① 轮胎以及路面温度冷却至 0℃ 以下。

② 常规程序磨损中也需要进行冷却。

③ 在干燥的路面进行。

④ 轮轴负荷：450kg。

⑤ 车胎气压：0.25MPa。

⑥ 常规程序

a. 20km/h 下非离心运行 1h。

b. 30km/h 下非离心运行 1h。

c. 50km/h 下离心运行 4h。

d. 60km/h 下离心运行 2h。

运行过程中路面温度不得超过 0℃。

（2）非镶钉冬季胎

① 轮胎和路面冷却至 0℃ 以下。

② 常规磨损中依然进行冷却。

③ 在干燥的路面进行。

④ 轮轴负荷：450kg。

⑤ 车胎气压：0.25MPa。

⑥ 常规程序

a. 50km/h 下离心运行 1h。

b. 70km/h 下离心运行 1h。

c. 运行过程中路面温度不得超过 0℃。

（3）夏季胎

① 路面温度保持室温。

② 在干燥路面上运行。

③ 轮轴负荷：450kg。

④ 车胎气压：0.25MPa。

⑤ 常规程序：60km/h 下离心运行 2h。

在镶钉胎的测试中，分别在常规运行开始之前，步骤 c 和步骤 d 之后，对每个轮胎的 18 根胎钉的突出长度进行了测量。

9.3.1.3　测试周期

一般使用的道路模拟器测试周期如下所述：

① 30km/h 运行 1.5h。

② 50km/h 下做离心运动运行 1.5h。

③ 70km/h 下做离心运动运行 2h（如果要获得高浓度颗粒物样品，需在上述步骤后进行：70km/h 下做离心运动运行 1h，同时开启过滤扇）。

通过使用标准化的测试周期，不同影响因子组合下的测定可以很容易进行对比。

9.3.1.4　磨损测定

镶钉胎对轨道的磨损深度可以使用激光表面光度仪来测定，见图 9.2。这套设备通过测定垂直于轨道的横截面上大约 200 个测量点来测定轨道深度（Wågberg，2003）。

图 9.2　应用于道路模拟器上的激光表面光度仪

9.3.1.5　磨损颗粒物的取样

在测试周期中，使用不同的方法对产生的磨损颗粒物特性进行测定（方法详见 9.3.2）。

质量浓度：微量振荡天平（TEOM），粉尘监测仪（DustTrak）。

粒径分布：空气动力学粒径分析仪（APS）和扫描电迁移率颗粒物粒径谱仪（SMPS）。

化学成分：在小型沉降阶式撞击取样器（SDI）和堆积过滤装置（SUF）后，使用粒子诱发 X 射线荧光分析（PIXE）。

在所有的测试中，模拟器大厅中的悬浮颗粒的背景值已经在启动前使用 TEOM、DustTrak、APS 和 SMPS 进行了测定。

为了排除为模拟器提供动力的电动发动机污染的影响，通过 SMPS 对靠近通风口处的粒径分布进行了测定。证实通风空气甚至比模拟器大厅中的背景空气更加干净。使用夏季胎进行了对照实验，测定的颗粒物浓度总是比背景值低，所以模拟器本身排放的颗粒物是很少的。

9.3.2 监测和取样方法

9.3.2.1 SAM-静态悬浮物取样器

大气悬浮颗粒通过一个 PM_{10}（Ruprecht & Patashnik）进样器进行取样，进入静态悬浮物采样器（SAM）的流量为 5L/min。SAM 由隆德大学（Hansson 和 Nyman，1985）核物理系设计。在 SAM 中，粗粒径的颗粒物（$PM_{10} \sim PM_{2.5}$）通过一个空气动力学截留直径为 $2.5\mu m$ 的撞击器在 NuclePore© 过滤器上采样。然后悬浮物被抽吸通过 NuclePore© 过滤器进行 $PM_{2.5}$ 的采样。过滤器随后通过 PIXE（见下文）进行大量元素成分的测定。只在马尔默的 Amiralsgatan 使用了 SAM 的测定。

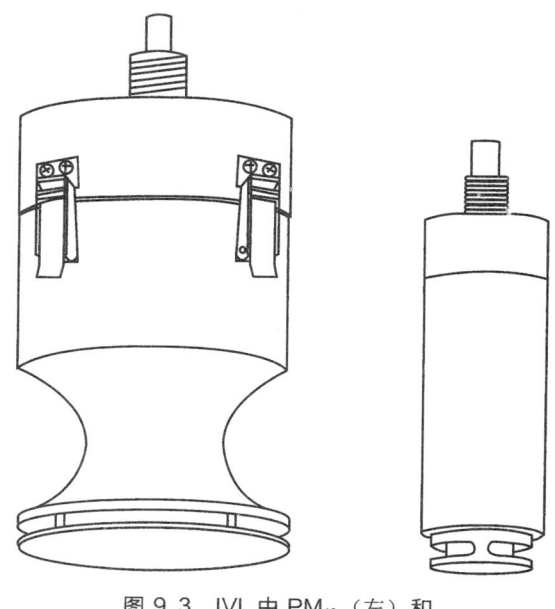

图 9.3 IVL 中 PM_{10}（左）和
$PM_{2.5}$、PM_1（右）采样头

9.3.2.2 IVL 采样器

PM_1、$PM_{2.5}$ 和 PM_{10} 的取样使用 IVL 采样器，该采样器的改进取样头由 IVL 和隆德大学设计科系合作研制。所有的采样头都使用聚乙烯材料制作，且有一个上油的撞击器。流速为 18L/min。各部分均安装于一个自动车床上。PM_{10} 的采样头（Ferm 等，2001）与挪威的参照方法（Marsteen 和 Schaug，2007）进行了对比测试，结果证明很好。PM_1 的采样头除了在喷嘴内部有个小管以外，其他的与 $PM_{2.5}$ 的采样头是一样的。这个小管把半截留直径从 $2.5\mu m$ 降低为 $1\mu m$。PM_1 和 $PM_{2.5}$ 取样器通过与欧盟认可的对照取样器 "Kleinfiltergerät" 对比测试，结果证明良好。PM_{10} 采样器（47mm Zefluor，孔径 $2\mu m$）和 $PM_{2.5}$、PM_1 采样器（25mm TF-1000，孔径 $1\mu m$）均使用聚四氟乙烯过滤膜，取样器见图 9.3。

9.3.2.3 微量振荡天平 TEOM

微量振荡天平，是基于应用微量天平进行质量分析的技术。它每 5min 提供一次 PM_{10} 的质量浓度值。该方法是通过欧盟空气质量监测标准认证的。使用 PM_{10} 收集器对悬浮物进行采样，然后在其被吸入和通过玻璃锥形杆顶部的过滤器进行取样之前，预热到约 $50℃$。过滤器的振动频率的变化与过滤器收集的颗粒物质量成比例。

PM_{10} 和 $PM_{2.5}$ 均通过 TEOM 1400 自动测定，考虑到微量天平在预热（$+40℃$）过程中某些不稳定成分的损失，设备中得出的浓度要乘以 1.2（Johansson，2003）进行校正。

9.3.2.4 粉尘监测仪（DT）

粉尘监测仪是一种快速测定颗粒物的光学仪器。在本研究中，粉尘监测仪被用于测量道路磨损模拟器运行过程中 PM_{10} 和 $PM_{2.5}$ 的浓度对比。虽然根据空气质量指南，它没有被批准应用于空气质量监测，但是它对于均质气溶胶的快速监测是很有用的。为了保护仪器，粉尘监测仪被放入一个封闭的环境中，并设置全方位空气入口来进行 $PM_{2.5}$ 和 PM_{10} 的取样。

9.3.2.5 扫描电迁移率颗粒物粒径谱仪（SMPS）

扫描电迁移率颗粒物粒径谱仪用于测定粒径小于 $1\mu m$ 颗粒物的数量分布。SMPS 包括一个微分迁移率分析仪和一个冷凝粒子计数器。粉尘和外壳空气的流量分别设定为 1L/min 和 10L/min，上下扫描计时为 120s 和 60s，扫描范围为 7～297nm 的颗粒物。SMPS 系统设置于搭建道路模拟器的房屋外面，通过一根 2.0m¼″的铜管来对模拟器大厅的悬浮物进行取样。为了计算质量浓度，SMPS 测定中密度为 1000kg/m³。

9.3.2.6　空气动力学粒径分析仪（APS）和小型沉降阶式撞击取样器（SDI）

APS 和阶式撞击取样器使用全方位立体 PM_{10} 进样器（Ruprecht & Patachnik）在模拟器大厅中进行磨损颗粒物的取样，采样流量为 16.7L/min。在 PM_{10} 进样器的下游有一个气溶胶分割器，进行流量分配，使得进行 APS 的流量为 1L/min，进行 SDI 的流量为 10L/min，其余 5.7L/min 则由一台外部泵控制抽出。当不使用 SDI 时，抽出流量从 5.7L/min 升为 15.7L/min。计算分割器的取样效率、SDI 的传输损失和 APS 的测定结果。对于空气动力学当量直径小于 $10\mu m$ 的颗粒物全误差要低于 10%。PM_{10} 进样器放置在距道路模拟器路面边缘 2m，高度为距离地面 2m（距离路面 1m）处。

粗粒径（粒径＞$0.5\mu m$）使用空气动力学粒径分析仪（APS，型号 3321，TSI 股份有限公司，美国）进行测定。APS 主要测定的是空气动力学粒径在 $0.5～20\mu m$ 范围内的数量分布函数。时间分辨率为 20s。为了计算质量浓度，APS 测定中密度为 2800kg/m³。

利用一台 SDI 多喷头、低压阶式撞击取样器（Maenhaut 等，1996）对 12 种不同粒径的悬浮颗粒物取样。颗粒物收集于一个 NuclePore© 聚碳酸酯薄膜过滤器上，这种过滤器表面涂有一层油脂。磨损颗粒物通常是在模拟器速率为 70km/h 时进行取样，但是对于夏季胎，取样时间延长为整个测试周期（30km/h、50km/h、70km/h），大约 6h，以确保在过滤膜上收集到足够质量的磨损颗粒物。利用 PIXE 方法对上述采集的样品进行分析，对于阶式撞击取样器的每次采样均采集与分析了两个空白样（均涂油脂），并做了适当的修正。

9.3.2.7　层叠过滤装置（SFU）

为对颗粒物进行后续 PIXE 分析，先将细颗粒与粗颗粒收集于固定在层叠过滤装置（SFU）上直径为 47 mm 的 NuclePore© 聚碳酸酯过滤膜上。粗细颗粒的分离是通过两种不同孔径滤膜实现的，首先利用孔径为 $8\mu m$ 的滤膜对粗颗粒进行采集，后利用孔径为 $0.4\mu m$ 滤膜对细颗粒进行采集。SUF 前使用的 PM_{10} 进样器为 Gent 型（Hopke 等，1997）。

9.3.3　分析方法

9.3.3.1　粒子诱发 X 射线荧光分析（PIXE）

SUF 和 SDI 从道路模拟器中取的样品，以及在 Amiralsgatan 使用 SAM 所取的样品均通过隆德大学核物理分部的电子分析设备进行 PIXE（粒子诱发 X 射线荧光分析）元素成分分析。PIXE 可以判定原子序号大于 13 的所有元素（铝以后的元素）。

把从 SFU 样品中得到的源成分谱称为富集因子，对比通常使用的土壤参照成分进行计算，土壤参照成分描述出现于陆地火成石中的元素比例。钛（Ti）被用作土壤示踪元素，这些富集因子按照传统的方法计算为：

$$EF(Ti) = \frac{[X_{PIXE}]/[Ti_{PIXE}]}{[X_{REF}]/[Ti_{REF}]} \tag{9.1}$$

式中，中括号中内容分别表示元素 X 与元素 Ti 在 PIXE 样品中和对照土壤样品中的元素浓度。计算得出的富集因子可以用于源受体模型，这个模型是基于城市 PM 样品分析建立的。

9.3.3.2 电感耦合等离子体质谱（ICP-MS）

使用塑料镊子将悬浮颗粒物过滤样品小心地放入试管底部。加入 0.5mL HF（超纯，40%）和 1.5mL HNO_3（超纯，65%），浸渍样品。将试管加塞，振荡，室温下直立于放置 48h。向其中加入蒸馏水 8mL，振荡后，室温下直立放置 48h。然后摇动试管，使样品充分混合后，取出部分使用 ICP-MS 法进行测定。

9.3.3.3 离子色谱法（IC）

滤膜在去离子水中进行浸取，由于滤膜的疏水特性，它们会漂浮在水面。25mm 滤膜在一个小瓶中用 4mL 去离子水浸取，使滤膜浸没在水面以下，放入机器中振荡。10mm 滤膜放入一个宽口瓶中，加入 10mL 去离子水，使滤膜暴露面覆盖水面，在超声波浴下进行浸取。离子通过电子抑制色谱分析法分析。AG22 色谱柱用于分离阴离子，CG12 色谱柱用于分离阳离子。

9.3.3.4 PAHs

利用丙酮溶液对聚四氟乙烯滤膜上的颗粒物进行索氏提取 24h。在丙酮萃取液中加入内标物以校正纯化过程中 PAHs 的损失。用水稀释丙酮萃取液后，利用戊二醇与醚的混合物对 PAHs 萃取两次，并在氮气流环境下进行浓缩。

在失活的硅胶柱上对 PAHs 提取物进一步纯化，以去除更多影响色谱分析的极性物质。最终收集到脂肪和芳香化合物。

在对 PAHs 分析之前，将其转移到一种极性更强的溶剂中，然后使用带有荧光检测器的高效液相色谱（HPLC）进行分析，使用公认的标准进行鉴定和量化。产量则通过内标法进行计算，并用于修正获得的浓度。通过对对照混合物的分析来进行质量控制。

9.3.3.5 扫描电镜/能谱仪（SEM/EDX）

配备有 EDX 的电子扫描显微镜被用于 PM_{10} 颗粒物样品的形态分析和化学成分分析，见图 9.4。

图 9.4　林雪平大学薄膜技术协会的电子扫描显微镜，配备有 EDX

9.3.4 模型

在本研究中，我们既结合经验知识，也使用了统计学的模型。纯经验模型是质量闭合/

平衡模型，纯统计学模型为主要受体分析法（PCA）。此外，本研究还利用基于不同程度上的统计程序与经验知识的受体模型来鉴别和定量任意给定地点的颗粒物来源。利用这些受体模型是基于假设：受体处浓度可以很好地用各种相关排放源的线性组合来解释，且这些排放源具有相对恒定的源特性。受体模型的作用是确定影响所采样的悬浮颗粒物的源的数量、组成和量级。这些方法是利用这些源在化学成分和随时间变化上呈现的不同性质。本研究采用的两个模型分别为：限制物理受体模型（COPREM）和正定矩阵因式分解（PMF）。两个模型都通过加权最小二乘法、迭代解出双线性方程、加权最小二乘法使卡方最小化。卡方是测量值与模型值的总平方距离。限制模型排除了非物理的情况（源成分谱中的负面成分和源强度），在这两个模型中，均可以包含额外的限制因素以便得到最佳解。两个模型的主要区别在于，COPREM 中，源成分谱由用户设置，但在 PMF 中，源成分谱是通过数据估算而来的。如果在 COPREM 中没有认真地选择源成分谱，将会引进一种错误，然而，这些源成分谱可以简化对源变化的演绎，所以，COPREM 可以视为一种改进的质量闭合/平衡模型。

9.3.4.1   主要成分分析法（PCA）

PCA 是适用于多种类型数据的一种工具。在这项课题中，对颗粒物样品中金属和多环芳烃的含量进行了评估（Martens 和 Naes，1989；Wold 等，1987）。

PCA 通过计算所谓的主要要素将多维数据进行降维。PCA 模型的建立是基于测得的数据（也就是 PM 样品中不同元素的容量），它尽量多地描述数据中的变量。PCA 的结果通常用得分图和负荷图显示。从得分图中可以看出样品的分布，负荷图可以得出变量间的关系（比如元素间的关系）。图 9.5 展示了从 PCA 得出的结果的例子。

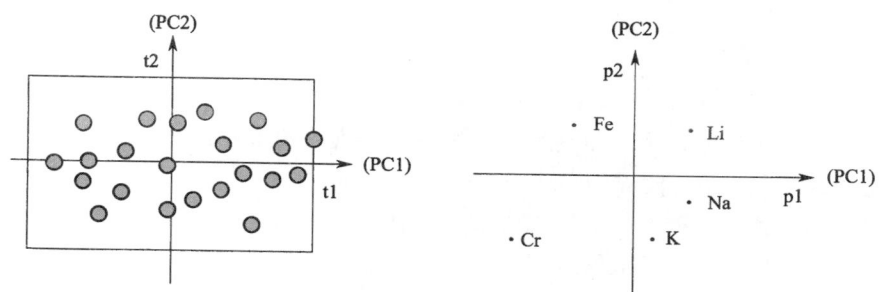

图 9.5   左侧的得分图可以看出样品要素的预测，右侧的负荷图显示每变量对要素的影响 ❶

9.3.4.2   COPREM

因素分析面临的一个普遍的问题就是如何将所有可能的源分离且不使它们混淆，这使得对于问题的解释变得困难。具有一定程度协变性的不同源经常和共性因素混淆（比如"交通"、"次级"或者"大陆气团"、"海洋大气"），这些都很难解释。COPREM 是一个混合模型，在这个模型中，可以通过"固定"或者"释放"一些特定的参数的控制来解决这些问题。首先建立一个初始矩阵，矩阵中的列包含已知源的主要特性，并建立起一些限制因子来维持这些特性，或者防止这些数据在重复计算中混淆。通过这种方法，能够在充分了解本地源的基础上得到合适的解决方案，并且拥有足够数量的源。

源成分谱中元素的不确定性（表示为标准偏差）通过加权多元线性回归分析来计算。计

---

❶   t1/t2 分别代表样品中的两个要素，p1/p2 分别表示 PCA 分析中的两个影响因素。PC1 是分析中的第一主成分，PC2 为第二主成分。

算结果特别依赖于选用数据的不确定性，因此，应该将计算结果作为不确定区间的下限。原则上来说，不确定区间的上限无法用科学的方法来定义，因为计算结果是依赖于用户对源数量和限制因子的主观选择。解决方案的循环模糊性也可以被评估。通过这种方法，可以估计一个不确定区间。对于源分配的不确定性的定义是受体模型的一个普遍问题。

9.3.4.3 正定矩阵因式分解法（PMF）

为分析斯德哥尔摩 Hornsgatan 地区的数据，本研究采用了正矩阵因式分解法（PMF），PMF 理论和运算法则在一些文献（Paatero 和 Tapper，1994；Paatero，1997）中进行了描述。使用稳健的 PMF 模型意味着在不牺牲模型的稳定性前提下，数据中容许有限个数的离群值（Paatero 和 Hopke，2003）。对于低于检出限的数据，PFM 专门为这种情况建立了解决机制。将一些所谓的因子从数据中提取出来，每个因子代表一个或者一组源。对于每一个因子，它随时间的变动和相对构成是确定的。

在 PMF 结果中呈现出了 2 种不确定性类型。第一种类型是由于测量的不确定性的传播引起的，可通过 PMF 进行计算。另一种类型，一般表示为旋转模糊，这是由不可能完全区别开非独立变化的源而引起的。PMF 使用了一种近似的方法来估算旋转模糊的数量级（Paatero，1997），这种方法可以确定一系列的数学上可行的解决方法。但一部分可能会由于物理解释而被认为缺乏真实性，比如源组成。但是，这些并未考虑在不确定区间内，我们将在后面的结果一节进行详解。

9.4 测量

9.4.1 道路模拟器

每一种路面/轮胎组合都根据 9.3.1.3 中描述的测试周期进行了测试。共进行了 3 次测试：镶钉冬季胎、非镶钉冬季胎和夏季胎通过标准的道路模拟器模拟周期进行了测试，采用了 3 种不同的速度（30km/h、50km/h 和 70km/h）。

通过测试期间颗粒物浓度的平稳改变来估计基于颗粒物粒径的排放系数。对于模拟器大厅中每一种粒径的颗粒物浓度都可以用共有的通风方程来描述：

$$c=\frac{m}{Q_{dep}}\left(1-e^{-\frac{Q_{dep}}{V}t}\right)+c_0\left(1-e^{-\frac{Q_{dep}}{V}t}\right) \tag{9.2}$$

$$c=\frac{m}{k}\left(1-e^{-kt}\right)+c_0\left(1-e^{-kt}\right) \tag{9.3}$$

式中，c 为颗粒物浓度，kg/m^3；m 为颗粒物来源，$kg/(s\cdot m^2)$；k 为微粒沉降过程中的损失率，s^{-1}。

不同实验周期数据都可利用式（9.3）拟合，得出未知数 m 和 k。在此实验条件下和每一种速度下（30km/h、50km/h 和 70km/h）得出的 k 值都是唯一的，这就意味着不同的路面轮胎组合下得出的 k 值在理论上是相等的。如果 k 值确定了，就可以用于计算所有实验中的排放系数。在本研究中，k 值由镶钉轮胎实验确定，然后同样用于摩擦轮胎和夏季轮胎的排放系数计算。

排放系数（EF）通过下式计算：

$$EF=\frac{m\times V}{v}\tag{9.4}$$

式中，V 为道路模拟器大厅容积；v 为轮胎速度，m/s；排放系数以每车（4 个胎）和每千米计。

9.4.2　在马尔默数据测定

在瑞典南部马尔默市 Amiralsgatan 区的街道进行了采样，城市背景值的测定在附近的一个市政厅的屋顶进行（图 9.6 和图 9.7）。PM_{10} 和 $PM_{2.5}$ 通过 2 台 TEOM 设备测定。TEOM 设备内部的误差校正算法已去掉，将测得的质量浓度乘以 1.3 即可得到 $PM_{2.5}$ 和 PM_{10} 的浓度。NO_x 则使用 2 台化学荧光设备进行测定。

粗粒径（$PM_{10}\sim PM_{2.5}$）和细粒径（$PM_{2.5}$）颗粒物通过 SAM（9.3.2.1）收集。SAM 使用 PM_{10} 进样器对周围大气悬浮颗粒物进行采样。采样时间为 2005 年 1 月（SAM），3—6 月（TEOM）。

图 9.6　马尔默位于市政厅屋顶的城市背景值监测站

9.4.3　在斯德哥尔摩市的测定

斯德哥尔摩市是瑞典的首都，也是瑞典最大的城市，它坐落于瑞典中部的东海岸。有文献对 Hornsgatan 进行了描述（Gidhagen 等，2003；Johansson 等，2009；Omstedt 等，2005；Ketzel 等，2007；Olivares 等，2007）。Hornsgatan 拥有 4 条 24m 宽、两边都是 24m 高建筑物的小街道。因此，它是一个相当对称的街道峡谷，且有统一的宽高比。车流量大约是周一——周五 35000 车次/天，重型装载车平均约占 5%，大部分为公共汽车，绝大部分以乙醇为燃料。在所有的轻型车辆中，平均有 5% 的柴油车，主要是出租车。交通的节奏由街区东部末端的十字路口交通灯决定。朝西开的车是在加速阶段通过监测仪，而且它们要爬上一个 2.3% 的斜坡。与之相反的，朝东开的车是下坡驶向交通灯，通常在减速阶段。

城市的背景值监测点位于 Torkel Knutssonsgatan，在一个 25m 高的建筑物的屋顶。这里距离 Hornsgatan 东部 600m，交通量很少。

图 9.7　马尔默（Amiralsgatan）街道水平的测定

9.4.3.1　间歇测定

对 PM_{10}、$PM_{2.5}$ 和 PM_1（非连续）在街道水平（Hornsgatan）和屋顶水平（Torkel Knutssonsgatan）进行了测定。因为 PM 样品的元素、PAHs 和离子都需要进行分析，所以需要双份样品。取样为 24h 取样，基体在午夜更换。6 台自动更换设备用于各个试验点，每个自动更换设备与 8 个取样头相连接。站点和取样头如图 9.8～图 9.10 所示，图 9.8～图 9.10 为进行的 4 个时段的测定，结果见表 9.1。

图 9.8　Hornsgatan 的取样和监测站

图 9.9　斯德哥尔摩市 Hornsgatan 用于采集 PM_{10}、$PM_{2.5}$ 和 PM_1 的 48 个采样头

图 9.10　斯德哥尔摩市 Torkel Knutssonsgatan 用于采集屋顶水平 PM_{10}、$PM_{2.5}$ 和 PM_1 的采样头

表 9.1　4 次测定的时间段, 数字表示的是取双份样或单份样　　单位: $\mu g/m^3$

开　　始	结　　束	Hornsgatan			Torkel Knutssonsgatan		
		PM_{10}	$PM_{2.5}$	PM_1	PM_{10}	$PM_{2.5}$	PM_1
2006 年 04 月 05 日	2006 年 04 月 19 日	2	2	2	2	2	1
2006 年 11 月 02 日	2006 年 11 月 08 日	2	2	2	2	2	1
2007 年 03 月 09 日	2007 年 03 月 23 日	2	2	2	2	2	
2007 年 05 月 21 日	2007 年 05 月 29 日	2	2	2	2	2	

9.4.3.2 持续/连续测定

于 Hornsgatan 北边高于街道水平 3m 位置和城市背景点进行 PM 采样。NO_x 监测仪（化学荧光、热电子）进气口被安装在街道两侧，均距离建筑物正面 1.5m，高于街道水平 3m。城市背景点也同上。在街道北侧，靠近 NO_x 进气口的地方，停靠一辆装载 CPC3022 设备的拖车，测定总的数量浓度。在城市背景点也有同样的设备。

考虑到设备中易挥发组分的损失，TEOM 记录的 PM_{10} 浓度要乘以 1.2（Johansson，2003）。使用公认的标准化的氮载 NO 气对 NO_x 设备的端口分析器和零位进行检查，每日进行。通过臭氧滴定将 NO 转换为 NO_2 的方法来检查 NO_2 向 NO 的转换效率，每日进行。

使用一台 DMPS 设备来对从 20～200nm 以上 6 个粒径区间颗粒物的数量浓度进行测定。上述的 CPC3022 设备则平行地测定 ＞7nm 颗粒物总数。

气象数据——风速和风向，是从 Torkel Knutssonsgatan 屋顶上一个高 10m 的高杆上收集的。

9.4.4 瑞典城区空气质量网络内的测定

瑞典城区空气质量网络始于 1986 年，由 IVL 和瑞典许多中小城市合作开展。空气质量参数如 SO_2、煤烟、NO_2 和 PM_{10} 都是通过体积测定技术（24h 采样）测定，大部分是冬季（10 月—4 月）完成。臭氧和 VOC 则通过扩散式采样器进行间歇检测，分析技术由瑞典认证与合格评定委员会（SWEDAC）认证。除了 PM_{10}、$PM_{2.5}$ 或者 PM_1 都是通过 IVL 样品进行间歇测定。Teflon 滤膜用于 PM 的采样，使后期对比如金属和 PAHs 的分析成为可能。

在项目范围内，对以下站点的 PM_{10} 滤膜使用 ICP-MS 来分析其金属含量。

Jönköping：取样于靠近市中心区一个步行街的城市背景点，并且也做了在 Barnarpsgatan 街道水平上的测定。

Västerås：在街道水平上进行取样（Storagatan）。

Piteå：取样于市中心城市背景检测的点（Rådhustorget）。

Kävlinge：取样点位于 Löddeköping 市场中心和去往马尔默的高速公路 E6 附近，同时也对 $PM_{2.5}$ 进行了取样。

Örebro：在街道水平取样。

9.5 实验结果

9.5.1 道路模拟器

9.5.1.1 轮胎和速度的影响

道路模拟器中使用不同类型轮胎所得到的 PM_{10} 浓度的结果见图 9.11。可以看出，相对于其他两种轮胎，镶钉冬季胎导致的 PM_{10} 浓度非常高。模拟器的速度分别为 30km/h、50km/h、70km/h（时间段分别为 11:30—13:00、13:00—14:30 和 14:30—16:30）。对于镶钉冬季胎，浓度随时间的变化可以描述为：在模拟器刚启动时，颗粒物浓度上升，然后达到一个峰值后缓慢下降。当速度达到 50km/h 时，浓度先上升后在速度达到 70km/h 前趋于平稳。然后出现一个急速上升后的最高点，随后浓度开始下降，最终平稳地回落到一个稳定浓度值。镶钉冬季胎引起的 PM_{10} 浓度非常高，大约为 Nordic 非镶钉冬季胎的 10 倍。夏季胎所引起的 PM_{10} 几乎可以忽略不计。

图 9.11 展示的是使用粉尘测定仪（DustTrak）测得模拟器大厅颗粒物质量浓度。TEOM 和 DustTrak 测得的数据显示出了相同的典型趋势，在模拟器启动前质量浓度较低，将速度由 30km/h 提高到 50km/h 过程中，得到了一条平稳光滑的浓度上升曲线，这与速度从 0 到 30km/h 和从 50km/h 到 70km/h 的情况是相反的，后两者都会出现一个峰值，随后会下降。峰值的出现是颗粒物的再悬浮引起的。30km/h 时的峰值是由于路面和轨道上未被清除的颗粒物引起的，虽然经过了认真打扫，但并不能彻底清除。70km/h 时的峰值是由于速度的增加，已经沉降的颗粒物再悬浮导致的。但是，在大约 1h 后，我们几乎得到了一个稳态的质量浓度。浓度的第一个快速下降出现在过滤扇启动以后，其他三个出现在速度下降到 50km/h、30km/h 和最终模拟器完全停止。综合所有数据，我们得到了一个质量浓度指数递减的光滑曲线。

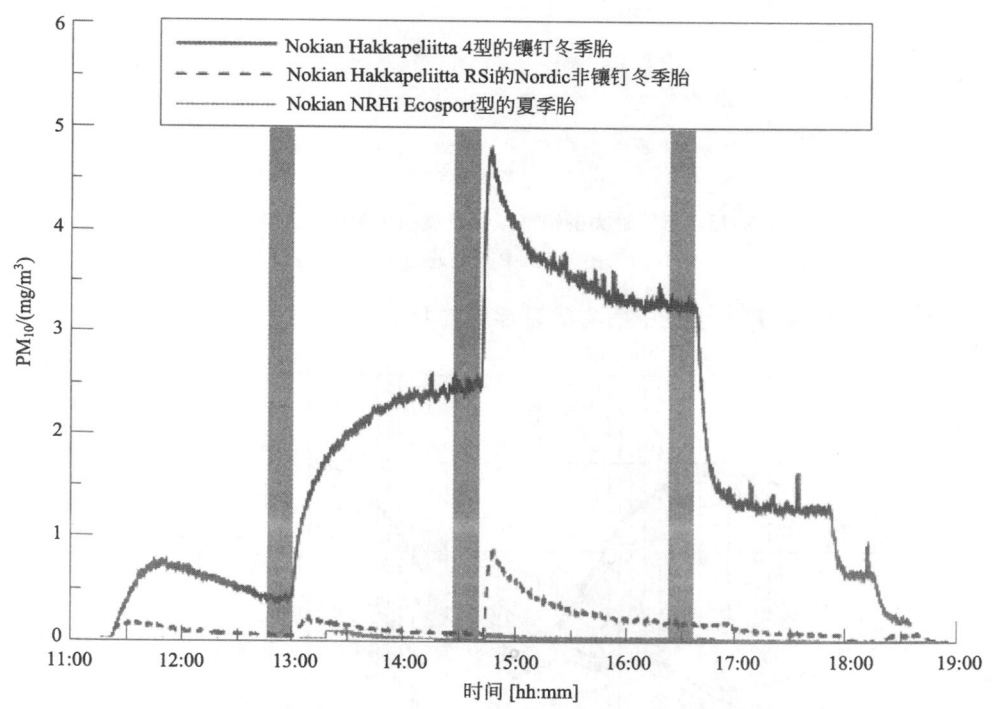

图 9.11　使用不同类型轮胎测试下，模拟器大厅中测得的 PM_{10} 浓度（由 DustTrak 测得）

[道路模拟器速度设为 30km/h、50km/h、70km/h，测定周期的叙述见 9.3.1.3，
灰色遮盖的 15min 用于每个速度下平均值的计算（图 9.12）]

不同速度下，三种类型轮胎测试中粒径分布见图 9.13，由 APS 设备测得的粗粒径颗粒物（图中右侧）构成了 PM_{10} 质量的一大部分。对于镶钉冬季胎，粒径分布峰值在 $3\sim4\mu m$，浓度随着速度的上升而上升。对于 Nordic 非镶钉冬季胎，70km/h 下 PM 浓度的峰值移动到了较粗粒径范围，但是较低速度下，粒径分布峰值出现在 $2\sim4\mu m$。夏季胎导致生成低浓度细微颗粒模式，峰值低于 $2\mu m$。同时，可以看出对夏季胎而言，随着速度增加，生成的颗粒物浓度增加，这说明夏季胎为颗粒物的一种来源。

颗粒物数量分布由 SMPS 测定，见图 9.13 左侧部分。实验观察到只有镶钉冬季胎产生了明显的颗粒物模态，即随着速度的增加，颗粒物数量浓度增加，且峰值出现在粒径为 30nm 左右，随速度的增加而上升。测试中观察到的 Nordic 非镶钉冬季胎和夏季胎则不受速度上升的影响，或随着速度的上升而下降，这表明它们的颗粒物来源并不是轮胎和路面的相

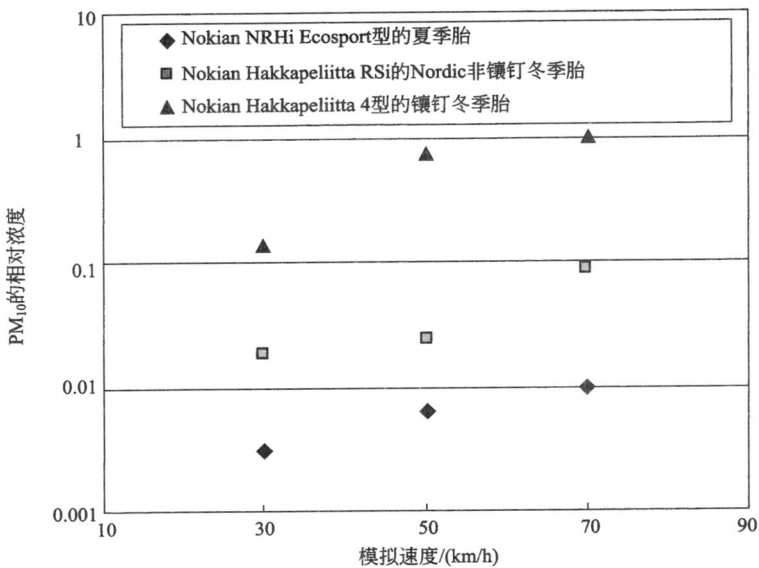

图 9.12　与轮胎类型和模拟器速度相关的相对 PM₁₀浓度

（此数据为图 9.11 中灰色遮盖部分的均值）

互作用，而更可能是在背景空气中固有的悬浮颗粒物。

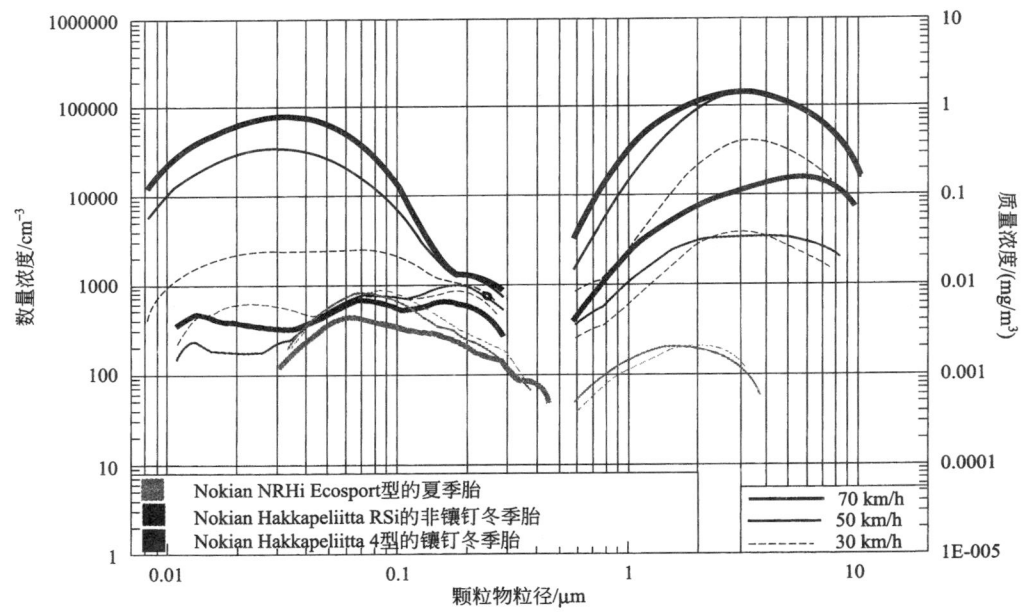

图 9.13　道路模拟器中三种轮胎产生的颗粒物粒径分布（左侧：SMPS 系统测定的
颗粒物数量分布；右侧：APS 设备测得的颗粒物质量浓度分布）

9.5.1.2　路面的影响

本研究中使用的路面（石灰岩石油沥青砂胶，源于达尔博，<16mm）与其他以前在模拟器中进行过试验的 2 种路面进行了对比。这 2 种路面为石灰岩石油沥青砂胶（来源为Kärr）<11mm 和花岗岩密实沥青混凝土（来源为 Skärlunda）<16mm。由于这两种路面

是第一次在道路模拟器中用于磨损颗粒物排放的研究，因此没有根据 9.3.1.3 中描述的测试周期进行测试。图 9.14 展示三种路面在 70km/h 速度下 1h 的测定结果。

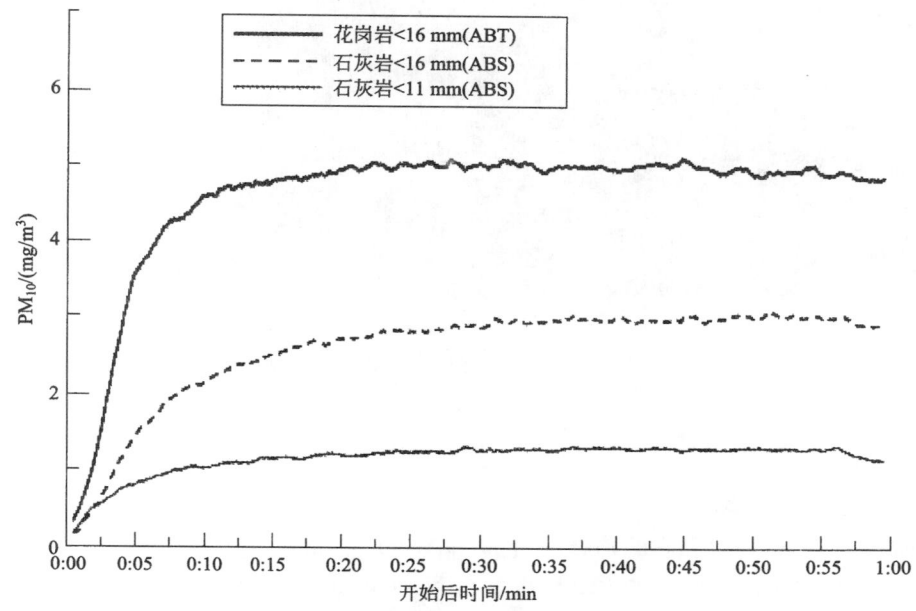

图 9.14　道路模拟厅中受控条件下不同路面材料时测量的 PM_{10} 浓度（花岗岩＜16mm，石灰岩＜16mm，石灰岩＜11mm），使用的是镶钉冬季胎，模拟器速度 70km/h

可以做 2 个对比，首先，为同样最大骨粒粒径的石英岩和花岗岩路面间的区别是很明显的（上面和中间的线）。花岗岩路面产生的 PM_{10} 浓度比石英岩高出 70％。在密闭模拟大厅内，不论何种路面，均会导致测得的 PM_{10} 浓度非常高。

其次，使用相同（但来源于不同的采石场）石材（石英岩），但最大骨粒粒径不同（分别为 11mm 和 16mm）的两种路面，同样在产生的 PM_{10} 浓度上存在很大的区别。有文章认为，总的磨损颗粒物的产生量一般随骨粒粒径的增大而减小（Jacobson 和 Hornvall，1999）。然而，在本实验中可以看出，不同材料的特性似乎比骨粒粒径的影响更加明显，因为较小的骨粒粒径（石英岩＜11mm）产生的 PM_{10} 比较粗粒径的（石英岩＜16mm）要少。

结果表明，选择合适的路面材料和合适的最大骨粒粒径可以使磨损最小化。这个结果与 Räisänen 等的研究成果一致。他们描述了不同材料的耐磨性能，并指出铁镁质火山岩耐磨性能最好，花岗岩最差。

9.5.1.3　磨损颗粒物的形态

使用电子扫描显微镜观察收集的 PM_{10} 颗粒物的形状（形态），样本是在模拟器中不同路面材料组合测试下所采集的，见图 9.15。

可以看出同是来源于花岗岩的 PM_{10} 颗粒物在形态上存在很大差异。颗粒物和粒料的不同大小与形态表明花岗岩是由几种矿物质混合而成的，而石灰岩则是一种组成成分均匀的石料。可以看出来源于石灰岩的 PM_{10}（右图）要比花岗岩产生的 PM_{10} 形态上的差异小。PM_{10} 颗粒物形态上的差异将会影响它们的测定方式和不同监测设备的监测方式，因为我们预想中的颗粒物形状是球形的。

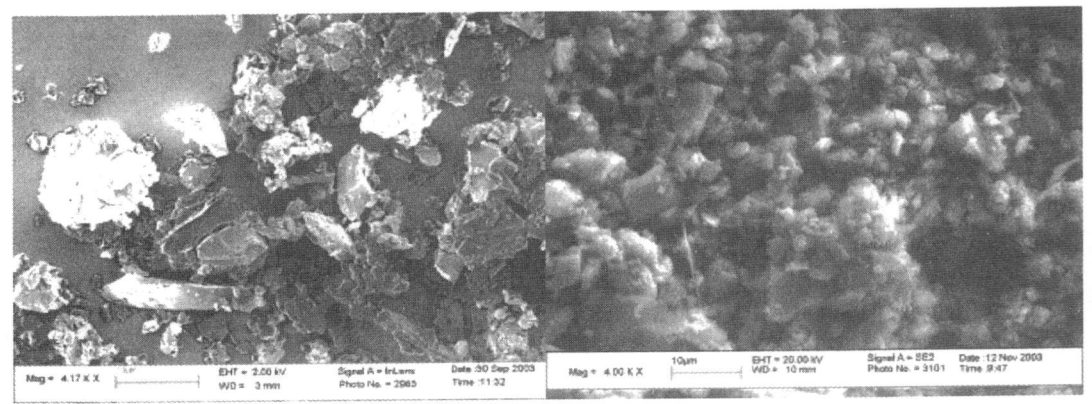

图 9.15 道路模拟器运行中, 利用高容量过滤滤膜收集的 PM_{10} 样品, 测试中使用镶钉冬季胎和不同的路面
[左图: 密实沥青混凝土 (DAC<16mm, 花岗岩取自 Skärlunda);
右图: 石基石油沥青砂胶 (SMA<11mm, 石灰岩取自 Kärr)]

9.5.1.4 环境参数的影响

通过 WEAREM 项目和它的姊妹项目 NanoWear (Gustafsson 等, 2009) 得到数据, 用来研究环境参数对磨损颗粒物排放的影响。在 NanoWear 项目中, 使用 10 个相同类型的轮胎, 就跟 WEAREM 项目中的一样, 进行测试研究。

图 9.16 中展示了两个项目中测得的 PM_{10} 浓度和轮胎温度的关系。轮胎被分为 3 组, 即镶钉轮胎 (记为 D)、Nordic 非镶钉冬季轮胎 (记为 F) 和夏季胎 (记为 S)。黑色、蓝色和

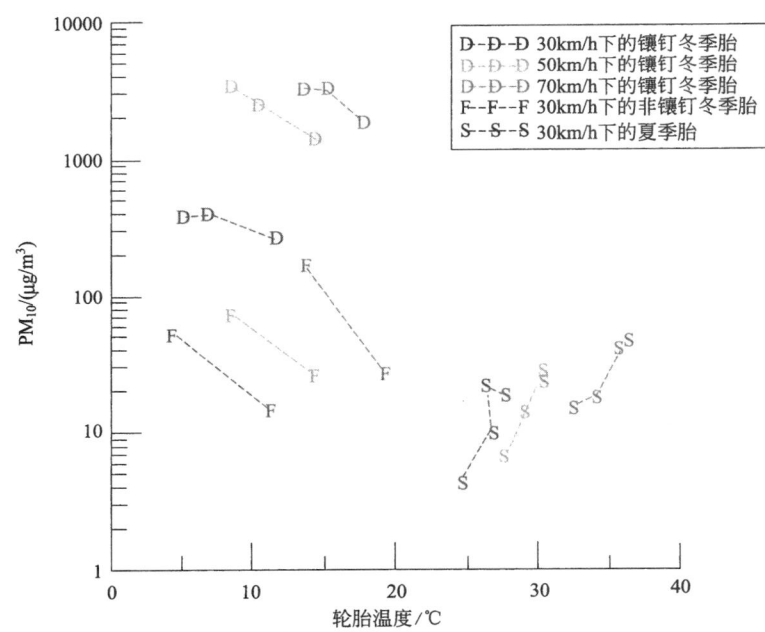

图 9.16 不同轮胎类型及不同速度下测得的 PM_{10} 浓度和轮胎温度的关系 [注意坐标系中 PM_{10} 的浓度比例是对数的。数据根据轮胎类型 (D=镶钉冬季胎, F=Nordic 非镶钉冬季轮胎, S=夏季胎) 和速度分类]

红色的圆点表示不同的速度，注意图表中表示 PM_{10} 的浓度的纵坐标为对数轴。

就如我们从先前的图表中所见，且从图 9.16 中也可以看出，镶钉冬季胎产生的 PM_{10} 水平最高。同时也可以看出，对于镶钉冬季胎和 Nordic 非镶钉胎，无论在多大的速度下，随着轮胎温度的升高产生的 PM_{10} 水平逐渐下降。与之相反，夏季胎在所有速度下，产生的 PM_{10} 浓度水平随着轮胎温度的升高而上升。当然，轮胎温度与路面和室温都有关系。

图 9.17 与图 9.16 是基于相同的实验得出的，但横坐标改为了含湿量。冬季胎（镶钉和非镶钉）表现出了低湿度和高 PM_{10} 浓度水平的相关性，而夏季胎的 PM_{10} 水平则随着含湿量的增加而下降。这和与轮胎温度的关系不同，与轮胎温度的关系中，夏季胎与冬季胎的趋势确实不同。通过对 PM_{10} 浓度和相对湿度的关系进行简单分析得出，在原则上应该与含湿量的模式是相同的，然而实际上并不是那么一致。

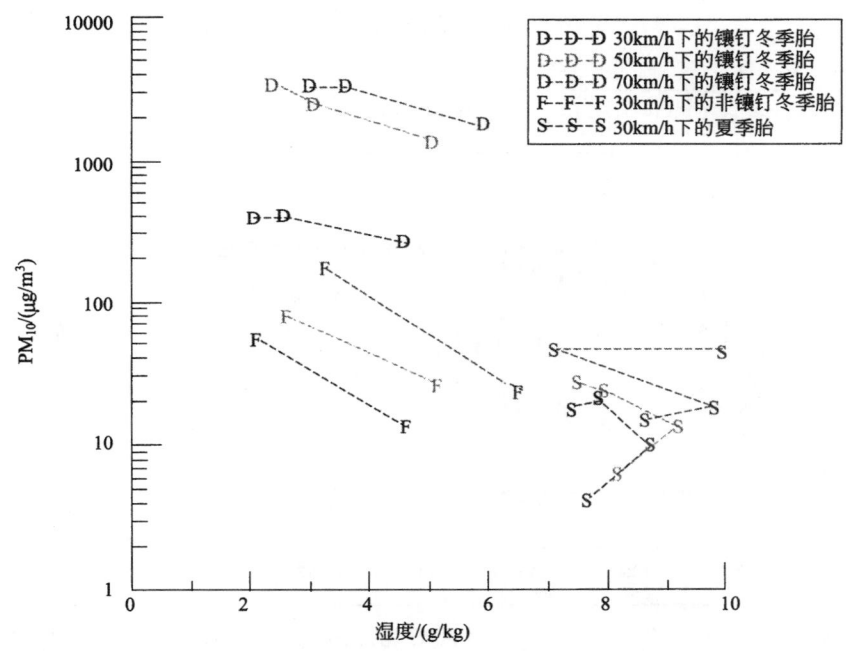

图 9.17　PM_{10} 浓度与比湿度的关系，注意 PM_{10} 浓度比例为对数的［数据根据轮胎类型（D＝镶钉冬季胎，F＝Nordic 非镶钉冬季胎，S＝夏季胎）和速度分类］

9.5.1.5　排放系数

因为具备高时间分辨率（20s）的 APS 可对颗粒物进行粒径选择测量，故可利用 APS 数据来估算 k 值与排放系数。TEOM 的时间分辨率太低（约为 5min），测得的数据无法用于排放系数的计算。

30km/h 和 70km/h 下的 k 值分别于测试周期的降速阶段 70～50km/h 和 50～30km/h 期间计算得出。50km/h 下的 k 值可以通过加速阶段（30～50km/h）和减速阶段（70～50km/h）来估计。在图 9.18 中，对 k 值进行了估算。通过加速阶段和减速阶段分别计算得出 50km/h 时的 k 值区别相差小于 30%。

$EF_{PM_{10}}$ 由 APS 的 PM_{10} 数据确定，通过对各个粒径的排放值相加得出。图 9.19 显示了 PM_{10} 浓度随时间的变化。PM_{10} 的浓度并没有完全根据理论上升，对 k 值的估计取决于拟合

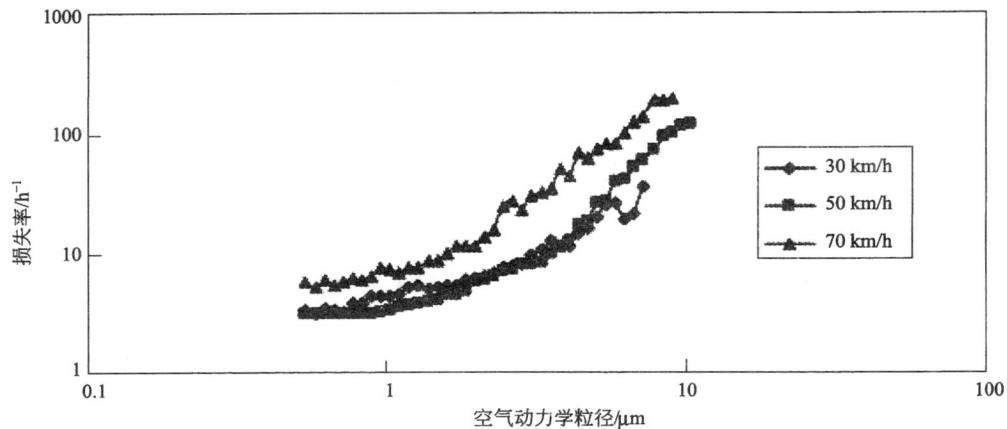

图 9.18　不同速度下道路模拟器大厅 k 值的估计

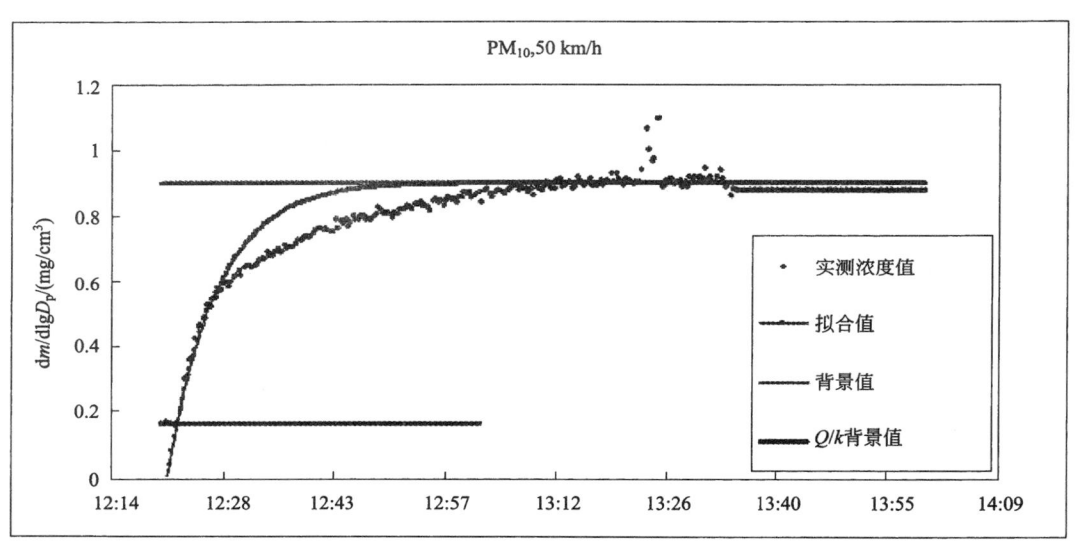

图 9.19　根据 9.4.1.1 中式（9.3）对 APS 测得 PM₁₀ 数据的拟合（黑点为测量数据）

过程。估算的 $EF_{PM_{10}}$ 值在 130～253mg/（车·km）之间（只要使用了第一线性增长，能得到最大值）。

图 9.20 列出了与颗粒物粒径相关的 EF 值。然后综合各个粒径的 EF 值后得出一个值，347mg/（车·km）。综上，对 $EF_{PM_{10}}$ 值的确定最准确的是通过将 EF 作为颗粒物粒径的一个函数，然后计算出空气动力学当量直径 $10\mu m$ 的 EF 值（这也意味着 DustTark 测得的数据无法用于 EF 值的估算）。

从图 9.20 可以看出随着颗粒物空气动力学粒径的增加 EF 值上升，在大约 $8\mu m$ 处达到峰值，随后开始下降，原因是由于 PM₁₀ 进样器取样效率的升高。

9.5.1.6　源成分谱

图 9.21 展示了由道路模拟器中的阶式撞击取样器收集的滤物的 PIXE 分析结果。这些数据只是引用了模拟器 70km/h 下收集的样品。所有 PIXE 分析的元素并没有完全提供——我们只关心那些被认为是与当前源有关的和大多数情况下超出检出限的元素。

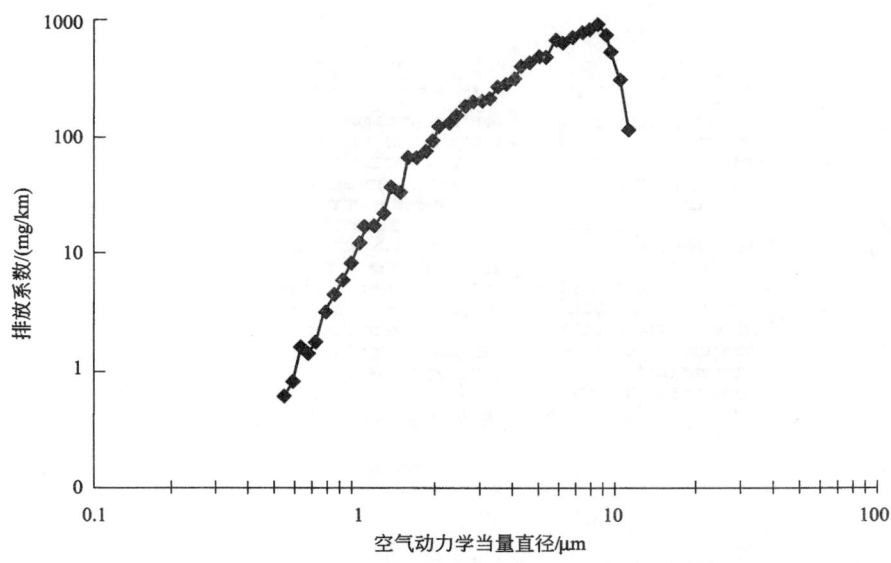

图 9.20　道路模拟器试验，在镶钉冬季胎下，将排放系数作为空气动力学当量直径的函数进行估算

图 9.21 展示了不同类型轮胎的结果（从上到下）：

① 不同元素和 12 个不同的粒径范围的颗粒物质量浓度（ng/m^3）。表示质量浓度的 y 轴是呈对数变化的。

② 包括硅在内的相对质量分布，在这个柱状图里（其他柱状图中也是一样），最右面的几个条表示的是轮胎、沥青和滤膜的结果。

③ 硅以外的相对质量分布。因为石料表层的硅经常主导其在空气中的浓度，将硅排除在外是为了让其他元素更加清楚地显现出来。

④ 每种元素和硅元素的比例。注意表示比例的 y 轴是呈对数变化的。从图表中可以看出其他元素与硅的共变性，也就是说如果得到了一个常数比，共变性就越大，也就可以猜想它们有相同的来源。因为硅主要产生于表层石料，如果得到常数比就说明这种元素也是产生于表层石料。在所有的轮胎中都有或多或少的硅，这些都必须在图表的分布中有所考虑。

从图 9.21 中可以看出，对于冬季胎（尤其是镶钉冬季胎），粗粒径颗粒物主要由矿物相关的元素主导，包括 Si、Ca、K 和 Fe。硅产生于表层石料（石灰岩），在相对质量分布中占总质量的 80%。但是相对较高的其他矿物元素的存在表明表层的填充石料（在这里为花岗岩）也对 PM_{10} 的产生有很大的影响。在粒径 $<0.25\mu m$ 的颗粒物中，其他元素，尤其是 S 和 Cl 等的组分越来越多。S 存在于轮胎和沥青中，但是 Cl 的来源尚不明确。另一个有意思的发现是，在镶钉冬季胎产生的粗粒径的颗粒物中发现了钨。碳化钨是冬季胎轮钉的材料，很显然这在一定程度上也促进了 PM_{10} 的产生。另外还发现 Nordic 非镶钉冬季胎与镶钉冬季胎的元素分布非常相似，这一点很引人关注，但是与前者类型相同的另一个轮胎产生的颗粒物浓度和分布与夏季胎非常相似（Gustafsson 等，2009）。一个可能的解释是由于在先前的运行结束后没有充分清理模拟器轨道，导致在 Nordic 非镶钉冬季胎运行的时候，受到了剩余颗粒物再悬浮的影响。夏季胎产生的颗粒物的组成与冬季胎不同，前者 Si 的含量较低，浓度要低几个数量级，但是相对分布的情况表明在夏季胎产生的颗粒物中明显含有较多的

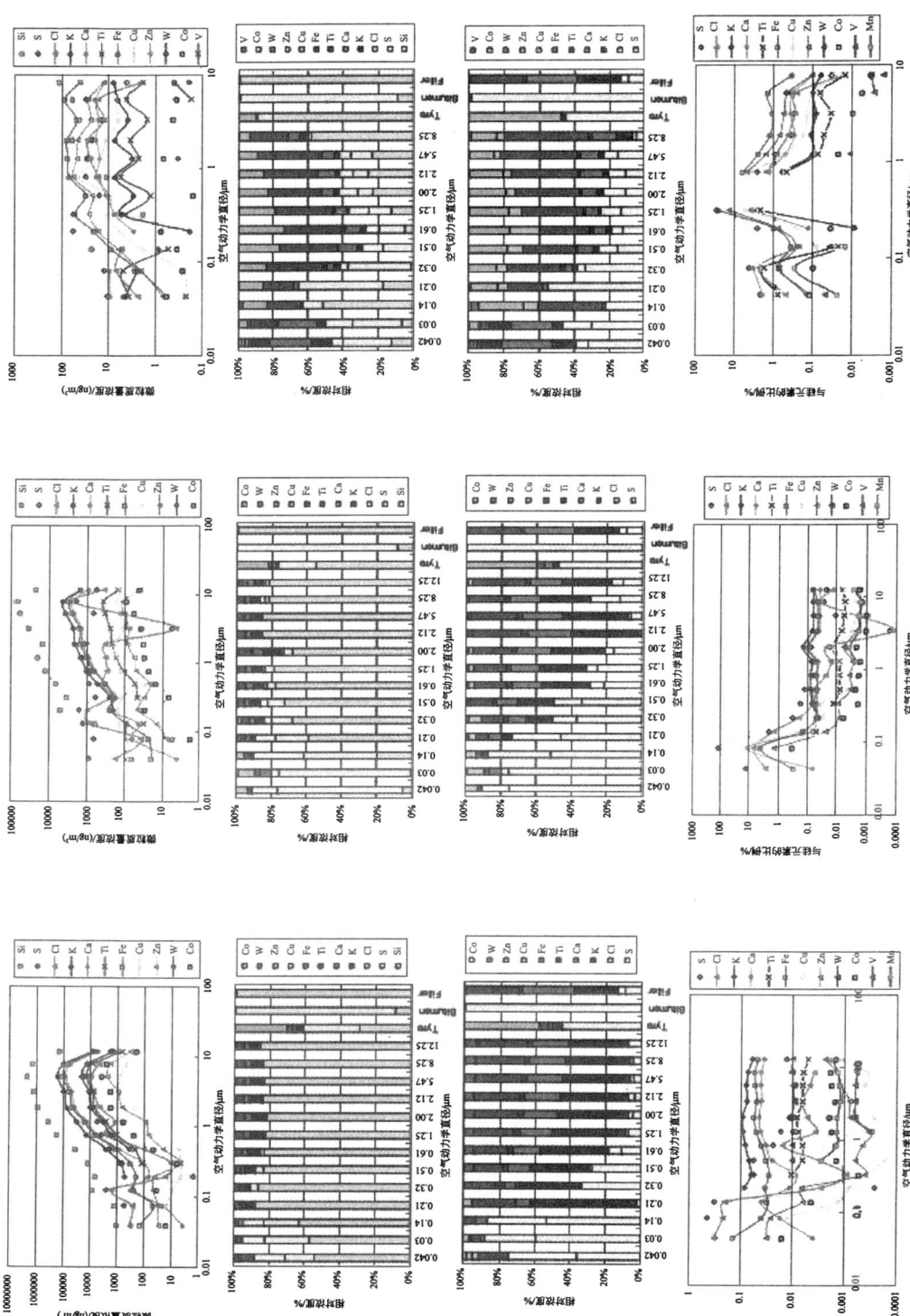

图 9.21　道路模拟器运行过程中不同粒径范围 PM 的元素组成
（左：镶钉冬季胎；中：非镶钉冬季胎；右：夏季胎）

Fe 和 Zn，S 和 Cl 也见于较粗的颗粒物中。Zn 通常是轮胎磨损的一种良好指示物。

9.5.1.7　PCA 模型

当数据有较多变量时，主成分分析是一种很好的工具。已对测得的颗粒物样品的金属和 PAHs 浓度进行了主成分分析。这些颗粒物样品是道路模拟器在不同类型和品牌的轮胎运行下采集的。金属元素的得分图和负荷图分别见图 9.22 和图 9.23。

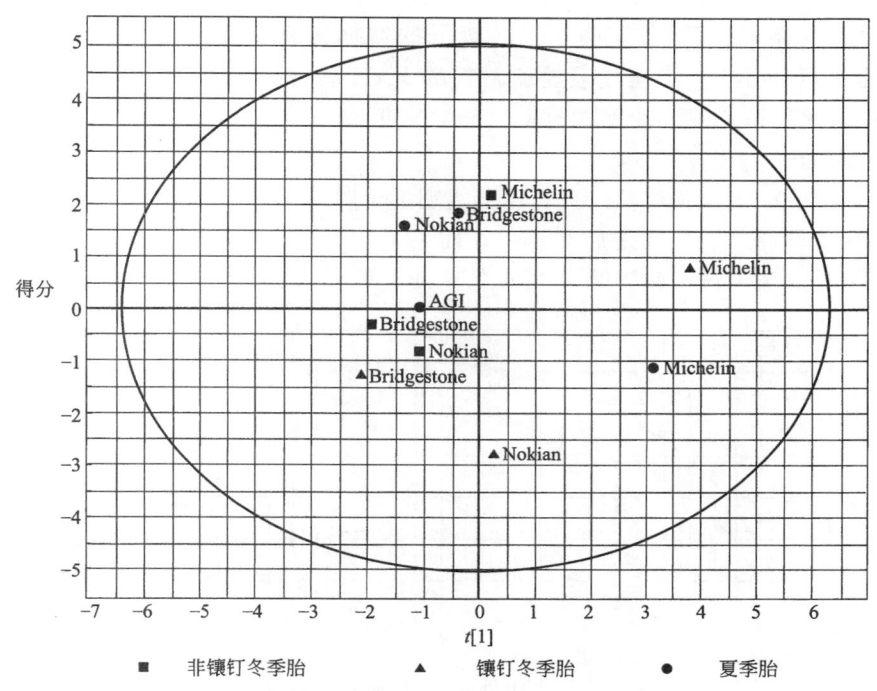

■　非镶钉冬季胎　　　▲　镶钉冬季胎　　　●　夏季胎

图 9.22　基于样品中测得的金属元素浓度 PCA 模型的得分图，
样品是使用道路模拟器在不同类型和品牌轮胎运行下采集的

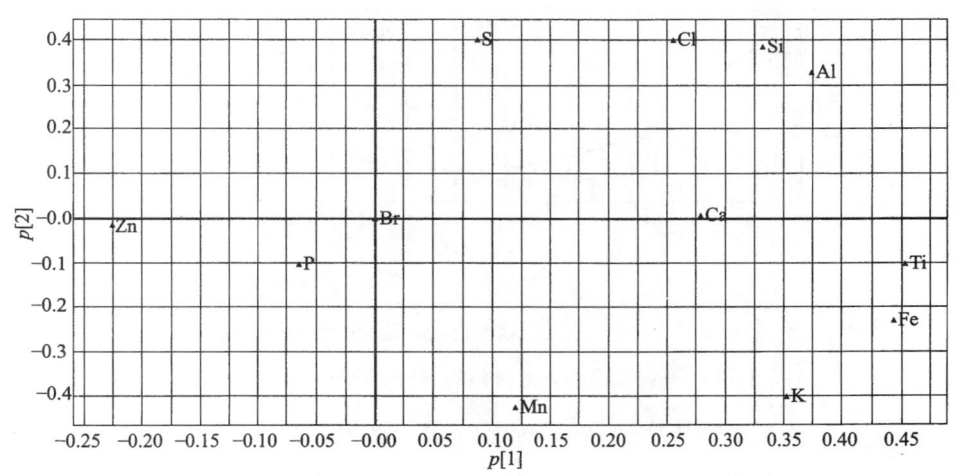

图 9.23　基于道路模拟器中采集的颗粒物样品金属元素浓度 PCA 模型负荷图

在得分图中，不同类型和品牌的轮胎并没有形成任何明显的聚集，但是可以做两点评论。第一点是 Michelin 公司的夏季胎和镶钉冬季胎在得分图中是最右侧，这表明相比于其他轮胎，它们在负荷图中最右侧的 Ca、Ti、Fe、K、Al、Si 和 Cl 元素浓度上较高，Zn 的浓度较低。Cr、Ni 和 V 位于起点处，因此对结果没有影响，因为在对这些金属进行分析时有大量的遗漏值。

对来源于轮胎材料和 PM_{10} 样品的 PAHs 数据，都使用了同样的 PCA 模型（$R^2=0.98$，$Q^2=0.88$）进行评价。图 9.24 中，不同符号的数据代表不同的样品来源。圆点是代表 PM_{10} 样品的 PAHs 分析，三角代表轮胎材料的 PAHs 分析。很明显，除了一个轮胎之外，PM_{10} 样品中的 PAHs 组成和轮胎材料中的 PAHs 组成并不一致。对于沥青的分析数据也包括在这些结果之内。

图 9.25 和图 9.24 是一样的，只是不同类型的轮胎着了不同的颜色。数据的聚集也不是很明显。不同的轮胎之间并不是那么接近，而是分散于整个图表中。这表明基于 PAHs 分析，是很难将轮胎类型进行归类的。PCA 的荷载图见图 9.26。

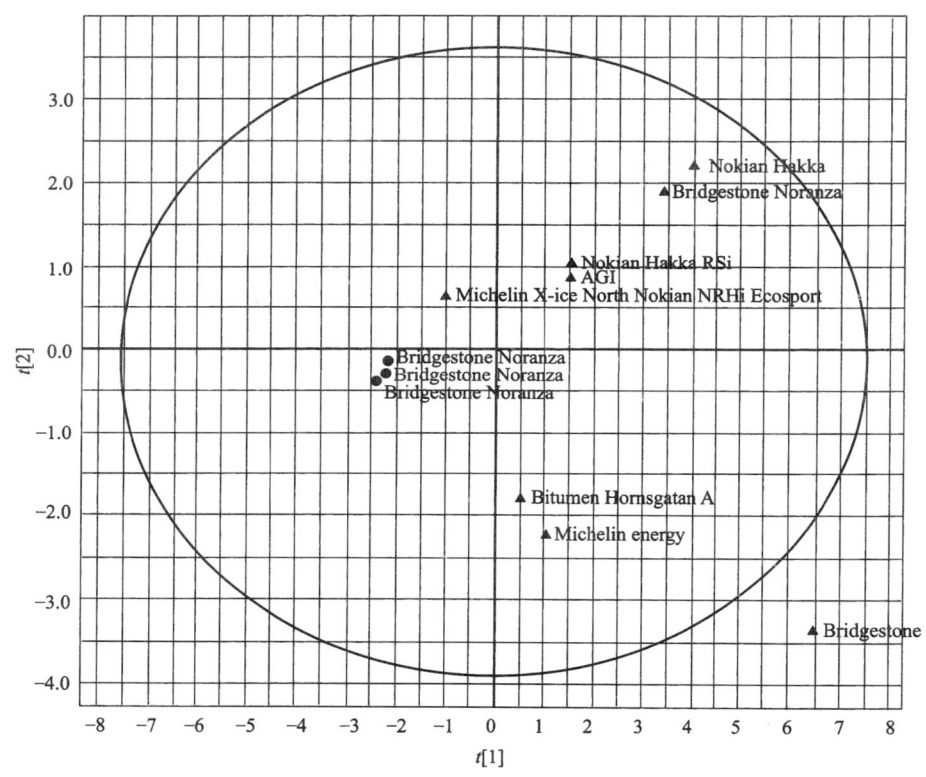

SIMCA-P$^+$ 12 - 2009-03-01 20:38:36(UTC+1)

图 9.24　PM_{10} 样品和轮胎材料的 PAH 分析的 PCA 得分图

同样也对不同轮胎的 PIXE 分析结果进行了主成分分析。在图 9.27 的得分图上，两种轮胎比较突出，它们分别是 Michelin 和 Nokian 公司生产的镶钉冬季胎。相比于 Nokian 的镶钉冬季胎和其他轮胎，Michelin 镶钉冬季胎产生了更高浓度的 As、Br 和 V。同其他轮胎相比，Nokian 镶钉冬季胎产生的颗粒物中 P 的含量更高，这一点同样也可

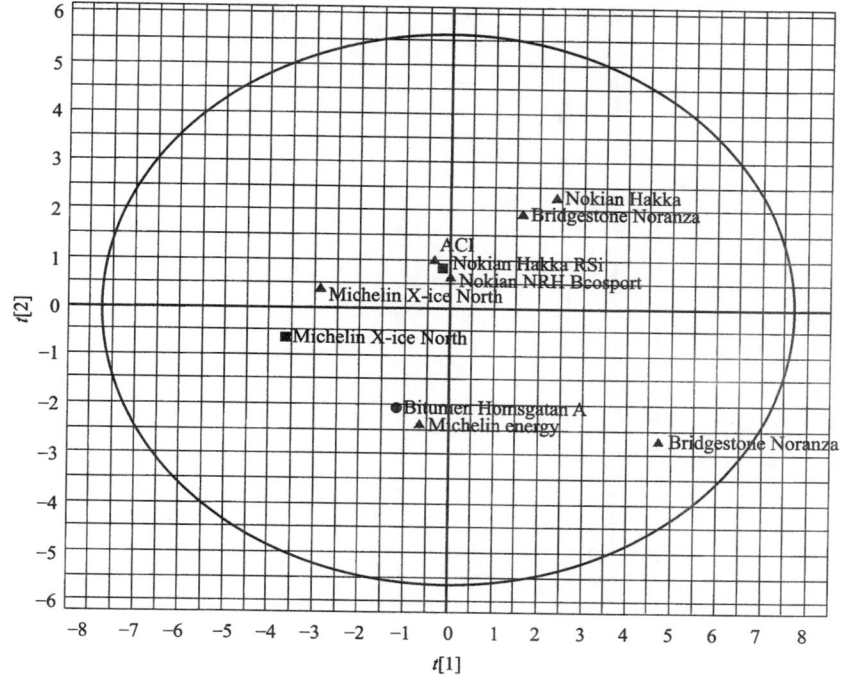

SIMCA-P⁺ 12 - 2009-03-01 20:50:05(UTC+1)

图 9.25　对 PM₁₀ 样品和轮胎的 PAHs 分析 PCA 得分图

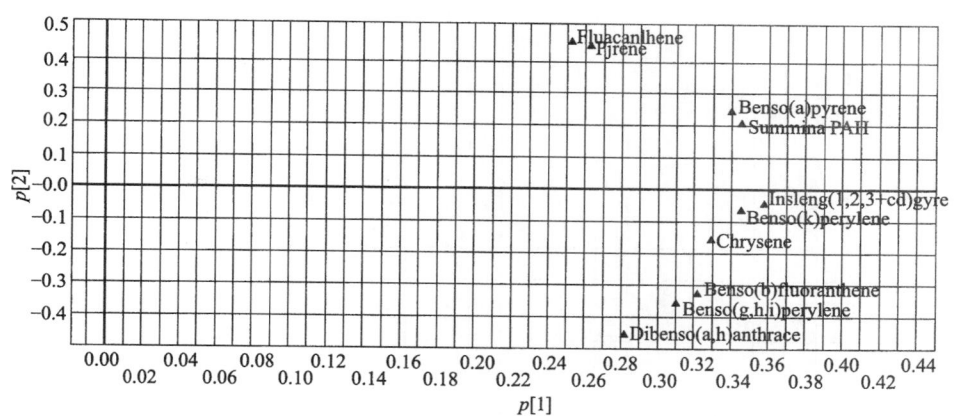

图 9.26　PM₁₀ 样品和轮胎的 PAHs 分析 PCA 荷载图

以从图 9.28 中看出。

9.5.2　测得数据的质量闭合/质量平衡

9.5.2.1　斯德哥尔摩

（1）ICP-MS 和 IC 分析的对比　在 ICP-MS 中分析了元素的总量，而在 IC 中只分析自由离子的总量。钙盐可用于除冰，也可以 $CaCl_2$ 和 CMA 的形式作为黏尘剂。Ca 也常见于

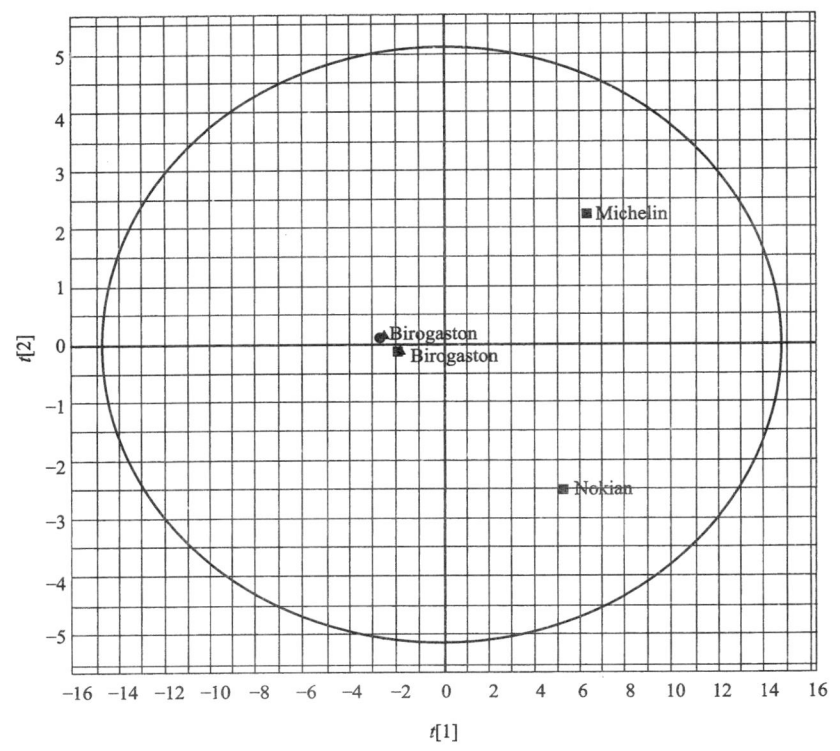

▲ 非镶钉冬季胎　　　　■ 镶钉冬季胎
● 夏季胎　　　SIMCA-P⁺ 12 - 2009-02-24 22:27:56(UTC+1)

图 9.27　道路模拟器不同轮胎运行下 PIXE 结果的得分图

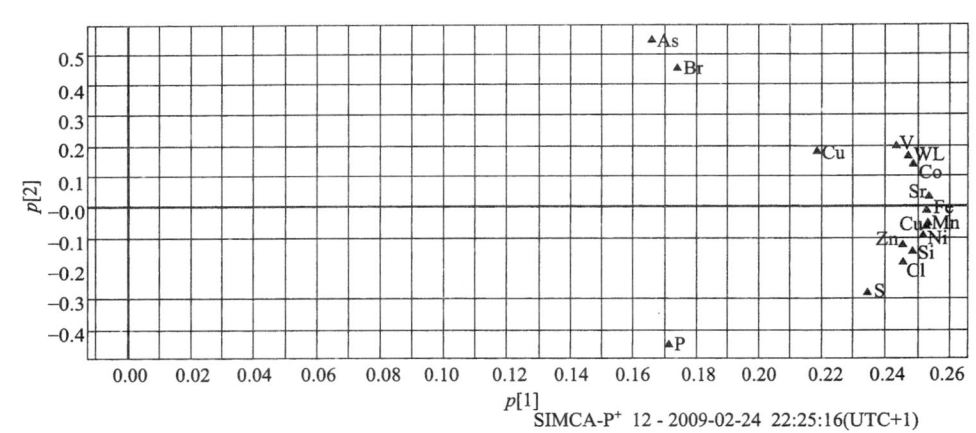

SIMCA-P⁺ 12 - 2009-02-24 22:25:16(UTC+1)

图 9.28　道路模拟器不同轮胎运行下的 PIXE 结果荷载图

建筑材料或者路面材料的岩石中，结合为不溶于水的物质形式，因此 ICP-MS 应该会比 IC 得到的浓度值要高一些。由于这个原因，以 ICP-MS 得到的 Mg、Na 和 K 的浓度值也会超过 IC。

　　将 IC 得到的浓度值作为 ICP-MS 得到的浓度值的函数的相关性系数见表 9.2。当研究的颗粒物粒径越小时，由于接近检出限，相关性变小。

表 9.2　IC 和 ICP-MS 浓度（$\mu g/m^3$）分析的相关性 r^2

地　　点	微粒	PM,	Ca	K	Mg	Na
Hornsgatan	PM$_{10}$	0.88	0.59	0.13	0.33	0.49
Hornsgatan	PM$_{2.5}$	0.86	0.56	0.00	0.29	0.42
Hornsgatan	PM$_1$	0.93	0.02	0.21	0.02	0.61
Torkel Knutssonsgatan	PM$_{10}$	0.60	0.32	0.06	0.34	0.76
Torkel Knutssonsgatan	PM$_{2.5}$	0.77	0.46	0.00	0.91	0.89
两者	以上所有	0.92	0.75	0.25	0.56	0.70

平均浓度间的比例见表 9.3。Hornsgatan 的离子/元素比率要比 Torkel Knutssonsgatan 低，尤其是 PM$_{10}$ 中的离子/元素比率，这表明街道中石料的存在。

表 9.3　ICP 和 IC 得到的浓度（$\mu g/m^3$）间的比例

地　　点	微粒	PM,	Ca	K	Mg	Na
Hornsgatan	PM$_{10}$	1.11	0.57	0.08	0.18	0.64
Hornsgatan	PM$_{2.5}$	1.04	0.76	0.17	0.22	0.75
Hornsgatan	PM$_1$	0.94	5.41	0.56	0.51	1.25
Torkel Knutssonsgatan	PM$_{10}$	1.11	1.00	0.27	0.42	0.87
Torkel Knutssonsgatan	PM$_{2.5}$	1.04	1.41	0.40	0.50	0.82
两者	所有	1.09	0.68	0.11	0.24	0.74

（2）质量平衡　通过对 PM 样品的 ICP-MS 分析得到的主要元素分别为 Na、Mg、Al、Si、K、Ca 和 Fe，在岩石中它们以氧化物的形式存在。微粒的质量通过这 7 种主导元素的系数进行估算，系数见表 9.4。

表 9.4　主导元素质量平衡系数

元　　素	化合物	系　　数	元　　素	化合物	系　　数
Na	Na$_2$O	1.35	K	K$_2$O	1.21
Mg	MgO	1.66	Ca	CaO	1.40
Al	Al$_2$O$_3$	1.89	Fe	Fe$_2$O$_3$	1.43
Si	SiO$_2$	2.14			

对于 Hornsgatan 的样品，通过表 9.4 中的系数得到颗粒物样品质量和实际称量得到的颗粒物样品质量的关系，见图 9.29。有时计算得到的质量会超过称量得到的质量值，但是从平均值来看，PM$_{10}$ 的一致性较好（99%±53%），但是没有给 PM$_{10}$ 中的有机组分留下任何空间。对于 PM$_{2.5}$ 而言，计算得出的质量仅占称量质量的一小部分（54%±21%），对于 PM$_1$ 而言，计算得出的质量占称量质量的比例更小（42%±23%）。

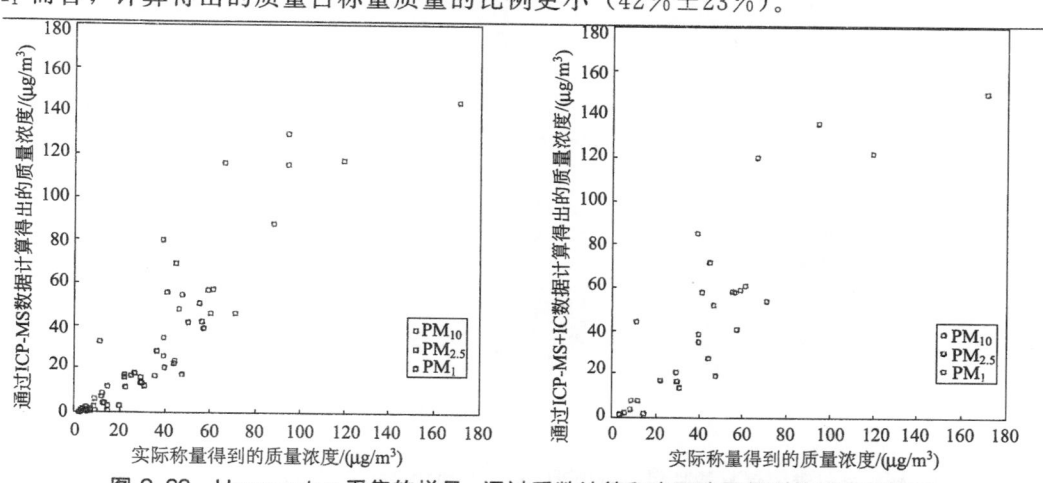

图 9.29　Hornsgatan 采集的样品，通过系数计算和实际称量得到的质量的关系

（左：仅为 ICP-MS 数据；右：ICP-MS+IC 数据）

从 Torkel Knutssonsgatan 采集的部分 PM$_{2.5}$ 样品，计算质量与称量质量相比非常小，见图 9.30。Aspvreten 的情况也经常如此，尤其是对于 PM$_{10}$。

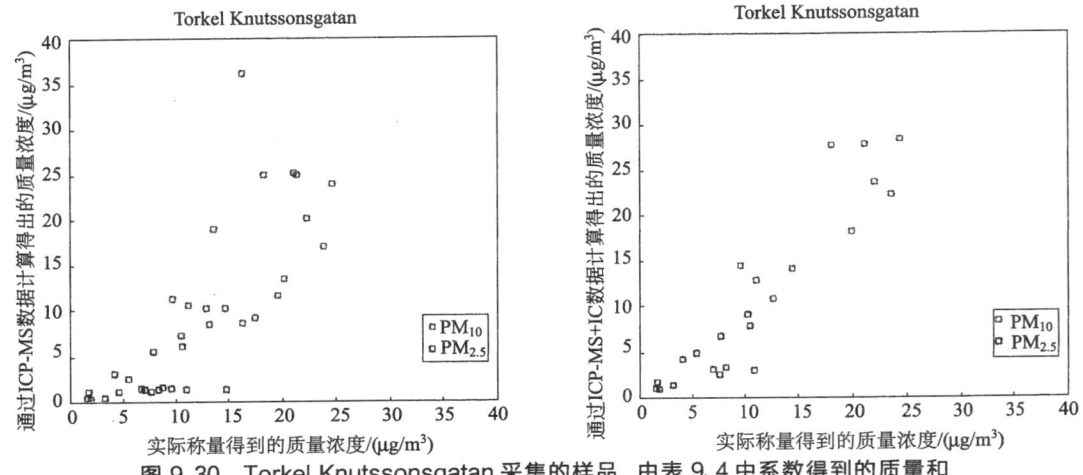

图 9.30　Torkel Knutssonsgatan 采集的样品，由表 9.4 中系数得到的质量和实际称量得到的质量的关系（左：仅为 ICP-MS 数据；右：ICP-MS＋IC 数据）

（3）对比 PM$_{10}$ 和 PM$_{2.5}$ 在街道、城市和区域的背景浓度　对利用 ICP-MS 对来自斯德哥尔摩南部的一个区域背景监测站——Aspvreten 的一些 PM$_{10}$ 和 PM$_{2.5}$ 日常样品中的金属

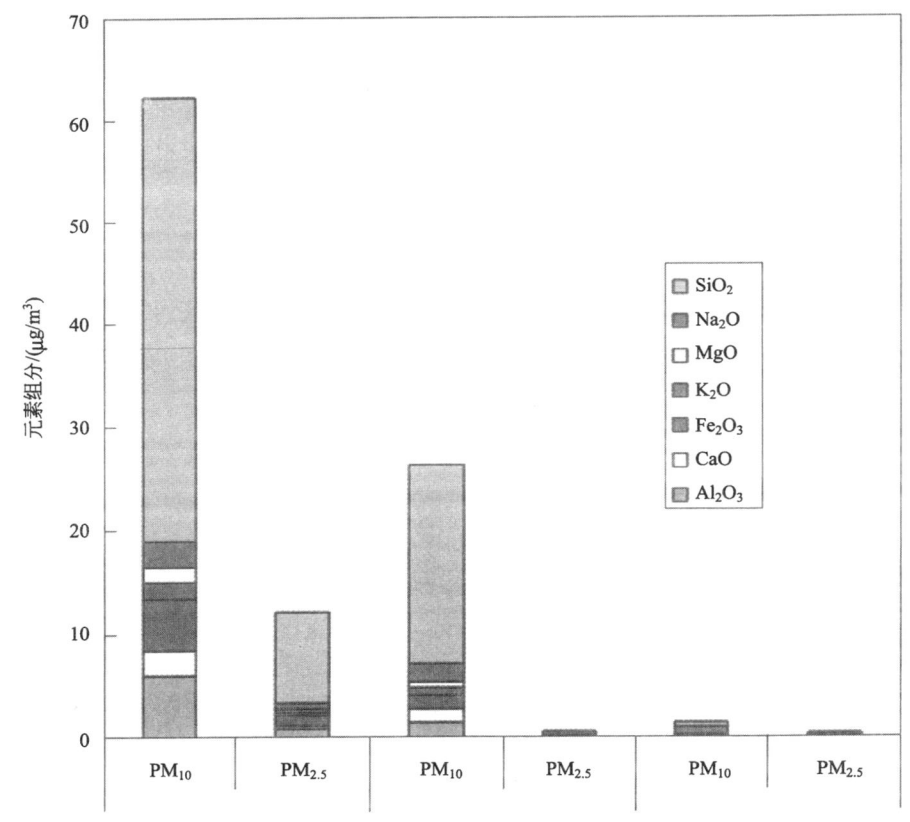

图 9.31　斯德哥尔摩南部背景监测站 Aspvreten, Hornsgatan 以及 Torkel Knutssonsgatan 的 PM$_{10}$ 和 PM$_{2.5}$ 的浓度和对应元素组分的比较

元素进行了分析。这些样品与 Hornsgatan 和 Torkel Knutssonsgatan 的样品分析没有同步进行，结果见图 9.31。Torkel Knutssonsgatan 的 PM$_{2.5}$ 浓度在这几天都非常低，这段期间内，Aspvreten 的 PM$_{10}$、PM$_{2.5}$ 都比年平均水平要低，在 2006 年，Aspvreten 的 PM$_{10}$、PM$_{2.5}$ 和 PM$_1$ 进行了一次全年测定，年平均浓度分别为 $11.8\mu g/m^3$、$9.4\mu g/m^3$ 和 $4.9\mu g/m^3$（Ferm 等，2008）。

9.5.2.2　道路模拟器

在道路模拟器的测定中，只有很少一部分样品进行了 ICP-MS 分析，所以质量平衡的基础是很薄弱的。尽管如此，仍发现了一个很好的相关关系，见图 9.32。

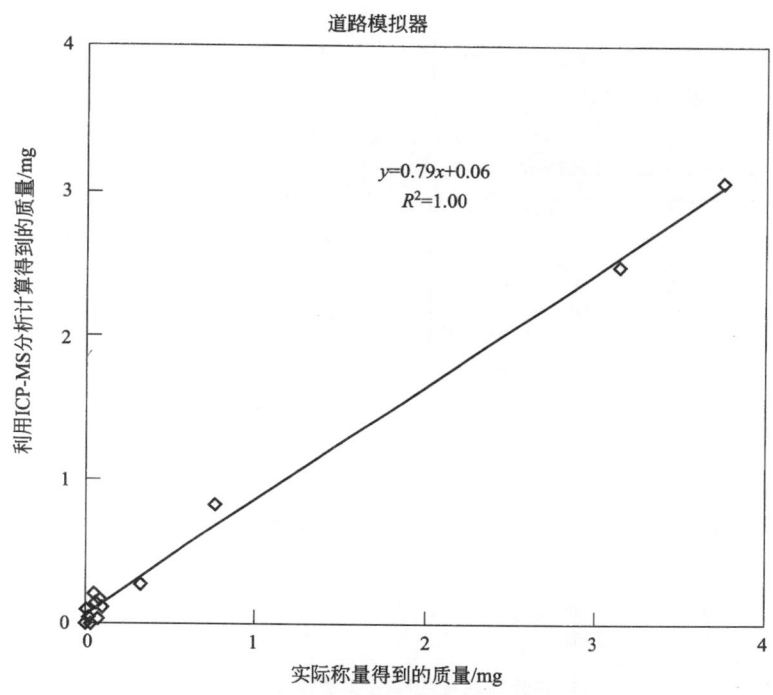

图 9.32　对道路模拟器运行过程中的 PM 样品，通过使用系数计算得到的质量和实际称量的质量的相关性关系

9.5.2.3　瑞典城市空气质量网

除了 Kävlinge（瑞典南部一个小城市）之外，在瑞典空气质量网中测定的许多城市 PM$_{10}$ 的计算质量（通过元素分析）和实际称量质量的相关性都普遍较好（图 9.33）。

9.5.3　现场数据的受体模型

9.5.3.1　源成分谱

在应用 COPREM（限制物理受体模型）时，必须输入源成分谱。表 9.5 中给出了模型缺省值，并在图 9.34 中进行了说明。废气主要的标记物为 NO$_x$，典型地表元素的排放可忽略不计。对于制动磨损，铜和锑为示踪物，没有 NO$_x$ 排放。

对于轮胎磨损，成分谱是基于本研究的分析报告。镶钉冬季胎的权重为 70%，非镶钉冬季胎为 30%。这并不能代表所有样品，因为有一部分的镶钉冬季胎的贡献要小得多，但

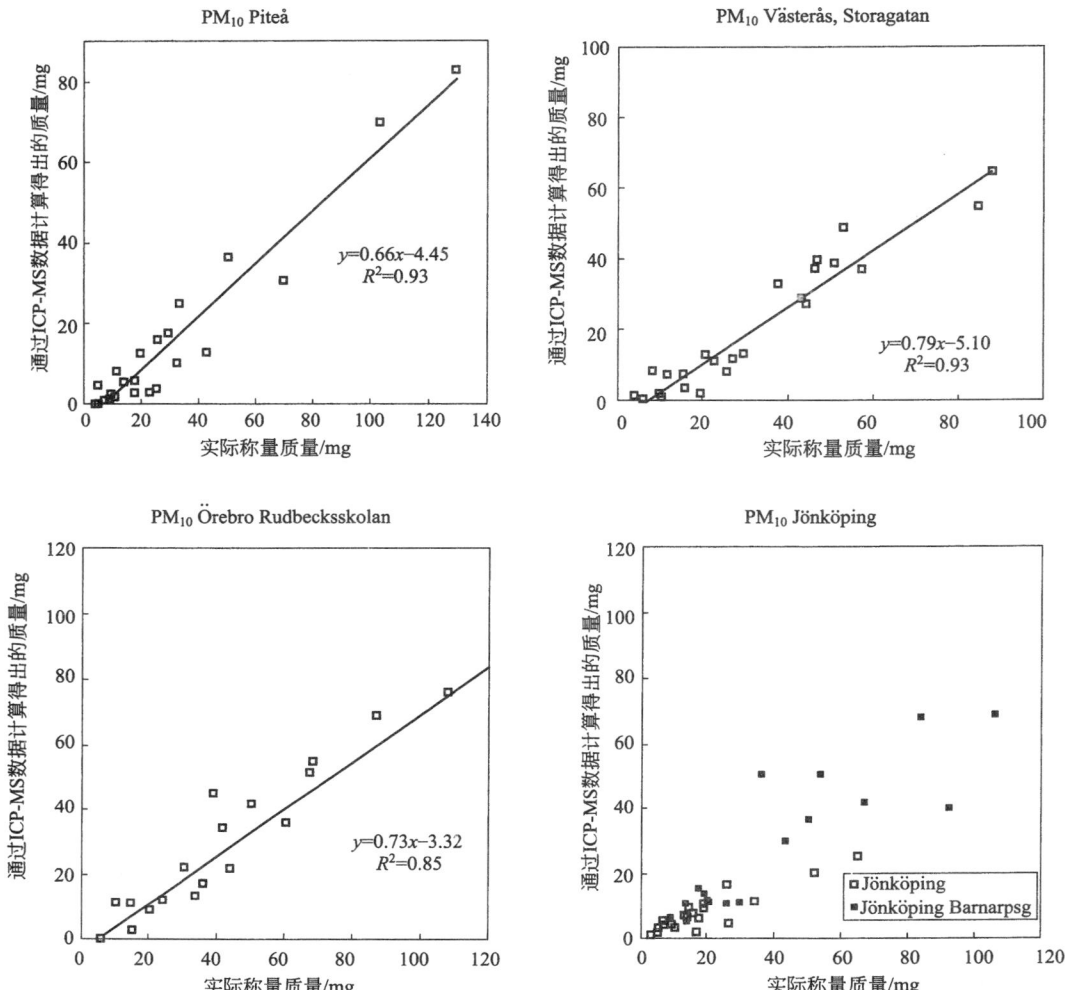

图 9.33　PM₁₀样品（屋顶水平）的计算质量和称量质量的关系［样品分别采集于 Piteå（瑞典北部）、
Västerås 和 Örebro（瑞典中部）、Jönköping（瑞典南部）。除 Jönköping Barnarpsgatan
为街道水平的测定以外，其他所有数据均为屋顶水平（城市背景点）的测定］

是，如图 9.34 所示，不同类型轮胎的相对构成是非常相似的。出人意料的是，轮胎的相对
构成与道路磨损的成分谱非常相似（图 9.35），它们具有相似的 Al、Si 和 Fe 的组分。既然
如此，默认的道路磨损成分谱可以从道路模拟器实验中过滤取样得到，模拟器使用镶钉冬季
胎，模拟 Hornsgatan 路面。并假设成分谱可以代表 Hornsgatan 的道路磨损。对于农村地区
背景贡献（长距离输送），对 5 个从 Aspvreten 采集的具有代表性的过滤样品（PM₁₀）进行
分析，样品分别采集于 3 月、4 月和 11 月。

　　为了评价结果的不确定性，除了上述源特性的缺省值外，还需要使用一些可选的源特
性，包括以下几种。

　　① 不加限制因素：源成分谱不变，但在模型计算过程中不加限制因素，所有物质将得
到最佳的拟合，但源成分谱是解的初始值。

　　② 石英岩：使用"纯"石英岩而不是道路模拟器中的过滤样品来代表测得的道路磨损的

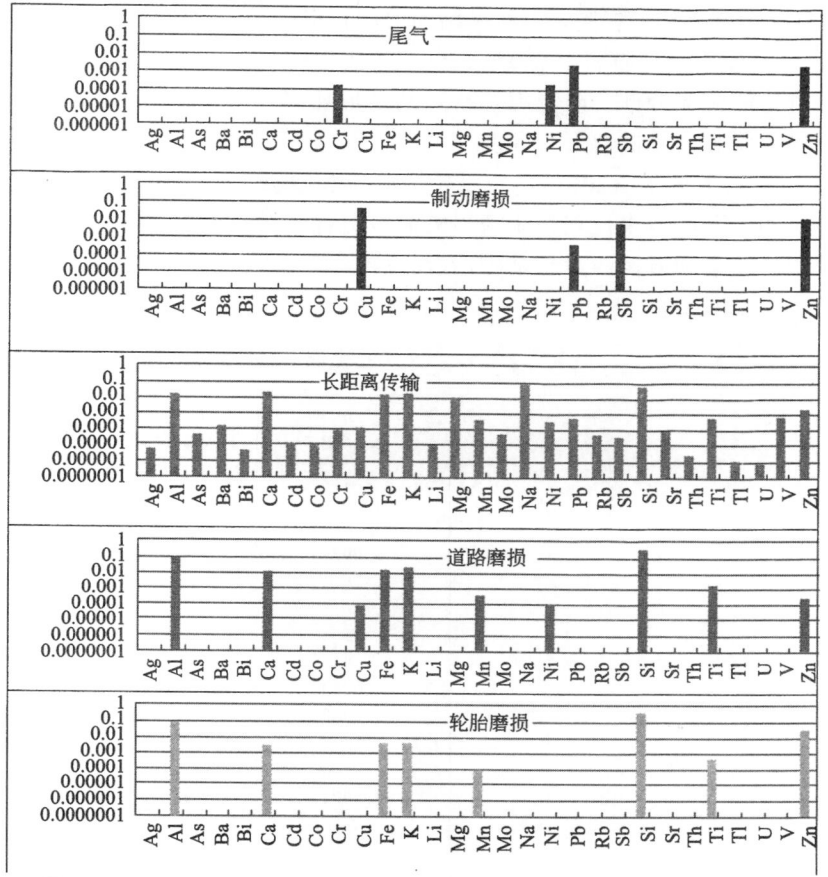

图 9.34　COPREM 模型中使用的缺省值（颗粒物的相对组成之和为1）

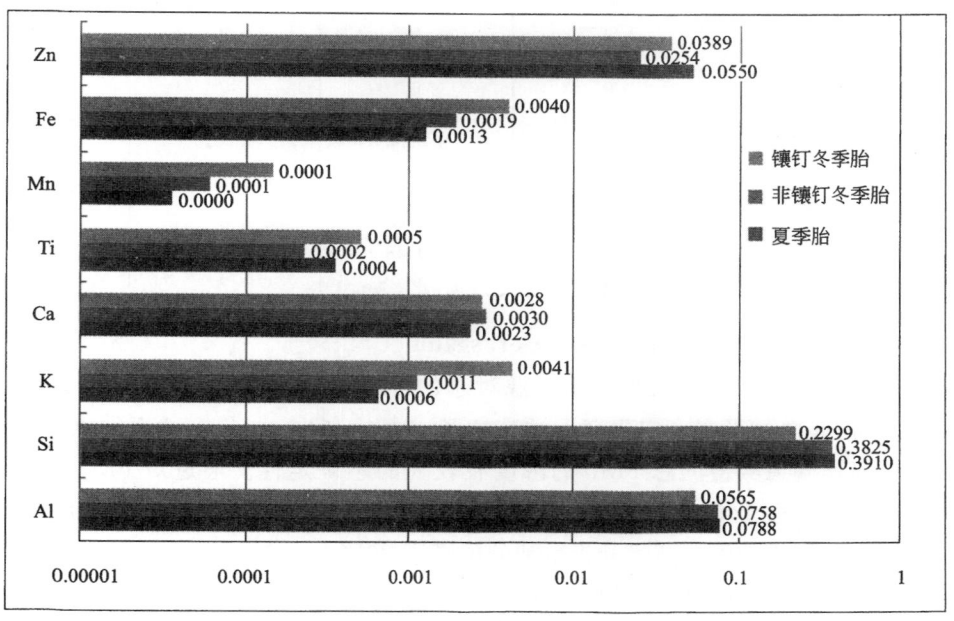

图 9.35　本章研究的不同类型轮胎的相对构成

源成分谱。限制因素基础情形相同，岩石是路面的硬材料，其他源成分谱和限制因素不变。

③ 当地石料：使用当地石料（在 Hornsgatan 使用的填石）而不是道路模拟器中的过滤样品，来代表测得的源成分谱。限制因素与基础情形相同，这种石料要比石英岩软一些。其他的源成分谱和限制因素基础情形相同。

④ Hjortenkrans 轮胎等（2007）：使用轮胎分析和根据 Hjortenkrans 等的销售估计而不是在本章中分析的轮胎材料来代表轮胎磨损的源成分谱。分析的元素不同，所以它们没有可比性。其他的源成分谱和限制因素与基础情况一样。

表 9.5　源特性缺省值（在 COPREM 模拟中，粗体字为固定值，正常字体为自由值）

成　　分	尾气	制动磨损	轮胎磨损	道路磨损	长距离传输
PM_x	0.0250	**1**	**1**	**1**	1
Ag	0	0	0	0	5.5×10^{-6}
Al	**0**	0	**0.0623**	**0.0690**	**0.0129**
As	0	0	0	0	4.9×10^{-5}
Ba	0	0	0	0	**0.0002**
Bi	0	0	0	0	5.0×10^{-6}
Ca	**0**	0	**0.0029**	**0.0114**	**0.0187**
Cd	0	1.1×10^{-6}	0	0	1.3×10^{-5}
Co	0	0	0	0	9.6×10^{-6}
Cr	3.8×10^{-6}	0	0	0	6.6×10^{-5}
Cu	0	0.0499	**0**	8.0×10^{-5}	**0.0001**
Fe	0	0	0.0035	0.0145	**0.0126**
K	**0**	0	0.0032	0.0223	**0.0186**
Li	0	0	0	0	1.3×10^{-5}
Mg	0	**0**	0	0	**0.0117**
Mn	0	0	**0.0001**	**0.0004**	**0.0004**
Mo	0	0	0	0	4.1×10^{-5}
Na	0	0	0	0	**0.064145**
Ni	5.3×10^{-6}	0	0	0.0001	**0.0003**
Pb	0.0001	0.0005	0	0	**0.0005**
Rb	0	0	0	0	5×10^{-5}
Sb	0	**0.0071**	**0**	**0**	3.6×10^{-5}
Si	0	0	0.2757	0.2891	**0.0617**
Sr	0	0	0	0	8.1×10^{-5}
Th	0	0	0	0	2.8×10^{-6}
Ti	0	**0**	0.0004	0.0019	**0.0005**
Tl	0	0	0	0	1.3×10^{-6}
U	0	0	0	0	7.7×10^{-7}
V	0	0	0	0	**0.0006**
Zn	0.0001	0.0144	**0.0348**	**0.0003**	**0.0023**
NO_x	**0.8**	**0**	**0**	**0**	0.2727

9.5.3.2　COPREM-PM₁₀ 的基础结果，Hornsgatan

Hornsgatan 采集的所有样品中，不同源对总的 PM_{10} 贡献参见图 9.36。可以看出，R^2 很高（0.85），但是总质量在一定程度上被高估了（大约高出 30%）。这个结果是可以接受的，因为我们应该知道测得的总 PM_{10} 的浓度有较大的不确定性。通过对 PM_{10} 的质量称量和 TEOM 测得的 PM_{10} 数据的对比显示，R^2 值为 0.77，而且 TEOM 设备（经过乘以 1.2 进行损失修正后）测得的值比质量分析得到的值高了 20%。

得到所有组分的平均浓度的平均源贡献见表 9.6。可以看出余值（计算值减去测得的总浓度）一般都非常小。根据这些源的贡献，使通过总的排放系数来估计不同源的排放系数成为可能，总的排放系数由先前描述的街道测得的浓度减去屋顶测得的浓度确定，见表 9.7。

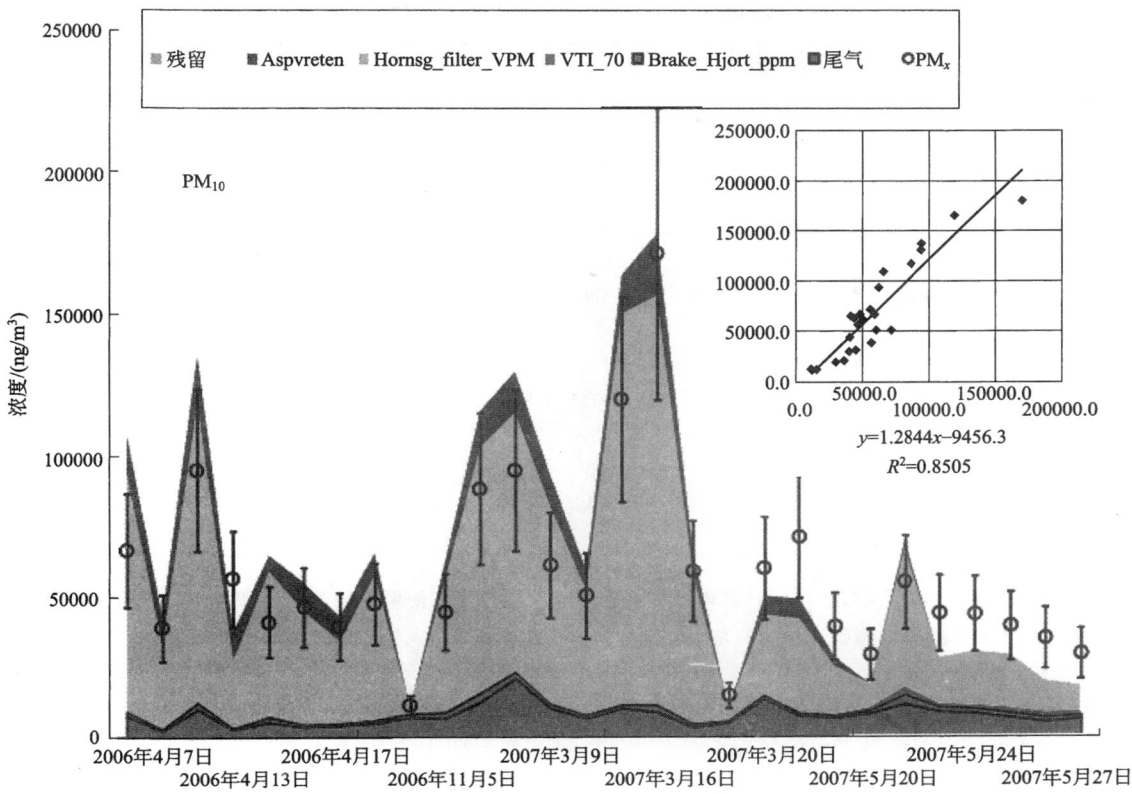

图 9.36 通过 COPREM 模型计算的不同源（不同着色区域）对总的 PM_{10} 的贡献，测定浓度加标有误差线（在散点图中画出了计算出的总浓度，与测定浓度形成比照）

表 9.6　基于 COPREM 计算得出的源对 PM_{10} 样品

测定浓度的贡献（样品采集于 Hornsgatan）　　　　　单位：ng/m^3

成　分	尾气	制动磨损	轮胎磨损	沥青磨损	长距离迁移	余值
PM_{10}	8134	1528	461	46917	7186	5.0×10^{-7}
Ag	0	0	0.012	0	0.039	0.14
Al	0	0	28.7	3236	92.8	2.8×10^{-5}
As	0	0	0.21	0	0.35	0.0048
Ba	5.40	25.8	0.83	13.2	1.12	-9.0×10^{-5}
Bi	0.172	0.351	0.142	0	0.0358	0.0044
Ca	0	767	1.32	537	134	-7.8×10^{-6}
Cd	0	0	0.0142	0	0.0956	0.072
Co	0.198	0.0447	0.0190	1.133	0.0686	7.5×10^{-5}
Cr	0	3.30	0.659	1.62	0.476	8.7×10^{-5}
Cu	10.6	76.3	0	0	0.986	0.00136
Fe	325	1858	48.4	1072	90.4	-7.9×10^{-7}
K	544	0	0	0	133	-0.00033
Li	0	0.0790	0	1.13	0.0961	0.000927
Mg	0	0	72.9	578	83.9	8.2×10^{-6}
Mn	0	31.7	0.53	0	2.95	-0.00447
Mo	1.29	3.01	0.734	0	0.259	0.00241

续表

成　分	尾气	制动磨损	轮胎磨损	沥青磨损	长距离迁移	余值
Na	814	0	0	257	459	3.7×10^{-6}
Ni	0.466	0	1.561	0	2.358	0.00166
Pb	1.045	0	1.922	0	3.44	0.010199
Rb	0.363	0	0.0536	4.88	0.358	-0.00120
Sb	2.46	10.9	0	0	0.257	0.00330
Si	0	1037	12	13564	442.0	-1.7×10^{-7}
Sr	0.648	0	0.426	5.87	0.581	0.00025
Th	0	0	0.0385	0.640	0.0198	-0.0026
Ti	45.3	0	0.198	87.0	3.857	-0.0012
Tl	0.00428	0	0.00161	0.0137	0.00911	-0.0015
U	0	0.013	0.00296	0.147	0.00550	-0.012
V	0	0	1.58	0	4.42	-0.0035
Zn	7.50	10.7	16.1	13.6	16.7	0.00017
NO_x	132891	0	0	0	0	1.4×10^{-6}

表 9.7　基于 COPREM 计算得出的平均排放系数和通过使用 NO_x 作为示踪剂所估计的总的排放系数（独立的）以及前面所提出的街道增量，计算出的平均排放系数

排放因子	总排放系数	尾气	制动磨损	轮胎磨损	沥青磨损
$PM_{10}/[\mu g/(车·km)]$	310.5	39.3	7.4	2.2	226.9
Ag	0.38	0.0	0.0	0.1	0.0
Al	18094	0.0	0.0	154.8	17439
As	2.01	0.0	0.0	0.7	0.0
Ba	231.6	27.0	129.0	4.2	65.8
Bi	3.66	0.9	1.8	0.7	0.0
Ca	7240	0.0	3859	6.6	2701
Cd	0.06	0.0	0.0	0.0	0.0
Co	8.46	1.1	0.3	0.1	6.5
Cr	41.73	0.0	22.8	4.5	11.1
Cu	454.7	54.7	394.9	0.0	0.0
Fe	17309	1658	9478	247.0	5465
K	7163	5754	0.0	0.0	0.0
Li	7.17	0.0	0.4	0.0	6.2
Mg	4060	0.0	0.0	402.6	3194
Mn	188.4	0.0	172.1	0.3	0.0
Mo	24.76	6.0	14.0	3.4	0.0
Na	7291	3879	0.0	0.0	1224
Ni	15.61	1.7	0.0	5.6	0.0
Pb	22.27	3.6	0.0	6.7	0.0
Rb	33.58	2.2	0.0	6.7	0.0
Sb	64.73	11.7	51.8	0.0	0.0
Si	140059	0.0	9578	1174	125226
Sr	39.72	3.4	0.0	2.2	31.0
Th	4.30	0.0	0.0	0.2	3.9
Ti	1063	353.3	0.0	1.5	678.1
Tl	0.10	0.0	0.0	0.0	0.0
U	1.03	0.0	0.1	0.0	0.9
V	32.26	0.0	0.0	8.5	0.0
Zn	276.2	32.1	45.9	68.7	58.1

废气、制动、轮胎和道路磨损排放 PM_{10} 的系数分别为 39mg/(车·km)、7.4mg/(车·km)、2.2mg/(车·km) 和 227mg/(车·km)。这些值与先前对于 Hornsgatan 的估计值具有很好的一致性（比如 Johansson 等，2004）。从道路磨损中得到的值最稳定，因为一些典型的地表元素对颗粒物总质量有着非常大的贡献。根据 ARTEMIS 道路模型，2007 年 Hornsgatan 废气颗粒物的排放系数为 32.3mg/(车·km)，这与从 COPREM 计算中得到的数据很接近。估计最不准确的是轮胎磨损的贡献，因为在分析中没有一种独特的示踪物，而且使用的元素的成分谱与道路磨损的非常相似。

对单个元素的排放系数的准确性评价是很难的。制动磨损排放的 Cu 占主导（87%），这正如从源成分谱中所预期的，车辆尾气的贡献是 12%。这与约翰逊等（2009）的估计一致。主要的轮胎磨损贡献是钒、铅、镍和锌，但是需要进一步的研究确定。对于铅，约翰逊等（2009）估计尾气贡献为 90%，然而，从目前的计算来看，尾气的贡献是较小的（16%）。

9.5.3.3　$PM_{2.5}$ 的 COPREM 结果

对 Hornsgatan 采集的 17 个样品的 $PM_{2.5}$ 进行了分析。根据这些样品，应用 COPREM 来估计尾气、制动、道路磨损和长距离输送这些源的贡献（图 9.36），排放系数见表 9.8。成分谱和表格设置与 PM_{10} 的方案情形相同。$PM_{2.5}$ 总的排放系数和其中的元素成分是根据街道和城市背景点（Hornsgatan 和 Torkel Knutssonsgatan）的同步测定来估算的。

从表 9.8 中可以看出，尾气、制动和道路磨损的 $PM_{2.5}$ 排放系数要比 PM_{10} 排放系数小。预期尾气的 $PM_{2.5}$ 和 PM_{10} 排放系数应该是相同的，但是可能是因为模型的不确定因素，二者并不相同。道路磨损的 $PM_{2.5}$ 排放系数远远高于（3 倍）尾气 $PM_{2.5}$ 排放系数。而制动磨损与道路磨损的 $PM_{2.5}$ 排放系数比值与 PM_{10} 排放系数比值大致相同。

表 9.8　根据 COPREM 得出的 $PM_{2.5}$ 的排放系数　　　单位：$\mu g/(车·km)$

排放因子	总排放系数	尾气	制动磨损	道路磨损
$PM_{2.5}$/[mg/(车·km)]	75.79	17.2	2.2	56.4
Al	3305	0.0	0.0	3305
Ba	40.68	0.8	21.6	18.2
Bi	0.30	0.1	0.2	0.0
Ca	1334	0.0	868.6	465.8
Co	1.83	0.3	0.8	0.7
Cr	48.01	9.4	38.6	0.0
Cu	65.96	0.0	66.0	0.0
Fe	2816	0.0	2105	711.1
K	1426	105.6	101.8	1219
Li	0.44	0.4	0.1	0.0
Mg	786.6	0.0	94.7	691.9
Mn	35.64	0.0	20.2	15.4
Mo	7.60	0.0	7.6	0.0
Na	1810	186.5	0.0	1624
Ni	27.66	11.0	16.7	0.0
Pb	2.95	0.1	2.8	0.0
Rb	6.61	0.0	0.0	6.6
Sb	9.13	0.0	9.1	0.0
Si	20894	0.0	0.0	20894

续表

排放因子	总排放系数	尾气	制动磨损	道路磨损
Sr	9.31	1.0	0.0	8.3
Th	0.43	0.2	0.2	0.1
Ti	229.0	0.0	0.0	229.0
U	1.12	0.1	0.0	0.0
V	5.66	0.0	5.7	0.0
Zn	48.24	27.4	11.6	9.3

9.5.3.4　PM₁ 的 COPREM 结果

　　根据 COPREM 得出的 PM_1 的源贡献见表 9.9。源成分谱和表格值与 PM_{10} 的基本方案相同。这里只使用了 12 个样品。根据 COPREM 模型的演算，Hornsgatan 的 PM_1 的产生来源是：尾气（38%）、制动（37%）、道路磨损（35%）和长距离输送（27%）。

　　对于 Cu，75% 是由于制动磨损，17% 是尾气排放。对于铅，尾气贡献 8%，然而制动磨损对 PM_1 的贡献为 56%。PM_1 的排放系数并没有计算，因为缺少城市背景浓度的数据，道路增量无法得出。

表 9.9　根据 COPREM 模型对 Hornsgatan 的 PM₁ 浓度的源贡献的估计　单位：ng/m³

成　分	尾气	制动磨损	道路磨损	背景值
PM₁	3060(38%)	36.6(0%)	2765(35%)	2121(27%)
Al	0.00(0%)	0.00(0%)	132.5(91%)	13.47(9%)
Ba	0.32(19%)	0.40(23%)	0.91(53%)	0.09(5%)
Cu	0.41(17%)	1.83(75%)	0.00(0%)	0.20(8%)
Fe	0.00(0%)	122.4(100%)	0.00(0%)	0.60(0%)
K	1.67(3%)	0.00(0%)	51.93(85%)	7.17(12%)
Mg	0.00(0%)	0.00(0%)	27.54(95%)	1.39(5%)
Mn	0.00(0%)	0.63(37%)	0.87(50%)	0.22(13%)
Mo	0.08(35%)	0.02(8%)	0.10(46%)	0.02(11%)
Na	0.00(0%)	79.92(100%)	0.00(0%)	0.00(0%)
Ni	0.00(0%)	0.06(7%)	0.05(6%)	0.80(87%)
Pb	0.07(8%)	0.50(56%)	0.00(0%)	0.32(36%)
Rb	0.00(0%)	0.00(0%)	0.25(100%)	0.00(0%)
Sb	0.00(0%)	0.26(87%)	0.00(0%)	0.04(13%)
Si	47.58(7%)	0.00(0%)	554.2(77%)	114.1(16%)
Ti	4.06(100%)	0.00(0%)	0.00(0%)	0.00(0%)
V	0.02(2%)	0.00(0%)	0.24(22%)	0.84(76%)
Zn	2.25(34%)	0.73(11%)	2.27(34%)	1.33(20%)

9.5.3.5　COPREM 由于源成分谱的不同而引起的结果变动

　　表 9.10 中列出了 COPREM 模型中所使用的源成分谱中部分化合物的排放系数的对比。当不加任何限制条件时，除轮胎磨损以外，其他所有情形下总 PM_{10} 的排放系数变化为 2 或 3 倍。在某些情形下，与基本方案情形对比变化很大，尤其是在不加限制条件的情况下。对于 Al，如果没有对基本的成分谱加以限制，轮胎磨损会超过道路磨损，尾气排放变为道路磨损排放的 10%，这是不符合实际的。对于 Cu，根据使用的成分谱的不同，它的排放系数在 $0\sim139\mu g/($车·hm$)$ 范围内变化，但是制动磨损排放系数相对稳定，这与 Cu 主要来源于制动磨损的说法一致。铅更容易受源特性变化的影响。对于 Fe，在所有的情形中，制动磨损的贡献都比较大。同样对于 Zn，主要来源可能也是制动磨损。

表 9.10　COPREM 中不同的源成分谱计算的排放系数的对比

项　　目		尾气	制动磨损	轮胎磨损	道路磨损
基础情形	PM_x/(mg/km)	39.3	7.4	2.2	226.9
无限制	PM_x	20.7	25.2	122.3	78
当地石料	PM_x	29.5	9.3	1.8	259.7
石英石	PM_x	98.1	9.8	1.7	184.5
Hjortenkrans 轮胎等	PM_x	73.6	9.2	5.2	197.6
基础情形	Al	0.0	0.0	154.9	17439.2
无限制	Al	259.1	370.1	13383.6	2343.9
当地石料	Al	0.0	1197.9	133.0	16602.2
石英石	Al	0.0	2167.5	116.2	15577.4
Hjortenkrans 轮胎等	Al	0.0	650.3	6088.3	11092.8
基础情形	Cu	55.4	394.2	0.0	0.0
无限制	Cu	91.4	271.8	4.4	50.0
当地石料	Cu	0.0	453.3	0.0	0.0
石英石	Cu	1.2	451.5	0.0	0.0
Hjortenkrans 轮胎等	Cu	138.6	313.7	0.0	0.0
基础情形	Fe	1666	9741	248	5463
无限制	Fe	1962	5588	6065	2159
当地石料	Fe	569	8988	1656	5965
石英石	Fe	368	10029	719	5997
Hjortenkrans 轮胎等	Fe	2902	6092	5906	2185
基础情形	Pb	3.6	0.0	6.7	0.0
无限制	Pb	2.7	9.1	3.1	2.5
当地石料	Pb	0.4	11.6	0.0	6.9
石英石	Pb	0.0	15.0	1.6	0.6
Hjortenkrans 轮胎等	Pb	5.2	7.8	0.0	3.4
基础情形	Zn	32.2	45.8	68.7	58.1
无限制	Zn	32.3	125.3	52.7	27.2
当地石料	Zn	0.0	178.5	52.4	24.9
石英石	Zn	0.0	198.0	47.5	0.0
Hjortenkrans 轮胎等	Zn	53.5	122.3	31.4	34.2
基础情形	NO_x	772.0	0.0	0.0	0.0
无限制	NO_x	772.0	0.0	0.0	0.0
当地石料	NO_x	772.0	0.0	0.0	0.0
石英石	NO_x	772.0	0.0	0.0	0.0
Hjortenkrans 轮胎等	NO_x	772.0	0.0	0.0	0.0

9.5.3.6　PMF 模型结果

为了对 PMF 和 COPREM 模拟结果进行对比，在 PMF 模拟分析中，应用了与 COPREM 分析中相同的 PM_{10}、$PM_{2.5}$、PM_1 和源数量。因为镉的许多值在检出限以下，所以将其从 PMF 的分析中去除。

方案为：

PM_{10}　　5 个源

$PM_{2.5}$　　4 个源

PM_1　　4 个源

然而，基于不同数量的因子，我们为三种颗粒物分别建立了 PMF 模型。表 9.10 展示说明了每一种颗粒物 PM_{10}、$PM_{2.5}$ 和 PM_1 的可释方差。为了方便对比，添加了总绝对误差。从表 9.10（PM_{10}）中可以看出，采用大于 5 个统计因子（比如 7 个因子）似乎更加合理。对于 $PM_{2.5}$ 应该使用 5～7 个统计因子而不是 4 个。同样对于 PM_1，可能应该使用 5 个因子。

但是，$PM_{2.5}$ 和 PM_1 的样本较少，所以从这个角度上来说，4 个因子可能是正确的选择，而且对于增加的因子的解释可能会比较困难，这是因为所选源有混杂的可能性。

$$X = FG + E \tag{9.5}$$

式中，F 为源矩阵；G 为样本矩阵；E 为误差矩阵。

PMF 开始建立的时候是对源矩阵（F 矩阵）的求和归一化，但是后来改为了对样本矩阵（G 矩阵）的求和归一化，以便将 PMF 和 COPREM 进行对比。除此之外，我们还估算了在 PM_{10}、$PM_{2.5}$ 和 PM_1 模型中 2 个因子的 NO_x 锁定趋向于零的时候的模型，这是为了保证得到不多于 3 个（PM_{10}）或者 2 个（$PM_{2.5}$ 和 PM_1）因子下的尾气排放的贡献。图 9.37 列出了 PMF 模型的 PM_1、$PM_{2.5}$、PM_{10} 因子卡方。

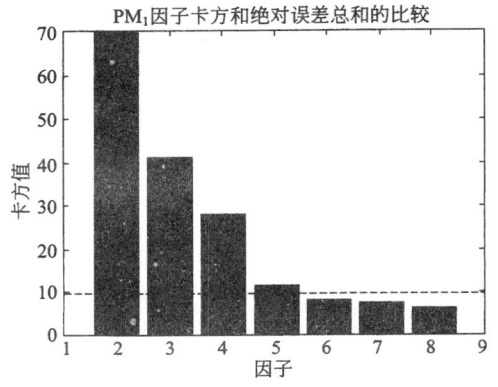
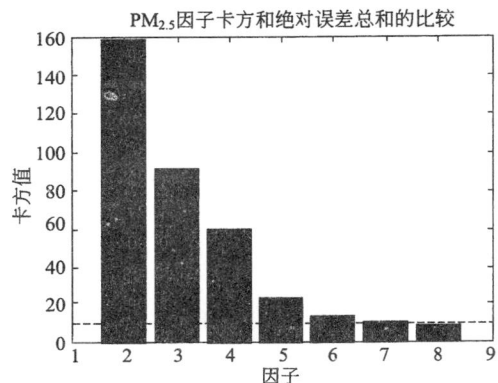
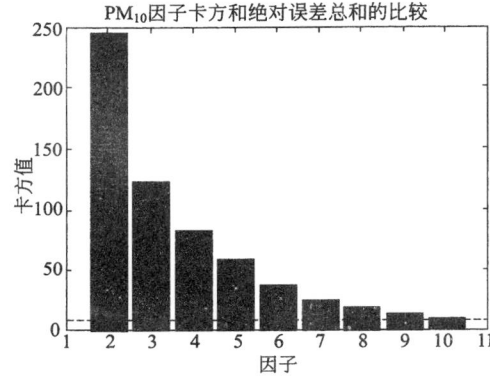

图 9.37　PMF 模型的 PM_1、$PM_{2.5}$ 和 PM_{10} 因子卡方（虚线为测定的绝对误差总和的均方根，值由 F 矩阵求和归一化的 PMF 模型得出）

我们根据从文献中得到的源成分谱和 COPREM 中使用的成分谱，将 PMF 模型的因子标签进行了手动分配。为了不使信息过于冗乱，我们列出了总体结果。用在对 NO_x 锁定和非锁定的情况下（均为 G 矩阵的求和归一化）的 PMF 模型对 PM_{10} 进行计算，结果见图 9.38 和图 9.39。从结果来看，在 NO_x 锁定下，得出的长距离输送的贡献要比非锁定下要大。对道路磨损贡献正好相反，非锁定的模型要比锁定的模型下要大，部分原因是，NO_x 锁定模型将大部分的贡献转移到了一个名为"冬季"的因素。

用在对 NO_x 锁定和非锁定的情况下（均为 G 矩阵的求和归一化）的 PMF 模型对 $PM_{2.5}$ 进行计算，结果见图 9.40 和图 9.41。通过使用 NO_x 非锁定模型得到的结果与 NO_x 锁定模型得到的结果有明显的区别，NO_x 锁定模型中，冬季、制动/长距离输送，道路磨损

和废气源似乎比 NO_x 非锁定模型的结果更有物理/化学可能性。

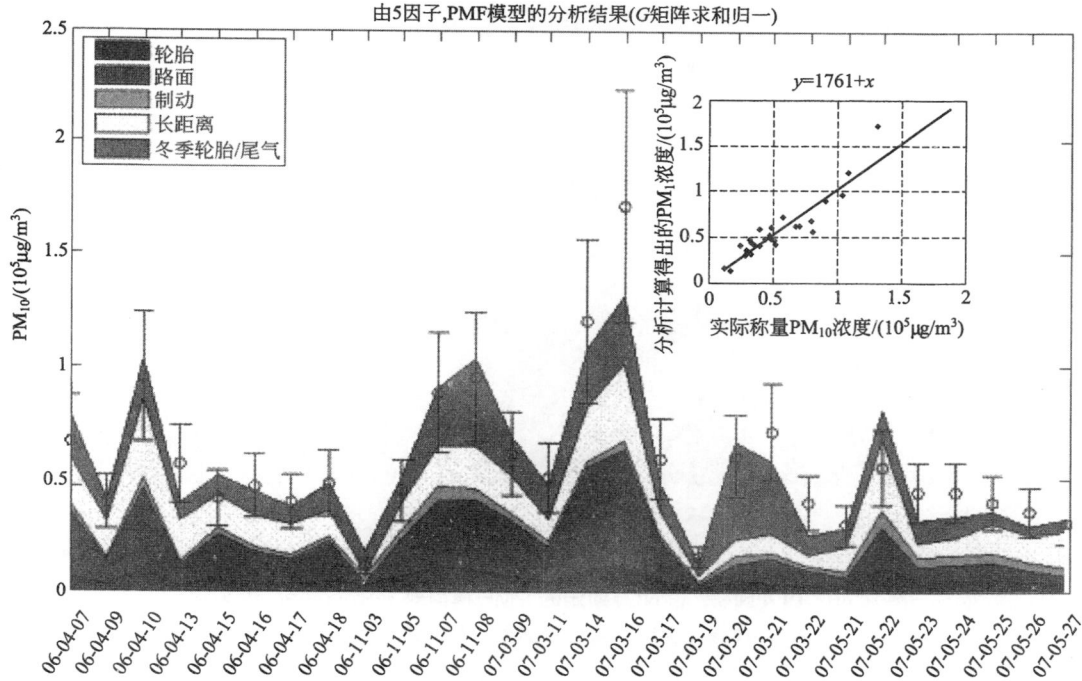

图 9.38　由 5 因子，非 NO_x 锁定的 PMF 模型对 Hornsgatan 采集的 PM_{10}
　　　　样品的金属元素分析结果（G 矩阵求和归一）

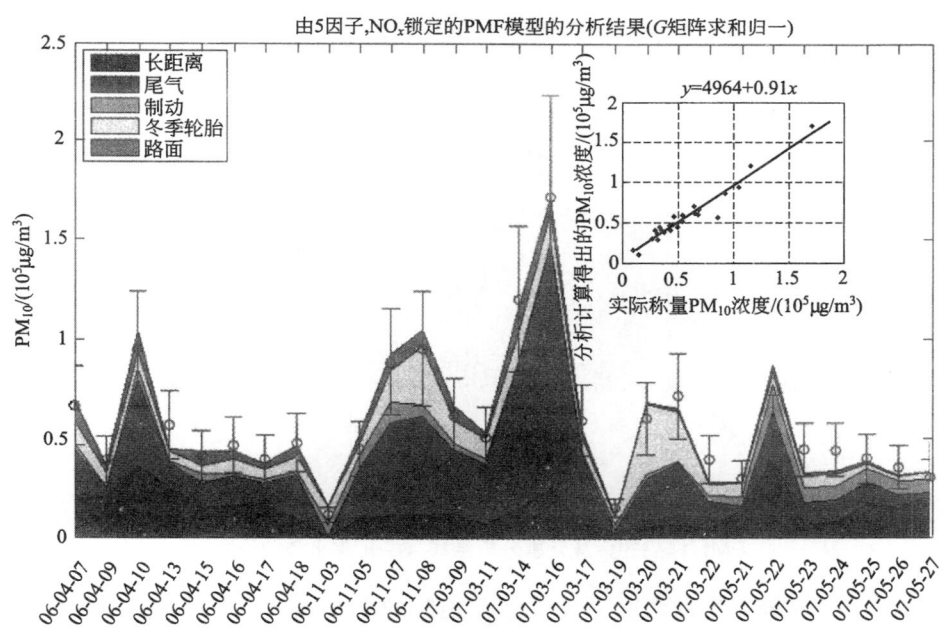

图 9.39　由 5 因子，NO_x 锁定的 PMF 模型对 Hornsgatan 采集的 PM_{10}
　　　　样品的金属元素分析结果（G 矩阵求和归一）

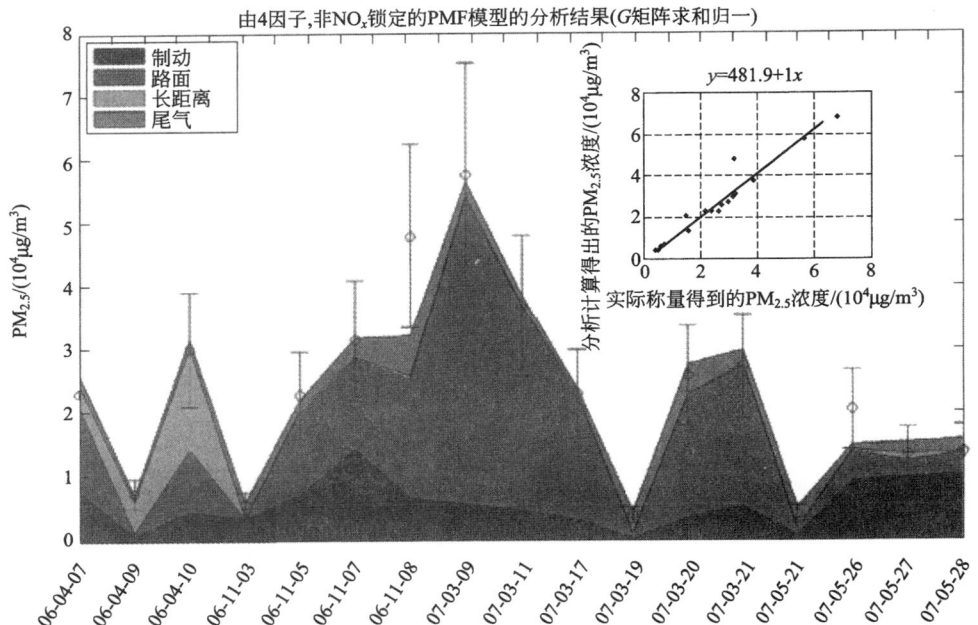

图 9.40　由 4 因子，非 NO_x 锁定的 PMF 模型对 Hornsgatan 采集的
$PM_{2.5}$ 样品的金属元素分析结果（G 矩阵求和归一）

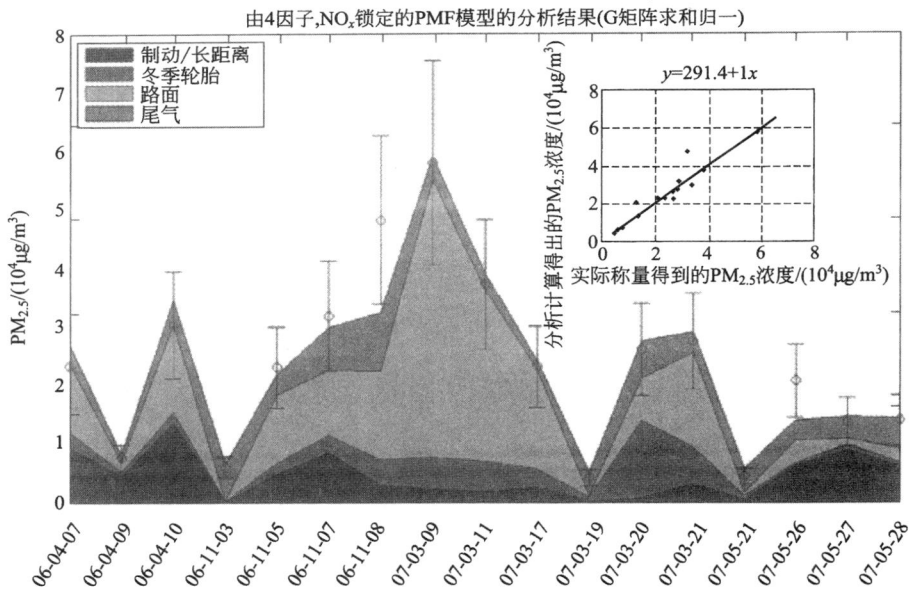

图 9.41　由 4 因子，NO_x 锁定的 PMF 模型对 Hornsgatan 采集的
$PM_{2.5}$ 样品的金属元素分析结果（G 矩阵求和归一）

在对 NO_x 锁定和非锁定的情况下（均为 G 矩阵的求和归一化）的 PMF 模型对 PM_1 进行计算，结果见图 9.42 和图 9.43。这里主要的不同点在于，相比于非锁定模型，锁定模型的长距离输送的贡献是增长的，而且尾气贡献可能有较高的均匀度（比如在 2007 年 5 月尾气的贡献不太可能超过 3 月，见图 9.42）。

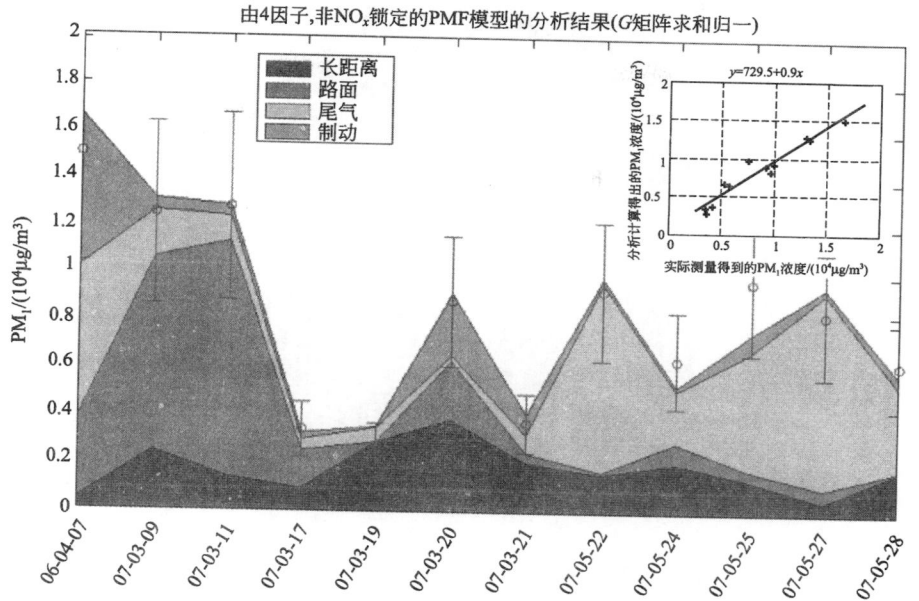

图 9.42 由 4 因子，非 NO_x 锁定的 PMF 模型对 Hornsgatan 采集的
PM_1 样品的金属元素分析结果（G 矩阵求和归一）

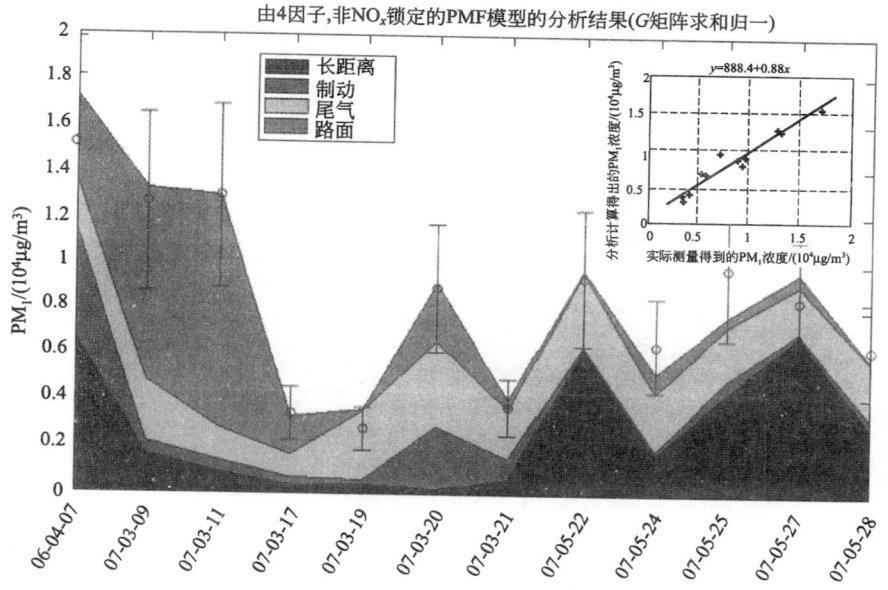

图 9.43 由 4 因子，NO_x 锁定的 PMF 模型对 Hornsgatan 采集的
PM_1 样品的金属元素分析结果（G 矩阵求和归一）

9.5.3.7 瑞典城市空气质量网络

将 COPREM 模型同样应用于瑞典城市空气质量网络中选取的 PM 样品数据。默认的源成分谱与 Hornsgatan 的 PM 样品的分析 COPREM 模型相同，但有一项例外，由于缺少瑞典城市空气质量网络点的 NO_x 数据，将 NO_x 从成分谱中去除。在不同的城市点，包括 Hornsgatan，源对 PM_{10} 的贡献的计算结果见图 9.44。给出的是在这些点不同源的相对贡

献。在瑞典城市地区，道路磨损对 PM_{10} 的主导贡献是很明显的。

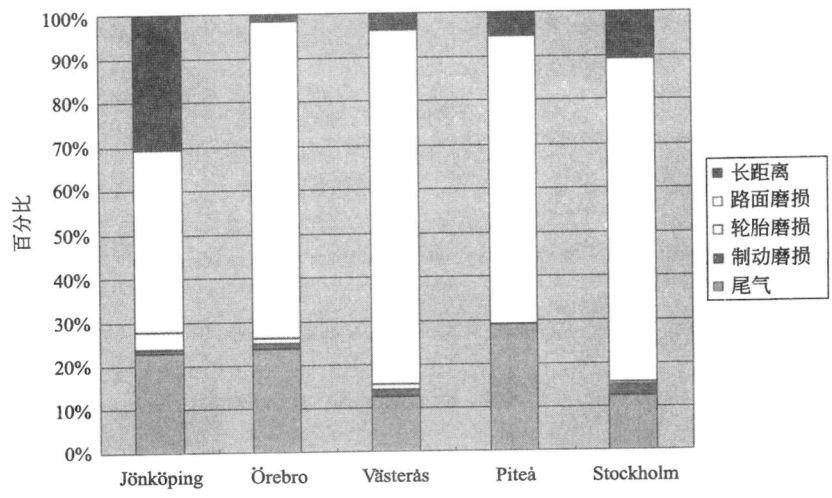

图 9.44　城区和斯德哥尔摩检测点的源的相对贡献

9.5.3.8　不同受体模型结果的对比

首先使用 NO_x 为示踪剂对 Hornsgatan 总的排放系数进行了计算，然后将 PMF 和 COPREM 除了长距离输送以外的所有因子的源成分谱元素进行归一标准化，随后每个标准化的源成分乘以总排放系数。最后 PMF 和 COPREM 得到的源排放系数分别做成重对数图表，以对两种模型得到的排放因子的结果进行异同比较，见图 9.45。在 5 个因子中，只有 3

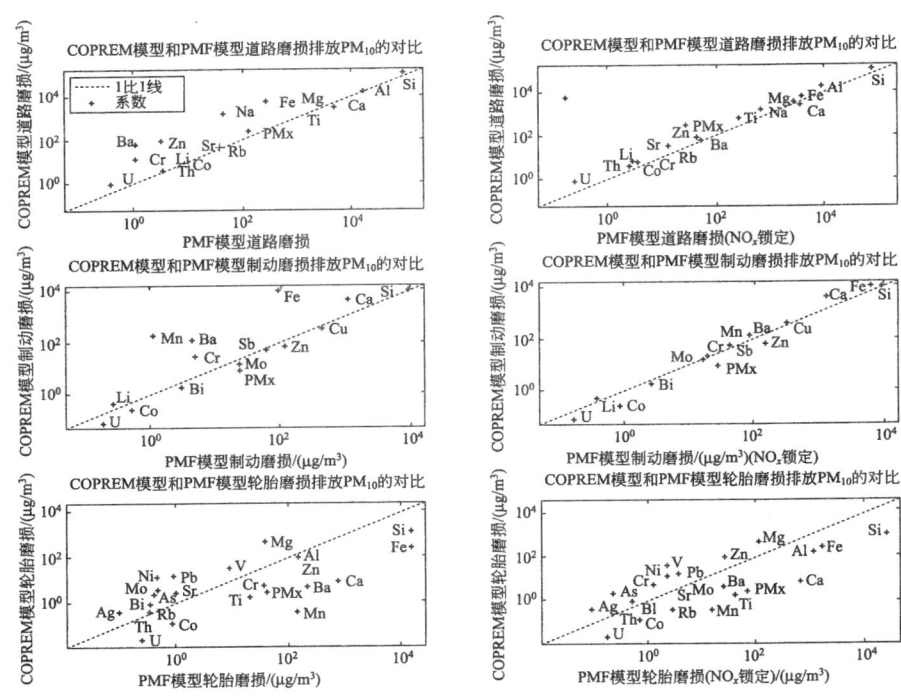

图 9.45　COPREM 模型和 PMF 模型得到源排放系数的对比（自上而下分别为：道路磨损、
制动磨损和轮胎磨损；图表左侧为 NO_x 未锁定模型，右侧 NO_x 锁定模型）

个因子有明显的可判断的公共源，即轮胎磨损、制动磨损和道路磨损，见图 9.45。

在图 9.45 中，左边的图显示的是没有锁定 NO_x 的结果，而右侧则是锁定 NO_x 的结果。对于道路磨损的 PM_{10}（"Road"），两个模型结果一致，尽管 COPREM 模型得到的值要比 PMF 稍微高一点。对于制动部分，所有元素均符合得较好，尤其是在锁定 NO_x 模型下，尽管除了 Ba、Mn 和 Fe，PMF 模型的值要比 COPREM 要稍微高一点。关于轮胎磨损部分，COPREM 的 Si 和 Fe 的值普遍要低一点，但是 As、Ni 和 Pb 要比 PMF 模型高，而且吻合度也比其他两个 PM_{10} 的源低。NO_x 锁定下，两模型得出的值的吻合度要比非锁定下的稍微好一点。

需要进一步说明的是，一些情况下，我们在 PMF 模型中发现了一个不同于道路磨损的"冬季"源。这就提出一个问题，在冬季时期，是否还存在一个不同于道路磨损的影响 PM 浓度的重要未知源。如果能得到比如冷制动、冷轮胎和引擎冷启动和预热时产生的尾气，了解催化器和燃料的源成分谱的话，便可以增加研究和解决这种未知现象的可能性。

在对 PM_1 和 $PM_{2.5}$ 采样时，采样设备前是否使用前分离器可能会对基础数据引入变量，这很可能会影响从受体模型中得到结果的质量。

9.5.4　PM 和痕量元素排放系数

9.5.4.1　斯德哥尔摩

通过使用 NO_x 作为交通排放的示踪剂，对道路交通排放系数［g/（车·km）］进行估算，如 Johansson 等所提出的（2009）：

$$EF^{PM} = EF^{NO_x} \frac{C_{street}^{PM} - C_{UB}^{PM}}{C_{street}^{NO_x} - C_{UB}^{NO_x}} \tag{9.6}$$

式中，EF^{PM} 和 EF^{NO_x} 分别为 PM（或者金属）和 NO_x 的排放系数；C_{street} 和 C_{UB} 分别为测得的街道浓度（Hornsgatan）和城市背景监测站浓度。该方法已经在过去的几个研究中被成功应用（Ketzel 等，2003；Gidhagen 等，2005；Omstedt 等，2005）。Hornsgatan 的 NO_x 的排放系数则是基于斯德哥尔摩的区域排放数据来估算的，斯德哥尔摩区域排放数据是由当地和区域管理部门主持测定的。

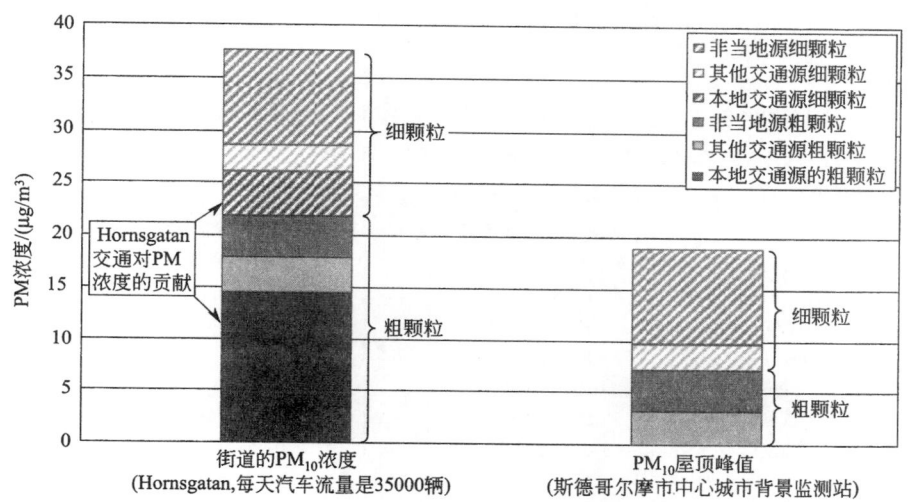

图 9.46　本地交通和其他源对 Hornsgatan 和斯德哥尔摩市
中心城市背景监测站的 PM 浓度贡献的关系

213

不同的贡献源对 Hornsgatan 和斯德哥尔摩市中心的城市背景监测站细粒径和粗粒径 PM 浓度的主要影响见图 9.46（Johansson 和 Eneroth，2007）。从图中可以看出，粗粒径颗粒物主要来源为 Hornsgatan 的当地交通，细粒径颗粒物则是非当地源占主导。

在城市背景监测站，细颗粒物主要来源于非当地源，而一半以上的粗颗粒物的浓度取决于非当地源。

已有研究表明，路面的湿度对 PM 的排放有很大的影响（比如 Norman 和 Johansson，2006；Johansson 等，2008）。从 2005 年起，路面传感器开始记录 Hornsgatan 的路面湿度情况。图 9.47 中列出了 Hornsgatan 湿润和干燥期计算的 PM_{10} 的排放系数。每小时的路面湿度根据路面的电阻得出，这是一种定性测定，在这种情况下，我们定义信号低于 2V 为湿润期，高于 2V 为干燥期。对排放系数的计算是基于 2006—2008 年三年间增加的 NO_x 和 PM_{10} 的测定数据。11—4 月，干燥时期的排放系数是湿润时期的 4~6 倍。5—10 月二者之间的差异小于 3 倍。这段时间内，干燥期和湿润期平均排放系数分别为 281mg/（车·km）和 84mg/（车·km）。因为路面湿度很难量化，使用其他路面湿度的标准可能会产生不同的值。

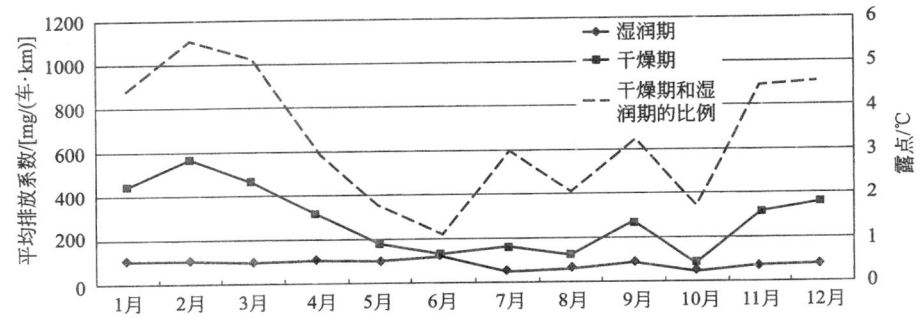

图 9.47　湿度对斯德哥尔摩 Hornsgatan 的 PM_{10} 排放系数的影响（数据为 2006—2008 年三年的月平均值，基于对街道和城市背景监测站的 PM_{10} 和 NO_x 的测定，每小时测定一次）

根据 Hornsgatan 和城市背景监测站的日平均浓度计算出的 PM、BC 和元素的排放系数见表 9.11。

表 9.11　根据 2006—2008 年街道和城市背景监测站（屋顶水平）的日平均浓度的同步测定结果计算出的 Hornsgatan 的 PM_{10} 和 $PM_{2.5}$ 的排放系数

	排放系数 $PM_{2.5}$		排放系数 PM_{10}			
	平均值±95％置信区间	N	平均值±95％置信区间	N		
NO_x/[mg/（车·km）]	775.6 ± 29.9	10	771.6 ± 24.3	14		
PM_x/[mg/（车·km）]	75.8±56.2	10	310.5±105.5	13	234.7	0.244
TEOM×1.2/[mg/（车·km）]	42.0±15.3	6	361.1±144.4	13	319.2	0.12
重金属(<2.5μm)/[mg/（车·km）]	17.7±3.07	6				
Ag/[μg/（车·km）]	0.010±0.007	7	0.38±0.35	9	0.367	0.028
Al/[μg/（车·km）]	3305±2671	9	18094±6909	13	14789	0.183
As/[μg/（车·km）]	0.11±0.07	8	2.01±1.06	9	1.898	0.056
Ba/[μg/（车·km）]	40.7±25.9	10	231.6±55.8	14	190.9	0.176
Bi/[μg/（车·km）]	0.30±0.14	9	3.66±0.97	14	3.36	0.082
Ca/[μg/（车·km）]	1334±1286	6	7240±2369	13	5905	0.184
Cd/[μg/（车·km）]	0.03±0.02	8	0.06±0.06	10	0.03 *	*

续表

排放系数 PM$_{2.5}$			排放系数 PM$_{10}$			
Co/[μg/(车·km)]	1.83±1.29	9	8.46±3.44	13	6.63	0.217
Cr/[μg/(车·km)]	48.0±75.9	3	41.7±10.9	5	−6.28*	*
Cu/[μg/(车·km)]	66.0±24.8	9	454.7±98.4	14	388.8	0.145
Fe/[μg/(车·km)]	2816±1710	9	17309±4618	14	14492	0.163
K/[μg/(车·km)]	1426±1098	9	7163±2728	13	5737	0.199
Li/[μg/(车·km)]	0.44±0.67	8	7.17±3.10	12	6.73	0.062
Mg/[μg/(车·km)]	786.6±567.9	8	4060±1544	13	3273	0.194
Mn/[μg/(车·km)]	35.6±23.8	9	188.4±57.7	14	152.8	0.189
Mo/[μg/(车·km)]	7.60±6.65	10	24.8±5.50	14	17.2	0.307
Na/[μg/(车·km)]	1810±1503	9	7291±3896	12	5481	0.248
Ni/[μg/(车·km)]	27.7±46.1	9	15.6±3.50	13	-12.1*	*
Pb/[μg/(车·km)]	2.95±1.99	9	22.3±5.54	13	19.3	0.132
Rb/[μg/(车·km)]	6.61±6.28	7	33.6±13.1	13	27.0	0.197
Sb/[μg/(车·km)]	9.13±3.58	9	64.7±15.3	14	55.6	0.141
Si/[μg/(车·km)]	20894±15020	9	140059±82158	13	119165	0.14918
Sr/[μg/(车·km)]	9.31±7.34	8	39.7±14.2	13	30.4	0.234
Th/[μg/(车·km)]	0.43±0.37	9	4.30±1.70	13	3.87	0.100
Ti/[μg/(车·km)]	229.0±202.9	6	1063±425	13	833.9	0.215
Tl/[μg/(车·km)]	0.01±0.01	8	0.10±0.11	10	0.09*	*
U/[μg/(车·km)]	0.12±0.09	8	1.03±0.49	13	0.905	0.117
V/[μg/(车·km)]	5.66±4.08	8	32.3±11.0	12	26.6	0.176
Zn/[μg/(车·km)]	48.2±21.9	9	276.2±70.1	14	228.0	0.175

注：星号表示差异不显著。

在 Hornsgatan，我们可以看出大部分 PM$_{10}$ 的排放是源于所有元素的粗颗粒物排放。这对于地壳元素（如 Al、Si 和 Fe）来说是意料之中的，细颗粒物对地壳元素的排放为10%～20%。但有趣的是，像元素 Pb（87%）和 Zn（83%）也主要通过粗颗粒物排放，这表明这些元素的产生主要是机械过程，而不是燃烧过程。对比 Hornsgatan 地区的 PM$_{10}$ 与 PM$_{2.5}$ 浓度发现，Cu（82%）和 Pb（85%）也主要通过粗粒径颗粒物排放。这个结果有点出乎意料，因为实验室研究表明制动磨损产生的颗粒物主要为细颗粒物（如 Gargd 等，2000）。Wålin 等发现，在哥本哈根街道，大概有50%的制动磨损颗粒在交通排放的粗粒径范围内。

在 2003/2004 年期间，用和现在同样的方法（Johansson 等，2009）对街道和屋顶水平的重金属进行了采样。对比斯德哥尔摩早期的研究（Johansson 等，2009）得到的一些金属的排放系数见表 9.12。应该注意的是，2003/2004 年的测定进行了整整一年。总体来看，根据 Hornsgatan 区 2003/2004 年样品得到的排放系数与本研究（2006/2007 年）得到的排放系数相似。但对于铅而言，本研究得到的排放系数明显偏低，这意味着铅的排放量在降低，这与 Johansson 等（2009）在对比 2003/2004 年和 1999 年的测定数据时，所注意到的降低是一致的。

表 9.12　斯德哥尔摩 Hornsgatan 不同金属分别根据 2003/2004 年和 2006/2007 年（当前研究）的测定数据，所得出的排放系数的对比（也包含一些其他研究成果）　单位：μg/（车·km）

金属	排放系数(当前研究)均值±95%置信区间	排放系数 Hornsgatan 2003/2004 年 (Johansson 等,2009)	Kaisermü-hlen Tunnel (澳大利亚, 2002)[①]	汀斯塔和伦德比隧道(瑞典哥德堡, 1999/2000)[②]	Gelezinis Vilkas 隧道(爱沙尼亚维尔纽斯, 2000)[③]	Söderleden 道路隧道(瑞典,斯德哥尔摩,1999)[④]
Co	8.5±3.4	3.5				
Cr	42±11	41				
Cu	455±8	542	30	汀斯塔：172 伦德比：147	159	214
Mn	188±58	110				
Ni	16±3.5	605	1.8			0.14
Pb	22.2±5.5	41	9.5	汀斯塔：36.9 伦德比：35.1	54	4.8
Zn	276±70	260	34	汀斯塔：205 伦德比：239	206	24
Mo	24.8±5.5	22				
W		15				
Sn		126				
Sb	64.7±5.3	144				

① Laschober 等，2004。

② Sternbeck 等，2002。

③ Valiulis 等，2002。

④ Kristensson 等，2004。

9.5.4.2　Malmö

PM_{10} 和 $PM_{2.5}$ 由式（9.7）计算：

$$EF_{PM_x} = EF_{NO_x} \frac{(PM_{x,\text{street}} - PM_{x,\text{roof}})}{[NO_{x,\text{street}}] - [NO_{x,\text{roof}}]} \tag{9.7}$$

NO_x 的排放是根据实际的交通密度的测定结果进行计算的，排放系数根据国家道路管理部门提供的瑞典官方数据进行计算。对于轻型车辆，NO_x（以 NO_2 计）系数取 0.6g/（车·km），重型车辆为 4g/（车·km）。

正如预测的，大部分的 NO 来源于 Amiralsgatan 本地，图 9.48、图 9.49 展示了细颗粒物（$PM_{2.5}$）和粗颗粒物（$PM_{10} \sim PM_{2.5}$）的来源。只有一小部分的 $PM_{2.5}$ 来源于 Amiralsgatan。

计算得出的 2005 年 3—6 月间 PM_{10} 的平均小时排放系数见图 9.50。当 NO_x 和 PM_x 街道水平浓度均超过城市背景浓度至少 30% 时，计算其平均排放系数的算术平均值作为平均排放系数［式(9.8)］。

$$\overline{EF_{PM_x}} = \frac{1}{n} \sum_1^n EF_{PM_x} \tag{9.8}$$

当路面湿润时（测量前 1 小时下过雨）计算的 PM_{10} 的排放系数同样见图 9.50。由图表中可以看出，路面的水分对 PM_{10} 的产生有很大的影响，这与前文介绍的 Hornsgatan 的结果一致。

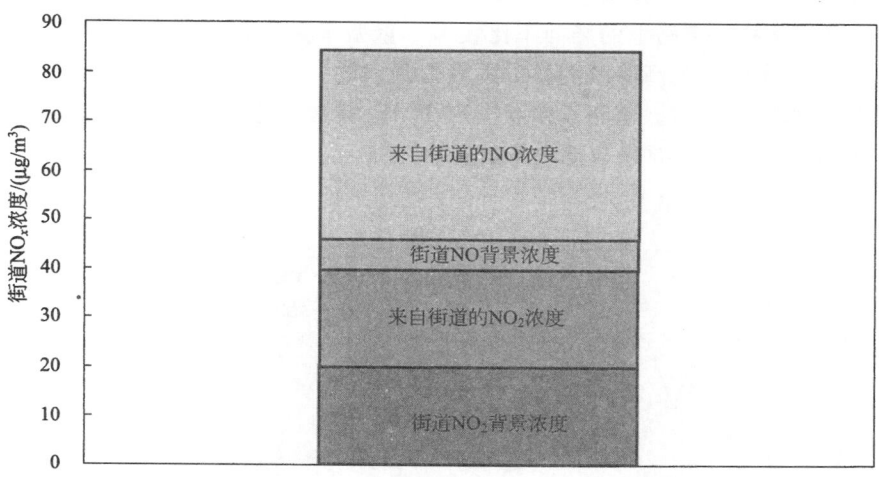

图 9. 48 马尔默市 Amiralsgatan 大气 NO$_x$ 来源

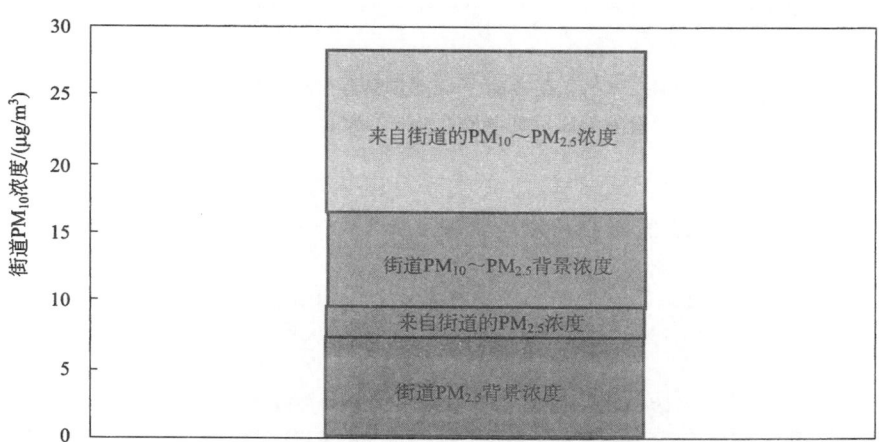

图 9. 49 Amiralsgatan 细颗粒物（PM$_{2.5}$）和粗颗粒物（PM$_{10}$～PM$_{2.5}$）来源

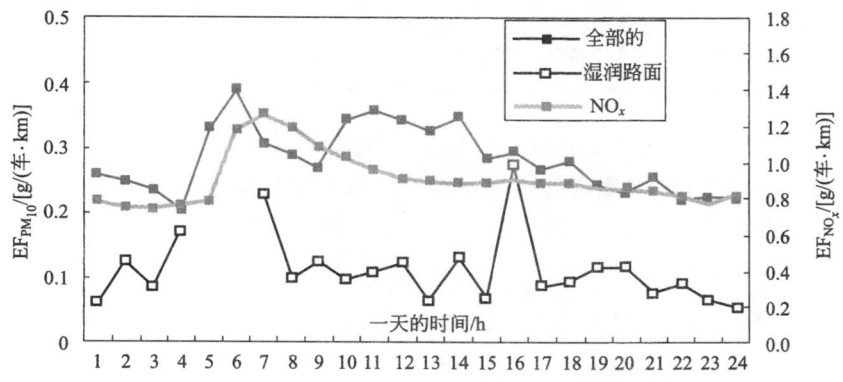

图 9. 50 PM$_{10}$和 NO$_x$ 小时平均排放系数与雨停时间的函数
（"湿润路面"是指测量前 1 小时内正在下雨）

计算的 2005 年 3—6 月间 $PM_{2.5}$ 的小时平均排放系数见图 9.51。$PM_{2.5}$ 的排放系数远远低于 PM_{10} 的排放系数。道路上的柴油车比较多。重型车辆的 NO_x 排放系数几乎是轻型车辆的 7 倍。早晨重型车辆出行高峰时的排放系数是最大的。这意味着重型车辆的 $PM_{2.5}$ 的排放系数至少是轻型车辆的 7 倍。道路潮湿状况对 $PM_{2.5}$ 排放系数的影响比对 PM_{10} 排放系数的影响要小，这表明 $PM_{2.5}$ 主要来自尾气排放。

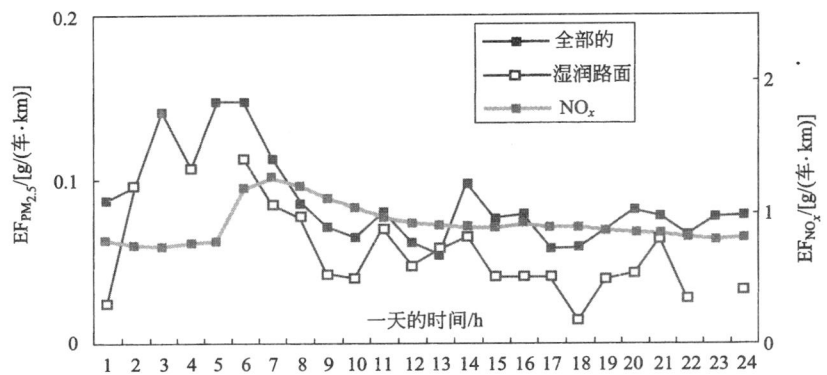

图 9.51 $PM_{2.5}$ 和 NO_x 的小时平均排放系数与雨停时间的函数关系
（"湿润路面"是指测量前 1 小时内正在下雨）

表 9.13 中，使用另一个公式 [式(9.9)] 来计算平均排放系数，以便使所有数据得到充分应用。用这种方法，PM_x 的长期浓度均值可利用 NO_x 的长期浓度均值计算得出。

$$\overline{EF}_{PM_x} = \overline{EF}_{NO_x} \frac{(\overline{PM_{x,\text{street}}} - \overline{PM_{x,\text{roof}}})}{([NO_{x,\text{street}}] - [NO_{x,\text{roof}}])} \tag{9.9}$$

表 9.13 2005 年不同月份的平均排放系数   单位：g/（车·km）

项目	3月	4月	5月	6月
$\overline{EF}_{PM_{10,\text{all}}}$	0.33	0.22	0.19	0.09
$\overline{EF}_{PM_{10,\text{wet road}}}$	0.10	0.11	0.11	0.03
$\overline{EF}_{PM_{2.5,\text{all}}}$	0.05	0.05	0.03	0.03
$\overline{EF}_{PM_{2.5,\text{all}}}$	0.04	0.06	0.04	0.01

粗颗粒（标号"c"，$PM_{10} \sim PM_{2.5}$）中元素 x 的交通排放系数 $EF_{x,c}$ 通过以下方式进行估算。标号"m"表示 TEOM 测定的数据中得到的颗粒物质量均值。标号"street"表示在 Amiralsgatan 的测定数据，"roof"表示在市政厅屋顶测定数据。

$$EF_{x,c} = PM_{x,c,\text{street}} \frac{EF_{NO_x}}{([NO_{x,\text{street}}] - [NO_{x,\text{roof}}])} \times \frac{(PM_{m,c,\text{street}} - PM_{m,c,\text{roof}})}{PM_{m,c,\text{street}}} \tag{9.10}$$

只有在 $(PM_{m,c,\text{street}} - PM_{m,c,\text{roof}})/PM_{m,c,\text{street}} > 0.7$ 时测定数据才会被应用。在 115 个测定中，只有 21 个符合这个标准，当式(9.10)中其他参数可用时，大多数的测定数据代表了 3 月的情况，表 9.14 中总结了排放系数。

表 9.14　不同元素在 course 模型下的排放系数, 总质量由 TEOM 测定　单位：mg/km

元　素	$EF_{x,c}$	S. D.	元　素	$EF_{x,c}$	S. D.
Si	1.93	1.32	Ni	0.0002	0.0041
K	0.16	0.12	Cu	0.14	0.1
Ca	0.49	0.35	Zn	0.03	0.04
Ti	0.04	0.04	Mo	0.75	0.68
Mn	0.02	0.02	质量	409	213
Fe	2.82	1.89			

　　为了求证这些元素之中的任意几种元素是否有相同的源，对它们进行了相关性分析，见表 9.15。只有满足表 9.14 标准的数据才被应用。所有元素与颗粒物质量没有相关性。K、Ca 和 Ti 之间以及 Mn、Fe 和 Cu 之间均有较好的相关性。

表 9.15　Amiralsgatan 各元素空气浓度和颗粒物质量的相关性系数 r^2 值

元素	Si	K	Ca	Ti	Mn	Fe	Ni	Cu	Zn	Mo	质量
Si											
K	0.23										
Ca	0.13	0.88									
Ti	0.22	0.83	0.88								
Mn	0.03	0.61	0.56	0.53							
Fe	0.01	0.56	0.55	0.58	0.88						
Ni	0.05	0.28	0.31	0.40	0.60	0.65					
Cu	0.00	0.47	0.48	0.49	0.87	0.99	0.64				
Zn	0.01	0.50	0.54	0.44	0.76	0.73	0.28	0.75			
Mo	0.03	0.15	0.15	0.12	0.02	0.06	0.04	0.06	0.19		
质量	0.28	0.03	0.04	0.04	0.01	0.00	0.05	0.00	0.07	0.27	

9.5.5　方法对比

9.5.5.1　PM 质量测量

　　在本研究中的几个研究地点，使用了几种不同质量测定方法对 PM 质量进行平行测定，这就允许了几种方法的对比。在图 9.52 中对道路模拟实验中利用 TEOM 测量的 PM_{10} 结果与 IVL 取样器和 DustTrak 测得的 PM_{10} 结果进行了对比。通常情况下，对比分散性很大，但是从普遍的趋势来看，具有相当好的一致性。

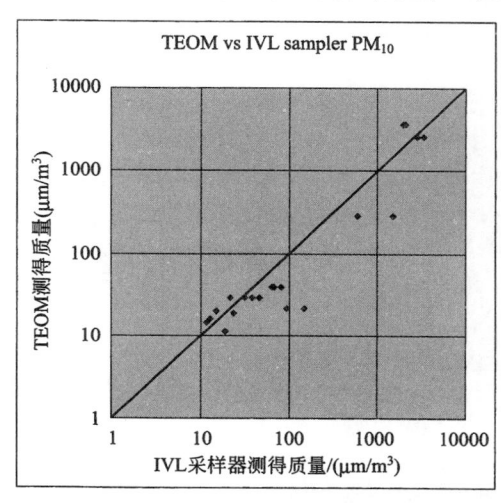
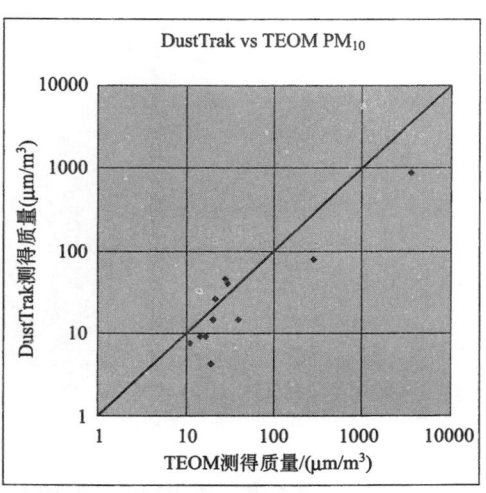

图 9.52　道路模拟实验中 TEOM, IVL 采样器及 DustTrak 测得 PM_{10} 质量的对比

9.5.5.2 元素与化学形态

在道路模拟实验中，利用阶式撞击取样器与 IVL 取样器对一些样品取了平行样，并分别利用 PIXE 与 ICP-MS 对这些样品进行了分析。分析结果表明两种分析方法对镶钉冬季胎产生的 PM_{10} 的分析结果具有很好的一致性，但对更小的颗粒物（如 PM_1）和夏季胎产生的 PM_{10} 的分析结果则一致性较差，见图 9.53。造成这一结果的主要原因是镶钉冬季胎产生的 PM_1 质量很小，而夏季胎产生的 PM_{10} 的量也非常小，因此两种分析方法的噪声与检测限对分析结果影响非常大。

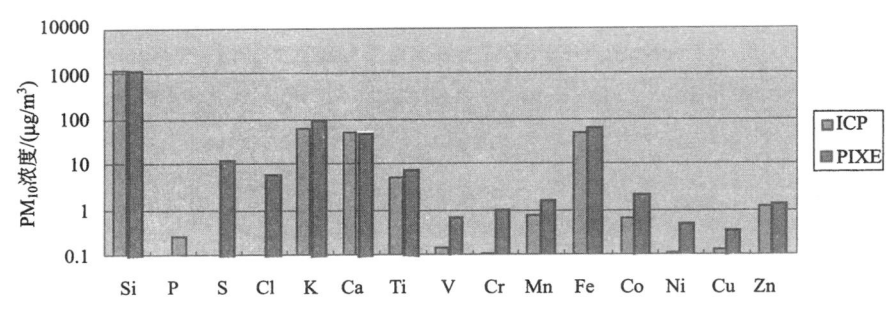

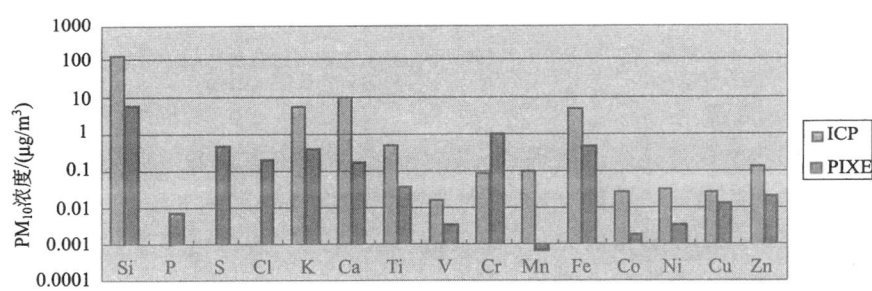

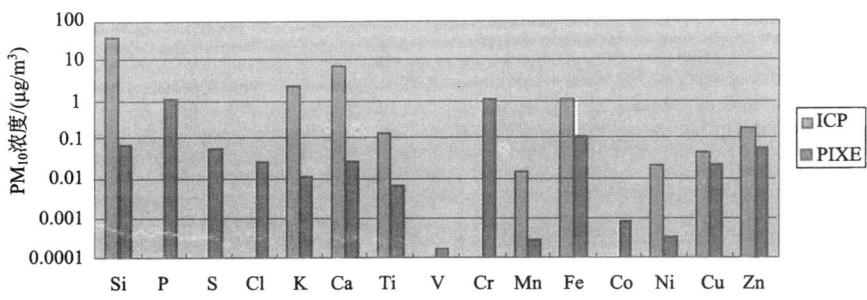

图 9.53　对道路模拟实验中 PIXE 和 ICP-MS 分别对镶钉冬季胎
产生的 PM_{10} 和 PM_1 与夏季胎产生的 PM_{10} 的分析结果的对比

9.5.6　地点对比

9.5.6.1　ICP-MS

由 ICP-MS 测得了道路模拟器和 Hornsgatan 的各元素相对浓度（空气中浓度单位为 ng/m^3，PM_x 浓度为 $\mu g/m^3$），对比见表 9.16。相比于道路模拟器中测得的数据，Hornsgatan 的 PM_1 中岩石材料浓度（Si、Al、Ca 和 K）要明显偏低。这些化合物在 Hornsgatan 的 PM_{10} 中比 PM_1 中存在更加普遍，一种可能的解释是道路模拟器测定中的 PM_1 撞击取样器的严重颗粒物超载。氧化物（Ni、Pb、Sb、V 和 Zn）以及 Cu（制动）在 Hornsgatan 的 PM_1 样品中比道路模拟器 PM_1 样品中更加普遍，这与预想的一致。

关于 PM_{10}，Hornsgatan 和道路模拟器样品中石料的元素成分非常相似，元素 Sb、Mo 和 As 在道路模拟器样品中几乎不存在。

表 9.16　颗粒物质的元素浓度和计算的氧化物总质量　　　　　单位：mg/g

项　目	道路模拟器		Hornsgatan	
	PM_1	PM_{10}	PM_1	PM_{10}
Ag		0.043		0.0010
Al	45	50	17	53
As		0.0008	0.0039	0.0094
Ba	0.33	0.45	0.21	0.81
Ca	12	24	4	27
Cd		0.0225		0.0005
Co	0.071	0.327	0.009	0.026
Cr	0.026	0.015	0.026	0.106
Cu	0.18	0.32	0.41	1.59
Fe	14	15	17	59
K	14	20	6	22
Li	0.015	0.032	0.006	0.023
Mg	4.7	8.5	3.4	13.5
Mn	0.24	0.23	0.21	0.67
Mo	0.000	0.002	0.045	0.096
Na	11	12	11	31
Ni	0.043	0.080	0.156	0.080
Pb	0.032	0.027	0.122	0.111
Rb	0.058	0.074	0.027	0.099
Sb	0.000	0.001	0.034	0.247
Si	300	304	112	315
Sr	0.098	0.154	0.027	0.131
Th	0.003	0.008	0.001	0.013
Ti	1.2	1.4	1.0	3.2
Tl		0.00016		0.00044
V	0.04	0.04	0.15	0.11
Zn	0.3	1.2	1.0	1.1
总质量	0.80	0.86	0.33	0.99

表 9.16 中的结果，在图 9.54 中以图表的形式展示出来，从图中可以看出，PM_{10} 的质量由 Si 主导。

9.5.6.2　PM 排放系数的确定

对于 PM_{10}，三个不同地点的排放系数如下。

道路模拟器：镶钉冬季胎，70km/h 下，350mg/(车·km)。

Hornsgatan：冬季 100～600mg/(车·km)，下限表示湿润条件下，上限表示干燥条件下。

Amiralsgatan：冬季 100～300g/(车·km)，下限代表湿润条件下，上限代表干燥条件下。

因此，这三个地点间 PM_{10} 排放系数具有合理的一致性。

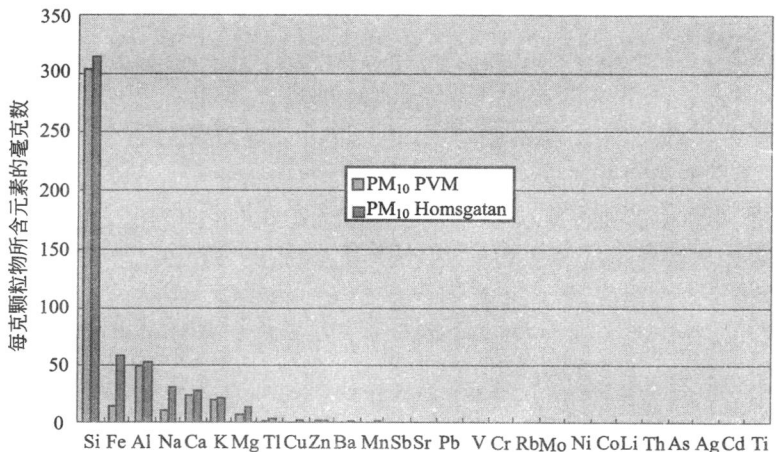

图 9.54 从道路模拟器和 Hornsgatan 采集的 PM_{10} 样品的平均元素组成，由 ICP-MS 分析得出

9.6 讨论

  通过测量发现颗粒物粒径分布在 Hornsgatan 与城市背景监测站结果差异很大，且在 Hornsgatan 测量中，越是靠近源的地方，粗粒径颗粒物较多。大量的粗粒径颗粒物因此需要从采样器的涂油撞击盘上去除，选择的粒径越小，则需要去除的颗粒物越多，因为所有这三种颗粒物（PM_{10}、$PM_{2.5}$ 和 PM_1）是使用同一个空气流速来采样的，通过降低撞击盘前面的喷头的尺寸来得到更小的切割直径。这就意味着在撞击盘某点区域的颗粒物是与空气动力学切割直径成比例的。当越小的点上聚集越多的颗粒物时，就会导致撞击盘表面被颗粒物布满，遮盖油脂，然后颗粒物会被反弹而沉降到过滤器上，这会导致测定浓度偏高。图 9.55 展示了一张 $PM_{2.5}$ 取样后颗粒

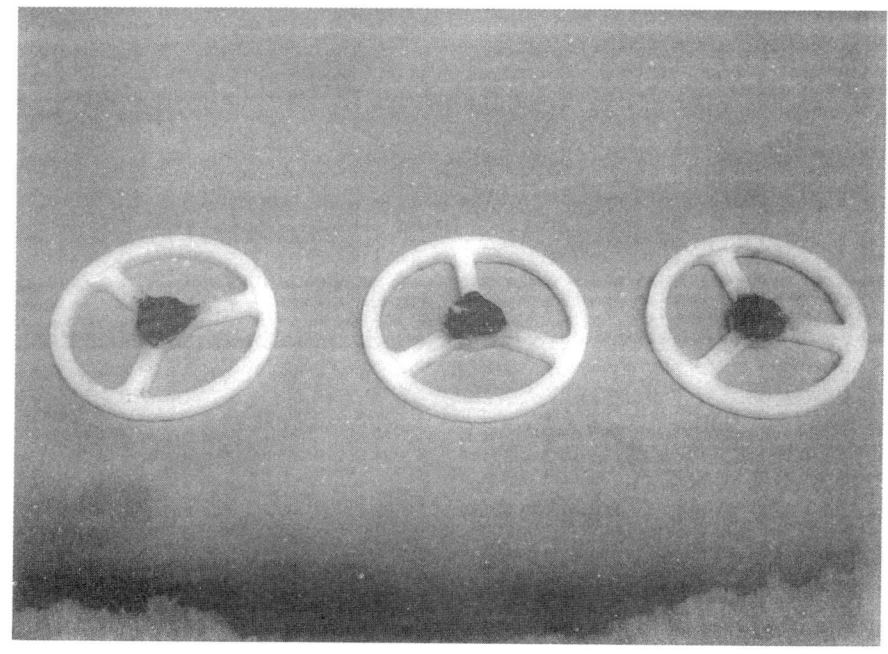

图 9.55 $PM_{2.5}$ 撞击盘上颗粒物的超负荷现象

物超负荷的照片。

为了消除撞击盘上颗粒物超负荷的问题，在 $PM_{2.5}/PM_1$ 进样头前加装了一个适宜的预分离装置（图 9.56），其分割直径为 $10\mu m$。预分离装置主要应用于 Hornsgatan 最后阶段的测量及道路模拟器的一些实验中。

这种预分离装置在 $PM_{2.5}$ 和 PM_1 项目的最后阶段进行了应用，制作的数量较少，而且没有与不使用预分离装置的测试进行同步对比实验。对使用和不使用预分离装置时各个元素相对于总质量的百分数进行了对比。将第一、第三阶段测量结果与第四阶段测量结果进行对比发现，在大多数情况下，$PM_{2.5}$ 和 PM_1 显现出相似的模式。当使用了前分离装置后，测得的 Al、Ca、K、Mg、Na 和 Ti 含量减少，As、Pb 和 V 的百分数在使用和不使用预分离装置时，相差不大。

进而，在上述取样品取样期间，应该记录空气流量、湿度、温度，如果可能的话，有必要对每分钟的交通密度的指标进行测试。这样可以给出有关取样的更多信息，而且可以提供一种将不适合分析的样品进行筛除的方法。在做任何实验测量前，即使是远程访问也能为数据修正提供可能。

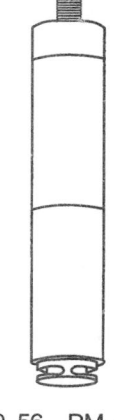

图 9.56　$PM_{2.5}$ 或者 PM_1 取样头前加装 PM_{10} 预分离装置

另外 ICP-MS 和 PIXE 分析的实验室方法应该仔细检查，以便建立这两种方法间的修正系数。比如 ICP-MS 对 Si 的分析需要更加注意。

在取样过程中为了捕获超大粒径颗粒物而使用了油脂，需要对油脂中的元素特性做进一步评估，应该对每一批油脂均进行取样和分析。

9.7　结论

从道路模拟实验研究中可以得出以下结论。

模拟器中镶钉冬季胎的 PM_{10} 排放大约是夏季胎的 100 倍。

在道路模拟器中使用镶钉冬季胎会排放非常细小的颗粒物，而其他类型的轮胎不会。对所有这三种轮胎，PM_{10} 的排放会随着速度的增加而增加。

在一定的湿度下，镶钉冬季胎和 Nordic 非镶钉冬季胎的 PM_{10} 排放随着轮胎温度的增加而减少，但是夏季胎 PM_{10} 排放量则随着温度的增加而增加。

使用冬季胎产生的 PM_{10} 的较粗颗粒物部分，主要是来源于路面的矿物颗粒，主要是Si，也有 Ca、K 和 Fe。对于夏季胎，Fe 和 Zn 的相对浓度均占主要。

使用 SDI 测得的最小的粒径范围的颗粒物，S 的相对浓度增高，来源于轮胎和（或者）沥青。

对于夏季胎和 Nordic 非镶钉冬季胎，Zn 存在于大部分粒径范围的颗粒物，来源于轮胎。

对于镶钉冬季胎，出现了 W，来源于轮胎钉。

道路模拟器可用于研究颗粒物排放和颗粒物性质的差异，以及不同的因子对这些差异的影响。这项研究同样也表明，排放系数可以使用道路模拟器在加速和减速后的上升和下降阶段进行计算。使用这种方法计算出的排放系数比从实地测定中计算出的排放系数更符合实际。即便如此，在如何将道路模拟器的条件与实际条件对比方面，仍有一些不确定因素。道路模拟器中加速的道路表面磨损和恒定速度需要进行评价，也需要与实际状况相联系。通过对更加类似交通环境（恒定速度）的道路的排放因子进行比较，并将这些数据与道路和道路模拟器道路磨损的关系相结合，这样可能会计算出更加能代表真实状况下 PM_{10} 的排放系数。

对道路模拟器，斯德哥尔摩的 Hornsgatan 和马尔默的 Amiralsgatan 得到的 PM_{10} 排放系数之间具有很好的一致性。在冬季时间的干燥天气下（镶钉冬季胎使用普遍），得到了 PM_{10} 总的排放系数为 350～600mg/（车·km）。湿润环境下，PM_{10} 排放系数大幅下降，大约为 100mg/（车·km）。

道路磨损是 PM_{10} 的主要来源，尤其是在繁忙的街道和所有当前研究的城市的背景监测站（从瑞典南部至北部），而长距离输送则是街道水平的 PM_1 和屋顶水平的 $PM_{2.5}$ 的主要来源。我们的结论是，一种最经济、高效的降低 PM_{10} 浓度和减少交通以及城市环境 PM_{10} 超标的方法是减少镶钉冬季胎的使用。

低温环境相关的"冬季源"被认为是一种潜在的 $PM_{2.5}$ 和 PM_{10} 的重要来源，但这需要进一步研究。

为了加强我们对街道和城市环境 PM 的不同源贡献的理解，最重要的是加强对有关源成分谱的理解，尤其是轮胎磨损，包括轮胎钉磨损和空气颗粒物的元素组成。

从对轮胎/沥青，道路模拟器的空气样品 PAHs 分析的主成分分析中可以得出，不同轮胎和沥青之间的差异并不是那么大。因此我们建议，不光是测定 PAHs，同样在测定其他相对挥发度较低的有机物时，可以将不同类型的轮胎进行分类，比如筛选出冬季胎和夏季胎。而且，对轮胎元素成分的更好了解，尤其是卡车和公共汽车所使用的橡胶共混物，同样对简化不同源对城市环境中的颗粒物的贡献的估算至关重要。

最后，我们提倡不同受体模型的联合应用，比如 COPREM 和 PMF，因为这样可以提供比仅使用单个模型更加全面的信息。

参 考 文 献

Cahill, T. A., Eldred, R. A., Barone, J. B., and Ashbaugh, L. L. (1979). Ambient Aerosol Sampling with Stacked Filter Units, Report No. FHWA-RD-78-178, U. S. Department of Transportation, Washington D. C., 73 pp.

Ferm M., Areskoug H., Makkonen U., Wåhlin P. and Yttri K. E. (2008). Measurements of PM1, $PM_{2.5}$ and PM_{10} in air at Nordic background stations using low-cost equipment. IVL report B1791.

Ferm M., Gudmundsson A. and Persson K. (2001) Measurements of PM_{10} and $PM_{2.5}$ within the Swedish urban network. Proc. from NOSA Aerosol Symposium Lund, Sweden 8-9 Nov. 2001.

Garg, B. D., Cadle, S. H., Mulawa, P. A., Groblicki, P. J. (2000). Brake wear particulate matter emissions. Environmental Science & Technology 34, 4463-4469.

Gidhagen, L., C. Johansson, J. Langner and G. Olivares (2004). Simulation of NO_x and ultrafine particles in a street canyon in Stockholm, Sweden, Atmospheric Environment 38, 2029-2044.

Gidhagen, L., C. Johansson, J. Langner and V. Foltescu (2005) Urban scale modeling of particle number concentration in Stockholm. Atmospheric Environment, 39, 1711-1725.

Gidhagen, L., Johansson, C., Langner, J. & Olivares, G. (2003) Simulation of NO_x and Ultrafine Particles in a Street Canyon in Stockholm, Sweden. Atmospheric Environment, Atmospheric Environment, 38, 2029-2044.

Gustafsson, M. , Blomqvist, G. , Gudmundsson, A. , Dahl, A. , Jonsson, P. & Swietlicki, E. (2009) Factors influencing PM10 emissions from road pavement wear, Atmospheric Environment, In press. (doi: 10. 1016/j. atmosenv. 2008. 04. 028).

Gustafsson, M. , G. Blomqvist, A. Gudmundsson, A. Dahl, E. Swietlicki, M. Bohgard, J. Lindbom, and A. Ljungman (2008) Properties and toxicological effects of particles from the interaction between tyres, road pavement and winter traction material. Science of the Total Environment, 393, 226-240.

Gustafsson, M. , G. Blomqvist, E. Brorström-Lundén, A. Dahl, A. Gudmundsson, C. Johansson, P. Jonsson, and E. Swietlicki (2009) NanoWear -nanopartiklar från däck-och vägbaneslitage? VTI Rapport R660.

Hansson, H. -C. andNyman, S. (1985) . 'Microcomputer-controlled two size fractionating aerosol sampler for outdoor environments, Env. Sci. Technol. 19, 1110-1115.

Hjortenkrans, D. T. , Bergbäck, B. , Häggerud, A. V. (2007) Metal Emissions from Brake Linings and Tires: Case Studies of Stockholm, Sweden 1995, 1998 and 2005. Env.. Sci. Technol. , 41, 5224-5230.

Hopke P K, Raunema T, Biegalski S, Landsberger S, Maenhaut W, Artaxo P, Cohen D. (1997) Characterization of the Gent Stacked Filter Unit PM10 sampler. Aerosol Sci. & Techn. 27, 726-735.

Jacobson, T. , Hornvall, F. (1999) Beläggningsslitage från dubbade fordon, VTI notat 44 (in Swedish) . Swedish National Road and Transport Research Institute (VTI), Linköping, Sweden.

Johansson, C. (2003) TEOM-IVL' s filtermetod. En metodjämförelse. SLB Analys rapport SLB 1: 2003. http: //slb. nu/slb/rapporter/pdf8/slb2003 _ 001. pdf.

WEAREM Wear particles from road traffic IVL report B1830.

Johansson, C. , Norman, M. and Burman, L. (2009) Road traffic emission factors for heavy metals. Atmospheric Environment, 43, 4681-4688.

Johansson, C. , Norman, M. , Gustafsson, M. , Lövenheim, B. (2008) Genomsnittliga emissionsfaktorer för PM10 i Stockholmsregionen som funktion av dubbdäcksandel och fordonshastighet. 2008 Stockholm Environment & Health Protection Administration (Miljöförvaltningen) SLB report, 2: 2008.

Johansson, C. & Eneroth, K. (2007) TESS-Traffic Emissions, Socioeconomic valuation and Socioeconomic measures. PART 1. Emissions and exposure of particles and NO$_x$. Luftvårdsförbundet I Stockholms Uppsala län, 2007: 2. SLB-rapport. Miljöförvaltningen, Stockholm. http: //www. slb. nu/slb/rapporter/ pdf/lvf2007 _ 2. pdf.

Johansson, C. , Norman, M. , Omstedt, G. , Swietlicki, E. (2004) Partiklar i stadsmiljö-källor, halter och olika åtgärders effekt på halterna mätt som PM10. SLB analys rapport nr. 4: 2004. Miljöförvaltningen, Box 38 024, 10064 Stockholm. http: //www. slb. nu/slb/rapporter/pdf/pm10 _ 4 _ 2004 _ 050117. pdf.

Johansson, C. , Omstedt, G. & Gidhagen, L. (2004) Traffic related source contributions to PM10 near a highway. Presented at the European Aerosol Conference, Budapest, Sep. , 6 -9, 2004.

Kaye, G. W. C. and Laby, T. H. (1959) Tables of physical and chemical constants and some mathematical functions, Longmans, Green (London and New York), 12th Edition, 231 p.

Ketzel, M. , Omstedt, G. , Johansson, C. , Düring, I. , Pohojola, M. , Oettl, D. , Gidhagen, L. , Wåhlin, P. , Lohmeyer, A. , Haakana, M. , Berkowicz, R (2007) Estimation and validation of PM2. 5/ PM10 exhaust and non-exhaust emissionfactors for practical street pollution modelling. Atmos. Environ. 41, 9370-9385.

Ketzel, M. , Wåhlin, P. , Berkowicz, R. , Palmgren, F. (2003) . Particle and trace gas emission factors under urban driving conditions in Copenhagen based on street and roof-level observations. Atmospheric Environment 37, 2735-2749.

Kristensson, A. , Johansson, C. , Westerholm, R. , Swietlicki, E. , Gidhagen, L. , Laschober, C. ,

225

Limbeck, A., Rendl, J., Puxbaum, H. (2004) Particulate emissions from on-roadvehicles in the Kaiser-muhlen-tunnel (Vienna, Austria). Atm. Env. 38, 2187-2195.

Maenhaut, W., Salma, I., Cafmeyer, J., Annegarn, H. J., and Andreae, M. O. (1996) Regional atmospheric aerosol composition and sources in the eastern Transvaal, South Africa, and impact of biomass burning, J. Geophys. Res., 101, 631-650.

Marsteen L. and Schaug J. (2007) A PM10 intercomparison exercise in Norway. Norwegian Institute for Air Research. Report No 41/2007.

Martens, H. and Naes, T., Multivariate calibration, John Wiley and Sons, Chichester 1989.

Norman, M. & Johansson, C. (2006) Studies of some measures to reduce road dust emissions from paved roads in Scandinavia. Atmospheric Environment, 40, 6154-6164.

Olivares, G., Johansson, C., Ström, J. Hansson, H. C. (2007) The role of ambient temperature for particle number concentrations in a street canyon. Atmospheric Environment, 41, 2145-2155.

Omstedt, G. & Johansson, C. (2004). Uppskattning av emissionsfaktor för bensen. SLB analys rapport nr. 2: 2004. Miljöförvaltningen, Box 38 024, 100 6 Stockholm.

Omstedt, G., Johansson, C., & Bringfelt, B. (2005). A Model for vehicle Induced Non-tailpipe Emissions of Particles Along Swedish Roads. Atmospheric Environment, 39, 6088-6097.

WEAREM Wear particles from road traffic IVL report B1830.

Paatero P., Tapper U. (1994) Positive Matrix Factorization: a non-negative factor model with optimal utilization of error estimates of data values Environmetrics, 5, 111-126.

Paatero, P. (1997) Least squares formulation of robust non-negative factor analysis studies Chemom. Intell. Lab. Syst., 37, 23-35.

Paatero, P., Hopke, P. K. (2003) Discarding or downweighting high-noise variables in factor analytic models. Analytica Chimica Acta, 490, 277-289. Swietlicki, E., Nilsson, T., Kristensson, A.,

Räisänen, M., Kupiainen, K., Tervahattu, H. (2003) The effect of mineralogy, texture and mechanical properties of anti-skid and asphalt aggregates on urban dust. Bulletin of Engineering Geology and the Environment 62, 359-368.

Shariff A, Bulow K, Elfman M, Kristiansson P, Malmqvist K, Pallon J. (2003) Calibration of a new chamber using GUPIX software package for PIXE analysis. Nucl. Instr. & Meth. Pys. Res. B 189, 131-137.

Sternbeck, J., Sjodin, A. (2002) Metal emissions from road traffic and the influence of resuspension -results from two tunnel studies. Atmospheric Environment 36 (30), 4735-4744.

Valiulis, D., Cerburnis, D., Sakalys, J., Kvietkus, K. (2002) Estimation of atmospheric trace metal emissions in Vilnius City, Lithuania, using vertical concentration gradient and road tunnel measurement data. Atmospheric Environment 36, 6001-6014.

Wåhlin, P., Berkowicz, R., Palmgren, F. (2006) Characterisation of traffic-generated particulate matter in Copenhagen, Atmospheric Environment, 12, 2151-2159.

Wold, S., Esbensen, K. och Geladi, P. (1987) Principal Component Analysis, Chemom. Intell. Lab. Syst. 2, 37-52.

Wågberg, L. -G. (2003) Bära eller Brista, Handbok i tillståndsbedömning av belagda gator och vägar -ny omarbetad upplaga. Svenska Kommunförbundet, Stockholm. Wåhlin, P., 2003. COPREM-A multivariate receptor model with a physical approach. Atmospheric Environment 37, 4861-4867.

第 10 章

欧洲环境中各种 VOC 的 POCP 研究

（作者：Johanna Altenstedt，Karin Pleijel）

10.1 摘要

在欧洲，地表臭氧被认为是最具威胁性的环境问题之一。在斯堪的纳维亚半岛南部地区，目前相对较低浓度的臭氧被认为对人体健康造成了危害。在这些浓度下，臭氧对植物的潜在危害性已是不争的事实。臭氧还会加剧材料腐蚀，并且也是温室气体之一。

地表臭氧是在 NO_x 和 VOC 在光照条件下形成的，降低臭氧浓度的唯一办法就是减少其前体物的排放。不同的 VOC 生成臭氧的能力不同。某一排放物对臭氧的绝对生成量也因为空气质量和排放点的气象条件而不同，根据不同 VOC 对臭氧的潜在生成能力将它们进行分级排序，可以使地表臭氧的处理变得更加经济、高效。

光化学臭氧生成潜力（POCP）的计算是对各种 VOC 的臭氧生成能力进行排序的一种方法，POCP 值中给出了各种 VOC 相对于其他 VOC 的臭氧生成能力的排序。

为了得到在欧洲环境下有效的 POCP 值，对 POCP 这一概念进行了临界分析。本研究利用 IVL 的光化学轨道模型，在代表欧洲的不同环境条件（化学和气象条件）下，研究当环境变化时不同 VOC 的相对 POCP 值变化情况。

临界分析表明，NO_x 和 VOC 的背景排放对 POCP 的值影响非常大；本研究的其他模型参数（如沉降速度、温度、CH_4 的背景排放）对 POCP 值的影响相对较小，故这些参数均根据临界分析结果进行设置。

通过 5 种不同的 NO_x 和 VOC 背景排放情形进行 POCP 值的计算。这些情形可以反映在欧洲范围内不同的环境下 POCP 的变化，因此，这些 POCP 值可在欧洲范围内应用排序。本研究中对 83 种不同 VOC 的 POCP 值进行了计算，结果以值域范围的形式给出。

在实际情况下，需要在减少 VOC 或者减少 NO_x 的排放之间做出选择，因此本报告给出了 25 种不同 NO_x 和 VOC 背景值下，排放一定量的 VOC 混合物或同质量的 NO_x，所生成的臭氧数量的计算结果。

83 种不同 VOC 的 POCP 计算值见表 10.3，同时给出的还有为了降低臭氧浓度，

如何在 NO_x 和 VOC 的减排之间进行选择的一般说明。POCP 的临界分析见 10.3～10.5 节。

10.2 大气中 VOC 和臭氧概述

10.2.1 大气中 VOC 对环境的影响

当挥发性有机物（VOC）排放到大气中后，会以多种不同的方式来影响环境和人类的健康。VOC 可能会对人类、动物、植物的健康及地球气候产生影响。VOC 只在特定区域直接对人类健康造成负面影响，即靠近排放源的地方或者是工作环境下，因为只有在这些情况下，人体才会接触到高浓度的 VOC。当存在 NO_x 和光照时，VOC 的大气降解会在一定区域内产生臭氧和其他光氧化剂。氯化后的 VOC 可能会产生生物积累，或者在大气中长期存在而后到达平流层，从而破坏臭氧层。一些 VOC 还是温室气体，会加重温室效应。VOC 的最终降解产物为 CO_2 和水。任何从石基生成的 VOC 都将加剧温室效应，因为它们使碳元素从石化态转变为大气中的 CO_2。本章将集中讨论由 VOC 导致的臭氧，而不关注 VOC 导致的其他环境和健康问题。这里需要提醒读者的是，如上所述，在不同的 VOC 间选择时，除了考虑臭氧的形成以外，还应考虑其他方面的问题。

10.2.2 对流层臭氧

对流层臭氧，或地表臭氧，被认为是区域范围内最严重的环境威胁之一。当浓度较高时，臭氧会对人体健康产生危害，并且在较低浓度时，臭氧也会对植物造成危害。此外，臭氧还可加速材料腐蚀，并加重温室效应。

在美国一些大城市（如洛杉矶）和其周边产生的高浓度臭氧已经影响到了人们的身体健康。因为交通是 NO_x 和 VOC 的主要排放源，现在普遍要求汽车行业研究使用其他环保燃料汽车和电动车。在洛杉矶，对因对流层高浓度臭氧而产生的健康问题投入的资金据估计已增至约 9 亿美元（约合 58 亿人民币）。

在欧洲，也有部分地区遭受严重的烟雾和对流层臭氧污染。整个欧洲都在为处理欧洲和局部范围的对流层臭氧问题而努力。如德国提出了限速，法国和英国针对加强公共交通实施了各种方案。在跨境空气污染公约（UNECE/LRTAP nitrogen protocols）框架中，臭氧和土壤酸化问题被列为最高优先级。

普遍认为，臭氧所产生的健康问题是由于其浓度峰值非常高而造成的，称为臭氧异常事件。臭氧背景浓度水平的增长会产生很多问题，因为臭氧对植物产生的影响是已经被证实的（Heck 等，1988；Skärby 等，1993；Sandermann 等，1997）。

在欧洲（联合国欧洲经济委员会关于 NO_x 新草案），采用臭氧暴露指标 AOT_{40}（累积暴露臭氧浓度超过临界浓度阈值 40×10^{-9}）来描述臭氧对植物造成的损害。AOT_{40} 是一个累积值，单位为 $10^{-9} \cdot h$，其为白天臭氧浓度超过 40×10^{-9} 部分的总和。臭氧浓度低于 40×10^{-9} 则不被计入 AOT_{40}。

10.2.3 光稳定态

地表臭氧是在光照条件下，由 NO_x 和 VOC 转化而来。NO_2 光分解产生 NO 和 O 原子，而后 O 原子结合一个 O_2 而生成 O_3。而臭氧可以将 NO 转化为 NO_2，所有这些反应在 O_3、NO、NO_2 之间会建立一个平衡，称为光稳定态 [式(10.1)～式(10.3)]。式

（10.2）中的 M 代表一种不发生反应的分子（通常为 N_2，一个氮气分子），它不受反应的影响。

$$NO_2 + h\nu \longrightarrow NO + O \qquad (10.1)$$

$$O + O_2 + M \longrightarrow O_3 + M \qquad (10.2)$$

$$NO + O_3 \longrightarrow NO_2 + O_2 \qquad (10.3)$$

当大气中没有 VOC 时，光稳定态决定了臭氧的背景浓度。当有 VOC 进入对流层时，就会被氧化产生过氧自由基。过氧自由基既可消耗 NO，也可与臭氧竞争将 NO 转化为 NO_2。如在式（10.3）中，没有足够的 NO 来转换 O_3，从而使臭氧浓度上升。

10.2.4　对流层臭氧前体物，NO_x 和 VOC

NO_x 在光稳定态中并没有被消耗，而是再生的，因此它在反应中是催化剂 ［式（10.3）］。而有机化合物是作为臭氧生成的原料而被消耗。在大气中，NO_x 始终比大多数有机物的生命周期要短。NO_x 可通过氮氧化物沉降或 NO_x 与 VOC 反应过程中生成的有机氮化合物的沉降而从大气中去除。

在大气中通常会涉及两种不同的化学系统，低浓度 NO_x 系统和高浓度 NO_x 系统 （Lin 等，1988；Kleinman，1994）。在低浓度 NO_x 系统下，臭氧的产生量主要由可利用的 NO_x 控制，而在高 NO_x 系统下，臭氧的产生量由 NO_x 和 VOC 共同控制 （Sillman 等，1990）。城市地区通常在高 NO_x 系统，而农村地区在低 NO_x 系统。当气团随地表风迁移时，随着新的排放物的进入，其化学成分随之改变，然后会发生新的化学反应，因此气团的状态可能在其迁移过程中由一个系统转换为另一个系统。

唯一可以降低地表 O_3 的方法就是减少其前体物 NO_x 或者 VOC，或者同时降低二者的排放，这样就可以降低臭氧的产生。在欧洲不同地区排放情况差异很大，甚至两个非常接近的地区却存在不同的 NO_x 系统 （巴勒特和贝尔格，1996），这使得治理策略工作变得困难，因此在欧洲，减少臭氧的策略一般都集中在控制 NO_x 的排放还是控制 VOC 的排放上。

通过降低 NO_x 或 VOC 排放而实现臭氧控制既耗时又耗钱，因此，最理想的策略是充分利用在臭氧控制措施上花费的每一分努力与金钱而实现最大程度上的减少臭氧。在高 NO_x 地区，通常 NO_x 和 VOC 的排放都较高，最好的控制臭氧的方法就是控制 VOC 排放。因为不同的 VOC 具有不同的臭氧生成能力，因此找出臭氧生成潜力最大的 VOC 并对其加以控制，而不是不分轻重的降低所有 VOC 的排放，会使得臭氧控制事半功倍。

当一种化学环境下，因额外 VOC 排放而生成的臭氧量比其他化学环境下臭氧生成量高时，此时增加 NO_x 排放会降低臭氧浓度。在 NO_x 产生大量臭氧的化学环境下，额外再增加 VOC 不会增加大量的臭氧。

同时排放 VOC 与 NO_x 对生成臭氧造成的联合效应并不是两种物质单独排放造成效应的简单加和，而有可能比加和后效应更大。当生成的臭氧大部分由 VOC 排放造成时，那剩余的小部分生成的臭氧并不能通过同时增加 NO_x 的排放而实现零净效应。在具有高 NO_x 和 VOC 背景浓度的高污染地区，同时增加额外的 NO_x 与 VOC 排放可以实现最高的臭氧生成量。

10.2.5 VOC 的大气化学

挥发性有机化合物（VOC）指的是所有以气态形式挥发到大气中的有机物的总称。这是一个宽泛的定义（并不是严格的科学定义），但在实际应用中可行（SNV，1990）。因此，许多类的有机物都可划在 VOC 范畴之内，且它们具有不同的挥发性、水溶性、反应性和大气反应路径，因此它们在生成臭氧的能力上也各不相同。

在大气中，VOC 所经历的最重要的反应与羟基（OH）反应生成过氧自由基（RO_2）。当过氧自由基（RO_2）与 NO 反应并生成 NO_2 时，按照 10.2.3 所描述的，会直接影响到臭氧浓度。

某种特定的 VOC 的臭氧生成量取决于 VOC 排放环境中的化学和气象条件。背景环境中的 VOC 和 NO_x 的存在非常重要，因为这决定了此环境是处于低或高 NO_x 系统。

许多 VOC 在大气环境中所经历的反应是十分相似的，但是每种 VOC 又有其特有的反应路径。一些 VOC 会在其降解过程中产生许多自由基，这些自由基会加速其他 VOC 的氧化过程，从而增加它们的臭氧产生量。其他 VOC 在其降解过程中与 NO_x 反应，但在低 NO_x 环境中，其他 VOC 总的臭氧生成量会降低，这是因为有限的 NO_x 限制了臭氧的生成。而在高 NO_x 环境下，同样的 VOC 可能会产生更多的臭氧，因为 NO_x 不再是决定性条件了。

10.2.6 根据臭氧生成能力对各种 VOC 进行排序

如上所述，我们需要一种对比不同 VOC 臭氧生成能力的工具。科研人员提出了几种不同的 VOC 排序的观点，绝大部分使用了大气模型。大气光化学模型描述了大气的化学和气象特性，被用于研究大气过程。

美国和欧洲所使用的 VOC 排序方法不同，在美国，VOC 排序的模型研究只针对高度污染情况下的臭氧高峰值，而在欧洲，则也考虑了污染较轻地区的臭氧生成和对臭氧浓度的综合贡献。在欧洲，普遍应用的方法是光化学臭氧生成潜力（POCP 值）（Hough 和 Derwent，1987；Derwent 和 Jenkin，1991；Andersson-Sköld 等，1992；Simpson，1995；Derwent 等，1996；Derwent 等，1998），而在美国则是增量反应（IR 值）（Carter 和 Atkinson，1987；Carter 等，1995）。

当使用大气模型来确定某一种 VOC 的臭氧生成情况时，需要进行两个独立的情景模拟，即分别为存在和不存在该种 VOC 额外排放源的情况下，臭氧的生成情况。而由该种 VOC 额外排放所产生的臭氧量，由两种情形下的臭氧浓度相减，除以增加的 VOC 量计算。

POCP 值一般给出的是相对值，它是某一种 VOC 产生的臭氧量与等量的乙烯所产生的臭氧量的比值［式(10.4)］（Derwent 等，1996）。

$$POCP_i = 100 \times \frac{\text{目标 VOC 臭氧增量}}{\text{乙烯臭氧增量}} \tag{10.4}$$

POCP 值可以根据臭氧浓度的最大差值计算，也可根据增加 VOC 后一定时间的臭氧平均生成量来计算。

IR 值是根据在增加 VOC 数小时后得到最高臭氧浓度来计算的。因此，反应快的 VOC

的排序要远比反应较慢的 VOC 靠前，因为几个小时的时间还不足以产生臭氧。最大增量反应（MIR）也是常用的方法，计算的原理与前面的方法相同，但考虑到了可以使增加的 VOC 产生的臭氧浓度最大化的 NO_x 浓度。

一个对比不同 VOC 级数的简单方法是看其与羟基反应的速率常数 K_{OH}。这个数据由烟雾箱实验确定，它可以反映 VOC 在大气中的反应速度，但是它只表示整个反应路径的起始阶段。尽管这个数据很重要（由于它开启了 VOC 在大气中反应的第一步），但它并不能单独决定某种 VOC 的臭氧生成量。

某些 VOC，如醇类，是溶于水的，在一定程度上，它们可以由雨水从大气中洗去，从而停止大气降解。因此 POCP 概念需要进一步改进，将水溶性和可能的水冲洗考虑在内。

10.2.7 目的

使用电脑模型来确定 VOC 排放所产生的臭氧量的一个最好的办法就是进行单独的大气模型研究，对某一地点任何时候的某一种排放物的影响进行研究。但这样费时又费钱，因此科研人员期望做出一个可以在大多数场合下，评估不同环境中不同污染物影响的普适概念，但这种概念并不能完全代替站点特定模型模拟，当需要详尽地评估或者需要对臭氧负荷进行量化时，站点特定评价将作为补充。

本章研究的目的在于找出一种通用的方法来计算欧洲环境下不同 VOC 的 POCP 值，并且对大量的 VOC 的 POCP 值进行计算。为此，通过改变不同的模型参数，对计算的 POCP 值的可靠性进行了分析。因为 VOC/NO_x 比值是模型的主要参数，对臭氧生成的影响巨大，所以对其特别关注。

10.3 对 POCP 概念的临界分析方法

本研究对 POCP 概念进行了调研，并通过瑞典环境科学研究院的光化学轨迹模型求出了 83 种不同 VOC 的 POCP 值。

POCP 值是两种单独模拟情况下得到的臭氧生成量的差值，一种是添加额外的该种 VOC 排放源（点源），另一种不添加。

10.3.1 瑞典环境科学研究院（IVL）光化学轨迹模型

IVL 模型是一个二级模型，它描述的是沿大气边界层轨迹的气团内的化学演进，这个模型最初源于哈维尔模型（Harwell model），后经瑞典环境科学研究院根据瑞典的情况进行了修正。现在，IVL 模型详尽地描述了大约 80 种 VOC 的大气反应，并包括 800 多种化学物质参与的大约 2000 个化学和光化学反应。这个模型是欧洲最详尽的光化学模型之一，被用于多个对比研究中，最近的一次是和 EUROTRAC 模型的对比研究。对这个模型以及其建立过程的详细描述可参见 Altenstedt 和 Pleijel 的文章（1998）。

10.3.2 模型的建立和本研究的参数

本章中所给出的 POCP 值是通过 IVL 化学模块计算而来的。然而，对于 POCP 的关键分析，大多数的模拟是使用 Simpson 给出的 EMEP（第 8 章提过，指欧洲空气污染物长距离漂移监测和评价合作方案监测站）模型进行的，这个模型中化学组分较为简单。EMEP

化学模块同样是一个详尽的体系，但是所涉及的化学种类较少，共包含参与 136 个化学和光化学反应的总共 70 个种类。在一些对比研究中，对 EMEP 模型和 IVL 模型进行了对比，结果表明，这两种化学模块具有较好的相关性。

在对 POCP 的详尽研究中，我们集中对 3 种不同的 VOC 进行了研究，并分析改变不同模型参数产生的影响。这 3 种 VOC 分别为乙烯、正丁烷和邻二甲苯，选择这 3 种 VOC 是因为它们生产臭氧的能力不同，而且均在 IVL 和 EMEP 化学模块中进行了描述。

模型是由描述大气的化学和气象的很多参数来定义的，通过对一些参数的研究来评价它们在计算 POCP 值中的重要性，这些参数如下。

① O_3、CO 和 CH_4 的初始浓度；对给出的 NO_x 和 VOC 初始浓度的影响也进行了测试。

② SO_2、CO、CH_4 和异戊二烯的背景排放。

③ 点排放源的形状（点源的排放密度·时间）。

④ 一天中点源排放的时间。

⑤ VOC 点排放源的排放密度；点源排放的污染物种类的个数也因此而变化。

⑥ VOC 背景排放的分布。

⑦ O_3、HNO_3、H_2O_2、SO_2、PAN 和 PAN 类似物、醛和有机过氧化物的干沉降速率。

⑧ 气象参数：日期，纬度，混合层高度，温度，相对湿度，云量。

⑨ VOC/NO_x 背景排放。NO_x 和 VOC 的绝对排放量以及 VOC/NO_x 比值的变化。通过对排放量沿轨迹的变化进行模拟来进一步研究。

排放量沿轨迹而变化，但是整体总排放量是一个常数，对此也进行了研究。

我们特别关注了 NO_x 和 VOC 的背景排放，因为NO_x 和 VOC 的存在对臭氧的生成至关重要。我们总共进行了 36 个不同的情形模拟，其中包含了欧洲范围内的 VOC/NO_x 比值的实际范围。

情形一词指的是某一个模拟中总的模型构成，如果在不同的模拟间变化的唯一参数为 NO_x 和 VOC 的背景排放，那么情形也指整个报告中不同的化学环境。

10.3.3 确定臭氧产生量的不同方法

10.3.3.1 不同的时间段

发生在不同时间段的 VOC 排放产生的臭氧量取决于 VOC 在大气中的反应速度和 VOC 的反应路径。因此，一种特定的 VOC 的 POCP 值主要取决于臭氧的生成是什么时间以什么形式来定量的。对于一种快速反应的 VOC，臭氧的生成量在排放后很短的时间内即达到最大值，所以图形较狭窄，然而对于一种反应速度慢的 VOC，臭氧生成量在其排放后 1 天或者 2 天以后才能达到最大值，图形较宽。虽然快速反应的 VOC 和慢速反应的 VOC 的总的臭氧生成量可能是基本相同的，但二者的臭氧峰值浓度并不相同。图 10.1 中，给出了一个通过乙烯、正丁烷和邻二甲苯的臭氧生成的对比实例。

臭氧通过沉降从大气中去除，沉降的臭氧量与臭氧浓度成比例。点源排放的 VOC 产生的臭氧增加的同时也增加了臭氧沉降区域。沉降到地表的臭氧会造成危害，因此在评估 VOC 排放生成臭氧时，也应该将沉降部分臭氧考虑在内。

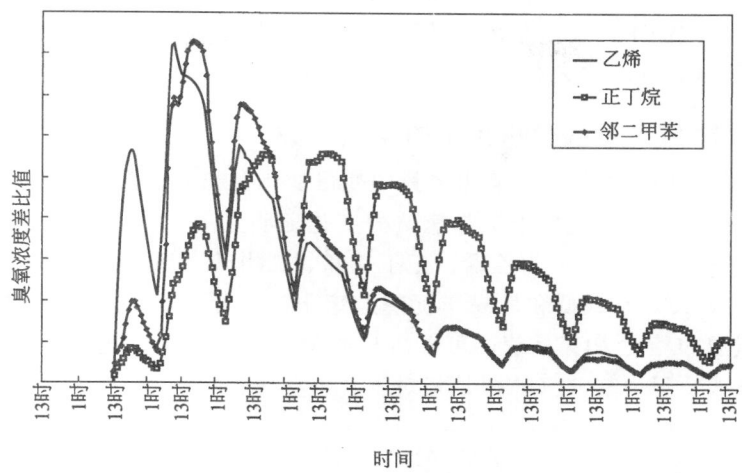

图 10.1　通过点源排放的乙烯、正丁烷和邻二甲苯的臭氧生成

为了研究 POCP 概念的稳健性，使用了点源排放 96h 内的臭氧生成平均值。这一平均值也包含了在这 96h 内由于 VOC 点源导致的额外臭氧沉降的量。沉降的臭氧在结果中用浓度表示，如果它没有从大气中沉降去除，则计算中会加入对臭氧浓度做出的额外贡献。

光照对于地表臭氧的生成是必需条件，但是其他气象条件也影响反应过程。臭氧产生的最佳气象条件是夏季中期的某一天：气压高、天气晴朗、风速低。这种气象条件同样也有助于污染物在大气中的累积。一般情况下，污染物的稳定累积时间不会超过连续 4 天。在实际情形中，当污染物沿轨迹远离点排放源时，扩散会冲淡点源的作用效果。在这些模型模拟中，并没有考虑水平扩散，因此模型轨迹在长周期模拟时会与实际发生偏差。当我们计算平均臭氧生成时，我们仅选择了点源排放 96h 这一段时间，因为在这一段时间内，气象条件可以维持污染物的累积。

我们也对 VOC 排放对臭氧浓度的最大贡献进行了研究，极高的臭氧浓度，即便只存在很短的一段时间，也是有害的。在计算对臭氧浓度的最大贡献时，没有考虑对沉降臭氧的贡献。

10.3.3.2　POCP 的相对值和绝对值

在许多实际应用中，臭氧产生量的相对测定可以满足我们根据 VOC 确定控制方案的决策。但有些情况下，需要我们确定某种 VOC 绝对的臭氧生成量。比如生命周期评价（LCA），需要将臭氧的产生与其他环境影响做比较。相对值通常要比绝对值更加稳定，因为使用相对值时，在两种不同的模型情形进行比较，某一个参数对结果产生的不良影响就可以被抵消。本章集中研究相对 POCP 值，但也对绝对臭氧生成量的影响进行了探讨。

本章中 POCP 相对值的计算由 VOC 的臭氧生成量除以相同点源乙烯生成的臭氧量，乙烯的 POCP 值设置为 100。

10.4　POCP 概念临界分析的结果

在接下来的章节中，我们对 POCP 临界分析的结果中需要强调的地方进行阐述。对于结果更加详尽的描述可参见 Altenstedt 和 Pleijel（1998）的文章。

我们还针对测试的不同模型参数，对添加乙烯、正丁烷或者邻二甲苯点源的影响进行了研究。也进行了不同 VOC 和乙烯的臭氧生成绝对量和相对量的对比研究。

10.4.1　对相对 POCP 值影响较小的模型参数

对于许多模型参数，在绝对臭氧生成量中变量变化引起的结果变化很大，然而在相对臭氧生成量中变化要小得多，臭氧干沉降速率的变化证明见图 10.2。干沉降速率在默认值的 0～2 倍范围内变化。图 10.2(a) 为乙烯、正丁烷和邻二甲苯点源引起的平均绝对臭氧生成量变化。对于每种 VOC，在最低和最高干沉降速率下，差异很大。图 10.2(b) 为乙烯、正丁烷和邻二甲苯点源的相对 POCP 值，可以看出差异没有那么大，比较稳定。乙烯的 POCP 值图像为一条直线，因为其 POCP 值是相对于其本身计算的。

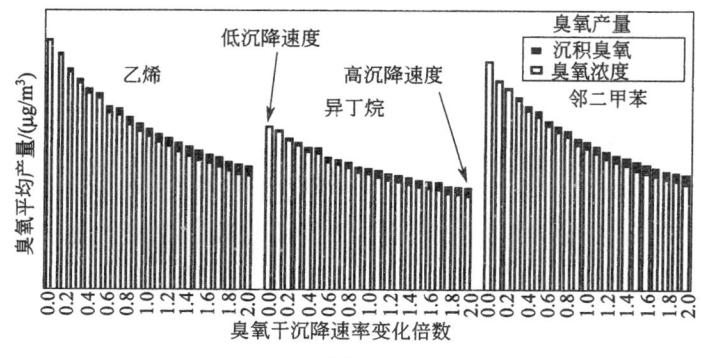

(a)

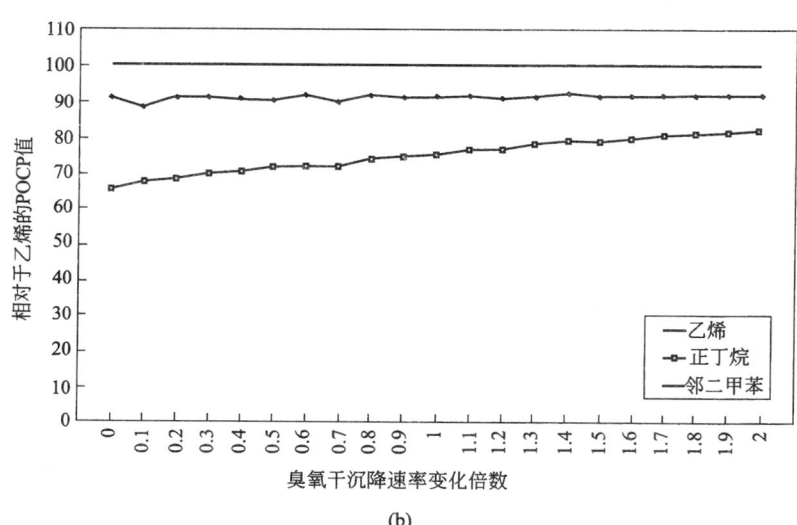

(b)

图 10.2　由乙烯、正丁烷和邻二甲苯点源在臭氧不同干沉降速率下
产生的臭氧的绝对值(a)和相对(b)平均值，干沉降速率从左至右依次
增加，x 轴的数字表示干沉降速率在不同情形下相对于默认值的倍数

图 10.2(b) 中所示的平行线表示正丁烷和邻二甲苯相对于乙烯的 POCP 值不随臭氧沉降速率的变化而改变。由此可以得出结论，干沉降速率并不是计算相对 POCP 值的主要因子。大部分研究的模型参数得出了与图 10.2(b) 中相同的变化趋势。在所有研究的模型参数中，

VOC 和 NO_x 的背景排放以及点源排放的时间段被证明是计算 POCP 值最主要的因子。下面详细讨论这些参数。

10.4.2 VOC 和 NO_x 的背景排放

臭氧的产生量会随着化学环境的不同而不同，化学环境定义为背景环境中的 NO_x 和 VOC 有效性。高 NO_x 背景排放的 VOC 点源产生的臭氧量要高。在各个 NO_x 排放水平上，点源 VOC 产生的臭氧在 VOC 背景排放较低的情况下，也就是高 VOC/NO_x 比值情形下，生成量较高，研究人员对所有 3 种测试的 VOC 点源排放臭氧量的这种变化进行了观察研究。相对 POCP 值在不同的化学环境下，相差很大。POCP 值在污染较严重的情形下更加稳定，而且在这些情形下，大多数的臭氧将产生于单独的点源。在高 VOC/NO_x 比值情形下，得到了最发散的 POCP 值。

研究 NO_x 和 VOC 排放不断变化的情形，来确定是否可能在一种起始于一种化学环境但终结于另一种化学环境的情形下，根据这两种恒定情形下已知的 POCP 值，计算 NO_x 和 VOC 不断变化情形下的 POCP 值。这样一来，化学环境中还未被研究的 POCP 值可以通过一系列不同化学参考环境的 POCP 值插值得到。

研究结果表明，通过一个已知化学环境下 VOC 点源的臭氧生成来确定另一个化学环境下的臭氧生成是不可能的。当由 NO_x 的利用限制的化学环境进行到 VOC 限制的化学环境时，臭氧的产生量要比任何恒定的情形下都高。当轨迹经过这两个化学环境时，补充 NO_x 和 VOC 就不会像初始单独化学环境轨迹那样受到前体物那么强的限制。

化学环境随时间的变化也非常重要，因为从 VOC 到 NO_x 灵敏性的改变根据白天或者夜间的化学条件而不同。

10.4.3 VOC 点源的日均值

一个 VOC 点源的臭氧产生量也随时刻的变化而不同。臭氧生成有明显的昼夜变化趋势，在夜间和早晨较高，傍晚最低。不同 VOC 的这种昼夜差异不同，结果显示在下午，乙烯和邻二甲苯点源排放的 POCP 值的顺序发生改变。除了乙烯和邻二甲苯的这些变化以外，相对 POCP 值还是相当稳定的（图 10.3）。

在本研究中，提出了由于点源不同的排放时刻所引起的 POCP 值变化的原因并进行研究。排除了很多理论以后，我们认为合理的解释是乙烯和邻二甲苯在大气中化学反应路径不同。但是 POCP 值排序的变化还不能完全解释，需要进一步研究。

在最后的 POCP 值计算中，我们只考虑了特定时刻的点源排放，但是分析结果表明在不同时间的点源排放，POCP 值存在很大的变化（图 10.3）。NO_x 和 VOC 的背景排放对 POCP 值有很大的影响，因此在 POCP 值计算过程中，考虑到了这些参数的变化，通过 5 种不同的 NO_x 和 VOC 排放情形进行计算。临界分析的结果表明，由 NO_x 和 VOC 的背景排放所引起的 POCP 值变化要比由于时间变化引起的 POCP 值变化大。

由这 5 个化学环境得到了 POCP 值的范围，包含了在临界分析测试中不同的 NO_x 和 VOC 背景排放水平引起的 POCP 值变化。

但并不能保证在所有环境中的所有 VOC，由于时间的变化引起的 POCP 值的变化范围完全包含在这 5 个化学环境所得出的范围中。然而，由临界分析得出的结果表明，根据这 5 个化学环境来计算 POCP 值范围时，不需要将时间考虑在内。

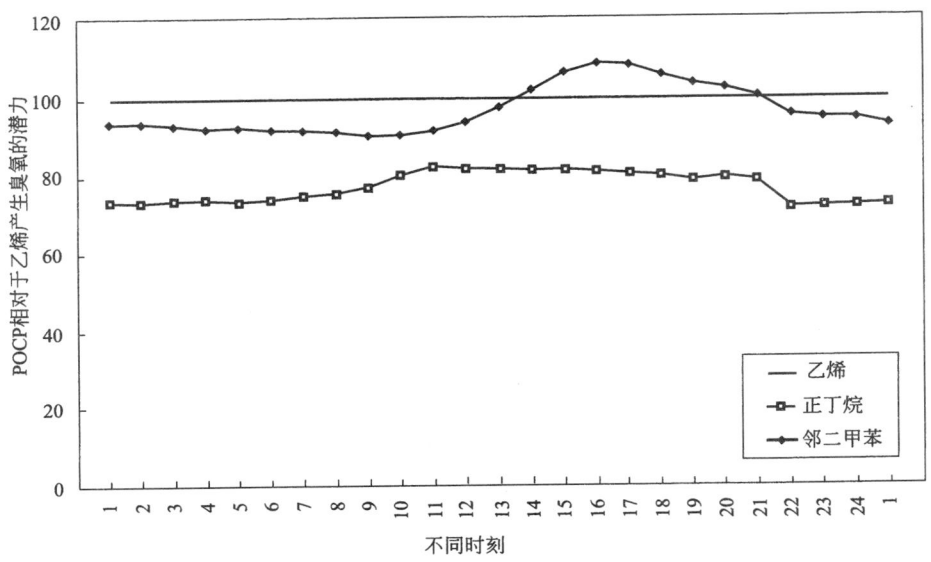

图 10.3　不同时刻乙烯、正丁烷和邻二甲苯点源形成的相对臭氧生成量

　　需要注意的是，图 10.3 中邻二甲苯的 POCP 值变化并不能用 10.6 节中最终计算出的邻二甲苯的 POCP 值范围来反映。因为图 10.3 中的结果是通过 EMPF 化学模块来计算得到的，而在 10.6 节所示的最终的 POCP 值范围是使用 IVL 化学模块计算而来的，对这两种化学体系的讨论见 10.2 节。

10.5　POCP 临界分析的结论

　　使用 POCP 值来对不同 VOC 进行排序的方法已经在本研究中进行了严格的评估，从中得出结论：POCP 概念是对不同 VOC 排序的有效方法。研究得出，当一些模型参数发生变化时，排序也可能会发生变化。每一种 VOC 的 POCP 值都维持在一定的范围内变化，这证明了排序系统的正确性，不能把所有的 VOC 当作同类组。对臭氧生成能力较强的 VOC 进行减量要比减量所有的 VOC 的方法能更加有效地控制臭氧，这也被其他学者所强调（Leggett，1996；Derwent 等，1998）。对在不同化学环境下的 83 种不同 VOC 的 POCP 值的计算（10.7 节），也证实了这一点。

10.6　选择 POCP 计算的模型

　　根据对不同模型参数的临界分析得出的结果，确定了用于计算 POCP 值的模型条件。
　　POCP 相对值通常要比绝对值稳定，因为由某个参数所引起的误差可以在两个相同的模型情形对比中抵消。
　　在臭氧生成以后产生了大量的 PAN（过氧乙酰硝酸酯）。不同的 VOC 化学反应路径不同，所以 PAN 生成量不同。如果考虑 PAN 的生成，而不是考虑臭氧生成，那么单个 VOC 的排序将发生变化。
　　关于不同模型参数的确定以及它们在使用 IVL 模型计算 POCP 值时应该如何考虑，阐述如下：设置这些模型参数要使污染物的排放和其他地理参数能够反映欧洲的平均状况，同时，选择更多的无地点特性的气象参数来得出臭氧的最大产生量。

10.6.1　初始浓度

只给出了臭氧、CO 和 CH₄ 的初始浓度。初始浓度的选择代表了欧洲范围内的平均水平，分别设置臭氧为 70×10^{-9}，CO 为 200×10^{-9} 和 CH₄ 为 1700×10^{-9}。

10.6.2　SO₂、CO、CH₄ 和异戊二烯的背景排放

SO₂ 和 CH₄ 的背景排放值分别设置为 $6t/(km^2 \cdot a)$ 和 $10t/(km^2 \cdot a)$，这是基于 Corin Air90（EEA，1995）所研究的欧洲平均排放水平而得出的。异戊二烯的背景排放值设置为 $0.2610t/(km^2 \cdot a)$，反映了欧洲生长季的平均排放水平（Simpson 等，1995）。CO 的排放随着 VOC 排放的变化而变化，设置 CO/VOC 为 3.6 来反映欧洲的平均排放水平。

10.6.3　点排放源的形状

点源排放选择排放时间为 60s，因为这是反映一个气团穿过一个工厂或者有其他排放物地区的合理时间。

10.6.4　不同时刻 VOC 点源

排放持续 60s，点源产生的臭氧量有明显的昼夜差异，临界分析表明，这种现象肯定是要在大气化学方面进行解释，但是造成这种现象的原因还不得而知。

在早上，点源产生的臭氧比其他时间产生的臭氧要高。但是工业活动和交通在这个时候并不是那么活跃，因此点源在上午 8 点排放，此时计算 POCP 值。这与使用没有地点特性的气象参数来计算臭氧最大生成量的决定是一致的。

10.6.5　VOC 点源的排放密度

点源的排放密度设置为 $360t/(km^2 \cdot a)$，这足够避免噪声等级及其带来的数值错误。理想状况是点源的尺寸尽量小，以避免其排放的化学环境干扰。如果一个非常大的点源排放到环境中，这可能改变其化学环境，这样得出的结果不能代表本来的环境。

10.6.6　背景 VOC 排放的分布

背景 VOC 参照瑞典平均 VOC 排放分布。

10.6.7　干沉降速率

应用于 IVL 模型的干沉降速率默认值用于 POCP 值的计算。

10.6.8　气象参数

日期选在 6 月 21 日，因为这一天的日照时间是一年中最长的，并且云量设置为 0，这使模拟中的光化学活性达到最大程度。

边界层混合高度设置为夜间 150m，清晨和中午上升到 1000m。温度设置为 25℃ 左右，相对湿度取一天的平均值，约 60%，所有这些参数都会随着阳光角度的变化而发生昼夜变化。

所有这些参数值的选择都能描述欧洲范围内利于臭氧产生的实际气象状况。

纬度定为北纬 50°，相当于欧洲的中心地区纬度，比如德国的法兰克福和布拉格的准确

纬度。

10.6.9　VOC 和 NO$_x$ 的背景排放

由 NO$_x$ 和 VOC 的可用性进行定义的化学环境对 POCP 值的计算有很大的影响，它不仅影响臭氧的绝对生成量，也影响单个 VOC 对臭氧生成的相对贡献。因此仅仅计算一个化学环境下的 POCP 值是不够的，而另一方面，计算每一个化学环境的 POCP 值又是不可能的。对于某个应用，不同地点需要进行不同的计算，以便能对光化学臭氧的产生进行正确评价。

我们选择了 5 个不同的化学环境来代表欧洲环境条件下的 POCP 值范围。这些选择的化学环境并不代表欧洲典型的排放情形，尽管这些情形中的排放密度和 VOC/NO$_x$ 是符合实际且在欧洲具有代表性的。这些情形的选择是为了得到 POCP 的极值，保证任何欧洲污染物排放情形下所有可能的 POCP 值都在得出的 POCP 值范围内。分别计算每个化学环境下的 POCP 值，得出欧洲环境下，每种 VOC 臭氧生成能力的顺序。选择的情形既包括 NO$_x$ 受限情形，也包括 VOC 受限情形。

在扩散轨迹中的 NO$_x$ 和 VOC 的排放密度保持恒定。使用非恒定排放模拟得出的结果间差异很大，特别是当排放物的改变引起了 NO$_x$ 对 VOC 的灵敏性时或 NO$_x$ 对 VOC 的灵敏性变化时，结果间的差异会更大。因此，在进行普遍适用的 POCP 值设计时，污染物的恒定排放情形更加有用。

以下对 5 种化学环境的选择进行了合理性说明。括号中给出的环境名称，可参考 Alten-stedt 和 Pleijel 的文章（1998），该文章对临界分析进行了更加详细的描述。

10.6.9.1　NO$_x$ 受限的情形

在 NO$_x$ 受限的情形中，通过控制 NO$_x$ 来控制臭氧生成要比通过控制 VOC 来控制臭氧生成更加有效。从 NO$_x$ 点源产生的臭氧数量在不同的化学环境中差别很大，产量最大的是在 NO$_x$ 受限的情形中。另一方面，与大多数 VOC 受限情形相比，NO$_x$ 受限情形下，VOC 点源的臭氧绝对生成量最多低 2～3 倍。因此在 NO$_x$ 限制的情形下，控制 NO$_x$ 比控制 VOC 更加有效，并不是因为将 VOC 对臭氧的影响减到最小，而是可以用 NO$_x$ 控制作用的增强来解释，因此也可以在 NO$_x$ 受限情形下，VOC 的臭氧生成潜力来对 VOC 进行排序。

我们介绍了一种 NO$_x$ 受限情形，来证明与更严重的污染情形下相比，POCP 排序的不同。在欧洲，臭氧的临界浓度常用 40×10^{-9}，超过这个浓度时，会对植物产生不良影响。在污染物排放较轻的情形下，不会超过这个临界值，所以在这些地区对可以引起臭氧生成的排放物源的控制并不紧迫。在 NO$_x$ 排放 $0.3t/(km^2 \cdot a)$ 和 VOC 排放 $1t/(km^2 \cdot a)$ 的低 NO$_x$ 排放情形下，引起的臭氧总的排放量超过了 40×10^{-9}，因此选取了这个情形。设置 VOC 的排放比 NO$_x$ 高来达到严格的 NO$_x$ 受限情形，这个排放密度在斯堪的纳维亚北部中心是具有代表性的。

10.6.9.2　VOC 受限的情形

情形 D（N6V6）和 E（N6½V6）的 VOC 的排放量为 $10t/(km^2 \cdot a)$，NO$_x$ 排放量为 $10t/(km^2 \cdot a)$ 或者 $20t/(km^2 \cdot a)$ 代表高污染、VOC 排放敏感情形。情形 D 中 VOC 和 NO$_x$ 的排放量均为 $10t/(km^2 \cdot a)$，反映欧洲 $150km \times 150km$ 规模的 EMEP 方格中最大的排放密度。也将 NO$_x$ 排放设置为 $20t/(km^2 \cdot a)$ 的情形 E 包含在内，因为这种情形下可以得到严格的 VOC 受限情形。局部的排放密度可能要比 150km 分辨率下得到的值高出好几倍，但是随着陆地上空大气的移动，这么高的排放不会维持下去。情形 E 来揭示局部排放高密度的影响。

10.6.9.3　中间态情形

在介于 NO_x 和 VOC 受限的情形中间，选择了两种额外情形来代表欧洲的实际情形下，POCP 排序可能发生变化，从而使本研究选择的这 5 种环境情景可以涵盖任何可能的 POCP 值的范围。增加的情形为 B(N5V4)和 C(N5V6)，NO_x 排放为 3t/(km²·a)，VOC 为 1t/(km²·a)或 10t/(km²·a)，为了能代表欧洲实际的排放情形，比这个值高或低的排放都与选定 NO_x 排放密度不符。没有包含 N5V5 的情形而是用了 B 和 C 的原因是这样不会引起 POCP 值较大的变化。N5V5 中的 VOC/NO_x 比值与情形 D 中的相同，已经被包含在了所选的情形之中，而且这两种情形下的 POCP 值相近。

表 10.1 中列出了选择用于计算 POCP 值的五种化学环境的定义。

表 10.1　五种化学环境中 NO_x、VOC 和 CO 的排放密度（括弧中的代号请参考 Altenstedt 和 Pleijel，1998）

化学环境/[t/(km²·a)]	NO_x	VOC	CO
A(N3V4)	0.3	1	3.6
B(N5V4)	3	1	3.6
C(N5V6)	3	10	36
D(N6V6)	10	10	36
E(N6½V6)	20	10	36

选择的这些情形是假设的，并不意味着可以描述大气穿过欧洲的真实羽流，只是试图来描述欧洲复杂的排放环境，来估计排放的变化对 POCP 值可能的影响。

10.7　欧洲环境条件下的 POCP 值

10.7.1　对流层 NO_x 和 VOC 产生的臭氧

如果能像 VOC 一样，利用 POCP 值对 NO_x 进行排序，那将对我们的研究非常有帮助。对此，进行了和 VOC 相似的一些模拟来研究 NO_x 点源生成臭氧是如何被环境的变化所影响的。因为点源的排放时刻和 VOC/NO_x 比值被证实对 VOC 点源生成臭氧非常重要，所以也将这些参数用于 NO_x 点源的研究。模拟实验表明，这些参数对 NO_x 点源产生的臭氧量有很大的影响。

模拟的结果清楚地表明使用 VOC 的影响评价方法来评价 NO_x 的困难性。在大气环境中，NO_x 和 VOC 的反应不同，因为 NO_x 在整个反应中只作为催化剂而不会被消耗，而 VOC 是会被消耗的，所以可以认为 VOC 是生成臭氧的原料。因此，对流层臭氧的生成在高 NO_x 和低 NO_x 两种状态下并不是线性过程。在低 NO_x 状态下，大气对 NO_x 非常敏感，改变 VOC 的排放对臭氧生成影响不大，在这种情形下，因为没有足够的催化剂（NO_x），所以 VOC 无法全部反应生成臭氧。在高 NO_x 状态下，有足够的催化剂来高效地完成原料 VOC 的转化，因此，整个系统会对 VOC 的排放更加敏感。在几乎每个化学环境下，当额外增加 NO_x 时，臭氧产量首先会暂时降低，因为臭氧和 NO_x 会发生快速的反应。但这种下降只是暂时的，在大多数情况下，增加 NO_x 会导致臭氧的相对净增长。但是在高 NO_x 状态下，更多 NO_x 的加入会导致臭氧浓度的下降，在模拟数天后也不会反弹。

VOC 的 POCP 值是相对于其他 VOC 的，通常是乙烯。由于大气化学的非线性，NO_x 的 POCP 值在某些情况下可能是负值，这可能会使我们更加困惑。在关于减排的问题上，将 NO_x 与 VOC 一起进行讨论而不是孤立的讨论会更加有益。

对 NO_x 与不同 VOC 混合物在 25 种不同化学环境下（包括用于计算各种 VOC 的 POCP
值的 5 种化学环境）的臭氧生成情况进行了测试。测试中添加的 VOC 混合物与背景排放的
VOC 混合的种类分布相同。

这 25 个化学环境均能反映欧洲的实际情况。表 10.2 中给出了不同情形下的排放密度。

表 10.2　对 NO_x 点源和 VOC 点源的臭氧生成进行测试的化学环境，A~E 用于计算每种 VOC 的 POCP 值

（不同情形的代号参考 Altenstedt 和 Pleijel，1998，不同的是那里的 z 在这里用符号½表示）

单位：t/（km² · a）

化学环境	NO_x	VOC	CO
N3V4（环境 A）	0.3	1	3.6
N4V4	1	1	3.6
N4V4½	1	2	7.2
N4V5	1	3	10.8
N4V5½	1	6	21.6
N4½V4	2	1	3.6
N4½V4½	2	2	7.2
N4½V5	2	3	10.8
N4½V5½	2	6	21.6
N5V4（环境 B）	3	1	3.6
N5V4½	3	2	7.2
N5V5	3	3	10.8
N5V5½	3	6	21.6
N5V6（环境 C）	3	10	36
N5½V4	6	1	3.6
N5½V4½	6	2	7.2
N5½V5	6	3	10.8
N5½V5½	6	6	21.6
N5½V6	6	10	36
N5½V6½	6	20	72
N6V5½	10	6	21.6
N6V6（环境 D）	10	10	36
N6V6½	10	20	72
N6½V6（环境 E）	20	10	36
N6½V6½	20	20	72

在图 10.4 中，分别给出了 NO_x 和 VOC 点源引起的臭氧，沿背景情形 N5V5½ 的轨迹。

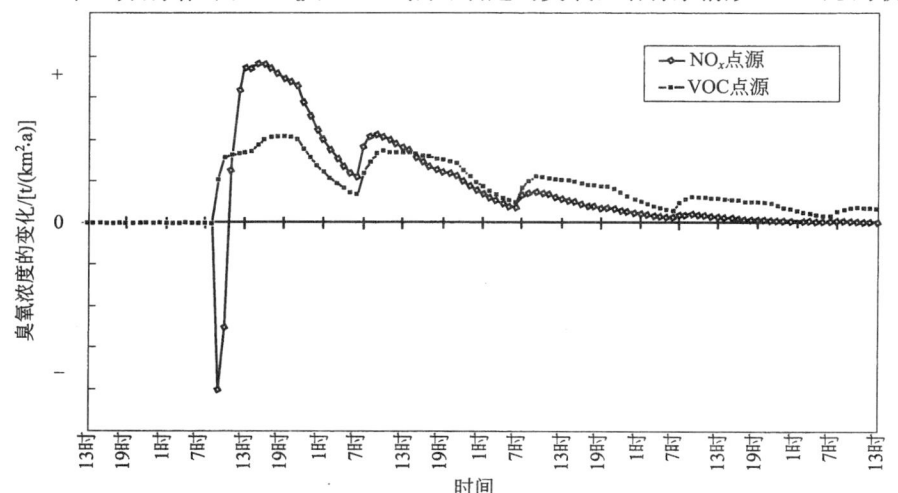

图 10.4　环境 N5V5½ 下 NO_x 和 VOC 点源的臭氧生成

[此环境下的背景排放为 NO_x = 3t/(km² · a)，VOC= 6t/(km² · a)]

点源的 NO_x 排放为 NO 占 95%，NO_2 占 5%，与所用的背景 NO_x 排放的 NO 和 NO_2 分配相同。由于 NO 和 O_3 快速反应生成 NO_2，臭氧浓度有瞬间的降低。当 NO_2 被光降解以后，臭氧的产生速度加快，臭氧浓度的降低趋势变成上升（图 10.4）。但如果换成等质量的 VOC 加入，则臭氧的浓度是上升的，而且可以长时间保持。注意图 10.4 中只展示了在某一种化学环境下发生的变化。在 NO_x 浓度非常低的情形下，NO_x 和 VOC 产生的臭氧变化差异会更大，在 NO_x 浓度非常低环境下，臭氧的降低即使在 4 天后也没有上升。

在图 10.5 中，给出了 25 个模拟情形下的 NO_x 和 VOC 的臭氧产量。通过增加等质量的 NO_x 或 VOC 来比较其在不同化学环境对臭氧生成的作用。背景排放的情形根据 NO_x 的排放进行整理，使得低 NO_x 背景排放的情形在 x 轴左侧，高 NO_x 排放的情形在 x 轴右侧。对各个水平的 NO_x 排放，将不同的情形根据 VOC 的背景排放进行整理，使得低 VOC 排放情形在左侧，高 VOC 排放在右侧。

某一点源 O_3 的绝对生成量根据化学环境发生变化，这个化学环境是以背景中可利用的 NO_x 和 VOC 定义的，从图 10.4 中可以看出，高 NO_x 背景排放的情形下，VOC 点源产生的臭氧更多。NO_x 点源在背景低 NO_x 排放的情形中产生更多的臭氧。对于各个水平的 NO_x 排放，在 VOC 背景排放较低的情形下，也就是高 VOC/NO_x 比值下，由 VOC 点源产生的臭氧较多。反过来也一样，在 NO_x 背景排放水平一定时，NO_x 点源在高 VOC 背景排放的情形下臭氧产量较高。对于含有最高的 NO_x 背景排放的情形，NO_x 的点源排放反而降低了臭氧浓度。

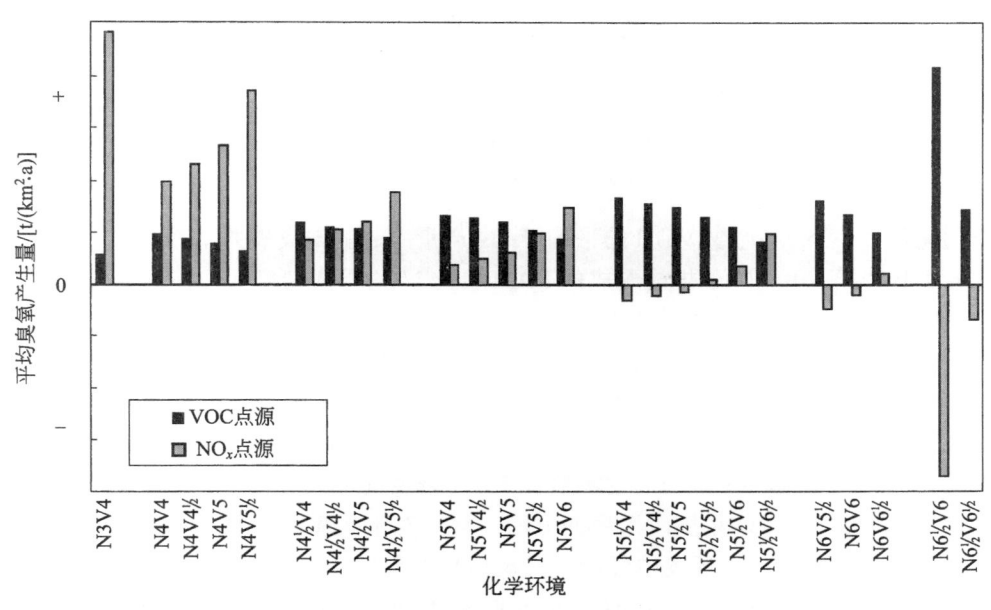

图 10.5　表 10.1 所示的不同化学环境下 NO_x 或者 VOC 点源平均臭氧产生量（10.2.3.1 中给出了平均臭氧产量的计算方法）

增加 NO_x 排放时对臭氧生成量的影响要比增加 VOC 排放时的影响更大（图 10.5）。在低背景 NO_x 排放的环境下，增加 NO_x 排放使得平均臭氧产量很高，但是在一些高 NO_x 环境下，臭氧平均产量可能为负值，也就是说，增加 NO_x 的排放使得臭氧产生了净减排量。

在 NO_x 点源导致了最大的臭氧产量的低 NO_x 情形下，VOC 排放减量一般被认为并不重要，因为对 NO_x 减量后，臭氧减量的效果更好。VOC 排放的效果低于大多数情形的 1/2 或 1/3，这可以在图 10.5 中清晰地看出来。

在对流层中，与臭氧一起产生的还有很多其他氧化剂，主要的是过氧乙酰硝酸酯（PAN）和它的类似物。在欧洲，PAN 的浓度还没有高到足以对人类健康产生危害，但是这些物质也很重要，因为它们可以作为 NO_2 临时清洗剂，它们由 NO_2 和过氧乙酰基反应形成，但是因为它们是光敏物质，可以在光照下分解然后将 NO_2 重新释放回对流层。在图 10.6 中，以与臭氧同样的方式给出了 PAN 的平均产量。

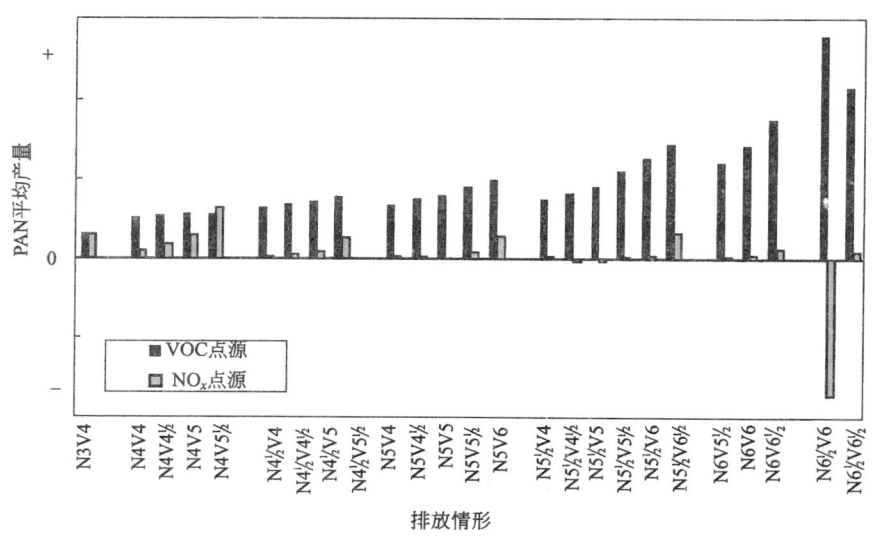

图 10.6　由表 10.3 所示的不同化学环境下 NO_x 或者 VOC 点源的平均 PAN 产量
（PAN 平均产量的计算方法与臭氧相同，详细方法可见 10.2.3.1）

不同化学环境下 NO_x 或 VOC 的平均 PAN 产量的趋势与臭氧并不相同。

在各个环境下，由 VOC 排放形成的 PAN 要比 NO_x 形成的高，在高 NO_x 的情形下，由 VOC 排放引起的 PAN 要远高于低 NO_x 情形。在高 NO_x 环境中添加一个 NO_x 点源，可引起 PAN 的降低，这个高 NO_x 环境也是 VOC 点源引起的最高平均 PAN 产量的环境（情形 N6½V6）。在情形 N6½V6 下，NO_x 点源排放使得臭氧减量最大，VOC 排放得到了最高的平均臭氧产量（图 10.5）。

本研究对由 NO_x 和 VOC 引起的臭氧和 PAN 浓度的最大变化进行了研究，采用的方法与研究 PAN 和臭氧的平均浓度时采用的方法一样。对于臭氧和 PAN，最大变化值自然要比平均变化值大，但任何一个环境中都没有展现出负的最大变化。

当使用最大变化代替平均变化时，NO_x 或者 VOC 点源的臭氧产生量之间没有太多不同。如果研究了臭氧的最大变化，那么增加额外的 NO_x 或者 VOC 排放时的效果会更加容易判断。但各个不同的环境下，PAN 的最大变化和平均变化总的形式并不一致。PAN 最大变化总形式和臭氧的最大变化相似。

图 10.7 展示了在 25 个不同环境下 NO_x 点源引起的臭氧生成量情况，包括臭氧最大的负变化、臭氧平均产量和臭氧的最大变化。

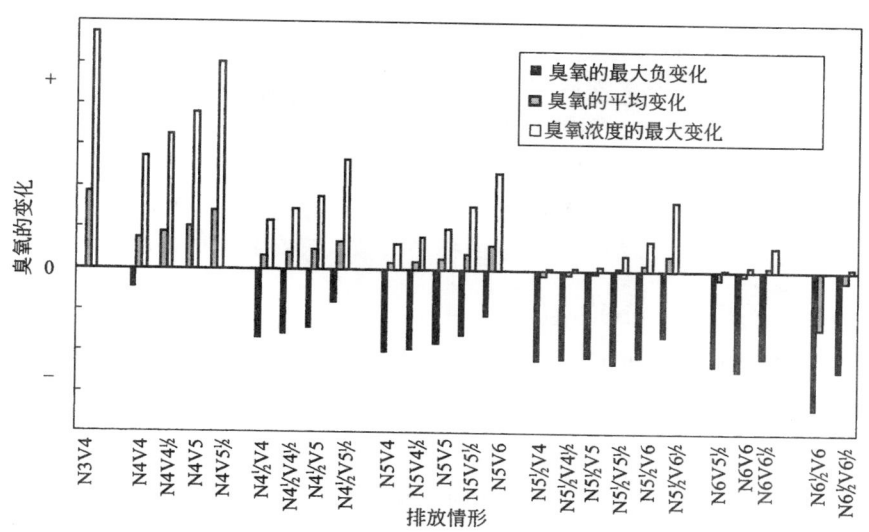

图 10.7　表 10.3 所示的 25 个不同化学环境下，由 NO_x 点
源排放引起的臭氧产量情况，以三种形式来体现对臭氧的影响：
最大负变化、平均臭氧产量和臭氧浓度的最大变化

对于 NO_x 引起的平均臭氧产量为正值的情形，相同的 NO_x 点源引起的平均臭氧变化在最大变化的 20%～35%之间。最大负变化和最大变化之间也有一点关系。NO 的浓度引起的臭氧浓度降低越多，则相同 NO_x 点源的臭氧浓度最大变化越低，这从图中 NO_x 排放水平为 N4½、N5 和 N5½时可以清楚地看出来。

10.7.2　为了控制臭氧，应该进行 VOC 或者 NO_x 的减排吗？

在实际生活情况下，我们会考虑是优先控制 VOC 还是控制 NO_x，因为 NO_x 和 VOC 在大气中的反应很不同，很难通过预测减排后的效果来确定该使用何种策略。

通过在 25 个化学环境中增加 NO_x 或者 VOC 排放的方式得出的结果，给了我们一个 NO_x 和 VOC 对生成臭氧重要性的概观。但应该注意的是这张图只是展示了等量的点源产生的情况，在实际情形中，必须对照不同量的 NO_x 和 VOC。而且，很重要的一点是，NO_x 和 VOC 同时排放或者减排的联合作用并不等于单个 VOC 排放或者减排作用的加和。

增加 NO 的排放会在靠近排放点附近造成臭氧浓度的降低，从区域的角度来看，在高 NO_x 背景下，增加 NO_x 排放甚至可能降低臭氧产量，这就意味着，在某些地区，比如米兰，如果降低了 NO_x 浓度，反而会使臭氧浓度上升。而控制高浓度臭氧的方法也不能是大量增排 NO_x，因为这样会使距离排放源较远处的臭氧浓度增加，同时还会提高排放源附近的 NO_2 浓度，高浓度的 NO_2 也会对人体健康产生危害，并且也会加剧酸化。在高 NO_x 环境下，由 NO_x 的减排而造成的臭氧浓度潜在的上升或许可以用 VOC 协同减排的方法来克服。

评价 VOC 的排放对臭氧生成的影响要比评价 NO_x 简单很多，因为增加 VOC 一定会使臭氧浓度上升，但 NO_x 的情况要复杂得多，10.6.1 中给出了解释。也可以从图 10.7 中 NO_x 点源引起的臭氧负变化、平均和最大变化的图像中证明这一点。NO_x 的排放引起的不同臭氧产量不仅取决于化学环境，也取决于对这个环境下的臭氧平均或者最大变化的研究。根据当前考虑的排放区域所关注的当地环境问题，在一段较长的时间内，臭氧的最大变化被认为比臭氧的平均增加更有害。因此 NO_x 排放的影响需要以不同的方式进行量化,从而决定一种减排策略是否有效和彻底。

100 多年以来,对流层臭氧形成的化学过程一直都是研究主题,但 NO_x 和 VOC 究竟该如何控制依然没有被完全解决。目前还没有仅通过气象和化学参数来决定在某种环境下对抗臭氧最佳的 NO_x 或者 VOC 的控制方案。在某些情形下,我们或许很明显就能看出应该采取什么样的策略,但是这些都只是例外而不是普遍规律。为了能够对采取的策略进行正确的环境评价,除了进行更加详细的当地环境的模型模拟,没有其他更好的方法了。

10.7.3 各种 VOC 的 POCP 值

对 83 种不同的 VOC 的 POCP 值进行了计算,结果见表 10.3。

所有的 POCP 值都是以于乙烯为参照的相对值[式(10.4)]。乙烯的 POCP 值设置为 100。

表 10.3 欧洲环境下 83 种 VOC 的 POCP 计算值同时也给出了化学结构式和分子量以便区分

VOC 名称	化学结构式	分子量/(g/mol)
烷类		
甲烷	CH_4	16
乙烷	C_2H_6	30
丙烷	C_3H_8	44
丁烷	C_4H_{10}	58
异丁烷	$CH_3CH(CH_3)CH_3$	58
戊烷	C_5H_{12}	72
异戊烷	$CH_3CH(CH_3)C_2H_5$	72
正己烷	C_6H_{14}	86
2-甲基戊烷	$CH_3CH(CH_3)C_3H_7$	86
3-甲基戊烷	$C_2H_5CH(CH_3)C_2H_5$	86
庚烷	C_7H_{16}	100
辛烷	C_8H_{18}	114
2-甲基庚烷	$CH_3CH(CH_3)C_5H_{11}$	114
壬烷	C_9H_{20}	128
2-甲基辛烷	$CH_3CH(CH_3)C_6H_{13}$	128
十一烷	$C_{11}H_{24}$	156
2-甲基癸烷	$CH_3CH(CH_3)C_8H_{17}$	156
十二烷	$C_{12}H_{26}$	170
甲基环己烷	$(CH_3)cykloC_6H_{11}$	98
烯烃类		
乙烯	$CH_2 = CH_2$	28
丙烯	$CH_2 = CHCH_3$	42
1-丁烯	$CH_2 = HC_2H_5$	56
2-丁烯	$CH_3CH = CHCH_3$	56
异丁烯	$CH_2 = C(CH_3)CH_3$	56
1-戊烯	$CH_2 = CHC_3H_7$	70
2-戊烯	$CH_3CH = CHC_2H_5$	70
2-甲基-1-丁烯	$CH_2 = C(CH_3)C_2H_5$	70
2-甲基-2-丁烯	$CH_3C(CH_3) = C_2H_5$	70
异戊二烯	$CH_2 = C(CH_3)CH = CH_3$	68
苯乙烯	$C_6H_5CH = CH_2$	104
炔类		
乙炔	$CH \equiv CH$	26

续表

VOC 名称	化学结构式	分子量/(g/mol)
芳香类		
苯	C_6H_6	78
甲苯	$(CH_3)C_6H_5$	92
邻二甲苯	$o\text{-}(CH_3)_2C_6H_4$	106
间二甲苯	$m\text{-}(CH_3)_2C_6H_4$	106
对二甲苯	$p\text{-}(CH_3)_2C_6H_4$	106
乙苯	$(C_2H_5)C_5H_5$	106
1,2,3-三甲苯	$1,2,3\text{-}(CH_3)_3C_6H_3$	120
1,2,4-三甲苯	$1,2,4\text{-}(CH_3)_3C_6H_3$	120
1,3,5-三甲苯	$1,3,5\text{-}(CH_3)_3C_6H_3$	120
间乙基甲苯	$m\text{-}(CH_3)(C_2H_5)C_6H_4$	120
对乙基甲苯	$p\text{-}(CH_3)(C_2H_5)C_6H_4$	120
邻乙基甲苯	$o\text{-}(CH_3)(C_2H_5)C_6H_4$	120
正丙苯	$(C_3H_7)C_6H_5$	120
异丙苯	$[CH(CH_3)_2]C_6H_5$	120
醛类		
甲醛	$HCHO$	30
乙醛	CH_3CHO	44
丙醛	C_2H_5CHO	58
丁醛	C_3H_7CHO	72
甲基丙醛	$CH(CH_3)_2CHO$	72
戊醛	C_4H_9CHO	86
乙二醛	$CH(O)CHO$	58
甲基乙二醛	$CH_3C(O)CHO$	72
丙烯醛	$CH_2{=}CHCHO$	56
2-甲基丙烯醛	$CH_2{=}C(CH_3)CHO$	70
苯甲醇	C_6H_5CHO	106
酮类		
丙酮	$CH_3C(O)CH_3$	58
乙基甲基酮	$CH_3C(O)C_2H_5$	72
甲基异丁基酮	$CH_3C(O)CH_2CH(CH_3)CH_3$	100
醇类		
甲醇	CH_3OH	32
乙醇	C_2H_5OH	46
异丙醇	$CH(CH_3)_2OH$	60
正丁醇	C_4H_9OH	74
酯类		
乙酸甲酯	$CH_3C(O)OCH_3$	74
乙酸乙酯	$CH_3C(O)OC_2H_5$	88
乙酸正丁酯	$CH_3C(O)OC_4H_9$	116
醋酸仲丁酯	$CH_3C(O)OCH(CH_3)C_2H_5$	116
醚和有机酸类		
二甲基乙醚	CH_3OCH_3	46
二乙基乙醚	$C_2H_5OC_2H_5$	74
甲基叔丁基醚	$CH_3OC(CH_3)_2CH_3$	88
乙酸	$CH_3C(O)OH$	60
氯碳化合物		
二氯甲烷	CH_2Cl_2	84.9
1,1-二氯乙烷	CH_3CHCl_2	98.9
1,2-二氯乙烷	CH_2ClCH_2Cl	98.9

续表

VOC 名称	化学结构式	分子量/(g/mol)
氯碳化合物		
1,1,1-三氯乙烷	CH_3CCl_3	133.3
三氯乙烯	$CHCl=CCl_2$	131.3
四氯乙烯	$CCl_2=CCl_2$	165.7
其他		
甲硫醇	CH_3SH	44
二甲基硫醚	CH_3SCH_3	58
二甲基二硫醚	$CH_3S_2CH_3$	86
一氧化碳	CO	28

10.7.3.1 使用 POCP 值的范围取代特定的 POCP 值

在 5 个不同的化学环境下对每种 VOC 的 POCP 值进行了计算。选择这 5 种情形是为了得到欧洲不同环境下的 POCP 范围的极限值，而不是因为它在统计学上可以代表欧洲的污染物排放情况。这些情形中既包含了高 NO_x 情形，也包含低 NO_x 的情形，并且有排放密度和 VOC/NO_x 比值变化。从这 5 个化学环境中计算出的结果可以给出每种 VOC 在欧洲环境条件下 POCP 值的变化区间。

在这 5 种化学环境下可以得出 POCP 的极限值，选择它们的原因是为了保证每个选择的情形可以表示出一定种类污染物在任何欧洲环境下所可能达到的最大和最小 POCP 值。所以 POCP 值就由一个区间来表示，也就是 POCP 值的范围，而不是一个特定的值。这就使得确定哪种污染物具有最大的臭氧生成潜力变得更加困难，因为不同种类的污染物的POCP 值范围可能有重叠部分。然而对于各个 VOC 的 POCP 值范围也存在着很大的差异，这就证明应用这套排序系统，而不是将所有的 VOC 当作同类组来处理是合理的。所以 POCP 范围可以被用来指示通常情况下更具潜力的臭氧生产者。

另一种计算 POCP 范围的方法是在几个典型的情形下对 POCP 值进行计算，因为我们不可能去对所有可能的化学环境进行计算。在使用典型的情形时，需要将有关的真实环境与可用的典型环境中可能的最佳搭配进行对照。

然而，在大多数情况下，典型环境与真实环境之间是有差异的。这项工作很显然地证明了通过对照一种环境下特定 VOC 的臭氧产量，来确定另一个环境下此 VOC 的臭氧产量是不可能的。很难确定在真实环境和这些可用的典型环境下对 POCP 值的改变程度。因此使用 POCP 值范围，我们推荐的是一种比使用 POCP 定值更加稳定和可信并且在欧洲应用更加普遍的工具。

为了对在特定环境下某个排放源的作用进行更加详细的阐述，站点特定模拟需要作为一般方法的补充。应用 POCP 值和 POCP 范围并不是想要确定臭氧生成的绝对量，因为臭氧的绝对生成量在很大程度上依赖于气象条件。

10.7.3.2 臭氧平均生成量和臭氧浓度的最大变化

以臭氧平均产量和臭氧浓度的最大变化来说明 POCP 值范围，从平均产量中可以得出某种 VOC 对臭氧浓度的影响，也指明了对臭氧背景水平的影响。另一方面，臭氧浓度的最大变化则指明了一种 VOC 对臭氧峰值可能的贡献。由于对臭氧峰值和背景臭氧的上升两个方面关注的侧重点不同，所以需应用不同的 POCP 范围集合。某些 VOC 在对流层中反应迅速，从而使得臭氧浓度出现快而高的最大变化，但是某些种类反应较慢，使得臭氧产生最大变化较晚而且范围更宽。在这种情况下，两种特性的 VOC 的臭氧平均产量可能基本相同，但是臭氧浓度的最大变化差别很大。这从前面的图 10.1 乙烯、正丁烷和邻二甲苯的点源引起的臭氧浓度变化图中可以证实。

在图 10.8 中，以臭氧平均产量和臭氧最大变化两种形式给出乙烯点源在不同化学环境下的臭氧产量。

本研究中所有其他 VOC 的臭氧生成变化以误差线来表示，图 10.6 中展示了几种比较重要的情况，臭氧的绝对生成量根据不同的化学环境而变化。最大和平均臭氧形成的关系在不同的环境下是不同的。除了乙烯以外，如果环境变化，或者使用的考察标准（臭氧的平均或者最大变化）不同，其他 VOC 臭氧的产生是变化的，也就是 POCP 值是变化的。

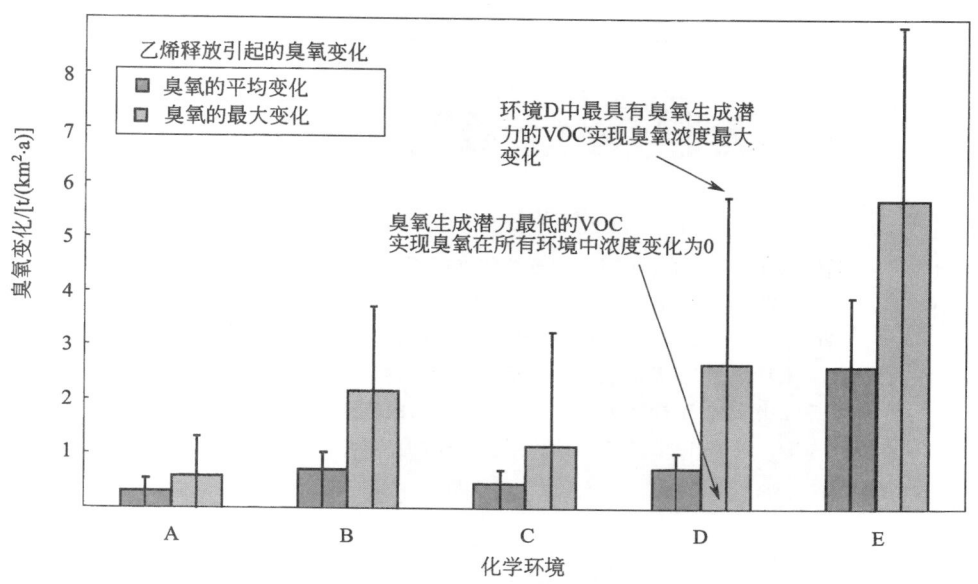

图 10.8 表 10.1 中所示的 5 种化学环境下，以臭氧平均产量（深色条）和臭氧浓度的最大变化。（浅色条）计算的乙烯的臭氧产量。 直线则代表其他 VOC 相对于乙烯的臭氧形成的变化。

10.7.3.3 POCP 范围在欧洲的应用

我们将结果以 POCP 范围表示，而不是以 POCP 定点值的形式来展示，这也是我们推荐在欧洲进行应用的。图 10.9 中解释了这些范围是如何计算的以及它们代表了什么。

对于每一种 VOC，由点源排放产生的臭氧量以平均臭氧产量和臭氧浓度的最大变化的形式进行了计算。臭氧的变化为图 10.9 中的条形，当对所有 83 种 VOC 点源进行测试后，将每一种 VOC 引起的臭氧变化与乙烯点源形成的臭氧进行对照，乙烯与自身对照，其相对 POCP 值为 100。所以在这种相对于乙烯的标准下，乙烯在任何环境下的相对 POCP 值均为 100，尽管乙烯在不同环境下的绝对臭氧生成量是不同的。相对 POCP 值在图 10.9 中以连接点的形式在条形上方显示。VOC 的 POCP 范围则定义为在所有环境下最小和最大 POCP 值之间的区间。在图 10.9 中，正丁醛和 2-甲基-2-丁烯的 POCP 范围以垂直的箭头表示出来。

在图 10.10 和图 10.11 中，给出了表 10.3 中列出的 83 种 VOC 的 POCP 值范围。图 10.10 的 POCP 值是基于臭氧平均产量，图 10.11 是基于臭氧的最大变化。这些范围以黑色

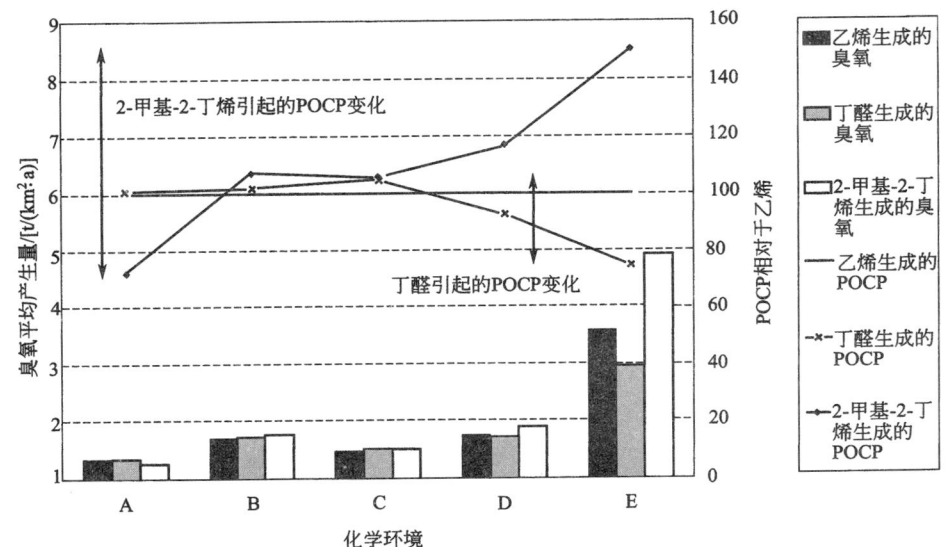

图 10.9　表 10.1 中所示的 5 个化学环境下，臭氧的相对和绝对平均
产量[条形代表的是乙烯、正丁醛和 2-甲基-2-丁烯的臭氧绝对产
量，参照左侧的 y 轴。相对 POCP 值是相对于乙烯（POCP＝100，直线）
来计算的，以条形上方的连接点表示，参照右侧的 y 轴。正丁醛
和 2-甲基-2-丁烯从最小到最大 POCP 值的范围以垂直箭头来表示。
在 10.3.3.1 中给出了臭氧平均产量计算的方法]

条表示。

　　在单个 VOC 的选择上，必定会出现两种不同 VOC 的 POCP 范围重叠的现象，在这种情况下就无法确定在实际情况下哪个 VOC 可能会产生更多的臭氧。如果两种 VOC 的 POCP 范围只是互相垂直位移，如图 10.10 中的丙烷和丁烷，那么很有可能具有较低 POCP 范围的 VOC（丙烷）的 POCP 值比有较高 POCP 范围 VOC（丁烷）的 POCP值低。

　　VOC 排放引起的臭氧最大变化将根据 VOC 的反应性出现在不同的时间段内。对于高反应性的种类，所有从点源排放的 VOC 将快速反应，可以在排放当天就能达到最大值。对于反应较慢的种类，可能要到排放后几天才能达到最大值。从排放源排放的一股羽流会在其远离排放点的过程中逐渐被稀释，所以在排放点附近产生的最大变化要比几天后才出现的最大变化要集中。在图 10.12 中，给出了 5 种化学环境下 83 种 VOC 的臭氧最大变化，同时最大变化出现的时间也使用了不同的符号来表示。图 10.11 和图 10.12 是基于相同的数据，但是只在图 10.12 中给出了最大变化的时间。

　　图 10.10 为不同的 VOC 在欧洲环境下的 POCP 范围的横道图。POCP 值是基于平均臭氧产量，相对于乙烯（POCP＝100）。在 10.3.3.1 中给出了臭氧平均产量计算的方法。

　　图 10.11 为不同的 VOC 在欧洲环境下的 POCP 范围的竖条图，POCP 值是基于臭氧浓度的最大变化，相对于乙烯（POCP＝100）。

　　图 10.12 为 83 种 VOC 相对于乙烯的相对最大臭氧生成量。臭氧浓度最大变化的时间使用不同的符号表示。

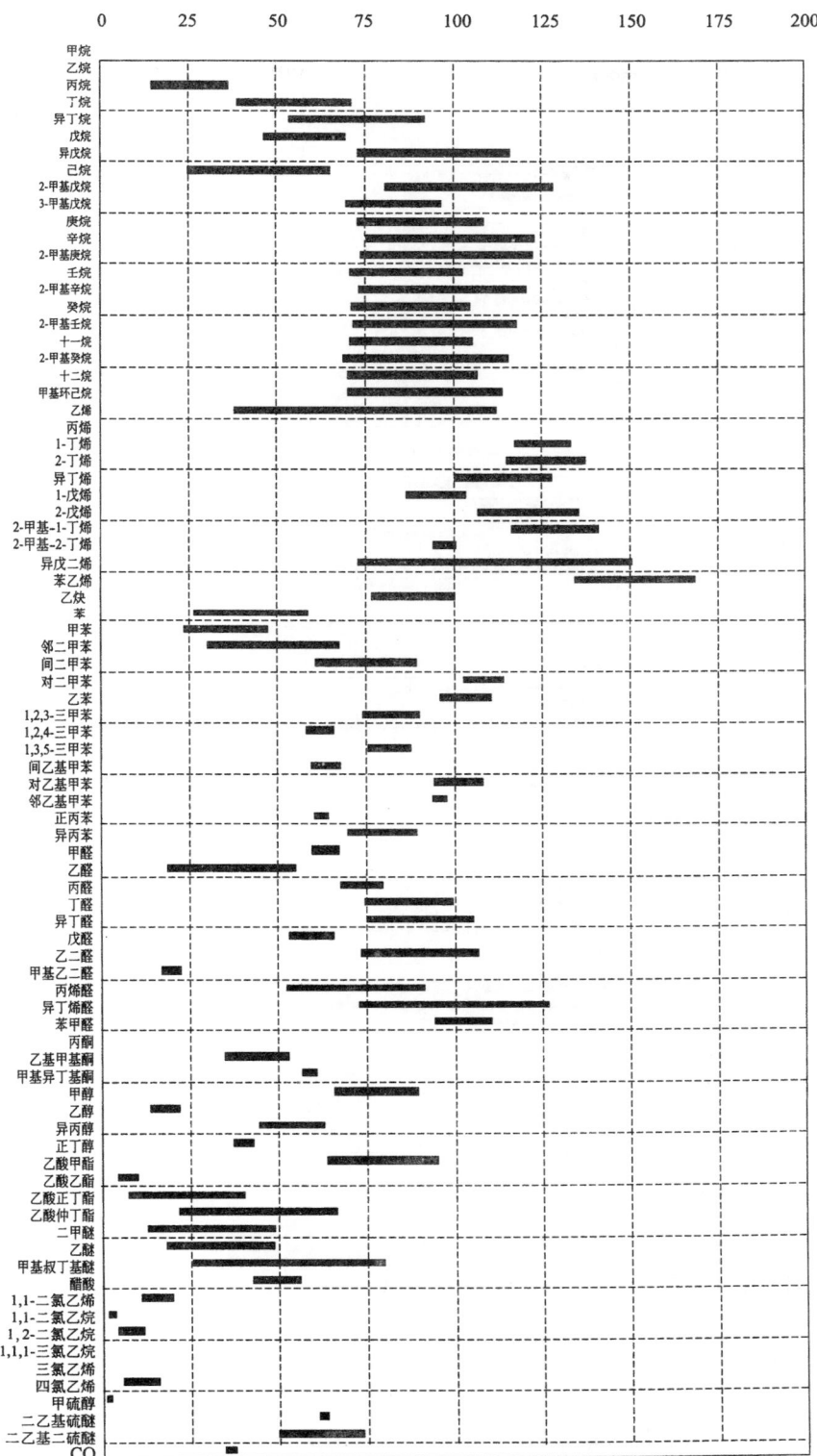

图 10.10 不同 VOC 在欧洲环境下的 POCP 范围横道图

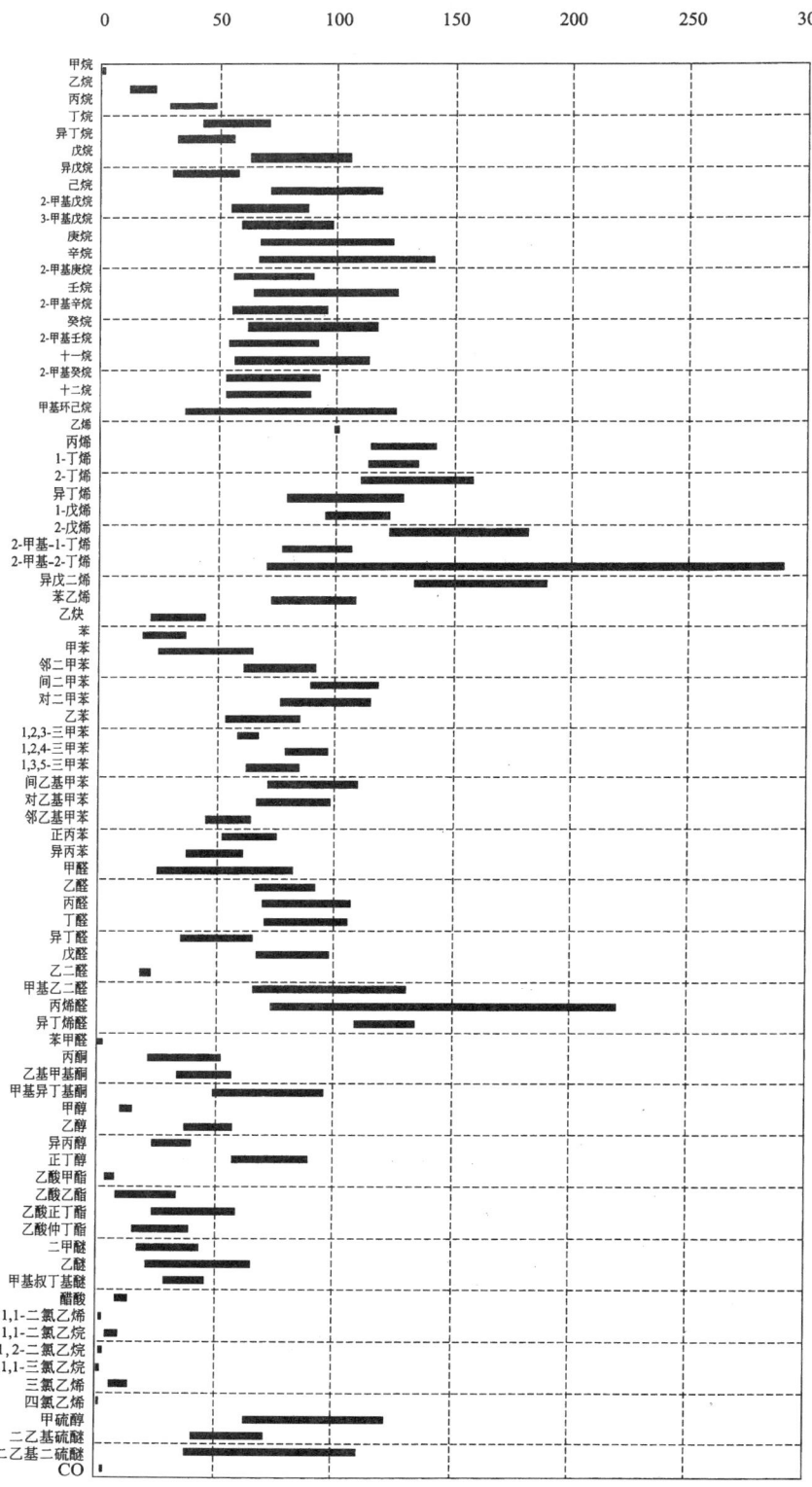

图 10.11　不同 VOC 在欧洲环境下的 POCP 范围竖条图

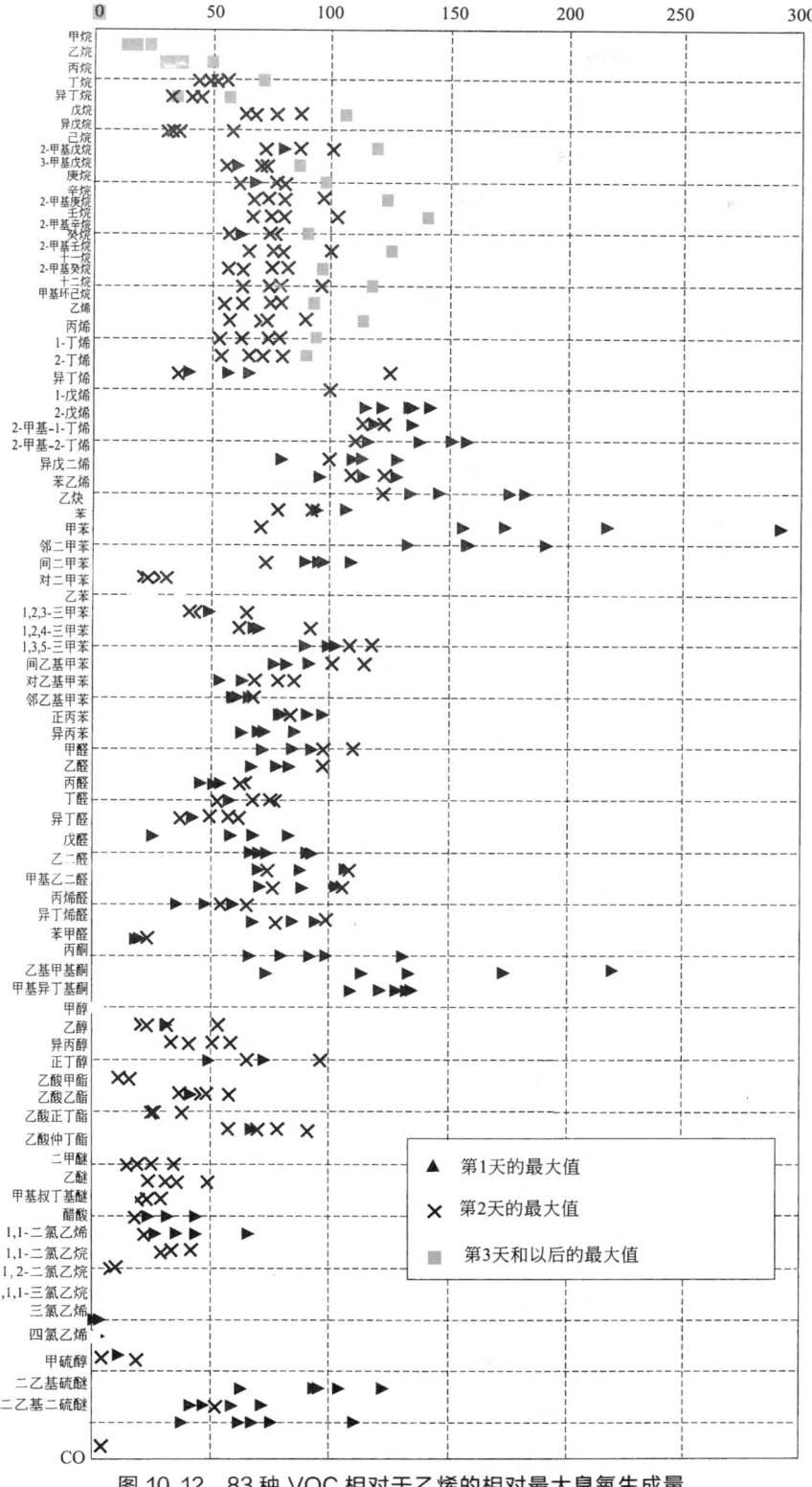

图 10.12 83 种 VOC 相对于乙烯的相对最大臭氧生成量

10.8 讨论与结论

83 种 VOC 的 POCP 值以 POCP 范围的形式给出，而不是 POCP 定值。POCP 范围可以视为带有误差估计的 POCP 值，因为它比 POCP 定值更有普遍适用性，然而 POCP 范围并不能理解为范围内的均值加上或者减去一个区间。从图 10.9 中可以很清楚地看出，范围的均值并不等于单个数据点求出的均值，因为这些数据点并没有在整个范围内均匀分布。

POCP 范围的应用要比单一的 POCP 定值要更稳定和可靠。POCP 范围是根据 POCP 值的极限得出的，建立的目的是为了囊括各个 VOC 在任何欧洲环境下所有可能的 POCP 值。这 5 个化学环境也不能认为是拥有独立的 POCP 值集合的独立典型情形，也不能单独应用于在实际生活中与这些情形类似的情形中。不同的当地环境可能会产生影响，所选择的环境下的 POCP 值无法反映真实状况，而 POCP 范围的应用则避免了这种类型的错误。

基于臭氧平均产量对 POCP 范围的计算结果表明，异戊二烯以及 2-甲基-2-丁烯是最高效的臭氧制造者。2-甲基-2-丁烯和丙烯醛是导致臭氧浓度变化的主要因素。从类别的角度来看，除了高污染环境（环境 E），在所有的环境下，烯烃类臭氧生成潜力最高，其次为烷类，第三为芳香族类。这里，许多芳香族化合物产生的臭氧要比烷类高，但是烯烃始终是最为高效的臭氧制造者。前人通过应用 IVL 模型关于 POCP 值的研究中也得出了相似的结果，但是他们得出的产生臭氧最高的种类为乙烯和丙烯醛（Andersson-Sköld 等，1992），其次为其他较高的烯烃、芳香族和烷类。一项最近在欧洲西北边进行的 POCP 值的研究指出，芳香族化合物为最有潜力的臭氧生成者，在这项研究中的化学环境为高度污染，高 NO_x 情形，这就与 Derwent 等（1998）得出的结论一致。其他对于 POCP 排序的不同的解释除了不同的化学环境影响以外，还有不同化学体系的应用。Derwent 等（1998）所应用的化学体系包括了 120 种 VOC，因此要比本研究中应用的 IVL 化学体系包含更多的化学反应。

尽管很多种类的 VOC 的 POCP 值范围产生了重叠，但不同的 VOC 的臭氧生成能力仍存在很大的差异，这就解释了为什么要进行级别排序而不是将所有的 VOC 看作相似的同类组进行控制臭氧措施的研究。POCP 范围是一种既稳定又可靠的工具，通过应用这个工具，可以确定地面产生臭氧的 VOC 减排策略。

参 考 文 献

Altenstedt J. and Pleijel K. (1998) Sensitivity testing of the model set-up used for calculation of photochemical ozone creation potentials (POCP) under European conditions, Status report for the IVL jointly funded research program 9.1.1. Photochemical oxidant potentials for organic species', IVL-report L 98/32, IVL, Box 470 86, 402 58 Göteborg, Sweden.

Altshuler S. L., Arcado T. D. and Lawson D. R. (1995) Weekday vs. Weekend Ambient Ozone Concentrations: Discussion and Hypothesis with Focus on Northern California, J. Air & Waste Manage. Assoc., 45, pp 967-972.

Andersson-Sköld Y. (1995) Updating the chemical scheme for the IVL photochemical trajectory model, IVL-report B 1151, IVL, Box 470 86, 402 58 Göteborg, Sweden.

Andersson-Sköld Y., Grennfelt P. and Pleijel K. (1992) Photochemical ozone creation potentials: a study of different concepts, J. Air & Waste Management Ass., 42, pp 1152-1158.

Andersson-Sköld Y. and Simpson D. (1997) Comparison of the chemical schemes of the EMEP MSC-W and IVL photochemical trajectory models, EMEP/MSC-W Status Report 1/97, The Norwegian Meteorological

Institute, Oslo, Norway.

Barrett K. and Berge E. (Eds.) (1996) EMEP/MSC-W Status Report 1/96, The Norwegian Meteorological Institute, Oslo, Norway.

Bowman F. M. and Seinfeld J. H. (1994a) Fundamental basis of incremental reactivities of organics in ozone formation in VOC/NO$_x$ mixtures, Atmos. Environ. , 28, No. 20, pp 3359-3368.

Bowman F. M. and Seinfeld J. H. (1994b) Ozone productivity of atmospheric organics, J. Geophys. Res. , 99, No. D3, pp 5309-5324

Carlsson H. (1995) Summer smog puts an end to free speed (in Swedish), Swedish Office of Science and Technology, Notice T1-95-155, Bonn, Germany.

Carter W. P. L. (1994) Development of Ozone Reactivity Scales for Volatile Organic Compounds, J. Air & Waste Manage. Assoc. , 44, pp 881-899.

Carter W. P. L. and Atkinson R. (1987) An experimental study of incremental hydrocarbon reactivity, Environ. Sci. Technol. , 21, pp 670-679.

Carter W. P. L. and Atkinson R. (1989) Computer modeling study of incremental hydrocarbon reactivity, Environ. Sci. Technol. , 23, pp 864-880.

Carter W. P. L. , Pierce J. A. , Luo D. and Malkina I. L. (1995) Environmental chamber study of maximum incremental reactivities of volatile organic compounds, Atmos. Environ. , 29, No. 18, pp 2499-2511. 39.

Derwent R. G. and Hough A. M. (1988) The impact of possible future emission control regulations on photochemical ozone formation in Europe, AERE R 12919, Harwell Laboratory, Oxfordshire, England.

Derwent R. G. and Hov Ø. (1979) Computer modelling studies of photochemical air pollution formation in north west Europe, AERE R-9434, Harwell Laboratory, Oxfordshire, England.

Derwent R. G. and Jenkin M. E. (1991) Hydrocarbons and the long range transport of ozone and PAN across Europe, Atmos. Environ. , 25A, No. 8, pp 1661-1678.

Derwent R. G. , Jenkin M. E. , and Saunders S. M. (1996) Photochemical ozone creation potentials for a large number of rective hydrocarbons under European conditions, Atmos. Environ. , 30, No. 2, pp 181-199.

Derwent R. G. , Jenkin M. E. , Saunders S. M. , and Pilling, M. J. (1998) Photochemical ozone creation potentials for organic compounds in north west Europe calculated with a master chemical mechanism, Atmos. Environ. , 32, No. 14-15, pp 2429-2441.

Dimitriades B. (1996) Scientific Basis for the VOC Reactivity Issues Raised by Section 183 (e) of the Clean Air Act Amendments of 1990, J. Air & Waste Manage. Assoc. , 46, pp 963-970.

EEA (1995) CorinAir 1990, European Environmental Agency, Copenhagen, Denmark. Ericsson U. (1997) Less vehicle exhausts and improved air quality (in Swedish), Swedish Office of Science and Technology, Notice UK-97-032, London, UK.

Heck W. W. , Taylor O. C. and Tingey D. T. eds, (1988)   Assessment of crop loss from air pollutants. 552 pp, London and New York: Elsevier Applied Science.

Hough A. M. and Derwent R. G. (1987) Computer modelling studies of the distribution of photochemical ozone production between different hydrocarbons, Atmos. Environ. , 21, pp 2015-2033.

Japar S. M. , Wallington T. J. , Rudy S. J. and Chang T. Y. (1991) Ozone-forming potential of a series of oxygenated organic compounds, Environ. Sci. Technol. , 25, No. 3, pp 415-420.

Kleinman L. I. (1994) Low and high NO$_x$ tropospheric photochemistry, J. Geophys. Res. , 99, No. D8, pp 16831-16838.

Kuhn, M. , Builtjes, P. , Poppe, D. , Simpson, D. , Stockwell, W. R. , Andersson-Sköld, Y. , Baart, A. , Das, M. , Fiedler, F. , Hov, Ø. , Kirchner, F. , Makar, P. A. , Milford,

J. B. , Roemer, M. , Ruhnke, R. , Strand, A. , Vogel, B. and Vogel H. (1998) Intercomparison of the gas-phase chemistry in several chemistry and transport models, Atmos. Environ. , 32, No 4, 693-709) .

Lefohn A. S. (1997) Science, Uncertainty, and EPAs New Ozone Standards, Environ. Sci. Technol. , 31, No. 6, pp 280A-284A. 40.

Leggett S. (1996) Forecast distribution of species and their atmospheric reactivities for the U. K. VOC emission inventory, Atmos. Environ. , 30, No. 2, pp 215-226.

Lin X. , Trainer M. and Liu S. C. (1988) On the Nonlinearity of the Tropospheric Ozone Production, J. Geophys. Res. , 93, No. D12, pp 15879-15888.

Ljungqvist C. (1995) 120 billion cough-days (in Swedish), Swedish Office of Science and Technology, Notice U2-95-228, Los Angeles, USA.

McBride S. J. , Oravetz M. A. and Russell A. G. (1997) Cost-benefit and uncertainty issues in using organic reactivity to regulate urban ozone, Environ. Sci. Technol. , 31, No. 5, pp 238A-244A.

Munther M. (1997) Debated French air law finally accepted (in Swedish), Swedish Office of Science and Technology, Notice F1-97-019, Paris, France.

Pleijel K. , Altenstedt J. and Andersson-Sköld Y. (1996) Comparison of chemical schemes used in photochemical modelling - Swedish conditions, IVL-report B 1151, IVL, Box 470 86, 402 58 Göteborg, Sweden.

Pleijel K. , Andersson-Sköld Y. and Omstedt G. (1992) The importance of chemical and meteorological processes on mesoscale atmospheric ozone formation (in Swedish), IVL-report B 1056, IVL, Box 470 86, 402 58 Göteborg, Sweden.

Sandermann H. , Wellburn A. R. & Heath R. L. eds. (1997) Forest decline and ozone. A comparison of controlled chamber and field experiments. Ecological Studies 127 Berlin Springer-Verlag.

Sillman S. , Logan J. A. amd Wofsy S. C. (1990) The Sensitivity of Ozone to Nitrogen Oxides and Hydrocarbons in Regional Ozone Episodes, J. Geophys. Res. , 95, No. D2, pp 1837-1851.

Simpson D. (1995) Hydrocarbon Reactivity and Ozone Formation in Europe, J. Atmos. Chem. , 20, pp 163-177.

Simpson D. , Andersson-Sköld Y. and Jenkin M. E. (1993) Updating the chemical scheme for the EMEP MSC-W oxidant model: current status, EMEP MSC-W Note 2/93.

Simpson D. , Guenther A. , Hewitt C. N. and Steinbrecher R. (1995) Biogenic emissions in Europe 1. Estimates and uncertainties, J. Geophys. Res. , 100, No. D11, pp 22875-22890.

Skärby L. , Selldén G. , Mortensen L. , Bender J. , Jones M. , De Temmermann L. , Wenzel A. & Fuhrer J. (1993) Responses of cereals exposed to air pollutants in open-top chambers. Air pollution report 46. Commission of the European Communities.

Smith F. B. and Hunt R. D. (1978) Meteorological aspects of the transport of pollution over long distances, Atmos. Environ. , 12, pp 461-477. 41.

SNV (1990) Strategy for volatile organic species (VOC) (in Swedish), SNV-report 3763, SNV, 106 48 Stockholm, Sweden.

第11章
利用氮氧化物转换器测量船上氨泄漏

（作者：Erik Fridell，Erica Steen）

11.1 概述

　　本章对若干测量废气中氨浓度的技术进行了评估。目标是获得测量船上氨泄漏的可靠方法，这些船上装有用于治理氮氧化物的 SCR（选择性催化还原）系统。本研究评估的氨测定方法包括傅里叶变换红外光谱法（FTIR）、激光吸收法、湿化学法以及通过催化剂使氨氧化为 NO_x 的测定方法。激光法是一种原位/现场测量技术。发射器和接收器放在排风管道相互对立的法兰盘上。除激光法外，其他测量方法均为异位测量，例如，使用探针从排气管中采集一定体积的气体后导入测试设备中进行测量。激光法在现场测量研究中效果良好，其结果有着高灵敏度和良好的时间分辨率。FTIR 方法在低浓度情况下效果不好。其时间分辨率较好，但有一定的延迟。当排风管中氨浓度分布不均时，测得浓度随探针所在位置的不同而变化。实验室研究发现，氧浓度对测定的氨浓度影响很大。湿化学法可以获得可靠的结果，但其时间分辨率低，且对排风管内氨气的不均匀分布较为敏感。氧化催化法在实验室研究中表现良好，但在现场测量中，催化剂很有可能因硫黄存在而失活，从而使得该方法不能获得可靠数据。

11.2 背景介绍

　　10 年后，将有超过 50％的氮氧化物来源于轮船航运排放，这促使人们采取措施以降低其排放。瑞典几年前就在推行一个减少氮氧化物排放的系统，即如果轮船采取措施减少氮氧化物的排放，就减少其航行费。达到这一目标最有效的方法就是使用选择性催化还原（SCR）设备。在该类系统中，氨或尿素被用作还原剂与 NO_x 在催化剂表面反应。因为可能会造成氨通过排风管泄漏到空气中，这显然不是我们要的，因此需要通过设计和优化系统将氨泄漏降至最低。为了从这一角度评估和改进 SCR 系统，必须要有可靠的测试方法。

　　本报告是一个项目成果，该项目在轮船上测试了不同的氨泄漏检测方法，轮船上都装有催化剂并使用尿素作为还原剂来降低氮氧化物含量。

　　该项目是与 Wärtsilä，Siemens Laser Analytics AB 和 DEC Marine AB The Swedish Maritime Administration 与 The Swedish Enviromented Protection Agency 合作进行的。当

前研究的目标是：

① 在装备有 SCR 系统的轮船上评估三种测量氨浓度的方法。

② 在两艘船上测试这些方法。

③ 从装备有 SCR 系统的船用发动机中获取氨泄漏的时间分辨的信息。

11.3 轮船上氮氧化物的排放以及氨泄漏

11.3.1 轮船上氮氧化物的排放

11.3.1.1 排放清单

氮氧化物主要在内燃机中形成，通过所谓的 Zeldovich 机理空气中的氮气反应生成一氧化氮，这个过程取决于温度和其他条件，例如燃料的种类、空气参与燃烧率和发动机转速。较大的发动机例如船用发动机的排放因子，定义为单位额定功率下的污染物排放质量，即 $g/(kW \cdot h)$。表 11.1 给出了船用柴油机在不同发动机型号、燃料和工作条件下一些 NO_x 的排放因子。

表 11.1 船用柴油机的排放因子（来自于 Cooper 和 Gustafsson）

发动机型号	燃料种类	NO_x 海上排放 /[g/(kW·h)]	NO_x 输送系统排放 /[g/(kW·h)]
SSD	MD	17.0	13.6
SSD	RO	18.1	14.5
MSD	MD	13.2	10.6
MSD	RO	14.0	11.2
HSD	MD	12.0	9.6
HSD	RO	12.7	10.2
GT	MD	5.9	3.0
GT	RO	6.1	3.1
ST	MD	2.0	1.6
ST	RO	2.1	1.7

注：SSD—慢速柴油机；MSD—中速柴油机；HSD—高速柴油机；GT—燃气涡轮发动机；ST—蒸汽涡轮发动机；MD—船用柴油机；RO—渣油。

轮船上 NO_x 的全部排放量加起来是一个不小的数目。全球的轮船出货量有很大的不确定性，因而使得排放清单也具有很大的不确定性。Eyring 等估计每年有 2.1×10^{13} t 的 NO_x（例如 NO_2）被排放，这与 Corbett 和 Köhler 的结论（2.3×10^{13} t）差不多，而 Endresen 等的估值较低（1.2×10^7 t）。由欧洲 CAFÉ 项目产生的情况来看，未来欧盟 25 国排放的 NO_x 中相当大一部分来源于轮船（图 11.1）。在 2020 年左右，轮船排放的 NO_x 将超过所有陆上排放量的总和。

11.3.1.2 条例

根据 IMO（国际海事组织）条例，所有 2000 年 1 月之后建造的船只必须遵守图 11.2 中的 NO_x 排放标准，即根据发动机转速确定所允许的排放量。由于所有新发动机都满足此条例要求，故其影响有限。目前有人讨论要执行更严格的条例标准。

自 1998 年起，瑞典对 NO_x 减排的轮船减免一定的航行费，其航行费曲线如图 11.3 所示。这一措施对航行在瑞典水域的轮船有很大的影响。自 2007 年起，挪威开始对排放的 NO_x 进行征税。

11.3.1.3 减少排放的方法

有一些不同的替代方案来减少船用发动机氮氧化物的排放。其中最常用的为发动机引擎

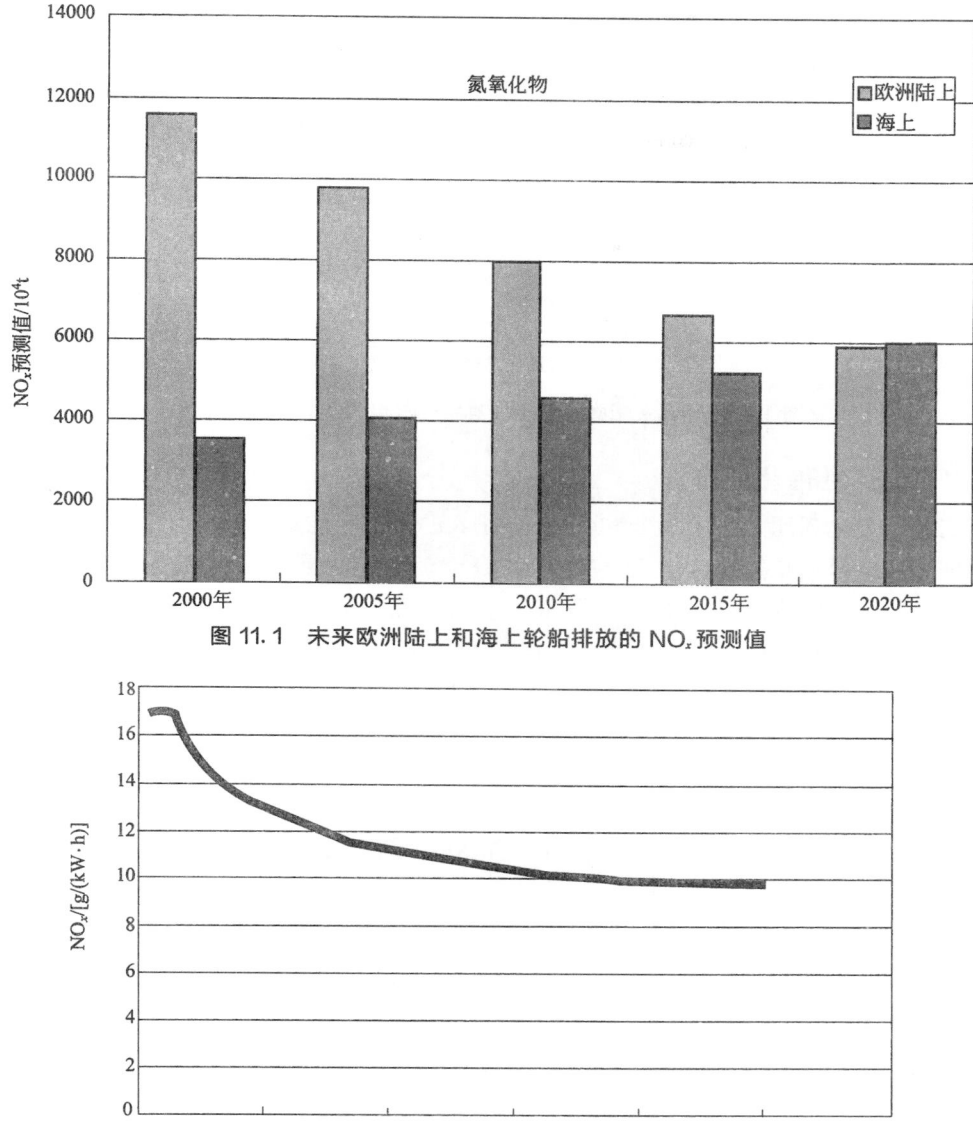

图 11.1　未来欧洲陆上和海上轮船排放的 NO$_x$ 预测值

图 11.2　IMO（国际海事组织）制定的与转速（每分钟的转数）相关的 NO$_x$ 排放标准（g/kg）

改进、注水法、废气催化还原法。

引擎改进是为了提高燃烧室的燃烧效率。通常通过更换燃烧阀改变燃烧室的燃料分布来实现。这会稍微降低燃烧室内的最高温度，从而降低 NO 的形成量。这一方法对氮化物的降低效果约为 20%，未来还将会增加。

在燃烧时喷水，温度也会下降。通过直接注入淡水或加湿入口的空气可以实现这一目的。其减排效率最高可以达到 80%，一般在 30% 左右。

有一些催化方法可以用来处理柴油机排放的废气。但是，因为船用燃料中含有较高比例的硫和其他杂质，许多催化剂不能发挥作用。有一种名为选择性催化还原（SCR）的催化方法是可用的，下面详细介绍这一方法。

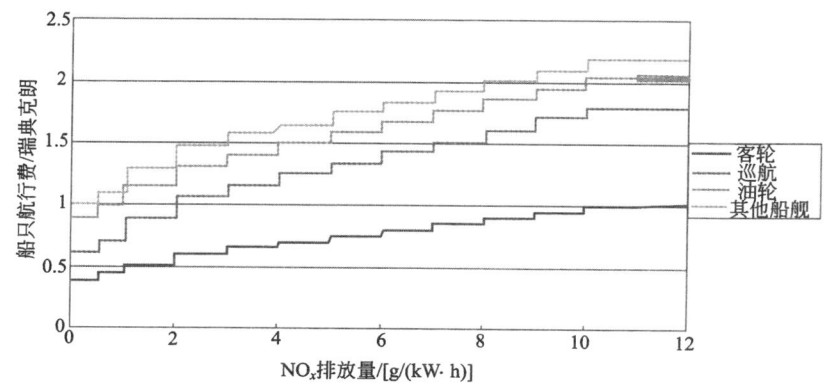

图 11.3　瑞典不同类型的船只其航行费和 NO_x 排放量的关系

11.3.2　选择性催化还原

在选择性催化还原方法中 NO 和 NO_2 与加入的还原剂在催化剂表面发生反应。这种船上应用的还原剂可以是氨或者尿素 $[(NH_2)_2CO]$，后者因为易于操作而广泛使用。尿素可以通过水解催化剂（同样可以用于 SCR 反应）或者加热反应生成氨气。单个氮原子可以使氨快速与 NO_x 反应生成 N_2，而不是被排气管中的大量氧气氧化。催化剂一般是钒和钛的氧化物的混合物，也可以使用一些沸石，但是沸石不适用于轮船，沸石对硫的失活很敏感。

NO_x 和 NH_3 在催化剂作用下的反应有以下两种：

$$4NO + 4NH_3 + O_2 \longrightarrow 4N_2 + 6H_2O \qquad (11.1)$$

$$2NO + 2NO_2 + 4NH_3 \longrightarrow 4N_2 + 6H_2O \qquad (11.2)$$

式(11.2)反应更快。如果废气中同时包含 NO 和 NO_2 效果会更佳。这个不适用于大型柴油机，因为其废气主要是 NO。

获得高 NO_x 去除效果的一个关键参数是催化剂表面温度。图 11.4 为在卡车用柴油发动机上应用不同的 NO_x 去除方法效果对比图。由图可知，在温度达到 300℃ 以前，SCR 反应并没有产生效果。当船刚启动时或催化剂未达到运行温度前，船上的 SCR 系统对 NO_x 去除没什么效果。

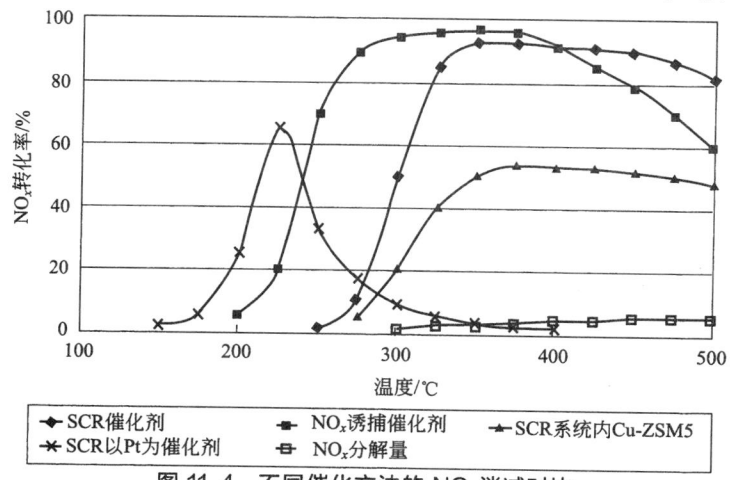

图 11.4　不同催化方法的 NO_x 消减对比

如图 11.5 所示为 SCR 系统的示意图。初始氧化催化剂，也可以放在系统后面较远的地方，用于氧化剩下的碳氢氧化物和 CO，一般不会在船上使用。此外，尿素水解催化剂和实际的 SCR 催化剂现在通常以一种催化剂的形式出现。有时船上也会应用泄漏催化剂以氧化未反应的氨气。

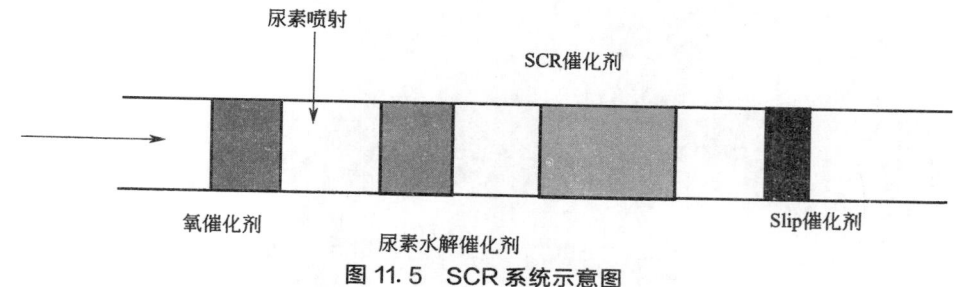

图 11.5　SCR 系统示意图

11.3.3　氨泄漏

11.3.3.1　发生

在氨气和 NO_x 之间反应不完全的情况下，所谓的氨泄漏就可能发生，即氨气随着尾气排放到环境空气中。这种情况是我们不想要的，因为氨气有很大的气味。对瑞典降低航道费用系统来讲，NH_3 浓度必须保持低于 10×10^{-6}。当反应速率下降（大多数情况是由于废气排放温度太低造成的）时，也会发生氨泄漏。而且，当尿素用量不当时，也会发生氨泄漏。这可能是因为尿素在催化剂中的空间分布没有反映 NO_x 的分布或者没有调整时间以至于不能实时跟踪 NO_x 形成的瞬间变化（比如由于负载的变化而产生的 NO_x 形成的瞬间变化）。系统的设计也非常重要，太短的混合距离或 SCR 催化前排气管上的一个弯曲都会造成氨泄漏。

11.3.3.2　测量的需求

为了研究 SCR 系统的原理与运行情况，在高时间分辨率下测量 NH_3 变得很有意义。这是因为这样做可以追踪一些因素如负载或温度变化造成的 NO_x 形成的瞬间变化。并且，NH_3 的测定还需要较高的灵敏性，这是因为泄漏的氨浓度常常在 10^{-6} 水平。一种高灵敏度且具备高时间分辨率的系统可以简化 SCR 系统中尿素注入方案的调整。另外一个问题与氨在排气管中浓度分布不均有关。如果采取某点测量，可能会导致氨浓度的监测结果因探针的放置位置而出现过低或者过高的情况，从而使测定结果不具有代表性的。

11.4　氨的测量

11.4.1　氨的测量概述

氨（图 11.6）可以通过很多方法检测，比如化学技术和光学技术。氨在紫外、红外、近红外和电磁波谱微波区域都有吸收带。此外，很容易在溶液中形成铵根离子被检测到。由于氨在微波区域的强烈吸收能力，它是第一个在宇宙空间检测到的多原子分子。

气相物质量的测定经常通过光学吸收实现。利用光学吸收法时，通常在检测气体两侧分别有一个光源与一个检测器。最后利用朗伯-比尔公式计算吸光物质，即测定样品的量，如分子数。

$$\lg(I_0/I_1) = \alpha c l \tag{11.3}$$

式中，I_0 和 I_1 分别为样品前后的光强度；α 为吸收因子；c 为浓度；l 为光通过样品的路径长度（图 11.7）。

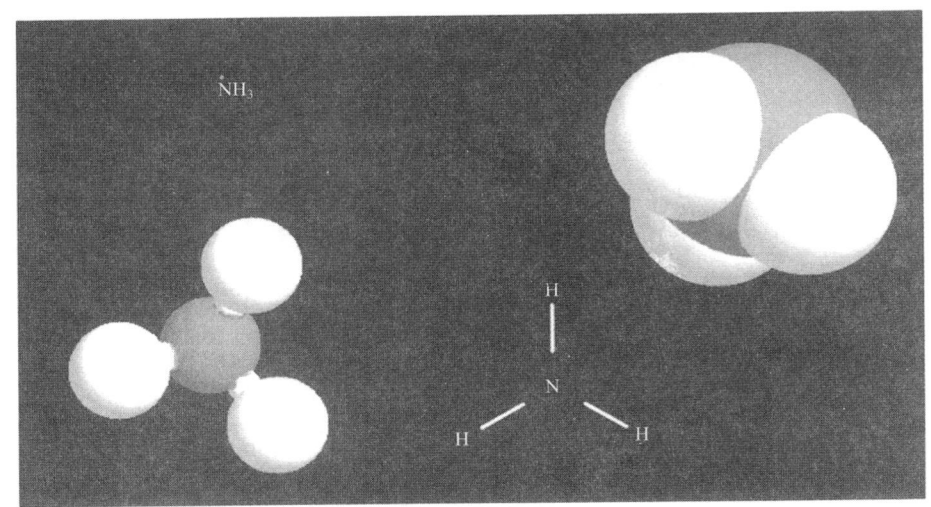

图 11.6 氨分子

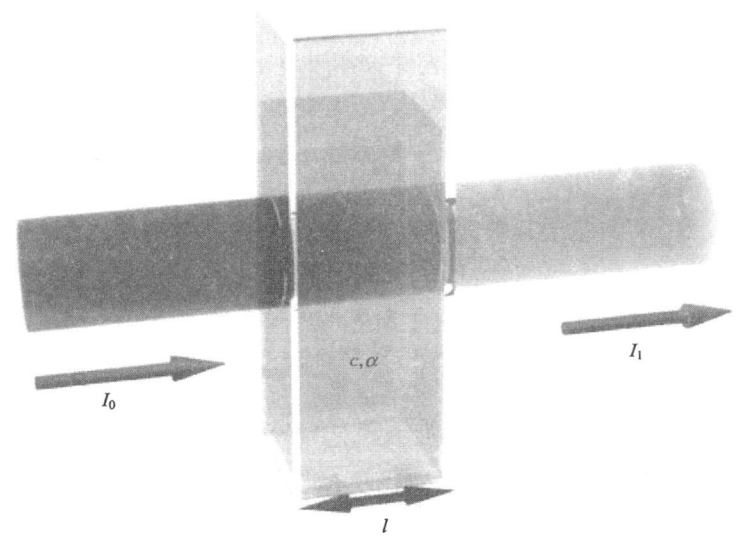

图 11.7 吸收测量法图解

测定氨的方法可分为原位测量和异位测量。原位测量指在预定位置测定氨气浓度的方法，比如尾气排放管，在这个地方安置传感器和光源。因此，这样能够直接得到想要的浓度。原位方法的一个缺点是对测定仪器来讲，测定环境有时会比较恶劣。例如，烟尘可能通过窗口逐渐降低传输效果，或者高温和水蒸气会损害一些电子设备。

异位测量技术是指将气体探针移出测定浓度的位置，装进一种测试装置。探针能够经受住严酷的环境，就这方面的意义来说，这是一种实用的方法。为了获得想要的浓度，可能需要对样品进行稀释。缺点之一是取样气体可能需要一定的时间到达仪器，因此响应时间可能会长。第二个缺点是气体可能会凝固或者贴在取样点和仪器之间的油管上。对氨气来讲，这是一个问题，因为氨气容易附着在各种表面，可能会和表面反应形成硝酸铵等。

11.4.2　可见光/红外光的吸收

氨气在红外区域显示有几个吸收带。大部分在 $10.6\mu m$、$1.5\mu m$、和 $0.8\mu m$ 处比较明显，这些吸收带和分子内不同的振动-旋转跳跃有关，这就说明吸收主要取决于温度。图 11.8 显示了氨在 IR（红外）区域的吸收光谱。

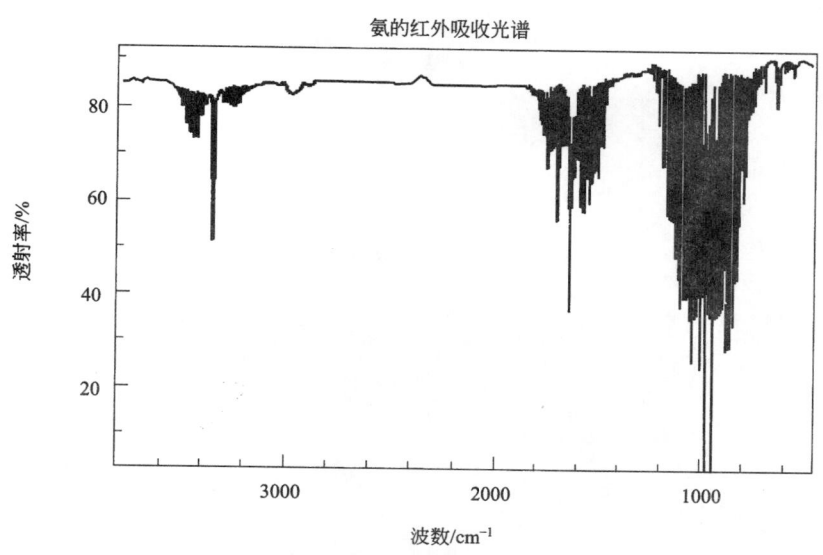

图 11.8　氨的红外吸收光谱

11.4.3　湿式化学法

该方法是一种提取技术，即利用吸收液收集排气管中的一定时间内的气体样品，然后通过现场便携式分光光度计的分析，可以获得采样时间内的平均氨浓度。IVL 开发的这种船用柴油机氨泄漏测定方法已通过瑞典技术委员会的认证。

11.4.4　化学方法

由于利用探针测定氨时，氨容易吸附于各种表面，因此可利用氨这一特性使其反应生成一种惰性物质，从而便于检测，该测定方法即为化学法。在化学法测定中，可利用氧化催化剂在 $500^{\circ}C$ 条件下，将氨氧化成 NO_x，然后利用 NO_x 分析仪进行检测。这一方面在下文中有详细讲解。化学法还可通过 SCR 使 NO 与氨反应，该方法同样需要 NO_x 分析仪，NH_3 浓度可通过 NO_x 信号的降低来获得。

11.5　本研究所用的方法

11.5.1　湿化学法

本研究所用的湿化学法测量原理如图 11.9 所示。取样所用的一副探针（图 11.10）在排风管道的不同位置完成采样，气体探针中的氨气在 $0.005mol/L$ 硫酸中被吸收，而后形成的氨离子用便携式分光光度计进行测量（图 11.11）。

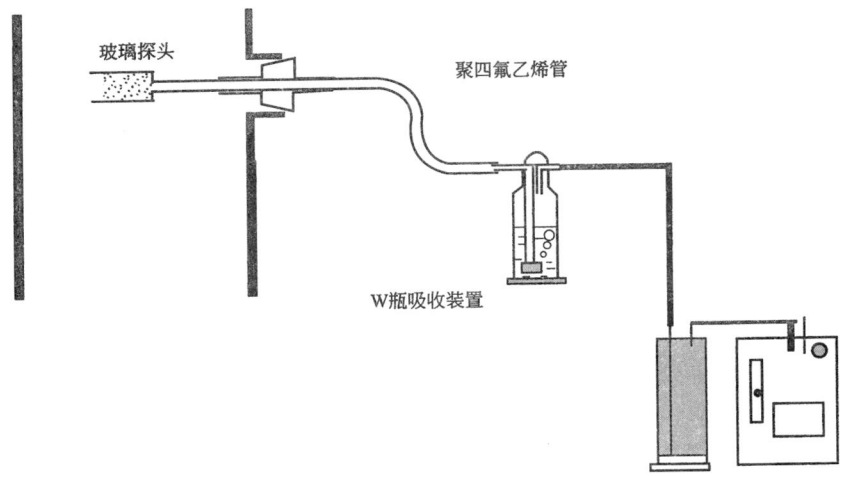

图 11.9　湿化学法测氨装置图

图 11.10　湿化学法取样所用探针

11.5.2　激光系统

本研究还使用了 Siemens Laser Analytics 公司所产的一套激光系统用于氨气测量。系统名为 LDS6，LDS6 使用了单行分子吸收光谱，通过一个激光二极管发出一束近红外激光，该激光被传送通过气体并被一个接收器单元检测到。激光连续地扫描这个单行吸收线，最终接收器对收到的信号进行分析，并给出吸收光强。该系统内置内标单元。图 11.12 为装置全图。发射器和接收器放在排风管道相反的两个凸缘上。激光器放在内置控制单元，光通过光缆传递到发射机上。

在发射器和接收器单元内有窗口需要保护，以避免被废气中的煤烟和其他杂质损坏，这可以通过一系列风扇换气来解决。图 11.13 简述了净化的空气如何与发射器和接收器单元相联系。图 11.14 所示为接收器单元安装在一艘船上的照片。

这对于达到下面的目的已经足够了。例如，固定温度 290℃ 导致在 250～330℃ 范围的最大误差为 ±10℃。系统配有温度传感器模拟信号的输入接口，以满足不同温度条件下对更加精确的固定值的需求。

图 11. 11　氨离子测定光度计

图 11. 12　LDS6 系统全图

11.5.3　红外线系统

　　本研究的红外吸收测量使用了 Temet 的傅里叶变换红外线（FTIR）方法。测量原理为光源发出的红外辐射，经干涉仪转变成干涉图，通过样品后得到含样品信息的干涉图，由计

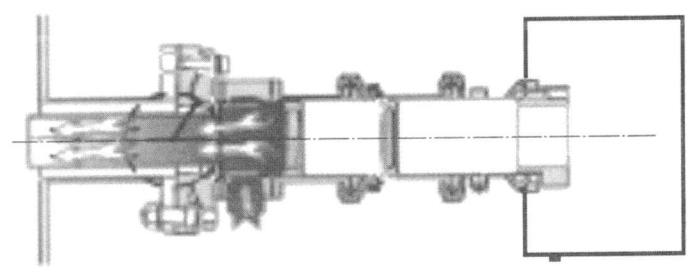

图 11.13　LSD 接收器/发射器示意图

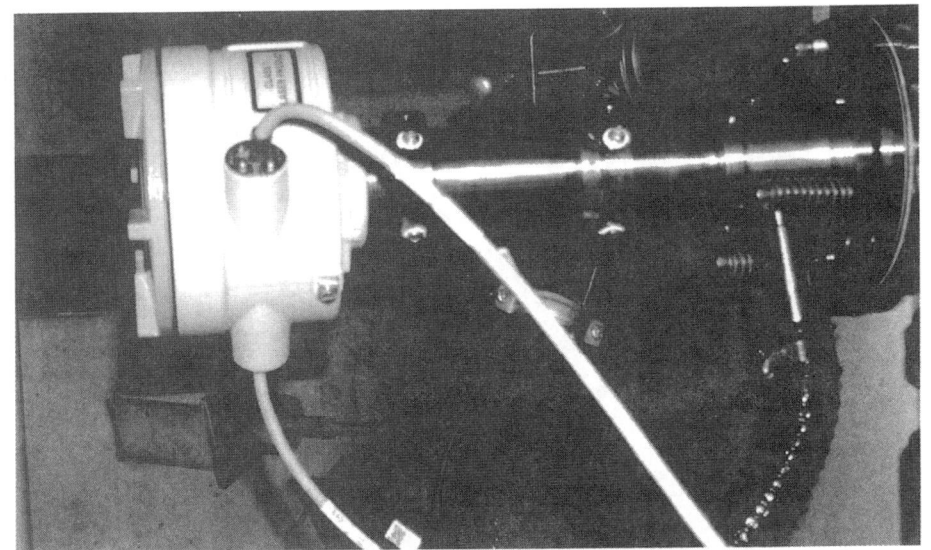

图 11.14　船上排风管道上安装的 LDS6 接收器的照片

算机采集，并经过快速傅里叶变换，得到吸收强度或透光度随频率或波数变化的红外光谱图。FTIR 气体分析仪可以给出很好的信噪比，测量频率由所需光谱分辨率决定。图 11.15 所示为 FTIR 系统装置原理图。

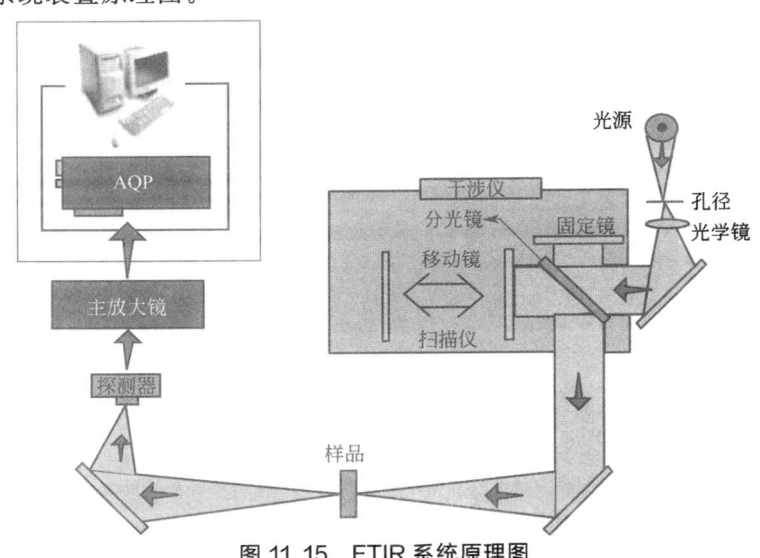

图 11.15　FTIR 系统原理图

如图 11.16 所示为船上所用 FTIR 装置。一个不锈钢探针（图 11.17）用于气体取样，探针气体通过加热管道和一套气体混合系统传递到 FTIR 系统，提供恒定的气流。因为 FTIR 测量值是非破坏性的，同样的气样也可以通过 Horiba 系统（下面介绍）来检测其他成分。因此这是一个可提取的测量值，废气通过加热管道（PTFE，聚四氟乙烯）和水泵机组到达 FTIR 系统。GASMET 系统是为现场测量而设计的，其包括一个加热单元，气体流经此单元，并在此完成吸收测量。一系列光谱被吸收，被平均后获得稳定值。这给予了系统时间分辨率。此外，装置的时间分辨率通过 FTIR 的气流和管道长度决定，气体可能被壁面吸收，但在稳定值被获取之前气体有一个重要的诱导期。

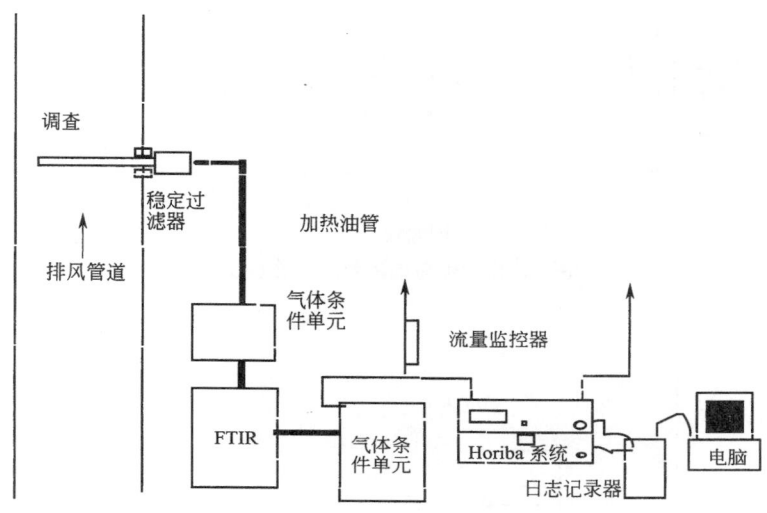

图 11.16　船上 FTIR 测量装置

图 11.17　FTIR 系统和 Horiba 装置取样所用探针

11.5.4 氧化催化剂

之所以将氧化催化剂与 NO_x 测定仪联合使用是为了找到一种具有高时间分辨率的，且简单的氨气检测方法。图 11.18 为该方法的实验室设备图。将用于柴油发动机汽车的氧化催化剂-氧化烃类与 CO 置于可被加热的石英管内，催化剂主要含有铂金或者铝。气体在进入管之前进行混合，NO_x 测定仪用来检测产生的气体。船上使用类似的设备检测氨气（图 11.19），将氧化剂放置在一个里面有石英管可加热的不锈钢管里。同时，NO_x 水平通过另一台仪器检测。

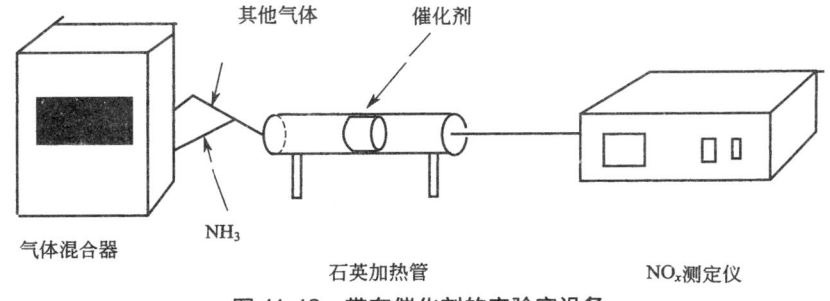

图 11.18　带有催化剂的实验室设备

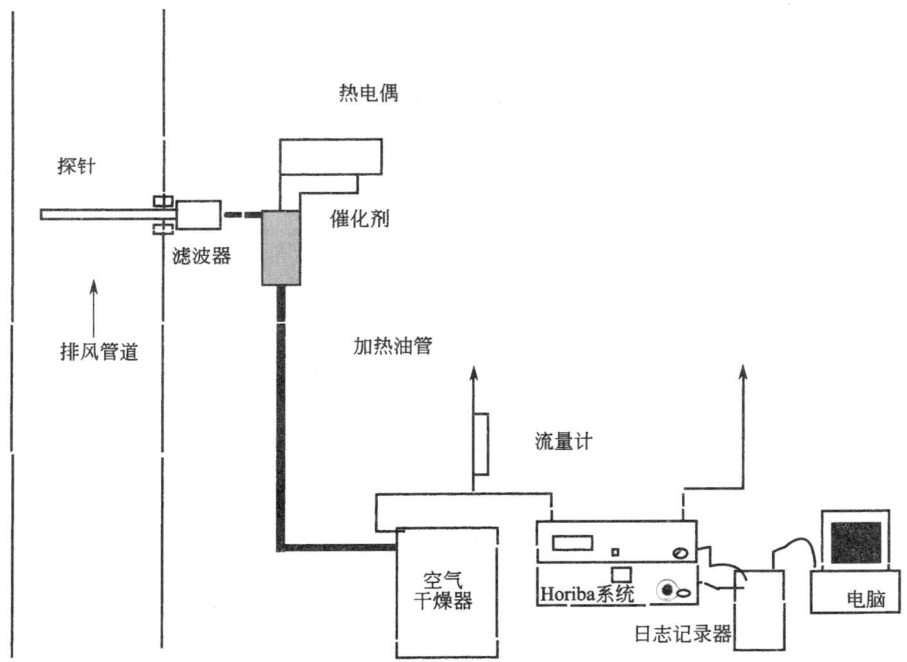

图 11.19　船上试验所用设备（带有催化剂的）

11.5.5 其他测试

在对氨取样测定过程中，也对尾气中的其他气体进行了检测，这些气体包括一氧化氮（HORIBA PG-250，化合光仪器）、一氧化碳和二氧化碳（HORIBA PG-250，NDIR）、氧气（HORIBA PG-250，原电池）、总烃（Bernath Atomic BA 3006，FID），有时候还检测了二氧化硫（HORIBA PG-250，NDIR）。同样监测了温度与湿度，并根据国际标准对测量进行校正。引擎数据通过船上仪器获得。关于测定方法的详细说明，可在 Cooper 的研究中找到。在不知道燃料消耗的情况下，气流是通过 CO_2 测定和燃料中碳的成分计算得出的。本项目中，获得的二氧化碳排放因子将直接来源于燃料中的碳成分。燃料样品从船上获取，活动结束后进行分析。

11.6　测量和结果

11.6.1　活动 A

图 11.20　第一次活动测量船

第一次活动在 2006 年 4 月，与船上（图 11.20）的 SCR 系统认证测量同时进行。SCR 系统配备泄漏氨气催化剂。然而，直到后来为了进行本研究的氨测量技术评估，泄漏氨催化剂才安装到一个主要引擎上。在这个活动中，氨泄漏研究使用了三种方法：湿化学法、FTIR（傅里叶变换红外光谱法）和激光吸收法。

渡轮在瑞典和丹麦之间的航行时间比较短，此次航行只花了大约 20min，带有巡航负载的时间只有大约 12min。因此，该船用来研究 NH_3 的瞬时变化是很理想的目标，因为在船只处于部署状态和靠泊时，尿素注入处于关闭状态。

通过靠近烟囱的排气管道的小孔取样。两个孔中的一个 2 英寸的孔用来连续检测气体（NO_x，CO，CO_2，HC 和 O_2），另一个使用湿化学方法对氨取样。另外两个孔在这两个孔的对面，分别用于二极激光系统的发射和接受。

在这次活动期间进行了几次湿化学取样法，得到的结果显示为检测期间尾气中的平均浓度，结果见表 11.2。

表 11.2　在哈姆莱特，湿化学法测量氨的结果

取样时间/min	备注	NH_3 浓度/10^{-6}
60	一轮航行	7.0
10	一次巡航	14.5
7	一次巡航	26.2

傅里叶红外光谱（FTIR）测量一般不显示或者显示非常弱的 NH_3 信号。这可能与浓度太低有关，加之异位测量使氨黏附在管道的表面，因此 FTIR 没有检测到 NH_3 信号。图 11.21 显示在一次大约 1h 的往返行程中 FTIR 检测的氨信号（A）和一些其他成分（B）信号，也显示了利用化学发光仪器测定的 NO_x 浓度。

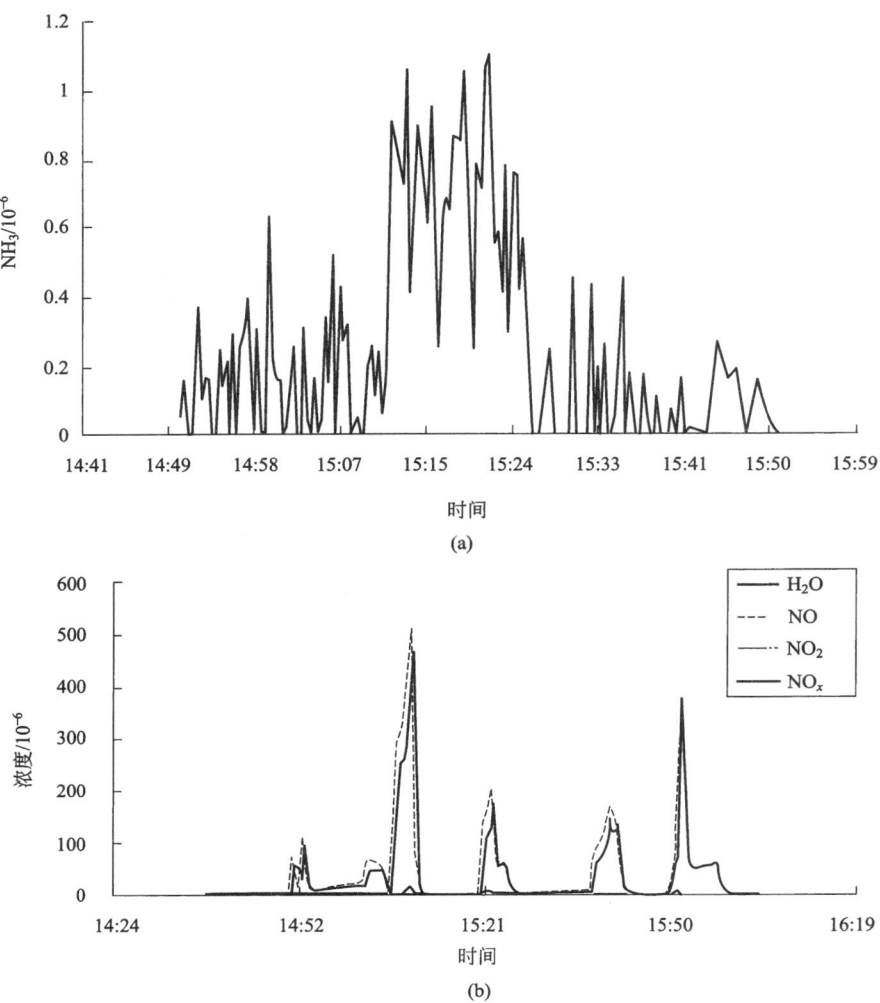

图 11.21 利用 FTIR 检测到的一些气体浓度:
NH_3(a)、H_2O、NO、NO_2 和化学发光仪器测定的 NO_x(b)

这两种方式显示的 NO_x 信号非常一致。值得指出的是 NO_x 中的 NO_2 非常低。另外,更加容易黏附的成分水和氨,很难在异位测量中检测到。

图 11.22 显示了来自激光系统的氨信号和化学发光仪器对 NO_x 的测定。在船停止和启动期间,NO_x 显示出清晰的峰。启动后不久,对 SCR 系统注射尿素。这可以从巡回期间氨泄漏增加量看出,在两次巡回之间,氨的泄漏和 NO_x 的排放是不同的。这和船的运行有关,引擎的一种方式牵引,另一种方式推进。值得注意的是,数据是在系统优化过程中收集的,另外,泄漏催化剂是在这些测定完成后安装的。

在这次活动中,进行了不同氨测量技术的对比,通过图 11.23 可看出,湿化学法,测定结果在取样测定期间为一定值,以直线形式给出。而激光测定结果没显示出氨排放随时间的变化,且氨浓度在航行期间最高达 38×10^{-6}。而对应湿化学测定期间,激光法测定的氨的平均浓度为 10×10^{-6}。如上面提到的,FTIR 测量信号非常弱。

氨泄漏和 NO_x 排放与引擎负载有关(图 11.24)。能够清楚地看到,当引擎功率迅速

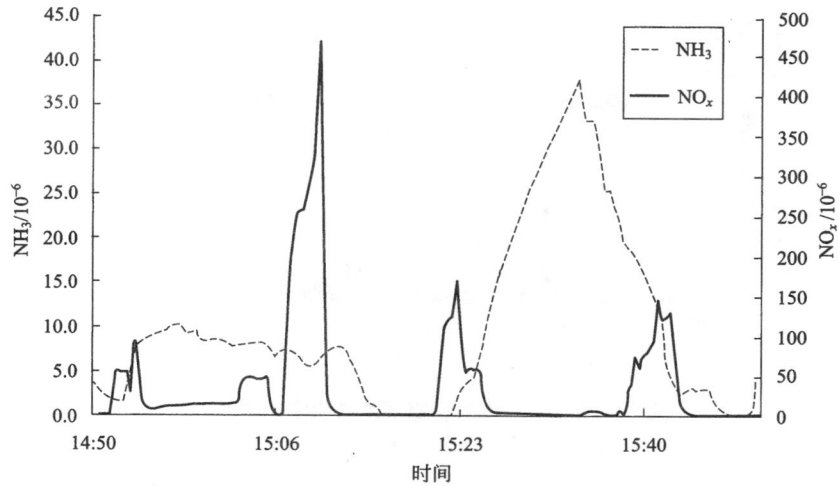

图 11.22　在哈姆莱特一个往返的行程中，来自激光的氨信号和来自化学发光仪器的 NO$_x$ 信号

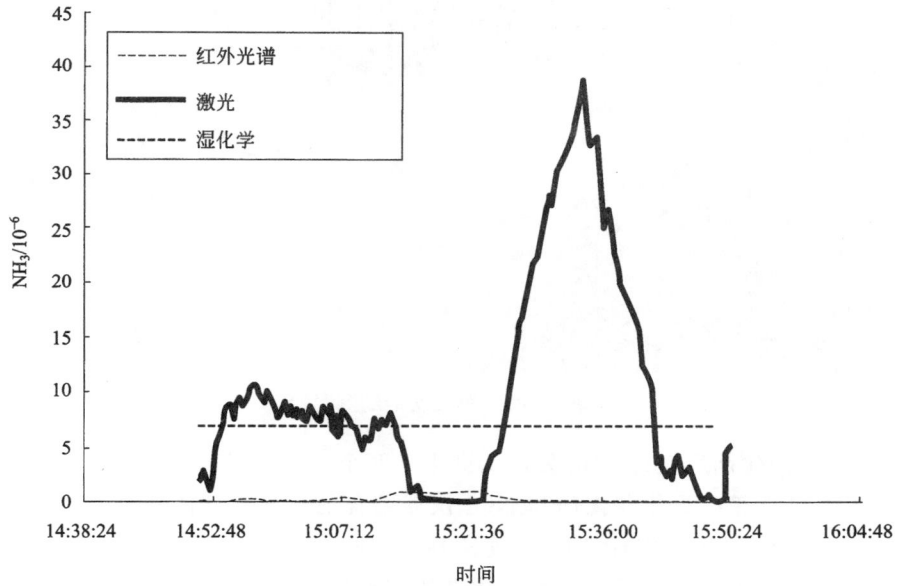

图 11.23　不同技术氨测定结果对比

增加的时候，有明显的 NO$_x$ 排放。大约 1min 后，随着 SCR 系统开始运行，NO$_x$ 信号开始减弱，NO$_x$ 因为氨而降低。随后出现氨泄漏，且在一个巡航中可以看到两个峰值，介于 $(5\sim6)\times10^{-6}$ 氨之间。为了将 NO$_x$ 转化最大化，将氨泄漏最小化，将尿素注射设为引擎功率（和尾气温度）的函数。

11.6.2　活动 B

第二次测量活动于 2006 年 12 月，在波罗的海上航行的一个渡轮上进行（图 11.25）。测量主要在一个引擎上进行，该引擎上配备不带氨泄漏催化剂的 SCR 系统。测定方法包括：湿化学法、FTIR、激光吸收测定法及氧化催化剂与 NO$_x$ 测定仪的联合使用。

渡船航行大约 5h，包括在港湾内停留的几个小时。在几个航程内，连续监测了氨泄漏。

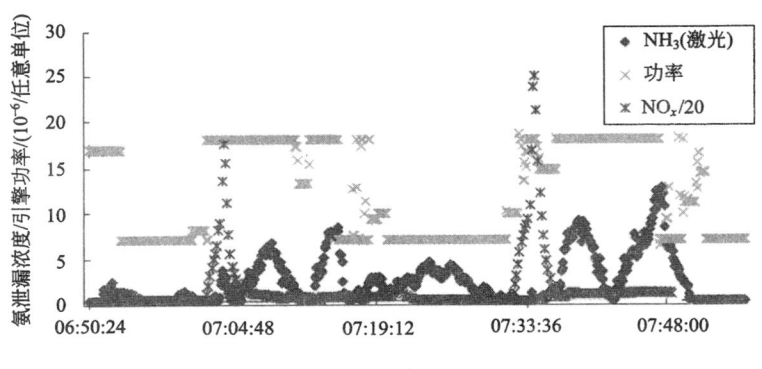

图 11.24　NOₓ排放和氨泄漏与引擎功率的关系

(NOₓ信号除以 20，功率可采用任意单位)

图 11.25　第二次活动测量船

测量孔位于 SCR 催化剂后大约 10m 处的烟囱上。两个位置相对的小孔用于激光系统，一个孔用来给 FTIR 或者带有氧化催化剂和 NOₓ 仪器结合的系统取气体样品。另一个孔用来进行 NOₓ、CO、CO₂、HC、SO₂ 和 O₂ 的连续测定。还有一个孔用于湿化学法取样测量。

　　在本次测量活动期间，进行了几次湿化学测定取样，并对样品采用两种方式进行分析。首先是利用上文提到的便携式光度计进行现场标准分析。然后，测量活动结束后，样品在 IVL 实验室进行二次分析。两种分析方法之间有很强的对应关系。表 11.3 给出了活动期间氨浓度结果。

表 11.3　第二次活动中湿化学法测量氨结果

取样时间/min	NH₃浓度/10⁻⁶
13	158
14	205

　　在这次活动中，异位 FTIR 测定结果很好。图 11.26 显示了在一趟往返行程中 FTIR 中的氨信号。请注意，18：50 时，仪器和排气系统是分开的（为了给其他测量提供空间），同时也显示了两个样品湿化学法测量的结果。FTIR 结果表明在航行期间，信号是连续增加

的。在第二次航行中观察到的振幅被认为是氨泄漏中实际的波动。

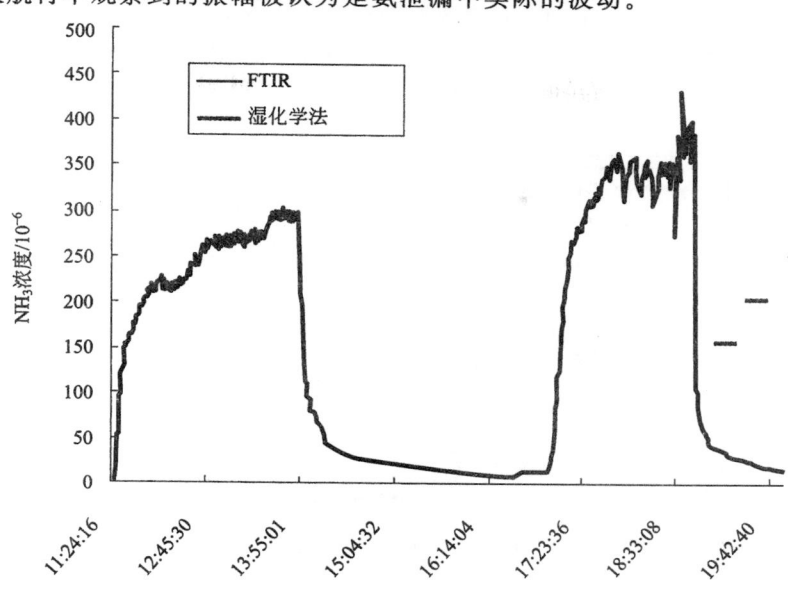

图 11.26　第二次活动中氨泄漏的 FTIR 测定结果（同时也显示了两次湿化学法测量结果）

　　本次测量活动中，采用激光测定法对氨进行了连续测量。如上文所描述的，该测量设备配有风扇以净化空气，使激光设备的发射单元与接收单元窗口不被尾气中烟灰和其他颗粒物覆盖或损坏。图 11.27 展示了测定激光测定结果，其信号形状与 FTIR 测定的信号形状大致相同。从图中可看到在第二次行程中氨泄漏出现振幅。在第一次航行曲线中有两个峰值。这是因为把风扇关掉了，以考察风扇对测定的影响。

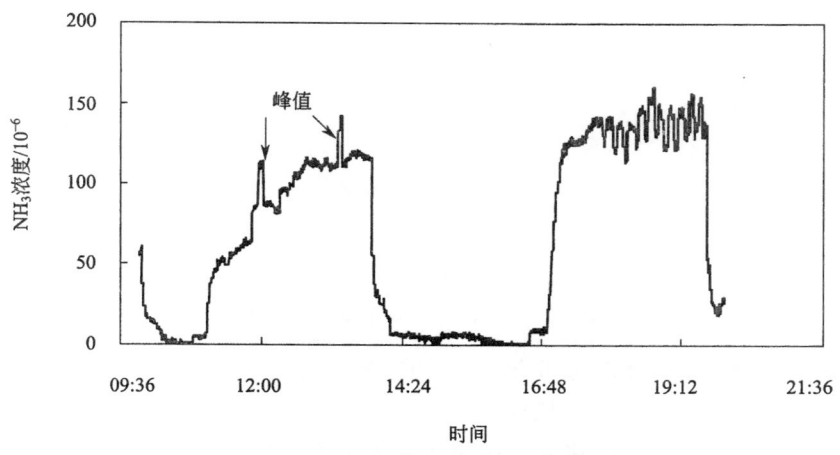

图 11.27　第二次活动中激光系统测定氨结果

　　关掉风扇之后导致 NH_3 浓度明显增加，增加了 28×10^{-6}（从 83×10^{-6} 增加到 111×10^{-6}）或者 31%。这是因为随着氨出现，光路长度增加。随着风扇关闭，氨不仅仅出现在尾气管道，同时还出现在通往激光发射器和接收器之前的窗口的管道上。这与光路长度增加 50cm（从 130cm 到 180cm）或增加 38% 的结果相一致，结果表明信号增强与关闭风机后氨的增量非常吻合。

图 11.28 对用湿化学法、FTIR 和激光吸收法测定氨的结果进行比较。请注意，右侧坐标轴表示 FTIR 测定的数值，左边坐标轴表示激光和湿化学法数值。因此 FTIR 观察到的信号远远大于激光信号，部分数据扩展到图 11.29。

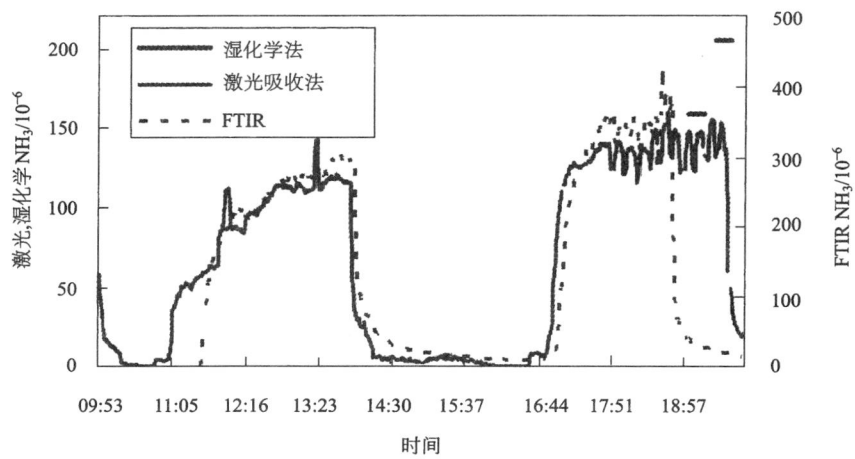

图 11.28 活动 B 中不同方式测量氨的比较

从图 11.29 可看出，分别通过 FTIR 和激光法测定的信号振幅存在一个相位差，这反映了 FTIR 方法的延时性。因 FTIR 为异位测量，故样品气体需经过加热的管道被泵到 FTIR 单元。另外，FTIR 测定中，一些样品是通过探针在排气管道不同位置取样的。从图中可观察到氨信号存在较大的差异（1～2 倍），说明管道中氨浓度分布不均。

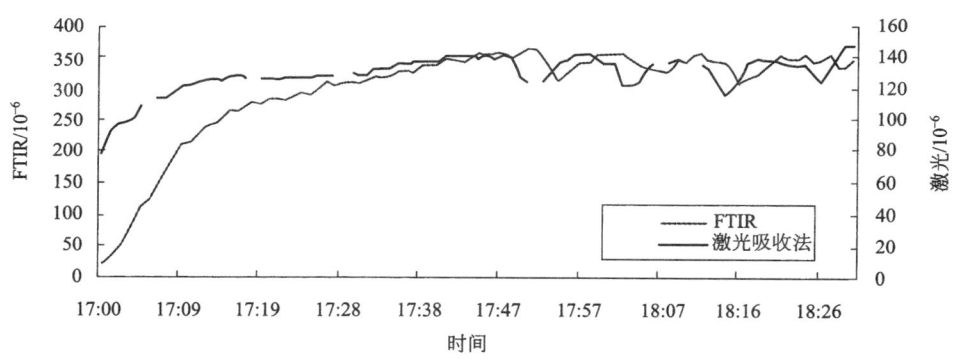

图 11.29 图 11.26 中数据的扩展

此次测量还在现场应用了氧化催化剂与 NO_x 测定仪联用技术。如 11.4.3 所述，催化剂被放置于一个可加热的单元。用泵使气体通过该单元，最终用 HORIBA 仪进行 NO_x、SO_2 和 CO 测量。在该过程中氨在催化剂的作用下被多余的氧气氧化。同时，通过排气管上另外一个测量孔，利用 FTIR 通过探针对 NO_x 进行了测量。故通过 HORIBA 仪与 FTIR 获得的 NO_x 信号存在差异，如图 11.30 所示。

17：12 开始对氧化催化剂进行加热。加热很短的时间后，NO_x 信号出现衰减。这是因为根据 SCR 反应，氨与 NO_x 反应生成了 N_2。随着氧化催化剂温度的升高，SCR 反应不再是主导反应，而氨的氧化反应则越来越明显，故 NO_x 信号增加。当催化剂温度达 550℃ 左

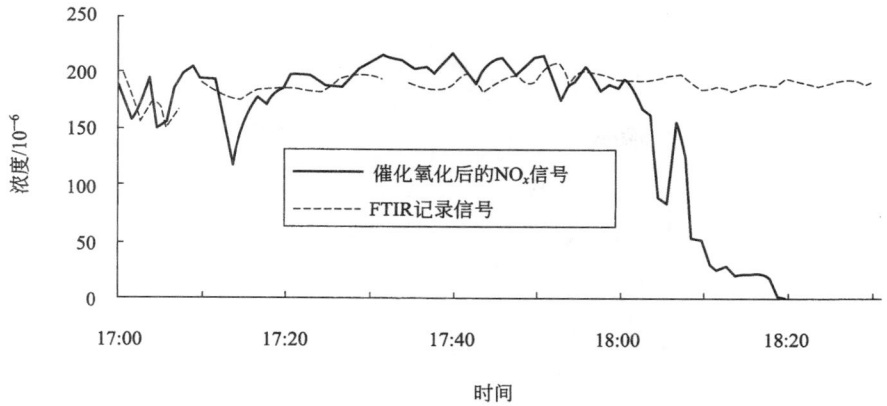

图 11.30　催化氧化后通过 HORIBA 获得的 NO_x 信号与进行氨催化氧化时 FTIR 测得的排气管中 NO_x 信号

右时，氧化催化法获得的 NO_x 信号比 FTIR 测定的 NO_x 信号高 $(10\sim20)\times10^{-6}$。氧化催化剂在 17：45 停止加热，然后冷却到环境温度，在 17：59 开始再次加热。氮氧化物信号先减弱随后开始加强。这是由于如前所述的 SCR 反应再次开始。然而，在 18：08 NO_x 信号再次减弱直至为零。同时 CO 信号和 SO_2 信号的测量结果如图 11.31 和图 11.32 所示。CO 的信号随催化剂的加热而减弱，这是因为 CO 氧化成 CO_2。然后随着催化剂的冷却信号再次加强，反应快结束时又开始减弱。SO_2 也呈现类似的模式，随着催化加热 SO_2 变成 SO_3。

在这一系列实验结束时，发现催化剂后面的管道堵塞了，最有可能是因为硫化氨等化合物的形成造成的。进一步观察到氨氧化活性很低。根据激光检测氨的浓度值大约 120×10^{-6} 来说，NO_x 信号值应该比图 11.30 所观察到的预测值大得多，这可能是硫对催化剂有钝化作用。

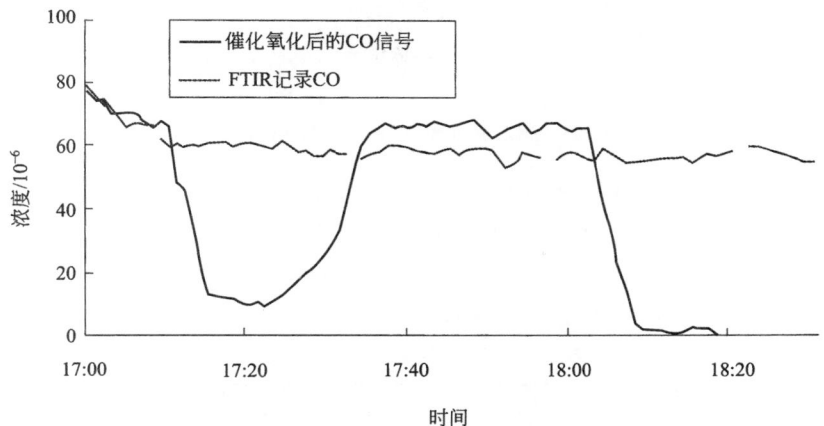

图 11.31　催化氧化测试中 CO 的信号

11.6.3　实验室试验

为了测试氨测量技术，一些实验在实验室进行。测试的方法是 FTIR、湿化学法、激光吸收和氧化催化剂法。通过质量流量控制器混合系统，获得特定的气体混合物。特定的气体混合物包含作为载气的氩和 NO、NO_2、O_2、H_2O、NH_3、CO_2 中的一种或几种混合气体，混合气体在石英管加热到 350℃ 或者指示温度，湿化学法是通过分析用于校正的稀释后的 NH_3 来进行测试的。

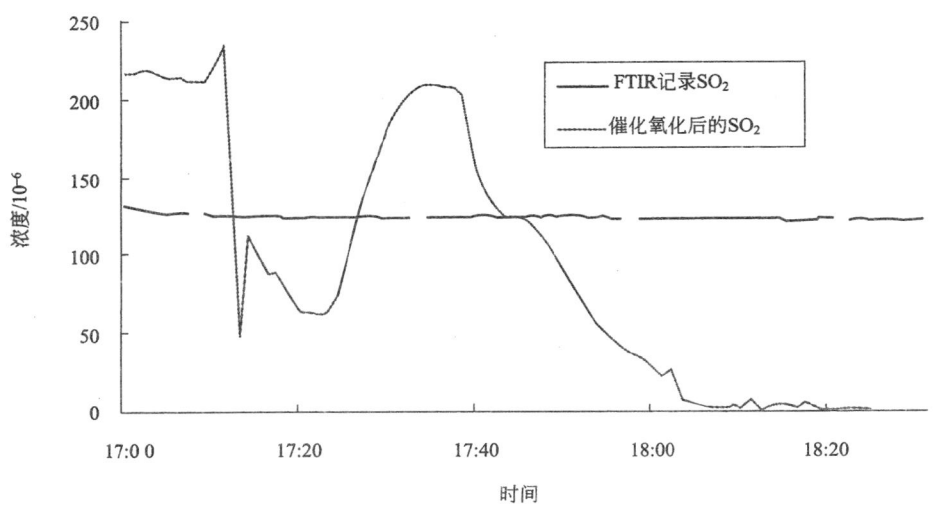

图 11.32　催化氧化测试中 SO_2 的信号

FTIR 和激光测试装置原理见图 11.33。通过气体混合系统混合气体，氨和水分只在加热石英管前面加入。在含 500×10^{-6} 氨的氩气瓶中获取氨。水则是从外部加热炉系统中获得。

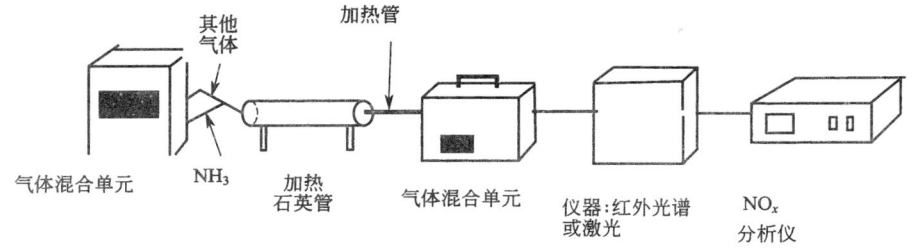

图 11.33　测试激光系统和 FTIR 的实验室设备

从图 11.34 可以看出，随着测试系统引入 $(0 \sim 100) \times 10^{-6}$ NH_3，FTIR 给出的信号变化情况。随后，气体成分发生了特定顺序的变化。表 11.4 给出了引入系统的气体组分与 FTIR 给出的相应的氨的响应信号。可以看出，氧的出现使这些测定中氨信号降低。添加 NO 也影响了氨信号。水和 CO_2 对信号没有影响。总体来讲，FTIR 给出的数值太低。

表 11.4　不同气体组成 FTIR 响应

气体组成(氩作为载气)	NH_3 的 FTIR 响应
100×10^{-6} NH_3	51
100×10^{-6} NH_3 + 8% O_2	12
100×10^{-6} NH_3 + 100×10^{-6} NO	41
100×10^{-6} NH_3 + 100×10^{-6} NO + 8% O_2	14
100×10^{-6} NH_3 + 100×10^{-6} 5% H_2O	51
100×10^{-6} NH_3 + 1000×10^{-6} CO_2	58

在实验室也对激光系统进行了测试。这样做的主要目的是检查其他气体对测量结果的干扰。发射器和接收器安装在不锈钢管相反的两端（图 11.35），加热的气体混合物流经管道。本实验中激光测量系统被设置为异位测量，而不是在船上原位测量，因此，会导致相对较慢

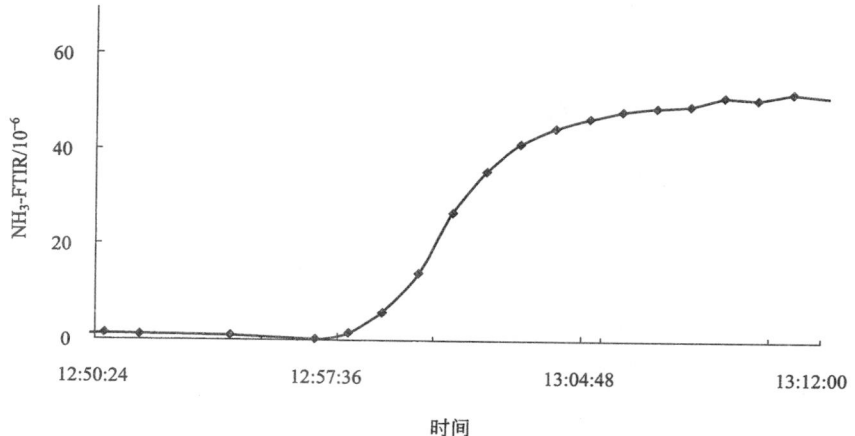

图 11.34　混合气体中 NH_3 在 Ar 气中从 0 变化
到 100×10^{-6} 对应的 FTIR-NH_3 信号

的响应时间。这是因为当每次气体组分发生变化后，在获得稳定信号前，都需要更换管道中的气体。当把 8% 的氧气加入到 100×10^{-6} 的 NH_3 中，发现测量到的信号下降。当添加 NO 时，没有观察到变化。

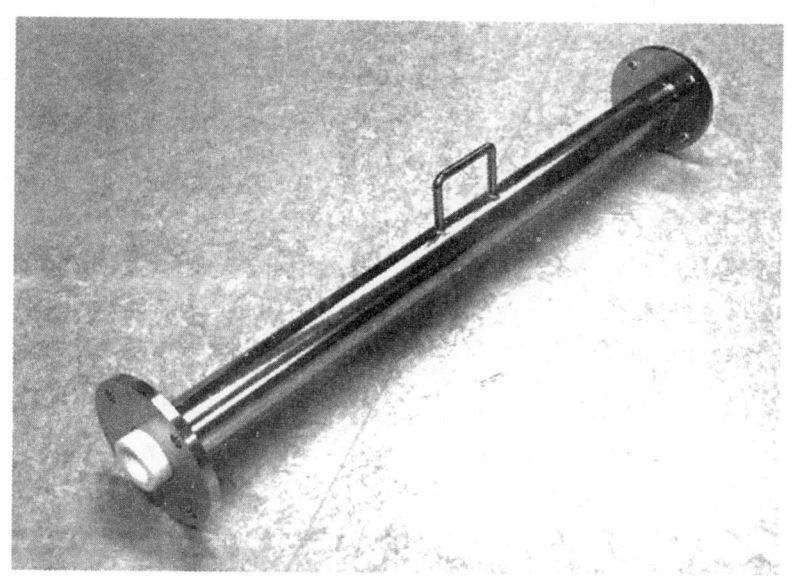

图 11.35　实验室激光系统异位测量用的不锈钢管

　　在实验室，同样对通过将氨氧化成 NO 的检测方法进行了测试，装置如图 11.18 所示。基本上，将氧化催化剂放置在一个加热的石英管中，混合气体通过 NO_x 分析仪分析。需要指出的是，本实验仅仅是确定该方法是否可行的初级试验。

　　图 11.36 显示当催化剂加热时，NO_x 测试仪显示的 NO_x 浓度变化情况。使用了两种不同的气体组成：第一种是 50×10^{-6} NH_3 和 8% 的氧气，第二种是添加了 100×10^{-6} NO。因此总的 NO_x 分别为 50×10^{-6} 和 100×10^{-6}。氨和氧气的响应说明随着温度升高，NO 产率增加。将 NH_3 完全氧化成 NO_x，温度需要达到大约 $500\,℃$。

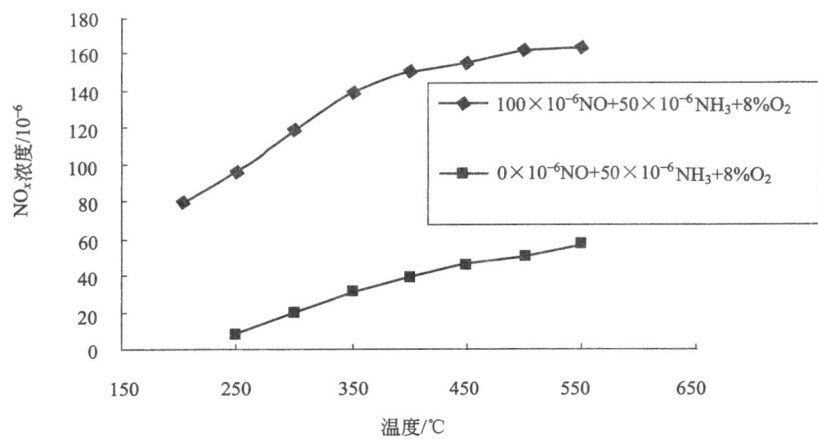

图 11.36　向 50×10^{-6} NH_3 和 8%O_2 中加入 0 或者
100×10^{-6} NO 时，　NO_x 测试仪响应与温度的函数关系

实验室进行的湿化学法测量结果证明利用 NH_3 标准瓶进行测试时能得到精确的结果，每日例行冲洗管道的值也进行了实验，并证实此步骤非常重要。总体来讲，此方法准确性更高。

11.7　讨论和结论

本研究考察了能用于现场测量的不同氨排放分析法。然后以一种类似于标准测试场景的方式使用这些方法，采用的仪器没有进行任何修正。

本研究中将 FTIR 作为一种异位测量法，在该方法中，采用不锈钢探头和可加热管采集测试的气体。活动 A 中用 FTIR 方法测定没有得出氨的可靠测量结果。这可能与氨浓度太低有关，而且与氨和氧气的反应或者氨和探头系统表面的 NO 反应有关。活动 B 中，FTIR 测试结果良好。虽然由于管道产生明显时间延迟，但是时间分辨率很好。信号比其他测量方法的信号都要强。这可能是因为氨在排气管道中浓度分布不均匀导致的。实验室结果发现，混合气体中氧气的存在对测量的数值有影响，这可能是因为金属表面和气相条件下发生的氧化反应导致的。因此，异位测量的结果可能会给现场测量带来数值误差。

在活动 A 期间，在船上第一次使用了激光系统，该系统安装需要在排气管道上有两个位置相对的孔。系统的安装非常简单，激光束的调整也没有任何问题。为了获得可靠的结果，需要准确测量探头的距离。此外，我们还专门为该系统准备了两个风扇以提供干净的空气。其中一个风扇可以用压缩空气代替，但本研究中未对此进行测试。当观察到激光信号大幅减弱，则需要对窗口进行清洁处理。测试结果表明，该激光系统响应良好，同时时间分辨率高，灵敏性高。总体来讲，活动中设备工作没有受到干扰。在活动 B 中，激光设备放置位置是相似的。建立这个设备没有借助西门子的帮助。通过开关提供纯净气体的风扇，推导出有效的探头距离为排气管道的直径，即通向光路窗口更小的管道应填满清洁空气。活动期间，系统连续运行，没有出现问题，且时间分辨率很好，灵敏度也很高。探针测量是横穿排气管道一个气缸，因此获得的浓度是排气管整个线路上的平均值。这使得氨分布不均匀对结果的影响最小，因此很好地呈现了实际排放到烟囱外面的气体情况。为了进一步降低局部的、不具有代表性的氨浓度的影响，可以设置更多的法兰盘以及横穿排放管道的探针选择线路。获得的时间分辨率允许在线调整尿素注射参数。进行了更多快速有效的调整以便降低 NO_x 排放和 NH_3 泄漏，以及评估催化剂状态。而且，它也使得设计尿素喷射成为可能，以便 SCR 系统能够在运行过程中开启和停止。也有可能使用系统连续检测氨泄漏。然而，在本研究中，没有对长期使用进行测试。如果需要长时间监测，那么还要考察光路被灰尘覆盖可能导致信号下降的情况。

在硫酸中取气体样品，并利用光度计分析氨含量的湿化学法运行良好。实验室证明该方法测量结果可靠。然而，需要确保完全收集了黏附在管壁上的物质。这个方法有几个缺点。时间响应慢，尽管我们发现在这次研究中利用便携式光度计现场分析结果和实验室分析结果相符合。在排气管道中取样体积小，这个方法对氨分布不均匀很灵敏。

氧化催化剂和 NO_x 仪相结合的方法，在实验室研究合成混合气体时显示出来一些前景。利用这个方法可能在大量氧气剩余和 NO 存在时检测氨。另外，对混合气体的变化来说，时间的影响比较明显。然而，现场实验发现这个方法不是很合适。主要原因是因为尾气中大量硫的存在降低了催化剂活性。

从研究中得到的一些基本结论：

① 本研究已经考察了很多应用于船上 SCR 系统氨泄漏时氨检测技术。

② 当氨浓度很低时，不适用异位测定法。

③ 当使用异位法时，其他气体（氧气、水）可能影响结果。

④ 如果排气管内的氨分布不均匀，使用探头取尾气管内的少量样品可能给出的结果没有代表性。

⑤ FTIR 需要仔细校准，当使用异位方法时，在得到可靠结果之前，系统表面必须填满氨。

⑥ 激光吸收法在船上工作很好。具有高准确度和高时间分辨率。系统易于操作和安装。装置需要充放气和两个在排气管位置相对的法兰盘。

⑦ 湿化学法取样结果准确，但是浪费时间，当氨分布不均匀时，不能完全测定。

⑧ 带有氧化催化剂和 NO_x 仪器的方法不适合于测量在海洋中的尾气排放。

11.8　展望

本章研究的结果提出了一些将来船上 SCR 系统监测氨泄漏的建议。

这是采用连续检测非常好的机会。可以采用激光系统或者异位 FTIR。考虑到船上尾气系统恶劣的环境，仍然需要研究长期运行效果。

激光系统和 FTIR（氨浓度不是太低）都能获得好的时间分辨率。同时，研究揭示了对 SCR 系统的调节，比如为了最大化 NO_x 转化和减少引擎功率瞬时变化期间氨泄漏，需要调整尿素注射。这同时也可能延长 SCR 系统的运行时间，比如在靠泊时。

综合考虑本研究的实验结果，激光方法作为认证测量的可靠方法是可行的。

参 考 文 献

D. Cooper and T. Gustafsson "Methology for calculating emissions from ships: 1. Update of emission factors" SMED report series No 4, 2004.

Corbett, J. J. , Koehler, H. W. , 2003. Updated emissions from ocean shipping. Journal of Geophysical Research, 108, 4650.

Endresen, Ø. , E. Sørgård, et al. , " Emission from international sea transportation and environmental impact. " Journal of Geophysical Research 108 (D17): 4560 (2003) .

CAFE, 2005. Thematic strategy on air pollution [COM (2005) 446], europa. eu. int/comm/environment/ air/cafe

http: //www. sjofartsverket. se/upload/SJOFS/2007 _ 15. pdf

E. Jobson, " Future challanges in automotive control" Topics in Catalysis 28, 191 (2004) .

Lundqvist, Stefan H. ; Andersson, Torbjoern; Grimbrandt, Jan," Photonics in advanced process control applications," Proc. SPIE Vol. 3537, pp. 290-301, Electro-Optic, Integrated Optic, and Electronic Technologies for Online Chemical Process Monitoring, Mahmoud Fallahi; Robert J. Nordstrom; Terry R. Todd; Eds. (1999) (invited)

M. Walter, W. Schäfers, M. W. Markus, and T. Andersson, " Analysis and Control of Combustion in a Waste Combustion Plant by Means of Tunable Diode Lasers", 5th International Symposium on Gas Analysis by Tunable Diode Lasers, Freiburg, 135-143, (1998)

Michael W. Markus " State-of-the-art of diode-laser based gas analysis in process industries", 5th Int. Conf. on TDLS, Florence, July 11-15 , 2005, p. 76.

Cooper, D. A. , 2003. Exhaust emissions from ships at berth. Atmospheric Environment 37, 3817.

第**12**章

细微颗粒物被动式采样器的开发和测试

（作者：Martin Ferm）[1]

12.1 概述

我们对水平安装的朝下的聚四氟乙烯过滤器进行了测试，并将其作为空气中细微颗粒的取样替代表面。这个采样器在瑞典和尼泊尔进行了测试，并且和竖直安装的过滤器进行了对比。水平安装的过滤器收集的颗粒中包含更多的氮、硫和氨离子。这些离子（的存在）可能是由于沉积颗粒与它们的气态前体物反应或者是因为细微颗粒的沉积。钙主要存在于粗糙的大颗粒中。在水平和垂直安装的过滤器中，沉积颗粒中钙含量与平行样类似，说明大颗粒也能够沉积在开发的取样器上。因此，建议采用另一种被动式采样器。

12.2 细颗粒物被动式采样器的开发背景

有时候我们需要确定的是环境空气中沉积颗粒质量，而不是它们的浓度。沉积颗粒能造成酸化、富营养化、污损和腐蚀。垂直安装的聚四氟乙烯在早些时候已经用来评估针叶林沉积颗粒（Ferm 和 Hultberg，1999）。沉积取决于沉降时间、沉积表面大小和粗糙度、风速和湍流等。要通过颗粒物浓度来计算一定径级的沉积速率是非常困难的，因为需要实时风速和粒径分布（分辨率）。因此最好直接测定沉降。因为沉降取决于表面形状，化学反应经常在表面发生，所以采用一种惰性材料来做标准化的替代表面。这种替代表面即是一种被动采样器，能够用在一些没有电能的地方，同时还有很多其他优势，比如体积和质量小，取样无噪声和可测定长时间平均值等。

随后采用了与腐蚀研究相关的另外一种垂直安装的替代表面来量化颗粒的干沉降，本研究选择使用圆柱形聚四氟乙烯过滤器的替代表面（Ferm 等，2006）。聚四氟乙烯是惰性的物质，非常适合用于化学分析。（研究证明）在欧洲（Kucera 等，2007）、亚洲和南美洲（Tidblad 等，2007）等多个地方，腐蚀速率和这种特殊表面的沉积密切相关，选择聚四氟乙烯的主要原因是沉积质量和腐蚀水平很容易测定。

---

[1] 作者感谢 BidyaPradhan，Pradeep Man Dangol 和 Rejina Byanju 将采样器安装在加德满都。该项目由瑞典环境研究院基金资助。

通常测定环境空气中颗粒浓度，而不是沉积颗粒浓度，主要粒径范围是 PM_{10}。PM_{10} 代表了径级随着弛豫时间增加而减少的颗粒。与相应密度为1000kg/m³、直径为 $10.5\mu m$ 的球形颗粒的弛豫时间相一致，这部分径级应该是 50%。相同弛豫时间，5 μm 球形颗粒的径级是 85%，而 $15\mu m$ 颗粒是 4%。

现已建立起垂直安装的聚四氟乙烯采样器沉积速率的理论计算方法 （Ferm，2004）。颗粒沉降是复杂的气体动力学直径的函数，几乎是直径的 6 次方、风速的 3 次方。这说明最大风速和最大直径对沉积影响最大。对采样器上的颗粒沉降与欧洲 14 个能够采集到 PM_{10} 的颗粒浓度进行了对比。除了其中三个测试点，其他点两者同时表现出惊人的相关性。而这三个异常均出现在装置安装在临近颗粒源的地方。研究人员没有得到沉积和浓度之间非常好的稳定常数，可能是因为在欧洲不同的地方颗粒大小分布相似。与 PM_{10} 浓度的高度相关性，为被动采样器提供了一种新的可能。

在欧洲不同的地区，在沉积和浓度（沉降速度）之间的恒定比率并不能被预测，但是取决于相似粒径的分布。

PM_{10} 浓度的高相关性为被动式采样器的使用提供了更多的可能行。

被动式采样器主要是基于大颗粒物的作用，但是测定那些可以穿入肺部进而引发更多健康问题的细颗粒也是非常有必要的。若被动收集小颗粒，需要用到另一种原理。小颗粒比大颗粒具有更高的扩散系数，因此会被更快地通过扩散运送到表面。由于增加到表面扩散的速率非常困难，为增加小颗粒在过滤器上的比例，必须降低沉积速率，这可以通过水平安装的采样器做到，这样颗粒的轨迹就和采样器平行，而不是垂直于它。

布朗等 （1994a，1994b 和 1995） 发明了一种颗粒通过空气运动运输的被动式采样器。在采样器内部有一个带电区把颗粒沉积在电极上。这种采样器试验是基于小颗粒扩散，但是由于风的垂直成分产生的压缩不可避免。

12.3　采样器的构造

这个采样器包括一个圆柱形 （直径 64mm，高度 22mm） 自然色的带有低密度聚丙烯盖子的聚丙烯容器。盖子中央有个 37mm 的孔，在这个孔上装有 47mm 的聚四氟乙烯过滤器。通过在容器底端和过滤器之间添加一个高 22mm、直径 60mm 的聚丙烯膜固定过滤器。

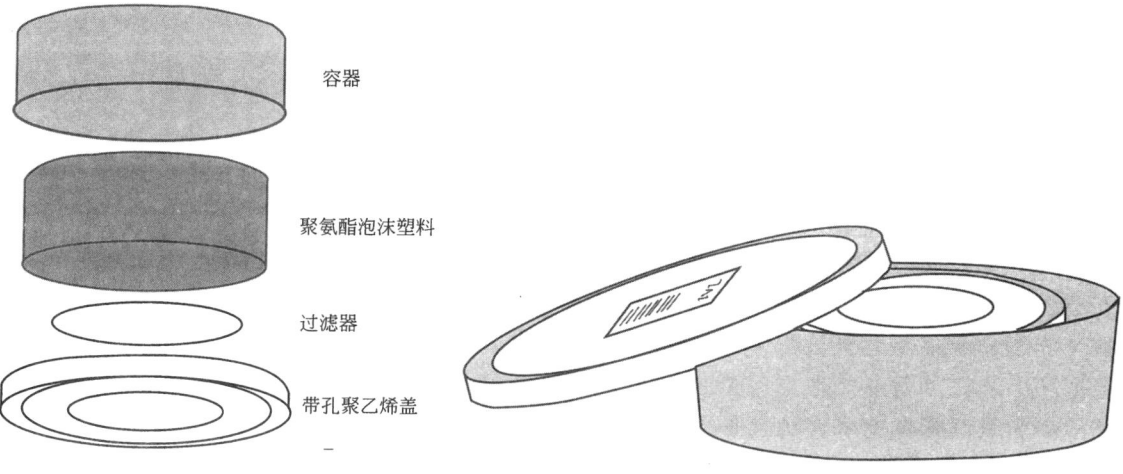

图 12.1　被动式细微颗粒收集器结构图　　图 12.2　固定在另一个容器上的被动式采样器，这个容器作为防雨罩，利用密封带盖紧

在采样期间，这个过滤器被固定在一个更大的容器底端，这个容器作为防雨罩，采用能够重新连结的系统（3M SJ 352 D），见图 12.1。图 12.2 展示了这个大点的容器（直径 100 mm，高 30 mm）和取样器以及之前描述的收集大颗粒的替代表面。在铝条上加了一个可以重复使用的密封装置。采样器如图 12.3 所示。

图 12.3 细微颗粒被动式采样器(前)和大颗粒采样器(远)图片

12.4 采样器测试

细微颗粒被动式采集器与进行腐蚀研究的大颗粒采集器平行放置在露天环境中，见图 12.3。3 个采样器在瑞典，4 个在尼泊尔加德满都（图 12.4～图 12.10）。结果分别见表 12.1、表 12.2 和图 12.11。沉积在垂直过滤器上的平均质量只有沉积在水平安装的过滤器上的 4%。

Hornsgatan、Nygatan 和 Putalisadak 是街道网，Torkel Knutssonsgatan、New Baneswor、Thamel 是城市网，Patan Hospital 介于中间。

图 12.11 比较了四种离子（NO_3^-，SO_4^{2-}，NH_4^+ 和 Na^+）在水平露天采样器和垂直露天采样器中的沉积（浅色条形图比深色条形图高很多）。微细颗粒往往呈酸性，然而大颗粒往往呈碱性。图 12.11 中的三种离子（NO_3^-，SO_4^{2-} 和 NH_4^+）也可能是因为沉积后沉积颗粒和空气中气体反应而产生。

二氧化硫与碱性颗粒反应，比如与碳酸钙反应生成硫酸根（SO_4^{2-}）。硝酸能够与碱性颗粒或者氯化钠反应生成硝酸根（NO_3^-）。NH_3 能够与酸性颗粒发生反应形成 NH_4^+。然而，这些很有可能在环境中已经发生。在垂直安装的露天采样器中，应该相对有更多的碱性颗粒出现，之前发现沉积在这种采样器上的氨很少。这三种离子是微细颗粒的主要组成成分，因为它们很大程度上在空气中形成。水平旋转替代表面产生的颗粒沉积更少，沉积颗粒上含有更多的气态前体物。颗粒在水平表面与气体有更多反应似乎不大可能。

水平表面上 Na^+ 和 K^+ 沉积接近检出限，因此很难对这些结果进行解释说明。

Gamble 和 Davidson（1986）写了一个关于颗粒干沉积于替代表面的综述。其中有很多不同的设计，但其中大部分都是向上水平安装的。只发现一篇论文里面表面是朝下的。在这篇文章中（Elias 和 Davidsson，1980），测定了不同元素在向上和向下聚四氟乙烯平板上的垂直沉积。细微铅颗粒在向下表面的沉积速度是 0.5mm/s，大分子颗粒（K、Rb、Cs、Ca、Sr 和 Ba）沉积速度是 5mm/s。朝向上的表面，沉积速度高 4～10 倍。

图 12.4　霍格斯坦，斯德哥尔摩

图 12.5　Torkel Knutssonsgatan，斯德哥尔摩

图 12.6　Nygatan，玛丽士塔

图 12.7　New Baneswor，加德满都

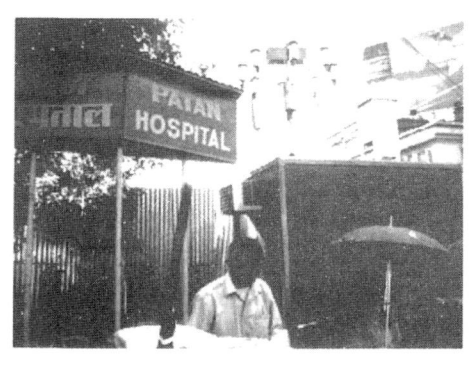

图 12.8　Putalisadak，加德满都

图 12.9　Patan Hospital，加德满都

图 12.10　Thamel，加德满都

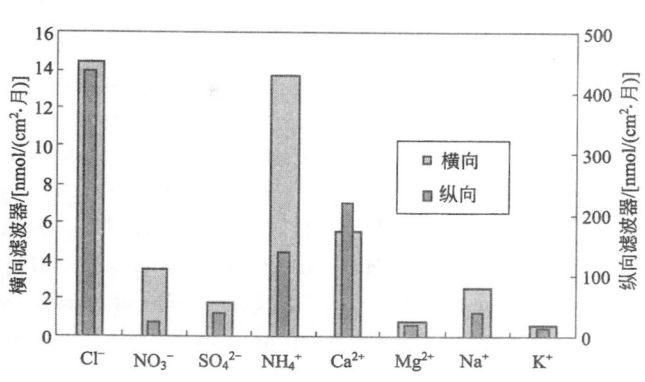

图 12.11　不同离子在同样露天安装的水平和垂直过滤器上的平均沉积

（水平安装过滤器比例是垂直安装过滤器比例的 3.2%）

表 12.1　在垂直圆柱表面的沉积　　　　　　　　　单位：$\mu g/(cm^2 \cdot 月)$

地点	起始时间	终止时间	天数	颗粒沉积量	Cl⁻	NO₃⁻	SO₄²⁻	NH₄⁺	Ca²⁺	Mg²⁺	Na⁺	K⁺
Hornsgatan	2006-03-13	2006-04-19	37	169	2.19	0.72	1.24	0.03	1.64	0.20	1.43	0.15
Torkel Knutssonsgatan	2006-03-13	2006-04-19	37	37	0.49	0.84	0.58	0.02	0.67	0.06	0.45	<0.06
Mariestad	2006-02-28	2006-05-02	63	299	2.5	3.8	1.6	1.2	0.1	1.7	0.2	1.9
New Baneswor	2008-01-27	2008-05-01	95	41.7	0.08	0.45	1.31	0.09	1.62	0.05	0.09	0.15
Putalisadak	2008-01-28	2008-04-29	92	1681	104	2.48	15.8	17.1	46.3	2.44	1.86	2.57
Patan Hospital	2008-01-30	2008-04-30	91	217	2.85	1.14	4.00	0.10	6.97	0.10	0.38	0.63
Thamel	2008-02-05	2008-05-01	86	77.0	0.22	0.87	1.05	0.06	2.01	0.08	0.19	0.20

表 12.2　在水平圆纹平面上的沉积　　　　　　　　单位：$\mu g/(cm^2 \cdot 月)$

地点	起始时间	终止时间	天数	颗粒沉积量	Cl⁻	NO₃⁻	SO₄²⁻	NH₄⁺	Ca²⁺	Mg²⁺	Na⁺	K⁺
Hornsgatan	2006-03-13	2006-04-19	37	5.6	0.05	0.52	0.07	0.09	0.17	0.03	0.06	<0.02
Torkel Knutssonsgatan	2006-03-13	2006-04-19	37	2.5	0.02	0.63	0.05	0.11	0.16	0.03	<0.05	<0.002
Mariestad	2006-02-28	2006-05-02	63	15.6	0.11	0.17	0.05	0.04	0.30	0.03	0.24	0.02
New Baneswor	2008-01-27	2008-05-01	95	4.0	0.01	0.02	0.09	0.02	0.07	<0.02		0.01
Putalisadak	2008-01-28	2008-04-29	92	52.7	3.32	0.12	0.57	1.45	0.50	0.02	0.02	0.06
Patan Hospital	2008-01-30	2008-04-30	91	23.0	0.07	0.11	0.31	0.01	0.33	0.01	0.01	0.02
Thamel	2008-02-05	2008-05-01	86	1.9	0.01	0.01	0.03	0.01	0.02	0.00	<0.01	<0.01

12.5　结论

在本研究开发的水平安装过滤器上沉积的颗粒比在垂直安装的过滤器上沉积的颗粒含有更多的氨、硝酸盐和硫酸盐。这些离子由微细颗粒或空气前体物与已经沉积在过滤器上的颗粒发生反应而产生。实际上，水平安装过滤器和垂直安装过滤器在钙/总质量的比值上情况相似（斯德哥尔摩多一点，加德满都少一点），这说明水平安装过滤器也含有很多大颗粒，这种性质不是期望得到的结果。因此，需要采用另一种有助于细微颗粒沉积的原理。包含一连串直径小于 1 mm 的垂直线（Ferm 和 Hultberg，1999）的采样器值得一测。

参 考 文 献

Brown R. C. , Wake D. , Thorpe A. , Hemingway M. A. and Roff M. W. (1994a) Theory and measurement of the capture of charged dust particles by electrets. J. Aerosol Science 25, 149-163.

Brown R. C. , Wake D. , Thorpe A. , Hemingway M. A. and Roff M. W. (1994b) Preliminary assessment of a device for passive sampling of airborne particulate. Ann. occup. Hyg. 38, 303-318.

Brown R. C. , Hemingway M. A. , Wake D. , and Thompson (1995) Field trials of an electret-based passive dust sampler in metal-processing industries Ann occup. Hyg. 39, 603-622.

Elias R. W. and Davidson C (1980) Mechanisms of trace element deposition from the free atmosphere to surfaces in a remote high sierra canyon. Atmospheric Environment 14, 1427-1432. The deposition velocity to the upward facing plate was four to almost ten times higher than for the downward facing plate.

Ferm M. (2004) Use of passive samplers in connection with atmospheric corrosion studies (International workshop on atmospheric corrosion and weathering steels, Cartagena de Indias (Colombia) 27 Sept. - 1 Oct. 2004) .

Ferm M. and Hultberg H. (1999) Dry deposition and internal circulation of nitrogen, sulphur and base cations to a coniferous forest. Atmospheric Environment 33, 4421-4430.

Ferm M. , Watt J. , O' Hanlon S. , De Santis F. and Varotsos C. (2006) Deposition measurement of particulate matter in connection with corrosion studies. Analytical and Bioanalytical Chemistry 384, 1320-1330 DOI: 10. 1007/s00216-005-0293-1.

Ferm M. , Haeger-Eugensson M. , Pradhan B. B. , Dangol P. M. and Byanju R. (2009) Passive sampling of particulate matter and model evaluation. Poster presented at the conference on "Measuring Air Pollutants by Diffusive Sampling and Other Low Cost Monitoring Techniques" 15-17 September 2009 in Krakow. Poland.

Gamble J. S. and Davidson C. I. (1986) Measurement of dry deposition onto surrogate surfaces: A review. Chapter 3, pp 42-63. In: Materials Degradation Caused by Acid Rain. (Ed. Robert Baboian) American Chemical Society, Washington DC 1986.

Kucera, V. , Tidblad, J. , Kreislova, K. , Knotkova, D. , Faller, M. , Reiss. D. , Snethlage, R. , Yates, T. , Henriksen, J. , Schreiner, M. , Melcher, M. , Ferm. M. , Lefèvre, R. -A. and Kobus, J. (2007) UN/ECE ICP Materials Dose-response functions for the multi-pollutant situation. Water, Air and Soil Pollution: Focus. 7, 249-258. DOI: 10. 1007/s11267-006-9080-z.

Tidblad J. , Kucera V. , Samie F. , Das S. N. , Bhamornsut C. , Peng L. C. , So K. L. , Dawei Z. , Lien L. T. H. , Schollenberger H. , Lungu C. V. and Simbi D. (2007) Exposure Programme on Atmospheric Corrosion Effects of Acidifying Pollutants in Tropical and Subtropical Climates. Water Air Soil Pollution: Focus 7: 241-247. DOI 10. 1007/s11267-006-9078-6.

第 13 章
生命周期评价方法——WAMPS 在废物管理规划中的应用

（作者：Åsa Stenmarck，Martine Oddou，Jan-Olov Sundqvist）

13.1 概述

本研究运用综合方法，并采用生命周期分析方法来设计最可持续的废物管理系统。研究中我们使用了由瑞典环境科学研究院开发的一款基于生命周期评价的工具，名字叫做WAMPS（废物管理规划系统）。目的在于研究不同废物管理系统和方案"从摇篮到坟墓"的效果，从而找到废物的最优解决方法。

本研究对 6 种不同方案进行了评价。这些方案都是以智利首都圣地亚哥北部目前的废物状况以及未来废物处理系统设想为基础进行设计的。第一个方案是针对目前的废物状况设计，接下来的各方案则体现了废物管理系统的发展。最后一个方案是基于瑞典的情况，其展示了通过废物管理改善环境质量的潜力。

结果显示，提升圣地亚哥区域的废物管理有很大的潜力。10 年内，温室气体排放量（以 CO_2 当量计）可削减 5.0×10^5 t/a，未来相当长一段时间内有可能进一步削减 1.0×10^6 t/a。

13.2 背景介绍

瑞典环境科学研究院和智利 KDM 环境服务公司参与了两个旨在减少垃圾填埋场废物量的项目，项目位于圣地亚哥北部。其中一个考虑进行垃圾焚烧，另外一个则考虑污泥处置。两个项目的总体目标都是在圣地亚哥地区对废物进行更加可持续的管理。智利是个缺少能源的国家，而废物本身是一种资源，这两个项目中的废物（资源化）理所当然地引起关注，并且我们相信在这个项目中的成果可以运用到智利的其他地区。

13.3 方法

为了评价环境管理系统的不同发展效果，可以采用一款基于生命周期评价的工具——

WAMPS（废物管理规划系统）。WAMPS，由瑞典环境科学院开发，是一种从生命周期的视角计算不同废物管理系统的能量周转、排放和成本（本项目没有计算成本）的物料流分析方法。当需要对不同的废物管理方案进行选择，或者编制废物管理计划时，WAMPS 可以协助决策制定。目的在于研究对比不同废物管理系统和方案"从摇篮到坟墓"的效果，从而找到废物的最优解决方法。WAMPS 可以表示不同废物管理策略的环境和经济效益的优劣。WAMPS 中的环境影响指标体系包括全球变暖、富营养化、土地酸化、光氧化等，在后面的图表中有详细罗列，详细结果也可以参考图表。

（WAMPS 系统的）技术条款中描述和定义了评价系统的关键部分，例如，废物处理系统的排放、填埋场的状况、废物收集和运输系统的数据等，所有这些指标的设置都与目标地区（这里指智利首都圣地亚哥北部）的状况相吻合。收集并处理有关废物量、废物数据流以及废物组分等信息，用于准确建立与现状相一致的系统模型。在已收集的数据以及其他相关信息的基础上，设计不同的处理方案并进行比较。WAMPS 已经应用在类似的项目，比如在爱沙尼亚和立陶宛（Moora H 等，2006；Miliute J 和 Stani Skis J K，2008）。

13.4 方案和假定

市政固体废物的总量大约为每年 $1.5 \times 10^6 t$，各方案的建立要结合未来实际和智利现行的废物管理计划，对以下几个方案进行评价。

① 现状（所有垃圾都采用填埋的方式）。

② 焚烧（每年焚烧 315000t 的混合废物，其余的填埋）。

③ 焚烧，结合有机废物的填埋（分选出 690000t 有机废物进行填埋，每年有约 315000t 废物被焚烧，剩余部分进行填埋）。

④ 焚烧，提高材料循环率，填埋（每年焚烧 315000t 的混合废物，循环利用的废物量为 156000t，对 4800t 有害废物和电子废弃物进行分类和特殊处理，剩下 1000000t 废物进行填埋）。

⑤ 焚烧，提高材料循环率，生物处理率，填埋（每年 315000t 的混合废物被焚烧，147000t 循环利用，66000t 生物废物被分类并用于堆肥，其余废物还是采用填埋的方式处理）。

⑥ 瑞典方案，所有处理方式所占比例都基于瑞典厨余垃圾的实际情况［其中 37% 循环利用（模型中根据不同材料，循环利用率不同），11% 生物处理，47% 焚烧，5% 填埋］。

设计方案是根据废物量和处理方式的可行性设计。垃圾焚烧厂的规模和位置在预可行性研究报告"智利圣地亚哥废物变能源"中得到了进一步的评估和建议。

瑞典方案虽然在短时间内未必切实可行，但其展示了建立该垃圾处理系统的潜力。废物处理方法和背景系统的基本假设条件如下。

① 示范垃圾填埋场是一个普通市政混合废物垃圾填埋场。50% 的甲烷气体被收集并用于发电。

② 焚烧厂属于欧盟普通垃圾焚烧装置，满足欧盟废物焚烧标准（2000/76/EC），同时发电和供热。

③ 有两种堆肥的模型。在包含生物处理的方案中，我们假设可降解废弃物的一部分在家中已经进行了堆肥，剩余部分被收集和转运到中心堆肥厂，进行封闭处理（对堆肥产生的

尾气在排放前进行收集和处理），堆肥产品可当作肥料使用。

④ 厌氧消化工艺是一种欧洲普遍的消化工艺，采用湿式加热厌氧消化。产生的沼气可提纯成交通燃料，用于小轿车和公交车。厌氧分解产生的残渣可作为农业肥使用。

⑤ 不同的材料得到了循环使用。包括纸、塑料、金属和玻璃，模型中包含废物收集、分类、转运并对其处理加工，最终成为一种新材料的全过程（例如，对收集得到的旧报纸进行预处理，分类并转运到造纸厂作为报纸的原料进行再生产）。循环使用的废物被认为是可以替代相应数量进行产品生产的原材料。

⑥ 当方案中废物发电时，我们假设其替代的为通过天然气电厂热电联产电厂产生的电。当废物用于供热时，我们假设其替代的热能为天然气所产热能。堆肥产物和厌氧消化残渣假设被用作化学肥料的替代品。

图 13.1 中把净影响等值于净排放，计算公式如下：

净排放＝废物系统的排放量－通过能量、肥料和循环利用减少的排放量　　　（13.1）

很多情况下，"通过能量、肥料和循环利用减少的排放量"的值都大于"废物系统的排放量"，所以净排放或净影响为负值，或者说图中会存在负的数据柱。

13.5　结果与讨论

现在展示的结果为初步结果，方案和背景数据有可能有变化，并且一些工艺设计可以根据实际情况进行升级——目前为止我们仍然选取了一些默认数据。但是这些初步结果给了我们一个与真实结果相去不远的大概结论，我们认为初步结果和真实结果之间只存在微小差距。

结果概况显示在图 13.1 中。

（1）全球变暖（温室气体排放）　温室气体，主要是通过化石燃料燃烧和塑料废物排放的 CO_2，以及有机废物填埋场产生的甲烷。其总的影响效果取决于填埋场所填埋的废物量。所有被评价的方案中都或多或少地涵盖了垃圾填埋场，并产生显著影响。值得说明的是垃圾填埋场拥有填埋气回收系统，可以生产电能，尽管其气体利用率较低（只能回收甲烷气体产生量的 50％）。焚烧塑料废物产生 CO_2。但是，焚烧产生的电能和热能，可以替代天然气产生的热能和电能，因此燃烧净排放值小于零。废物焚烧有利于减少温室气体的排放。废物回收利用，尤其是金属和塑料的回收，均可以减少温室气体排放。

（2）酸化作用（酸化物质排放）　酸化物质主要是一些气体，比如 SO_2（来自化石燃料燃烧等）、HCl（来自废物焚烧等）、NO_x（来自所有的燃烧过程：焚烧、热量生产、发动机等），还有来自堆肥过程和厌氧消化残渣的氨气。垃圾填埋场是酸性气体的最主要来源，这源于垃圾渗滤液排出的氨气，垃圾填埋气燃烧和供热产生的 NO_x。堆肥导致的温室气体高排放量是源于堆肥过程中氨气的释放。厌氧消化同时发电并产生热量，其温室气体主要来源于燃烧引擎的 NO_x。循环利用导致酸化物质减少，并且在瑞典方案下，废物填埋量较少，因此净排放量几乎等于零。

（3）富营养化（富营养化物质的排放）　富营养化物质包括水中氮、磷化合物以及 COD（化学需氧量）、燃烧工艺产生的 NO_x 以及厌氧消化残渣和堆肥产生的氨。垃圾填埋对富营养化的影响重大，主要由于渗滤液中氮磷化合物的含量比较高。厌氧消化和堆肥产生残渣中污染物的迁移也会导致富营养化，但这比垃圾填埋的影响要小得多。迁移模型是基于一种新的技术构建的，这种技术中的材料（消化残渣或者堆肥渣）进入土壤并且很快被土壤覆盖，以减少

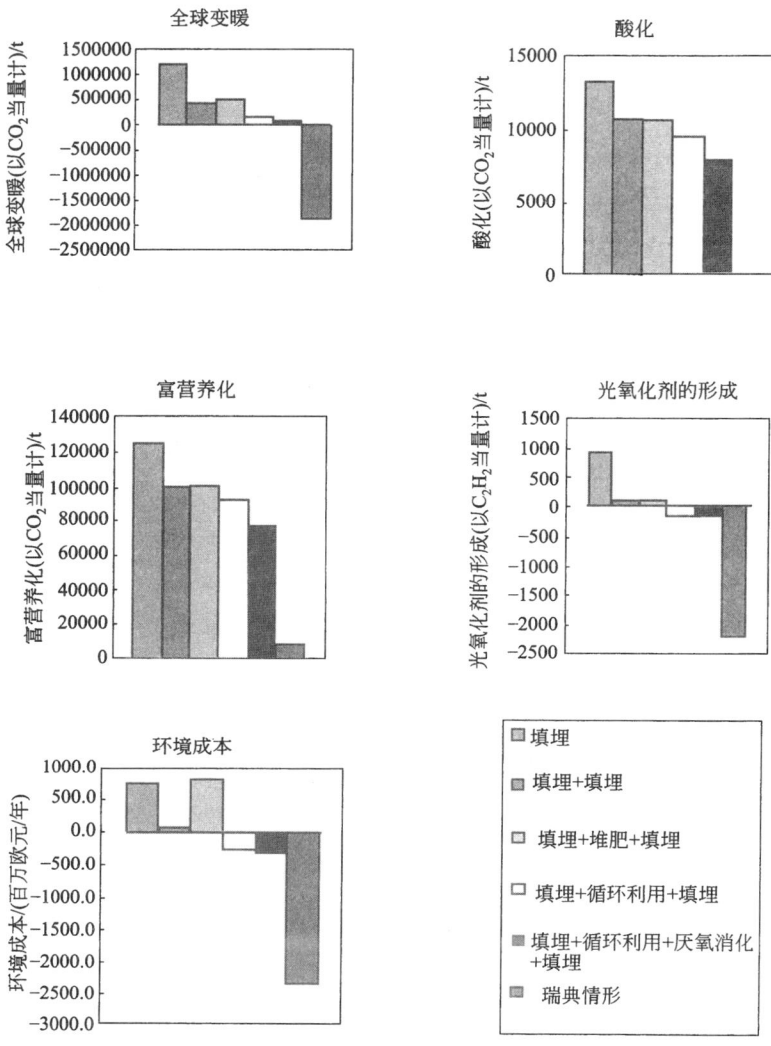

图 13.1　项目研究结果

氨气排放量。

　　（4）光氧化剂排放　光化学氧化剂主要是 VOC（挥发性有机化合物）形成的。甲烷是 VOC 的一种，但比一般 VOC 多一个权重。由于甲烷的排放，垃圾填埋场有最大的（光氧化剂）排放量。因为垃圾焚烧发电供热产生的甲烷和 VOC 排放水平低于天然气，因此焚烧可以减少排放量。

　　（5）环境经济效益　环境经济效益是基于赋予不同排放物的货币权重来衡量的。一些模型可以计算不同排放物的环境成本，并且不同模型的计算结果也不尽相同。这里用到的模型曾经在很多瑞典的研究项目中被广泛应用（比如 Sundqvist，2004）。从图 13.1 中可以看出，各个方案中的垃圾处理方式均增加净环境成本，但是焚烧可以增加净环境收益，因为通过废弃物生产热能和电能比天然气发电和产热带来更低的环境影响。另外，循环再利用可以产生环境收益。堆肥和厌氧消化的环境经济效益趋近于零。

13.6　结论

结果显示，圣地亚哥的废物管理有很大的发展潜能。10 年内，温室气体排放量可削减 5.0×10^5 t/a（以 CO_2 当量计），未来相当长一段时间内有可能进一步削减 1.0×10^6 t/a。

在所研究的影响类别中，垃圾填埋产生的环境影响最恶劣。所以，应该削减垃圾填埋的数量，提高垃圾填埋的质量，比如提高垃圾填埋场中废气的回收利用率。

焚烧看起来是最佳选择，因为废弃物回收的能源可以替代天然气产生的能源。另外，废纸、塑料、玻璃和金属的回收，可以产生相当大的环境效益。堆肥和厌氧消化也有积极作用，但其并没有焚烧的环境经济效益高。

对未来的建议如下：

① 实施垃圾焚烧，同时回收热能（或者制冷的能量）和电能。

② 启动资源回收利用项目，预先分拣的纸、塑料、金属和玻璃可以回收。这需要建立垃圾收集/转运系统，还要有生产企业可以利用所回收的材料。

③ 启动堆肥和厌氧消化项目。

④ 提高垃圾填埋场质量。

我们还通过其余瑞典情形的方案设计来诠释哪些经验是可以借鉴的。20～30 年前，瑞典的废物管理和今天的圣地亚哥基本类似，但是瑞典逐渐发展了高标准废物管理系统，因此圣地亚哥的废物管理作系也是完全可以逐步发展完善的。

第14章
欧洲造纸中的碳足迹

（作者：Elin Eriksson，Per-Erik Karlsson，Lisa Hallberg，Kristian Jelse）

14.1 概述

本研究依照欧洲造纸工业联合会（CEPI）开发的碳足迹评价框架，开发了一套评估纸箱加工的碳足迹的方法学。该方法对为纸箱生产提供原木的森林的净生物 CO_2 的净封存量（从空气中去除）进行了评估。并且对可持续管理模式下，森林净固碳能力和纸箱消耗之间的关系进行了研究。同时，开发了包括生命周期末端和减少碳足迹排放的方法学。这一方法学是基于废物处理和减排等大量数据的平均值来开发的，这种先进的方法学已应用于欧洲欧盟碳市场协会（ECMA）造纸业。并计算了欧洲 1t 产品、转换和印刷纸箱所产生的碳足迹，见表 14.1。碳足迹给顾客提供非常重要的信息，并且能作为改进的基础。

表 14.1　产生的碳足迹代表二氧化碳当量的净排放量
（PAS 2050 中规定的延时碳排放以及填埋产生的碳排放不包括在内）

作为 GWP 100 的碳足迹的 10 个步骤的说明	温室气体排放量 /(kg/t)	生物 CO_2 /(kg/t)
步骤 1：在存在管理的森林中生物 CO_2 的储存量		−730
步骤 2：产品中储存的生物 CO_2		
步骤 3～7：生产、运输改装纸箱过程中温室气体的排放量	964	
从起始点到入口或从起始点到消费的总数	964	−730
步骤 8：与产品使用相关的排放量		
步骤 9：生命周期末端相关的排放量	308	
从摇篮到坟墓的总数	1272	
步骤 10：从生产阶段到生命周期末端的减排量	−145	
从摇篮到坟墓（包括减排量）	1272	−730

注：GWP 100 为以 100 年来衡量的全球变暖潜值。

碳足迹把整个造纸供应链排放的温室气体（GHG）相加计算，主要包括林木生长，燃料与化学品生产，通过研磨、加工、印刷、到纸箱的生命周期末端。表 14.1 展示了欧盟（欧盟 27 国）市场的平均碳足迹，既有从"摇篮到用户门槛"的碳足迹，又有包括末端处理的从"摇篮到坟墓"的碳足迹。生物 CO_2 与化石型 CO_2 以及其他温室气体分别进行了统计。该表中没有涉及产品中储存的碳，但在报告其他地方有论述。

根据该研究，可得以下几条建议：

① 碳足迹的研究表明，林业的可持续管理是高效去除空气中 CO_2 的先决条件。CO_2 的去除与用于造纸原材料的原木供应是相关的。CO_2 净清除意义重大。

② 碳足迹显示了每造 1t 纸的温室气体平均排放量和去除量。该信息可应用于不同企业以提高工作效率，并减少生产链上温室气体的排放。尤其是使用其他燃料替代生产运输过程中使用的化石燃料，购买利用可再生能源生产的电力。

③ 要求提供碳足迹数据、环保产品声明或是其他生命周期第三方验证，这些都促进了包装业的环境改善。当进行对比时，就要考虑功能元素。

④ 因为这些信息可能来自不同框架下的碳足迹、产品分类规则、环境产品声明或不同碳足迹项目，因而有时不具有可比性，故需要谨慎使用这些信息。

⑤ 提倡避免废弃纸箱的填埋，提倡先回收再焚烧的方式处理，垃圾焚烧产生的热能和电能可以应用在其他地方。

⑥ 需要更长时间去进一步研究 CO_2 净去除量，甚至可能需要几十年。

ECMA 与 IVL 共同开发了一套应用于评估森林碳存储的碳足迹方法学。该方法学的开发是基于缜密的研究与充分记录，并在 IVL 报告中有详细的描述。它提出了该问题需要讨论的一个焦点。

我们得知，2009 年 11 月 30 日我们对于 IVL 的报告提了一些意见后，IVL 很快给予我们书面回复。下面，我们提供一些关于森林碳存量变化的最终结论。

开发适用于林产品的碳足迹评估方法的难点在于对森林碳储存变化的理解与分配。目前该难点仍然是各方讨论的重点，即使在 ISO 标准和世界资源研究所的"温室气体议案"中碳足迹标准的审议中也不例外。在缺乏统一标准的前提下，IVL 只能尝试不断摸索合理的方法。

产品碳足迹是通过计算来描述产品整个生命周期排放的温室气体的影响。产品碳足迹与林木碳汇相关的最大难题是"林木中的哪些碳汇可转存到林产品中"。

从概念上讲，碳储量的变化应该是由拥有该土地所有权的生产商造成的。该生产商可以确定森林碳储量是否正在改变（在面积合理和适当的时间时分析），如果正在改变，这些改变被分配到由该地区木材制造的产品中（使用适合的分配方法）。虽然理论上计算很简单，但在估测各个产品碳分配的影响时，也有很多不确定的细节。这并不意味着，这种计算是不可信的，只是需要考虑到不确定的因素（因为它们应该在碳足迹计算的各个领域得到注意）。

在一些给 ECMA 成员国供应木材的欧洲地区，森林大部分是由实体拥有的，而不是林业生产工业。有些森林主要用于木材生产，还有一部分是用作林业资源保存或者休闲的，还有许多用来提供木材和其他商品或服务。重要的是，欧洲森林中的碳储量在增加，包括那些提供大量木材给 ECMA 的地区。显然，经验证据至少支持了森林的木材生产与稳定的森林碳储量是保持一致的。因此可以得出，在最坏情况下，该行业的活动对森林碳储量的净影响是碳的零损失（或增加）。

对于那些非 ECMA 成员国拥有的土地，如果零影响是最坏的假设，那么"最好"的假设情况下，在这些土地上用收割木材制造产品时，所有的碳储量都增加了。在我们看来，对于不被工业拥有和控制的木材来说，最好的方法是展示产品对森林碳的最差影响情况，或者展示一个区间，区间的一头是最差情况（对森林碳储量零收益），而另一端是最佳情况（产品加工增加森林碳储量）。

如果这个区间内的某个值表示碳足迹，它需要更合理的说明。而且，我们认为围绕该值的不确定性应与上述区间的相同（即从最佳到最差情况）。

正如我们上面提到的，目前还没有被广泛接受的标准方法和"正确"的方式去概括森林中的碳对产品的碳足迹的影响。IVL 为 ECMA 进行足迹研究而提供的计算森林碳的方法周密而透明。IVL 主要估计出森林碳影响足迹，然而，这有相当大的不确定性，并接近"最好"范围的估计。只要在报告中对不确定因素进行说明，读者就能够获得用于解释结果的关键信息。

14.2 背景介绍

由于人类越来越关注气候变化，对于温室气体减排和排放的知识需求越来越大，这些温室气体包括，例如在使用某些产品和服务过程中产生的二氧化碳（CO_2）、甲烷和一氧化二氮等温室气体。

欧洲纸箱制造商协会（Pro Carton）开发了一套显示欧洲生产纸箱时化石二氧化碳的平均排放量的碳足迹（Por Carton，2006，2009）。温室气体平衡的一部分是生物性流动、森林的二氧化碳封存、非活性生物质材料的平衡、土地的进出流量和林业产品生产过程中的生物性流动；另一部分是在社会中生产联营的流动；第三部分是回收和废物处理后产品的流动，包括废物焚烧产生的电能和热能。

ECMA 用初步方法计算了生物二氧化碳流，但该计算方法仍需进一步开发与完善。IVL 已经发明了纸箱和纸类产品中碳足迹的计算方法，并可以评估欧洲平均足迹。

该项目中含有一个参考小组，包括：Jan Cardon、ECMA Jennifer Buhaenko、Pro Carton Europe Silvia Greimel、Paivi Harju Eloranta、Stora Enso Mervi Niininen、Stora Enso Ohto Nuottamo、Stora Enso Staffan Sjöberg、Iggesund Sammy Hallgren、A&R Carton Cecilia Mattsson、瑞典环保署等（仅参加了一场会议）。

数据由 Bernard Lombard、CEPI、Richard Dalgleish、欧洲 Pro Carton 提供。

14.3 目的

这项研究的目标是开发一种方法学，研究如何在碳足迹中包含该纸类产品的生物流。该研究的主要目标如下。

① 开发一种方法学，研究森林中碳的封存量和生物排放量。这相当于 CEPI 碳足迹框架中的步骤 1（CEPI，2007）。

② 并根据该方法来决定哪些数据和数据源可以用来计算欧洲用于纸箱生产的不同森林的碳储存量，可能用于国家层面的研究。

③ 对社会中储存在纸类产品中的碳进行解释说明，例如根据 PAS 2050（BSI，2008）。这是在 CEPI 框架步骤 2 的部分。

④ 开发一种方法学，用于研究回收和最终废物处理时的碳足迹（步骤 9），包括能源回收和电力热力的生产；以及研究系统扩展或分配是否适用，以及是怎样进行的（步骤 10）。

⑤ 计算在欧洲改装后的纸箱中的碳足迹。碳足迹不应被视为对本行业的不同部分之间进行比较的工具，因为应用的方法和系统边界可能不同。如果需要某个特定的纸板或纸箱的具体信息，那么应该直接向厂家询问。

14.4 碳足迹：一般方法、框架和标准

碳足迹是用于测量某种活动、某组活动或产品的温室气体排放量的一种方法。最重要的温室气体是二氧化碳（CO_2），但其他气体例如甲烷（CH_4）和氧化亚氮（N_2O）也会导致气候变化。

我们需要一种能测量和评估某一活动或产品对气候变化产生的影响的工具，基于这样的需求，产生了碳足迹的概念。计算碳足迹的框架方法已经形成，如纸浆和造纸工业（CEPI，2007），见表14.2。该方法描述的是一个总体框架，框架的具体计算细节必须由每个用户自行定义。国际标准化组织（ISO）关于碳足迹的新工作项目才刚启动，并预计在2011年完工。在碳足迹评估详细标准出现前，非常有必要对所采用方法的细节及条件进行详细说明。故本报告给出了所使用方法的条件、假设以及结果。详细的数据和计算结果也在计算碳足迹的 Excel 表格中列出。

碳足迹在原则上与生命周期评估（LCA）全球变暖潜能值（GWP）适用的气候变化影响和种类是一样的。但是碳足迹可能有一些差别或补充。ISO 14067 的工作组目前正在重点讨论与生命周期评估的 GWP 部分相比增加的问题。其中一个问题是与产品相关的生物固碳。讨论的其他问题还有时间框架、碳储存、碳捕获（CCS）以及直接和间接土地利用的变化。碳足迹与环境产品声明（EPD）类似，只呈现了一个类别的指标，即气候的变化。因此，产品类别规则（PCR）也与碳足迹相关。在这项研究中，使用了 CEPI 碳足迹框架以及 ISO 14044 的 LCA。对于环境产品声明的要求，例如"总体方案指示"还没有被广泛使用。例如，EPD 不包含废物处理，更多的是将其作为附加信息，然而，在这项研究中，为了显示造纸生产整个生命周期对环境的影响，废物处理以及系统的扩展都包括在内，避免的排放量显而易见。

表14.2 CEPI 碳足迹框架界定的 10 个部分（CEPI，2007）

CEPI 碳足迹 10 个步骤的说明	化石 CO_2 排放量（GWP 100）	生物 CO_2
步骤1：管理的森林中生物 CO_2 的储存		
步骤2：储存在产品中的生物 CO_2		
步骤3：林产品生产过程中温室气体的排放量		
步骤4：与纤维素（林业）生产相关的温室气体排放量		
步骤5：原料生产过程中温室气体的排放量		
步骤6：买卖电能和热能过程中温室气体的排放量		
步骤7：运输过程中温室气体的排放		
"从摇篮到大门或到用户端大门"总结		
步骤8：与产品使用相关的排放量		
步骤9：与产品生命周期末端相关的排放量		
"摇篮到坟墓"总结		
步骤10：生产阶段和生命周期末端的减排量		
包括减排量在内的"摇篮到坟墓"的概要		

注：CEPI—欧洲造纸工业联合会。

14.5 纸箱板及纸箱产品说明

折叠纸盒是由纸板制成的中小型纸箱。它们在包装业被广泛使用，从食品业，例如谷物、冷冻和冷藏食品、糖果、烘焙食品、茶叶、咖啡和其他干货等；再到医药业、医疗及保健产品、香水、化妆品、盥洗用品、照相产品、服装、香烟、玩具、游戏、家用电器、工程、园艺和 DIY（自己动手）的产品等。

纸板的制造有多种不同的方式，可以用不同的基重（单位面积质量）和厚度制成。纸板的类型和纤维组成取决于预期的用途和具体要求。通常纸板是由数层构成，以尽最大可能地利用不同类型的原料，优化产品性能。

纸板是由植物纤维制成的，纤维或来源于木材，或来源于回收的纸和纸板，也可以将两种组合使用，并且不同类型的纤维会产生不同的特性。例如，通常较短的纤维做的纸箱容量大，较长的纤维做的强度高，所以可将不同类型的纤维进行混合，以产生所需的特性。

所述纤维也可以用各种化学法进行加工，以提高多种性能，如防水和隔油。此外，对于在烤箱和微波炉和其他专门的包装中使用的纸箱，也可以给它们加一层薄膜。也可以在成品外加金属箔，使其外观更漂亮。以下的纸板由 ECMA 和 Pro Carton 使用和生产。

（1）白色内衬硬纸板（WLC，也称为 GT/GD/UD）　该产品是主要是由回收纸或回收纤维制成。它含有很多层，其中每一层都有指定的原材料。它通常具有 3 层：顶部的涂层、印刷表层和背面的一层。它被广泛应用，例如冷冻和冷藏食品、谷物、鞋子、纱织品和玩具。

（2）折叠纸板（FBB，也称为 GC/UC）　该产品通常在两层化学纸浆之间夹一层机械纸浆构成，一共有 3 层，顶部的涂层、印刷表层和背面的涂层。主要用于包装药品、糖果、冷冻食品和冷藏食品。

（3）全漂白纸板（SBB，也称为 SBS/GZ）　该产品通常中间是一层纯漂白化学纸浆，上面覆盖 2~3 层涂层，背面覆盖一到两层涂层。也有不加涂层的，主要用于包装化妆品、药品、照片、烟草和奢侈品包装。

（4）固体漂白板（SUB/SUS）　该产品通常是由纯漂白化学纸浆与两三层顶部表面涂层构成。在某些情况下，背面需要是白色的。它主要被用作装饮料的瓶子和罐子，因为它很结实，并且可以防水，被用在对包装强度要求很高的地方。

以上产品在欧洲的总产量如下所示：WLC 59.6%；FBB 32.7%；SBB/SBS 7.7%。欧洲人对纸张的平均消费约为 10kg/人（Pro Carton，2009）。

14.6 研究范围

14.6.1 功能单位

LCA 或碳足迹的功能单位将对产品的功能的量化作为比较的基础。这项研究中功能单位是流入欧洲市场的平均重为 1t 的纸箱产品（欧盟 27 国）。

14.6.2 研究总体范围

这项研究分析了 CEPI 碳足迹框架的 1、2、9 和 10 部分。它涵盖了根据 GWP 100 标准测量的由于化石燃料使用产生的温室气体和垃圾填埋产生的甲烷。生物二氧化碳的情况也将另外呈现。

　　第 1 部分包含森林中的净固存，该区的木材用于制造纸浆和纸板。第 2 部分包含 GWP 的变化和市场产品联管中的生物二氧化碳的变化。第 9 部分包含了垃圾焚烧和垃圾填埋。第 10 部分包括焚烧和垃圾填埋能量回收过程中的减排量。如果考虑纸浆和纸板在生产过程中的减排量的话（如原始纸箱生产时的电能或热能被出售），可在第 3～7 部分中找到。图 14.1 给出了每吨纸箱投放到欧洲市场后的一个周期内的情况，包括第 1～9 部分所示。

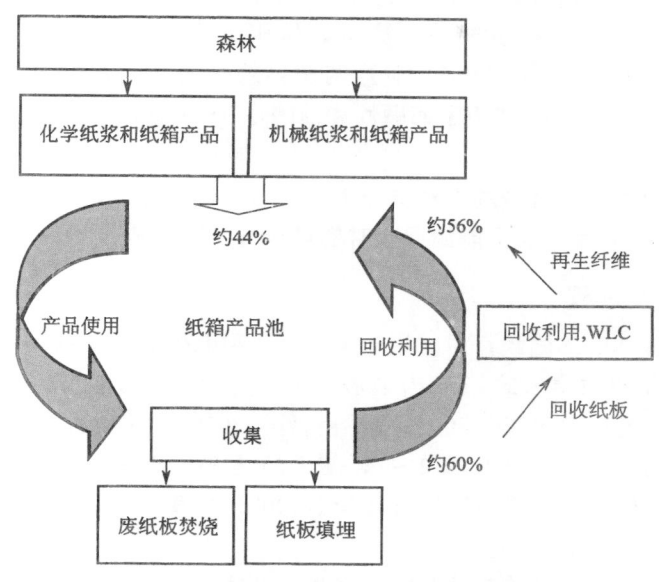

图 14.1　包括步骤 1~9 的纸箱生产周期

图 14.2 显示了生命周期，包括减排量（步骤 10）：
① 假设产品的电能和热能代替了纸箱废物焚烧过程中的电能和热能。
② 假设所选燃料的燃烧和生产取代了垃圾填埋场中生物燃料（甲烷）的生产。

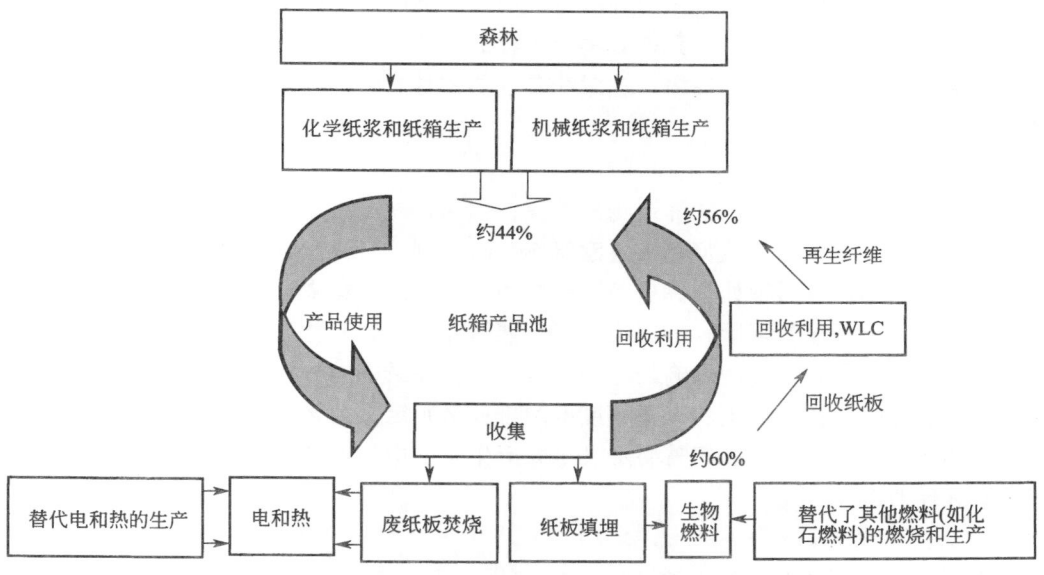

图 14.2　包括步骤 10 的纸箱生产周期，最终减少了排放量

在通常情况下，由于 LCA 法已经不适用于欧洲的碳足迹，所以现在广泛使用的是系统归因分析方法。

14.6.3　碳足迹系统分析的类型

我们将 LCA 和其他系统的分析方法分为两类：归因研究和结果研究。归因分析系统专注于描述与环境相关的物理流动，并从生命周期及其子系统进行定义。结果系统分析的目的是描述相关决定作出后，与环境相关的流量如何相应改变的决定，并因此对其进行定义（Curran 等，2005）。Ekvall 等（2005）对这两类系统分析方法的选择进行了详细的讨论。然而，在 Ekvall 等的研究中，使用了回顾性和前瞻性 LCA 这两个术语来代替归因性及结果性 LCA。

本研究中使用归因法。这是基于对电力生产结构进行的假设，假设达到全国或欧洲以及步骤 10 的平均水平，并且减少了能源回收时的排放量，这些地方的平均数据已被广泛采用。

14.6.4　数据采集过程

对于步骤 1 和森林中的固碳，木材用于生产纸浆和纸板的原始数据是从 CEPI 森林专家和 Pro Carton 专家那里收集来的，CEPI 森林专家以一般统计为基础，而 Pro Carton 专家以相关植物的生产量为基础（伦巴，2009；达格利什，2009）。废物处理和数据流量是根据文献资料和专家讨论得来的。对于步骤 3～7，使用的是 Pro Carton（2009）的数据。在处理后期，在欧洲市场的数据统计来自欧盟统计局（2009）和其他来源。每一步骤的每一过程中对数据来源都进行了详细的阐述。

对所收集的数据进行交叉检查，分析数据集的文档，并对流量和单位是否合理进行了验证。使用 Excel 进行计算。

14.6.5　系统边界

14.6.5.1　基本条件

碳足迹应该包括所调查系统中对环境造成明显影响的所有阶段。

在所有的生命周期评估中，数据收集受工程的特殊限制的约束。在这项研究中，从欧洲以外的国家进口的木材不包括在内；这意味着这些木材的碳足迹被认为是零。这应该是一个保守的假设。

14.6.5.2　地理边界

该研究的目的是要反映出欧洲市场的情况，因为在欧洲市场上销售的大多数纸箱是欧洲生产的。由于循环率和其他数据都来自欧盟 27 国，因此，我们选择了欧盟 27 国对产品的生产、使用、回收利用和后期处理。然而，一些用于生产的木材来自欧洲以外的地方。在这种情况下，我们如上假设为零固碳，因为我们不能研究欧洲以外林业的情况。

一个重要的问题是，环境影响是与用电有关的。在系统的分析中，电力通常被视为由系统中电力生产的组合技术产生的。每 1 度电的排放量则定义为该组合的平均排放量。

想要计算平均排放量，我们需要定义电力产生系统中的地理（或组织）的边界。以下是几种可供选择的边界：

　① 电力生产公司；

　② 高效电力市场区域；

　③ 传输容量不受限的区域。

没有客观的方法来定义这些界限，电力系统由人为界定。因为我们正在研究欧洲市场，所以在该研究中的每一步骤我们都使用的是欧盟 27 个国家（每度电产生 520g 二氧化碳）的平均电力。

对于步骤 3~7，为了使不同结果可以相加来计算总的碳足迹，我们应谨慎使用电力系统的相似系统边界。

对于欧洲避免的热力生产平均量，采用的是：天然气发电时每度电产生 237g 二氧化碳的排放量。

14.6.5.3　生命周期边界

生命周期内的边界描述了生命周期环境影响的输入或输出，并描述了如何对给出的数据进行汇总。这 10 个步骤包括了该过程产生的环境影响。

步骤 1、2、9 和 10 中纸箱的生产和改装的数据要相加起来，所以边界要始终一致。

重要产品的生产、维修和售后服务，如机械、电站、员工活动等，不包括在本研究的产品系统中。

14.6.5.4　生产电力和燃料

碳足迹包括电力生产和燃料的能源资源转化。也就是说，电力和燃料生产中的温室气体排放量被包括在内（图 14.3）。

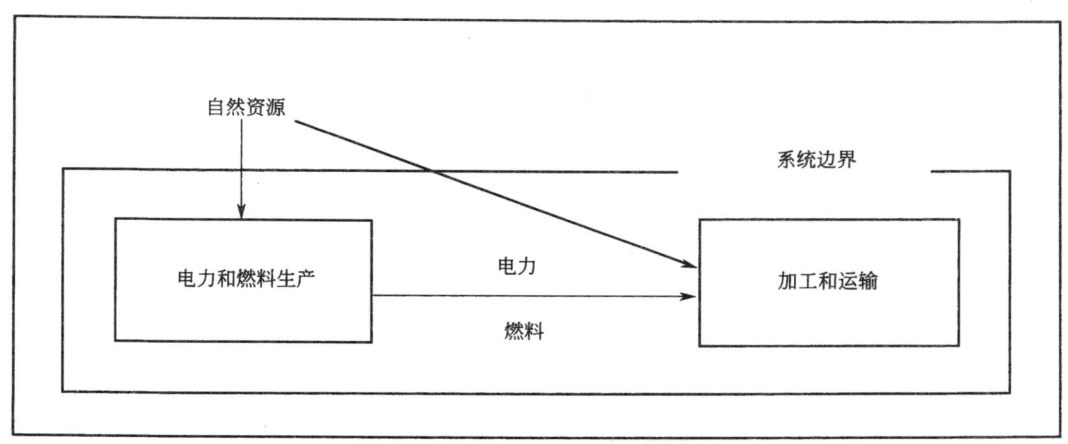

图 14.3　关于电力生产的系统边界说明

14.6.5.5　边界的验证

非基本的流入和流出不遵循技术与自然之间的界限，假定这个事实对总的 LCA 结果没有显著影响。该解释强调包括验证这一假说的定量和半定量敏感度分析。如果敏感性分析表明假设是错误的，则需要对系统的边界进行调整，以包括显著的碳足迹过程，且需要反复不断地进行计算。

14.6.5.6　自然边界

生命周期的起源是自然。当使用的资源（例如原油）是从地面提取时，自然与产品周期之间的界限是交叉的。

生命周期的终点是土壤、空气（如燃料燃烧的排放）或水（如废水处理的排放）。对于垃圾填埋场，研究的时间跨度为 100 年，而不是人类活动停止以后。填埋气体排放和泄漏是微乎其微的，这可能是另一种终止。在本研究中选择 100 年作为研究时间期限是参考了其他研究的使用标准，而且在大多数生命周期评估中的分解都是以 100 年为时间限制的。

在垃圾焚烧中，碳足迹包括排放到空气中的气体和焚化过程中产生的炉灰或废物。然而，与垃圾填埋场的灰尘有关联的温室气体却不包括在内，即灰烬是系统的非基本流出，也就是不遵循技术与自然之间的界限（表示为非基本废弃物）。

14.6.6　废物焚烧和垃圾填埋场中的能源回收

焚烧可以提供区域供热和供电。这些电和热可以在其他技术系统中使用，且其避免使用了来自其他能源生产的电力和热能，见图 14.4。

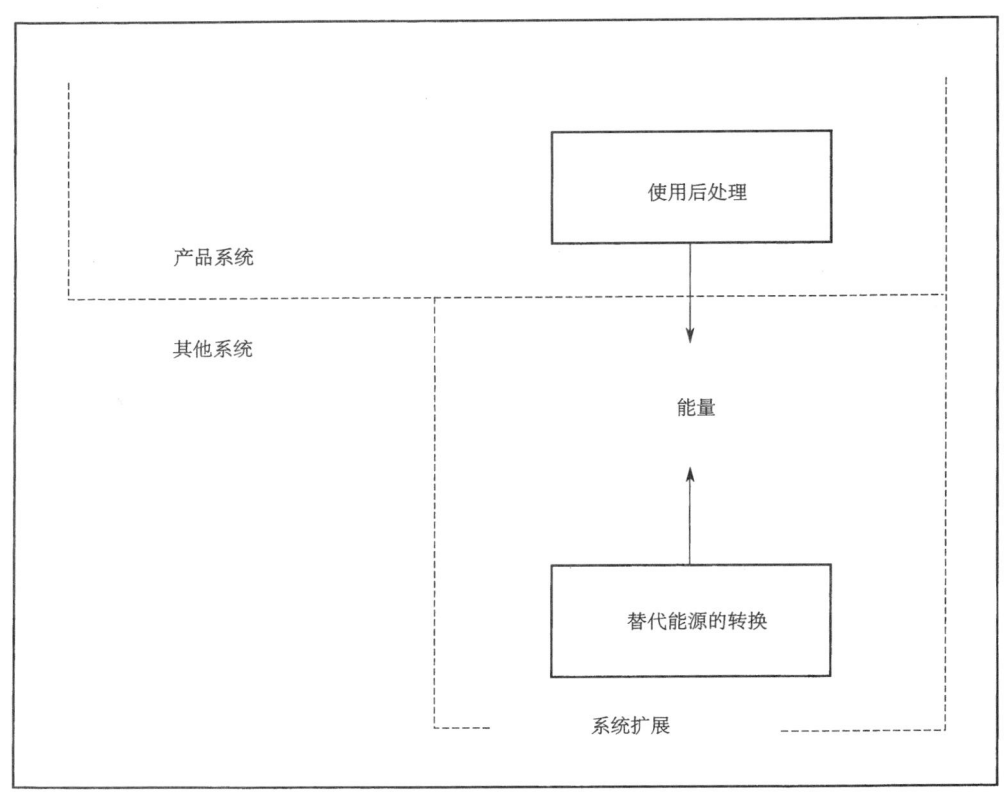

图 14.4　系统边界扩展到包括焚烧过程中热能和电能的减排量

14.6.7　数据质量要求

本节介绍了在本研究中所使用的数据的质量要求，它涵盖了在 ISO 14044（因为 ISO 14067 尚未完成）中质量方面的要求。

14.6.7.1　时限的范围

本研究旨在调查当今纸箱生产系统中的环境影响，因此我们尽量使用近期的数据，如 2008 年或 2007 年。

14.6.7.2　地域范围

该研究涉及的是在欧洲生产的纸箱。在步骤 1 中，木制品代表了欧洲伐木的使用份额。从欧洲以外进口的木材封存的数据是一个数据缺口，并且被假定为零。进口的纸箱板和纸箱都包含在回收阶段，但不可能建立进出口模型，以及该工程范围内的详细的欧洲模型。

14.6.7.3 技术范围

本研究的目的是描述纸箱在欧洲所使用的具体过程，因此，需要达到系统使用的技术水平。

14.6.7.4 精确度

数据的精度用于衡量数值准确性。其目标是尽可能在研究的框架之内获得高精确度。然而，在大多数的案例研究中数据的不确定性很大。

14.6.7.5 完整性

数据的完整性关注的是纸箱生产过程中收集到的温室气体排放量数据所占的百分比。由于本研究的目的是评估进入欧洲市场的纸箱，所以使用的数据应该是这些纸箱的特定数据。因此，理想的情况应该是始终收集所有生产纸箱和纸板的数据，例如原始木材，这一直不在该项目的研究范围内。由于时间限制，无法进行这样全面的数据收集，这其中所涉及的一些保密协议管理也使得我们无法获得这些数据。

14.6.7.6 一致性

一致性强调的是在该研究中不同地区的数据、数据源和研究方法要保持一致，在不同系统中的研究方式要保持一致。这对比较判断的研究来说尤为重要。一致性还涉及方法问题，如系统的定义和程序的分配。该方法应一致地应用于不同的分析部分（ISO 14044）。此时在Pro Carton（2009）中，当计算"从摇篮到大门"及"从摇篮到坟墓"的碳足迹时，步骤1、2、9和10的计算过程要与步骤3～7的计算过程保持一致。

14.6.8 气候变化的类型指标

根据 ISO 14044，生命周期影响评价（LCIA）的必要内容包括：对影响类别、指示类别和描述模型进行选择，将评估结果分配到所选择的影响类别（分类）和指示类别（特征）的计算中。

全球气候变化会带来很多问题。在地势低洼处海水的平均温度升高导致洪水爆发，这往往也是人口密集的沿海地区。如果部分南极冰川融化将会导致这种效应的加剧。全球变暖可能导致天气模式的区域性变化，其中包括降雨量的增加或减少或风暴频率的增加。这些变化可能对自然生态系统以及粮食生产造成严重影响。

全球变暖是由大气中吸收红外辐射的化学物质浓度的增加引起的。这些物质阻挡了热量从地球上辐射出去，这与玻璃温室的功能类似。分类指标是指某物质对于研究系统产生的温室效应的贡献度。定性因数代表了物质能够吸收红外辐射的量与 CO_2 单位质量相比的程度。由于这些物质的持久性的程度是不同的，其全球变暖潜能（GWP）将取决于时间因素。因此，研究的时间跨度可选择为 20 年、100 年和 500 年，本研究中时间跨度选为 100 年。在周期评估、政策讨论和国际协定中，时间跨度 100 年通常视为"可观察的"时间段，但应该注意，这个选择可能是任意的。

生命周期中全球变暖潜能值的总贡献的计算公式为：

$$GWP = \sum GWP_j \times E_j \tag{14.1}$$

式中，E_j 和 GWP_j 中的 j 代表该输出中表征因子的量。定性因素是衡量每千克物质相当于 CO_2 的质量，因此，该类别指标的单位是千克（以二氧化碳当量计）。用于表征全球气候变暖的因素是由气候变化国际小组（福斯特等，2007）研究的 GWP 100 特征因素。

14.6.9 敏感性检查

对于调查结果的敏感性，还要进行许多的敏感性分析。其中应该涵盖不同方面，如生物二氧化碳固定、对产品和存放在垃圾填埋场产品中碳的其他研究方法，以及用不同的废物管理方案处理的产品的比例。

14.7 森林中碳的储存（步骤1）

14.7.1 介绍

在全球范围内每年化石燃料燃烧（包括混凝土）所释放出的 CO_2 大约为 2.5×10^{10} t（以 CO_2 当量计）（IPCC，2007）。温带和寒带生态系统植被每年吸收 5.0×10^9 t 二氧化碳，其中大多数都进入了森林（Hyvönen 等，2007；英国皇家学会，2001）。与化石燃料的排放相比这是一个相当大的量。因此，每年人为排放的增量大于空气中 CO_2 的增量（Canadell 等，2007），这就是所谓的"空降分数"（AF），它是每年空气中 CO_2 的增加量与同年中 CO_2 的人为排放总量（化石＋土地利用变化）之间的比率。不同年份的比率不同，其变化范围为 0～0.8 之间。自 1960 年以来，AF 有所增加，这意味着碳汇储存到陆地生态系统，且海洋中二氧化碳的人为排放量没有同步增加（Canadell 等，2007）。这突出了森林中碳储存的重要性。

陆地生物圈和空气之间的碳交换通过光合作用进行吸收 $[nCO_2＋nH_2O＋光\longrightarrow(CH_2O)n＋nO_2]$，并通过植物和土壤呼吸作用进行释放。干扰过程（火、风、虫害和非管理系统的食草作用）、毁林、造林、土地管理和管理系统的收割所产生的影响也是很大的（IPCC，2007）。在最近的 30 年里，所有这些过程的最终结果是通过陆地生态系统吸收了空气中的 CO_2。重要的是要弄清楚吸收的原因及未来可能的进程（IPCC，2007）。

问题在于未来森林碳储存能力可以持续到什么程度。据估计，世界森林的碳储存容量目前已使用了 20%（Kauppi，2009）。这意味着，几十年内森林碳储存量将继续增加。

需要注意的是，扩大北方森林的面积以减缓气候变化的活动一直以来存在很大的争议，因为这可能改变当地的反照率，增加热辐射的吸收，从而引起局部升温（巴拉等，2006）。不过，这主要适用于土地利用变化（造林、再造林），对现存林地的持续扩大化不会造成明显的局部地区升温。

14.7.2 管理高储存碳的森林的必要性

与非管理式森林相比，一般主动式管理从空气中去除的碳所占比率更高（Hyvönen 等，2007；Grace，2004）。任何能提高温带或寒带森林的生产力的措施，如施肥，都很可能会增加森林从大气中吸收碳的速率（Hyvönen 等，2007）。在区域规模的森林生态系统中，碳储存受循环长度、稀释度和森林的龄级分布的影响（Nabuurs 等，2008）。

短的循环长度通常会导致生物质中较低的碳储存。然而，循环长度的增加可能会增加风倒木以及昆虫攻击的风险。对二氧化碳来说，庞大的昆虫袭击和火灾近年来使加拿大森林被视为碳源，而不是碳汇（Kurz 等，2008）。树种的选择是很重要的，在许多情况下针叶树可能更有效地固碳，因为针叶树在较长时期内保持了较高的增长速度（Hyvönen 等，2007）。

Nabuurs 等（2008）提出了如何在欧洲地区碳储量已经很高的森林优化碳封存的办法建议。这些地区包括芬诺斯堪的亚南部和中部以及东欧（Nabuurs 等，2008）某些部分。对于这些地区，为维护和提高现有大型碳储量，建议应用一个细致的再生机制来降低风险的干扰（如风倒木、虫害、火灾）。Nabuurs 等（2008）也提供了一些证据，表明具有高的碳储量的地区也是具有高生物量的地区，由于增量超过产量的损失和死亡率，所以在尚未饱和的阶段，仍然会封存大量的碳。他们的结论是保持森林具备较大的固碳能力并且同时合理采伐林业，是非常可行的（Karpainen 等，2004）。然而，他们还指出，不同的生长条件下，长期固碳相关的最佳储存增量大相径庭。对于具有较低碳储量的区域给出的建议是，从固碳的角度来看，要减少采伐或改种更高效的树种。

为了提高寒带和北温带森林的生产量，以下列出了森林管理行动（SKA，2008）：

① 缩短最终采伐与再生播种之间的时间段。

② 增加用于再生的区域比例。

③ 增加种植密度。

④ 增加采伐后用于产种的树木密度。

⑤ 充分利用从育种活动中获得的高品质植物材料。

⑥ 增加清洗活动。

⑦ 增加施肥面积。

⑧ $4.0 \times 10^5 \text{hm}^2$ 原农业用地转变为森林（与瑞典总的林业用地：$2.20 \times 10^7 \text{hm}^2$ 比较）。

根据预测，与瑞典当前的森林管理（图 14.7）相比，在未来 50 年，这些措施能够使瑞典森林的总生长提高 15%。目前，瑞典森林的执行强度很大。以上列出的所有操作都是劳动密集型的，且成本很高。分析中明确指出，是否应用上述操作取决于在木材市场上销售圆木时森林所有者的经济回报。

Nabuurs 等（2008）提供了一个欧洲范围内的泥炭地地图，重点描述了一种在有机泥炭地上种植的森林，它不具备碳封存能力。现已明确知道在欧洲北部湿润森林生态系统中的有机土壤是排放到大气中的温室气体的来源（冯·阿诺德等，2005），其中二氧化碳排放量是最重要的排放。因此，如果木材的市场需求增加进而加大对森林的开发力度，例如，对泥炭地进行排水，在森林中进行种植，清理旧的排水沟渠等，那么对整个森林的碳封存来说，效果是负面的。因此，需要从这个方面对用于制造纸箱的木材来源进行说明。

泥炭地森林大约占据瑞典森林总用地的 5%，占瑞典森林土壤排放的温室气体总量的 15%（冯·阿诺德等，2005）。

在某些地区，森林火灾成为影响碳储存的一个重要因素，如在西班牙的西部、法国南部和意大利的部分地区。如果想要发生森林火灾的风险不随着木材需求的增加而增加，与之对应的森林管理手段是非常重要的，这主要包括防止森林地面上木材碎片的积累。预测南欧地区的气候日趋干燥，为了这些地区碳储存的可持续发展应该选择更多的耐火树种（Nabuurs 等，2008）。

14.7.3 消费者的需求、森林管理和碳储存之间的关系

CEPI 碳足迹概念包括如步骤 1 中森林生态系统的碳储存。步骤 1 包括在足迹内，因为与供应木材行业相关的活动，可以长期增加或减少平均森林碳储量，我们不能忽略这些活动所造成的影响。基本概念是：工业企业对木材的购买在一定地理区域保持了高效的森林管理，这包括收获后的播种、稀释等（见上一节）。这些森林经营活动保持较高的增长速度并且增加了碳储量（因为采伐只占增长的一小部分）。

有效和可持续森林管理的主要驱动力是在木材市场上销售木材的经济回报（Wibe 和 Carlen，2008，图 14.5）。推销自己的产品时首先要有消费需求，从而维持生产。在木材市

场上购买高价的木材，从而使森林所有者获得经济回报。我们面临的挑战是要证明，木材行业消耗的降低将会导致森林碳回收有一定程度的下降。然而这需要一个长期的时间跨度。此外，想要谁对当前出现的森林碳储量的增加负责，我们面临的挑战是要证明这都是由于木材行业的需求增加导致的。

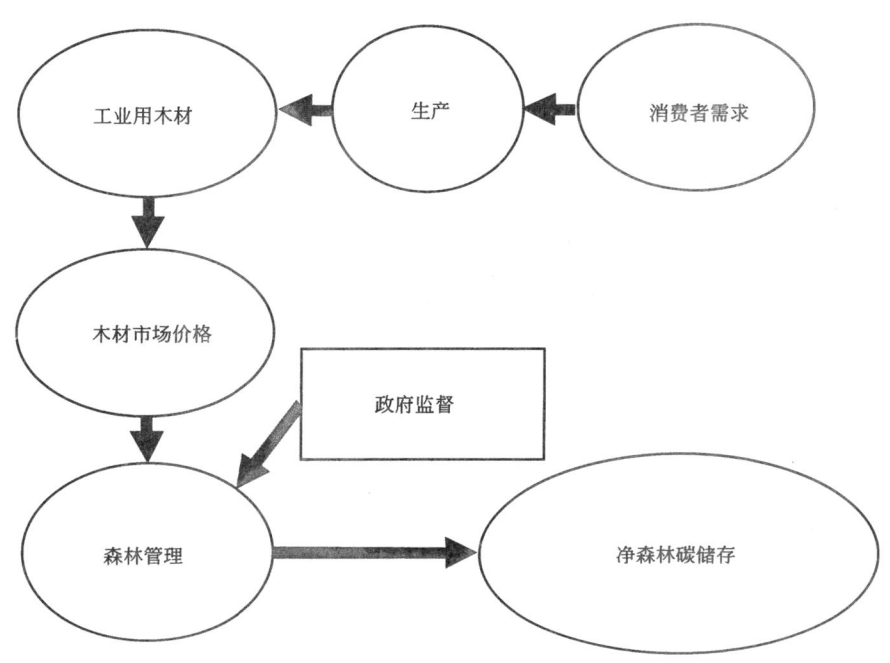

图 14.5　CEPI 步骤 1 中的原则，建立了消费需求和森林碳储存的关系

更值得关注的是，对木材的需求不应该太高，以避免砍伐率超过增长率。在许多国家，这是由不同的政府机构监督的。例如在瑞典，森林所有者的砍伐率比瑞典林业董事会报告的多 0.5hm²。

从上面的讨论中可知，CEPI 碳足迹解决了森林管理对森林生态系统固碳的影响。因此，需要进行与参考方案相关的计算，以应用到同一个没有管理的森林中。在本计算中，参考情景假设是旧的、零碳封存的非管理森林。这种假设可能会存在争议，但普遍认为，净生态系统生产力（NEP）和树龄之间的关系遵循最佳曲线，而当树龄约为 70 年以上时，寒带和温带森林的净生态系统生产力接近于零（Pregitzer 和 Euskirchen，2004，但也在 Carey 等的研究中可见，2001）。其他人可能会争辩说，参考方案应该是一个没有森林采伐的地方，让其继续固碳，达到最大的"天然"的储存级别。在没有更多的碳储量的情况下，最高水平将在不同的森林地区达到不同的点，但从平均几十年来看，这就是我们不选择此参考方案的原因。

14.7.4　森林可持续管理——以瑞典为例

我们对有关碳储存的可持续森林管理进行分析，由于瑞典是纸浆的主要生产国，所以我们以瑞典为例进行详细讨论，其他国家的森林管理在 14.7.5 中讨论。

14.7.4.1　历史资料

瑞典森林（包括树木被伐后同一年的增长率，包括所有树的种类）的总增长率比采伐的

总速率高 20%～25%，包括 1980 年来由其他原因引起的死亡率（图 14.6）。这是过去的近
30 年的情况。因此，据估计，同一时期内瑞典森林生物中的碳储量持续增加（图 14.9）。

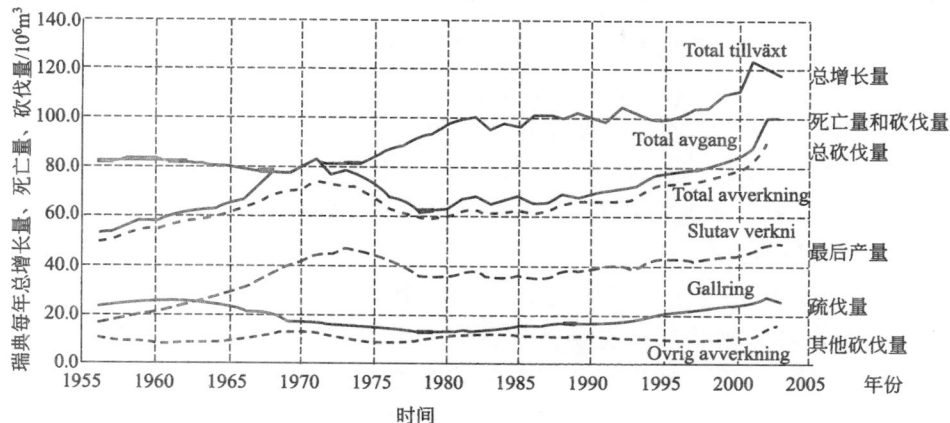

图 14.6　每年全国的增长总值（包括收获后的同年树），1956—2003 年
内分为不同的类别砍伐的时间段。运行 5 年后得出的数据，包括所有树种。

注：资料来源为瑞典国家森林资源清查（2008 年 12 月 10 日）

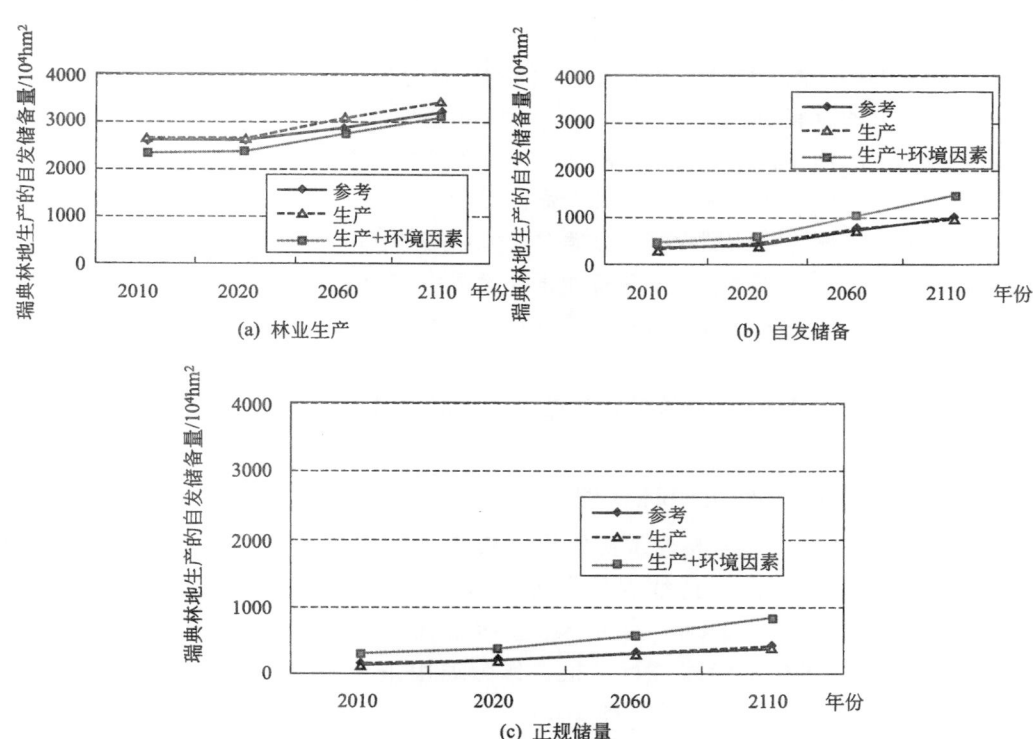

图 14.7　在三种不同的森林经营方案下，瑞典森林常备储存的预测；目前的管理
（参考）提高了生产（生产），并在希望的环境因素（产量＋ENV）组合条件下增
加产量。给出了林业生产（a），自发储备（b）和正规储量（c）的所有树种和常
备存储。来源：SKA，2008。

14.7.4.2 前景预测

为了能够包括步骤 1 中碳足迹的计算，应当证明所购买的木材来自碳储存持续性很好的森林。时间范围最好以 100 年为跨度。然而在如此长的时间周期内很难做出可信的预测。但可靠的是，对未来 20 年的林业进行详细预测是可能的（SKA，2008）。

瑞典林业董事会定期在瑞典对林业部门进行长远的方案分析（SKA）。最近的报告在 2008 年发表（SKA，2008）。在这份报告中，不同的森林管理强度对生长、潜在的产量以及常备库存的影响进行了分析，这些分析有严格的林业生产重点，并且采伐速率始终尽可能接近森林生长速率，没有涉及施工情况下的森林碳储存。该分析中还包括了由于瑞典地区气候变化导致的森林生长的加快。

在一个生产场景中，通过在模型分析中引入森林管理操作使林业的产量有所提高（14.7.2）。增加森林管理强度是有挑战性的，但并非不切实际。本生产方案是与瑞典森林管理的普通做法进行了比较的。还有一种场景，其生产方案是与遵循瑞典环境质量标准的另一个场景相结合，包括诸如生物多样性、远古森林、地表水氮淋溶、文化遗产、社会价值等。

瑞典林业有望在未来改变，林业生产会更加多元化、更正规、更自发地储备（图14.7）。自发储备由森林所有者规定，以维护具有特殊价值和脆弱的森林（如接近瑞典北部高寒山区的森林）、对生物多样性具有特殊重要性的森林以及具有社会价值的森林等。总的来说，预计瑞典林地生产的自发储备将包括 100 万公顷，其 50 年之后将包括瑞典总林业用地的相当大的一部分（图 14.7）。这是很有可能的，部分原因在于，在瑞典大型的林业公司中，政府拥有较大的所有权。

森林管理也可应用在自发储备中。然而，不能使用大规模采伐。因为产率会降低，而且与生产性森林相比，森林将达到相当高的寿命。然而，在不久的将来，由于生产式森林自发储备和正规储量，会使这种类型森林的总储存量大幅增加[图 14.7(b)]，尤其是在人们希望达成这一目标的情况下。因此，自发储备和正规储量将在未来 50～100 年林业碳储存中发挥重要作用，在到达之前，生长阶段将会下降[图 14.8(b)]。

在 SKA（2008）的分析中也计算了森林碳储存。尽管关注最大可持续收获率，但该分析根据场景预测，在未来 20 年，每年瑞典森林的碳储存将会达到 1300 万～2100 万吨二氧化碳。其主要部分是自发和正式的储备。

14.7.5 其他国家的可持续森林管理

就森林碳储存而言，判断其他重要的欧洲纸板箱生产国是否发展的是可持续林业，必须从其历史记录来判断。可持续碳储存可以从各个国家向气候公约递交的数据进行评估（国家清单报告，NIR），其主要包括土地利用、土地利用变化和林业（LULUCF）。数据以表格的形式进行汇报，作为通用报告格式（CRF）。在这里，我们使用的总林地数据来自 CRF 表 5A（图 14.9）。

向气候公约报告森林碳储存变化是自愿的。然而，除了英国以外大多数欧洲纸箱生产国都选择这样做。报告可以是对森林生态系统不同方面的碳储量变化，如活生物量、非活性生物质、土壤矿质碳和土壤有机碳。不同的国家在不同的程度内进行报告。以德国为例，它只报告森林生态系统碳储量变化的一个概述，列入的数据至少包括 10 年前的。从图 14.9 中可以看出，所有被评估的国家的林地至少有 10 年的可持续碳储存。使用了大量的全国森林资

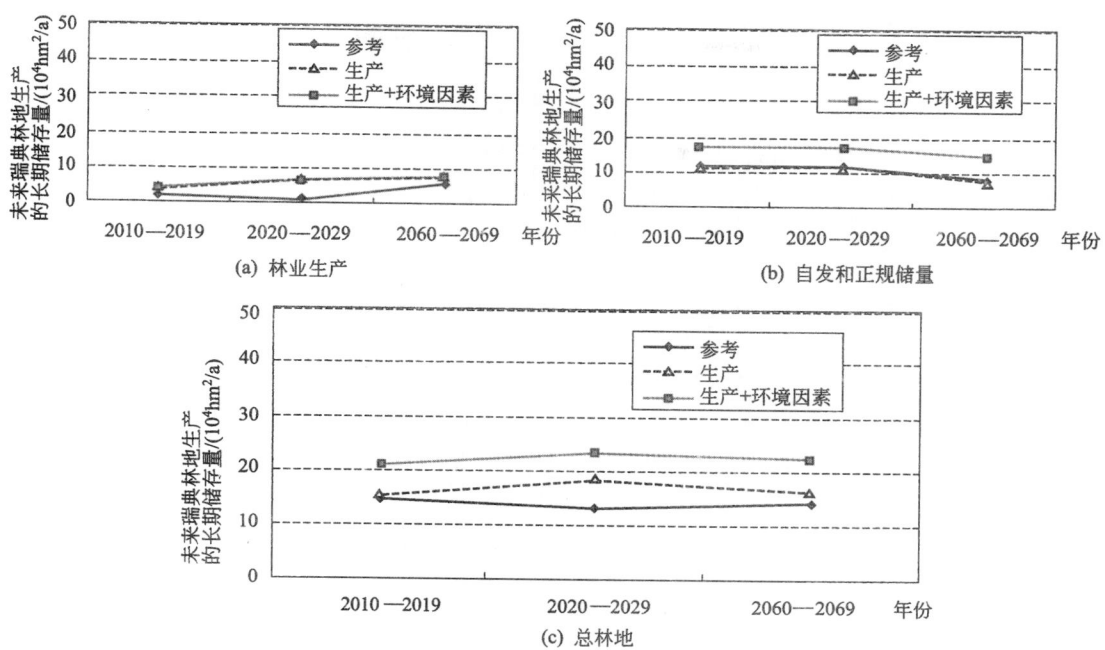

图 14.8　在三个不同的森林管理情境下，瑞典森林未来长期储存的变化；
目前的管理（参考）、提高的生产（生产）、考虑了环境因素（产量＋ENV）
条件下增产。给出了林业生产（a），自发储备（b）和正规储量（c）的所有
树种和常备存储。来源：SKA，2008。

源清查的方法，瑞典的数据只显示到 2003 年（因为之后几年的数据尚未最终形成）。瑞典森林碳储存的可持续性在上面已经讨论过。

从图 14.9 可以看出，固碳率最高的为活性生物质。在大多数情况下，估测到矿物土壤固碳率低，而有机土壤（含森林覆盖率）要释放二氧化碳到大气中。

尽管如此，大批全国森林资源清查估测样地如瑞典（30000 块，每 5 年重访），其生态系统中碳储存的变化值有相当大的不确定性。碳储存的不确定性，如瑞典森林系统的估测为 36％，其中 22％ 为活性生物量、70％ 为非活性生物质和 36％ 为土壤碳。

可持续碳储存的另一个方面是，砍伐的速率应保持远低于林业总增长率。每年净增量和采伐率的数据由联合国欧洲经济委员会（UNECE）收集，UNECE 的数据是基于粮农组织统计的数据。联合国欧洲经济委员会的年度报告值分别为 1990 年、2000 年和 2005 年。可以看出，所分析的所有国家每年的砍伐率均远低于每年林业总增长率。

14.7.6　如何计算与购买木材相关的森林碳储存的份额

森林生态系统中碳储存与工业生产环节相连接的原则是，购买的木材可以被视为在一定地域范围内供养林业。这一原则应该应用于广大的地域范围，即景观水平，认识到这一点是很重要的。这也是一个"虚拟"的地理区域，它并不一定包括单个地域，也可以在整个区域进行分割区间。另一方面，在整个虚拟区域内应用同一类的森林管理和森林的生长条件。在供养地区内，所有的林业一直处于不同的生长阶段和收获阶段。

计算与购买的木材相连接的林业碳储存的份额，最简单的方法是使用每年森林生态系统

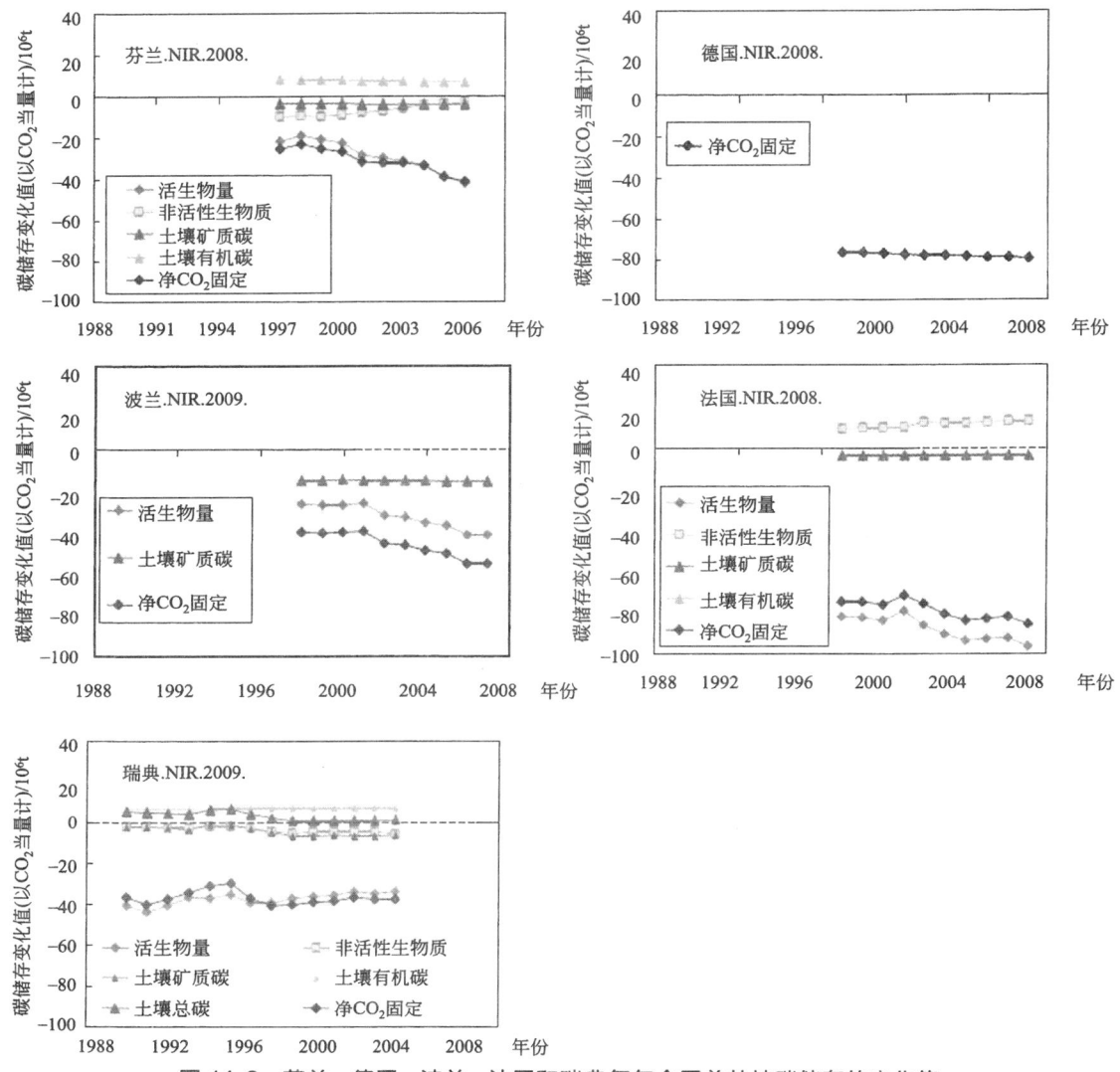

图14.9 芬兰、德国、波兰、法国和瑞典每年全国总林地碳储存的变化值

[数值来自2008年或2009年国家库存报告（瑞典EPA,2009），并用二氧化碳当量表示。

正值表示排放，负值表示从大气中吸收]可持续碳储存的另一个方面

中碳储存的总额，并把该值除以同年同一地区的采伐总量。基本假设是，购买木材的原产地是整个供养区域森林管理和生长条件的典型地区。

第一个简单的方法是使用全国范围内由于纸箱生产所消耗木材的值、收获率以及森林碳储存值，因为后者是大多数国家向气候公约所汇报的值，也是可得到的最好的数据。

14.7.7 根据国家值计算与购买木材相关的森林碳储存份额

为了减少由于年度变化造成的不确定性，我们根据最近5年或者6年的可靠数据进行计算（表14.3）。全国森林碳储量的变化数据是从国家的不同清单报告（NIR）中最近一年的数据收集的。国家清单报告（NIR）中也考虑了森林碳储量数值变化的不确定性。基于不确定性因素，我们保守地把最小的年碳储量变化值作为研究中使用的数据。从联合

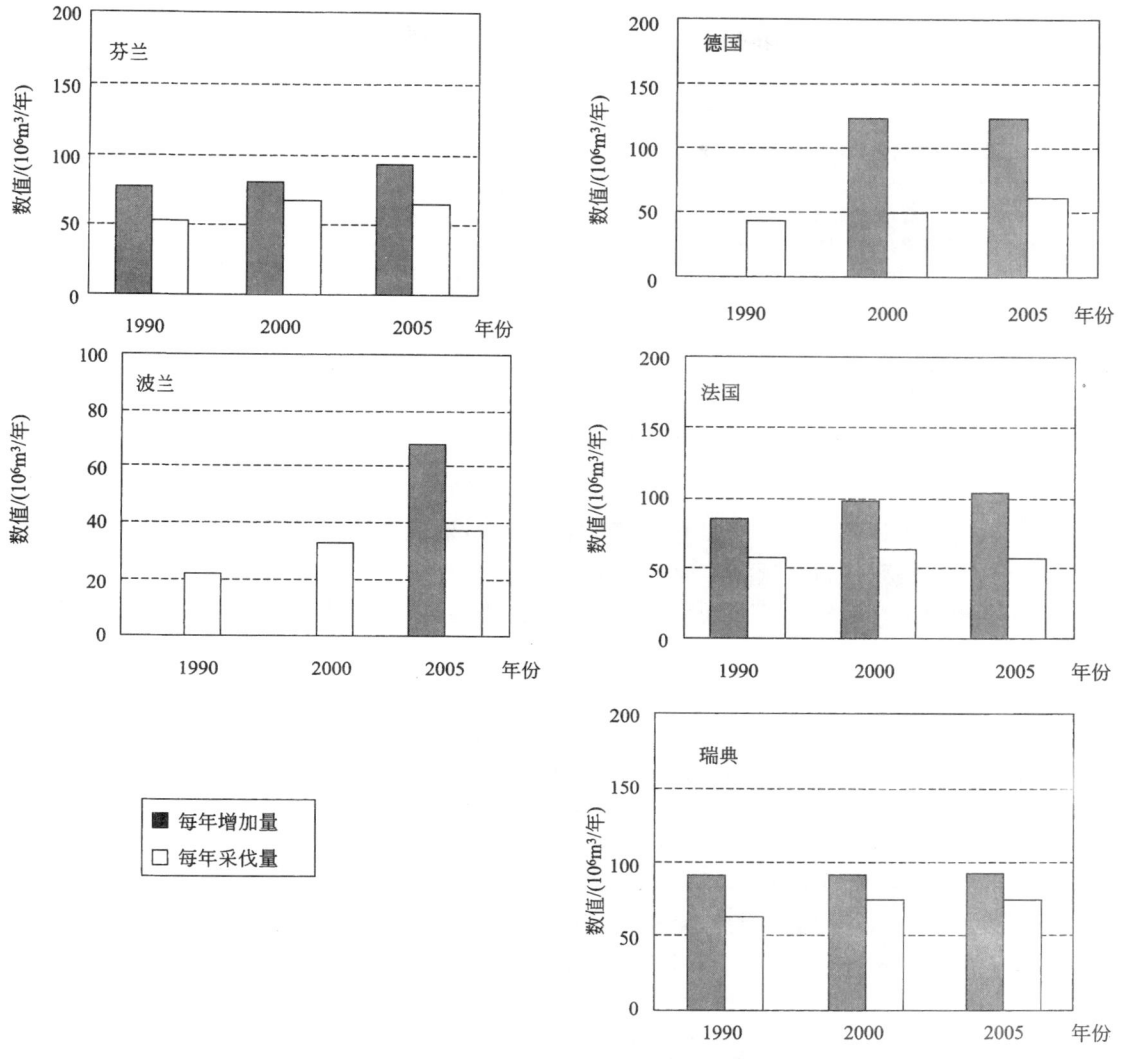

图 14.10　芬兰、德国、波兰、法国和瑞典等国每年全

国的净增量和年度采伐值［数据来自联合国欧洲经济委员会（UNECE），基于粮农组织的统计］

国欧洲经济委员会的统计数据或国家森林资源清查（图 14.10）中收集了全国每年的砍伐率，使用所选阶段中最具典型代表的数值。如果原产地并没有可持续森林管理，那么从CEPI 外进口购买的圆木应该从计算中扣除。然而，计算时假设用于生产的所有圆木源于一个可持续的森林。斯道拉恩索公司从俄罗斯进口一些圆木，但该公司在他们的环保声明报告中证实，这些森林是以可持续的方式进行管理的。不同国家森林面积的信息有体现却没有用于计算。最后，由于圆木生产带来的相关的森林碳储存木材（相对于树皮）的变化计算单位为 t/m^3（以 CO_2 当量计）。

表 14.3　与用圆木生产相关联的森林碳储量变化的计算（计算来自全国数据）

项目	瑞典	芬兰	波兰	法国	德国
引用国家清单报告	2009	2008	2009	2008	2008
时期	1999— 2003	2002— 2006	2000— 2005	2000— 2005	2000— 2005

续表

项目	瑞典	芬兰	波兰	法国	德国
每年森林碳储存的总变化(以 CO_2 当量计)/10^6 t	−37	−35	−44	−78	−77
不确定性森林碳储量变化/%	36	16	15	25	25
采用较低的不确定性范围时,每年森林碳储存的变化(以 CO_2 当量计)/10^6 t	−24	−30	−37	−59	−58
每年的砍伐量,总的圆木量(带皮木材)[②]/10^6 m³	63	60	35	23	55
从欧洲纸业联盟外进口购买的木材部分(扣除)[③]/%	0	0	0	0	0
林业区域[①]/10^6 hm²	28	22	9	16	11
由于购买木材带来的森林碳储量的变化/(带皮木材,以 CO_2 当量计)/(t/m³)	−0.37	−0.50	−1.07	−2.52	−1.06

① 资料来源:气候变化公约国家清单报告(NIR),表 5A。总林地。

② 资料来源:国家森林资源清查/联合国欧洲经济委员会。

③ 如果不能证明进口的圆木来自可持续林业,那么应该从购买的木材中减去。

14.7.8 次国家计算

如果消耗的木材是从国家内某些地区购买的,如果不同地区之间的森林管理差异相当大,那么它可能需要进行次国家层面的计算。

瑞典不同地区之间在森林净增长方面的主要区别在于,斯韦阿兰地区的总生长和收获之间的差距比较大(图 14.11)。通过比较图 14.11,斯韦阿兰地区引起森林碳储存的值较大的原因似乎是由于较低的砍伐率。

应当指出,在斯韦阿兰地区如果对木材的需求和由此带来的采伐增加,那么至少在短期内,记录在 CEPI 步骤 1 的值会降低。步骤 1 的值用于计算购买的圆木单位体积的碳储量,它随着总生长和收获之间的差距的增大而增大。

14.7.9 关键假设和不确定因素

与购买和工业生产中圆木的消耗相关的 CEPI 步骤 1 中的计算涉及一些重要的假设,而且有相当大的不确定性。部分最重要的讨论如下。

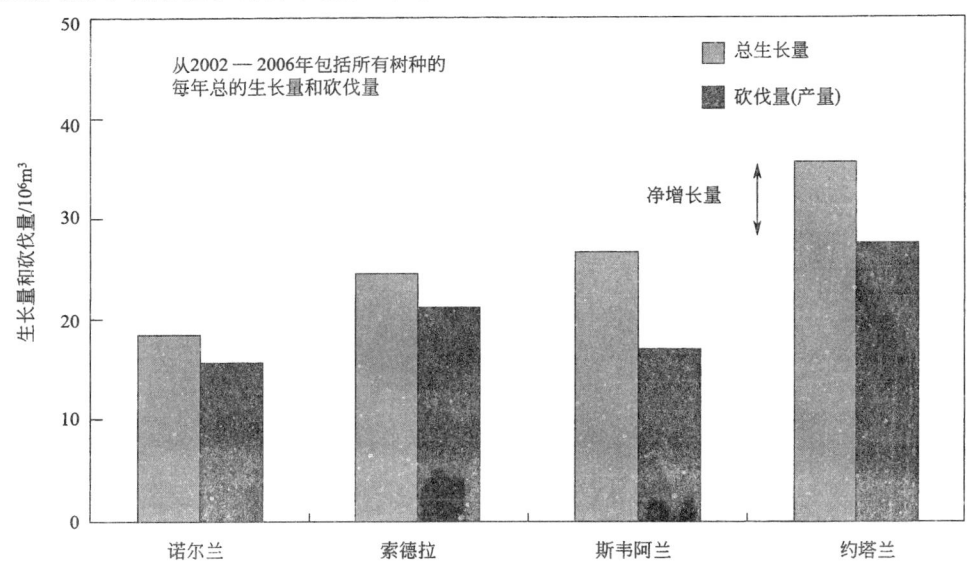

图 14.11 瑞典不同地区每年的总增长量和砍伐量(单位(以树皮计)/(10^6 m³/a)。约塔兰,瑞典南部;斯韦阿兰,瑞典中部;索德拉,瑞典北部的南区;诺尔兰,瑞典北部的北区)

步骤1的基本概念是，不同国家使用的森林管理方法，都有利于森林生态系统的碳储存。以下问题需要考虑：

① 用于生产的圆木是否来源于砍伐率比增长率低的可持续林业？

② 消费者需求的增加带来的森林活动是否不利于森林碳储存，如已排水的泥炭地森林？

在上面所做的计算中，我们已经使用了不同国家的全国范围的碳储存数据。这些都是根据最新的森林资源清查的科学方法得到的官方的数据，所有国家报告采伐率大大低于总增长率。我们发现，没有任何一个国家计划通过更多的排水泥炭地面积来提高森林的生长率。因此，我们得出结论，这些国家的森林操作是可持续的。

目前政府立法以及林业部门未来的行业都会关注采伐率不应超过林木生长的速率。然而，对于维持收成和砍伐之间的显著差距的关注（图14.10）是不一样的。相反，林业部门的目的是让采伐率更低，但接近增长率。这可能会导致未来森林中更少的碳储存。因此，加强林业碳储存方面的政治议程是很重要的。

气候研究和政策中一个重要原则是避免重复计算，即某一个储存在森林生态系统中的二氧化碳分子被多次计算。因此，如果林业和土地所有者是不相同的，则需要考虑是否森林所有者同意将森林固碳值转化为碳信用。到目前为止，据我们所知，森林所有者组织还没有要求将森林固碳量换算成碳信用。但是，如果在未来发生这样的事，一个解决办法是引入某种形式的特许系统，在圆木市场建立与购买圆木相关的林业碳储存的权利机制。

行业者普遍声称通过从森林采伐圆木生产产品，促进了林业的可持续发展。然而，在这种情况下的关键问题是：纸箱产品需求的大幅下降会导致欧洲森林的碳储存量显著下降吗？当然，这个问题需要考虑一定的时间跨度，几年甚至数十年，并与其他森林产品结合。但必须以可信的方式建立联系（图14.5），减少纸箱包装产品的消费需求：①减少纸箱制造商的生产；②减少未利用纸箱生产所购买圆木的体积；③降低原木市场价格；④森林所有者推迟森林运行，如收成、补植和稀释；⑤减少森林碳排放。我们的结论是：上述联系是建立在可信基础上的。

步骤1的计算应反映出当前情况。然而，由于年际变化，应使用过去5年可靠的数据。计算还应该包括未来20年森林操作的一些预测。然而，不同国家的森林管理政策可能会变化得相对较快。因此，步骤1的计算需要在相对较短的时间间隔内进行修正。我们建议应该至少每5年修正一次。

如表14.3所示，考虑到国家的相对不确定性，森林生态系统碳储存的值相对误差比较大，在15%～36%之间，尽管国家森林资源清查使用了大量的估测报告。为了保守分析，我们选择步骤1计算中不确定性较低的值。

14.7.10　欧洲市场改装每吨纸箱产生的生物固碳的计算

Pro Carton（2009）研究了欧洲每吨产品和改装纸箱所使用木材量的平均值。这里假设英国的木材采伐没有碳储存，因为英国国家温室气体排放量的报告中并没有包括储存量。欧洲以外进口的木材，年用量的20%产于其他欧洲及非欧洲国家，这可能造成销售每吨改装纸箱净固碳的估算偏低。

纸箱生产所用的木材的数据来自Pro Carton（2009）：市场上每吨纸箱需要0.32t干材、0.11t干化学浆和0.05t干机械纸浆。根据这些数据，可以算出每年用于纸箱所消耗的木材的总量。计算时要考虑软木和硬木的份额。纸箱生产的木材来源国碳储存的加权平均值见表14.4。

表 14.4　纸箱生产的木材来源国碳储存的加权平均值（以 CO_2 计）

国家	每年生产纸箱耗费的木材总量/(m³/a)	单位采伐量的净固碳量/(kg/m³)	分配给纸箱的净固碳量/(kg/a)	纸箱的总生产量/(t/a)	每个国家占据的生产份额/%	森林碳储存（以 C 计）/(kg/t)
瑞典	2878578	−370	−1065073938	1953300	42.97%	−234.3
芬兰	2555576	−500	−1277787966	1817725	39.99%	−281.1
英国	487173	0	0	335750	7.39%	0.0
波兰	267637	−1070	−286371537	184450	4.06%	−64.3
德国	171991	−1060	−182310097	136000	2.99%	−40.9
法国	197336	−2520	−497286720	118533	2.61%	−111.7
总计				4545758	100.00%	−732.3

结果表明，向市场投放 1t 纸箱的净固碳是 730kg 二氧化碳。同样，假定英国管理的森林没有净固碳，因为国家清单报告（NIR）中没有报道这些数据，因此可能是估值偏低，因为在英国的森林管理中应该有净固碳。另外，使用保守的方法对每年总的碳储量变化的最小值进行计算。

14.8　林业产品中的碳储存（步骤 2）

步骤 2 包括纸箱产品中碳储量的变化。假定干纤维中的碳含量为 50%，根据此碳含量计算出产品中的碳含量。考虑了化学物质和非纤维含量，纸箱产品中的碳含量为：每吨纸板含有生物二氧化碳 1474kg。考虑投放到市场中的原始纸箱，平均每吨纸箱的碳含量仅为 44%，所以对于投放到市场的改装纸箱，每吨产品包含了 649kg 的二氧化碳。

在第一种方法中加权平均寿命假定为一年。为了计算延迟排放温室气体的影响，基于 2 年后的影响进行了研究。

根据平均寿命，然后根据 PAS 2050 可以应用以下公式：

$$权重因子 = \frac{100 - (0.76 \times to)}{100} \qquad (14.2)$$

式中，to 指物质中的碳含量。

如果平均寿命为 2 年，权重因子为 0.9848，说明焚烧中生物二氧化碳的排放有所延迟。这将意味着延时，因此 PAS 2050 方法适用，计算得出每吨纸箱减少了 25kg 二氧化碳排放量。如果平均寿命为 1 年的话，将减少 12kg 二氧化碳排放量。

下面，将 PAS 2050 法得出的延迟排放量影响与生命周期末期排放进行关联。

每吨废弃的纸板燃烧产生 1650kg 二氧化碳，将被降低至 1625kg。这相当于在市场上减少 4kg 的纸板，纸板焚烧比例为 16% 时，相当于 263kg 减少到 259kg。

14.9　改装纸箱（步骤 3～7）的生产和运输过程中的温室气体排放

本研究范围不包括步骤 3～7。本研究中的最终碳足迹，Pro Carton（2009）的结果用于这些步骤。

14.10　与生命周期末端相关的排放（步骤 9）

14.10.1　介绍

纸箱板生产链的末端包括物料回收、填埋和焚烧。据欧盟统计局（2009）的统计，欧盟

27个国家的纸箱和纸板的末端处理为：75％回收利用，15％垃圾填埋场和10％焚烧（2006）。然而，纸和纸板涵盖范围较广，涉及所有纸张和纸板，包括比纸板箱具有更高回收率的瓦楞纸板，这是本研究中的重点。

根据CEPI（伦巴第，2009），纸板的材料回收利用率大约是60％，本研究中采用该数据。此外，纸和纸板的垃圾填埋和焚烧之间的关系同样被使用，即填埋＝1.5倍焚烧。这意味着，当该材料的回收率为60％，填埋是24％，而焚化为16％。

为了保证较高的透明性，目前存在的三种处理途径（回收、焚烧和填埋）作为独立的"积木"提出，从而使相关市场的各自混合处理可以进行计算。

14.10.2 材料回收

正如上面提到的，这个研究的材料循环利用率为60％。然而我们也可以发现其他的利用率。

根据CEPI的数值，对欧盟27国来说下面的处理是有效的：59％的材料回收利用，13％焚烧，28％进垃圾填埋场。根据欧洲1998—2006年对包装和包装废弃物的统计，其2006年回收率为75％（欧盟27国纸和纸板包装）。据欧洲CEPI 2007年的可持续发展报告，回收率为63.6％。根据Paperrecovery.org，2006年回收率为56.3％。

假设60％的物质循环回收率，并假设在回收过程中使用少量原生纤维，且在该过程中损失一些纤维，回收的纤维的量约为56％，原始纤维的要求大约是44％（图14.12）。

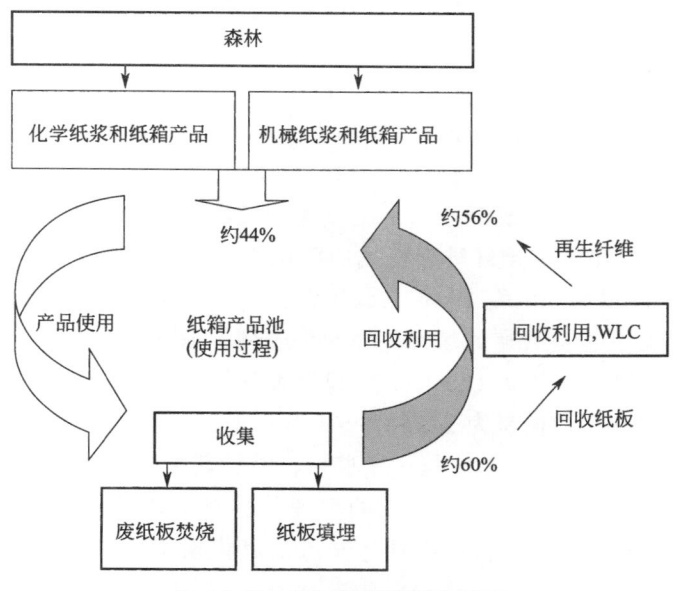

图14.12 纸板材料的回收利用

根据Pro Carton的数据（2009），步骤3～7涵盖了纸箱板（林业和原生纤维生产）"摇篮到坟墓"周期。这些数据还包括回收过程，意味着循环回收不应该加入到步骤9中。

14.10.3 纸箱的废物焚烧

焚烧每吨纸板的生物二氧化碳排放量为1074kg。根据以下条件获得该数据：

① 93％的干燥材料。

② 纸箱中纤维素含量为 63%[1]。

③ 假定干纤维素中碳含量为 50%。

这意味着纸箱焚烧过程中 CO_2 的排放量为:

$$1000×0.93×0.63×0.5×44/12＝1074(kg/t)$$

假设欧盟 27 国焚烧率为 16%,即市场上每吨纸箱中有 160kg 被焚烧,那么每吨改装纸箱将排放 171kg 二氧化碳。

14.10.4 垃圾填埋

假设欧盟 27 国垃圾填埋率为 24%,即市场上每吨纸箱中有 240kg 被填埋。

在 100 年期间的调查结果显示填埋材料的 60% 被降解,导致甲烷和二氧化碳的形成。甲烷的一部分被收集并用作生物燃料(详见 14.11 节)。

在研究文献时,发现以下关于降解和生物燃料的信息:

① 100 年间纸的总降解:50%~77%(Sundqvist 等,70%;来自荷兰的研究,50%~60%;引用 Tabasran IPC,1981,77%,但是需要更长的时间)。

② 根据不同的文章/报告,沼气收集分别为 50%~60%、50%~90%、不到 50%、60%、65%~70%。

③ IPCC 全球默认值:18%(与欧洲废弃物指令不相关)。

④ 假定沼气收集一般为 50%。

⑤ 假设甲烷可用于加热或类似用途(避免来自燃料/汽车/加热等的排放量)。

14.10.4.1 甲烷和二氧化碳的形成

假设干板中含有 93% 的干物质、63% 的纤维素,且纤维素的 60% 在垃圾填埋场降解(西蒙森等,2000),投放到市场的每吨纸箱中有 84kg 纤维素在填埋场降解。

西蒙森等(2000)发现了甲烷(CH_4)和二氧化碳(CO_2)的数据。根据这个报告,假设 70% 的甲烷被降解,则其生成量是每千克填埋纤维素和半纤维素产生 0.227kg 甲烷。这意味着每千克降解的纤维素和半纤维素生成的甲烷为 0.227/0.7＝0.324(kg)。这相当于改装每吨纸箱形成 27kg 甲烷。假设 1mol 二氧化碳相当于 1mol 甲烷(西蒙森等,2000),则 CO_2 的生成量为 75kg。这意味着,填埋气体的生成量为 103kg。

基于多种来源,如西蒙森等(2000),假设填埋气体的回收率为 50%,这意味着生物燃料的量为 51.5kg,其中甲烷的量为 14kg。

剩余的填埋气体(51.5kg)从土壤中迁移出,并且其中 10% 的 CH_4(3.8kg)(西蒙森等,2000)被氧化为 CO_2。因此,从剩余的填埋气体排放出的生物二氧化碳总量为 79kg [4kg 来自 CH_4 的氧化＋38kg 来自填埋气体(占二氧化碳总量的 50%)＋38kg 作为填埋气和燃烧排放气体被收集]。

剩余填埋气中 CH_4 的量为 12kg [是剩余填埋气体中甲烷的 90%(西蒙森等,2000),$0.9×14kg$]。CH_4 排放到空气中,这相当于市场上改装每吨纸箱产生 308kg CO_2。

上述计算由西蒙森等(2000)总结得出。用于估算 CH_4、CO_2 数据的概要且收集的甲

---

[1] 根据包装材料的标准(SFS-EN13431. Table B1),基于干物质和纸箱的湿度为 7%,则纸板箱的组成是 66% 纤维素,23% 的木质素,11% 的惰性涂层。然而,项目组决定(在斯德哥尔摩会议 2009 年 5 月 18 日),在这个项目中使用的涂料平均含量为 15%。这意味着,纤维素的含量为 63%,木质素是 22%。

烷被用作纸箱废物填埋的生物燃料，见表14.5。

表14.5　用于估算CH_4、CO_2数据的概要且收集的甲烷被用作纸箱废物填埋的生物燃料

项目	份额	改装每吨纸箱		
填埋场的纸箱废物	24%	240kg		
填埋场的干燥纸箱	93%	224kg		
纸箱中的纤维素	63%	141kg		
填埋场降解的纸箱中的纤维素	60%	84kg		
CH_4（总形成量）	324kg/t（被降解的纤维素）	27kg		
CO_2（总形成量）	1mol/mol	75kg[①]		
填埋气体	$CH_4 + CO_2$	103kg		
收集的生物燃料CH_4	50%	14kg		
从土壤中迁移出的填埋气体	50%	51.5kg		
CO_2（通过甲烷氧化的排放量）	10%	3.8kg[②]		
CO_2（来自填埋气体的排放量）	50%	38kg[③]		
CO_2（通过填埋气体收集且通过燃烧排放）	50%	38kg[③]		
生物CO_2排放总量（以CO_2当量计）	—	79kg	GWP/(kg/kg)	GWP/(kg/t)
CH_4（来自剩余填埋气体的排放量）	90%	12kg[④]	25[⑤]	308

①　填埋气里每摩尔CH_4产生1mol CO_2，$2.75 \times 27 = 75(kg)$中1kg CH_4（西蒙森等，2000）产生$44/16 = 2.75(kg)$的二氧化碳。

②　剩余填埋气体从土壤中迁移出，且填埋气体中10%的CH_4被氧化为CO_2，CH_4为$14 \times 0.1 = 1.4(kg)$，CO_2为$2.75 \times 1.4 = 3.8(kg)$（西蒙森等，2000）。

③　由于填埋气体的50%被收集，CO_2总量的50%被排放，$0.5 \times 75 = 38(kg)$。

④　剩余填埋气体中90%的甲烷被排放，$14 \times 0.9 = 12(kg)$（西蒙森等，2000）。

⑤　Forster等，2007。

14.10.4.2　填埋场的残留废物

在PAS 2050的方法中，应将由于100年后填埋场中未被降解的纤维素而导致的推迟考虑进去，下面给出了此说明的相应计算。

假设纸箱中60%的纤维素被降解（见上文），在100年的观察期间，填埋场残留的废物纸箱为139kg。其余的废物箱由未被降解的纤维素（大约56kg纤维素）以及涂料和木质素组成。

假设50%的碳含量，相当于100年后未被降解的填埋场中的纤维素产生的103kg二氧化碳，在PAS 2050中这可能被解释为排放量的流量变化或延迟。

14.10.5　概要——生命周期末端

与纸箱板处理周期（步骤9）相关的排放在表14.6中给出。周期末端的排放量，包括PAS 2050方法中推迟的排放量列于表14.7中。

表14.6　与纸箱板处理周期（步骤9）相关的排放摘要，
排放量表示为全球变暖潜能（市场上改装每吨纸箱的二氧化碳当量）

周期末端处理	全球变暖潜能	生物CO_2
材料回收	包括步骤3～7	N. R.
废物焚烧	N. R.	171
填埋	308	79
总计	308	250

表 14.7 如果《商品和服务在生命周期内的温室气体排放评价规范》（PAS 2050）
中推迟的排放量被应用，给出与纸箱板处理周期（步骤 9）相关的排放摘要，
排放量表示为全球变暖潜能（市场上改装每吨纸箱的二氧化碳当量）

总计(来自表 14.6)	308	250
根据 PAS 2050 填埋场中流量的变化	−103	
总计	205	250

14.11 避免生产阶段和周期末端的排放量（步骤 10）

14.11.1 生产阶段

步骤 3 中已经包含了纸箱生产阶段的避免排放量，这不是本研究的范围。

14.11.2 介绍

周期末端使用的处理方式是：60%物资回收、24%填埋、16%焚烧。有关进一步详情，请参阅 14.8 节。

14.11.3 物料回收

在步骤 3～7 描述的"摇篮到坟墓"已经包括物料回收过程。

14.11.4 纸箱的废物焚烧

根据 14.8 节，市场上每吨纸箱中有 160kg 被焚烧。基于 93% 的干物质，这相当于约 4MW 时的能量（假设纸箱燃烧的热值为 15.3MJ/kg[❶]）。

14.11.4.1 电能和热能

生产的电力和热力之间关系的估测以及电力和热能的效能是根据 Avfall Sverige（2008）瑞典报告发布的数据得出的。这份报告调查了 2005 年欧洲 19 个最大国家的城市垃圾废物的焚烧，并对 2016 年进行了预测。

据报道，城市垃圾焚烧产生的能量约 64% 为热能，36% 为电力。电和热的效能分别为 18% 和 31%。

应用于纸箱板时，燃烧每吨纸箱产生 0.7MW·h 的电力和 1.2MW·h 的热能，这相当于市场上每吨纸箱产生 0.11MW·h 的电力和 0.20MW·h 的热量。

14.11.4.2 从电力替换中避免排放量

纸箱焚烧生产发电量相当于欧盟 27 个国家的平均水平。

数据依据：

① 基于 IEA（2010）的能源混合，最新数据在 2005 年是有效的。

② 每个能源电力生产的周期清单数据是根据 EcoInvent 数据库得到的且 2004 年的数据是有效的。

全球变暖潜能的结果为 1MW·h 的电力产生 520kg（以 CO_2 当量计）温室气体。

这一结果避免了市场上每吨纸箱产生的 58.1kg（以 CO_2 当量计）温室气体的排放。

---

❶ 根据材料包装标准，SFS-EN13431。表 B1 中，纸板（66% 的纤维素，23% 木质素，11% 的惰性涂层，干燥和 7% 的水分），热值为 15.3MJ/kg。

14.11.4.3　从热能替换中避免排放量

纸箱焚烧的热能相当于欧盟 27 个国家区域供热的热能生产平均水平。然而这些数据却不容易汇编。瑞典环境科学研究院采用的数据为：瑞典地区供热 1MW·h 排放 119kg 温室气体（以 CO_2 当量计），丹麦区域供热的相应数字为 1MW·h 排放 230kg 温室气体（以 CO_2 当量计）。

为了粗略估计，我们采用的是天然气生产热能数据。温室气体的排放量为 1MW·h 热能有 237kg 温室气体（以 CO_2 当量计）排放。天然气生产和燃烧产热（EU-25）的数据是根据 LCA 软件 GaBi（PE 国际，2006）的专业数据库得来的。

避免温室气体排放的结果是：市场上改装每吨纸箱排放 46.7kg 温室气体（以 CO_2 当量计）。

14.11.5　填埋

在 14.9.4.1，沼气收集起来，可以用作纸箱废物填埋过程需要的生物燃料，其量为市场上改装每吨纸箱产生约 14kg 沼气。这相当于 684MJ 甲烷（使用 50MJ/kg 的热值）。

这里采用了天然气来替代生物燃料。

生产和燃烧天然气（欧盟 25 国）的数据是根据 Gabi LCA 软件数据库（PE 国际，2006）得来的。温室气体的排放量为 1MJ 天然气产生 0.059kg 温室气体（以 CO_2 当量计）。

假设 1MJ 甲烷可以替换为 1MJ 的天然气，避免温室气体的排放量为市场上改装每吨纸箱仅排放 40.5kg 的温室气体（以 CO_2 当量计）。

14.11.6　概要——避免周期末端排放量

表 14.8 总结了与周期末端处理纸箱（步骤 10）相关的减排量。

表 14.8　与周期末端（步骤 10）相关的减排量概要。排放量表现为全球变暖潜能（市场上改装每吨纸箱的二氧化碳当量）

周期末端处理	GWP	生物 CO_2
材料回收	N. R.	N. R.
废物焚烧	105	N. R.
填埋	40.5	N. R.
总计	145	N. R.

14.12　改装纸箱的碳足迹概要

下面呈现的是结合 Pro Carton（2009）的步骤 3~7 研究结果。表 14.9 显示了净流量。表 14.10 也包含了碳原料。数据进行取整，便于外部交流。

表 14.9　呈现由此产生的碳足迹净流量（不包括 PAS 2050 使用的和填埋场的延迟排放量）

作为 GWP 100 的碳足迹的 10 个步骤的说明	温室气体排放量/(kg/t)	生物 CO_2/(kg/t)
步骤 1：管理的森林中生物 CO_2 的储存量		−730
步骤 2：产品中储存的生物 CO_2		
步骤 3~7：纸箱生产和运输过程中温室气体的排放量	964	
从始点到入口或从始点到消费过程的概要	964	−730
步骤 8：与产品使用相关的温室气体的排放量		
步骤 9：与周期末端相关的温室气体排放量	308	
摇篮到坟墓的概要	1272	
步骤 10：生产阶段和周期末端的减排量	−145	
包括减排量在内的摇篮到坟墓概要	1127	−730

如果欧盟 27 国纸包装没有填埋，同样的循环利用率和能源再生焚烧，那么"坟墓到摇篮"的概述将变为改装每吨纸箱产生 310kg 温室气体（以 CO_2 当量计），且表 14.9 中有同样的生物净流量。

表 14.10　呈现产生的碳足迹总流量（最后两行包括根据 PAS 2050 得出填埋的延迟排放量）

作为 GWP 100 的碳足迹的 10 个步骤的说明	温室气体排放量/(kg/t)	生物 CO_2/(kg/t)	生物 CO_2 原料流量/(kg/t)
步骤 1:管理的森林中生物 CO_2 的储存量		−730	
步骤 2:产品中储存的生物 CO_2			−649
步骤 3~7:纸箱生产和运输过程中温室气体的排放量	964		
从始点到入口或从始点到消费过程的概要	964	−730	−649
步骤 8:与产品使用相关的温室气体的排放量			
步骤 9:与周期末端相关的温室气体排放量	308		250
摇篮到坟墓的概要	1272	−730	①
步骤 10:生产阶段和周期末端的减排量	−145		
包括减排量在内的摇篮到坟墓的概要	1127	−730	①
根据 PAS2050 填埋流量的变化	−103		
包括减排量和填埋延迟在内的概要	1024		①

① 不相关的包括从始点到入口或从始点到末端的碳足迹。然而，在其他产品消费纸箱中也会使用 CO_2 原料。

14.13　敏感性检验

按照完整性检查，由于木材进口到欧洲，这当中的净固碳量没有被计算在内，所以生物储存可能会被低估。自 2007 年以来进口没有增加，这也许就是为什么在市场上改装和印刷每吨纸箱的净固碳总量会被低估。

我们曾尝试使用与早期研究步骤 3~7 一致的系统边界和数据，但是，因为我们还没有得到步骤 3~7 研究的基础数据，所以我们一直没能核查一致性。

敏感度检验的结果表明，生物碳储存是否可以添加到总的碳足迹中，对碳足迹影响是相当敏感的。此外，PAS 2050 假设的由于填埋场碳捕集而导致的减排量是否应该包括在内，对结果的影响也是相当敏感的。而且，纸箱填埋的比例和填埋场中的降解率，对结果的影响也都是相当敏感的。

使用阶段可能有来自空气中剩余的碳，这对结果的影响是不太大的，因为这部分二氧化碳排放量的减少相对较小。此外，在国际 ISO 14067 对产品碳足迹工作组内，此阶段的碳削减至今没有被接受。

14.14　结论

开发了一种包括生物二氧化碳的储存的碳足迹方法学，显示了纸盒的消费和可持续管理的森林碳储存之间的联系。数据来自国家清单报告，同一地理区域的采伐总速率已被用来计算 CEPI 碳足迹框架对应步骤 1 中的生产碳储存。

开发了一种包含周期末端和碳足迹中的减排量的方法，这是根据废物处理和减排量的平均统计得来的。

研究方法被应用到 ECMA 纸盒生产中，以计算欧洲纸箱的平均碳足迹（表 14.11）。

表14.11 产生的碳足迹净流量（不包括 PAS 2050 使用的和填埋场的延迟排放量）

作为 GWP100 的碳足迹的 10 个步骤的说明	GHG 排放量 /(kg/t)	生物 CO_2 /(kg/t)
步骤 1：管理的森林中生物 CO_2 的储存量		−730
步骤 2：产品中储存的生物 CO_2		
步骤 3～7：纸箱生产和运输过程中温室气体的排放量	964	
从始点到入口或从始点到消费过程的概要	964	−730
步骤 8：与产品使用相关的温室气体的排放量		
步骤 9：与周期末端相关的温室气体排放量	308	
从始点到末端的概要	1272	
步骤 10：生产阶段和周期末端的减排量	−145	
包括减排量在内的从始点到末端的概要	1127	−730

　　碳足迹给用户提供了重要的信息，且其可以作为个人公司和买家的一个购买基准，而且可以以此为基础进一步改善。

参 考 文 献

Avfall Sverige (2008), Energi från avfall ur ett internationellt perspektiv [in Swedish], Rapport 2008: 13, ISSN 1103-4092.

BSI (2008), PAS 2050, Publicly Available Specification, Specification for the assessment of the life cycle greenhouse gas emissions of goods and services, British Standard Institute, October 2008.

Bala, G., Caldeira, K., Mirin, A., Wickett, M., Delire, C. and Philips, T. J. (2006), Biogeophysical effects of CO_2 fertilization on global climate. Tellus B, Volume 58, pp. 620-627.

Canadell, J. G., Le Quéré, C., Raupach, M. R., Field, C. B., Buitenhuis, E. T., Ciais, P., Conway, T. J., Gillett, N. P, Houghton, R. A. and Marland, G. (2007), Contributions to accelerating atmospheric CO_2 growth from economic activity, carbon intensity, and efficiency of natural sinks. PNAS 104, 18866-18870.

Carey, E., Sala, A., Keane, R., Callaway, R. M (2001), Are old forests underestimated as global carbon sinks? Global Change Biology 7, pp. 339-344.

CEPI (2007), Framework for the development of Carbon Footprints for paper and board products (including separate appendices). Confederation of European Paper Industries, September 2007.

Dalgleish, R. (2009), Personal communication with Richard Dalgleish, Pro Carton.

Eurostat (2009), Eurostat web page: "Table 1: Quantities of packaging waste generated in the Member States and recovered or incinerated at waste incineration plants with energy recovery within or outside the Member States for the year 2006". Available at http: // epp. eurostat. ec. europa. eu/portal/page/portal/waste/data/ wastestreams/packaging _ waste.

Forster, P., V. Ramaswamy, P. Artaxo, T. Berntsen, R. Betts, D. W. Fahey, J. Haywood, J. Lean, D. C. Lowe, G. Myhre, J. Nganga, R. Prinn, G. Raga, M. Schulz and R. Van Dorland (2007), Changes in Atmospheric Constituents and in Radiative Forcing. Available in: Climate Change 2007: The Physical Science Basis. Contribution of Working Group I to the Fourth Assessment Report of the Intergovernmental Panel on Climate Change [Solomon, S., D. Qin, M. Manning, Z. Chen, M. Marquis, K. B. Averyt, M. Tignor and H. L. Miller (eds.)]. Cambridge University Press, Cambridge, United Kingdom and New York, NY, USA.

Grace, J. (2004), Understanding and managing the global carbon cycle. Journal of Ecology 92, pp. 189-202.

Hagberg, L., Karlsson, P. E., Stripple, H., Ek, M., Zetterberg, T. (2008), Svenska skogsindustrins emissioner och upptag av växthusgaser [in Swedish]. IVL Report B1774.

Hollinger, D. Y.; Goltz, S. M.; Davidson, E. A.; Lee, J. T.; Tu, K.; Valentine, H. T. (1999), Seasonal patterns and environmental control of carbon dioxide and water vapour exchange in an ecotonal boreal forest. Global Change Biol., 5, pp. 891-902.

Hyvönen, R; Ågren, G. I.; Linder, S.; Persson, T.; Cotrufo, F. M.; Ekblad, A.; Freeman, M.; Grelle, A.; Janssens, I. A.; Jarvis, P. G.; Kellomäki, S.; Lindroth, A.; Loustau, D.; Lundmark, T.; Norby, R. J.; Oren, R.; Pilegaard, K.; Ryan, M. G.; Sigurdsson, B. D.; Strömgren, M.; van Oijen, M.; Wallin, G. (2007), The likely impact of elevated [CO₂], nitrogen deposition, increased temperature and management on carbon sequestration in temperate and boreal forest ecosystems: a literature review. New Phytologist 173, pp. 463-480.

IEA (2010), International Energy Agency website: Energy statistics and balances, Available at www. iea. org/Textbase/stats/index. asp. Last accessed 2010-01-28.

Kaipainen, T., Liski, J., Pussinen, A., Karjalainen, T. (2004). Managing carbon sinks by changing rotation length in European forests. Environmental Science and Policy 7, pp. 205-219.

Karltun, E., Lundblad, M. and Peterson, H. (2008), Osäkerheter och trender i den årliga rapporteringen till EU och Klimatkonventionen av upptag och utsläpp från markanvändnings-sektorn (LULUCF) i Sverige-submission 2009 [in Swedish] Sveriges lantbruksuniversitet Dnr SLU ua XX-0000/08.

Kauppi, P. (2009), Personal communication with Prof. Pekka Kauppi, University of Helsinki.

Kowalsky et al., (2004). Paired comparisons of carbon exchange between undisturbed and regenerating stands in four managed forests in Europe. Global Change Biology 10, pp. 1707-1723.

Kurz, W. A., Dymond, C. C., Stinson, G., Rampley, G. J., Neilson, E. T., Carroll, A. L., Ebata, T., Safranyik, L. (2008), Mountain pine beetle and forest carbon feedback to climate change. NATURE 452, pp. 987-990.

Lombard, B. (2009), Personal communication with Bernard Lombard, CEPI.

LUSTRA (2007), Kolet, klimatet och skogen. Så funkar det. [in Swedish] ISBN 978-85911-15-8.

Naturvårdsverket (2009), Sweden's National Inventory Report 2009. Submitted under the United Nations Framework Convention on Climate Change (UNFCCC).

Nabuurs, G. J., E. Thurig, N. Heidema, K. Armolaitis, P. Biber, E. Cienciala, E. Kaufmann, R. Mäkipää, P. Nilsen, R. Petritsch, T. Pristova, J. Rock, M. J. Schelhaas, R. Sievanen, Z. Somogyi, P. Vallet. Hotspots of the European forests carbon cycle. Forest Ecology and Management 256, pp. 194-200.

Pregitzer, K., Euskirchen, E. (2004), Carbon cycling and storage in world forests: biome patterns related to forest age. Global Change Biology (2004) 10, pp. 2052-2077.

PE International (2006), GaBi 4 Professional software and databases, PE International Leinfelden-Echterdingen, Germany.

Pro Carton (2006), European Environmental Database for Cartonboard and Carton Production, Report 2006.

Pro Carton (2009). European Environmental Database for Cartonboard and Carton Production, Pro Carton Report 2008.

Royal Society (2001), The role of land carbon sinks in mitigating global climate change. Policy document 10/01. ISBN 0 85403 561 3.

Royal Society (2001), The role of land carbon sinks in mitigating global climate change. Policy document 10/01. ISBN 0 85403 561 3.

Royal Society (2001) Climate change: what we know and what we need to know. Policy document 22/02. ISBN 0 85403 581.

Simonson, M. , Blomqvist, P. , Boldizar, A. , Möller, K. , Rosell, L. and Tullin, C. , Stripple, H. and Sundqvist, J. O. (2000), Fire LCA-model, TV Case Study, Swedish National Testing and Research Institute, SP Report 2000: 13. Page 109. Table 63: "Methane formation (during surveyable time period) and concentrations in landfill gas. All figures are related to dry, organic (ash free) substance. "

SKA (2008), Skogliga konsekvensanalyser 2008 [in Swedish] . Swedish Board of Forestry. Report 25/2008. ISSN 1100-0295.

von Arnold, K. , Hånell, B. , Stendahl, J. , Klemedtsson, L. (2005), Greenhouse gas fluxes from drained organic forestland in Sweden, Scandinavian Journal of Forest Research, 20, pp. 400-411.

Wibe, S. Carlén, O. (2008) Forest Economy-an introduction [in Swedish] . The Institute of Forest Economy. Swedish University of Agricultural Sciences.

第15章
欧盟和加利福尼亚州排放交易体系链接

（作者：Lars Zetterberg）[❶]

15.1 概述

2011 年欧盟气候行动委员会委员 Connie Hedegaard 与加利福尼亚州州长 Jerry Brown 会谈并证实将欧盟碳排放交易体系（EUETS）与加利福尼亚州新兴的碳交易市场链接，这意味着欧盟向创建一个跨大西洋碳交易市场的愿景迈出了重要一步。本章的目的是探讨链接欧盟 ETS 与加利福尼亚州 ETS 的前景，以及这两个系统相关的设计特征。我们发现，链接欧盟 ETS 与加利福尼亚州的计划不太可行，至少在短期内如此。自 Hedegaard 和 Brown 之间的高级别会议以来，美国加利福尼亚州已将其注意力从欧盟转移，并宣布了与魁北克碳市场链接的计划。另外，链接欧盟 ETS 与加利福尼亚州计划的一个主要障碍涉及抵消交易的使用。加利福尼亚州允许使用森林信用额，但不承认来自清洁发展机制（CMD）的抵消交易。与此相反，欧盟依赖于 CDM 信用额，但不承认森林信用额。双方显然都担心两者的链接会导致对补贴价格失去控制。矛盾的是，反映在补贴价格中的减排成本的差异，对于对接两个排放交易体系来说是重要的经济动机，但也可能构成显著的政治障碍。但是，还是存在一些便于将来链接的共同基础。双方都对通过抵消交易市场和链接来创建更大的碳交易市场持积极态度，双方似乎在对排放物相对严格的上限上有相同的追求。加利福尼亚州将采取最高限价，这可能会是一个障碍，因为欧盟指令只允许与对排放物设绝对上限的系统链接。但加利福尼亚州的价格上限对排放量有限制，从欧盟的角度来看，可能并没有变成一个不可逾越的问题。关于配额，两个体系最初均以免费分配为主，但是从长远来看，均将采用配额拍卖的形式。最后，这两个系统都提供针对规则概述和调整的机制，这有助于完善关键功能，例如抵消交易、价格管理机制和立法的差异。有了政治意愿，目前链接欧盟 ETS 和新兴加利福尼亚州计划的障碍也许可以解决了。

❶ 笔者希望通过 Mistra Indigo 研究项目感谢 FORES 研究基金会和 Mistra 基金会对本研究提供资金支持。笔者要感谢 PeringeGrennfelt，Daniel EngströmStenson，Marcus Carson，Peter Zapfel，Paige Weber 和 Gernot Wagner 对本文的详细阅读以及 Dallas Burtraw，James Nachbaur，Daniel Radov 和 Adam Diamant 提出的宝贵意见。

15.2　背景介绍

在没有达成国际协定的条件下，现在需要首先在区域、国家和地方基础上加强努力。随着日益增加的全球性覆盖，这些举措能够从下往上链接形成一个机制。从这个角度来说，关键是建立和链接碳交易市场。碳交易市场被看做是一个对减少温室气体排放具有成本效益的方式。此外，碳交易市场可以为减缓和适应性行动提供资金，并提供对技术部署与创新（CEPS，2012）的支持。

欧盟排放交易体系（EU ETS），自 2005 年生效以来，占据约全球 6％的二氧化碳排放量，是迄今为止世界上最大的排放权交易体系。欧盟排放交易体系启动的目的是期望以具有成本效益的方式达到欧盟根据《京都议定书》设定的减排目标，并且目前被认为是欧盟在 2020 年之前达到 20％的减排目标（欧洲委员会，2008，2011）的主要政策工具。欧盟排放交易体系适用于 27 个欧盟成员国以及挪威、冰岛和列支敦士登，它涵盖了能源和工业部门约 1150 个参与企业，其总共占据了欧盟将近一半的二氧化碳排放量和 40％的温室气体总排放量（欧洲委员会，2009）。欧盟排放交易体系还通过支持清洁发展机制（CDM）为发展中国家减排提供需求和资金。欧盟排放交易体系与清洁发展机制一起形成了最重要的全球碳交易市场的基础。

欧盟正在努力建立一个全球碳交易市场，并期望到 2015 年，有一个经济合作组织（OECD）范围内的碳交易市场开始运行。而实现这一愿景，则需建立一个链接欧盟排放交易体系和美国新兴碳交易市场的跨大西洋碳交易市场。尽管美国一直不愿加入欧盟努力发展的全球京都模式的碳交易市场，但是已经有了数项针对美国联邦排放交易体系的建议。然而，美国的气候政策已经采取了另一个方向。在 2010 年 7 月美国国会未通过综合气候立法提案，建立一个全国性的排放权交易体系的前景受到了严重挫折。随后，2010 年中期选举进行，执政党换为共和党。而共和党极力反对碳排放总量控制和交易机制，由于美国政治形势的变化和金融危机，气候政策特别是排放权交易已经失去了国家层面的支持。虽然联邦排放权交易体系的前景似乎还很远，但是区域性举措正不断涌现。由于东北和西部海岸的选举结果已使得这一举措变得可能（Mehling 等，2011）。2009 年开始，区域温室气体减排行动（RGGI）在美国东北部 9 个州的电厂设定了一个温和但具有约束力的排放上限，而且加利福尼亚州将在 2013 年对全州推行上限和交易计划。加利福尼亚州的举措建立在 2006 年全球变暖解决法案设定的目标基础上，将全州范围内温室气体排放量由 2006 年降至 1990 年的水平，约 4.32×10^8 t（以 CO_2 当量计），到 2020 年相应减少约 80×10^8 t，低于预期正常水平（LAO，2012）。这些减排目标中最大的份额预计将通过一系列的监管标准和措施来实现，包括机动车标准和电力生产可再生能源组合标准。剩余的减排量都留给限额与交易计划（Zetterberg 等，2012）。从 2013 年开始，这个 ETS 将首先覆盖电力生产和能源密集型产业。从 2015 年起，该体系将把运输燃料、天然气和其他燃料的分销商纳入其中，扩大其覆盖范围，从而覆盖约 340×10^8 t（以 CO_2 当量计），相当于全加利福尼亚州 80％的排放量。

在美国各州水平的进展使欧盟建立跨太平洋碳交易市场的愿景仍有希望。2011 年 4 月欧盟气候变化委员会委员 Connie Hedegaard 与美国加利福尼亚州州长 Jerry Brown 会面并证实了链接欧盟排放交易体系于加利福尼亚州的新兴碳交易市场的计划。然而，由于两个系统关于成本管理、外部抵消交易的使用和设计特点的差异，目前还不清楚加利福尼亚州新兴碳交易市场是否能够兼容，允许跨太平洋链接到欧盟的排放交易体系。

本章的目的是通过比较两系统设计特点来探讨链接欧盟 ETS 和加利福尼亚州 ETS 的前景。15.3 节介绍了链接两个排放交易系统的一般意义，而 15.4 节分析了链接欧盟 ETS 与加利福尼亚州 ETS 的具体情况。最后，15.5 节给出了结论和促进链接的建议。

15.3 链接的意义

链接排放交易系统的总体意义在于可以扩大排放权交易制度的范围和覆盖面，以获得效率收益。例如，这可以通过吸纳新的国家、行业和排放气体种类或进口减排额度（抵消交易）来完成。一个排放权交易体系也可以与其他排放交易体系"直接"链接，在某种意义上两个系统的限额是可以互换的，并获得了两个司法管辖区的合规性确认。如果接受两个分开的限额与交易计划，而且采用相同的抵消额度，链接也可以是间接的。在这份报告中，我们只分析直接链接的两个排放交易系统。

经济理论表明，链接两个碳交易市场会提高效率，降低达到共同减排目标的总成本，因为在更大的系统会有更多的减排方案可供选择（Sterk 和 Kruger，2009）。链接能增加流动性，降低交易成本。通过均衡两个市场的碳价格，链接还解决了竞争扭曲的问题。链接也标志着国际合作和长期的气候政策和多边主义的承诺，这可能反过来为碳密集产业投资者提供更大的预测能力（Flachsland 等，2009）。

15.3.1 链接的经济意义

链接两个系统的经济效益用图表显示在图 15.1 中，显示的是两个独立的排放交易系统，而图 15.2 显示的是链接这两个系统的影响。

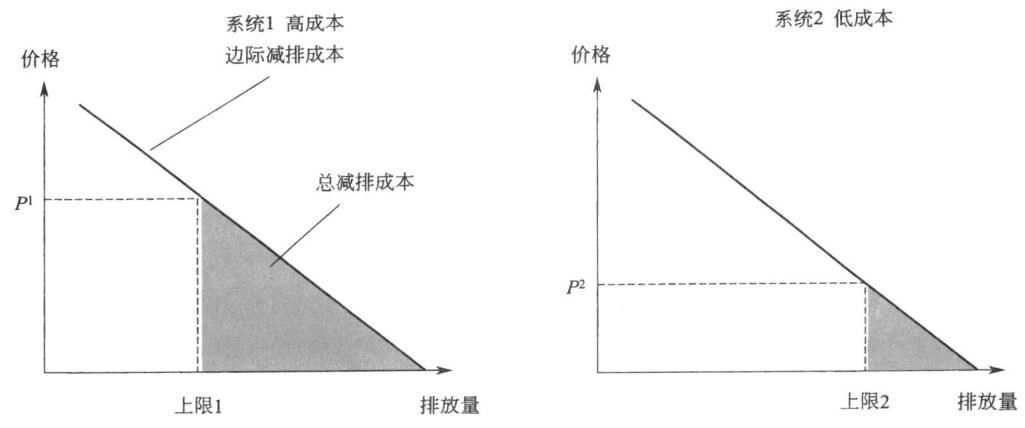

图 15.1 拥有不同配额价格的两个独立排放交易体系

图 15.1 显示的是链接前的情况。系统 1 有一个更加严格的减排目标，被称为"高成本系统"，而系统 2 具有不那么严格的减排目标，被称为"低成本系统"。斜线表示边际减排成本（MAC），是排放量的函数。我们假定，当引入 ETS 的时候，排放量在 MAC 曲线与 x 轴交叉，即边际减排成本为零。当排放达到上限，企业将需要减少排放量降至该上限水平以下。由于排放量大幅降低，边际减排成本将会增加。当排放量降低至上限水平，限额的价格将等于边际减排成本。达到减排目标的总成本如图中黑色三角形所示。相比于拥有较宽松上限的系统（系统 2），一种拥有更严格上限的系统（系统 1）将具有较高的限额价格，以及更高的成本。

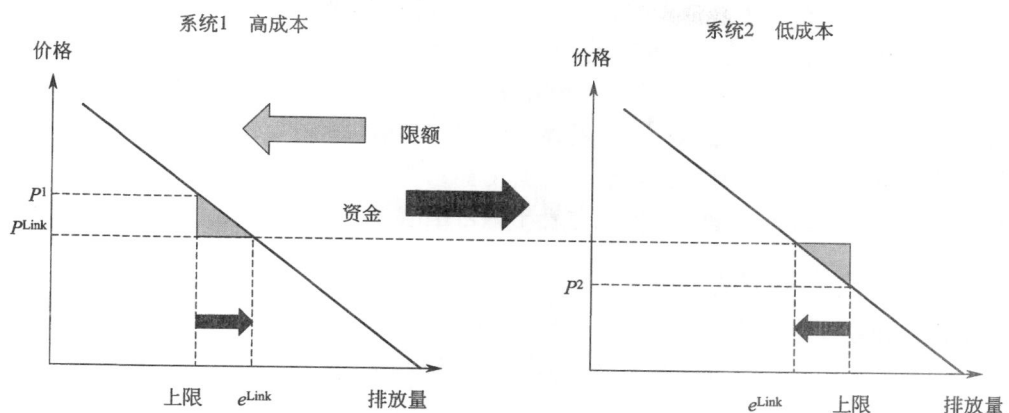

图 15.2 链接两个拥有不同配额价格的独立排放交易体系的影响

(注：P^{Link}—链接两个排放交易系统后，达到新的价格水平；

e^{Link}—链接两个排放交易系统后，排放量从上限水平达到新的水平)

图 15.2 表示出了在图 15.1 中链接两个排放交易系统的效果。拥有较低限额价格的系统 2 将履行额外的减排量并将多余的限额卖给系统 1。这种情况一直持续下去，直到两个系统的配额价格在新的价格水平 P^{link} 达到平衡。系统 1 中排放量从上限水平增加至新的排放水平 e^{link}，而系统 2 的排放量从排放上限降至 e^{link}。高成本系统支付低成本系统以换取限额，而两个系统总排放量不变。系统 1 的节约成本将等于降低的减排成本减去获取限额的成本，如左图灰色三角形所示。系统 2 的净收入等于卖限额的值减去减排的额外成本，如右图灰色三角形所示。这种图形化描述表明两个系统都从链接中获利了，并且由左、右图两个三角形构成的总成本减少了。估计显示，来自所有国家和部门建立全球碳贸易市场，相对于非贸易，总的成本节省可高达 50% 以上（Flachsland 等，2009）。虽然两个系统总的来说由于链接而比以前要更好，但是有个别参与者因为链接而变得更糟。例如，链接前的限额卖家可能会成为链接后的限额买家（EPRI，2006）。

除了节约成本和限额价格的作用，链接还有其他的经济意义。链接来自不同地区的碳市场可以平衡碳价格，并因此减少地区之间的扭曲竞争。随着创建一个更大的碳交易市场与更多的参与者和限额，链接很可能可以降低交易成本，增加市场流动性。在一个更大的市场整体内，一个系统的价格变化可以被吸收和缓冲。因此，链接可以提高价格稳定性从而提高确定性供投资者参考。但是，从一个单一系统的角度看，不利的一面是，可能会引入其他系统的波动性（Flachsland 等，2009）。有人担心，链接会引入不正当的做法，如限额卖家放宽上限以销售更多的限额，并因此增加他们的收入。

15.3.2 链接的政治意义

链接除了具有严格的经济意义之外，还具有一定的政治影响。本章主要论点集中在链接的技术影响上，但在政治上的影响有几点值得一提。根据 Flachsland 等（2009）的研究，链接标志着政治合作，这可以增强各方之间的进一步合作，并提供了一个示例。事实上，我们认为，这是跨大西洋链接的最切实的好处。其次，正如前面提到的，链接能平衡碳价格和解决竞争扭曲的问题，而且这种影响还拥有一个政治层面的意义。链接可以促进商业和普通大众对气候政策的接纳。在这一点上的相关性表现在商业界呼吁"公平的竞争环境"，希望通过一个部门在全球范围内协调碳价格。第三，链接是一方对另一个系统表示支持的一种方式。相反，如果潜在合作伙伴的努力被认为低得无法接受，那么尽管具有效率收益，链接提议也会被拒绝。我们以链接欧盟 ETS 与美国 RGGI 系统为例进行说明。尽管期望节约成本，但是欧盟不愿将一个出售"热气"限额的体系链接到欧盟排放交易体系。两个拥有不同政治目标的系统链接的问题可能会失去控制，也有可能是各个系统对自身原来的政策重点做出妥协。随着链接项目的进行，单一系统的监管干预范围减少了。

15.3.3 不同设计特点的意义

链接通常会导致设计特点"混合"（图尔克等，2009）。链接并不要求所有的设计特点都是相同的，但是某些设计特点的差异可能会破坏系统原有的目标，并因此对链接构成障碍。在这方面，以下的设计特点被视为关键（Sterk 和 Kruger，2009；Mehling 等，2011）：

① 相对严格的目标。

② 认可抵消交易。

③ 价格管理，也称"成本控制"。

15.3.3.1 相对严格的目标

如图 15.2 所示，链接会提高低成本系统限额价格，同时降低高成本系统限额价格。总的来说，钱会从高价格体系流向低价格体系。这种效应可能导致显著的政治压力，特别是如果一开始价格差距就大，高成本的系统成员可能会非常不愿意支付低成本系统的减排。另外，如果两个系统的配额价格相似，链接仅会带来小的经济收益。事实上，链接限额价格差异越大，链接的收益就越大。矛盾的是，反映在限额价格中的减排成本的差异，对两个排放交易体系来说是重要的经济推动力，但也有可能成为重要的政治障碍。

15.3.3.2 认可抵消交易

第二个链接障碍可能是两个系统允许什么样的抵消交易。Sterk 和 Kruger（2009）以及 Mehling 等（2011）指出，如果两个交易系统链接，第一个系统的抵消交易信用额将对第二个系统产生影响，即使该系统限制了它的使用，如图 15.3 所示。这是因为配额和信用额是可以交换的。如果某个特殊类别的信用额，例如，发展中国家的森林信用额在一个系统中获得了认可，而在另一个系统中没有，那么该森林信用额可在第一个系统中用于国内合规性的目的。

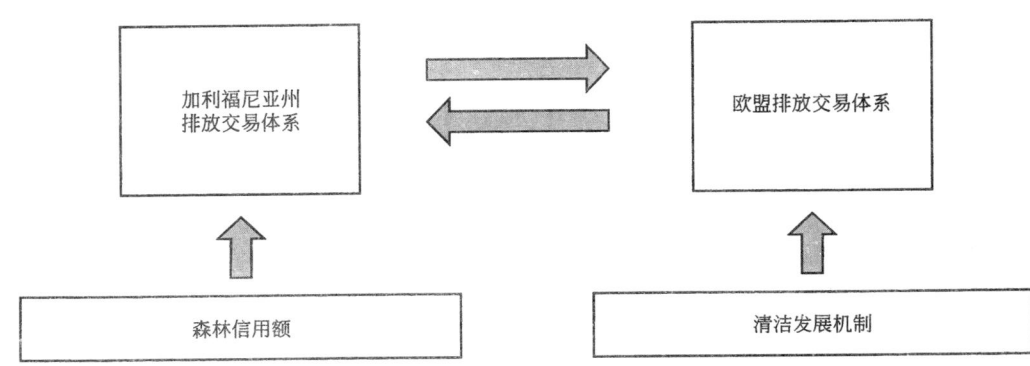

图 15.3　在一个体系中可用的抵消交易在链接后也适用于第二个体系，
即使第二个体系是限制其使用的

这将释放第一个系统的国内正规配额，可以将其卖给第二个系统，第二个系统是不可能知道配额来源的。因此，链接后的系统将使用森林信用额。这种方式绕过了第二种系统中限制使用某些抵消交易的政治决定。

15.3.3.3　价格管理机制

第三个可能成为链接障碍的设计特点是价格管理机制的存在，也被称作成本控制机制。排放权交易是一个所谓的基于数量的市场机制。通过定义一个排放上限，排放量有多高是确定的，但是关于限额的价格是不确定的。与之相反，基于价格的政策，像碳税，给出了确定的碳的价格，但是对关于排放量水平是不确定的。引入排放交易之前，欧盟调查了实施碳税的可能性。但是，由于这在政治上被证明是不可能的，他们于是改变了策略，改为推行排放交易的概念（Wråke 等，2012）。此外，由于欧盟已经承诺了到 2020 年减少 20％的排放量，排放交易因而被视为一个有吸引力的政策工具，因为它可以在实现这一目标中提供确定性。

与排放交易相关的配额价格的不确定性已引起了欧盟和美国监管机构的担忧。在美国，不同的排放交易计划的提案都涉及不同类型的成本控制规定，包括抵消交易和借贷规定。然而，最常讨论的成本控制的方案是某种最高限价，也称为价格上限，这是由于经济低迷以及对国际竞争力的担忧。价格上限的函数示于图 15.4 中。如果限额价格达到预先确定的水平，$P^{ceiling}$ 额外配额由监管机构以固定的价格提供。只要配额价格低于该价格，该组合函数就像具有确定总排放量的基于数量的政策，而不是价格。如果达到价格上限，系统变成基于价格的政策（像碳税）。随着额外配额注入市场，排放量增加。这提供了关于最高碳价格的确定性，而不是排放量。

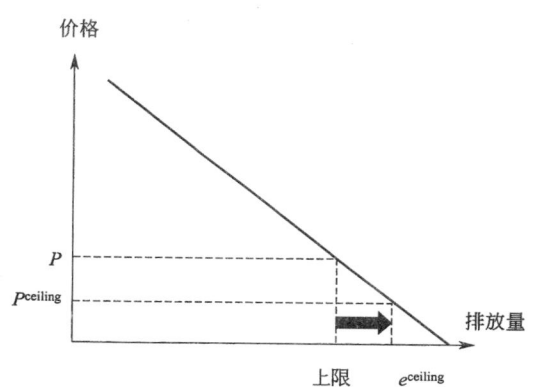

图 15.4　最高限价作用示意图

注：$P^{ceiling}$—价格上限；$e^{ceiling}$—排放上限。

价格上限对链接具有重要意义。Mehling 等（2011）和 EPRI（2006）表明，如果这种类型的规定在一个系统中可用，两个系统链接后，不论另一个系统是否承认它们，它们在另一个系统中也是可用的。该机制在图 15.5 中进行了描述。假设系统 2 的价格上限已被激活，即配额价格已经上升到了价格上限水平，这导致额外配额的减免，直到边际减排成本与价格上限相对应。链接之后，系统 1（没有价格上限）的参与者将可以以最高限价水平从系统 2购买配额。系统 1 的排放量也会增加，直到边际减排成本等于价格上限水平。如图 15.5 所示，排放量可以在系统 1 中显著地增加。

这个例子说明了当价格上限在链接之前和之后都被激活的一种可能情况。其他案例包括：

① 价格上限在链接之前和之后都没被激活。

② 价格上限只在链接之后被激活。

③ 价格上限只在链接之前被激活。

这些备选案例在 EPRI（2006）中都有描述。

欧盟委员会也一直在关注碳价，但现在的讨论主要集中在过低的配额价格。由于碳排放价格过低，将会推迟必要的碳效率技术的发展。在欧盟排放交易体系的第一阶段，配额价格在直线下降至 0 之前出现过波动并达到了 34 欧元/t（Wråke 等，2012）。随着指令的修订，

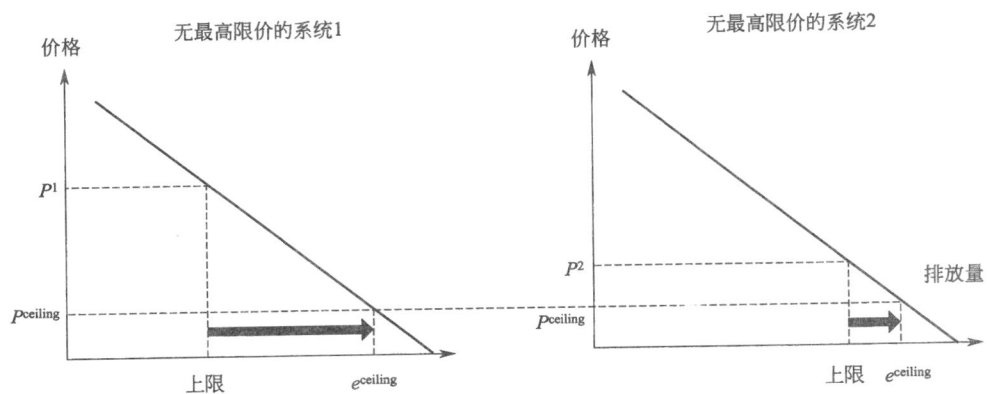

图 15.5　无最高限价排放交易体系与有最高限价排放交易体系的链接

从第二阶段（2008—2012 年）开始，限定的价格管理由抵消交易规定，限制借贷和调整上限提供。在第二阶段，配额价格已相对稳定，约 15 欧元/t，但是自 2011 年年底以来，配额价格已跌至低于 7 欧元/t 的水平（2012 年 5 月）。这项最新的发展开启了欧盟通过调整配额上限增加碳价格的新的讨论。

15.4　欧盟 ETS 与新兴加利福尼亚州 ETS 链接的分析

在这一章中，我们分析用于链接 EU ETS 与加利福尼亚州计划关于以下几个方面的前景：
① 链接的一般位置。
② 相对严格的目标。
③ 抵消交易的认可。
④ 价格管理。
⑤ 行业覆盖。
⑥ 配额分配。
表 15.1 所示为欧洲和美国加利福尼亚州碳市场——基本要素。

表 15.1　欧洲和美国加利福尼亚州碳市场——基本要素

项　　目	欧盟排放交易体系	加利福尼亚州
配额上限,配额数(以 CO_2 当量计)/10^4t	1900(2013 年)	340(2015 年)
排放的覆盖范围(现在)	40%	85%
减排目标	到 2020 年与 2005 年相比减排 20%	与 2005 年相比减排 9% (与 1990 年水平相比减排 0%)

15.4.1　欧盟和加利福尼亚州在链接中的位置

欧盟认为其排放交易体系是全球排放交易体系网络发展的重要组成部分。通过将其他国家或地区的"总量控制和交易"排放体系与欧盟 ETS 链接，可以建立一个更大的市场，从而降低温室气体减排总成本、提高流动性、减少价格波动。欧盟指出，它渴望与美方一道建立一个跨大西洋的碳市场，作为一个统一协调的国际组织引擎来推动应对气候变化的行动。原来的指令仅允许将 EU ETS 与已经批准《京都议定书》的其他国家链接，而新的规定（EC，2008b）允许与任何国家或行政实体链接（如一个联邦体制的国家或国家团体）。链接要求对方国家建立一个兼容的强制性"总量控制和交易"体系，其设计元素不会破坏欧盟

ETS 环境的整体性，意味着必须有绝对的排放上限。

当制定"总量控制和交易"法规的时候，加利福尼亚州空气资源委员会表示，与其他司法管辖区的"总量控制和交易"计划链接起来很有趣，因为它可以通过为低成本减排提供更多的机会来降低总项目成本。然而，加利福尼亚州与另一个国家的一个省签署协议涉及法律问题。除了法律问题，加利福尼亚州指出，重要的是在这两个司法管辖区的覆盖实体企业必须遵守同样严格的规则。否则，可能会导致意想不到的负面经济影响。例如，抵消交易应当统一。此外，加利福尼亚州空气资源委员会还担心，如果链接的管辖区具有比加利福尼亚州更严格的目标，这可能会导致配额不足，可能会增加整体的配额价格和增加加利福尼亚州覆盖实体企业的合规成本（LAO，2012）。

关于链接的潜在参与者，加利福尼亚州特别提到了西部气候倡议（WCI）组织——美国西部各州、加拿大各省以及墨西哥州的联合体。虽然许多 WCI 成员要么推迟要么远远落后于监管发展过程，空气资源委员会认为魁北克有望能与加利福尼亚州链接。因此，在 2012 年 5月，美国加利福尼亚州空气资源委员会宣布与魁北克链接的计划（CARB，2012）。而与欧盟 ETS 的链接没有明确提及。

15.4.2 相对严格的目标

目标严格程度的显著差异可能会导致两个系统链接前价格差异较大。对于欧盟和美国加利福尼亚州，链接可能会导致配额价格显著变化（相对于链接前）以及资金净流量从一个系统到另一个系统显著的流动。在欧盟，其目标是到 2020 年温室气体排放量与 2005 年相比减少 20%。欧盟领导人还提出要增加欧盟的减排目标至 30%，前提条件是其他主要处于发达与发展中的排放国承诺在全球气候协议下承担他们自己的公平份额（EC，2012a）。对于参与欧盟排放交易体系的行业，目前的目标是到 2020 年比 2005 年低 21%，而其他行业，主要是运输及房地产，减排目标较低。产生这种差异的原因是，一般认为贸易行业具有更经济有效的气候缓解办法。加利福尼亚州的目标是，在 2020 年的排放量应与 1990 年在同一水平。比较这些目标不仅仅是百分比的问题，而且需要考虑其他一些方面，如人口增长、经济增长和可用的减排方案。

配额价格可作为代用指标描述政策的严格性，因为它反映了政策所产生的成本。在欧盟，从 2011 年 4—12 月，配额以 9~23 美元/t 的价格出售。欧盟配额期货在 2020 年同一时期已经卖到了 17~37 美元/t。对于加利福尼亚州，2012 年 5 月的期货在 2013 年、2014 年和 2015 年分别卖 15 美元/t、15.75 美元/t 和 16.75 美元/t。根据美国加利福尼亚州空气资源委员会的消息，2020 年配额价格估计在 15~75 美元/t 之间（LAO，2012）。根据这些数字，很难断定在 2013—2020 年期间哪个系统具有最高的配额价格，并因此成为配额的净买家。价格随着时间的变化，可能会导致贸易变成双向的。

15.4.3 抵消交易的认可

在欧盟排放交易体系中，信用额的使用仅限于在 2008—2020 年期间欧盟范围减排量的50%。事实上，这意味着现有的经营者在 2008—2012 年期间能够使用的信用额能够达到他们最大配额的 11%。欧盟只承认《京都议定书》联合履行（JI）机制（包括执行《京都议定书》减排目标的国家进行的项目）或清洁发展机制（CDM）（在发展中国家实施的项目）产生的抵消交易（EC，2012b）。从 2013 年开始，欧盟排放交易体系的第三个阶段的 CDM 信用额受到了限制，所以任何用于合规性目的的信用额必须是来自 2012 年年底之前注册的项目，或者是来自所谓的最不发达国家的项目。未使用的来自 2008—2012 年期间的 CDM 信用额可以延续到第三阶段，但是必须在 2015 年之前换为欧盟限额。此外，自 2013 年起，欧盟也已经禁止使用从销毁三氟甲烷气体项目产生的 CDM 信用额。未来任何灵活机制的抵消交易都与气候变化框架公约谈判发展紧密相连，无论是 CDM 还是一个可能的新市场机制。

加利福尼亚州排放交易体系规定，允许参与实体企业使用不超过 8% 的抵消交易信用额，而剩余的必须使用配额。截至 2012 年 1 月，在美国只有来自以下四个方面的抵消交易项目被允许：林业、城市林业、乳制品甲烷消化器和防止消耗臭氧层物质的释放（LAO，2012）。

如前面提到的，当两个系统相连，在一个系统中获得认可的抵消交易，在另一个系统会变得可用。如果来自某个系统的抵消交易在另一个系统不被允许，这些抵消交易还是会对另一个系统产生影响，因为配额和抵消交易是可以互换的。从承认抵消交易开始，欧盟和加利福尼亚州目前已相距甚远。欧盟只允许 CDM 项目，这些基于《京都议定书》的抵消交易在美国一些地区被认为高度可疑。此外，由于监测和报告的问题和对这些项目减排持久性的不确定，欧盟不承认使用森林信用额（EC，2008b）。

15.4.4　价格管理

在排放交易机制中，主要讨论的价格管理功能包括抵消交易、借贷条款和储存条款以及最高限价。抵消交易的认可在之前已讨论过了。欧盟排放交易体系不允许在第一阶段（2005—2007 年）和第二阶段（2008—2012 年）跨期储存，但是在第二阶段和第三阶段（2013—2020 年）跨期储存是可能的。欧盟排放交易体系还允许不同年份之间有限的借贷。2 月份发布当年的配额，在 4 月份就需要交出前一年的配额。这意味着对应两年的分配配额在合规时间都是可用的。随着免费配额的逐步淘汰，这样的机会将会减少。

在欧盟，新的规定将在 2013 年实行，以防配额市场价格过度波动。如果在连续两年内，配额价格持续半年超过平均价格的 3 倍多，欧盟委员会可能会（与会员国开会后）要么允许成员国拍卖未来的一部分配额，要么让他们拍卖新加入者储备中多达 25% 的配额（EC，2012A）。这项规定与最高限价相似，但限制了可用配额的数量。

经济衰退以及欧盟为提高能源效率而使用再生能源的新政策，导致了欧盟配额价格的崩溃（Grubb，2012）。这引发了关于如何提高配额价格以创建更好的减排激励机制的激烈讨论。其中一个方案涉及收紧欧盟 2020 总体排放目标，较 2005 年的水平，由 20% 变为 30%。欧盟委员会也在考虑留出一些配额（Reuters，2012）。另一个正在处理的短期方案涉及审查"拍卖概要"。这项措施将不会影响 2013—2020 年被拍卖的配额总量，而是为配额拍卖解决了时间安排问题（商业周刊，2012）。

根据欧盟指令第 25 条，欧盟只承认拥有绝对上限的排放交易体系的配额（EC，2009）。因此，一般情况下，拥有最高限价的系统与欧盟不兼容，因为排放量可能会增加，该系统的环境完整性会降低。由于加利福尼亚州采用最高限价，因而与欧盟链接起来可能是有困难的。但是，在加利福尼亚州，如果配额价格达到最高水平，将只有有限数量的配额可以使用。这个最高限价储备类似排放量上限，这有利于与欧盟 ETS 的链接。此外，如本节前面所述，欧盟将采用类似的规定，释放额外的配额以防价格过度增长。

加利福尼亚州将允许配额的有限储存，储存应在监管规定的（可拍卖的和免费配额的）可持有限额的 2.5% 以下。加利福尼亚州现在已经采取了一个价格上限机制。暂不使用的配额可以以 40 美元/t、45 美元/t 或 50 美元/t 的价格出售。这个价格到 2013 年都一直有效，但每年会由于通货膨胀而上涨 5%。在价格上限机制下可被买卖的配额应不超过总储备配额的 4%。这一储备量是根据 2013—2020 年所需的配额总量构成的。因此它将有效地带动未来的配额借贷，同时使其不超过规定的上限。这一安排和欧盟讨论出的措施类似。该功能的设计是价格和数量的混合，因为总排放量是受限的，而配额的价格存在一定的确定性。该混合系统一个重要的特征是配额储备限制了价格上限下可以买卖的限额量。如果储备被消耗完，那么对于价格将不再存在确定性。然而，加利福尼亚州空气资源委员会估计，该储备足以控制配额的价格，同时保持规定的上限内的总排放量。加利福尼亚州也将规定配额的低价，低价相当于 10 美元/t（LAO，2012）。

15.4.5　行业覆盖

加利福尼亚州系统将在 2013 开始运行，行业覆盖与欧盟 ETS 非常相似，将包括电力生产和碳密集型产业。但是，从 2015 年起，加利福尼亚州也将覆盖燃料运输行业。在加利福尼亚州系统中覆盖运输行业可能会提高配额价格（Holmgren 等，2006），但是因为加利福尼亚州系统要明显小于欧盟 ETS，在链接的欧盟-加利福尼亚州系统中覆盖加利福尼亚州运输行业对配额价格所造成的影响将会降低。有关什么样的实体企业有责任按规定交出配额存在着差异。

15.4.6　配额分配

在欧盟 ETS 第一阶段和第二阶段，配额在很大程度上是依据历史排放量免费分配，该方法通常被称为祖父制。第三阶段，从 2013 年往后，分配的主要原则将是拍卖。置身于国际竞争中的碳密集型工业将是该规则的一个例外。事实上，完全拍卖将只在电力行业应用。对于其他行业，将采用基于欧盟范围的行业特定基准"过渡性自由分配"原则。2013 年将至少拍卖 60% 的配额，2020 年的目标是达到 70%。

加利福尼亚州的长期目标是采用拍卖来对配额进行分配。起初，大部分配额是免费分发的。工业污染源往往从一开始就会获得最多的配额以减少其竞争劣势，并避免迁出加利福尼亚州——所谓的碳泄漏。

电力行业将获得代表其零售客户的配额以减少电力用户的负担。然后，拍卖将会在 2012—2020 年期间被逐步进行，从一开始规定的在 2013 年、2014 年期间 100% 免费分配，到 2015—2017 年期间规定 50% 进行拍卖，再到 2018—2020 年期间 70% 进行拍卖。

分配差异可能会对参与实体企业的合规成本产生影响，但是应该不会影响其竞争力，除非分配以扭曲产品价格的方式更新（Jaffe 和 Stavins，2008）。欧盟 ETS 与加利福尼亚州 ETS 关于主要设计功能的比较以及其对链接的意义见表 15.2。

表 15.2　欧盟 ETS 与加利福利尼亚州 ETS 关于主要设计功能的比较以及其对链接的意义

设计功能	欧盟 ETS	加利福利尼亚州 ETS	对链接的意义
对链接的一般立场	自成本降低以来持积极态度。期望建立跨大西洋以及全球的碳市场。欧盟气候行动委员会委员 Connie Hedagaard 与美国加利福尼亚州州长 Terry Brown 会面并讨论了链接事宜	为降低总成本持积极态度。要求两个体系使用同样严格的合规性规则。已经声明将与魁北克进行链接	双方都对通过使用抵消交易建立更大的碳市场持积极态度。但是，从短期来看，加利福尼亚州似乎将其注意力从欧洲转移了
目标严格性	2020 年配额以 17~37 美元/t 的价格出售	2020 年的配额价格估计在 15~75 美元/t 之间	双方似乎都具有相对严格的排放上限。很难预测资金是从欧盟流向加利福尼亚州还是从加利福尼亚州流向欧盟

设计功能	欧盟 ETS	加利福尼亚州 ETS	对链接的意义
承认抵消交易	欧盟承认清洁发展机制（CDM）的信用额，但是不承认森林信用额	加利福尼亚州允许使用（国内）森林信用额，但不承认 CDM 的抵消交易	抵消交易的差异被认为将会是对链接的主要障碍，因为在一个体系中的抵消交易将会间接地在另一个体系可用。在国际谈判中关于灵活机制的未来发展将是至关重要的
价格管理	使用抵消交易、限制借贷和调整配额发行计划。欧盟认为可来自拥有绝对上限的排放交易体系的配额	使用抵消交易和限制借贷。价格上限于规定的配额储备	加利福尼亚州的价格上限应该不会给欧盟造成大的困扰，因为它的量是有限制的
覆盖行业	电力和热力生产、炼化、金属和矿产生产、林业	覆盖行业与欧盟相似，除了运输燃料外	在加利福尼亚州 ETS 中纳入运输燃料可能会推动加利福尼亚州配额价格上涨。但是由于欧盟 ETS 比加利福尼亚州 ETS 更大，所以加利福尼亚州纳入运输对链接体系的价格影响将会降低
配额分配	2012 年及以前，大部分的配额免费分配。从 2013 年开始，免费发放将逐步被拍卖所取代	2013 年之初是免费分配，但是长期目标是使用拍卖	不会对链接造成重大问题

15.5 结论

美国加利福尼亚州和欧盟对于将他们的"总量控制和交易"体系与其他碳市场链接，无论是通过抵消交易还是直接链接，总体上是持乐观态度的。欧盟特别提到了通过链接北美新兴体系建立跨大西洋碳市场的设想。这一设想在 2011 年欧盟专员 Hedegaard 会见加利福尼亚州州长并讨论链接加利福尼亚州与欧盟排放交易体系的时候得到了进一步推动。但在此之后，加利福尼亚州宣布计划与魁北克碳市场链接。这可以看作链接是有政治需求的，而且欧盟和加利福尼亚州可以在以后阶段进行链接，或者说双方找到了更合适链接的其他合作伙伴。除此之外，对于链接的一个主要障碍是哪种类型抵消交易是被承认的。加利福尼亚州允许使用森林信用额而不承认来自清洁发展机制（CDM）的抵消交易。相反，欧盟依赖于 CDM 信用额，而不承认森林信用额。

两个系统在设计功能方面还存在着其他差异，但是这些可能都不难解决：

① 加利福尼亚州将采用最高限价。与之相反，欧盟只允许与拥有绝对排放上限的体系链接，并因此将价格上限视为阻碍链接的主要困难。但是，加利福尼亚州的价格上限只限于规定数量的配额。从欧盟的角度来看，这应该有利于链接。

② 双方都表示了对链接会导致失去配额价格控制权的担心。但矛盾的是，反映在配额价格中的减排成本的差异，对于链接两个排放交易体系是重要的经济动机，但也可能会成为重要的政治障碍。

③ 关于加利福尼亚州与其他国家达成协议的能力会涉及法律问题。

④ 虽然很难预测哪个系统将会成为净买家，但是资金流从欧盟到加利福尼亚州可能会成为一个政治障碍，反之亦然。

⑤ 加利福尼亚州将燃料运输业纳入体系会导致配额价格上涨。

综上所述，鉴于近期美国加利福尼亚州计划与魁北克链接，而由于对抵消交易观点不一致，欧盟 ETS 与新兴加利福尼亚州的链接计划变得不太可能了，至少短期内不会实现。但是，双方之间有一些共同点可能对未来的链接有帮助。双方对于通过抵消交易市场和链接来建立一个更大的碳市场持乐观态度。双方似乎在采用相对严格的排放上限方面有相同的决心。虽然加利福尼亚州已经采用了价格上限，但其使用仅限于配额储备，而且从欧盟的角度看可能并没有成为不可逾越的问题。关于分配规则，两个系统的长远目标都是使用拍卖。最后，这两个系统都提供针对规则审视和调整的机制，这有助于完善关键功能，例如抵消交易、价格管理机制和立法的差异。有了政治意愿，目前链接 EU ETS 和新兴加利福尼亚州机制的障碍也许可以解决了。

<h1 style="text-align:center">参 考 文 献</h1>

Businessweek 2012. www. businessweek. com/news/2012-04-24/eu-says-carbon-auctions-review-won-t-reduce-amount-of-permits Linking the Emissions Trading Systems in EU and California IVL report B 2061 19.

CARB, 2012. California Air Resources Board Press release 12-18, 9 May 2012. ARB PIO：(916) 322-2990. Contact Dave Clegern, dclegern@arb. ca. gov CO_2 prices 2012. http：// www. co2prices. eu/, accessed 4 May 2012.

EPRI 2006. Interactions of Cost-Containment Measures and Linking of Greenhouse Gas Emissions Cap-and-Trade Programs. Report 1013315. Electric Power Research Institute. 3420 Hillview Avenue, Palo Alto, California 94304-1338. www. epri. com.

European Commission. 2008a. 20 20 by 2020 Europe's climate change opportunity. Communication from the commission to the European parliament, the council, the European economic and social committee and the committee of the regions. 23. 1. 2008 COM (2008) 30 Final.

——. 2008b. MEMO/08/35, Brussels, 23 January 2008. Questions and Answers on the Commission's proposal to revise the EU Emissions Trading System.

——. 2009. Directive 2009/29/EC of the European Union and of the Council of 23 April 2009 amending Directive 2003/87/EC so as to improve and extend the greenhouse gas emission allowance trading scheme of the community.

——. 2011. Fact sheet Climate Change. March 2011.

——. 2012a. http：// ec. europa. eu/clima/policies/package/index_en. htm, accessed 4 May 2012.

——. 2012b http：// ec. europa. eu/clima/policies/ets/faq_en. htm, accessed 23 April 2012.

Flachsland, C., R. Marschinski, O. Edenhofer (2009). To link or not to link: Benefits and disadvantages of linking cap-and-trade systems. Climate Policy 9 (4) 358-372.

Fujiwara, N. and Georgiev, A. 2012. The EU Emissions Trading Scheme as a driver for Future Carbon Markets. Centre for European Policy Studies, Place du Congrès 1, B-1000 Brussels, Belgium. ISBN-978-94-6138-169-9.

Greentex 2012. http：// www. thegreenx. com/products/cca/market-data. html, accessed 3 May 2012.

Grubb, M. , 2012. Strengthening the EU ETS-Creating a platform for EU energy sector investment. Climate Strategies. www. climatestrategies. org/research/our reports/category/60/343. html. accessed 23 May 2012.

Guardian 2011. http：// www. guardian. co. uk/environment/2011/apr/07/eu-emissions trading-california, accessed 4 May 2012.

Holmgren, K. , Åhman, M. , Belhaj, M. , Gode, J. , Särnholm, E. , Zetterberg, L. 2006, Greenhouse gas emissions trading for the transport sector. IVL report B-1703. www. ivl. se Linking the Emissions Trading Systems in EU and California IVL report B 2061 20.

IPCC 2007. Summary for Policy makers. In：Climate Change 2007：The Physical Science Base. Contribution of Working group I to the Fourth Assessment Report of the Intergovernmental Climate Panel on Climate Change.

Solomon, S. , Qin, D. , Manning, M. , Chen, Z. , Marquis, M. , Averyt, K. B. , Tignor, M. and Miller, H. L. (eds.) . Cambridge University Press, Cambridge, United Kingdom and New York, NY, USA. Jaffe, J. , Stavins, R. N. , 2007. Linking Tradable Permit Systems for Greenhouse Gas Emissions: Opportunities, Implications and Challenges, IETA.

LAO 2012. Evaluating the Policy Trade-Offs in ARB's Cap-and-Trade Program, Legislative Analyst's Office, www. lao. ca. gov.

Mehling, M. , Tuerk, A. , Sterk, A. 2011. Prospects for a Transatlantic Carbon Market-What next after the US Midterm elections? Climate Strategies. www. climatestrategies. org.

Reuters 2012. www. reuters. com/article/2012/04/19/environment-carbon-eu idUSL6E8FJC2820120419.

Sterk, W. and J. Kruger, Establishing a transatlantic carbon market, Climate Policy 4 (2009), pp. 389-401.

Sterk, W. , Mehling, M. , Tuerk, A. , Prospects of linking EU and US Emission Trading Schemes: Comparing the Western Climate Initiative, the Waxman-Markey and the Lieberman-Warner Proposals. 2009. Climate Strategies. www. climatestrategies. org.

Tuerk, A. , Mehling, M. , Flachsland, C. , Sterk, W. , 2009. Linking carbon markets: concepts, case studies and pathways. Climate Policy 9 (4) Special Issue Linking GHG Trading Systems, 341-357.

World Bank (2012) . The state and trends of the carbon markets 2012. web. worldbank. org

Wråke, M. , Burtraw, D, Löfgren, Å. , Zetterberg, L. , 2012. What have we learnt from the European Union's Emissions Trading System? AMBIO Volume 41, Issue 1 (2012), Page 12-22.

Zetterberg, L. , Wråke, M. , Sterner, T, Fischer, C. , Burtraw, D. 2012. Short-Run Allocation of Emissions Allowances and Long-Term Goals for Climate Policy. AMBIO: Volume 41, Issue 1 (2012), 23-32.

第 16 章
食品消费选择和气候变化

（作者：Stefan Åström，Susanna Roth，Jonatan Wranne，Kristian Jelse，Maria Lindblad）

16.1　概述

本章介绍了 ENTWINED（Environment and Trade in a World of Interdependence，相互依存世界的环境与贸易）项目对与食品消费选择相关的气候影响的分析结果，尤其关注本地生产的食品。目的是分析和比较本地种植的食物与其他食物消费选择的相对气候效益，并提出政策建议，从而减少来自食品消费的温室气体排放量。

通过构造不同具有代表性的消费束（下称"食品杂货袋"），并分析与之相关的温室气体（GHG）排放量，我们能够比较与这些"消费选择"相关的温室气体排放水平。研究结果表明，所有研究的"食品杂货袋"中，素食的和应季食品的温室气体排放量最低。对于非素食品，牛肉对温室气体排放量水平影响非常大。是否是本地种植的食品对温室气体排放量的影响相对较小，并且在进行敏感性分析的时候可以忽略不计。我们从气候的角度可得出这样一个结论：关注我们吃什么比关注食品是否是本地种植，是否经历了长途运输或者食品是怎样生产的要更加重要。

制定食品与气候的相关政策，需要先制定估算食物生命周期中温室气体排放量的标准方法。这需要评估不同饮食选择和政策的成本效益。由于饮食的变化意味着消费行为的改变，因此要研究制定一揽子政策的可能性（包括几种不同类型的政策）。

据瑞典环境保护署（2010）的统计可知，当从消费的角度来测量排放量的时候，20％瑞典温室气体排放量与食物消费有关。2006 年，瑞典国家食品局被授命减少来自食品消费的气候影响。2009 年，瑞典国家食品局联同瑞典环境保护署对欧盟委员会提交了一份报告，提出了关于环保的饮食选择的建议。该报告在受到欧盟委员会指责之后，被政府办公室退了回来。该报告受到指责的原因是：报告鼓励购买瑞典商品，减少购买来自其他国家的商品，因而否定了在共同市场内自由贸易的原则，是一种贸易限制。然而，该建议对贸易的潜在负面影响从未被评估过，更未与环境效益相比较（瑞典 EPA，2011a；Sveriges Radio Ekot，2011 年 9 月 8 日）。环境与贸易之间的冲突似乎已经开始，这使得关于本地种植食物的环境影响问题成为 ENTWINED 项目的一个非常有意思的话题。

　　2012 年，国家贸易委员会公布了一份气候效益报表的审查报告，该报告多次提及"本地种植"食品这一还没有准确定义的词汇。该报告关注的是来自国际运输食品所带来的相关气候影响、食品生命周期中不同阶段与温室气体排放的关系，并得出结论，仅将食品生命周期中某单一阶段作为气候影响的指标具有误导性。从气候角度看，专注于本地生产的食物被认为是一个具有误导性的指标，其原因之一就是在食品运输中，有比运输距离造成更大气候影响的其他因素的存在。另外，从生命周期的角度看，除了运输之外还有其他因素对来自食品的气候影响产生作用，其中消费行为已凸显出了其潜在的重要性。食品从商店到住所的运输和食品垃圾都是所提到的需要关注的因素。为了减少国际运输食品所带来的温室气体排放量，该报告建议实行全球碳税，对来自生命周期其他部分的温室气体排放，该报告提出了一些不同政策工具。总而言之，建议使用一个系统的方法正确评估来自食品方面的气候影响（国家贸易委员会，2012）。

　　所以，如果通过倡议食用本地种植食品以缩短运输距离不是减少食品消费造成的温室气体排放的方法，那么应该做什么？怎样做？本报告的目的就是提供针对该问题的政策建议。

　　ENTWINED 计划的目标是"提供科学知识，并提供工具来支持瑞典与其他欧洲谈判者和利益相关者将环境问题纳入国际贸易体制"。本研究通过分析与不同食品消费选择相关的温室气体排放，并通过讨论能促进环保的消费选择的政策，来促进该目标的实现。我们假设，在瑞典没有必要将贸易限制作为一项政策措施来降低来自食品消费的温室气体排放。

　　在这份报告中，我们比较了选择购买本地种植食品所带来的气候影响与其他食品消费类型和使用的选择所带来的气候影响，讨论了哪种政策能够促进最有利于环境的消费。

　　我们分析的重点是把不同的消费选择作为降低食品消费的气候影响的潜在对策。因为食用本地种植食物是一个典型的消费选择，故应与其他现有的消费选择进行比较。在我们的分析中，我们考虑了瑞典的消费现状、消费量以及与消费相关联的GWP（全球变暖潜能）。此外，我们的分析仅限于温室气体排放量。因此，我们的结果只适用于食品消费方面的气候问题。

　　为研究来自不同食品消费选择类型的气候影响，我们使用了之前进行生命周期分析（LCA）所获得的结果，因为该方法确保了食品生命周期的所有阶段都纳入了气候影响评价。我们进行了不同消费群的案例研究，从普通"食品杂货袋"开始。然后改变"食品杂货袋"以代表其他消费选择。我们考虑了各种选择，例如素食食品袋、本地生产食品的食品袋、应季食品袋，还有全牛肉食品袋。并将这些"食品杂货袋"的气候影响与家庭运输与减少食品浪费的气候影响进行了比较。鉴于 LCA 的分析结果，我们进行了文献综述，以识别能适用于减少来自食品消费气候影响的政策解决方案。

　　我们以专门为碳足迹计算器（IVL，2009）而开发的 LCA 数据库作为基础计算本研究中的气候影响。普通"食品杂货袋"及其他"食品杂货袋"的消耗量近似于瑞典消费统计数据（瑞典农业局，2012a）。关于其他"食品杂货袋"选择的气候影响评估都基于文献案例。

　　我们的主要结果表明：

　　① 食用瑞典当季素食是最具潜力的气候友好型的食品消费。

　　② 瑞典当季食物对于"食品杂货袋"总的气候影响很大。包含相对少量牛肉的"食品杂货袋"中，当季食品对温室气体排放的重要性增加。在素食"食品杂货袋"中，瑞典当季"食品杂货袋"的重要性很高。

③ 关于对气候的影响，选择开车去购买食物与非素食饮食选择同样重要。

保守估计，如果所有瑞典人的饮食与应季时蔬"食品杂货袋"相当而不是普通"食品杂货袋"，那么瑞典来自食品消费的温室气体排放量将比现在少 360 万吨。"食品杂货袋"相关的温室气体总排放量对于食品类别中每千克产品气候变暖潜力估值很敏感。但是，在我们的数据中，结果更注重的是与"食品杂货袋"相关的温室气体排放总量变化，而不是研究数据的来源。

基于这些结果，并对用于计算这些结果的数据进行分析，我们得出以下结论。

从气候政策的角度来看，对于政策制定者，讨论并尝试去影响我们吃什么是一个良好的开端。因此，关注以下这些问题最初可能是没有必要的：本地种植的食物、食品到商店的运输距离、食品是怎样生产出来的。为进一步减少来自食品生命周期中的温室气体排放，改变食品从商店到家庭的运输也很重要。

我们的政策建议如下。

在政策制定之前，应先开发一种用于估计来自食物的生命周期温室气体排放量的标准方法，目前已在欧盟产品环境足迹方面开始这些方面的工作。很多针对消费者的政策将依赖于这种方法。不同的饮食选择和政策的成本效益需要进行评估，将食品消费和其他可以减少排放的行业进行比较，食品行业减排成本效益可能会更高。

由于饮食的变化意味着消费行为的改变，因此要研究制定一揽子政策的可能性，包括几种不同类型的政策。一揽子政策包括：信息措施，例如餐馆和商店签订自愿协议，公布食物来源；经济措施，例如增加牛肉的相对价格；调控措施，在公共部门餐厅增加供应气候友好型食物。

16.2 背景

国际气候变化委员会（IPCC）认为，"冷昼夜"极有可能（IPCC 原文）出现的频率在降低，而"热昼夜"在过去的 50 年出现的频率在增加。表现为全球平均气温升高的气候变化，极有可能是由于自 20 世纪中叶以来人类活动（人为）导致的大气中温室气体的含量增大。相应地，持续或增加的温室气体排放将引起全球气候的进一步变暖，并很有可能导致全球气候体系发生比目前可观测到的变化更严重的后果。气候变化有很多潜在的后果会在数年后才显现。现在能预料到的是极端天气事件（如干旱与洪涝）的发生，海平面的升高及平均气温的升高等。这些结果将因地域不同而不同，但是不管怎么说都会有非常大的变化（伯恩斯坦等，2007）。减少气候变化问题的主要途径之一是减少温室气体排放。

在瑞典，温室气体排放量（以 CO_2 当量计）已由 1992 年的 7270 万吨降至 2010 年的 6620 万吨（瑞典 EPA，2012a）。但是，这份排放报告只考虑了在瑞典境内产生的排放量（生产角度）。如果从消费角度来看，瑞典温室气体排放量在 2003 年从生产角度的 7600 万吨增加到了 9500 万吨（与上述数字相反，此处数字包括国际运输产生的温室气体）（瑞典 EPA，2010）。在这 9500 万吨中，约有 80% 的排放量与个人消费相关联。而据瑞典环境保护署（2010）称，在这 80% 中有 25% 是因为人需要吃而产生的消费造成的。在 2013 年，瑞典基本上需要约 2000 万吨 GHG 排放量来满足食物的摄入量（约 2t/人）。

此外，从消费角度看，瑞典温室气体排放量好像是在增加而不是减少。在最近发表的一份报告中，瑞典环境保护署计算了与瑞典消费相关的温室气体排放趋势。据该报告显示，与瑞典消费有关的总排放量在 2000—2008 年期间，从 900 万吨增加到了 980 万吨，相当于同比增长 9%。增加的约 400 万吨被认为是由瑞典的人口增长造成的（瑞典环境保护署，2013）。

其他研究也证实了温室气体排放量的增加趋势，但排放量的估计略有不同。在一份北欧部长理事会报告中，Glen Peters 和 Christian Solli 为北欧国家计算了全球碳足迹（Peters 和 Solli，2010）。他们的计算结果表明所有北欧国家的温室气体排放量从 2001—2004 年一直在增加。对于瑞典，温室气体排放量从 2001 年的约 9600 万吨增加到了 2004 年的 1.16 亿万吨（图 16.1）。这与瑞典官方报告的同一时期生产角度的排放量（2001 年 6970 万吨，2004 年 7010 万吨）形成了鲜明的对比（Peters 和 Solli，2010；瑞典 EPA，2012a）。

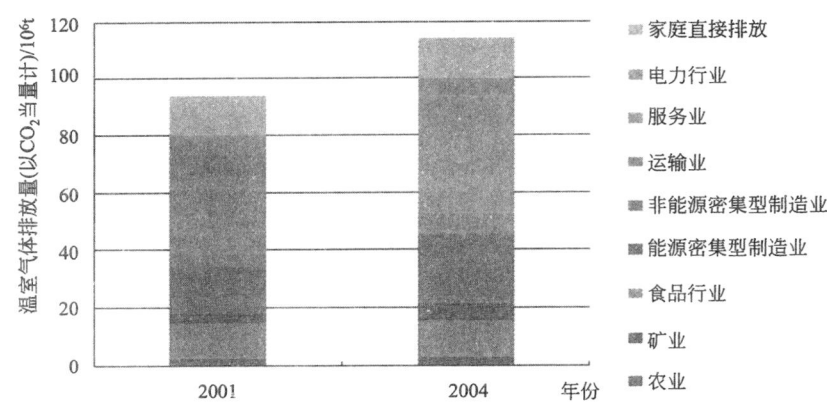

图 16.1　来自瑞典消费方面的温室气体排放量（Peters 和 Solli，2010）

从消费的角度来看瑞典温室气体排放量在增加，但是为了对来自食物的温室气体排放量进行更详细的分析，需要应用另外一种方法。本报告中，我们采用 LCA 法来计算来自食物的温室气体排放量。

在过去的几年里，人们对食品的生命周期评价和碳足迹的兴趣在持续增加，而且已经对不同类型的食品进行了大量的研究。例如，欧洲的 SIK（瑞典食品与生物技术学院）项目、丹麦的 LCA 食品项目以及 Ecoinvent 数据库，这些项目可能被经常提及，但还有许多其他重要的贡献者（SIK，2012；LCA Food，2012；Ecoinvent Centre，2007）。

食品的生命周期可以概括描述为以下几个阶段：农业、食品加工、仓库/零售、消费（包括储存和准备）和废物管理，见图 16.2。在这些生命周期阶段之间涉及国际的、地区的和本地的运输，在图 16.2 中各阶段之间用箭头描述。在许多关于食品的 LCA 研究中，往往没有考虑完整的生命周期（"从摇篮到坟墓"），而是使用一种"从摇篮到农场"或"从摇篮到商店"的观点。Foster 等（2006）查看了所有获得的关于食品 LCA 的研究，并得出结论，即很少有研究能覆盖生命周期中"从农场到餐桌"的阶段。基本上，在关于食品的 LCA 研究中，与消费和废物管理相关的排放量是最常被忽略的。其中一个原因可能是，这样做可以避免将过多的商店、家庭运输及消费习惯等考虑在内。

针对食品 LCA 研究中面临的难题，图 16.2 给出了一定的见解。在食品 LCA 研究中，某一阶段内（如食品加工）运输的影响往往很难确定。另外，食品垃圾产生于食物链各个阶段，故其排放的温室气体情况也需明确说明。食品垃圾在图 16.2 中用方框下面的黑色箭头 a 标明。我们的文献调研表明，不同阶段的相对重要性变化相当大，如表 16.1 所示。在该表中，食品链的所有各个阶段对温室气体排放量贡献的总和大于 100%。这是因为不同食品

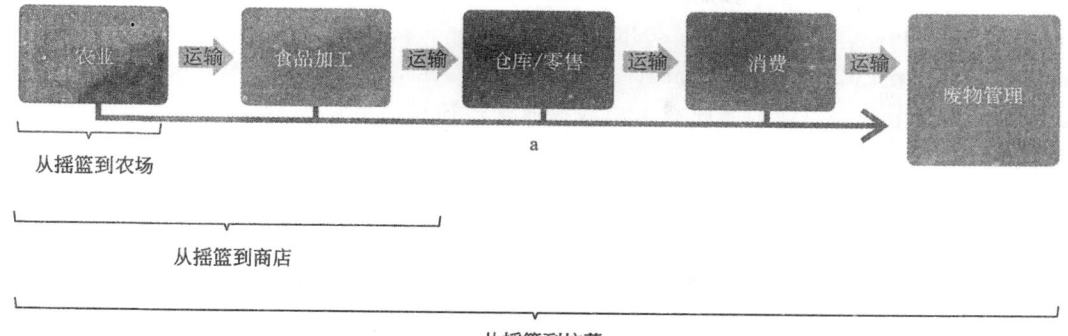

图 16.2 **产品系统的一般描述和食品的主要生命周期阶段**（在 LCA 分析中可能会用到不同的范围，这取决于关注的是农业生产系统还是整个食品生命周期）

类型（如蔬菜或肉类产品）、食品生产方法或者食品的细化程度之间具有差异性，而且也有部分原因是因为研究中使用的分析方法不同。

表 16.1 食品链中不同阶段对温室气体排放的相对重要性

阶段	低(总量)/%	高(总量)/%	资料来源
农业	14	95	Andersson 等,1998；Angervall,2008
食品加工	<1	65	own estimate,Andersson 等,1998
批发/零售	1	2	Berlin,2010
消费/使用	1	15	Davis,2009
运输	5	>75	Lagerberg Fogelberg,2008；DEFRA,2005,2009
废弃物	3	45	Ventour,2008

表 16.1 促使人们在减少来自食物的 GHG 排放量并制定有效政策时，将食品的整个生命周期考虑在内。它也促使人们注重制定影响消费选择的政策，因为消费选择可以影响生命周期的所有阶段。

16.3 食品对气候的影响,生命周期概述

LCA 是一种用于定量分析产品生命周期中环境影响的方法学。LCA 评估产品从生产到实现功能（即周期收益和用途）过程中的环境影响。这个过程由生产（包括提取原料）、运输、产品与废弃物管理组成。开展 LCA 研究的程序在 ISO 14040 和 ISO 14044 标准中有相应的描述，但是也存在一些依赖于 LCA 研究的预期目标和范围的方法选择，它们能够对 LCA 研究结果产生影响（ISO，2006a；ISO，2006b）。

16.3.1 气候账户

"气候账户"是由瑞典环境科学研究院开发的基于网站的碳足迹(气候影响)计算器(IVL 瑞典环境科学研究院有限公司,2009)。该计算器包含一个含有已公布结果和数据的数据库，并用这些结果和数据的平均值作为计算器的输入值。因此,气候账户计算器是以前 LCA 研究的整合分析版本。碳足迹(气候影响)体现在通过估计与温室气体排放相关的全球变暖潜能值所表达的数据中,温室气体主要为二氧化碳(CO_2)、甲烷(CH_4)和氧化亚氮(N_2O)。对全球升温潜能估值的时间框架通常为 100 年,但是对于针对大米的高全球变暖估值,时间跨度是 20 年。关于食品

消费对气候影响的数据是基于 Ahlmén 和 Persson(2002),Carlsson-Kanyama 和 Engström(2003),Lagerberg Fogelberg(2008),Ziegler(2008a, b),Lantmännen(2008),Olaussen(2008),Fuentes 和 Carlsson-Kanyama(2006),Enghardt Barbieri 和 Lindvall(2003),Williams 等(2006),Andersson 和 Ohlsson(1999)的研究。该数据通常包括食品生命周期中运输所带来的温室气体排放量。剩下的部分没有指明是否包含了运输。在本研究中,我们使用来自气候账户数据库和消费束("食品杂货袋")的数据来计算不同类型的食品消费模式对气候的影响。为了便于比较,我们还计算或强调了使用汽车的家庭运输以及减少食物浪费所带来的潜在的气候影响,以及通过航空运输特定食品所带来的气候影响。

16.3.2 案例研究

普通的"食品杂货袋"一般包括 15kg 的食品,其食品的相对份额与瑞典食品统计数据近似(瑞典农业局,2012a)。气候账户数据库提供的数据确定了哪些食品类包含在普通"食品杂货袋"内。数据库中所代表的食品类还确定了哪一组食品类统计数据是瑞典农业局用来决定我们"食品杂货袋"食品相对份额的,采用了直接统计和总消费。素食"食品杂货袋"与普通"食品杂货袋"的不同在于用 3kg 的黄豆和豌豆替代 1kg 的肉类。这种替换是基于每千克黄豆和豌豆与肉类之间蛋白质含量计算的。通过使用干燥的产品或使用其他豆类,这个比值可以降低。牛肉"食品杂货袋"与普通"食品杂货袋"的不同在于只包含牛肉作为"肉"类食品的代表。瑞典季节性"食品杂货袋"与普通"食品杂货袋"的不同在于水果与蔬菜调整为瑞典应季本地产品。大米被替换成了面食和土豆。在本地"食品杂货袋"中,水果与蔬菜也调整为瑞典应季本地产品,并考虑到了由温室气体导致的更长的生长季。瑞典季节性素食"食品杂货袋"与普通"食品杂货袋"的不同在于用 3kg 豆类代替 1kg 肉类,并调整瑞典生长季水果与蔬菜的混合搭配。由于大米被替换成了等量的面食和土豆,同普通"食品杂货袋"相比,瑞典季节性素食"食品杂货袋"损失了少量的能量。表 16.2 列出了所分析的"食品杂货袋"的成分。

表 16.2 LCA 分析中的"食品杂货袋" 单位:kg

项　　目	普通/牛肉	瑞典季节性素食	素食	当地	瑞典季节性
面包和谷物加工产品	2.5	2.5	2.5	2.5	2.5
面食和大米	1.4	0.7	1.4	0.7	0.7
土豆	1.0	1.8	1.0	1.8	1.8
水果和浆果	2.2	2.2	2.2	2.2	2.2
蔬菜	1.6	7.1	7.1	1.6	1.6
鱼	0.3	0.3	0.3	0.3	0.3
肉	1.8	0.0	0.0	1.8	1.8
牛奶及奶制品	3.5	3.5	3.5	3.5	3.5
鸡蛋	0.5	0.5	0.5	0.5	0.5
其他产品(估计)	0.3	0.3	0.3	0.3	0.3

注:LCA—生命周期评估法。

如表 16.2 所示,把每类食品合并计算时,普通"食品杂货袋"和牛肉"食品杂货袋"是一样的。但是分列最相关的类别时,可以显出它们之间的差异。对于其他"食品杂货袋"来说,某类食品之内的差异也很常见。

表 16.3　特定食品类别中各类食物的相对重要性分布　　　　　　　　　　单位：kg

项　　目	普通	牛肉	瑞典季节性素食	素食	当地	瑞典季节性
面食和米饭，其中：	1.4	1.4	0.7	1.4	0.7	0.7
面食	0.7	0.7	0.7	0.7	0.7	0.7
大米	0.7	0.7	0.0	0.0	0.0	0.0
肉类，其中：	1.8	1.8	0.0	0.0	1.8	1.8
牛肉和羊肉	0.6	1.8	0.0	0.0	0.6	1.8
猪	0.9	0.0	0.0	0.0	0.9	0.0
家禽	0.4	0.0	0.0	0.0	0.4	0.4
蔬菜，其中：	1.6	1.6	7.1	7.1	1.6	1.6
根茎类蔬菜和豆类及豌豆	0.6	0.6	6.5	6.0	0.9	1.0
其他沙拉	1.0	1.0	0.6	1.0	0.7	0.6

　　在表 16.3 中，生长季节对"根茎类蔬菜与黄豆和豌豆"以及"其他沙拉"的相对份额的影响进行了阐明。从瑞典农业局（2012a）获得了普通"食品杂货袋"的各类食物份额，这些食品分类都与不同的全球变暖潜能估值相关。在我们的计算中使用的最佳全球变暖潜能估值列于表 16.4 中。

表 16.4　不同食品类别的 GWP 估值——最佳估计

项　　目	普通	牛肉	瑞典季节性素食	素食	当地	瑞典季节性
面包和谷物加工产品	0.5	0.5	0.5	0.5	0.5	0.5
面食和大米	1.0	1.0	0.5	1.0	0.5	0.5
土豆	0.2	0.2	0.2	0.2	0.2	0.2
水果和浆果	0.5	0.5	0.3	0.5	0.3	0.3
蔬菜	2.3	2.3	0.5	0.9	1.7	0.4
鱼	3.5	3.5	3.5	3.5	3.5	3.5
肉	8.8	19.0	—	—	8.8	8.8
牛奶及奶制品	0.9	0.9	0.9	0.9	0.9	0.9
鸡蛋	1.0	1.0	1.0	1.0	1.0	1.0
其他产品（估计）	1.1	1.1	1.1	1.1	1.1	1.1

注：以每千克产品中排放的 CO_2（kg）当量计。

　　GWP 最佳估值是食品类别中所包含食品的平均值。但是当某种食品类别的数据短缺时，我们选择的是全球升温潜能估计代表值。表 16.4 还表明，在特定的食品类别中食品项目的变化会影响该类食品的全球变暖潜能估值。例如，这种影响可以在"蔬菜"类别中看到，其全球变暖潜能估值根据所购买的蔬菜种类（根类蔬菜或沙拉蔬菜）以及生产方法的不同而不同。由于进口的外国蔬菜减少以及根类蔬菜的消费增加，本地"食品杂货袋"中蔬菜的 GWP 要低于普通食品袋。食品袋的类型——普通的/瑞典季节性的/本地的，由于改变了生产可能性，从而影响了全球变暖估值。如表 16.4 中所看到的，肉类的全球变暖潜能估值在普通"食品杂货袋"、本地"食品杂货袋"和瑞典季节性"食品杂货袋"中是一样的。气候账户中关于全球变暖潜能估值的数据主要是基于瑞典牛肉，因此对代表来自瑞典牛肉较低温室气体排放量的全球变暖潜能估值不做调整是可能的。正如 Cederberg 等（2011）所述，我们也不会因为引起土地利用变化而调整较高的全球变暖潜能估值。一般情况下，对于所有与甲烷排放有关的食品，表 16.4 中所列的全球变暖潜能估值都可认为被低估了。这是因为最近研究新发现了甲烷对气候的影响，认为甲烷对气候变化的影响时间较短（Shindell 等，2012）。这种影响并没有包含在表 16.4 中的全球变暖潜能估值中。

16.3.3　家庭运输

如上所述，从商店到住所的交通是消费者可以减少食品消费对气候影响的一个方面。在这项研究中，我们使用文献调研和基于现代货车队组成的独特的计算方法去计算家庭汽车运输对气候的影响。

16.3.4　食品垃圾

除了对不同种类的食物之间进行选择之外，消费者还有其他选择来改变食物对气候的影响。其中一个例子就是，在家中被浪费的食物量。在这项研究中，我们使用文献调研以及基于已测定的废物量和废物处理带来的温室气体排放量的计算方法，去估计食物垃圾处理减量化对气候的影响。食物垃圾减量化潜在的气候影响没有被当做"食品杂货袋"对气候影响的一部分。

16.3.5　航空运输

另一种运输食品的方式是航空运输。航空运输是能源密集型运输方式的一个实例。在这项研究中，我们将文献调查结果与我们用于估计航空运输增加的气候影响计算的结果结合。航空运输潜在的气候影响没有被当做"食品杂货袋"对气候影响的一部分。

16.3.6　最重要的假设

通过将计算食品消费选择对气候的影响作为不同类型消费选择对气候影响的差异，我们隐含的假设是瑞典食品消费选择将直接影响到食品生产。

16.3.7　LCA 研究结果中不确定性分析

气候账户数据库允许在结果中对一些变化进行说明。我们通过使用针对不同食物类型的低 GWP 估值、最佳 GWP 估值和高 GWP 估值来评价我们结果的变化性和可靠性。边际产品，如汉堡、面包，没有包括在 GWP 估计范围内。由于气候账户数据库的独特结构，估值的变化区间主要是在特定食品类别中对不同的食品项有不同的 GWP 估值。如果有更多的估值方法可用的话，变化范围可以更大。鉴于结果中存在不确定性，我们也检查了我们结果的可靠性，通过文献调研看我们的结果与之前的结果是相矛盾还是一致。这种可靠性检验是工作组做 IPCC 第四次评估报告中使用的不确定性定性评估的"简单"版本（Bernstein 等，2007）。

16.3.8　从 LCA 研究结果中得出政策建议

研究食品消费生命周期评估结果中存在着不确定性和变化性，而且很难从任何单一研究中得出可靠的政策建议。但是当从消费角度来测量排放量的时候，食品消费占据瑞典温室气体排放量的 20%（瑞典 EPA，2010），因而需要采取行动减少温室气体排放以减少气候变化对未来影响的不确定性（世界银行，2012）。因此，我们鼓励减少来自食品消费的温室气体排放量的行动。根据预防原则（欧洲共同体委员会，2000），我们提出基于我们研究结果的政策建议，目的是让最终消费者减少来自食品消费的温室气体排放量。

基于我们的 LCA 研究结果，我们评估了那些专门针对消费者的政策选项，但有时也包括一些针对食品生产商的政策选项。我们建议的政策选项仅限于那些在我们 LCA 研究中具有最高气候影响，且相关文献可获得的情况。并且对这些行动的分析也仅限于在瑞典或一定程度上的欧洲国家可实现的，这是因为全球范围的政策工具很难实现。这些建议是基于文献调研并对瑞典食品生命周期相关政策评估得到的。

16.4 LCA 研究结果的总体评价

我们通过使用 LCA 对购买六种不同混合物食品（"食品杂货袋"）的温室气体排放量进行了分析。我们还比较分析了家庭汽车运输、改善废弃物管理以及能量密集型运输对温室气体排放量的影响。研究的结果表明食品消费选择对温室气体排放量有很大的影响。与饮食、家庭运输、废弃物管理相关的消费选择都会影响全国总排放量。

16.4.1 "食品杂货袋"研究案例

图 16.3 显示了我们对不同的"食品杂货袋"的最佳温室气体排放量的估值。该图提供了对每个"食品杂货袋"，不同食品类别对总排放量的贡献信息。该图还介绍了带有误差线的总排放量的变化性或不确定性。误差线的范围是由对不同类别食品的低 GWP 估值和高 GWP 估值差异性所造成的，往往暗示着在该食品类别中已包括的不同食物种类。由不同食物类型对总温室气体排放量造成的影响往往比对同一类食物不同的研究获得的结果的变化性的影响要更大。但这个规则不适用于水稻，其 GWP 范围为 $1.15 \sim 6.4 kg/kg$。在瑞典季节性"食品杂货袋"中误差线范围比较小，主要是由于消费的水果和蔬菜类型的变化性减小了。

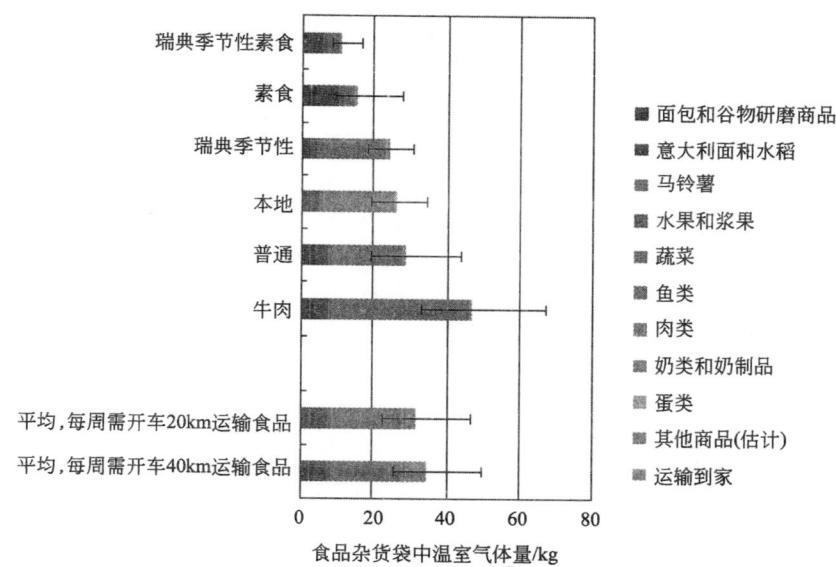

图 16.3 来自瑞典"食品杂货袋"的温室气体排放量（包括最大和最小 GWP 估值）

两个素食"食品杂货袋"温室气体排放量最低。与当地生产的食品对气候影响的讨论高度相关的是：当我们在温室气体排放量计算中使用低 GWP 估值时，普通、本地和瑞典季节性"食品杂货袋"的温室气体排放量都非常相似（以 CO_2 当量计分别为 19.2kg、19.0kg、18.6kg）。但是重要的是，我们在计算中没有使用本地牛肉 GWP 估值。

此外，牛肉"食品杂货袋"相关的温室气体排放量清楚地表明了瑞典食品消费的温室气体排放总量中牛肉的重要性。家庭汽车运输对总排放量的影响与非素食"食品杂货袋"的影响相当。

16.4.2 家庭运输

Sonesson 等（2005）用问卷和采访的形式调查了在瑞典被选中的住户是怎样将食品从商店运回家的。每周光顾一个商店的次数和每次购买食品的数量变化很大。得出的结论是，每周开车去不同类型食品店的平均距离为 20～63km（Sonesson 等，2005）。根据 EEA（2012）的数据，假设是一辆新车在瑞典平均排放（以 CO_2 当量计）142g/km，每周往返商店的车程为 40km，这意味着仅仅因为这一用途，这往返一趟将排放 6kg CO_2，即 20km 排放 3kg CO_2。

16.4.3 废弃物

来自英国 2008 年的一项研究表明，在英国家庭中多达 1/3 的食品被浪费掉，其中超过 1/2 被认为是"可避免的浪费"（Ventour，2008）。Sonesson 等（2008）的调查表明在家庭中，平均每千克被浪费的食品，生产它们相当于要排放 2kg 温室气体（以 CO_2 当量计）（考虑了食物链的所有阶段）。在瑞典家庭中，每年产生约 239000t 可避免的食品垃圾，相当于每人每年浪费 25kg 食物，不包括除了奶制品外的其他饮料（Jensen 等，2011）。这些被浪费的食物相当于瑞典 2010 年在整个食物链中被浪费掉的食物的 35%。这些可避免的浪费所产生的温室气体相当于 50kg CO_2。提高家庭的食物利用率和垃圾管理所减少的温室气体排放量并不显著。但这 50kg CO_2 毕竟是不必要的排放。

16.4.4 航空运输

对于食品航空运输中长途航运的 CO_2 排放量的最佳估值为（以 CO_2 当量计）0.58kg/t（DEFRA，2009）。这个排放因子意味着，1kg 蔬菜，通过航空从撒哈拉以南的非洲运往欧洲，航程大约为 5000km（谷歌地图，2012），将带来 2.9kg 的航空运输排放量。这个可以和来自豆类的温室气体排放量进行比较，其中 1kg 豆类排放 0.5kg。或者与我们的"食品杂货袋"进行比较，在"食品杂货袋"中包含 1kg 蔬菜，通过航空运输将增加普通"食品杂货袋"约 10% 的排放量。

16.4.5 所有例子

表 16.5 示出了与图 16.3 相同的结果，但是包含了为更好地说明高和低 GWP 估值的排放量，对普通"食品杂货袋"以百分误差形式表达。

表 16.5　相对于"食品杂货袋"的其他消费选择的气候影响

项　　目	影响/%	影响(低 GWP）/%	影响（高 GWP）/%
瑞典季节性素食	−62	−55	−62
素食	−46	−52	−37
瑞典季节性	−16	−3	−30
当地	−9	−1	−22
普通	0	0	0
牛肉	65	71	53
普通，每周家庭汽车运输 20km	10	16	7
普通，每周家庭汽车运输 40km	21	31	14

表 16.5 比图 16.3 更清楚地表明了选择汽车运送食品回家对温室气体排放量有影响，与由吃素食对排放量造成的影响相似。

为了使"食品杂货袋"温室气体排放量与改善食品垃圾管理减少的温室气体排放量能进

行比较，将我们的"食品杂货袋"研究结果全国化。在 2010 年，瑞典人口是 9378000，2010 年购买的食物总量是人均 644kg（瑞典农业局，2012a）。通过假定"食品杂货袋"涵盖了在瑞典人均购买食品的 50%，我们计算了其对全国温室气体排放的影响。计算结果示于表 16.6 中。由于缺少汇总数据，家庭汽车运输的影响并没有合计到瑞典总排放量中。

表 16.6　瑞典饮食选择对温室气体减排的保守潜力，2010——最佳估值 GWP

瑞典每年食品袋温室气体排放量 （与普通食品袋的偏差）	（上限）（以 CO_2 当量计）/kg	瑞典总量/×10⁶t
瑞典季节性素食	−379	−3.6
素食	−283	−2.6
瑞典季节性	−97	−0.9
当地	−53	−0.5
改善废弃物管理	−50	−0.5
普通食品袋	0.0	0.0
牛肉	−379	−3.6

表 16.6 显示了与各种食品袋相关的温室气体排放量的全国气候影响的保守估值。我们 15kg 普通"食品杂货袋"每周将构成 780kg 食物/(人·a)。因此对这种食品袋只占总消费量的 50% 的假设是一种低估，这反过来使得全国温室气体排放量的气候影响被低估了。

16.4.6　影响结果的敏感性/重要假设

在本地"食品杂货袋"中，由于瑞典本土水果和蔬菜消费量的增加，以及排除了将米饭替换成面食和土豆所可能造成的影响，温室气体排放量降低了。虽然瑞典的肉通常比其他来源的肉具有更低的温室气体排放量，但是在研究中我们对本地"食品杂货袋"的肉类使用了和普通"食品杂货袋"肉类一样的 GWP 估值，这是一种保守做法。我们在素食"食品杂货袋"中用 3：1 的质量比对豆类和肉进行替换也是保守的。

进行敏感度分析时，我们看到，如果瑞典牛肉的气候影响比普通牛肉低 25%，那么肉类的平均气候影响（以 CO_2 当量计）将从 8.8kg/kg 减少到 7.2kg/kg。猪肉和家禽肉的使用将肉类气候影响从 8.8kg/kg 减少到了 3.8kg/kg（使用最佳 GWP 估值，牛肉为 19kg/kg，猪肉和其他类为 5kg/kg，家禽肉为 1.7kg/kg）。作为补充，表 16.7 列出了 5 种不同情况下与普通食品袋相关的肉类和牛肉含量对温室气体排放量的灵敏度。

表 16.7　改变肉类和牛肉消费量对普通"食品杂货袋" CO_2 排放当量的影响

牛肉和肉类敏感度	（以 CO_2 当量计） kg/kg	（以 CO_2 当量计）kg/袋		
		低	最佳估计	高
普通"食品杂货袋"	8.8	19	29	44
普通"食品杂货袋"——低 GWP 的瑞典牛肉	7.2	19	26	40
普通"食品杂货袋"——低牛肉份额	6.6	17	25	39
普通"食品杂货袋"——更多蔬菜，1kg 肉	8.8	16	24	39
普通"食品杂货袋"——更多蔬菜， 1kg 肉，低牛肉份额	6.6	14	22	37
普通"食品杂货袋"——无牛肉	3.8	13	20	32
瑞典季节性——低牛肉份额		16	20	26
相应的素食"食品杂货袋"		10	15	28
瑞典季节性——更多蔬菜，1kg 肉，低牛肉份额		13	16	20
相应的素食"食品杂货袋"		10	17	30

这种敏感性的一种含义是，对于一些特殊情况下，含肉的"食品杂货袋"可能比素食"食品杂货袋"温室气体排放量低。当我们将来自瑞典季节性"食品杂货袋"的温室气体排放量与素食"食品杂货袋"进行比较时，我们的分析中就发生过这种情况。如果我们假设在瑞典季节性"食品杂货袋"中牛肉份额低，那么当使用高 GWP 计算温室气体排放量时，这个"食品杂货袋"对气候的影响低于素食"食品杂货袋"。如果我们假设在瑞典季节性"食品杂货袋"中牛肉份额和肉类含量都低，那么在基于最佳和高 GWP 估值的温室气体排放量计算中，这个"食品杂货袋"的对气候的影响低于素食"食品杂货袋"。除了使用的肉类和牛肉量的结果对气候影响外，出现这种情况的主要原因是针对大米和季节性蔬菜的 GWP 估值具有高变化性。然而豌豆和黄豆与肉类之间以 3∶1 的质量比不是很重要，素食"食品杂货袋"中大米和某些反季节的水果和蔬菜的消费量对气候的影响可以解释为什么素食"食品杂货袋"比瑞典季节性"食品杂货袋"拥有更高的温室气体排放量。

表现最好的是瑞典季节性素食"食品杂货袋"。这种"食品杂货袋"与素食"食品杂货袋"之间的区别是，土豆和面食取代了大米，而且瑞典的生长季节决定了可以选择消费的蔬菜。季节的影响还可以在瑞典季节性"食品杂货袋"和本地"食品杂货袋"温室气体排放量的差异中看到。在本地"食品杂货袋"中，蔬菜的温室气体排放量（以 CO_2 当量计）是 1.7kg/kg，而在瑞典季节性"食品杂货袋"中只有 0.4kg/kg。究其原因，不同的是，在加热大棚中种植的蔬菜已被排除在外，而在瑞典季节性"食品杂货袋"中更多根类蔬菜被消费。

在我们的案例研究中，经季节性调节的素食"食品杂货袋"的消费可能是对气候最有利的。

瑞典季节性"食品杂货袋"在含有少量牛肉的食品袋中很重要。鉴于在我们的普通"食品杂货袋"中含有大量的肉，瑞典季节性"食品杂货袋"对气候的影响似乎较低。但是在其他"食品杂货袋"中，牛肉数量或份额较低，瑞典季节性"食品杂货袋"以一种与牛肉消费量成反比的形式变得越来越重要。

对于对气候的影响，开车来购买食物的选择与非素食的就餐选择一样重要。

16.5 讨论

在这份报告中，由于气候效益和贸易之间存在明显的潜在冲突，我们只考虑气候变化的影响。我们认识到了确实还存在食品消费的其他重要环境因素，如农药的使用、转基因生物（GMO）、生物多样性问题、动物健康、食品安全、文化传承等。但是这些因素不包括在我们的分析中。

我们的 LCA 研究结果中最重要的结论是饮食选择决定了"食品杂货袋"的温室气体排放量。这结论在一定程度上取决于我们的气候数据库中可用的数据。我们的结论是，素食饮食这种食品消费排放的温室气体量较低。在我们的最佳估算中，环境影响最小的"食品杂货袋"是瑞典应季素食"食品杂货袋"，它的温室气体排放量比普通"食品杂货袋"低 62%（低和高 GWP 估值为 55%～62%）。这表明，在就如何降低食品消费温室气体排放的制定政策或讨论时，没有必要把重点放在本地种植的食物、食品的国际运输或特定的生产方法等问题上。这些问题是很难得出一般性结论，因此可能会成为误导性的指导原则或指标。例如，本地生产食品以及食品运输距离的气候影响已经被证明是不明确的。在我们的文献调研中发现，运输对食品完整生命周期总温室气体排放量的贡献占食物的总排放量的 5%～75%，取决于食品各类。而全国贸易委员给出的数据是 2%～15%。另外，Ziegler（2008）和 Ziegler

等（2013）提出运输距离可能对鱼类生命周期温室气体排放量的影响很小，Högberg（2010）的研究表明瑞典生产的西红柿比荷兰西红柿对气候影响小，但是比西班牙西红柿对气候的影响大。在某些情况下，空运新鲜蔬菜的时候，运输对食品生命周期排放量的影响可能会提高。总的来说，不同 LCA 的研究结果表明运输对气候的影响没有统一的结论。因此，针对饮食选择的政策可能会更有利于气候。

换句话说，我们的研究结果表明，从气候角度来看，政策制定者讨论和尝试影响我们吃什么可能是一个好的开端。因此，一开始就把注意力放在当地种植食物、食品到商店的运输距离或者食品是怎样生产是没必要的。我们的结果还指出了从商店到住处的运输对进一步减少食品生命周期温室气体排放量的重要性。

16.5.1　促进较低温室气体排放的食品消费的政策手段

环保政策可以作为一般的政策手段，被归为不同类别。我们将环境政策手段分类为：信息/自愿协议，经济手段，法律文书（法规）。这种分类已被一些个人与机构采用，如 Vedung（1998）和瑞典农业局（2003）。

信息作为一种政策手段，往往在政治上容易以相对较低的成本实现。信息化手段的一个缺点是它不能保证该建议得到遵守。法律文书很容易跟进，但必须做到对遵守法规的控制。经济手段的目的是通过市场信号考虑外部成本和有影响力的行为。它们可以通过不同的方式来设计，例如提高对环境不利的货物价格或者激励改善环境的技术投资。针对那些使用 CO_2 密集型家庭运输方式的消费者，应利用经济手段激励其使用非 CO_2 密集型的运输方式。与法律文书中每个人都必须遵守规定相反，经济手段建立了激励机制，针对那些能够以最低成本减少排放量的行动。这些政策既可以针对生产商、经销商，也可以针对消费者。我们主要讨论针对消费者的政策。

16.5.2　为什么政策工具面向最终消费者,而不是生产者?

在本研究中，我们关注的是食品消费选择及其对温室气体排放的影响。除了消费选择外，在食品生命周期中还存在其他影响温室气体排放的因素。这些因素不在本章研究范围之内，但是在瑞典农业局报告（2012c）中可以找到一些例子。本研究的背景是关于当地种植食物对气候影响方面的争论，我们想将争论的焦点更多地放在消费选择上。当考虑如何减少来自食品的温室气体排放量的时候，还有另外一个原因让我们关注消费选择。用经济手段引导人们选择环保食品既可以应用于排放源也可以用于排放输出（产品）。经常有人认为，对排放源征税是最有效的措施，因为它直接影响排放源。然而，Schmutzler 和 Goulder（1997）确定了三种更适合将强制征税用于输出而不是源头的情况：①监测排放的成本高时；②除了输出减少外，其他减排的选择有限；③存在替代品的可能性。Wirsenius 等（2010）认为，这些针对食品的标准已得到执行。

（1）关于政策建议的一般问题　在我们的政策文献综述中，我们力图找到可以通过改变消费选择以减少食品消费带来的温室气体排放的最佳可用实践。但是，通过文献调研，我们发现无论在瑞典还是其他国家，这样的最佳实践很少。文献调研结果总结列于16.7节中。最新出版的一些报告（瑞典农业局，2012c，2013；瑞典环保署，2011a）已经就通过食品消费降低温室气体排放的政策选项进行了讨论。因此，在本章中所提出的政策建议没有一条是唯一的。当然，我们已尝试对以前的报告进行补充。在本节中，我们首先提出我们的整体评估，然后是针对具体案例的政策评估。在文献调研中我们仅针对那些促饮食改变的相关政策。

（2）要考虑的政策　在进行文献调研期间，我们注意到在关于政策的讨论中忽略了两个能减少来自食品消费温室气体排放量的因素。我们还注意到政策讨论的另外一个重要因素的提示。因此，我们认为，当讨论减少来自食品消费的温室气体排放量的时候，通常需要先考虑这三个因素，然后可以考虑更多的具体政策。

16.5.3　一般建议

① 实施一揽子政策以促进饮食习惯的改变：消费从普通"食品杂货袋"到其他更环保的"食品杂货袋"的转变意味着饮食习惯或行为上的改变。英国中央信息办公室提出，有效的行为改变政策必须解决：解释行为的个人因素、社会因素及环境因素（包括本地的和更广范围的）。我们的解释是，任何单一类型政策是不可能达到预期的行为改变的，因此需要多种政策手段联合作用。这种解释获得了瑞典环境保护署（2012a）的支持，Gärling 和 Schuitema（2007）认为行为变化与运输有关，而 Owens 和 Driffill（2008）认为行为变化与能源有关。丹麦最近实施后又废除的脂肪税的经验可促进强制与非强制手段的联合使用，以降低来自食品消费的温室气体排放。

② 法规：制定一个针对食品的温室气体排放量计算标准。在我们的研究中，几乎所有其他政策手段都依赖于有关食品温室气体排放量的信息（例如16.7节，瑞典农业局，2012c，2013）。但直到目前为止，还没有一种国际认可的标准计算方法。因此，在这样的标准出现之前，其他政策手段将不会有任何衡量效果，因为它不能对任何"温室气体排放情况"进行标记。而该计算标准的出现将使食品贴上气候标签的过程简单化。制定食品的温室气体排放计算标准的这一灵感既来自欧盟努力开发可再生能源的温室气体排放计算标准，也来自欧盟新举措——产品环境足迹。其尤其可用于气候标签的基础。

标签一般不被认为是一个改变消费者行为的独立措施（瑞典农业局，2009a；Nijenhuis 等，2008），但是应该给予有想法的消费者做出清醒选择的机会。然而，由于没有统一的系统和足够的数据，分析产品的温室气体排放量常常是既复杂又耗时的（Nijenhuis 等，2008）。例如，英国连锁超市特易购在2007年宣布，将用他们的碳足迹为7000种产品贴上碳标签。但是，这个项目太过雄心勃勃，而该计划也在2012年被取消了。一个以发展食品气候标签为目标的瑞典项目起初也面临了挑战（Futerra Sustainability Communications，2012）。气候标签的另一个问题是有关不同类型目标之间的冲突难以总结（瑞典环境保护署，2007）。总之，自发制定温室气体排放量计算标准和气候标签的行为目前可能正在逐渐实现，更多的努力将考虑放在瑞典或欧盟联合倡议上。欧盟产品环境足迹似乎大有可为。建立一种被认可的，针对食品温室气体排放量的计算方法可促成一系列政策。但这一领域需要进一步研究。

③ 经济：建立关于饮食选择的温室气体排放成本效益的知识。不同食品的生产成本也是文献中缺少的信息。我们仅在 Wirsenius 等（2010）以及 Faber 等（2012）的研究中找到相关的成本估算。这些研究模拟由碳或肉税造成的影响。Wirsenius 等（2010）提出，以每吨 CO_2 折合60欧元计的碳税将减少欧盟15%的肉类消费量。根据 Wirsenius 等（2010）的研究，瑞典农业局（2012c）认为，要更大程度地减少肉类消费量将需要更高的肉税。这表明，在瑞典碳价格比其他行业更高之前，肉税只能有限地减少来自食品消费的温室气体排放量。

为了估计饮食变化政策的成本效益，需要知道生产成本。反过来，成本效益也是非常重要的，因为我们需要确定在研究针对其他温室气体排放源之前是否应该先制定针对食品消费的温室气体排放的政策。如果与饮食变化政策相关的碳价格过高，那么社会应该将资源主要投入其他行业。目前食品市场的价格受到了补贴和税收的影响，所以在这种情况下，用一个标准价格调查去分析饮食变化成本效益是不够的。

在本章中，没有关注不同"食品杂货袋"的温室气体减排成本效益。在文献调研中，我们很少看到各种消费选择的成本效益的信息。仅在 Wirsenius 等（2010）与 Faber 等（2012）的研究中找到了对减少肉类消费的温室气体减排成本的估算。瑞典国家公共卫生研究所（2009）得出结论，环保食品可以为消费者省钱。但是我们已多次提到过肉类的高价格弹性。该研究结果支持使用价格机制减少食品消费温室气体排放。

为了理解饮食变化对温室气体成本效益规模的影响，我们在当地杂货店进行了快速的价格调查，并对我们的"食品杂货袋"执行了这些零售价。虽然只是用于指示，但是调查结果显示低排放的"食品杂货袋"比普通"食品杂货袋"和牛肉"食品杂货袋"便宜。本调查中，每减少 1kg 温室气体排放（以 CO_2 排放当量计），减排成本的参考范围在 $-3 \sim -7$ 瑞典克朗之间变化（包括税收和补贴）。环保"食品杂货袋"似乎比普通"食品杂货袋"和牛肉"食品杂货袋"便宜，这表明消费者在购买食品的时候，并没有作为成本最小化的经济主体。这并不奇怪，但是仍然支持了以前关于习惯对食品消费影响的结果，这表述在 Faber 等（2012）的文章中，并获得了瑞典 EPA（2012a）的支持。这也证实了环保食品的零售价格比普通食品便宜，与瑞典国家公共卫生研究（2009）所得出的结论一样。因此有必要进行更多关于改变消费选择的温室气体减排成本效益的研究。

16.5.4　案例具体建议

16.5.4.1　推广季节性素食餐/减少牛肉消费量

我们的"食品杂货袋"中，温室气体排放量最低的是季节性素食"食品杂货袋"，温室气体排放量最高的是牛肉"食品杂货袋"。接下来关于政策的讨论，考虑了如何去推广季节性素食餐，并减少牛肉饮食的建议。正如之前所述，目前已经存在其他相似的政策报告，因此在这一节，我们强调我们认为具有高潜力的政策。

16.5.4.2　信息/自愿协议

（1）商店和餐馆中出现更多的低温室气体食品　食品的披露会影响消费选择（瑞典 EPA，2011a；Thaler 和 Sunstein，2009）。作为一种国家与企业、零售商与餐馆之间的自愿协议，应该鼓励食品披露，从而加大低温室气体食品的披露。

（2）先进的消费指导　瑞典农业科学大学最近开发了一种肉类指导（Röös，2012），用彩色的笑脸引导消费者应该购买哪种肉类（或者其他蛋白质来源）才是环保的。笑脸符号已证明能影响能源效率领域的消费行为（Thaler 和 Sunstein，2009）。但是 Thaler 和 Sunstein（2009）还提出，当笑脸符号搭配比较社会群体表现情况的信息时，效果最好。如果要制定一种温室气体排放计算方法的标准，先进消费指导的可能性可以纳入考虑范围。这将使得消费者可以将他们食品消费的温室气体排放量与来自普通瑞典人（或朋友，如果你喜欢）的温室气体排放量进行比较。

16.5.4.3　经济手段

提高牛肉的相对价格。由于牛肉价格敏感度较高，作为一种政策手段，改变牛肉相对价格是非常好的（瑞典农业局，2009b）。Wirsenius 等（2010）认为对肉类征税以减少肉类消费应该是一个具有成本效益的解决方案。征收肉税的一个好处是进口肉将会像国内生产肉一样纳税，因而进口肉将不会受到青睐。生产税也可能导致碳泄漏，而且并不能减少全球温室气体排放，因为生产只会移到外国去。瑞典农业局（2013）得出结论，对消费者征收碳税是一个现实的选择，但前提是该税收是基于对不同类型产品的标准计算，如牛肉、家禽和其他类型的肉。再次强调，我们需要一种计算温室气体排放量的标准方法。

　　然而，财政部已经对生态食品所征的较低的增值税进行过检查。瑞典环境保护署（2011a）描述，在这项调查结束后有两条主要条款被提出。由于欧盟法律中所谓的平等对待原则，瑞典不能对贴有生态标签的食品和其他产品引入不同的增值税税率。此外，经济分析表明，对于例如成本效益来说，增值税并不是最合适的环境政策手段，而且它与"污染者付费"原则相矛盾。如前所述，瑞典农业局（2012c）认为，要达到牛肉消费量减少25％的目标，就必须提高肉税。另外，丹麦对脂肪税和糖税的废除使经济手段的使用经历了一场挫败。2011年丹麦对油中的饱和脂肪酸与其他一些脂肪含量超过饮用牛奶中正常脂肪含量的食品征收脂肪税，以通过刺激健康食品的消费来提高人类的平均寿命。

16.5.4.4　法规

　　公共部门中的适应气候的生产/季节性素食餐，学校、医院和其他社会区域中的公共餐会影响消费行为，并且为可持续的食物选择提供指示（瑞典农业局，2012c）。例如，一些学校的"无肉日"对减少肉类消费起到一定作用。以气候为基础的采购准则也能激励生产商投资进行适应气候性生产（瑞典农业局，2013）。关于不同类型的食品对气候的影响的信息和教育有助于提高社会对这些政策的接纳程度。

16.5.5　结果的不确定性/变化性

　　各种食物的生命周期基本上是一个关于温室气体排放的潜在影响的巨大矩阵。在我们的例子中，我们已强调了加热温室和航空运输或家庭汽车运输的影响，并将其作为食物生命周期中对食物温室气体排放有较大影响的例子。我们确信，它将可能产生一个与瑞典季节性素食"食品杂货袋"相似的，但是比我们所计算过"食品杂货袋"拥有更高温室气体排放量的"食品杂货袋"。边际类型的生产总会存在，它能对来自具体食品的温室气体排放量产生较大影响。在本章中，我们试图通过展示数据库中对食品类别的低、最佳和高GWP估值来弥补不确定性和变化性。我们还包括了基于文献调研的稳定性估计，将其作为结果合理性的指标。

16.5.6　交叉检查的结果

　　文献调研中，我们发现一些研究给出了相似的结果。

　　（1）牛肉/素食　牛肉对气候的负面影响是公认的。例如Bows等（2012）、Nijenhuis等（2008）、Faber等（2012）、瑞典农业局（2009c，2012，2013），以及瑞典环境保护署（2008，2011a），强调了牛肉消费对食品消费温室气体排放的重要性。Faber等（2012）的研究还展示了素食饮食对气候的积极影响。但是，瑞典农业局（2009c）的研究显示了当由普通饮食转变为素食饮食的时候，温室气体排放量相比于我们的研究结果有一个更强的减少。其中一个原因可能是在我们的"食品杂货袋"中，牛肉份额相对较少。我们还怀疑我们使用的水果和蔬菜的GWP估值比瑞典农业局（2009c）更高。

　　（2）家庭运输　Faber等（2012）的研究也强调了家庭运输对于来自食品消费的温室气体排放的重要性。

　　（3）航空运输　能源密集型运输方式，因此航空运输食品造成的大量温室气体排放也在

Nijenhuis 等（2008）和瑞典农业局（2009c）的研究报告中进行了阐述。

（4）最重要的假设　在这项研究中，我们比较了不同食品消费束（"食品杂货袋"）的温室气体排放量，然后估计了消费者都买低排放"食品杂货袋"的情况对排放量的影响。正如我们在本章中所述，个人消费的改变和适应性生产之间的因果关系是一种假设。从更大的时间范围来说，这种假设是合理的。但是在短期，从当地范围来说，这种因果关系较弱。如果消费者减少对特定食品的需求，生产商可以选择将其产品出口到别的市场。此外，如果总需求减少，价格将会下降，反过来将会导致需求上升。

（5）"食品杂货袋"的组成　普通"食品杂货袋"的消费束近似于 2010 年瑞典统计数据，代表了瑞典普通消费结构。然而，正如我们敏感性分析中那样，消费者对食品消费束轻微的改变就有可能比普通"食品杂货袋"排放更多或更少的温室气体。我们改变普通"食品杂货袋"内食品组成也并不是为了模拟"真实生活"消费的改变。例如，这些转向素食饮食后的"现实生活"变化可以在某种程度上改变结果。如果素食饮食中包含更多鱼类的话，这种情况就可能发生。素食"食品杂货袋"中含有奶制品，意味着在体系中的某个地方消费了肉类，要么是国内纳入"食品杂货袋"中的数量之外的，要么是出口的。瑞典季节性"食品杂货袋"暗示着瑞典生长季节正影响着蔬菜和水果的消费结构。但是，这并不意味着蔬菜和水果的来源只有瑞典本地。

（6）GWP 估值　我们的 GWP 估值来源于其他研究，因此，在这些研究中所指明的不确定性也适用于我们的结果。除了这方面，我们的结果中最受关注的是：牛肉的 GWP 估值仅仅是根据瑞典的结果得来的。因此，我们在主要分析中，没有包括瑞典牛肉取代进口牛肉对温室气体排放的积极影响，但是在敏感性分析中必须模拟这种影响。此外，大米 GWP 估值的宽大范围对结果有影响。这个范围应该谨慎考虑，因为只有极少量的大米生产是低排放生产（Lagerberg Fogelberg，2008）。

16.6　结论和建议

我们研究的主要结果如下。

吃当季的素食餐是最环保的。

瑞典应季性因素在牛肉含量低的"食品杂货袋"中是很重要的。由于普通"食品杂货袋"中含有大量的牛肉，瑞典生长季调节的气候影响很小。但是在其他"食品杂货袋"中，牛肉数量或份额较低时，牛肉消费量影响相反，瑞典应季性食品比例越大，对环境越有益。

关于对气候的影响，选择开车去购买食物与非素食饮食选择同样重要。

基于这些结果，并考虑用于获得这些结果的数据，我们得出结论，政策成功地影响饮食选择对于减少来自消费选择的温室气体排放量是很重要的。制定旨在减少来自食品消费温室气体排放量政策的时候，注重饮食结构变化可能就足够了，而不是关注当地种植食物、食物到商店的运输距离，或者食品是如何生产的。

首先，我们建议应该制定一个用于估计食品消费生命周期温室气体排放量的标准方法。标准对于许多其他政策选择是重要的必备条件。此外，需要了解食品的生产成本以及政策的成本效益。需要比较改变饮食结构是否比其他减少温室气体排放的方法更加昂贵。

为了更直接地降低食品消费温室气体排放量，我们建议应该探索制定以消费者为导向的政策组合。这样的政策组合可以包括：信息措施（如餐馆和商店关于食品披露的自愿协议），经济措施（如提高牛肉的相对价格），法律措施（如公共行业餐馆供应环保食物）。

16.7 温室气体政策手段

16.7.1 瑞典食物链相关的食品与气候政策

以下概述了瑞典针对食品相关温室气体排放的政策，以及这些政策具体在食品链的哪个阶段使用。因为找不到相关数据，概述并没有量化这些政策对温室气体排放量的影响效果。此外，那些被认为对食品温室气体排放有间接影响的政策没有涵盖在本节的介绍范围之内。

16.7.1.1 农业

在现今瑞典的农业行业，直接针对减少温室气体排放的政策相对较少。瑞典政府最近已经采取了几项措施减少化石燃料在农业行业的使用，例如，瑞典农业局已被授权制定一项行动计划以减少来自农业行业的温室气体排放。农村发展计划是一项在 2001—2013 年实施的，以利用支持和补偿政策机制促进农业可持续发展为目标的计划。

直到最近，农业行业仅仅支付了燃料二氧化碳税（用在机械和加热方面）的 21%。这一份额在 2011 年提高到了 30%，到 2015 年将会增加到 60%，部分原因是由于农业行业处在欧盟排放交易体系之外。经 Berglund 等（2010）计算，对于一个使用燃料油进行供热的农场，这项政策将使其每年的成本增加约 36000 瑞典克朗，相当于 30m³ 油。自 1990 年以来，农业的温室数量和使用燃油供热的情况已经有所减少了。上面所提到的税务豁免包括在商业温室大棚中使用的燃料，其中还免除了 70% 的能源税和二氧化碳税。当扣除 70% 的二氧化碳税之后，碳税还高于所有生产产品销售价的 1.2%（以前是 0.8%），那么碳税可以被进一步降低。因为人造肥料的制造和运输都需要能量，因此它的使用对气候有影响。肥料还能以别的方式对气候产生影响，例如，人造肥料使土壤酸化是很常见的。2010 年 2 月停止了对人造肥料征税。

欧盟向瑞典农业行业支付了几种补贴。自 2010 年起瑞典环境保护署已经对瑞典农业的潜在环境损害补贴总额进行了估算（2011b），参见表 16.8"农业损害补贴实例"，即对农民进行补贴支持，补贴是根据农民所拥有和使用的土地面积而不是生产产品的数量，也不考虑生产的类型和规模。农业补助可能对环境既有正面影响也有负面影响。关于内部的市场支持，世界贸易组织（WTO）的成员国已承诺在 2013 年年底取消所有针对农产品的国际市场限制（如关税）。

表 16.8 瑞典农业环境损害补贴实例，2004 年和 2009 年比较（资料来源：瑞典环境保护署，2011b）

补贴类型	2004 年/百万瑞典克朗	2009 年/百万瑞典克朗
出口补助金	557(100% EU)	185(100% EU)
干预支持	207(100% EU)	154(100% EU)
农业补助	5315(2005)	6711
减少加热温室和耕作的能源税	90	100(2010)
减少加热温室和耕作的二氧化碳税	280	360
减少柴油机器的二氧化碳税	850	1000

16.7.1.2 食品加工

食物加工阶段指的是在食品生物周期中，作物或活的动物离开农场后，到转变为包装好的食品产品过程中所涉及的各加工阶段。由于这个过程可能需要使用化石燃料，因此它间接地受到二氧化碳税和能源税的影响。食品加工被归类为工业活动，因此能豁免 70% 的能源税和二氧化碳税。能效计划是另一个能影响工业能源使用的政策。

16.7.1.3 批发/零售

在食品批发/零售中，目前的趋势是冷藏和冷冻食品的份额得到增加。商店用电量的40％～50％用在了食品冷冻和冷藏上。批发商和零售商都是能源使用者，因此会受到碳价格的影响。除了碳价格政策外，很少有旨在减少批发和零售行业对气候影响的政策。但是，确实存在一些积极举措。食品行业中的公司与瑞典能源署在不同的项目中携手合作以提高食品零售的能源效率。一个实例是，一个研究项目中将冰箱和冰柜都安上门，结果使用电量降低了6％。另一个例子是为贸易行业内的能源效率开发的一个清单。虽然有所疑虑，但欧盟生态设计指令也被认为会对未来批发/零售的能源使用产生影响。

16.7.1.4 消费

在欧盟范围内，对电器、灯具、电视等强制实施能效标识要求，为的是帮助消费者识别对环境影响较低的产品和服务。消费者也受到了能源税和二氧化碳税的影响，从而影响了食品加工活动中的能源消耗。

在瑞典，2007年开始了一个关于食品气候标签的项目。主要资金来源于瑞典农业局。开始时，该项目的主要目的之一是开发一个关于食品气候标签的系统。在2010年，该目的转变为形成一个气候认证体系。该气候认证计划建立在已有的关于可持续性食品生产、瑞典有机标签KRAV或者瑞典食物质量标签Swedish Seal（Svenskt Sigill）的标准上。虽然没有任何碳足迹呈现，但是该标准是基于对食物链气候影响研究的科学审查。

现在所使用的一个与肉类消费相关的、以信息为基础的政策手段是所谓的"盘子模式"，其鼓励消费者进行多元化的饮食，食用混合的蛋白质源、碳水化合物源和蔬菜。瑞典国家食品局提供了从环保角度考虑的饮食建议，但是该建议包含了多吃本地生产食品，因此被批评违背了有关共同市场内自由流通，随后该建议被撤销了。但是，自由流动和环境效益之间的潜在权衡从未进行过评估。

欧盟对肉类有进口关税，这可能对肉类消费有抑制效果，但是，从欧盟进口到瑞典的肉往往都比瑞典的本地的肉便宜很多。控制肉类消费的地方积极举措确实存在，例如在一些城市中的学校和幼儿园举办了素食日。

瑞典环境保护署的评估报告（2011a）对减少肉类消费可能采取的行动进行了讨论。例如，欧盟应对气候变化的农业补贴、进口肉关税、差别化增值税，支持产品开发和肉类消费税特定税也都进行了讨论。在瑞典，已讨论过用肉品税去减少肉类消费，但是目前没有政党推进这个做法。

16.7.1.5 废弃物管理

瑞典曾有一个环境目标，到2010年回收来自家庭、餐馆、供应商和零售商至少35％的食品废弃物。连续追踪表明，这个目标还没有实现，而且已经被改为到2015年实现（瑞典环保署，2010）。有大量的政策可以供城市使用，去引导废弃物管理朝正确的方向发展，例如，废物管理计划、废物法规和废物税收。信息也是改变公众行为的重要的工具。

瑞典在2000年实施了一项关于填埋垃圾的税收和禁止可燃垃圾填埋的法令。另外，为了改善资源管理和减少环境影响，从2005年起禁止填埋有机废物。在2006年，实施了一项关于家庭垃圾焚烧的税收。该税收的目的是增加塑料回收，减少CO_2排放以及增加热电联产。

欧盟委员会已经制定了一本名为《停止食物浪费》的宣传册，其中给出了10条关于家庭如何减少废弃物的建议。瑞典环境保护署已经制定了一项在2012—2017年期间实施的废物管理计划。该废物管理计划包括五个优先领域，来自家庭的废物是其中之一。多个信息宣传活动现在正在进行，例如瑞典一个名为 SaMMa 的网站，政府、研究人员以及非政府组织和企业可通过该网站携手合作，共同努力去寻找有助于减少废弃物的解决方案。它可以是关于收集和传播信息，制定指标以及确定必要的行动。

16.7.1.6　运输

（1）瑞典运输行业的气候政策　交通运输行业实施了燃料附加税。二氧化碳税和能源税都适用于汽油和柴油。如前所述，柴油的能源税最近已经提高了，第一次增加是在 2011 年，接着是在 2013 年。也有一些针对性的政策存在，例如豁免所有生物燃料的能源税和二氧化碳税一直到 2013 年。此外，对于客车，根据每千米二氧化碳排放量的不同收取不同的车辆税。

在瑞典已进行讨论了卡车的单位千米税，但是政府还没有做出任何决定。

自 2012 年以来，航空运输纳入了欧盟排放交易体系，增加了往返欧盟运输的成本，这将增加食品航空运输的价格。但是，自 2012 年 11 月起，飞机进出欧洲已被排除在该计划之外。

（2）贸易政策　WTO 的农业协议在 1986—1994 年协商，在 1995 年生效。该协议对 WTO 成员国在主要的三个领域能做什么设定了限制：关税、扶持和出口补贴。根据该协议，建立了对每个国家各个产品的关税水平。欧盟已经对大部分农产品征收了允许的最高关税，但是也有大量关于减少或消除多个国家农产品关税的贸易协定。但是，履行该协议下的承诺仍然意味着对农业行业相对较高水平的扶持和关税保护。WTO 的农业协议还包括成员国对未来减少关税的承诺。多哈回合是最新一轮 WTO 成员国之间的贸易谈判，旨在通过引入降低贸易壁垒和改变贸易规则，实现国际贸易体制的改革。该谈判开始于 2001 年，现在仍然没有结束。

16.7.1.7　用于减少温室气体排放，并对来自食品的温室气体排放量有间接影响的主要政策

在瑞典气候战略中，二氧化碳税、能源税和 EU ETS 都是主要的经济手段。其他针对性措施，如技术采购、信息、差异化车辆税和投资补贴等，与上述政策相互作用（瑞典环境保护署，2009）。除了本国政策外，瑞典还受到了大量欧盟政策和指令的影响。

（1）瑞典二氧化碳税和能源税　瑞典二氧化碳税出台于 1991 年 1 月。二氧化碳税是对电动机驱动的车辆按每千克燃料排放的二氧化碳量进行征收。能源税也适用于化石燃料，主要是旨在为国家创收的财政税收，而且对化石燃料的使用也有影响。由于国际市场的行业竞争，对工业免除了 70% 的能源税和二氧化碳税。其他行业也被排除在税收之外，例如对热电联产（CHP）工厂产热的燃料，发电所使用的燃料以及农业、林业和水生产活动所使用的燃料。瑞典气候政策规定，从 2009 年起实施新的气候政策，该政策包含对在 EU ETS 农业、林业和水管理等体系之外，用于产热的化石燃料二氧化碳税的豁免。这些豁免将会减少，而且相比于以前的 21%，这些行业到 2015 年将要支付总税收水平的 60%，2011 年开始第一步（30%）。家用行业和运输行业支付全额的二氧化碳税和能源税。

瑞典关于气候变化的第五次全国交流报告（瑞典环境保护署，2009）包括了对瑞典的环境政策手段的评价。该报告得出的结论是，能源税和二氧化碳税已为瑞典住宅、服务以及集中供热行业的减排做出了重要贡献，并且已缓和了运输行业的排放趋势。当不同政策手段在一个行业内相互作用，区分单个手段的作用会很复杂。其他外部变化可能对排放产生影响，

例如能源价格或者技术发展。报告对自1990年以来推出的所有政策手段的总体效果进行了评估，预计在2010—2020年期间，将使二氧化碳排放量每年减少达 $(3.0～3.5)×10^7t$。

在行业方面，如果保持1990年的经济政策手段，电力和热力生产的排放量将增加70%（2007年$1.5×10^7t$）。在住宅行业，很难将当今政策手段和1990年政策手段的影响区分开来。但是，1990年政策手段的强化已经促使非化石燃料热力生产行业投资的增加，进而帮助大幅减少该行业的温室气体排放。在运输行业，尽管推出了新的政策，排放量仍有所增加。如果没有新的政策，排放量的增幅可能更加显著，因为这段时期运输量的增幅大大超过了排放增幅。对自1990年来增加柴油税和汽油税对排放量的综合影响进行了测算，相比1990年的税收水平，到2010年为止，新政策使得每年减少排放$1.9×10^7t$（以CO_2当量计），如果测算延续到2020年，这个数字将达到每年$2.4×10^7t$。

（2）EU ETS 2005年，欧盟实施了其温室气体排放交易体系EU ETS。EU ETS是欧盟到2020年减排20%～30%决定的重要部分，因此也是2020年之前瑞典减少气候影响战略的重要部分。EU ETS包括来自电力、热力、炼油厂生产的CO_2排放，以及来自大行业的排放量，如钢铁、玻璃及玻璃纤维、水泥、陶瓷以及纸浆和造纸，该体系仅针对大型公司包括一些大的食品生产商。道路、铁路和海洋运输，农业、家用、废物管理，以及某些能源行业都没包括在排放权交易体系内。从2012年开始，EU ETS纳入了航空运输排放量，并在2013年纳入了工业排放的全氟化碳和氮氧化物。这意味着，自2012年以来，食品通过航空运输正面临着额外的收费。因为航空运输被纳入该体系的时间尚短，它对价格和航班需求的影响目前还无法估计。此外，自2012年11月起，进出欧洲的飞机已被排除在该体系之外。在将航空运输引入EU ETS之前的研究已经表明，它对价格和航班需求的影响很小（Belhaj等，2007）。

（3）其他气候政策 除了EU ETS、能源税和二氧化碳税之外，影响瑞典工业大规模燃烧相关排放的主要政策手段包括电力证书制度、能源密集型产业中能源效率项目（PFE）以及瑞典环境法。在国内行业中，也有一些政策手段能影响来自住宅和商业建筑的能源使用和温室气体排放。欧盟的能源效率指令在2012年10月开始生效，提出了具有法律约束力的措施来提高欧盟能源效率。信息作为政策手段，是瑞典气候战略的重要组成部分。自2002年以来，多个关于气候信息的举措已经在瑞典付诸实施。在瑞典农业产业内，土地所有者和农民的建议很重要。瑞典农业局和瑞典森林局已被委托去开发有针对性的关于适应气候变化的农业和林业管理的信息。图16.4列举了食品生命周期中重要的政策。

对于食品链中的运输活动，还存在其他一些影响燃料使用的政策手段，从而影响运输对气候的影响（表16.9）。

表16.9 运输行业中与食品运输相关的政策

国际运输	区域/国内运输	消费者运输
-燃料没有燃油税	-燃料没有燃油税	-环境区
-EU ETS—航空运输	-EU ETS—航空运输	-对燃料有二氧化碳和能源税
-环境区	-环境区	-环境区
	-交通拥堵税	-交通拥堵税
		-环保汽车保险费
		-差异化的汽车税

这些政策（经济手段）不是均匀分布在各运输类别中，可以认为其对食品生产有再分

配的影响。

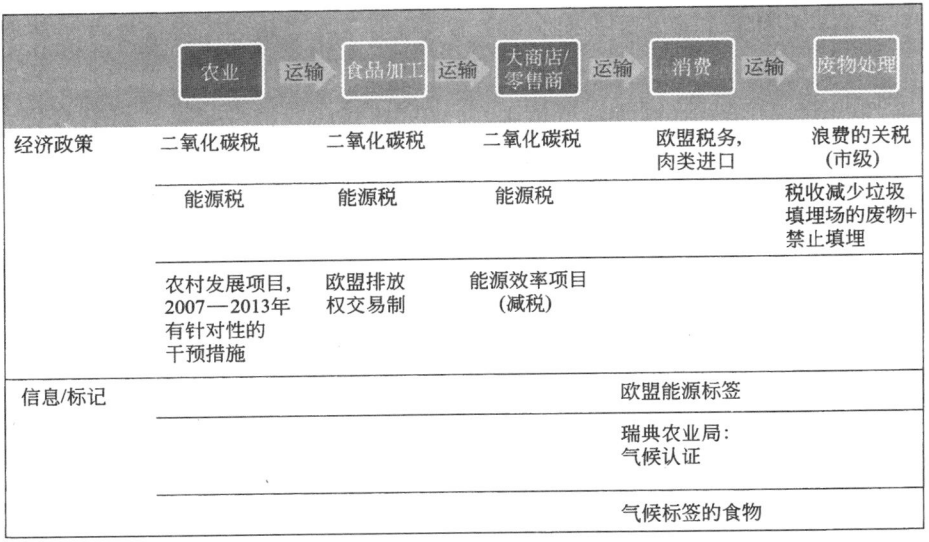

图 16.4　食品生命周期中重要的政策, 除运输外（包括有直接和间接影响的政策）

16.7.2　政策瞭望

本章还介绍在其他国家中是否存在有助于减少来自食品消费温室气体排放的政策，详细介绍如下。

以有助于减少与食品链有关的温室气体排放的可用政策作为出发点，我们对丹麦、英国、巴西和澳大利亚的相关政策进行了展望。

（1）丹麦　丹麦在2011年出台了一项关于食用油和某些奶制品（其脂肪含量超过饮用牛奶中脂肪含量正常值）中饱和脂肪的税收，其目的是提高平均寿命（丹麦税务部，2010），价格为每千克饱和脂肪16丹麦克朗。该税收旨在刺激更多健康食品的消费。从气候角度看，很难说该税收是否促进了更多环保食品的消费。提取的动物脂肪包含在该税收中，而且动物油脂（牛和羊）相对于大多数其他产品属于排放密集型。据我们所知，丹麦是唯一一个针对高脂肪含量产品收税的国家。但是，在本章撰写期间，丹麦在2012年11月宣布了放弃这一方案。

丹麦占有世界上最大份额的有机产品，有机食品生产份额达到总生产量的8%。该有机产品主要出口到德国和瑞典。在农业方面，温室气体排放量从1990—2008年已经降低了28%（丹麦农业和食品委员会，2011）。这种发展背后的驱动力主要是综合的农业方法，这些已经导致了生产效率提高、繁殖和饲养优化、氮肥利用率提高、化肥使用和耕作变化减少。例如，由于饲养效率提高以及围绕动物粪便存储和使用的更严格的法律要求，氮肥利用率已经获得了提高（NERI，2011）。关于在农业行业中进一步提高氮利用率的研究和发展仍然在丹麦农业行业中进行着，为使将来能够持续减排。在2009年，丹麦政府出台了一项18亿欧元的绿色增长计划，以支持对丹麦农业的绿色投资到2015年（OECD，2011）。

为分析丹麦政策对排放量的影响，我们收集了瑞典和丹麦的温室气体排放趋势及农业行业的温室气体排放强度趋势的相关数据。据欧盟统计局的数据，丹麦农业行业的温室气体排放量在2000—2010年期间已经降低了8.5%（图16.5）。瑞典相应降低了6.2%。

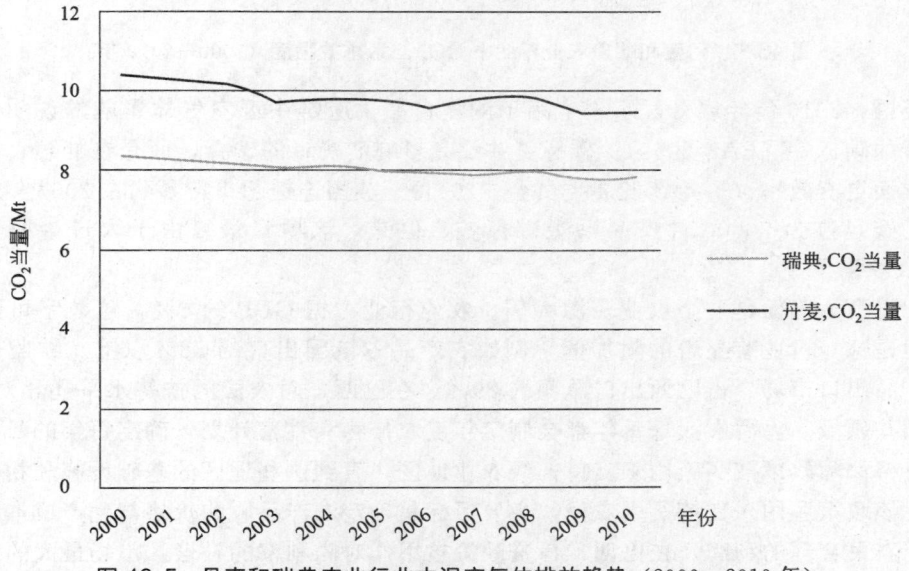

图16.5 丹麦和瑞典农业行业中温室气体排放趋势（2000—2010年）

这些排放量不一定是农业行业"气候表现"的一个理想指标，其中一些数据的降低可能与欧盟金融危机有关。为了得到一个关于丹麦农业行业是否比瑞典表现"更好"的明确指示，我们通过使用欧盟统计局的数据分析了二氧化碳排放强度。正如图16.6所示，二氧化碳排放强度是瑞典比丹麦更高，在这里以CO_2当量/总增加值进行测量。

从图16.6上可以得出，瑞典整体比丹麦表现差，但是两个国家的排放强度都没有下降。或者说，从气候角度来看，该行业在丹麦和瑞典表现都不是非常好。

（2）英国 在英国，来自食品的温室气体排放量接近全国总排放量的20%，如果包括食品对土地使用影响的话，该数字上升到30%。此外，在英国食品链中，各阶段温室气体排放分布如下：生产和初加工34%，生产制造、分销、零售和烹饪26%，以及农业引起的土地利用变化40%（可持续发展委员会，2011）。减少来自农业行业排放的政策主要是自愿性质的。2009年的英国低碳转型计划鼓励农民在2020年之前至少减少6%的排放量（与BAU情况相比），例如，可以通过更有效地使用化肥，更好地管理牲畜，减少运往填埋场的废物数量，并配套废物厌氧消化（沼气生产）。

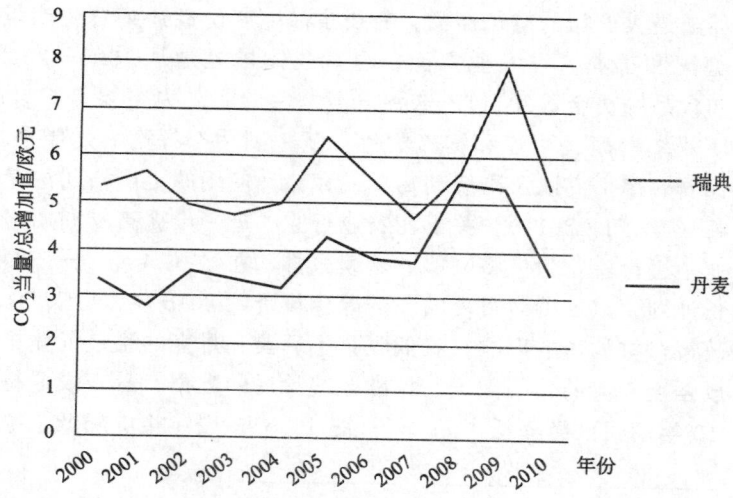

图 16.6　丹麦和瑞典农业行业中 CO_2 当量排放强度（2000—2010 年）

在英国，2010 年年底开发了一个用于测量食品供应链中温室气体影响的说明书，即面向消费者的碳标签（PAS 2050）。碳标签并没有影响消费者的选择，而是在处理食品链中其他影响方面更有效率（可持续发展委员会，2011）。英国连锁超市特易购在 2007 年宣布，将用他们的碳足迹为 70000 件产品贴上碳标签。但是，该项目最终由于太过雄心勃勃，在 2012 年被取消了。

（3）巴西　巴西是一个农业资源大国。农业行业占据 GDP 约 6%，这数字可能看上去不大，但是这一行业有显著的附加值，例如农产品占该国出口的 38% 以上。欧盟是巴西最大的农产品出口市场，占巴西出口总额的 29%。在巴西，对农民的扶持水平还相对比较低，仅限于某些领域。巴西农业部每年都会制定年度农作物和牲畜计划，确定每年的目标和支持领域。价格保障政策被实施用来支持初级农业地区，直到这些地区的基础设施和相关活动趋于完善，该政策还用来支持贫困农民，主要目标是确定农产品收购价格与生产成本相互协调并且给予农民合理的利润。在巴西，信贷政策被用作对高利率的补偿。市场最大的扭曲来自农业政策，原因是银行有义务向农业贷款分配 29% 的活期储蓄。例如，在 2011 年出台了多项举措，在体系之下对农业低碳排放进行分组（Programa ABC）。巴西的农业支持系统具有越来越多的环保和可持续发展的标准。当前的一个目标是减少对进口化肥的依赖（OECD，2011）。由于巴西是世界上最大的农产品生产国之一，化肥的使用量相当大，占据了总生产成本的很大一部分。政府还通过强制交通运输使用混合乙醇和汽油燃料以及给予灵活燃料汽车税收优惠来支持生物燃料。

巴西是世界第二大牛肉生产国和世界最大牛肉出口国。而巴西牛肉消费量自 1996 年以来一直比较稳定，出口量从那时起增幅相当大。Cederberg 等（2011）认为用于因出口而增加的生产量已经成为过去 10 年在所谓的亚马逊合法地区（LAR）砍伐森林的关键驱动力。该亚马逊合法地区对于巴西牛肉生产越来越重要，在 2006 年，巴西牛肉约 25% 的产量来自这片区域。1996—2006 年，养牛在这片区域的增长尤为明显，但是从过去 10 年的后半段到现在，森林砍伐率已经下降了。森林砍伐率的降低是消除违法经营者，向购买来自这些区域牛肉的消费者施加压力等一系列活动的结果，也包含经济不景气的可能性。旨在减少亚马逊地区森林砍伐的政府计划已经推出了，例如 2004 年的预防行动计划和控制亚马逊合法森林砍伐，以及 2003 年的可持续亚马逊计划。然而，全世界肉类的消费量预计到 2050 年将会翻一番，这意味着对巴西的肉类生产造成很大的压力，因而对亚马逊地区更强的保护是很有必要的。

（4）澳大利亚　澳大利亚是重要的农产品生产国和出口国。水资源缺乏是其农业的一个限制因素，农业领域占全国总用水量的很大一部分。澳大利亚是世界上最干燥的有人居住的大陆，而且最近由于干旱已经引起了扶持的减少。自 2010 年以来，澳大利亚食品生产已经受到不利气候条件的严重影响。农业扶持主要由预算资助项目提供，但是自 20 世纪 80 年代以来已显著减少了。

澳大利亚政府的气候变化行动提供资金帮助初级生产者适应和应对气候变化。在 2009 年，政府开始实施"关爱我们的国家"的计划，其目的是资助澳大利亚自然资源的环境管理。政府也有一个干旱响应政策，以备农民和农村社区应对未来的挑战。

参 考 文 献

Ahlmén, K., Persson, S., 2002, Maten och Miljön-Livscykelanalys av sju livsmedel Andersson, K., et al, 1998, Screening life cycle assessment (LCA) of tomato ketchup: a case study. Journal of Cleaner Production 6 (1998) 277-288.

Angervall T., et al., 2008, Mat och klimat: En sammanfattning om matens klimatpåverkan i ett livscykelperspektiv, SIK-Report No 776 2008, (Swedish).

Berlin, J. & Sund, V., 2010. Environmental Life Cycle Assessment (LCA) of ready meals. SIK-report No 804.

Bernstein, L., et al., 2007, Climate Change 2007: Synthesis report-Summary for Policymakers, Intergovernmental Panel on Climate Change fourth assessment report.

Carlsson-Kanyama A. & Engström R., 2003. Fakta om maten och miljön: Konsumtionstrender, miljöpåverkan och livscykelanalyser, The Swedish Environmental Protection Agency Report No. 5348, (Swedish).

Cederberg, C., et al., 2011, Including Carbon Emissions from Deforestation in the Carbon Footprint of Brazilian Beef, Environ. Sci. Technol. 2011, 45, 1773-1779.

Commission of the European Communities, 2000, COMMUNICATION FROM THE COMMISSION-on the precautionary principle, COM (2000) 1 final.

Davis, J., et al., 2009, Environmental impact of four meals with different protein sources: Case studies in Spain and Sweden. Food Research International 43 (2010) 1874-1884.

Department for Environment Food & Rural Affairs (DEFRA), 2009, Guidelines to DEFRA / DECC's GHG Conversion Factors for Company Reporting: Methodology Paper for Emission Factors.

Department for Environment Food & Rural Affairs (DEFRA), 2008, Synthesis report on the findings from Defra's pre-feasibility study into personal carbon trading, http: // www. teqs. net/Synthesis. pdf.

Department for Environment Food & Rural Affairs (DEFRA), 2005, The Validity of Food Miles as an Indicator of Sustainable Development: Final report.

Ecoinvent Centre, 2007. Ecoinvent Life Cycle Inventory Database Version 2. The Swiss Centre for Life Cycle Inventories, Dübendorf.

European Environment Agency (EEA), 2012. Monitoring CO_2 emissions from new passenger cars in the EU: summary of data for 2011. European Environment Agency.

Copenhagen, Denmark. European Environment Agency (EEA), 2011b, Environmental tax reform in Europe: implications for income distribution, EEA Technical report, No 16/2011.

European Environment Agency (EEA), 2011c, Sweden Country Profile Faber J. , et al. , 2012, Behavioural Climate Change Mitigation Options and Their Appropriate Inclusion in Quantitative Longer Term Policy Scenarios-Main Report (http: // ec. europa. eu/clima/policies/roadmap/docs/main _ report _ en. pdf).

Food consumption choices and climate change IVL report B2091 31 Fawcett, T. , 2010, Personal carbon trading: A policy ahead of its time? Energy Policy 38, pp. 6868-6876.

Foster C. , et al. , 2006, Environmental Impacts of Food Production and Consumption: A report to the Department for Environment, Food and Rural Affairs. Manchester Business School. Defra, London.

Futerra Sustainability Communications, 2012, Utvärdering av klimatprojektet-Sammanfattning och Analys, (Swedish).

Högberg, J. , 2010, European Tomatoes. MSc Thesis, Environmental Systems Analysis, Chalmers University of Technology. ESA report no. : 2010: 2. ISSN no. : 1404-8167.

International Organization for Standardization (ISO), 2006a, Environmental management-Life cycle assessment-Principles and framework, ISO 14040: 2006.

International Organization for Standardization (ISO), 2006b, Environmental management-Life cycle assessment-Requirements and guidelines, ISO 14044: 2006.

IVL Swedish Environmental Research Institute Ltd, 2009, Climate Account-Methodology Jensen C. , et al. , 2011, Matavfall 2010-från Jord till Bord, SMED rapport nr 99 2011, (Swedish).

Joint Research Centre (JRC), 2008, Well-to-wheels analysis of future automotive fuels and powertrains in the European context-version 3.

Lagerberg Fogelberg C. , 2008, På väg mot miljöanpassade kostråd: Vetenskapligt underlag inför miljökonsekvensanalysen av Livsmedelsverkets kostråd, The National Food Agency Report 9/2008, (Swedish, with English summary).

National Board of Trade, 2012, Handel, transporter och konsumtion-Hur påverkas klimatet?, Kommerskollegium 2012: 3, (Swedish).

Owens S. , Driffill L. , 2008, How to change attitudes and behaviours in the context of energy, Energy Policy 36 (2008) 4412-4418.

Peters G. , & Solli C. , 2010, Global carbon footprints-Methods and import/export corrected results from the Nordic countries in global carbon footprint studies, TemaNord 2010: 592, ©Nordic Council of Ministers, Copenhagen 2010.

Roy P. , et al. , 2008, A review of life cycle assessment (LCA) on some food products. Journal of Food Engineering 90 (2009): 1-10.

Röös E. , 2012, Köttguiden 2012 (Swedish) Schmutzler A. , and Goulder, L. , 1997, The Choice between Emission Taxes and Output Taxes under Imperfect Monitoring, Journal of Environmental Economics and Management 32, p. 51-64, Article No. EE960953.

Shindell, D. et al. , 2012, Simultaneously mitigating near-term climate change and improving human health and food security, Science, V. 335, No. 6065, pp. 183-189 Food consumption choices and climate change IVL report B2091 32.

Sonesson U. , et al. , 2008, Klimatavtryck från hushållens matavfall,　(Swedish) Sonesson U. , et al. , 2005, Home Transport and Wastage: Environmentally Relevant.

Household Activities in the Life Cycle of Food. Ambio 34 (4): 371-375 Swedish Board of Agriculture, 2013, Hållbar köttkonsumtion-Vad är det? Hur når vi dit? (Swedish).

Swedish Board of Agriculture, 2012a, Livsmedelskonsumtion och näringsinnehåll t. o. m år 2010-Consumption of food and nutritive values, data up to 2010, Statistikrapport 2012: 01.

Swedish Board of Agriculture, 2012b, Pro Memoria Svenska matvanor och priser, (Swedish).

Swedish Board of Agriculture, 2012c, Ett klimatvänligt jordbruk 2050, rapport 2012: 35, (Swedish).

Swedish Board of Agriculture, 2009a, Miljömärkning för konsumenten, producenten eller miljön? Rapport 2009: 12. (Swedish).

Swedish Board of Agriculture, 2009b, Konsumtionsförändringar vidändrade matpriser och inkomster-elasticitetsberäkningar för perioden 1960-2006, Rapport 2009: 8 (Swedish).

Swedish Board of Agriculture, 2009c, Hållbar konsumtion av jordbruksvaror-hur påverkas klimat och miljöav olika matvanor? (Swedish).

Swedish Board of Agriculture, 2002, Maten och miljön: Livscykelanalys av sju livsmedel, (Swedish).

Swedish Environmental Protection Agency (Swedish EPA), 2013, Consumption-based indicators in Swedish environmental policy, report, 6508.

Swedish Environmental Protection Agency (Swedish EPA), 2012a, National inventory report Sweden 2012.

Swedish Environmental Protection Agency (Swedish EPA), 2012b, Underlag till en svensk färdplan för ett Sverige utan klimatutsläpp 2050, report 6487 (Swedish).

Swedish Environmental Protection Agency (Swedish EPA), 2011a, Köttkonsumtionens klimatpåverkan. Drivkrafter och styrmedel. Rapport 6456. (Swedish).

Swedish Environmental Protection Agency (Swedish EPA), 2011b, Potentiellt miljöskadliga subventioner. Förstudie från 2005-uppdaterad 2011. Rapport 6455. (Swedish).

Swedish Environmental Protection Agency (Swedish EPA), 2010, The Climate Impact of Swedish Consumption.

Swedish Environmental Protection Agency (Swedish EPA), 2007, Delmålsrapport om avfall, September 2007. (Swedish).

Swedish National Institute of Public Health (FHI), 2009, Vad kostar Hållbarar matvanor?, (Swedish) Food consumption choices and climate change IVL report B2091 33.

Thaler, R., Sunstein C., 2009, Nudge-Improving decisions about health, wealth and happiness.

Ventour L., 2008, The food we waste, Food waste report v2. WRAP (Waste & Resources Action Programme).

Wirsenius, S, et al., 2010, Greenhouse gas taxes on animal food products: rationale, tax scheme and climate mitigation effects. Climatic Change, 108: 159-184.

World Bank, 2012, Turn Down the Heat-Why a 4C Warmer World Must be Avoided.

Ziegler, F., et al., 2013, The Carbon Footprint of Norwegian Seafood Products on the Global Seafood Market, Journal of Industrial Ecology, V. 17, iss. 1, pp. 103-116.

WEB sources:

http: //engwww. sik. se/, Web site of SIK-The Swedish Institute for Food and Biotechnology, accessed 2012-07-09.

www. dn. se, Värsta torkan i USA på56 år, accessed 2012-07-17.

www. maps. google. com, Google maps, 2012, website: maps. google. com, accessed in November 2012.

http: //www. fria. nu/artikel/92572, Import och nya mattrender bakomökad köttkonsumtion, accessed 2012-11-20.

http: //www. svd. se/mat-och-vin/kott-allt-mer-populart-hos-svenskarna _ 6816411. svd, Kött allt mer populärt hos svenskarna, accessed 2012-11-20.

http: //www. eea. europa. eu/data-and-maps/figures/greenhouse-gas-emissions-in-the, European Environment Agency (EEA), 2011a, Data and maps, Greenhouse gas emissions in the EU-27 by sector in 2008, and changes between 1990 and 2008, accessed 2012-07-24.

http: // www. lcafood. dk/, LCA Food-The LCA Food Database, accessed 2012-07-09.

http: // sverigesradio. se/sida/artikel. aspx? programid = 83&artikel = 4683778, Livsmedelsverkets miljösmarta kostråd stoppas, published 2011-09-08, accessed 2012-11-27.

http: // www. jordbruksverket. se/amnesomraden/miljoochklimat/begransadklimatpaverkan/minskautslappenav-vaxthusgaser. 4. 50fac94e137b680908480003241. html, Jordbruksverkets förslag till handlingsprogram för minska risk förövergödning och klimatpåverkan.

http: // www. fria. nu/artikel/92572, http: // www. svd. se/mat-och-vin/kott-allt-mer-populart-hos-svenskarna_6816411. svd, accessed 2012-10-31.

Eurostat. Gross value added of the agricultural industry-basic prices. Greenhouse gas emissions by sector (agriculture), 1 000 tonnes of CO_2 equivalent.

Swedish EPA, 2012, Matsvinn: http: // www. naturvardsverket. se/sv/Start/Produkter-och-avfall/Avfall/Minska-avfallets-mangd-och-farlighet/Matsvinn/http: // www7. slv. se/Naringssok/SokLivsmedel. aspx, as of 2012-12-15.

第 **17** 章

如何处理城市固体废物

（作者：Jan-Olov Sundqvist）

在 2000—2001 年，我们做了一个废物管理的系统分析研究，从环保、能源和经济的角度评估了不同的废物管理策略。该研究资金由瑞典国家能源局支持。我是项目负责人。但是来自其他不同的机构和大学的研究人员也做了大量工作。最终形成的报告是用瑞典语写的（Sundqvist 等，2002），因为我们本来的目标是瑞典市政、瑞典政府和瑞典公司。然而，之后我发现该研究在国际上也受到了关注。我在一些会议、研讨会和课程（Sundqvist，2001，2002，2004）中也展示了该研究成果。由于国际的关注，我把我们的研究做了一个稍短的英文版本放在这里。本研究着重方法和结果的阐述。瑞典语的研究里还有几个子研究和更多背景数据的描述。

17.1 概述

瑞典的废物管理正在经历一场剧烈的改革。随着相关政策的出台，一些更为可持续性的废物管理行动得以实施。同时已经对新闻报纸、包装、轮胎和电器电子等生产商的责任进行了规范，他们的责任要与循环利用的目标相统一。从 2000 开始，对所有填埋废物征税。从 2001 年开始，在欧盟垃圾填埋指令 1999/31/EC 基础上，出台新的国家土地填埋法令。根据国家固体废物法令，从 2001 年开始，禁止填埋可燃废物。2005 年开始，禁止填埋有机废物。在废物焚烧法令中采用了欧盟关于废物焚烧的条例（2000/76/EC）。所有这些行动都在改变废物管理。例如，值得指出的是，目前瑞典已经有 26 个垃圾焚烧厂，大约超过 20 个正在建设。并且，废物的生物处理和资源化回收利用在不断增加，而填埋处理不断减少。

瑞典能源系统也正在大量改变。目前，一个核电反应堆已经被关闭，随着可再生能源引入市场，政府的目标是关闭更多反应堆。化石燃料的使用应该减少，这就需要其他的替代能源，废物利用就是其中一个。

所有这些意味着焚烧处理能力和生物处理能力以及资源循环利用必须增加，以应对填埋的限制。这就提出一个问题：从环境、能源和经济角度来讲，哪种方式是最好的？

我们对综合考虑环境、能源和经济的前提下，如何最大程度地利用废物中的能量、物质与植物营养进行了系统研究。本章内容描述了这个研究中关于易生物降解废物的管理。完整的研究已经发表（Sundqvist 等，2002）（瑞典语，英文摘要）。该研究内容已经在一些会议和课程中发表（Sundqvist，2002；Sundqvist，2004）。

17.2　生命周期评估

17.2.1　生命周期评估概述

生命周期评估（LCA）是一个评估产品、过程或者一种活动的潜在环境负担的过程。生命周期评估最具特色的部分是能量流和物质流的识别与量化，以及分析这些流动对环境的影响。评估应该包括被研究系统的整个生命周期，包括原材料和能源的采购、生产、使用以及废物处理。

17.2.2　生命周期评估框架

大约从 1990 年开始，人们对生命周期评估的兴趣大大增加，从而导致其方法学的发展与不断协调统一。相关的 ISO 标准也已经发布（ISO 1997；ISO 1998；ISO 1999；ISO 2000）。

这里列举的框架是以 ISO 标准 14040 为基础的。按照该标准，一个完整的生命周期评估包括以下几个相互关联的部分。

① 目标定义和范围界定。

② 清单分析。

③ 影响评价。

a. 分类。

b. 说明特性。

c. 估值或者权重。

④ 释义。

在目标定义和范围界定中，应该对研究的目的和覆盖范围加以定义，这包括系统边界定义、数据需求、假设和限制。

在清单分析中，分析被研究系统的输入和输出。ISO 14041（ISO 1998）描述了清单步骤。这个体系通常是针对一种产品，涵盖其整个生命周期，但是也可以针对某一服务或者某一工艺过程。系统的输入可以是能源和材料。系统输出是在原材料采购、生产、运输、使用和废物处理过程中得到的产品和产生的排放。清单分析结果是系统或者被研究系统的输入和输出所构成的表格。

影响评价是对清单分析过程中所识别的输入和输出进行特征描述和影响评价。一个环境生命周期评估的影响评价，应该考虑以下几个主要范畴：

① 资源消耗。

② 对人类健康的影响。

③ 对生态的影响。

每个主要范畴又进一步被分成几个影响评价的子范畴，详情可参见 ISO 14042（ISO 1999）。

影响评价分为三步：分类、特征描述和加权。在分类阶段，不同的输入和输出被分到不同的影响类别。在特征描述阶段，对每个影响类别进行分析和量化。而加权阶段则是通过对不同影响类别的数据赋予不同权重，从而使其具有可比性。

17.2.3 生命周期评估中重要术语与方法

17.2.3.1 功能单元

功能单元是生命周期评价中定量计算的基础。它用来定量一个产品、材料或者服务的环境负担。一个绝对的生命周期评估是对一个具体产品、材料或者服务的整个生命周期进行研究，并对其不同组成部分进行比较。因此，其功能单元应该为该产品/材料/服务中的一个项目。而比较的生命周期评估是对不同产品进行相互比较，而且这种情况下，一般不是对产品进行直接比较，而是对这些产品的功能进行比较。

选择合适的功能单元对生命周期评估非常重要。相关的结果需要相关的功能单元选择。对于废物管理系统，通常选择几个功能单元更好，每一个代表废物产生的基本功用。比如，有机易降解废物能够被焚烧、厌氧消化或者堆肥。当焚烧时，产品（在瑞典）被用来集中供热。当厌氧消化时，产品生物气用于车辆或者发电，取决于生物气利用方式。好氧消化或者堆肥会产生肥料。以有机废物为例，评价管理必须使用以下几个功能单元：

① 一定量的废物处理。

② 一定量集中供暖能量的产品。

③ 一定量电能的产品。

④ 一定量含氮和磷肥的产品（也可能包括钾肥）。

⑤ 一定量汽车燃料的产品（比如，开一辆公共汽车或者汽车 x 千米所需的数量）。

在所有场景和情况下，必须使用相同的功能单元。如果废物没有产生功能单元，肯定会从另一种资源中产生。

17.2.3.2 排放因子

在生命周期评估中，使用的数据一般表示成排放因子和能量因子。数据库中的信息通常表达成排放因子。排放因子给出了生命周期中过程排放或者次要过程排放，其与输入参数有关，比如每个产品的重量，产品中某个元素的重量，或者与产品能量相关的成分。比如，废物焚烧排放的 HCl（氯化氢）可以表示为进入焚烧炉每 1 千克 Cl 可排放的 HCl 的量（千克）；运输过程中的能源消耗可表示为运输 1kg 产品 1km 所需能源为多少兆焦耳（MJ）或多少升柴油。

17.2.3.3 系统边界

系统边界确定了要研究的系统。生命周期评估是以系统边界上物质流和能量流为基础的。为了获得明确的结果，非常有必要具备一个定义好的系统边界。通常，系统边界可以是以下几种。

① 地理边界：比如一个城市产生的废物处置。

② 时间边界：比如一年内产生的废物。

③ 功能边界：比如可用来生物处理的废物。

17.2.3.4 分配

生命周期评估一个传统的问题是如何处理过程或者几组过程中出现了不止一个输入或者输出端的情况。一些情况是过程或者产品带有一些具有经济价值的副产品（多输出过程），不同的废物成分运用同一个处理过程，这个处理过程具有相同的原料消费和相同的排放形式（多输入系统）。在生命周期评估中，分配的定义是分割被研究产品系统单元过程的输入和输出（ISO 14040）。这意味着生命周期评估过程中引发了一些适当的对环境影响的分担。ISO 14040～14043 描述了常见的与生命周期评估相关联的分配问题。很多报告也已经讨论了与废物阶段相关的分配问题（例如 Sundqvist 等，1997；Sundqvist，1999）。

17.3 经济性评估

生命周期评估主要用于对生态影响进行评估，故目前还没有对经济评估进行标准化。环境成本是一种由所研究的系统产生的环境影响的估值。环境成本的计算是生命周期评估中加权计算的一部分。评价环境影响有一些原则需要遵守，生命周期成本是被研究的系统"从摇篮到坟墓"的所有经济成本之和（投资成本和运营成本），同时也包括税费，比如垃圾填埋税。社会福利成本或者社会成本是环境成本和生命周期成本之和（在生命周期成本中，环境相关的税费不包括其中）。

17.4 ORWARE 模型

模型 ORWARE 已经用于城市固体废物的管理策略评估。该模型框架在过去的 10 年间在几个研究项目中得到发展。在很多报告和文章里面能够找到 ORWARE 模型的描述（如 Björklund，1998；Carlsson，1997；Dalemo 等，1997a；Dalemo 等，1997b；Soneson 等，1997，Sundqvist 等，1999，Eriksson 等，2000，Sundqvist 等，2002；Eriksson 等，2002）。本章展示的结果来自于最新的报告（Sundqvist 等，2002）。

ORWARE 模型用来计算物质流、能量流、环境影响和废物管理成本。最初开发目的是用于有机废物管理的系统分析，因此模型名字为"有机废物研究"（Organic Waste Research）的首字母缩略词，但是现在模型同时也覆盖了城市废物中的无机部分。

ORWARE 包括大量独立的分模型，这些模型联合起来构成一个完整的废物管理系统。每个分模型描述一个废物管理系统中实时的过程，如废物收集、废物运输、废物处理设施（如焚烧）。

17.4.1 方法和对模型的一般描述

ORWARE 的分模型计算废物管理过程中的物质（包括排放）、能量和财务资源的流通量。这些废物管理系统过程包括废物收集、焚烧、厌氧消化、堆肥、物质循环和填埋处理。物质流通量特征被描述为：①废物来源和工艺化学品供给；②产品输出和二次废物；③排入空气、水和土地的物质。能量流通量是不同形式能量载体的使用，如电能、煤炭、石油或者热量，和废物处理过程中热量、电能、氢气或者沼气的回收。财务流通量定义为单独过程的成本，财务成本是针对生命周期的整个过程进行计算。

可将子模型联合起来描述一个城市或者自治区（或者其他系统边界）的废物管理系统。

在图 17.1 中概念模型的顶端展现了不同的废物来源，下面是不同的运输方式和不同的处理过程。图中虚线表示废物管理中心系统的边界，废物在这里被处理，并形成不同的产品。

另一个重要的概念是"从摇篮到坟墓"，同时考虑上游过程（"摇篮"）和下游过程（"坟墓"）。上游过程和下游过程的例子如下。

① 如果在某一过程中消耗了电能，那么在评估时将电能生产过程中造成的环境影响与资源消耗考虑在内作为上游过程；如果电能是通过煤炭燃烧产生的，那么煤灰的填埋过程则视为下游过程。

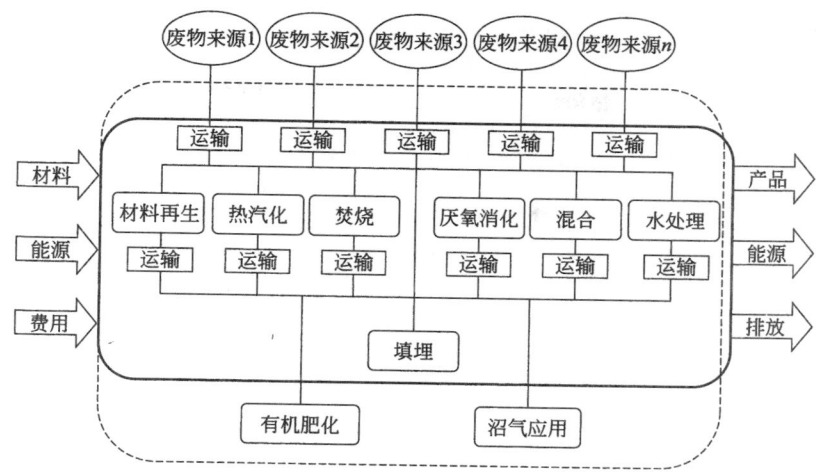

图 17.1 包含通过不同子模型描述不同过程的
完整废物处理系统的概念模型
（来源：Sundqvist 等，1999；Sundqvist 等，2002）

② 如果在某一过程中消耗了石油，则需要将石油生产过程中造成的环境影响与资源消耗及后期的石油的处理考虑进评估过程。

17.4.2 ORWARE 中生命周期评估

ORWARE 中进行的物质流分析生成关于系统排放的数据。根据生命周期评估实践（ISO 14042 生命周期影响评估），单独排放聚合成不同的环境影响类别。按以下影响类别进行评估：全球变暖、酸化、富营养化和光氧化。同时对生态毒性和人类毒性也已经开展研究，但是对不同毒性排放的加权模型还没有充分建立，所以相关结果必须慎重考虑。

系统边界有三种不同类型：时间、空间和功能。对某一系统的研究，时间系统边界在不同的研究（取决于研究范围）和不同的子模型中是变化的。使用的大部分过程数据是年平均值。但是对于填埋模型和耕地模型，同时包括了长期影响（Björklund，1998；Sundqvist 等，1999）。

如图 17.1 所示，有一种地理边界界定了废物管理系统，然而无论它们发生在哪里，排放和资源消耗均包含其中。ORWARE 根据生命周期评估的观点选择系统边界，因此原则上包括所有重要的与废物管理系统生命周期评估相关的过程。我们已经包括了上游过程和下游过程环境影响和资源消耗。关于能量消耗和排放，没有包括固定设备的新建、拆除和最终处置，但是经济评估则包括了这些内容，这也是根据生命周期评估实践的惯例。对建设阶段的能量输入进行了文献调研，并与整个生命周期中的能量输入和输出进行了对比（Sundqvist 等，2002），结果发现，建设阶段的能量消耗和环境影响可以忽略。然而，如果只研究低能量流通量的过程，那么建设阶段的能量消耗将非常重要，如对堆肥和填埋（没有气体回收）进行比较。

被研究的这个系统通过几个功能单元共同起作用。废物管理系统的主要功能是处理废物。废物管理系统能够通过废物产生不同的产品（功能）。

① 能源：集中供热、电能和生物沼气（沼气能够用作汽车燃料，或者作为电力和集中

供暖的能源）。

② 肥料：消化残留物或者堆肥混合物，含有氮（N）和磷（P）。

③ 塑料包装回收过程中产生的塑料粒料。

④ 纸板包装回收过程中产生的硬纸板。

⑤ 每一种废物产品都有一个替代的原始材料来源，且原始材料生产过程也包括在研究系统内。所有研究系统产生相同数量的"产品"（图 17.2）。

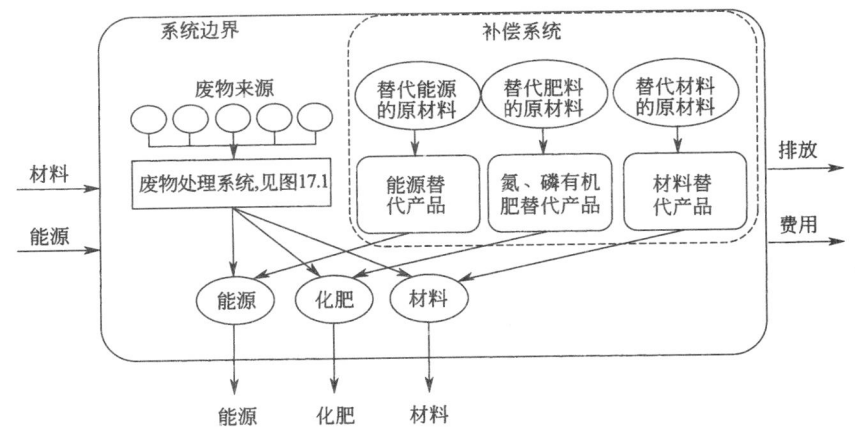

图 17.2　研究的系统: 废物管理系统（图 17.1），生产代替能源，原料与化肥的补偿系统（Sundqvist 等，1999；Sundqvist 等，2002）

⑥ 能源（集中供暖、电、汽车燃料）。

⑦ 肥料（氮磷肥料）。

⑧ 塑料颗粒。

⑨ 纸板纸浆。

废物系统之外的替代系统，产生和废物管理系统一样的产品，被称为补偿系统。含补偿系统的方法能够定量对比废物作为原料和初始原料使用时的环境、经济和能量参数。

补偿系统也包含上游过程与下游过程。比如电力，上游过程包括用于发电的燃料的生产，而下游过程则是对电力生产过程中产生的废物的处置。因此，ORWARE 模型中每个替代处理过程均有其独特的核心系统与不同补偿系统的设计。

被分析的整个系统包括以下几个部分：

① 含有几个不同子模型的废物管理系统，例如废物管理系统的核心系统。

② 补偿系统。

③ 连接上游及下游系统的关键物质流和能量流。

17.4.3　ORWARE 几个子模型概述

17.4.3.1　收集和运输

Dalemo 等（1997）已经对运输子模型进行了描述。运输子模型被分为三个模块："垃圾车"、"普通卡车"、"卡车和拖车"。它们有相同的结构，然而参数却不同。根据不同的人口数据，模型首先计算运输距离。对每一个模块运输都有一个具体的燃料消耗（MJ/km），通过燃料消耗乘以排放因子计算排放。

17.4.3.2　焚烧

Dalemo 等（1997）与 Björklund（1998）对最原始的焚烧模型进行了描述。此外，焚烧模型不断被升级优化（Sundqvist 等，1999；Sundqvist 等，2002）。模型是基于一个盈利的现代化焚烧厂而建立的，该厂达到了欧盟废物焚烧指令的要求。排放数据以一个实际焚烧厂数据为基础。这个焚烧厂有先进的废气净化系统，包括废气冷凝步骤，在这个冷凝过程中用热泵回收能量，使焚烧厂产生集中供暖的热量。

17.4.3.3　填埋

对不同的废物，有多种填埋模型。本次研究使用的模型如下。

① 城市固体废物填埋。

② 灰和矿渣填埋。

③ 还包括一些独立的模型：

a. 来自废物焚烧的底灰和炉渣。

b. 来自于废物焚烧的浮尘和烟气。

c. 来自生物燃料燃烧的灰和残渣（在补偿系统中）。

本研究没有用到生物电池模型和废水污泥填埋模型。在早期报道中（Björklund，1998；Fliedner，1999）详细描述了填埋模型。Sundqvist（1999）给出了一些关于如何在生命周期评估中处理填埋的基本理论。

填埋的废物和厌氧消化相似，经历不同的分解阶段。降解过程相当缓慢。在有机物的填埋模型中，时间界限基于以下两个时间范围：

可观察阶段，指降解过程从开始至达到一个准稳态所需的时间。对于传统城市固体废物填埋，这一过程持续到停止释放甲烷为止，估计这个阶段需要一个世纪。

假设的，无限长阶段，是指直到土地填埋的物质完全释放到环境中为止。

本研究中，只对可观察阶段的排放进行了描述。

在一个城市固体废物填埋处理中，接近100％的糖类、淀粉、半纤维素、脂肪和蛋白质和大约70％的纤维素在可观察阶段发生降解。塑料降解率为3％，腐殖土和木质素被认为不可降解。填埋产生的气体，主要包括降解过程中产生的甲烷、二氧化碳和水。我们假设理论上土地填埋产生气体的50％得到回收（在可观察阶段），作为燃料用于内燃机发电和产生热量。剩下的填埋气将被排放到大气中。在通过填埋覆土的通道时，大约15％的甲烷气被氧化成二氧化碳。剩余的甲烷气作为温室气体被排放。渗滤液在当地处理厂处理，减少 COD、N 和 P 向水体排放。

17.4.3.4　厌氧消化

最初的厌氧消化模型在早期的报告中有描述（Dalemo，1996；Dalemo 等，1997）。之后该模型也已经被用于嗜热过程。

家庭食物废物被装在塑料袋子里面。袋子通过袋分离机被切割和倒空，然后和可降解物质分离。屠宰场废物在消化之前经过 $70\sim130℃$ 卫生处理。水分调节到 85％，然后将废物倒入消化池。反应器水力停留时间是 20 天。

研究阐述了两种使用生物气的方法：

① 将气体提纯到甲烷含量为 97％，然后压缩到 2.5×10^4 Pa。然后气体用于公共汽车燃料。

② 气体用于内燃机发电和产热（用于集中供暖）。

消化残留物或者消化渣分撒到农田，代替化学磷肥和氮肥。在施肥过程中，大量氨氮将释放出来。对一种新的、经改良的施肥技术进行了建模，使用这种技术，施肥的同时消化沼渣可以进入土壤深层发挥肥效。

17.4.3.5　堆肥

本研究中，建立了露天窗堆肥模型。50%～75%的有机物被降解为二氧化碳、水和堆肥。不同的有机物降解速率不同。在这个过程中，释放出氨气。在一个单独的研究中，对密封堆肥反应器排放的气体进行了评估，并将氨气从排放气体中分离。堆肥被施撒到农田里，从而取代了化学氮肥和磷肥。

17.4.3.6　塑料回收

70%塑料包装由家庭分类，然后通过收集系统收集到专门的回收站（每个回收站服务1000～1500人）。塑料废物首先被运输到一个初始分离站，在这里大约40%的塑料废物不符合回收要求，不合规的塑料废物被运输到焚烧厂处理。合规的塑料废物，塑料部分被洗干净磨碎，然后加工成颗粒，这些颗粒被认为可以替代塑料颗粒。据估计，1kg回收塑料颗粒可以代替1kg原始塑料颗粒。

17.4.3.7　硬纸板回收

70%硬纸板包装由家庭分类，然后通过收集系统收集到专门的回收站（每个回收站服务1000～1500人）。硬纸板首先被运输到一个纸板工厂，在这里生产回收的纸浆。在加工过程中，大约20%的废物不合规。和纸浆厂讨论过质量方面的问题后，我们认为1.15kg回收纸浆可以代替1kg原始纸浆。

17.5　早期 ORWARE 研究

在研究第一阶段（Sundqvist 等，1999；Eriksson 等，2002b），选取了三个特点各不同的城市为研究对象。

瑞典首都斯德哥尔摩是一个具有焚烧厂和集中供暖系统的大城市。在市区周边没有耕地（需要向耕地施洒来自有机废物生物处理产生的有机肥料）。分类废物被收集到回收站，每个回收站服务1000～1500人，而剩余废物从家庭收集来。斯德哥尔摩有750000居民。

乌普萨拉是一个相对比较大的城市，同样也具备焚烧厂和集中供暖系统，在城市附近能找到耕地。分类废物被收集到回收站，每个回收站服务1000～1500人，而剩余废物从家庭收集得来。乌普萨拉有186000居民。

艾尔夫达伦是一个地广人稀的城市。艾尔夫达伦没有焚烧厂和集中供暖系统。在这个城市，几乎没有耕地。艾尔夫达伦有8100定居人口，加上一年四季大量的游客。瑞典很多最著名的滑雪中心就在艾尔夫达伦，这也就意味着在短期内，游客会产生大量的垃圾，并且分类程度很低。在艾尔夫达伦，分类垃圾和剩余垃圾在每个村庄的一个中心进行收集。平均每个村庄有135人。

对三个城市的研究能够得出相同的结论。不同的废物管理选择的排名在这三个城市中是相同的。

①　研究说明，从环境和能量角度，以及从经济福利和生命周期成本的角度来看，减少废物填埋的数量、增加能量回收和资源循环的数量是有好处的。这说明应该尽可能地避免填埋有能量价值的废物。填埋的负面结果来源于填埋的环境影响（尤其是温室气体）和低资源

回收率，这导致补偿系统更多的能量消耗、更大的环境影响和成本。

② 三个城市的废物管理系统应该以焚烧为基础，即使一些废物要焚烧，必须被运输到一个区域设施。一旦废物收集起来，只要采取有效的运输方式，区域运输距离的增加对其影响并不大（从能源、环境和经济的角度）。

③ 对比物质循环利用和焚烧、生物处理和焚烧，无法得到明确清楚的结论。所有的废物管理选择都有优点和弊端。

从经济福利角度看，塑料容器循环利用和焚烧两种处置方式效果是相当的，但从环境影响和能源使用角度看，循环的塑料代替原始塑料则优于焚烧处理。

从经济福利和能源角度看，硬纸板循环利用和焚烧两种处置方式的效果是相当的，两种处理方式都同时对环境有好处也有坏处。

易降解废物厌氧消化比焚烧有更高的经济福利成本，但是同时对环境有利有弊。关于能源使用的结论取决于生物沼气是怎么被利用的。

从经济福利角度来说，对易降解废物采取堆肥处理和厌氧消化处理效果相当，但从能源利用和环境影响方面，堆肥则比厌氧消化和焚烧具有更好的优势。

17.6 系统研究

这一节展示的数据来自项目最终报告（Sundqvist等，2002）。

17.6.1 目标

第二阶段的目标是研究第一阶段结果的普遍适用性，识别能够改变结果的参数。

17.6.2 系统边界

根据第一阶段的结果，第二阶段的研究是基于一个假设的城市，当进行敏感性分析时，不同的参数进行系统的变化。该假设城市是以乌普萨拉为基础的，该市有186000居民，包括主城区、郊区和农村地区。这个城市有废物焚烧系统和集中供暖系统。所有运输距离和相似的人口数据都是来自乌普萨拉案例研究，但是在敏感性分析时进行调整。

本研究对生活垃圾以及来自于商业和工业区的与生活垃圾相似的固体废物进行了研究。废物总量大约是69000t/a。在所有情景下，75%的报纸、70%的玻璃包装和50%金属包装都被分离出来，在"系统外"循环利用（不包括在这69000t废物之中）。剩下的纸、玻璃和金属则包含在研究的废物之中。

研究时间为1年。废物数量对应的是被研究的城市一年的废物产量。

在假设中，选择适当的上游过程和补偿来源十分重要。本研究中，假设电能是通过热电联供（CHP）生产的。热电联供被认为是所谓的基础负荷边界技术，并且该技术中得到了新的投资。被研究废物管理系统中（包括补偿系统）电能产生或者消耗被认为对基础负荷技术有影响。

每个城市的集中供暖系统的设计都是特别的。在瑞典大约有100个独立的集中供暖系统。除了废物外，能提供燃料的有泥煤、木片、石油或者煤炭。燃料的选取取决于不同的因素，例如热量需求、何时需求会增大、不同燃料价格以及现有燃烧设备等。我们选择了生物燃料（木片）作为补偿热量，因为生物燃料似乎是当前集中供暖最常见的燃料。在敏感性分析中，石油也作为补偿热量被研究。

研究参数参照表17.1（同时参照表17.2和表17.3加权因子）。

表 17.1　已经研究的影响类别

环境影响	全球增温潜能
	酸化潜能
	富营养化潜能
	光学氧化剂形成，分为
	VOC
	NO_x
	（生态毒性）[①]
	（人类毒性）[①]
能量消耗	一次能源载体的总消耗
	不可再生一次能源载体的消耗
经济	财务生命周期成本
	环境成本（通过三种方法分析排放和能源）
	经济福利（以上两者之和）

[①] 生态毒性和人类毒性评估结果不确定，因此不包含在本研究中。

表17.2和表17.3给出了用于特性描述和分析的加权因子。影响类别"光氧化剂形成"被分成两个子类别：NO_x 和 VOC，这两个子类别从清单结果中获得。

表 17.2　研究的环境影响类别和使用的加权因子

| 项　　目 | 全球变暖
（以 CO_2 计）
/(kg/kg) | 酸化（以
SO_2 计）
/(kg/kg) | 富营养化
（需氧量）
/(kg/kg) | 光氧化剂形成 | |
				NO_x /(kg/kg)	VOC(以乙烯计) /(kg/kg)
CO_2（化石）（对于空气）	1				
N-NO_x（对于空气）		0.7	6	1	
N-N_2O（对于空气）	310				
S-SO_2（对于空气）		1			
CH_4（对于空气）	21				0.006
N-NH_3（对于空气）		1.88	16		
HCl（对于空气）		0.88			
N-NH_4^+（对于水）			15		
N-NO_3^-（对于水）			4.4		
COD（对于水）			1		
P（对于水）			140		
VOC（对于空气）					0.416
CO（对于空气）					0.03

表 17.3　研究中使用的经济加权因子

项　　目	经济加权 ORWARE SEK[①]/kg	经济加权 EPS 2000 SEK/kg	经济加权 EcoTax' 99 SEK/kg
CO_2（化石）（对于空气）	0.4	0.92	0.40
颗粒物（粉尘）（对于空气）		306	31.5
N-NO_x（对于空气）	54	18	34.50
N-N_2O（对于空气）	124	326	88000
S-SO_2（对于空气）	34	2780	53.0
CH_4（对于空气）	8.4	23	3.40
N-NH_3（对于空气）			46.80

续表

项　目	经济加权 ORWARE SEK①/kg	经济加权 EPS 2000 SEK/kg	经济加权 EcoTax'99 SEK/kg
HCl(对于空气)	68		
N-NH₄⁺(对于水)	47	−360	54.50
N-NO₃⁻(对于水)			15.8
COD(对于水)	3	0.01	3.80
P(对于水)	439	0.50	
VOC(对于空气)	1.49	18	1.21
CO(对于空气)	0.11	280	0.60
Pb(对于空气)	310000	24735	7800000
Pb(对于水)	310000		96400
Pb(对于陆地)	310000		3700
Cd(对于空气)	112300	87	3730000
Cd(对于水)	112300		617000
Cd(对于陆地)	112300	46	3000
Hg(对于空气)	23200	522	3910000
Hg(对于水)	23200		20
Hg(对于陆地)	23200	1649	1300
Cu(对于空气)	0	0	3910000
Cu(对于水)	0	0	20
Cu(对于陆地)	0	0	1300
Cr(对于空气)	0	170	599000
Cr(对于水)	0	0	570
Cr(对于陆地)	0	0	
Ni(对于空气)	0	0	551000
Ni(对于水)	0	0	33800
Ni(对于陆地)	0	0	3400
Zn(对于空气)	0	360	120000
Zn(对于水)	0	0	670
Zn(对于陆地)	0	0	3100
生物质消耗	0	0.34	0
原油消耗	0	4.30	11.70
煤消耗	0	0.42	0.16
天然气消耗	0	9.35	8.83

① SEK 指瑞典克朗。

17.6.3　情景

表 17.4 展示了研究中的废物。

表 17.4　废物数量和成分　　　　　　　　　　　　单位：t/a

项　目	独立式住宅	平地	农村住宅	城市废物和	商业区废物	总废物①
易降解废物	5642	9490	2655	17787	5645	23432
不燃烧废物残留	549	924	258	1732	1408	3140
燃烧废物残留	1930	3246	908	6085	7370	13455
尿布	831	1398	391	2621		2621
橡胶、纺织品等	401	674	189	1264		1264
干纸	2762	4645	1300	8706		12384

项　目	独立式住宅	平地	农村住宅	城市废物和	商业区废物	总废物①
硬纸片	787	1324	370	2481	3678	3577
塑料板材和袋子	327	549	154	1030	1096	1518
塑料箱	223	375	105	702	488	1042
层压材料	163	275	77	515	340	515
玻璃	950	1598	447	2996	340	3335
金属	282	475	133	880	1592	2481
总和	14848	24972	6988	46809	21957	68765

① 独家建筑和拆迁废料。

表 17.5 给出了一些情景。选择这些情景是为了说明现在瑞典一些城市所讨论的城市固体废物处理备选方案。选择填埋是为了说明降低土地填埋的需要，早期的研究已经说明传统的土地填埋不是一个明智的选择。

表 17.5　情景描述

焚烧：焚烧所有废物
填埋：填埋所有废物
厌氧消化——公共汽车：易降解废物厌氧消化，生物沼气作为汽车燃料，剩余废物焚烧
厌氧消化——热量/电力生产：易降解废物厌氧消化，生物沼气用来生产集中供暖的热量和电能，剩余废物焚烧
堆肥：露天堆肥易降解有机物，剩余废物焚烧
塑料回收：从家庭中分离出 70%高密度聚乙烯和从商业分离出 80%高密度和低密度聚乙烯进行物质回收，剩余废物焚烧
纸板回收：从家庭中分离出 70%纸板和从商业分离出 80%纸板进行物质回收，剩余废物焚烧

本研究中一些具体的数据如下：

① 除去烟气的冷凝，垃圾焚烧炉的热效率（定义为产生的集中供暖的热量除以废物中低热值）是 91%。烟气冷凝的作用大小取决于废物中水分的含量，80%冷凝的热量被回收。焚烧炉 NO_x 的排放量是 75mg/MJ。

② 补偿集中供热使用的燃料是生物燃料，总热效率是 109%（基于低热值），包括对烟气进行冷凝的热回收。

③ 补偿电能生产使用的燃料是热电联产电站的天然气。

④ 垃圾从公寓到所有垃圾厂的距离是 7km，从单户住宅到垃圾厂的距离是 10km，从郊区到垃圾厂的距离是 15km。

⑤ 厌氧消化厂或者堆肥厂到耕地的平均距离是 8km。

在具体的敏感性分析中，所有的这些假设都是有变化的。

17.6.4　敏感性分析

在制定目标和范围确定阶段，本研究做了几个重要选择，例如，何时选择系统边界，何时利用过程数据，见 17.5.3。在敏感性分析中，研究了不同的"特定城市"和"特定地点"的参数的潜在重要性。为了确定可能对结果产生影响的潜在参数，对结果进行了全面分析。发现以下参数在敏感性分析中很有意义。

① 补偿系统生产电能所采用的不同方法：天然气热电联供，煤浓缩或者"平均"瑞典用电。瑞典平均电力主要以水力发电和核电为主，这两种发电方式对所研究的影响类别具有很小的环境影响。

② 补偿系统集中供暖的燃料不同：生物燃料或者石油。

③ 废物焚烧和替代的集中供暖生产的运行特征变化。尤其是热效率和 NO_x 排放非常有意义。

④ 焚烧设备科学运行：基于废物的热电联供或者仅仅进行热能生产。

⑤ 从人口中心区域到废物处理厂和回收厂的距离不同。

⑥ 堆肥和厌氧消化残留物到耕地的距离不同。

⑦ 环境成本的经济权重不同。

17.7 结果

图 17.3～图 17.16 显示了全球变暖、酸化、富营养化、能源消耗、经济成本和总成本的结果。

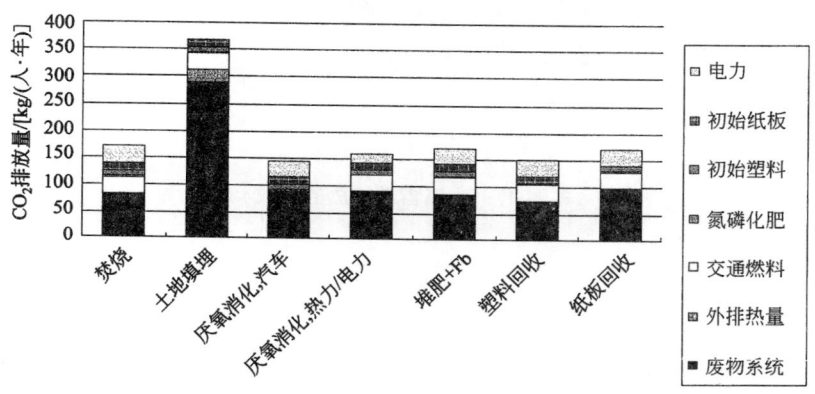

图 17.3 温室气体排放

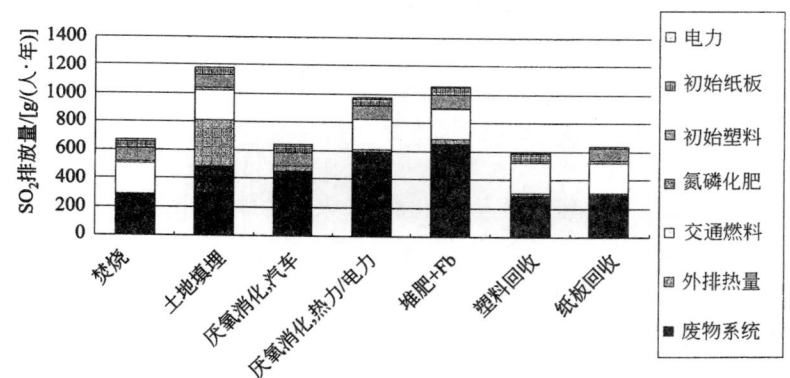

图 17.4 酸性物质的排放

17.7.1 环境影响

在图 17.3～图 17.7 中，废物系统作为一个数据类别来展示。这个类别包括废物管理系统中所有过程：收集、运输和特定情形下采用的处理方式，包括下游过程，如残渣填埋和有机肥料的施撒。

17.7.1.1 全球变暖

图 17.3 展示了全球变暖（温室气体排放）的结果。温室气体主要是化石燃料和塑料燃

烧排放的 CO_2 以及有机废物填埋排放的甲烷。填埋造成的影响最为严重,因为填埋场排放大量的甲烷。值得关注的是,即使气体回收系统效率很低,产生的甲烷只有 50% 被回收(Björklund,1998;Sundqvist,1999),垃圾填埋场也应该设计填埋气回收系统,利用填埋气进行电力生产。回收塑料和厌氧消化比焚烧影响更小,因为回收塑料可以节省化石燃料,也可以使用生物沼气替代化石燃料。

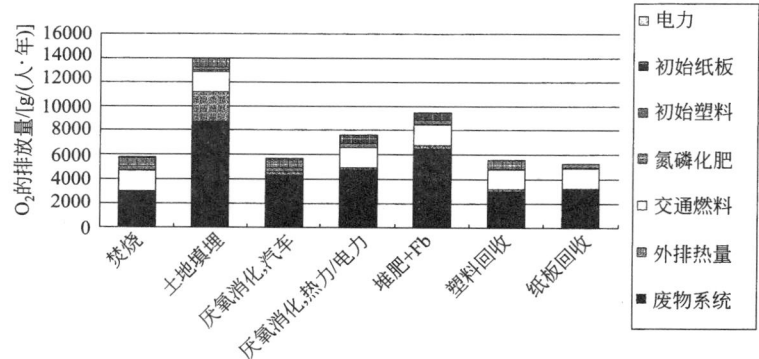

图 17.5　富营养物质的排放

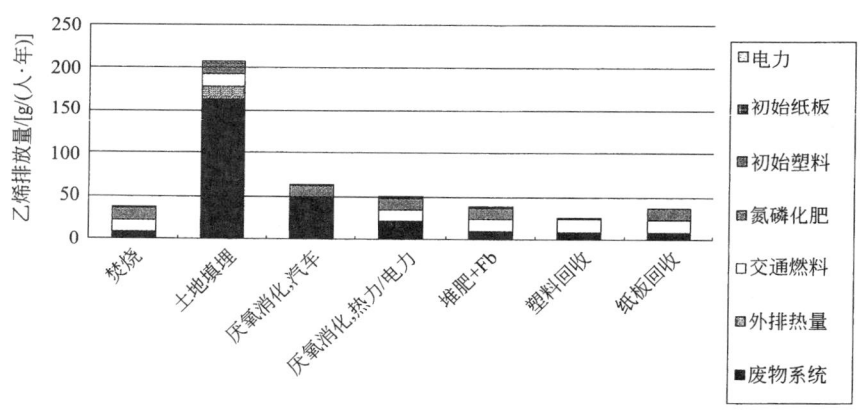

图 17.6　光氧化剂——VOC 的排放

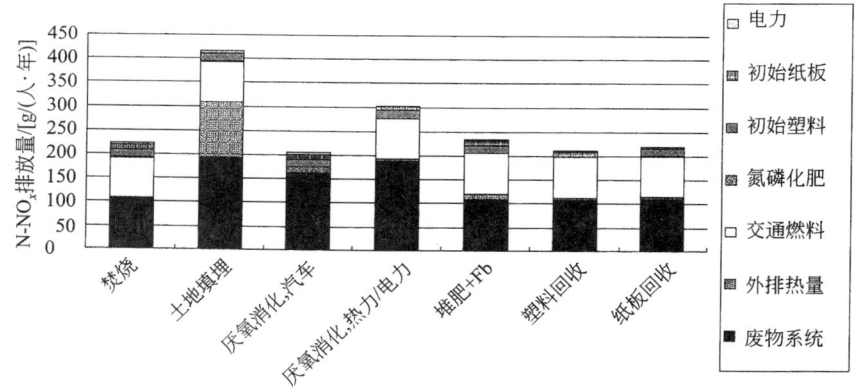

图 17.7　光氧化剂——NO_x 的排放

17.7.1.2　酸化

图 17.4 显示了酸性物质的排放。酸性物质主要是气体，比如 SO_2（来自化石燃料）、HCl（来自废物焚烧）、NO_x（来自所有的燃烧过程：焚烧、集中供暖、发动机等）、来自堆肥和施肥以及厌氧消化残渣产生的氨气。填埋排放最多的酸性气体，因为排放来自于填埋气体燃烧和补偿系统的集中供暖。堆肥在过程中产生较高的氨。厌氧消化产生热和电，在燃烧过程中排放较多 NO_x。

17.7.1.3　富营养化

图 17.5 显示了富营养化物质的排放情况。富营养化物质是指水中的氮、磷化合物和COD（化学需氧量），气体燃烧产生的 NO_x，厌氧消化残渣施撒和堆肥过程中产生的氨。填埋带来最大的富营养化影响，很大程度上取决于渗滤液中含氮和含磷的化合物。厌氧消化和堆肥引起排放分别来自于消化残渣和堆肥的施撒。扩散模型以一种新的施撒技术为基础，物质（消化残渣或者堆肥）被耕作到土壤中，立即被土壤覆盖以减少氨的排放。物质回收只比焚烧影响稍微低一点。

17.7.1.4　光化学氧化剂的形成

光化学氧化剂已经被分成 VOC（挥发性有机物）和 NO_x。图 17.6 显示了 VOC 的排放，图 17.7 是 NO_x 的排放。

甲烷也属于 VOC，但是和其他 VOC 具有不同的权重。之所以填埋排放量最高是因为产生了大量甲烷。厌氧消化比焚烧产生更高的 VOC 排放是因为生物沼气的利用。

填埋产生的 NO_x 最多，这是因为填埋气的燃烧和补偿系统集中供暖产生了大量 NO_x。这两种厌氧消化替代方案带来的后果也不同，使用生物沼气作为公共汽车燃料比使用生物沼气生产电和热排放的 NO_x 更少。

17.7.2　一次能源载体的能源消耗

图 17.8 和图 17.9 显示了不同情况下的能源消耗。一般来讲，不同情形下能源消耗的区别很小，但填埋除外。填埋的能源消耗要高很多，这是因为在补偿系统中有集中供热、燃料、肥料、塑料和纸板的产生。可以看出，回收塑料包装废物总消耗最低。另一个没有在图表中展示的研究结果是，相对于研究系统中其他过程，收集和运输废物的能量消耗很低。

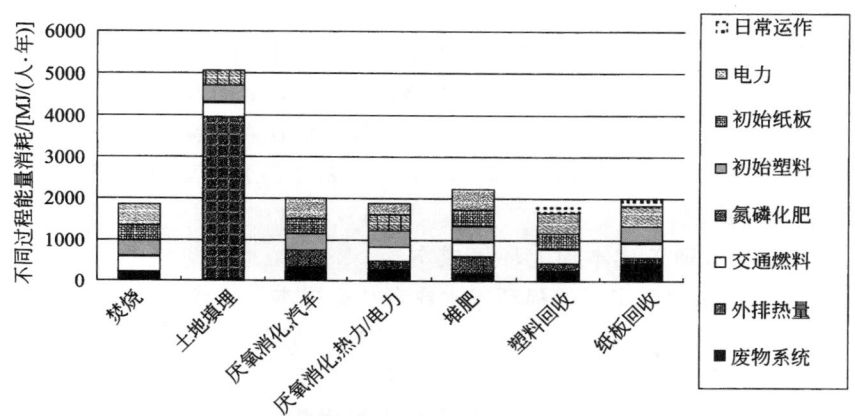

图 17.8　一次能源载体的能源消耗——不同过程中总能量消耗

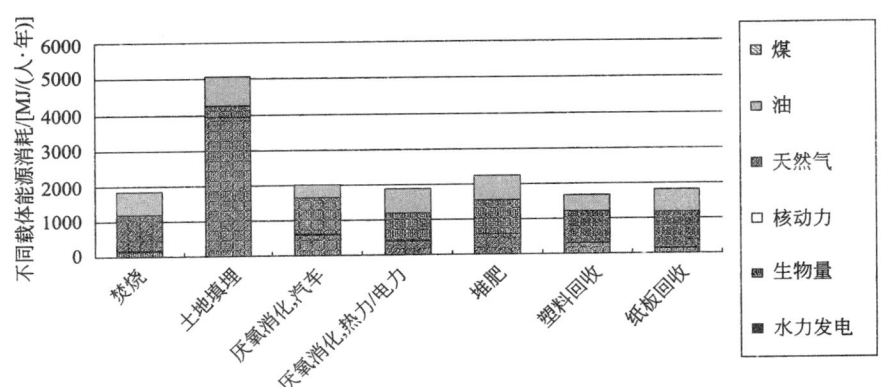

图 17.9　一次能源载体的能源消耗——不同初级载体的消耗

17.7.3　经济性

17.7.3.1　财务生命周期成本

图 17.10 给出了财务生命周期成本。回收利用的财务生命周期成本只是比焚烧高一点。生物处理（厌氧消化和堆肥）比焚烧高很多。由于填埋要交税，所以填埋处理是最贵的废物处理方式，同时补偿系统中生产新的集中供热和汽车燃料也是一笔不小的开销。

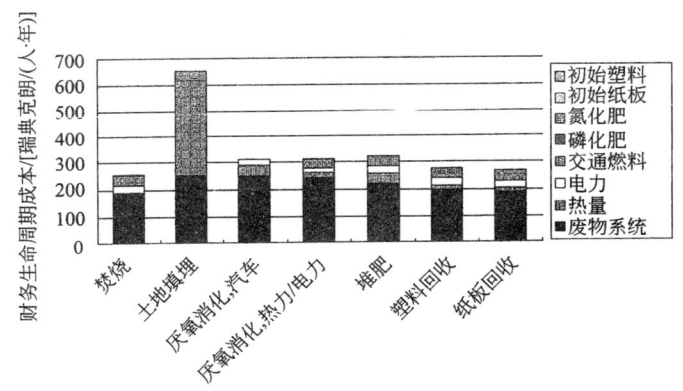

图 17.10　财务生命周期成本

17.7.3.2　环境成本

采用三种不同的方法对环境成本进行了计算。图 17.11～图 17.13 分别给出了结果，三种方法虽得出了不同的结果，但整体趋势是一致的。其得出的环境成本从高到低分别为：ECOTAX、EPS 2000、ORWARE。三种方法最大的区别存在于回收情景中，除 ORWARE 外，ECOTAX 和 EPS 2000 均对自然资源进行评估。故 ECOTAX 和 EPS 2000 更适用于回收情景中环境成本计算。

17.7.3.3　经济福利（财务成本加上环境成本）

图 17.14～图 17.16 显示了总的福利成本或者社会成本。已经将总成本作为财务生命周期成本进行了计算，扣除环境税费，加上了环境成本（利用以上三种方法）。

根据 ORWARE，环境成本显示出回收利用（塑料和纸板）比焚烧的经济效益略高，但是 EPS 和 ECOTAX 结果正好相反。然而，三种方法中焚烧和回收利用的区别都很小。三种环境评估方法显示生物处理（厌氧消化和堆肥）比焚烧更贵。在三种方法中，填埋是最贵的方案。

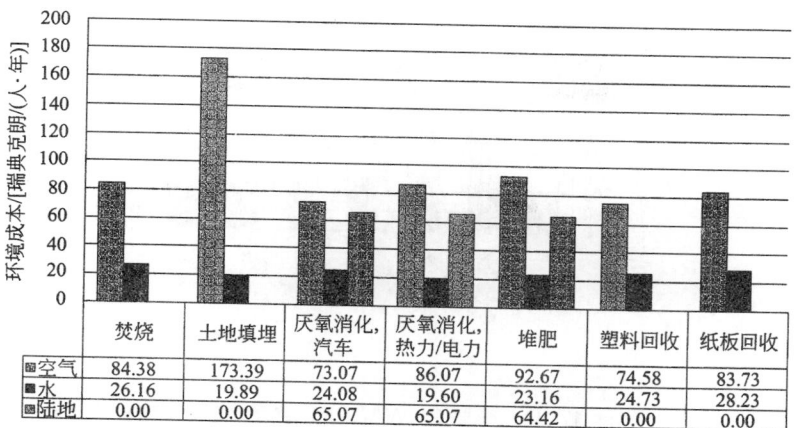

	焚烧	土地填埋	厌氧消化,汽车	厌氧消化,热力/电力	堆肥	塑料回收	纸板回收
空气	84.38	173.39	73.07	86.07	92.67	74.58	83.73
水	26.16	19.89	24.08	19.60	23.16	24.73	28.23
陆地	0.00	0.00	65.07	65.07	64.42	0.00	0.00

图 17. 11 环境经济——ORWARE 加权因子

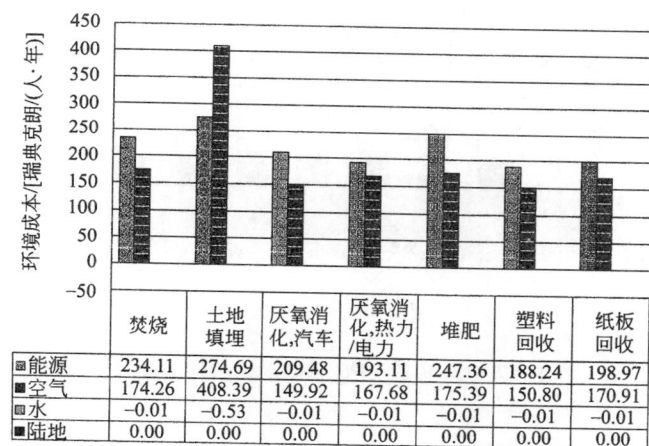

	焚烧	土地填埋	厌氧消化,汽车	厌氧消化,热力/电力	堆肥	塑料回收	纸板回收
能源	234.11	274.69	209.48	193.11	247.36	188.24	198.97
空气	174.26	408.39	149.92	167.68	175.39	150.80	170.91
水	-0.01	-0.53	-0.01	-0.01	-0.01	-0.01	-0.01
陆地	0.00	0.00	0.00	0.00	0.00	0.00	0.00

图 17. 12 环境经济——根据 EPS 的加权因子

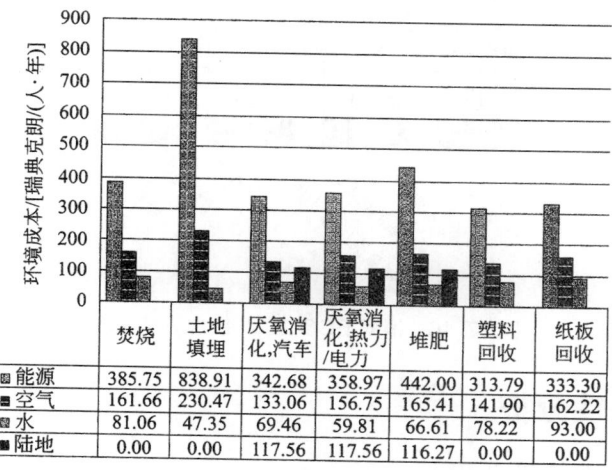

	焚烧	土地填埋	厌氧消化,汽车	厌氧消化,热力/电力	堆肥	塑料回收	纸板回收
能源	385.75	838.91	342.68	358.97	442.00	313.79	333.30
空气	161.66	230.47	133.06	156.75	165.41	141.90	162.22
水	81.06	47.35	69.46	59.81	66.61	78.22	93.00
陆地	0.00	0.00	117.56	117.56	116.27	0.00	0.00

图 17. 13 环境经济——根据 ECOTAX 99 的加权因子

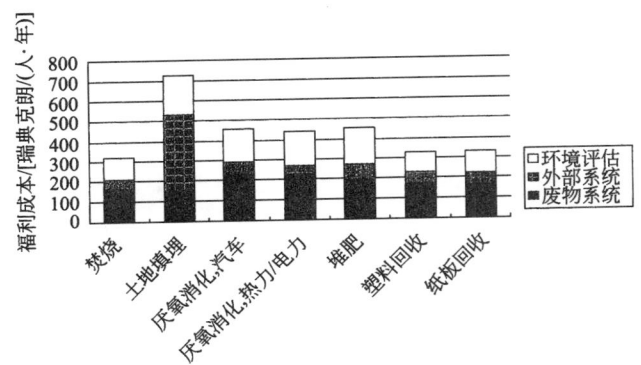

图 17.14　根据 ORWARE, 包含环境经济的福利经济

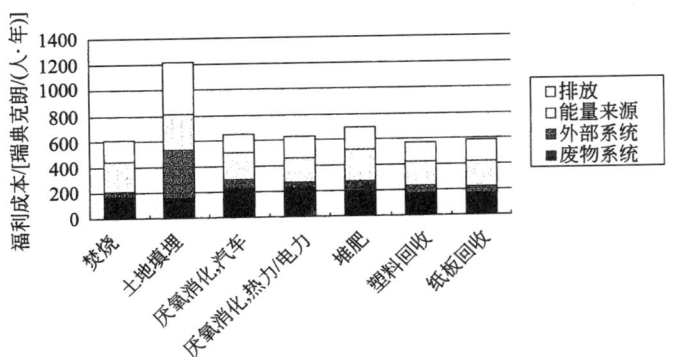

图 17.15　根据 EPS 2000, 包含环境经济的福利经济

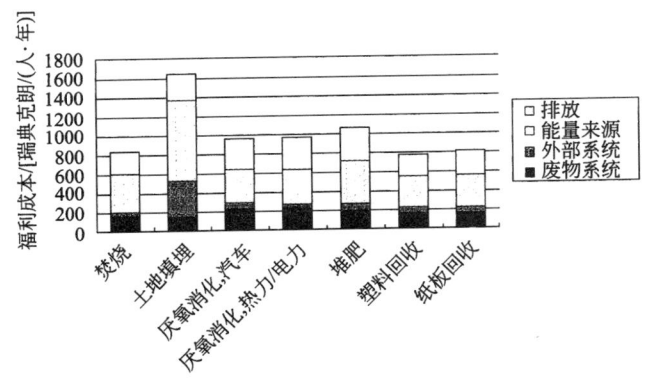

图 17.16　根据 ECOTAX, 包含环境经济的福利经济

17.8　敏感性分析

17.8.1　一般敏感性分析

表 17.6 给出了敏感性分析结果。

表 17.6　敏感性分析总结

情　景	相对于基本情景的变化
生产电能	
煤浓缩	厌氧消化生产电能和热量,能源消耗比焚烧稍微低一点。排名没有变化
瑞典平均电能	排名没有变化
集中供热生产	
石油	厌氧消化的这两种可选择方式比焚烧排放更多的温室气体
热效率	排名没有变化
NO_x 排放(废物焚烧高 NO_x 排放,生物燃料或者石油低 NO_x 排放)	排名没有变化
NO_x 排放(废物焚烧低 NO_x 排放,生物燃料或者石油高 NO_x 排放)	焚烧比厌氧消化带来更低 NO_x 排放,更低酸性物质排放,更低富营养化物质排放
电力生产	
热电联供生产	焚烧产生的温室气体排放变得比纸板回收更低。其他的没有变化
运输距离	
焚烧距离为 500km	环境影响分类和能源消耗没有变化,但是这三种环境成本评估方法中有一种是厌氧消化福利成本比焚烧低
焚烧距离为 150km	没有变化
回收距离为 1000km	纸板回收比焚烧产生稍微多一点的温室气体排放
家庭住户做的工作	
最短时间消耗,时间价值下降,60 克朗/h	塑料和纸板回收的福利成本增加,高于焚烧的成本
最大时间消耗,时间价值为 60 克朗/h	塑料和纸板回收的福利成本增加多 100%多 塑料和纸板回收的能源消耗增加,比焚烧稍微高一点。塑料回收利用的能源消耗仍然比焚烧低
平均时间消耗,时间价值为 60 克朗/h	塑料和纸板回收的福利成本增加几乎 100%。塑料和纸板回收福利成本比焚烧的福利成本高
厌氧消化残渣和堆肥施撒	
距离耕地 50km	没有变化
堆肥和厌氧消化残渣不能被施撒,但是必须焚烧	堆肥的福利成本变得比厌氧消化的低,但是仍然比焚烧的高
资源评价	
双倍的价格的能源和双倍环境成本的温室气体	排名没有变化,但是所有金融生命周期成本和福利成本增加了
能量价格和温室气体的评估增加了 5 倍	排名没有变化,但是所有情景下金融生命周期成本和福利成本增加了
磷的价格增加了 10 倍	排名没有变化,但是磷的价格必须增加 100 倍,才能使得厌氧消化和堆肥的福利成本和焚烧的福利成本相同
填埋作为碳汇	填埋(所有废物)和焚烧(所有废物)的区别降低,但是填埋仍然是最不利的方式

17.8.2　敏感性分析——特殊的选择

17.8.2.1　收集系统的研究

我们对可回收废物的收集系统进行了研究：到家里收集，到近邻社区（每个收集点 100 位居民）收集，或者到相距较远的社区收集（每个收集点 1000 居民）。收集系统对总能源消耗、总环境影响和总福利成本影响非常小。

17.8.2.2　对家庭自己将废物运输到回收站的情况的研究

另一方面，本研究也对家庭自己开车将废物运送至回收站的情况进行了调查（Sundqvist 等，2002）。研究发现很多人使用自己的车运送废物。大约 50%的人说他们经常开自己车把分类好的废物运送到回收站。大部分人当他们有事（比如购物或者工作），开车出去的时候会带上提前分类好的垃圾。在一个估算的例子中，我们假设 20% 的家庭每星期一次开自己的车去回收站，额外的废物运输距离是 500m。计算结果表明如果额外的废物运输距离小，总的能源消耗也将很小。这种情况对塑料是有利的，但是纸板回收带来的能源节省可以忽略不计。然而，如果更多的人使用私家车或者运输距离更长，那么个人运输将产生很大的影响，物质回收的优势便将消失。

17.8.2.3 人们处理废物的时间消耗研究

不同的废物管理系统对人们具有不同的影响，例如人们必须在废物管理上花费时间。通过调查发现，平均一个家庭每周花在废物管理上的时间为 30min。而这部分时间大多消耗在运送废物至回收站的过程中。这对回收情景中家庭自己将提前分类好的废物，如塑料或纸板废物运送至回收站点的情况有影响。如果在金融生命周期成本分析或者福利成本分析中时间价值估计是 60 瑞典克朗/h（大约 6.5 欧元/h），塑料回收或者纸板回收成本将大大高于焚烧、厌氧消化或者堆肥成本，见图 17.17。

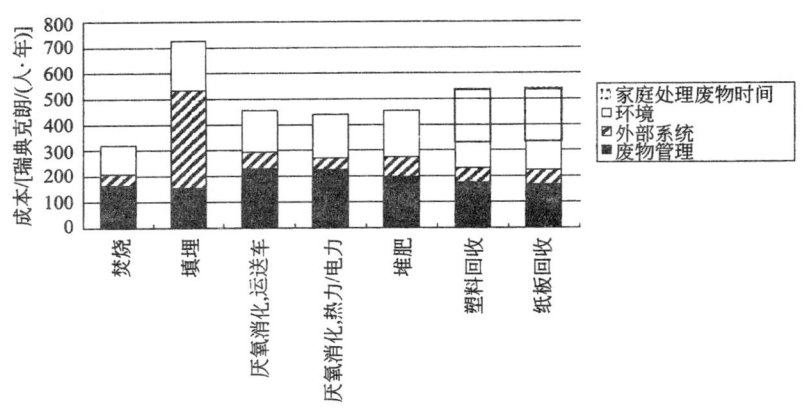

图 17.17　假定人们在家里处理废物的时间估计价值
为 60 瑞典克朗/h（6.5 欧元/h）的结果

17.8.2.4 反应器堆肥

在本研究中，对开放条垛式堆肥建立了模型。开放条垛式堆肥会排放出一些氮，主要通过氨和二氧化氮的形式释放。在一个独立的研究中，对封闭堆肥或者反应器堆肥的排放进行了评估，排放的废气通过处理分离出氨。结果显示反应器堆肥比开放条垛式堆肥的影响更低，但仍然比焚烧高。

17.9 结论

最明显的结论是应该避免填埋。可以通过焚烧、物质回收、厌氧消化和堆肥处理的废物不应该进行填埋处置。即便填埋气体可以回收，渗滤液可以收集并处理，这结论仍然是有效的。这是因为当填埋处理时，废物中的资源利用效率低，从而不得不使用原始资源去生产原料、燃料和肥料。

对于其余的几种处理方式到底哪种选择是最好的，很难给出明确的结论。所有的方法都有优势和劣势。从系统的角度来看，易降解有机物焚烧和消化的区别很小，焚烧和物质回收的区别很小，比如塑料和纸板回收。物质回收、厌氧消化和焚烧不应该看做是相互竞争的选择，而应该作为一个互相补充的选择。因为很难进行 100％的物质回收或者 100％的生物处理，因此总会有一些易燃废物必须进行焚烧处理。焚烧总是可行的，即使需要把废物运输到一个区域性的焚烧厂。

对比可回收物质（比如塑料和纸板）的物质回收和焚烧处理，易降解有机物生物处理和焚烧处理，得不到明确的结论。

① 易降解物质的厌氧消化比焚烧的福利成本更高，与焚烧相比，同时具有环境优势和劣势。

② 易降解物质开放条垛式堆肥和焚烧或者厌氧消化相比，在环境和能源方面几乎没有任何优势。堆肥比厌氧消化和焚烧有更高的福利成本。

③ 总体来讲，物质回收比焚烧有更低的能源消耗和环境影响，但是有更高的财务成本和福利成本。然而，对于不同的废物结果也不同。回收的优势在于对不可再生资源的利用，如金属和塑料。如果在家里进行的资源分类工作也考虑在福利经济计算中，那么回收的福利成本要比焚烧高。

从能源的消耗、环境影响和成本进行考虑，当废物被收集之后，如果废物的运输以一种非常有效的方式进行，那么废物运输的影响非常小。如果分类好的废物运输（从家里到收集站点）是通过个人使用汽车运输，那么个人运输将产生很大影响。

收集系统的类型对总能源消耗、总环境影响和总福利成本影响很小。然而，收集系统能够影响人们在废物管理上花费的时间（如果人们分类和运输的时间考虑在福利经济计算中，也会影响福利成本）。

参 考 文 献

Björklund, A., (1998), Environmental systems analysis of waste management with emphasis on substance flows and environmental impact, Licentiate thesis, The Royal Institute of Technology, Department of Chemical Engineering and Technology, Sweden (ISSN 1402-7615, TRITA _ KET _ IM 1998: 16, AFR-Report 211).

Carlsson, M., (1997), Economics in ORWARE-a welfare analysis of organic waste management, rapport 117, Department of Economy, Swedish University of Agricultural Sciences Dalemo, M., Sonesson, U., Björklund, A., Mingarinai, K., Frostell, B., Jönsson, H., Nybrant, T..

Sundqvist, J-O., Thyselius, L., (1997). ORWARE-A Simulation Model for Organic Waste Handling Systems, Part 1: Model Description. resources, conservation and recycling 21, p 17-37.

Dalemo, M., Sonesson, U., Jönsson, H., och Björklund, A., (1998), Effects of including nitrogen emissions from soil in environmental systems analysis of waste management strategies, resources, Conservation and recycling vol. 24: 363-381.

Eriksson, O., Carlsson-Reich, M., Frostell, B., Björklund, A., Assefa, G., Sundqvist, J. -O., Granath, J., Baky, A., Thyselius, L. (2002) Municipal Solid Waste Management from a Systems Perspective, (accepted by Journal of Cleaner Production).

Eriksson, O., Frostell, B., Björklund, A., Assefa, G., Sundqvist, J.-O., Granath, J., Carlsson, M., Baky, A., and Thyselius, L. (2000) ORWARE -A simulation tool for waste management. Resources, Conservation and Recycling 36/4 pp. 287-307.

ISO (1997). Environmental management - Life Cycle Assessment-Principles and Framework. ISO 14040.

ISO (1998.) Goal and Scope Definition and Inventory Analysis. ISO 14041.

ISO (1999) . Life Cycle Impact Assessment. ISO 14042.

ISO (2000) Life Cycle Interpretation. ISO 14043.

Sonesson, U. , Dalemo, M. , Mingarinai, K. , Jönsson, H. , (1997) . ORWARE-A Simulation Model for Organic Waste Handling Systems, Part 2: Case study and Simulation Results. resources, conservation and recycling 21, p 39-54.

Sundqvist J-O, Finnveden, G. , Albertsson, A. -C. , Karlsson, S. , Berendson, J. , Höglund, L. O. , Stripple, H. (1997): 'Life Cycle Assessment and Solid Waste-stage 2'. AFR-Report 173; AFR, Stockholm, Sweden.

Sundqvist J-O (1999) . Life Cycle Assessments of Solid Waste. AFR Report 279 (Swedish Environmental Protection Board 1999 www. naturvardsverket. se).

Sundqvist J-O, Baky A, Björklund A, Carlsson M, Eriksson O, Frostell B, Granath J, Thyselius L, (2000) . Systemanalys av energiutnyttjande från avfall-utvärdering av energi, miljö och ekonomi. Översiktsrapport. System analysis of energy from waste-assessment of energy, ecology and economy. Summary Report Stockholm December 1999. IVL Report B 1379 (In Swedish, with English summary) www. ivl. se/reports.

Sundqvist J-O (2001), Material and nutrient recycling and energy recovery from solid waste: a systems perspective. In Lens P et al, Water recycling and resource recovery in industries: Analysis, technologies and implementation. 2002 IWA Publishing.

Sundqvist J-O, Baky A, Carlsson M, Eriksson O, Granath J, (2002) . Hur skall hushållsavfallet tas omhand-Utvärdering av olika behandlingsmetoder (How shall municipal municipal solid waste be disposed-assessment of different treatment methods) Stockholm February 2002. IVL Report B 1462 (In Swedish, with English summary) www. ivl. se/reports.

Sundqvist J-O (2002), LCA for treatment and disposal of urban waste. In Proceedings from International Conference on Life Cycle Analysis, Efficiency and Cost-Benefit to be held next 7th November 2002 in Madrid.

Sundqvist J-O (2004), System Analysis of organic waste management schemes-experiencesof the ORWARE model. Chapter 3 in Lens P et al. , Resource Recovery and Reuse in Organic Solid Waste Management. . IWA Publishing 2004.